패턴 학교

Vol.4 원피스 편

마루야마 하루미 감수

황선영 옮김 | 문수연 감수

이아소

이 책의 내용

이 책은 원피스 편이다.
원피스를 구성하는 3가지 파트인 몸판, 소매, 칼라의 디자인과 패턴을 소개한다.
스타일별로 몸판 72, 소매 29, 칼라 29가지의 다양한 변형을 게재하여
자신의 취향에 맞는 디자인 전개가 가능하다.
이들의 조합과 응용 방법에 따라 다양한 원피스를 창작할 수 있다.
자유롭게 선택하고 조합해 나만의 독창적인 원피스를 만들어보자.

원형이 되는 몸판과 소매의 기본 패턴은 다양한 사이즈로 전개한 실물 대형 패턴(몸판은 WL에서 윗부분)을 수록.
대부분의 디자인은 이 기본 패턴에서 전개해 손쉽게 패턴을 만들 수 있어 편리하다.

이 책은 '제도 입문서'의 역할도 한다.
기본 패턴을 '원형'으로 사용함으로써 디자인 전개의 기본을 습득할 수 있다.
또 길이 차이에 따른 외형 비교와 여유분 증감 방법, 부분 박음질 등 원피스 제작에 관한 모든 항목을 망라했다.
마스터하면 다양한 디자인의 원피스를 시도할 수 있어 옷 만들기가 한층 더 즐거워질 것이다.

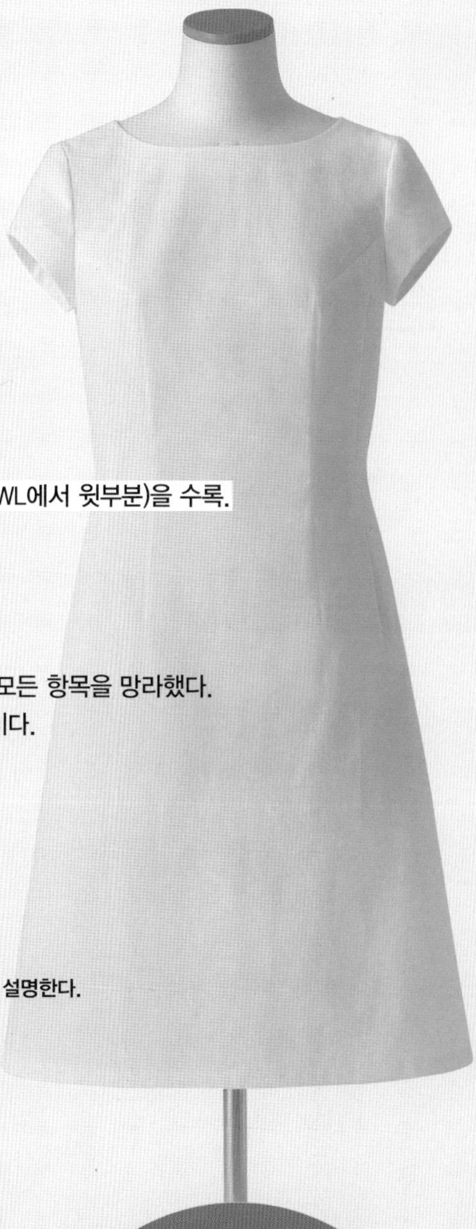

강의 내용과 목적

원피스 편은 4개의 강의에 보존판·스페셜 부록을 더해 5부로 구성한다.
독창적인 디자인의 원피스 제작을 위한 필수 사항을 기초 강의, 특별 강의, 실습에서 설명한다.
집중 강의에서는 실제로 패턴을 만들기 위한 작업을 소개한다. 보존판·스페셜 부록에서는 박는 법을 보충 설명한다.

기초 강의 P.9

원피스를 구성하는
몸판, 소매, 칼라의
디자인과 패턴을 학습한다.
↓
기초 지식을 배우고
여러 가지 디자인을 익혀
다양한 스타일을
연출해보자.

특별 강의 P.109

기초 강의에서 배운 패턴을 토대로
응용하는 방법을 학습한다.
↓
패턴에 일부 변화를 주고
디자인 요소를 가미해 나만의
특별한 감각을 실현해보자.

오리지널
디자인

실습 P.127

디자인 결정하는 법과
패턴 만드는 과정을 배운다.
↓
만들고 싶은 디자인을 정하고,
패턴 만드는 순서를 머릿속에 넣자.

기초 강의
+
특별 강의
+
실습
=
오리지널 디자인

보존판 · 스페셜 부록 P.147

완성할 때 필요한 목둘레 마무리나
트임, 칼라, 소매 만드는 법 등을 배운다.
↓
잘 활용해 개성 있는 나만의
원피스를 완성하자.

집중 강의 P.179

제도부터 시접 포함 패턴까지
패턴 만드는 노하우를 배운다.
↓
결정한 디자인을 토대로
패턴을 직접 만들어보자.

Contents

특별 강의 109

실습 127

보존판 · 스페셜 부록

원피스 제작에 유용한 기본 박는 법과 부분 박음질+안감 147

집중 강의 179

기본 패턴 만드는 법

패턴 마무리 방법

제도 기호와 제도 표시

이 책의 제도에는 제도를 알기 쉽게 표현하기 위한 기호와 약속이 있다.
주로 쓰이는 것을 그림과 함께 설명하였으므로 패턴을 만들 때 참고한다.

선 종류

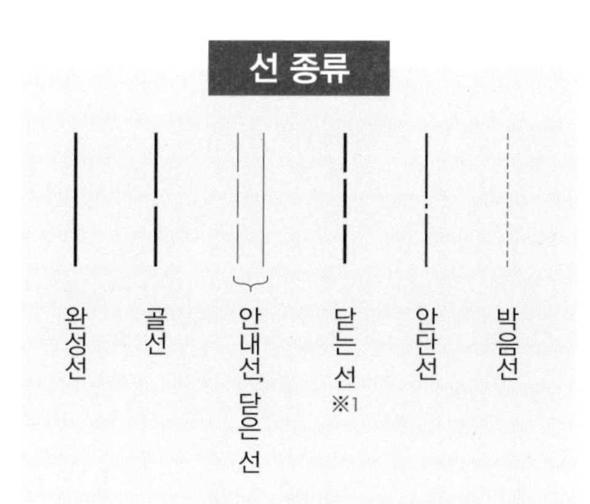

※1 완성선을 표시하는 경우도 있다

기호 종류

※2 수평 · 수직선에는 넣지 않는다

닫는다 · 벌린다

닫는 처리를 이용해 그 반동을 벌린다

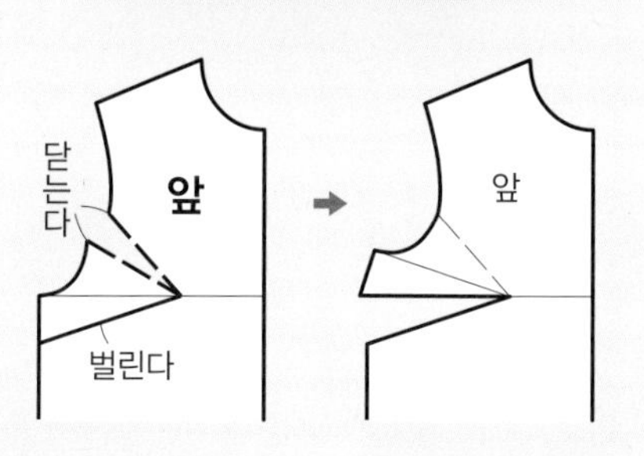

맞댄다

복수의 패턴을 표시 위치에서
맞대어 잇는다(1곳)

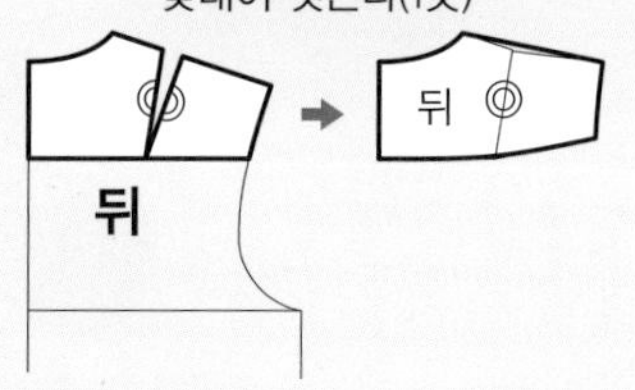

복수의 패턴을 표시 위치에서
맞대어 잇는다(2곳)

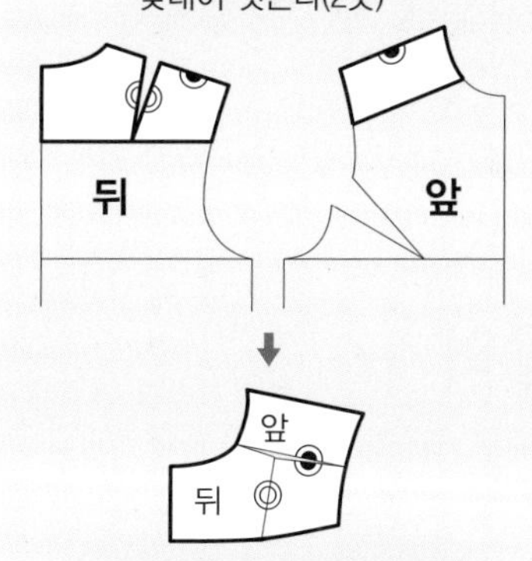

잘라서 벌린다

절개선에 직각으로 치수를 추가한다

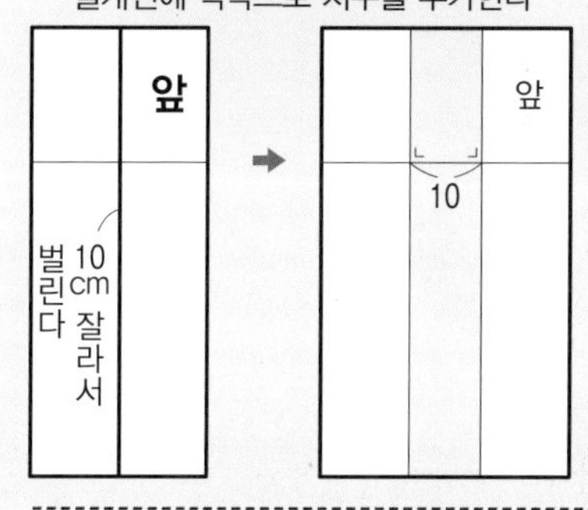

화살표 끝 점을 고정하고
절개선의 한쪽 끝에서 ○ 안의 치수를 추가한다

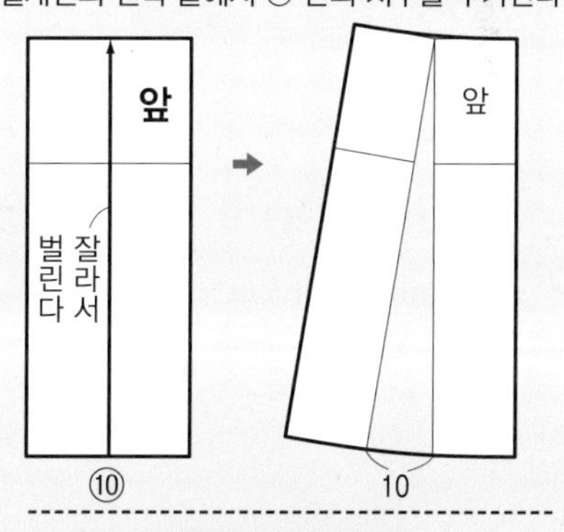

절개선의 위아래 끝에
○ 안의 치수를 각각 추가한다
(추가 치수의 중심선에 직각)

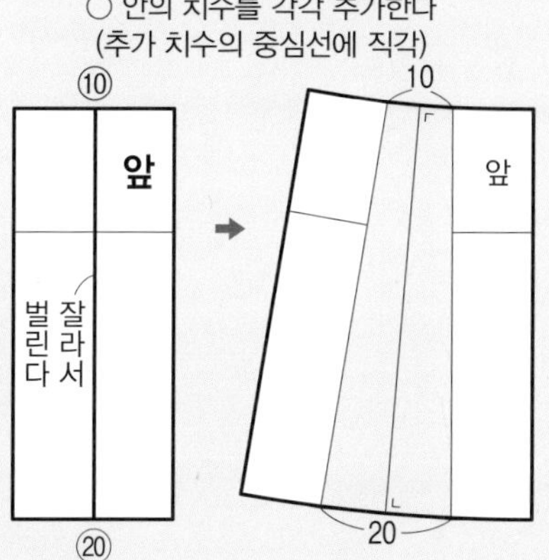

여유분 줄임

다리미로 줄여
치수를 맞추는 표시

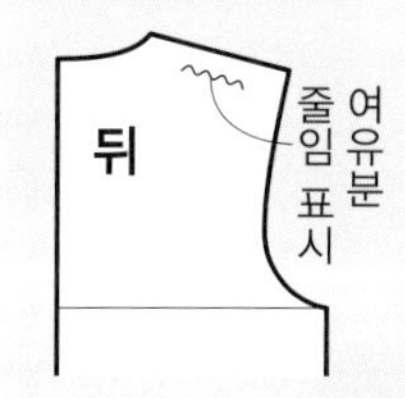

접착심지

접착심지를 붙이는
위치를 나타낸다

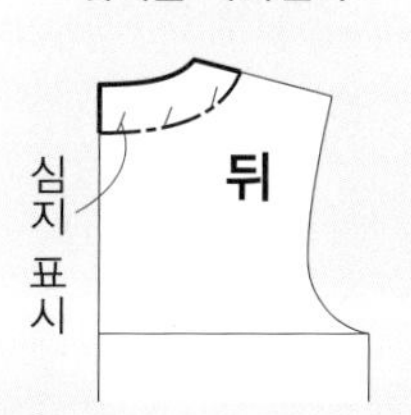

교차

사선의 접하는 위치를 고려해 각 파트로 나눈다

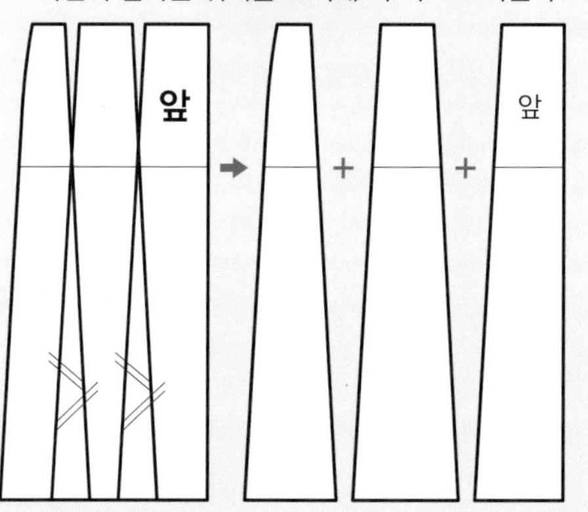

턱을 접는 방향

사선의 위쪽에서 아래쪽으로 접는다

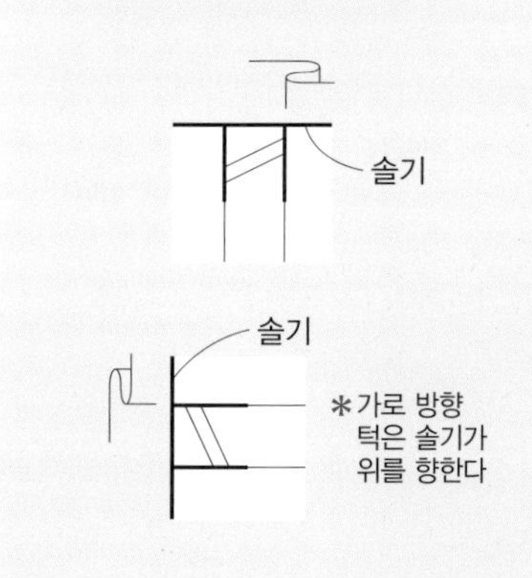

정확한 패턴 제작에 필요한 제도 용구

제도를 순조롭게 진행하고 정확한 패턴을 만들기 위해 필요한 용구를 알아보자. 용구를 잘 다루면 시간도 단축되고 제도가 쉬워진다.

패턴지

얇고 잘 비쳐 베끼기 편리한 제도용지. 까슬까슬한 면을 위로 하여 사용한다. 수평·수직 선을 그리기 쉬운 모눈종이 타입도 있다.

줄자

신체 치수나 패턴의 곡선을 잴 때 쓰는 테이프 모양의 자.

모눈자(방안자)

직선용 자. 모눈이 있어 시접을 표시하거나 평행선, 직각선을 그릴 때 편리하다. 30cm와 50cm를 같이 쓰면 좋다. 완만한 곡선을 잴 때도 사용.

곡선용 자(그레이딩 자)

진동 둘레와 목둘레 등 곡선을 잴 때 사용한다. 얇고 잘 휘어지는 소재.

룰렛

소매 아래 등 부분적인 선을 베낄 때나 패턴 체크 시 사용한다. 톱니 끝이 너무 날카롭지 않은 부드러운 타입이 좋다.

제도용 샤프펜슬

알맞은 무게로 자에 착 붙어 정확한 선을 그릴 수 있다. 굵기는 가늘고(0.3, 0.5mm), 심은 단단한(HB, H 등) 것을 추천한다.

문진

제도나 패턴을 베낄 때 종이가 움직이지 않도록 눌러두는 도구. 사용 빈도가 높다.

D커브자

진동 둘레나 목둘레 등 곡선을 그리는 데 편리하다.

패턴 제작에 사용하는 용어

제도와 패턴 설명에 사용하는 용어를 알아보자. 의미를 정확하게 이해하면 패턴 만들기가 순조롭게 진행된다.

[트임]
옷을 입고 벗거나 활동할 때 편하도록 트는 부분.

[여유분 줄임]
천을 입체적으로 만드는 테크닉. 성긴 바늘땀으로 박거나 다리미로 천을 줄여 그 부분의 길이를 짧게 한다.

[기준점]
'잘라서 벌린다'나 '맞댄다' 등 패턴 처리를 할 때 지점이 되는 위치.

[이음선]
천을 맞춰 박는 위치. 이때 생기는 솔기를 '이음선'이라고 한다.

[제도]
패턴을 만들기 위한 기초 설계도.

[처리]
패턴을 완성하기 위해 필요한 작업으로 제도 다음으로 한다. '맞댄다', '닫는다·벌린다', '잘라서 벌린다' 등.

[다트]
패턴의 V자형이나 마름모꼴 부분. 입체적인 모양을 만드는 역할을 하고, 이 선 끝의 포인트를 '다트 끝'이라고 한다.

[고정 치수]
사이즈에 따라 변하지 않는 고정된 치수.

[완성 치수]
완성했을 때의 치수.

[완성선]
완성했을 때 솔기나 끝이 되는 위치.

[동일 치수]
같은 치수. 2곳 이상의 위치에서 치수가 같은 경우 여러 가지 기호(P.7 '기호 종류' 참조)를 사용해 표시한다.

[박음질 끝]
박음질이 끝나는 위치. 슬릿이나 턱 등이 대표적이다.

[올 방향]
천의 세로 실과 가로 실 방향. 이 책에서는 세로 방향(식서 방향)을 화살표로 표시.

[패턴]
옷본. 기초 설계도인 제도를 다른 종이에 베끼면서 필요한 처리를 추가해 재단용으로 완성한 것이다. 또 맞춤 표시 하기와 패턴 체크를 마치고 시접을 넣은 것을 '시접 포함 패턴'이라고 한다.

[분량]
'다트', '플레어', '개더' 등 부분 치수.

[덧천]
기능성이나 볼륨을 보완하기 위해 추가하는 파트.

[골선]
앞뒤 중심 등 이 위치에서 반전시켜 이어지는 것이다. 기본적으로 이 위치에서 대칭이 된다.

[옆 밑단]
옆선과 밑단선의 교점.

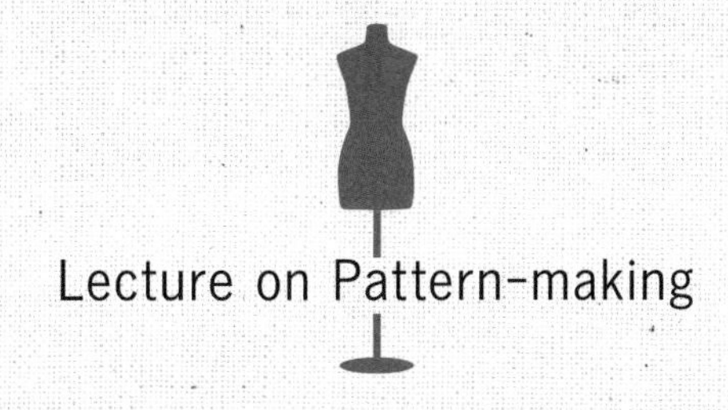

패턴의 종류와 완성품을 비교한다

기초 강의

원피스를 구성하는 주요 파트 '몸판', '소매', '칼라' 패턴과
완성품의 관계를 설명한다.
다양한 스타일 속에서 나만의 개성적인 디자인을 구체화해보자.
P.10 이후의 견본 작품은 일부를 제외하고 두께와 장력에서 평균적인 특징을 지닌
얇은 면을 사용한다. 스커트 길이는 모두 60cm.

기초 강의 보는 법

① 강의 명칭, 파트 번호
1은 '몸판 패턴', **2**는 '소매 패턴', **3**은 '칼라 패턴'.

② 스타일 번호
디자인, 실루엣의 일련번호.

③ 스타일 명칭
소개하는 디자인의 일반적인 명칭을 표시.

④ 스타일 해설
③을 소개하고, 패턴에 관한 사항을 설명한다. ③ 옆으로 표시.

⑤ 디자인, 패턴 소개
③에 속한 패턴과 완성 사진을 소개.

⑥ 디자인, 패턴 번호
알파벳 대문자, 소문자, 숫자 순서로 표시.

⑦ 형태(form), 제도 요점
형태 & 제도 방법의 개요를 표시.

⑧ 제도 설명······⑦을 자세히 설명한다. 주의점 등도.
⑨ 사용 패턴······제도에 필요한 경우만 원형 패턴을 표시한다. 각 패턴을 만들기 전에 준비해둔다.
⑩ 제도······패턴의 설계도. 기본은 오른쪽 반신의 제도를 표시한다. 이 치수대로 실제로 제도한다.
⑪ 처리 후 패턴······'맞댄다', '닫는다·벌린다', '잘라서 벌린다' 등 처리 후의 패턴 모습을 표시한다.
⑫ 박스 기사······디자인이나 사이즈 등 필요에 따라 참조할 사항, 주의점을 보충한다.
⑬ 완성 이미지 사진······기본은 앞, 옆(오른쪽), 뒤 3장. 옆, 뒤는 생략하는 경우도 있다.
⑭ 완성 이미지 설명······모습의 특징이나 다른 디자인과 비교 등을 구체적으로 설명한다. 디자인을 결정할 때 참고한다.
⑮ 각주······관련 페이지를 표시. 참조하면 이해도를 한층 높일 수 있다.
⑯ 패턴 인덱스······좌우 양 페이지에 나온 파트 명칭과 패턴 번호를 표시한다.

예습 1 몸판, 소매, 칼라의 각 부분 명칭

몸판

몸판은 앞과 뒤 2 파트가 기본.
디자인에 따라 한층 세분화된다.
패턴은 원칙적으로 중심에서 오른쪽 반을 표시.
일부 좌우 비대칭 디자인의 경우 전체를 표시했다.

박시 라인 A
(기본 패턴)

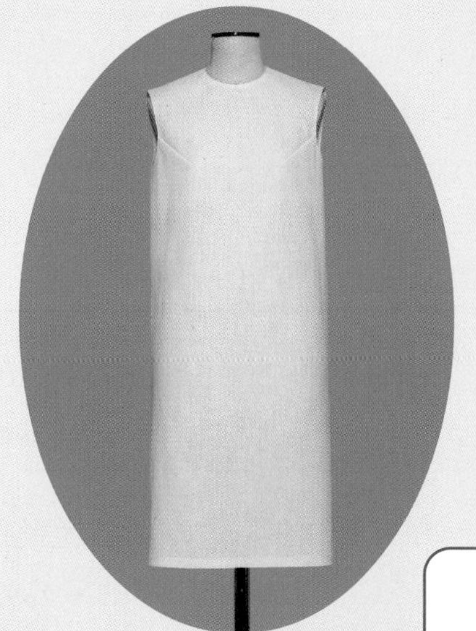

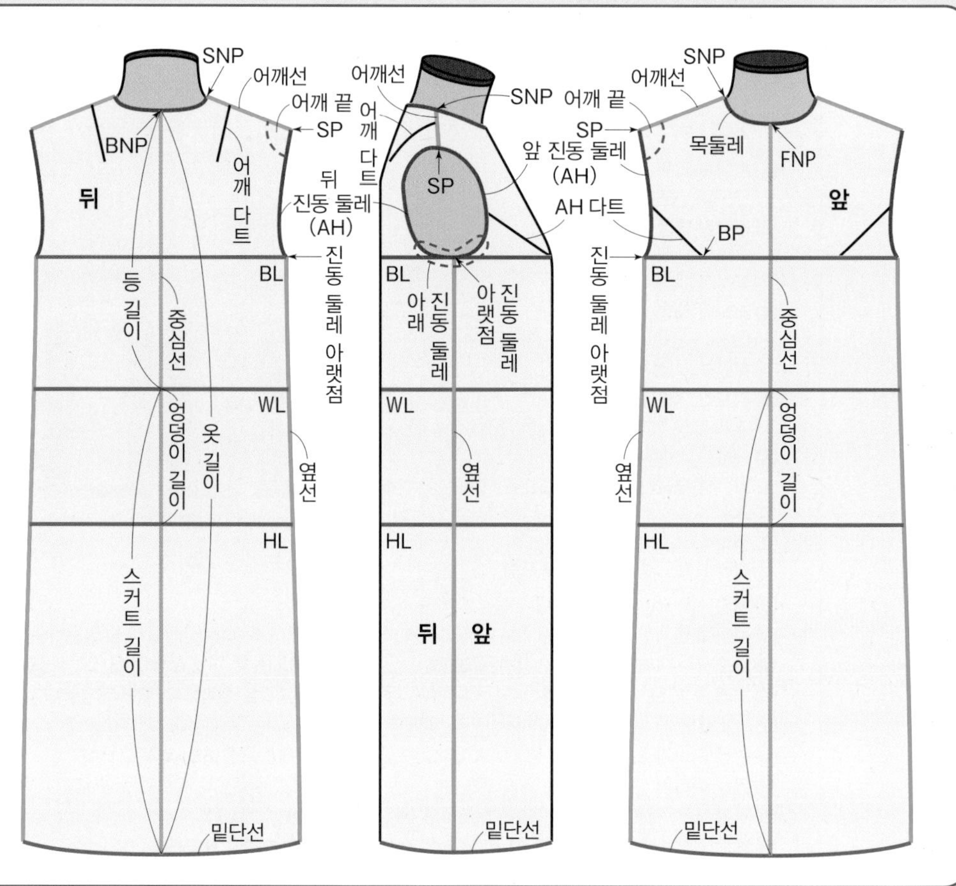

B ……버스트(가슴둘레)
BL ·····버스트라인(가슴선)
BP·····버스트 포인트(유두점)
W ·····웨이스트(허리둘레)
WL ····웨이스트라인(허리선)
H ······히프(엉덩이둘레)
HL·····히프라인(엉덩이선)
SP·····숄더 포인트(어깨 끝점)
FNP··· 프런트 넥 포인트 (목 앞점)
SNP···사이드 넥 포인트 (목 옆점)
BNP···백 넥 포인트 (목 뒷점)
AH ····암홀(진동 둘레)

— 원피스 패턴을 배울 때 알아야 할 위치와 명칭 —

원피스를 구성하는 몸판, 소매, 칼라 설명에 필요한 각 부분 명칭을 대표적인 패턴으로 완성 그림에 표시했다.
기억해두면 패턴에 대한 설명을 쉽게 이해할 수 있다.

소매

소매는 1 파트가 기본. 패턴은 오른쪽 소매 전체를 표시했다.
몸판의 진동 둘레와 맞춰 박는 곳의 명칭은 '소매산선'.

세트인 슬리브 A (기본 패턴)

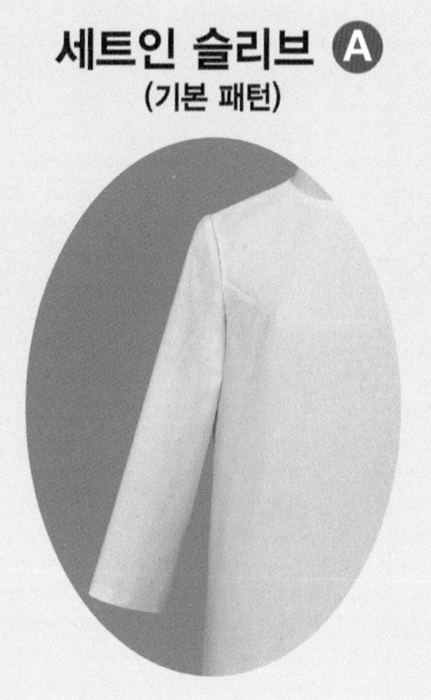

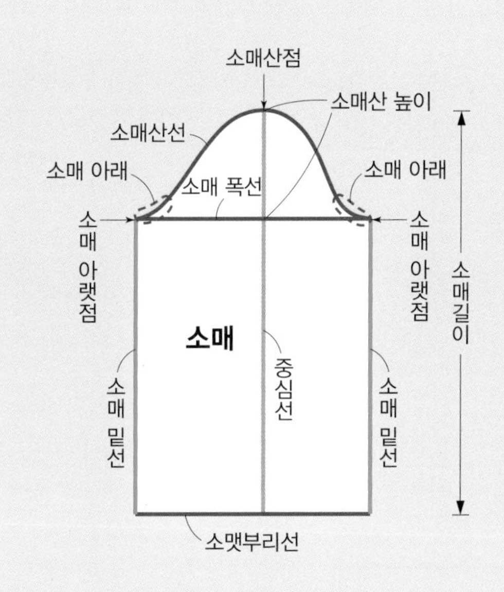

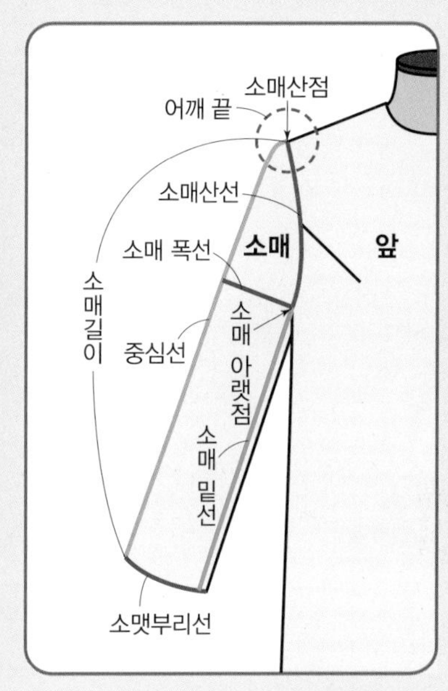

칼라

칼라는 1 파트 또는 2 파트가 기본. 패턴은 원칙적으로 중심에서 오른쪽 반을 표시했다.
몸판의 목둘레와 맞춰 박는 곳의 명칭은 '칼라 달림선'.
앞 중심 또는 앞 끝까지인 경우가 있다.

칼라 밴드 달린 셔츠 칼라 D

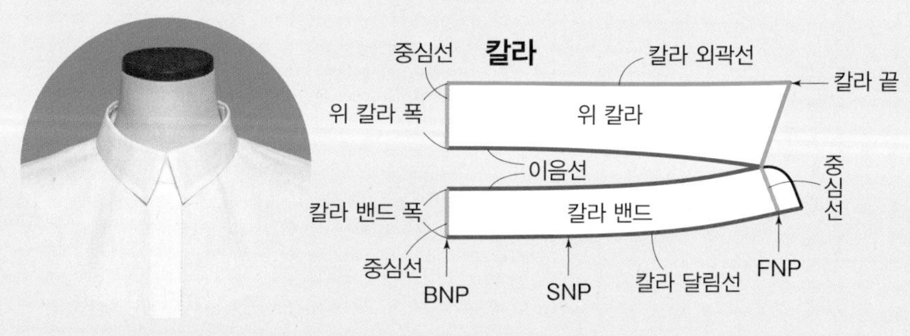

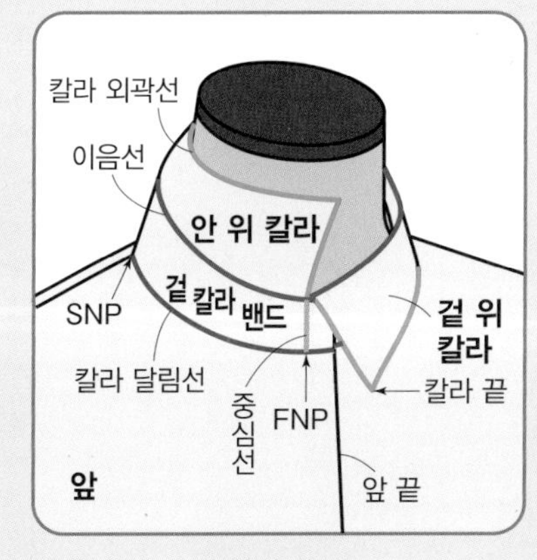

셔츠 칼라 G

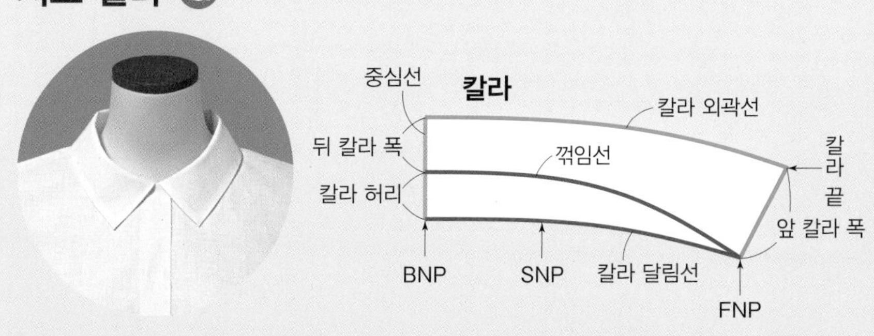

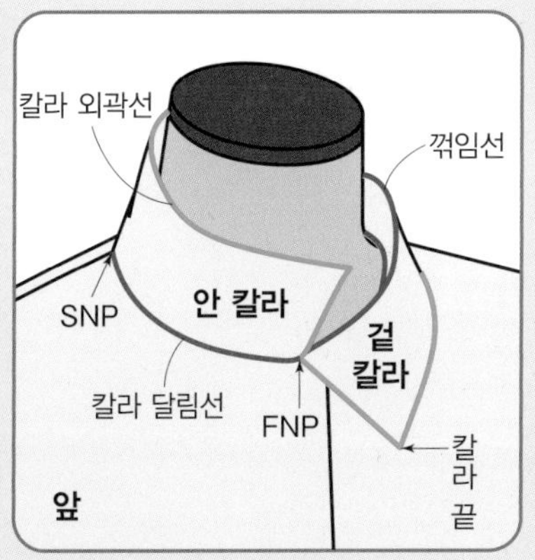

예습 2 몸의 각 부분 명칭과 치수 재기

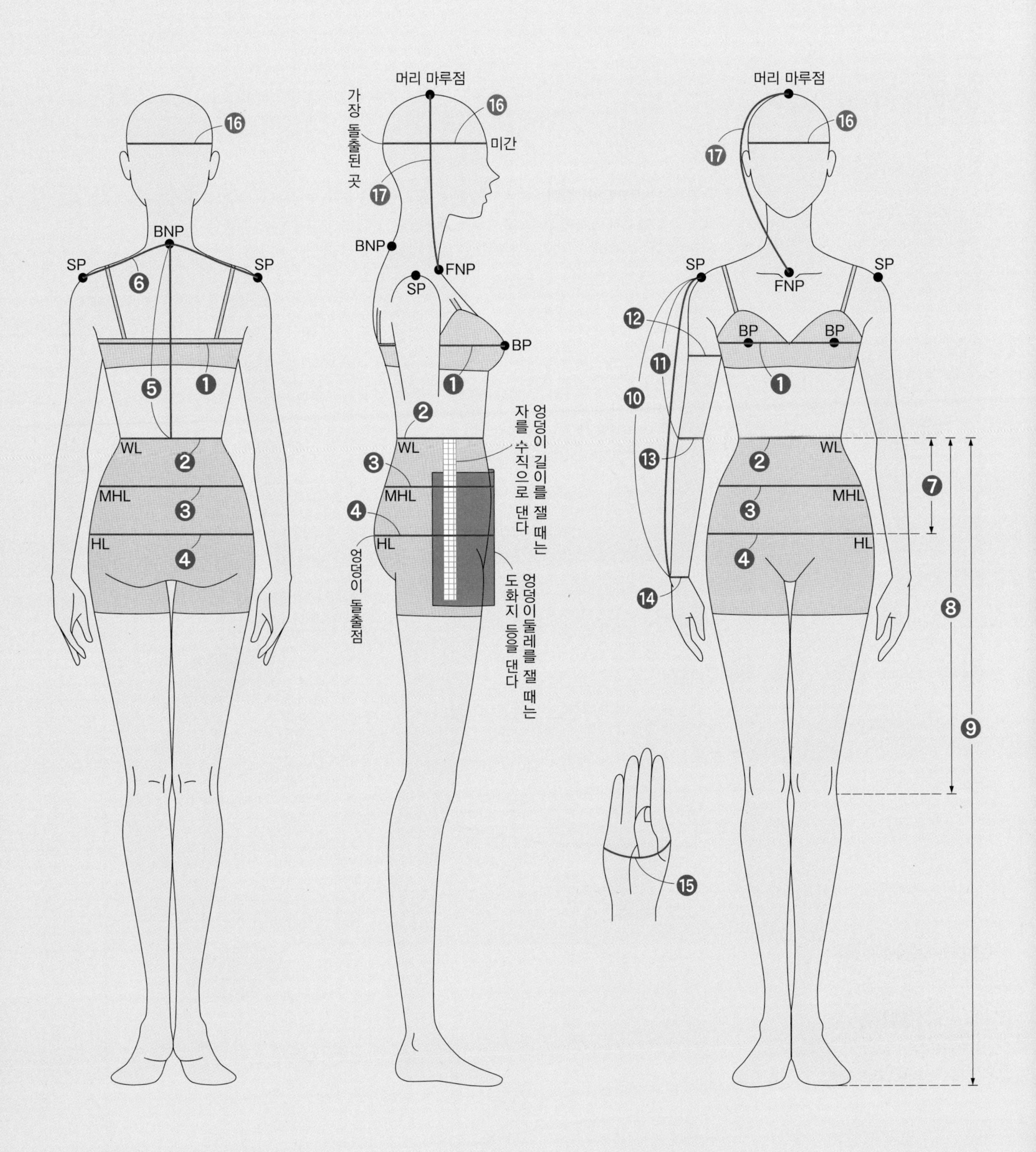

— 원피스를 만들 때 알아두어야 할 몸의 명칭과 치수 재는 방법 —

치수 재기는 패턴 제작에 필요한 몸의 치수를 재는 것이다. 치수를 정확하게 재는 것이 '정 사이즈'의 옷을 만드는 첫걸음이다.
착용감이 편한 옷을 만들려면 항상 입는 속옷(브래지어와 거들 등)을 입고 재어 꽉 끼지 않도록 하자.
측정한 치수는 아래 표에 적는다.

❶ 가슴둘레, BL

가슴의 가장 높은 위치, BP를 지나는 수평 라인을 1바퀴 돌려 잰다. 뒤가 내려간 상태로 재면 치수가 실제보다 줄어드니 주의한다.

❷ 허리둘레, WL

기본적으로 몸통에서 가장 가는 위치. 가는 끈을 감고 감각적으로 안정감 있는 수평 라인을 1바퀴 돌려 잰다.

❸ 중간 엉덩이둘레, MHL

WL과 HL 중간 지점의 수평 라인. 기준은 허리뼈 위치로 1바퀴 돌려 잰다. 뒤가 내려가지 않도록 주의한다.

❹ 엉덩이둘레, 엉덩이 돌출점, HL

엉덩이 돌출점(엉덩이에서 가장 튀어나온 위치)의 수평 라인. 배가 나온 부분을 포함해 1바퀴 돌려 잰다.

❺ 등 길이

BNP에서 WL까지 수직으로 잰다. 이 치수에 어깨뼈 돌출 부분만큼 0.7~1cm를 더한다.

❻ 어깨너비

한쪽 SP에서 BNP를 지나 다른 쪽 SP까지 잰다.

❼ 엉덩이 길이

WL에서 HL까지 수직으로 잰다. 비교적 평평한 옆쪽에서 수직으로 자를 대고 재면 정확하다.

❽ 무릎 길이

앞 중심의 WL에서 무릎뼈 아래쪽 끝까지 수직으로 잰다.

❾ 허리 높이

앞 중심의 WL에서 바닥까지 수직으로 잰다.

❿ 소매길이

팔을 자연스럽게 내린 상태에서 SP(옆에서 보면 위팔 꼭대기 거의 중앙)에서 손목의 바깥쪽 돌출된 뼈까지 잰다.

⓫ 팔꿈치 길이

팔을 자연스럽게 내린 상태에서 SP에서 팔꿈치의 돌출된 뼈까지 잰다. 제도에 사용하는 EL(엘보 라인)은 실제 팔꿈치 위치의 수평 라인보다 3cm 위에 설정.

⓬ 위팔 둘레

팔의 가장 두꺼운 위치를 1바퀴 돌려 잰다.

⓭ 팔꿈치 둘레

팔꿈치를 구부렸을 때 돌출되는 위치로 팔을 내리고 1바퀴 돌려 잰다.

⓮ 손목 둘레

손목뼈가 돌출된 위치를 1바퀴 돌려 잰다.

⓯ 손바닥 둘레

엄지를 손바닥에 가볍게 붙인 상태에서, 엄지가 붙어 있는 부분과 새끼손가락 쪽 돌출된 위치를 지나 1바퀴 돌려 잰다.

⓰ 머리둘레

앞이마 미간과 뒷머리의 가장 돌출된 곳을 지나 1바퀴 돌려 잰다. 뒷머리의 돌출점이 머리카락에 가려 분간하기 힘들 때는 손으로 만져보고 찾는다. 왼쪽 페이지의 그림처럼 수평이 안 되는 경우도 있다.

⓱ 후드 치수

머리 마루점(정수리, 머리 가장 높은 위치)에서 FNP까지 가볍게 줄자를 대고 잰다.

자신의 치수표와 참고 치수

자신의 치수를 적는 표이다. 참고 치수는 이 책의 제도에 사용한 치수를 표시했다.

부위 / 치수		❶ 가슴둘레	❷ 허리둘레	❸ 중간 엉덩이둘레	❹ 엉덩이둘레	❺ 등 길이	❻ 어깨너비	❼ 엉덩이 길이	❽ 무릎 길이	❾ 허리 높이	❿ 소매길이	⓫ 팔꿈치 길이	⓬ 위팔 둘레	⓭ 팔꿈치 둘레	⓮ 손목 둘레	⓯ 손바닥 둘레	⓰ 머리둘레	⓱ 후드 치수
자신의 치수																		
참고	치수(9호)	83	67	84	91	38	38	18	57	97	52	31.4	26	22	16	21	56	39

자신의 치수를 적는다

단위는 cm

예습 3 기본 패턴에 대하여

몸판

WL에서 윗부분은 문화복장학원에서 만든 '성인 여성용 원형'.
몸을 입체적으로 감싸기 위한 AH 다트와 어깨 다트가 있고,
허리를 꼭 맞게 하는 디자인에 따라 사용하는 허리 다트가 추가된다.
가슴의 완성 치수는 가슴둘레 치수에
최소한의 여유분(가슴둘레 전체에서 12cm)을 넣었다.
옆선을 수직으로 내리고 WL에서 평행으로 스커트 부분을 추가한 박스형의 실루엣이다.

부록
WL에서 윗부분
실물 대형 패턴
(9 사이즈 전개)
수록

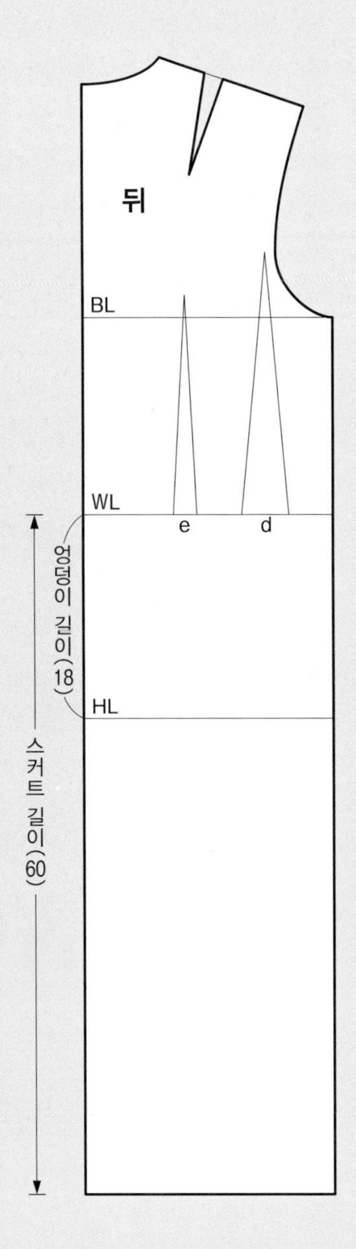

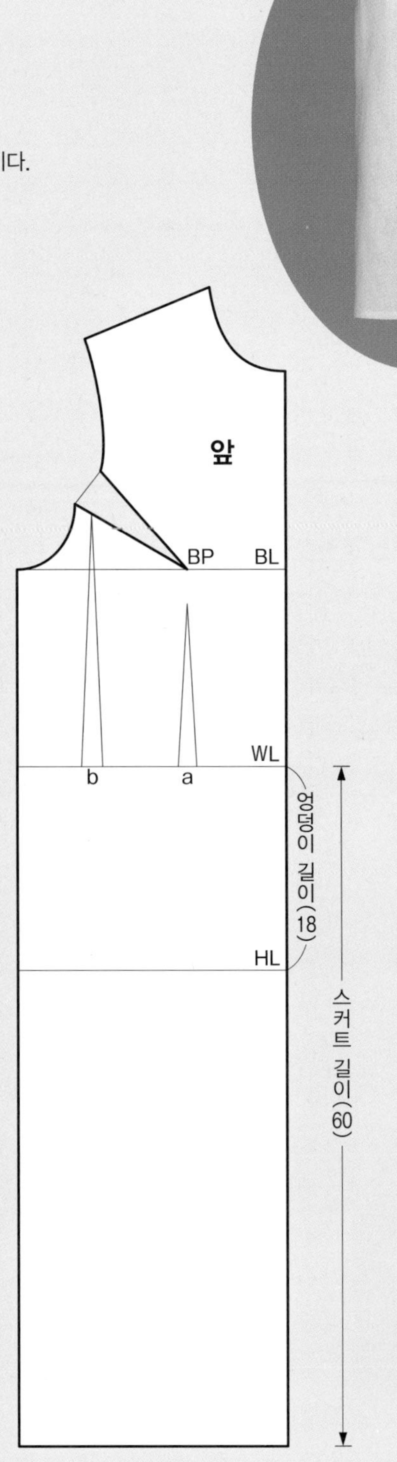

 → 기본 패턴 만드는 법…P.180

— 기본 패턴을 이해하자 —

이 책에서 '기본 패턴'이란 다양한 디자인의 원피스를 만들 때 원형이 되는 몸판과 소매 패턴이다.
이 원형에 필요한 제도와 처리를 추가해 각 디자인의 패턴을 만든다. 몸판, 소매는 모두 전개하기 쉬운 박스형.
엉덩이 길이나 소매길이 등의 괄호 안 치수는 참고 치수(9호 치수 · P.13)이다.

소매

직선적인 원통형의 세트인 슬리브. 소매산에 여유분 줄임을 했다.
소매산 높이는 평균 어깨 길이의 $\frac{4}{5}$, 여유분 줄임 분량은 AH 치수의 5%로 조정해
기본 원피스를 기준으로 균형을 맞췄다.
소매산선은 몸판 기본 패턴의 AH 치수와 모양에 연동한다.
각종 세트인 슬리브나 퍼프 슬리브의 원형으로 사용한다.

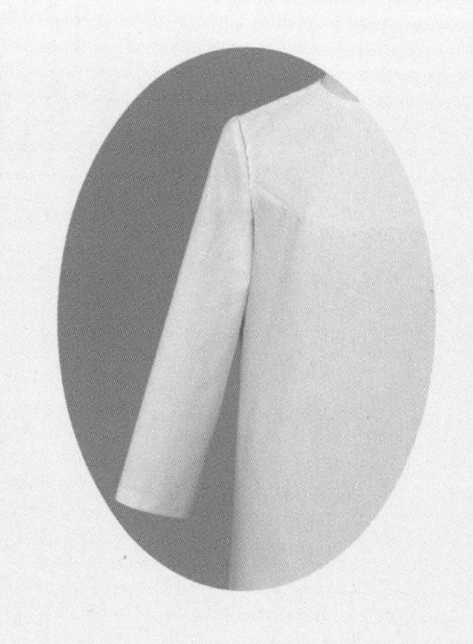

부록

실물 대형 패턴
(9 사이즈 전개)
수록

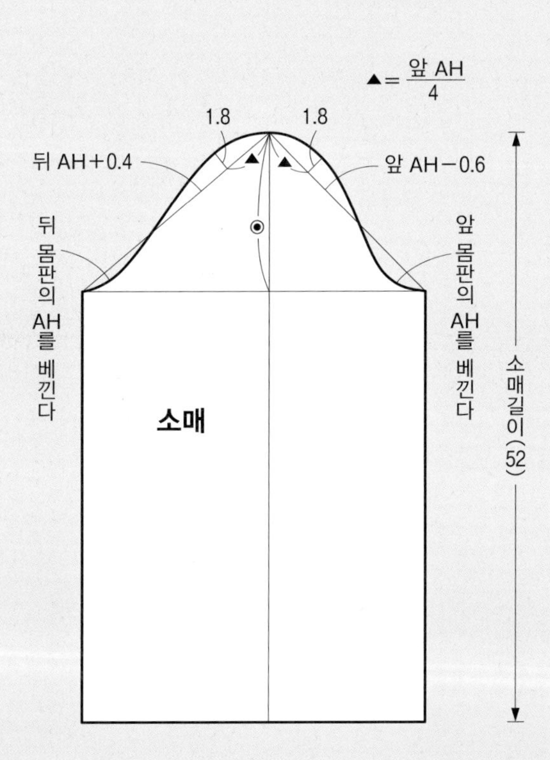

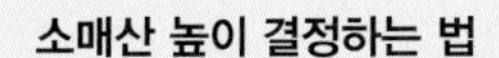

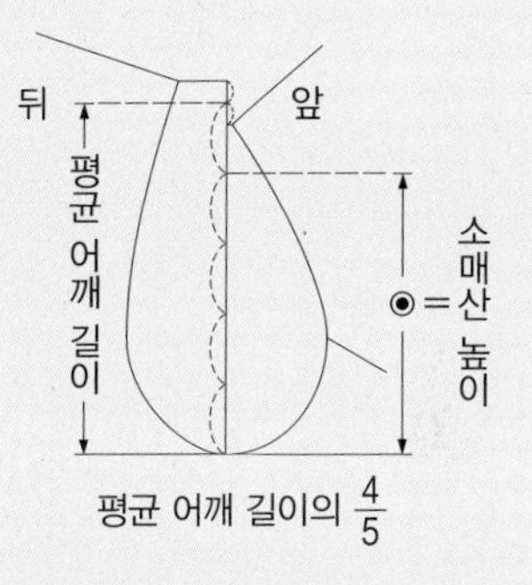

'여유분 줄임'이란…

평면의 천을 입체적으로 만드는 테크닉. 소매의 경우 몸판 진동 둘레보다 소매산선을 길게 하여 줄이면 소매산이 부풀림과 둥글림 있는 라인으로 완성된다. 소매산에 여유분 줄임을 하는 위치의 시접을 성기게 박아 줄인 뒤 다리미로 시접을 정돈해 부풀리는데, 이때 개더나 턱이 되지 않도록 주의가 필요.

'여유분 줄임' 분량은…

여유분 줄임으로 만드는 세트인 슬리브는 몸판의 AH 치수보다 소매산선이 길고 이 치수 차이가 여유분 줄임 분량. 기본 패턴의 여유분 줄임 분량은 몸판 AH 치수의 5%로, 원피스의 표준적인 균형이다. 소매산을 좀 더 부풀리고 싶은 경우 새롭게 제도해 7%까지 늘리는 것이 가능.

→ 기본 패턴 만드는 법…P.186

기초 강의 1

몸판 패턴

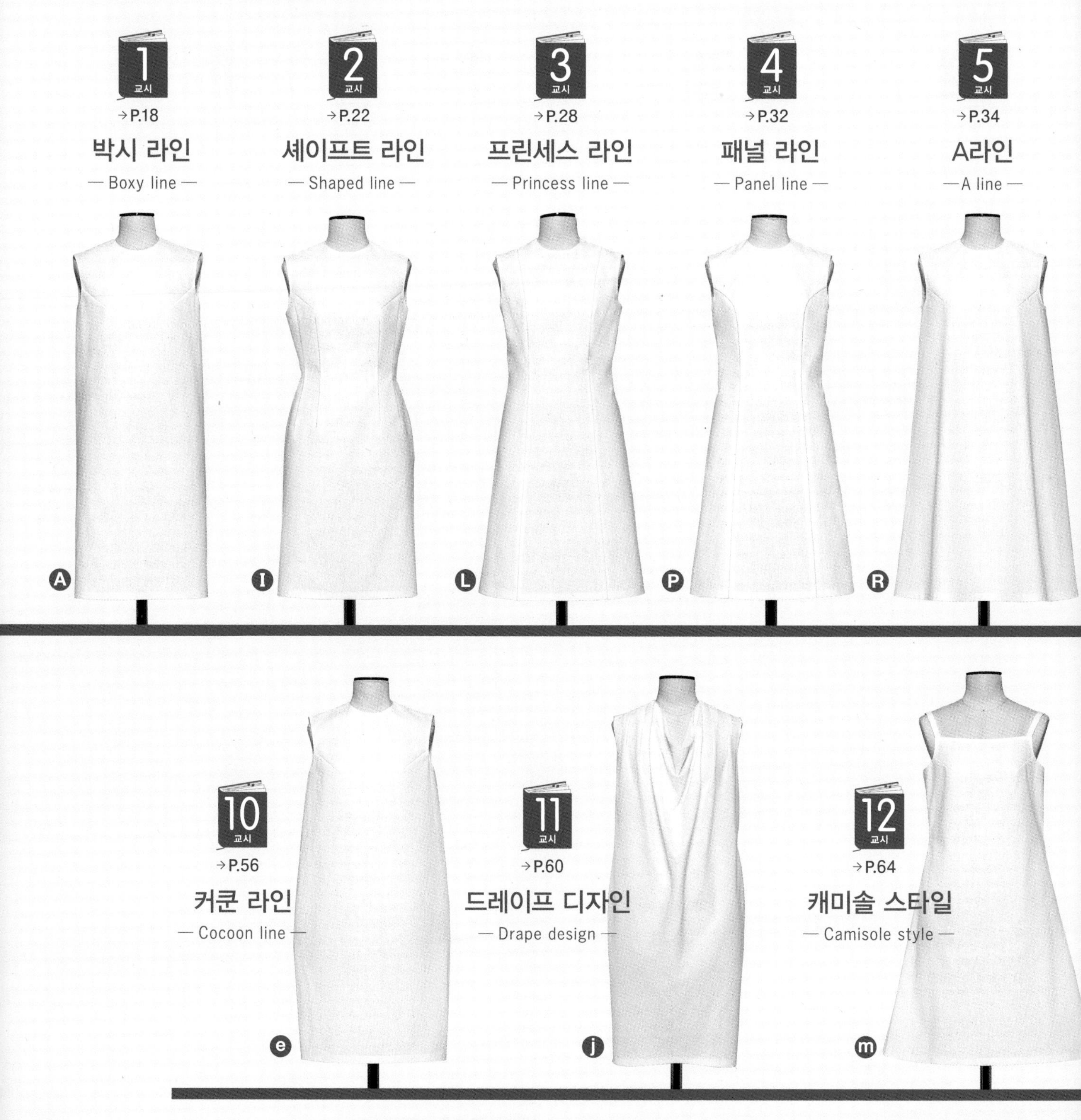

1 교시
→P.18
박시 라인
— Boxy line —
2 교시
→P.22
셰이프트 라인
— Shaped line —
3 교시
→P.28
프린세스 라인
— Princess line —
4 교시
→P.32
패널 라인
— Panel line —
5 교시
→P.34
A라인
— A line —
A
I
L
P
R
10 교시
→P.56
커쿤 라인
— Cocoon line —
11 교시
→P.60
드레이프 디자인
— Drape design —
12 교시
→P.64
캐미솔 스타일
— Camisole style —
e
j
m

몸판이란 몸통을 감싸는 부분의 총칭이다.
원피스의 실루엣을 결정하는 주축이 된다. 다양한 디자인에 폭넓게 대응할 수 있도록
이 책에서는 기본적인 라인에 개성적인 패턴을 추가해 15종류 스타일로 구성했다.
변형 디자인을 포함해 모두 72가지 디자인을 소개한다.
A~n, q~z, 3, 4는 기본 패턴에서 전개하고, o, p, 1, 2는 단독으로 제도한다.

박시 라인

— Boxy line —

A 기본 패턴 그대로

기본 패턴을 그대로 사용한 박스형.
가슴둘레, 엉덩이둘레, 밑단 둘레가
모두 같은 치수이다.
옆선을 밑단까지 수직으로 내린
가장 기본적인 모양.

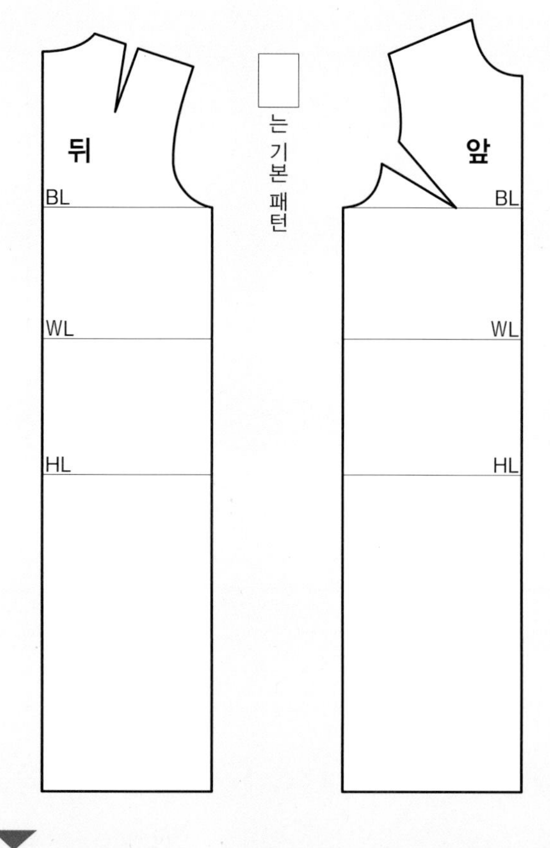

! 밑단 너비나 길이에 따라서 벤트나 슬릿 등을 만들어 보행을 위한 기능성을 보완한다.

! 엉덩이둘레 치수의 확인, 조정이 필수.

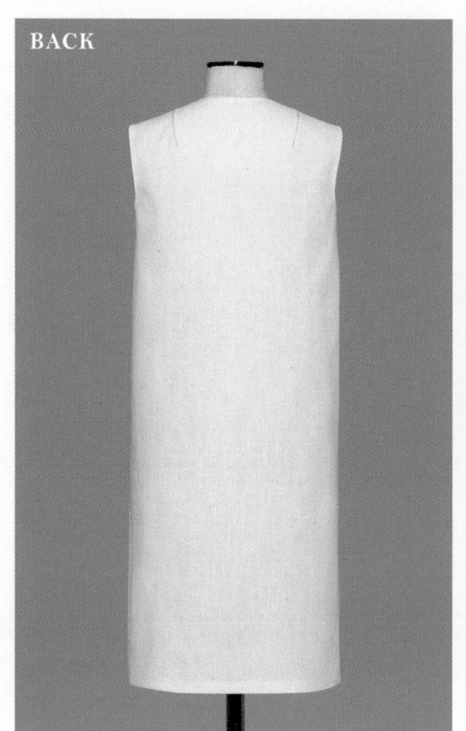

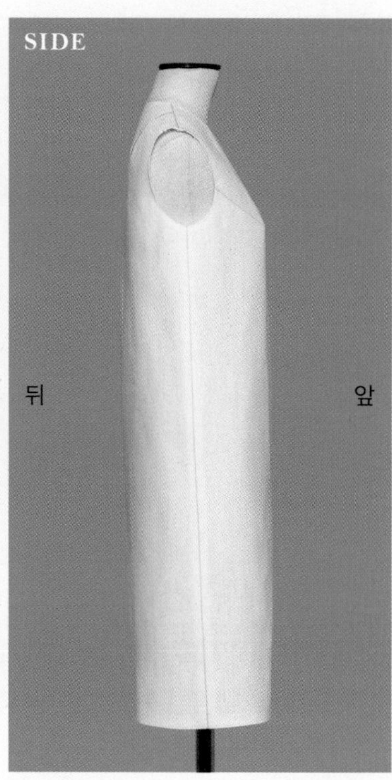

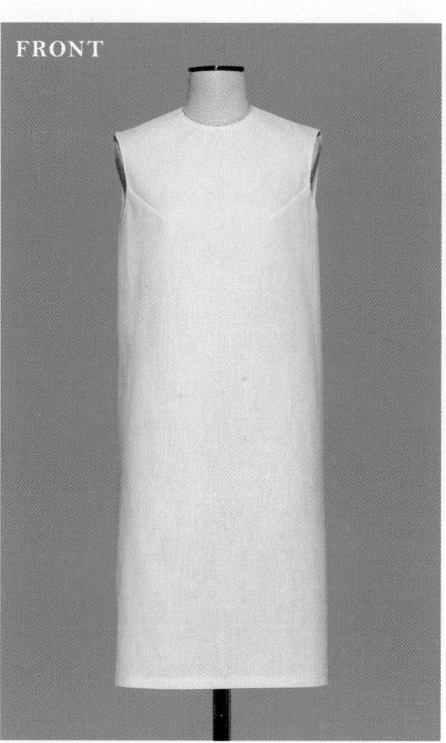

박스형의 스트레이트 라인. 기본 패턴 모양 그대로이고 옆선은 밑단 쪽으로 수직이다.

 → 기본 패턴 만드는 법…P.180, 필요한 밑단 둘레 치수…P.125, 엉덩이둘레 치수 조정…P.189

원피스의 기본형으로 옆선이 거의 수직인 직사각형 실루엣.
직선적인 스타일로 다양한 디자인의 원형이 된다.

B 밑단 너비를 좁힌다(2.5cm)

기본 패턴을 사용.
밑단 너비를 옆에서 잘라
HL과 연결하고
밑단 둘레 전체에서 10cm 좁힌다.

! 밑단 너비나 길이에 따라서 벤트나 슬릿 등을 만들어 보행을 위한 기능성을 보완한다.

! 엉덩이둘레 치수의 확인, 조정이 필수.

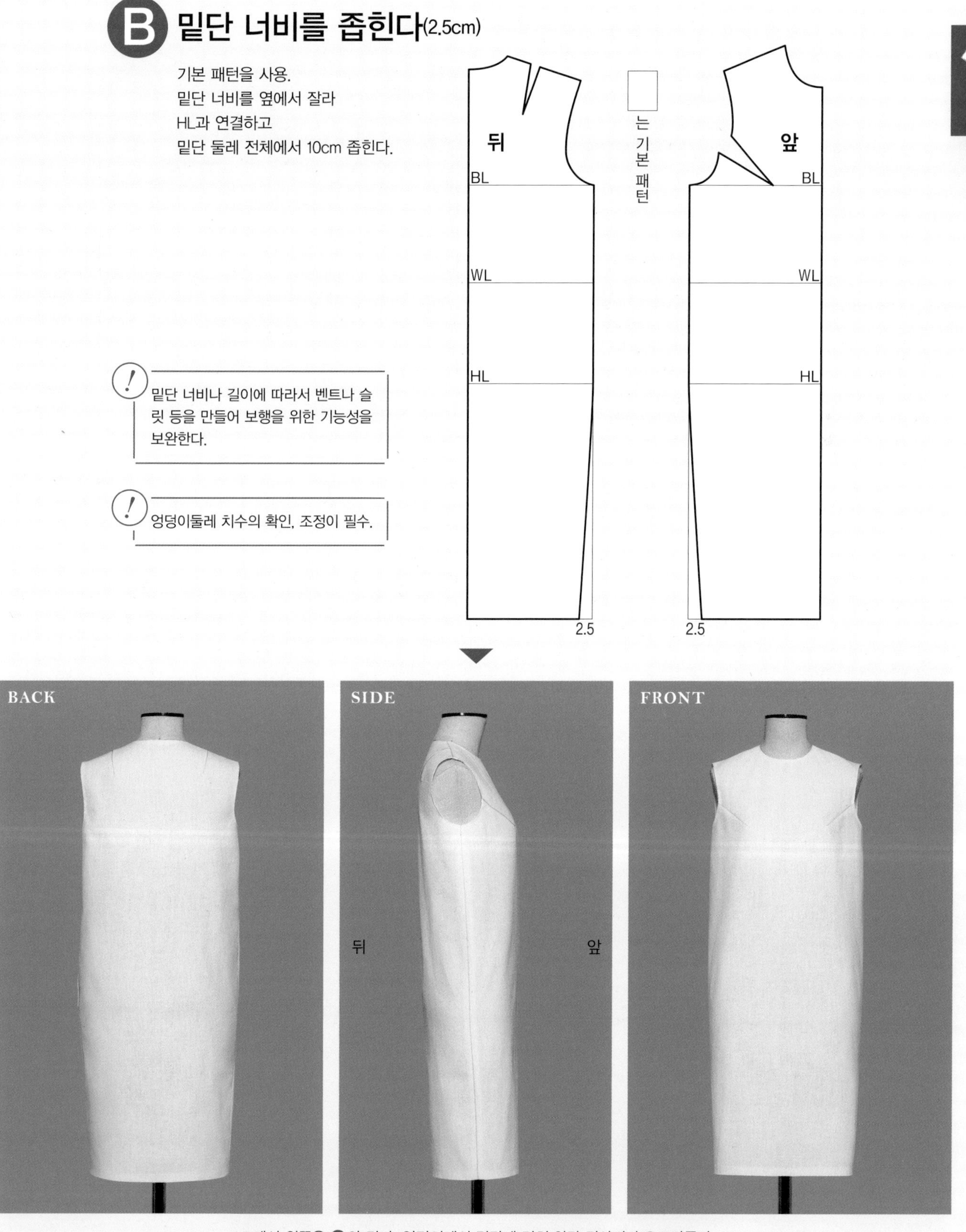

HL에서 위쪽은 A와 같다. 엉덩이에서 밑단에 걸쳐 약간 경사지며 오므라든다.

→ 기본 패턴 만드는 법…P.180, 필요한 밑단 둘레 치수…P.125, 엉덩이둘레 치수 조정…P.189

박시 라인

— Boxy line —

C 밑단 너비를 넓힌다(2.5cm)

기본 패턴을 사용.
밑단 너비를 옆에서 추가해
BL(진동 둘레 아랫점)과 연결하고
밑단 둘레 전체에서 10cm 넓힌다.

! 밑단 너비나 길이에 따라서 벤트나 슬릿 등을 만들어 보행을 위한 기능성을 보완한다.

! 엉덩이둘레 치수의 확인, 조정이 필수.

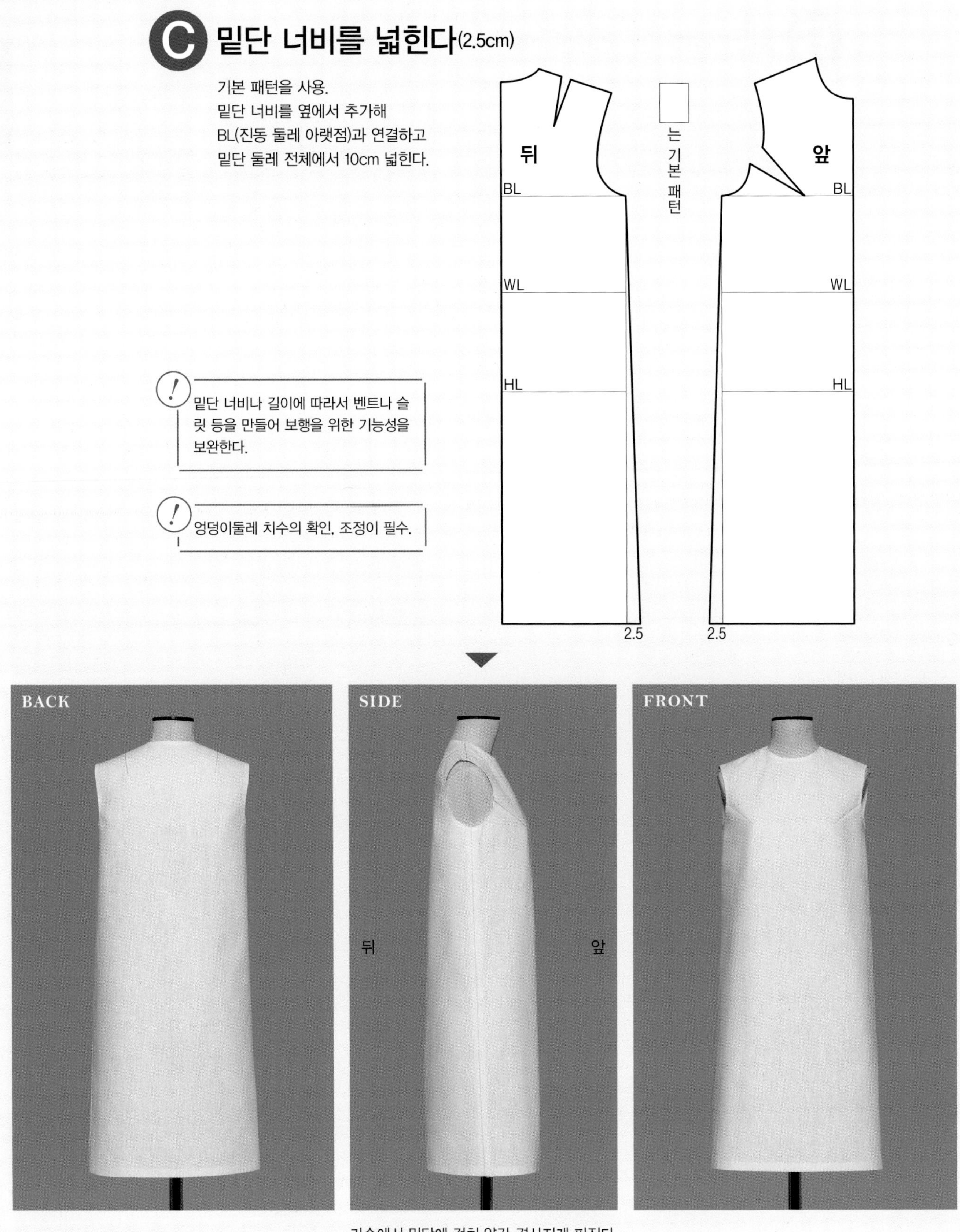

가슴에서 밑단에 걸쳐 약간 경사지게 퍼진다.

 → 기본 패턴 만드는 법…P.180, 필요한 밑단 둘레 치수…P.125, 엉덩이둘레 치수 조정…P.189

D 밑단 너비를 넓힌다(5cm)

기본 패턴을 사용.
밑단 너비를 옆에서 추가해
BL(진동 둘레 아랫점)과 연결하고
밑단 둘레 전체에서 20cm 넓힌다.

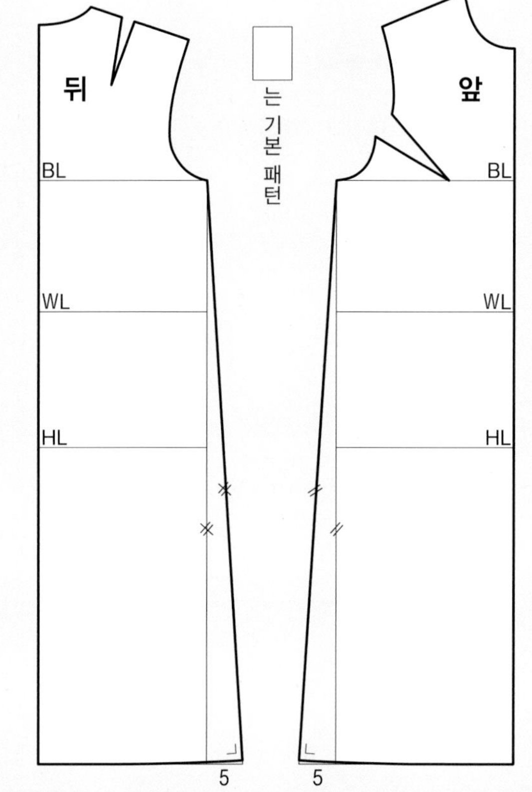

! 밑단 너비나 길이에 따라서 벤트나 슬릿 등을 만들어 보행을 위한 기능성을 보완한다.

! 엉덩이둘레 치수의 확인, 조정이 필수.

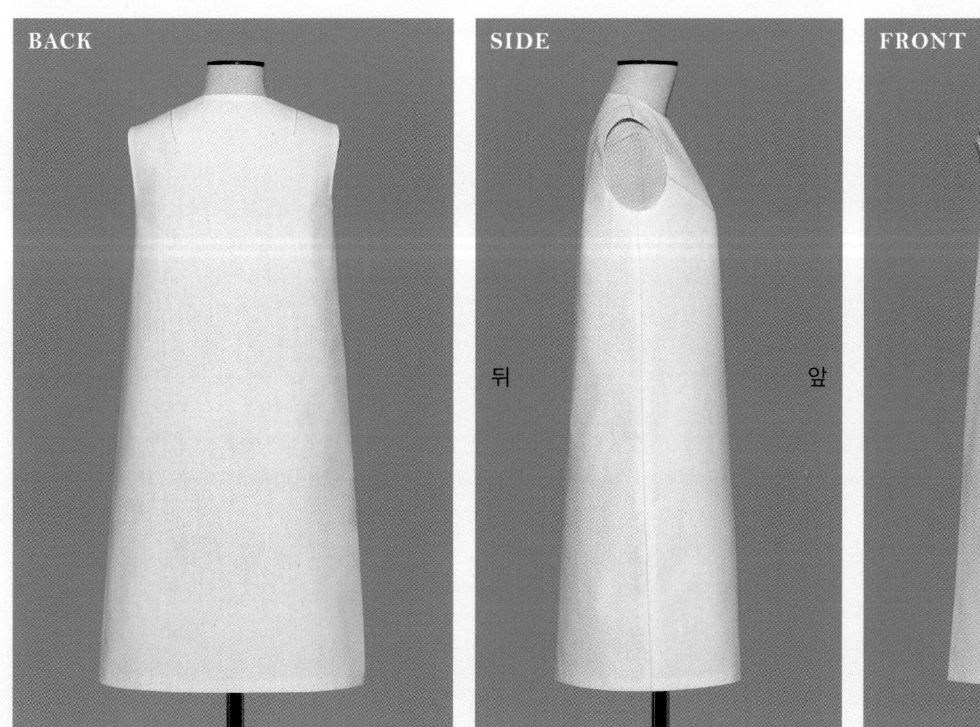

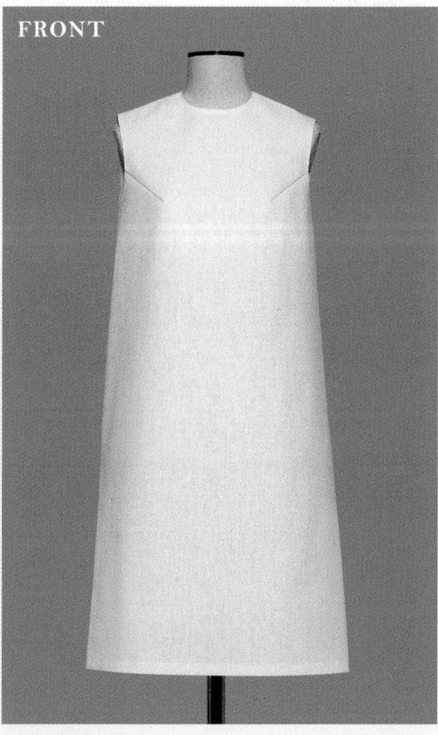

Ⓐ보다 전체적으로 와이드하고, 가슴에서 밑단에 걸쳐 완만한 경사로 퍼진다.

몸판
C
D

→ **기본 패턴 만드는 법**…P.180, **필요한 밑단 둘레 치수**…P.125, **엉덩이둘레 치수 조정**…P.189

셰이프트 라인

— Shaped line —

E WL을 옆에서 줄인다(1cm)

기본 패턴을 사용.
WL을 옆에서 줄이고
BL(진동 둘레 아랫점)~WL~HL을 연결한다.
허리둘레 치수는 전체에서 4cm 줄어든다.

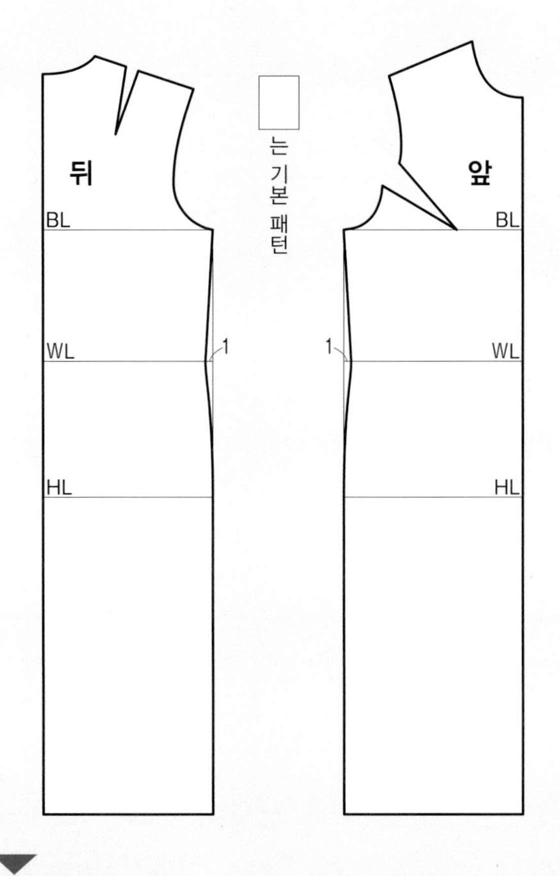

> ! 밑단 너비나 길이에 따라서 벤트나 슬릿 등을 만들어 보행을 위한 기능성을 보완한다.

> ! 엉덩이둘레 치수의 확인, 조정이 필수.

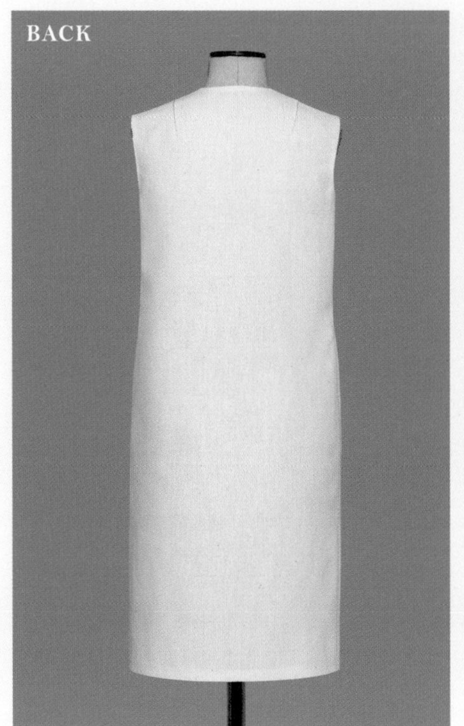

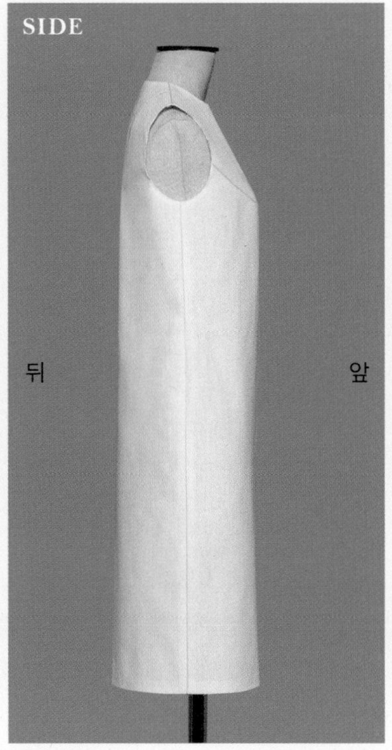

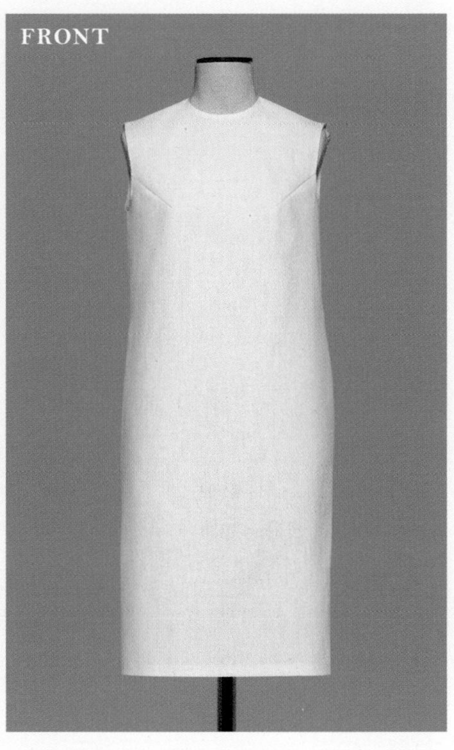

WL에서 살짝 줄여 피트감이 덜한 셰이프트 타입.
약간 잘록한 타이트 실루엣.

→ 기본 패턴 만드는 법…P.180, 줄이는 위치 차이에 따른 비교…P.113, 필요한 밑단 둘레 치수…P.125, 엉덩이둘레 치수 조정…P.189

여성의 체형에 맞게 허리를 줄여 몸매 라인을 아름답게 표현한 실루엣.
다트의 사용 개수나 밑단 너비에 따라 타이트부터 피트 & 플레어까지 자유자재로 응용할 수 있다.

F WL을 옆에서 줄인다(2cm)

기본 패턴을 사용.
WL을 옆에서 줄이고
BL(진동 둘레 아랫점)~WL~HL을 연결한다.
허리둘레 치수는 전체에서 8cm 줄어든다.

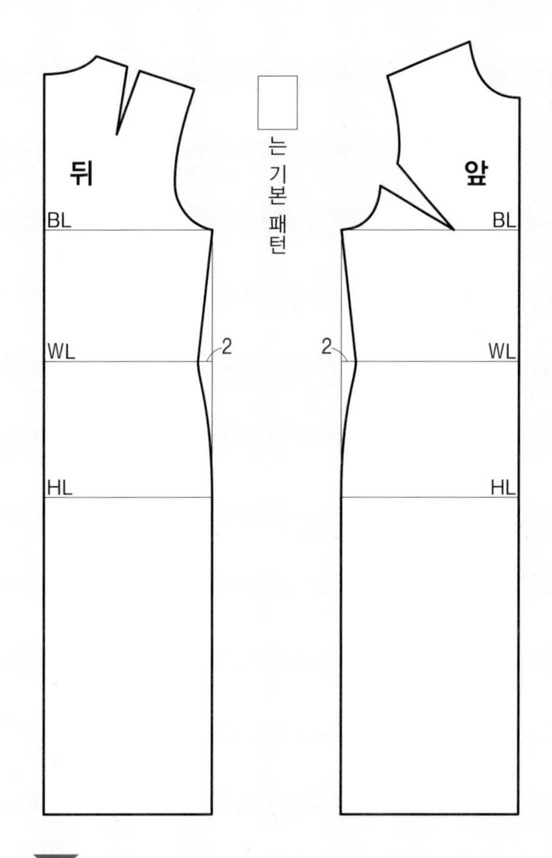

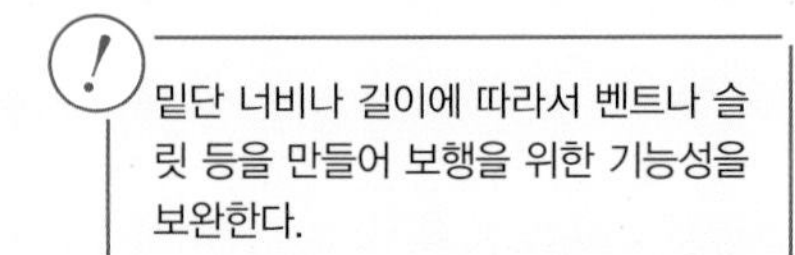

밑단 너비나 길이에 따라서 벤트나 슬릿 등을 만들어 보행을 위한 기능성을 보완한다.

엉덩이둘레 치수의 확인, 조정이 필수.

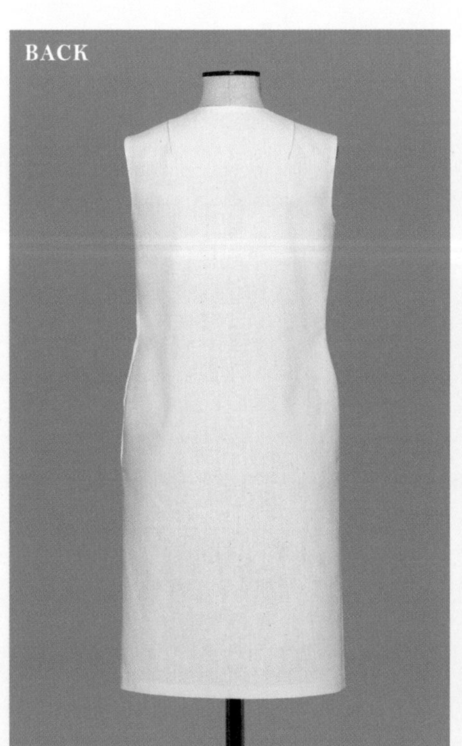

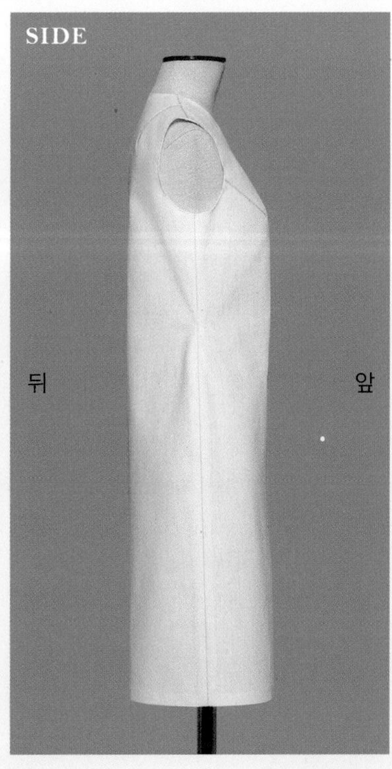

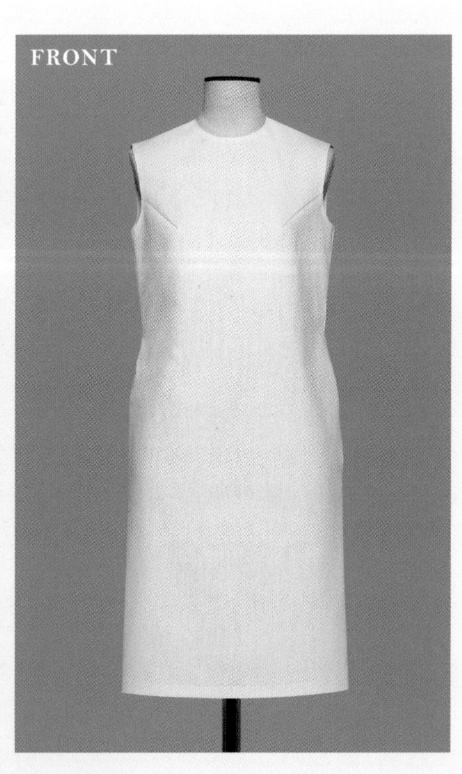

허리 줄이는 분량을 늘린다. 잘록한 곡선이 깊어져 피트감, 입체감도 커진다.

→ 기본 패턴 만드는 법…P.180, 줄이는 위치 차이에 따른 비교…P.113, 필요한 밑단 둘레 치수…P.125, 엉덩이둘레 치수 조정…P.189

2 교시 셰이프트 라인

— Shaped line —

G 허리 다트 1개 이용, WL을 뒤 중심(1cm)과 옆(1cm)에서 줄인다

기본 패턴을 사용.
분량이 적은 쪽 다트 a, e를 사용하고
스커트 부분을 그려 넣어 마름모꼴 다트로 한다.
다시 WL을 뒤 중심과 옆에서 줄이고
뒤 중심은 어깨 다트 끝의 수평 위치~WL~HL을,
옆은 BL(진동 둘레 아랫점)~WL~HL을 연결한다.
허리둘레 치수는 전체에서
6cm+다트 분량((a+e)×2)만큼 줄어든다.

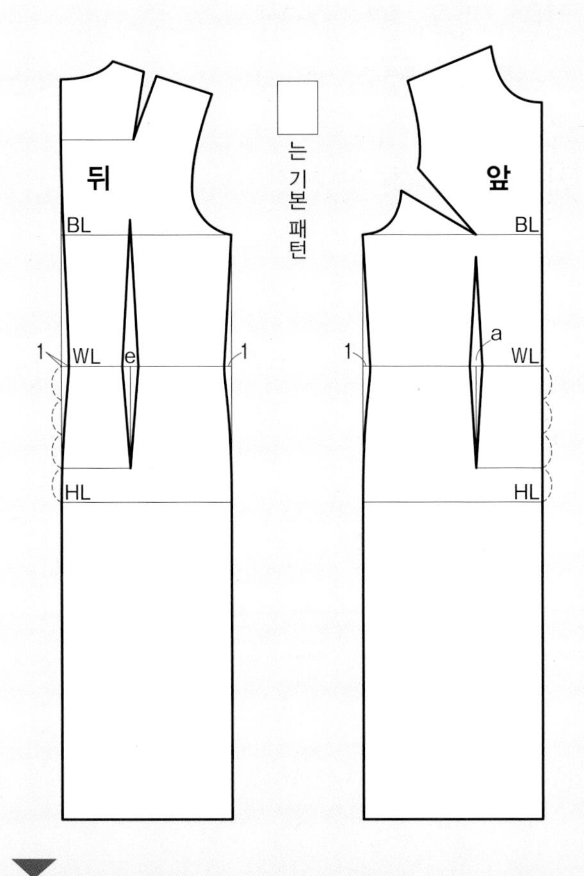

밑단 너비나 길이에 따라서 벤트나 슬릿 등을 만들어 보행을 위한 기능성을 보완한나.

엉덩이둘레 치수의 확인, 조정이 필수.

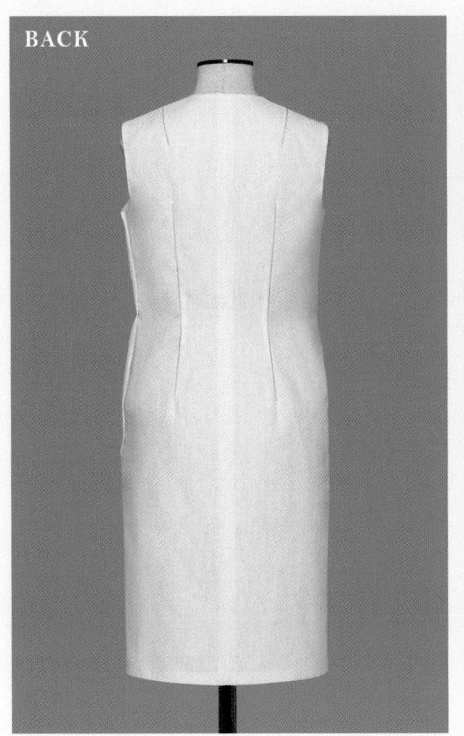

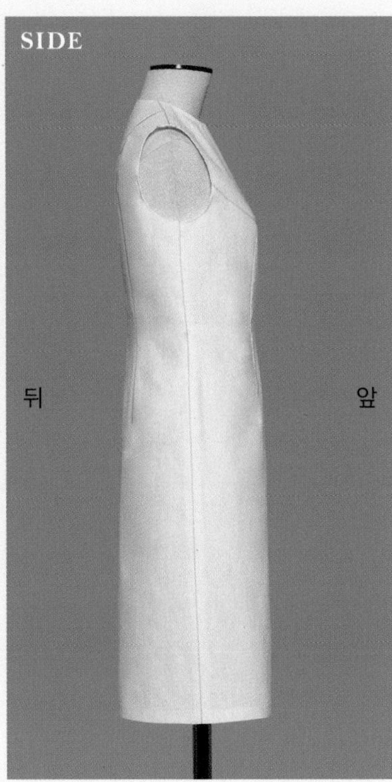

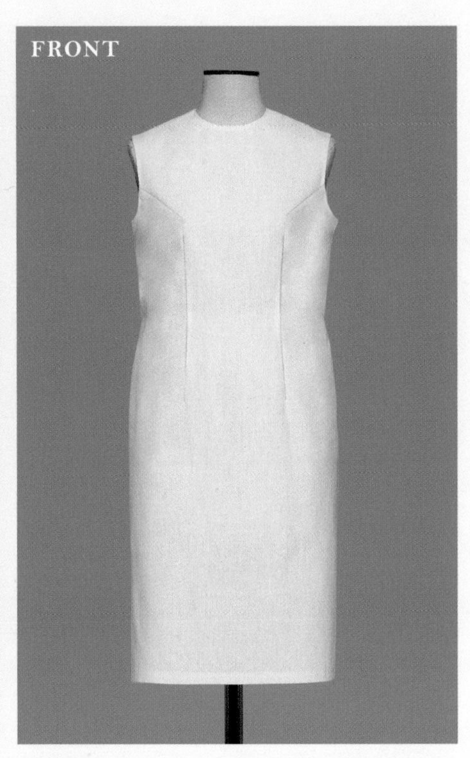

WL에서 조금 가늘어지도록 줄인 소프트 셰이프트 타입.
알맞은 피트감의 타이트 실루엣.

 → 기본 패턴 만드는 법…P.180, 줄이는 위치 차이에 따른 비교…P.113, 필요한 밑단 둘레 치수…P.125, 엉덩이둘레 치수 조정…P.189

H 허리 다트 1개 이용, WL을 뒤 중심(1cm)과 옆(1cm)에서 줄이고, 밑단 너비를 넓힌다(5cm)

기본 패턴을 사용.
G와 마찬가지로 다트 a, e를 사용하고
스커트 부분을 그려 넣어 마름모꼴 다트로 한다.
다시 WL을 뒤 중심과 옆에서 줄이고 밑단 너비를
옆에서 추가.
뒤 중심은 어깨 다트 끝의 수평 위치~WL~HL을,
옆은 BL(진동 둘레 아랫점)~WL~밑단을 연결한다.
허리둘레 치수는 전체에서
6cm+다트 분량((a+e)×2)만큼 줄어든다.

> 밑단 너비나 길이에 따라서 벤트나 슬릿 등을 만들어 보행을 위한 기능성을 보완한다.

> 엉덩이둘레 치수의 확인, 조정이 필수.

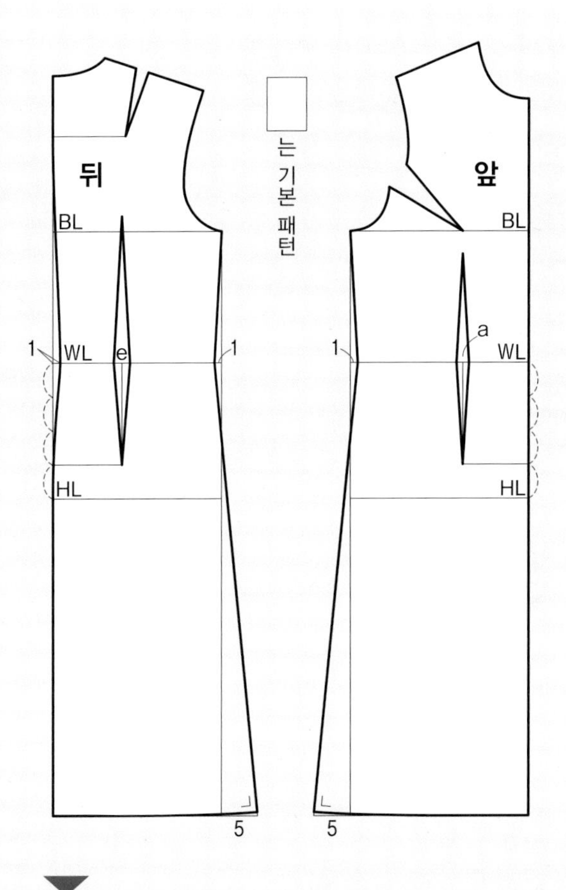

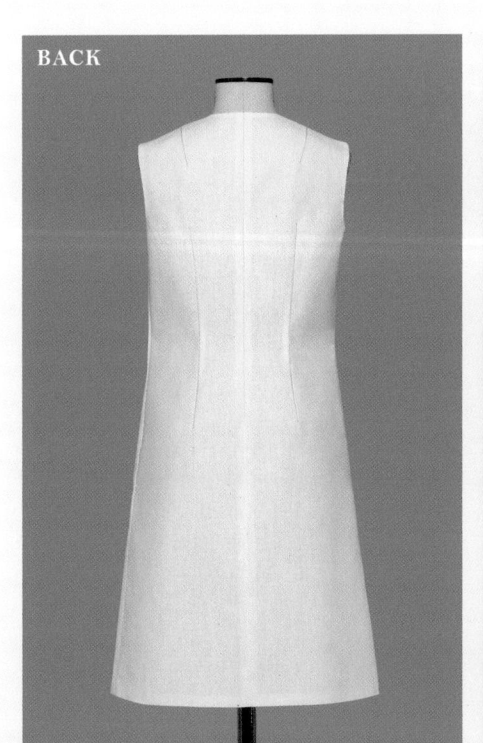

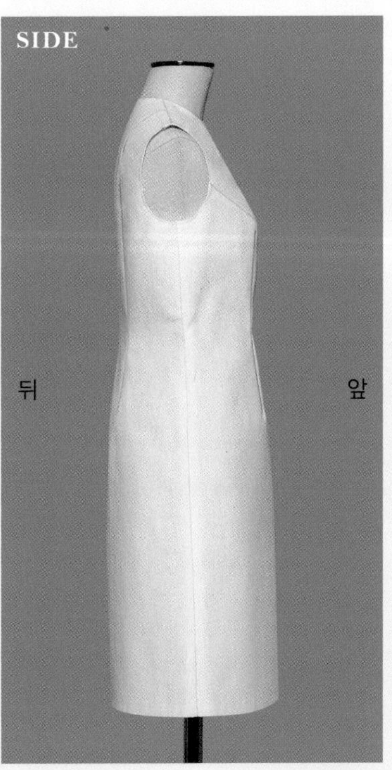

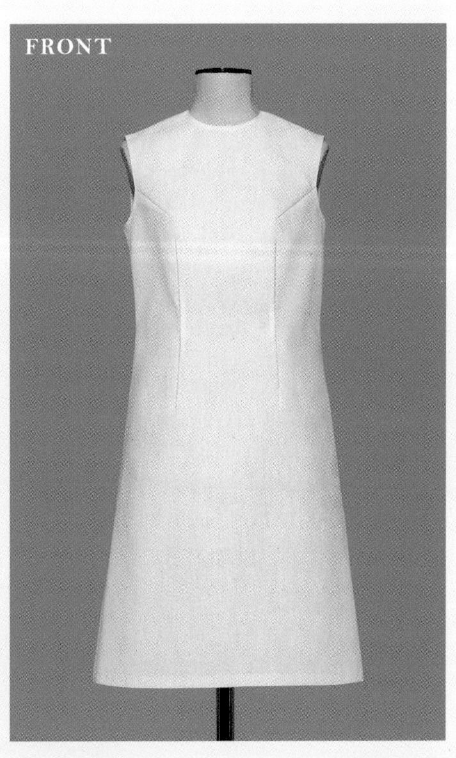

G와 마찬가지로 허리가 줄지만, 밑단 퍼짐을 더해 약간 피트 & 플레어 실루엣으로.

→ 기본 패턴 만드는 법…P.180, 줄이는 위치 차이에 따른 비교…P.113, 필요한 밑단 둘레 치수…P.125, 엉덩이둘레 치수 조정…P.189

2 교시 셰이프트 라인

— Shaped line —

I 허리 다트 2개 이용, WL을 뒤 중심(1cm)과 옆(1.5cm)에서 줄인다

기본 패턴을 사용.
허리 다트를 전부(d는 절반 분량) 사용하고
스커트 부분을 그려 넣어 마름모꼴 다트로 한다.
다시 WL을 뒤 중심과 옆에서 줄이고
뒤 중심은 어깨 다트 끝의 수평 위치~WL~HL을,
옆은 BL(진동 둘레 아랫점)~WL~HL을 연결한다.
허리둘레 치수는 전체에서
8cm+다트 분량($(a+b+\frac{d}{2}+e)\times2$)만큼 줄어든다.

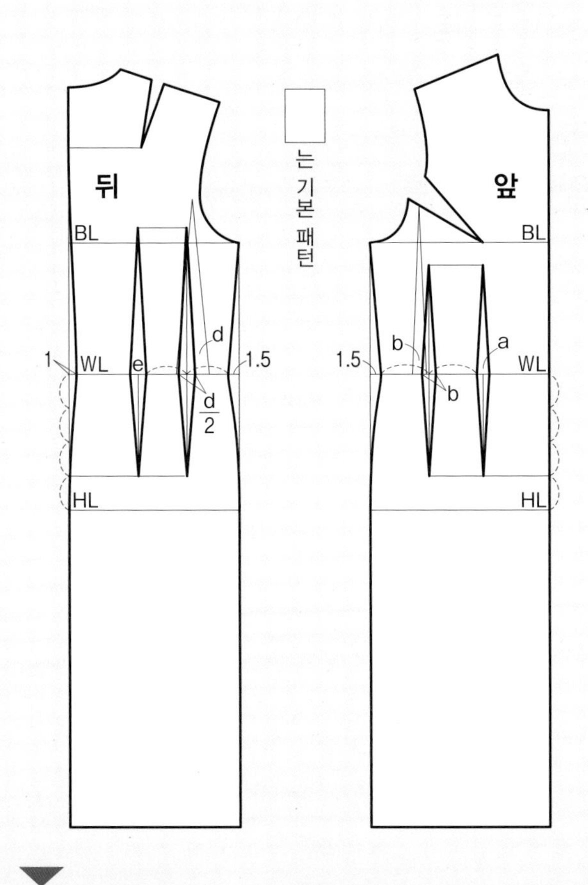

> 밑단 너비나 길이에 따라서 벤트나 슬릿 등을 만들어 보행을 위한 기능성을 보완한다.

> 엉덩이둘레 치수의 확인, 조정이 필수.

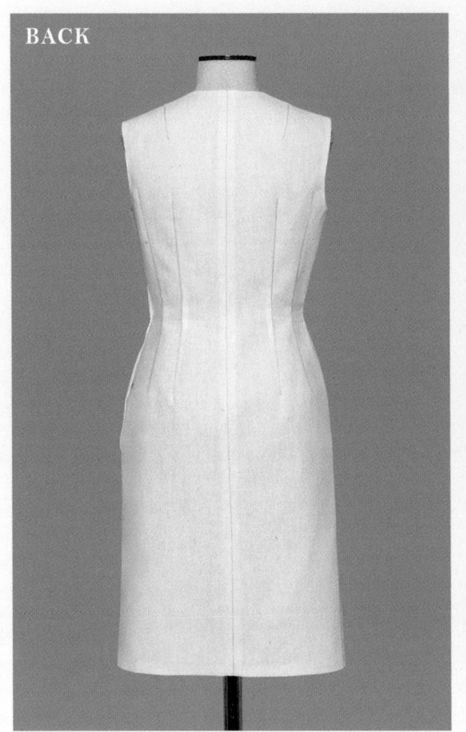

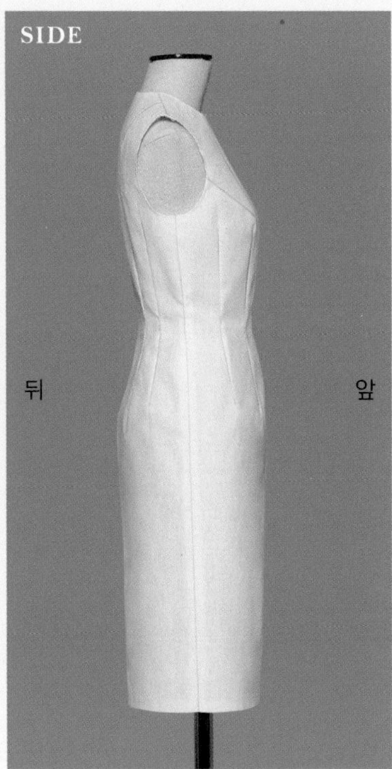

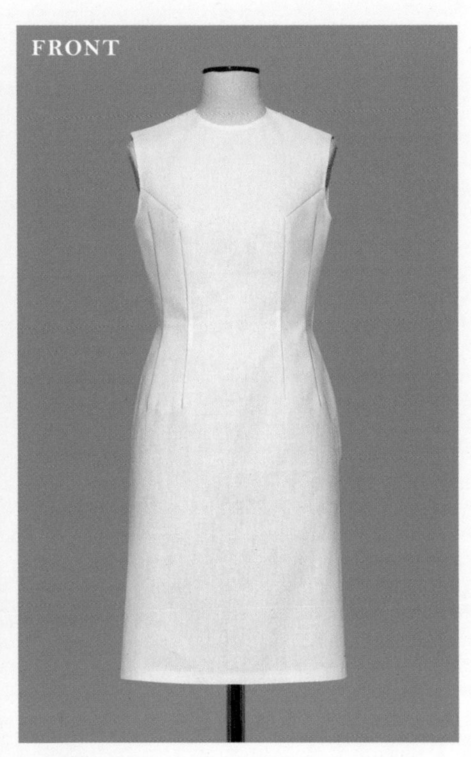

Ⓖ보다 더 허리를 줄여 피트감이 높은 라인. 리듬감이 생겨 한층 더 날씬해 보인다.

 → 기본 패턴 만드는 법…P.180, 줄이는 위치 차이에 따른 비교…P.113, 필요한 밑단 둘레 치수…P.125, 엉덩이둘레 치수 조정…P.189

J 허리 다트 2개 이용, WL을 뒤 중심(1cm)과 옆(1.5cm)에서 줄이고, 밑단 너비를 넓힌다(5cm)

기본 패턴을 사용.
허리 다트를 전부(d는 절반 분량) 사용하고 스커트 부분을 그려 넣어 마름모꼴 다트로 한다.
다시 WL을 뒤 중심과 옆에서 줄이고 밑단 너비를 옆에서 추가.
뒤 중심은 어깨 다트 끝의 수평 위치~WL~HL을, 옆은 BL(진동 둘레 아랫점)~WL~밑단을 연결한다.
허리둘레 치수는 전체에서 8cm+다트 분량$((a+b+\frac{d}{2}+e)\times2)$만큼 줄어든다.

> ! 밑단 너비나 길이에 따라서 벤트나 슬릿 등을 만들어 보행을 위한 기능성을 보완한다.

> ! 엉덩이둘레 치수의 확인, 조정이 필수.

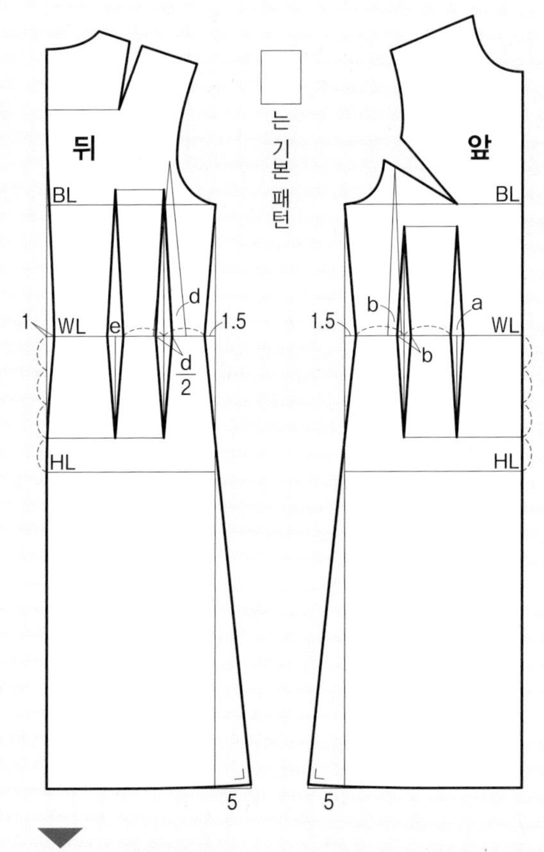

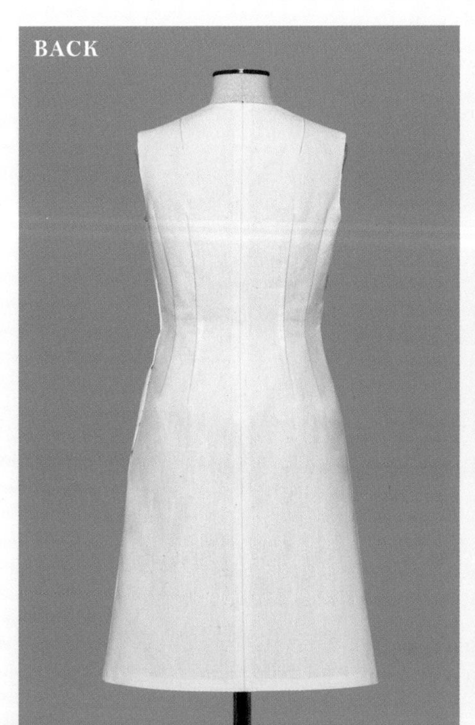

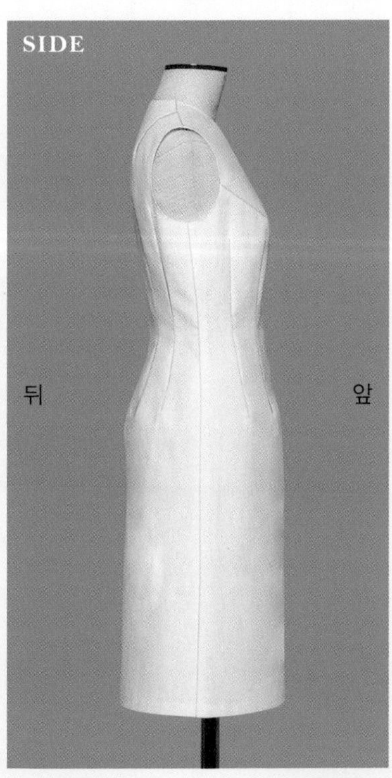

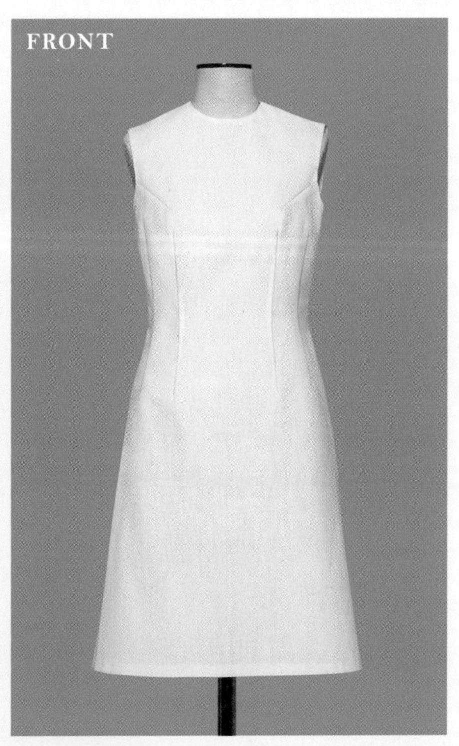

H보다 허리 줄임을 강하게 하여 대비가 커진다. 피트 & 플레어 실루엣이 두드러진다.

→ 기본 패턴 만드는 법…P.180, 줄이는 위치 차이에 따른 비교…P.113, 필요한 밑단 둘레 치수…P.125, 엉덩이둘레 치수 조정…P.189

프린세스 라인

— Princess line —

K 허리 다트 1개 이용, WL을 뒤 중심(1cm)과 옆(1cm)에서 줄이고, 밑단 너비를 넓힌다(2.5cm)

기본 패턴을 사용.
중심 쪽 다트 a, e를 사용하고 a는 같은 위치, e는 같은 분량을 옆쪽으로 이동.
프린세스 라인은 어깨~WL~밑단 (각 다트의 중심선에서 밑단 너비를 2.5cm씩 추가한 위치)을 연결한다.
다시 WL을 뒤 중심과 옆에서 줄이고 밑단 너비를 옆에서 추가.
뒤 중심은 어깨 다트 끝의 수평 위치~WL~HL을, 옆은 BL(진동 둘레 아랫점)~WL~밑단을 연결한다.

> ! 앞뒤 프린세스 라인은 어깨선에서 연결되도록 위치를 맞춘다.

> ! 엉덩이둘레 치수의 확인, 조정이 필수.

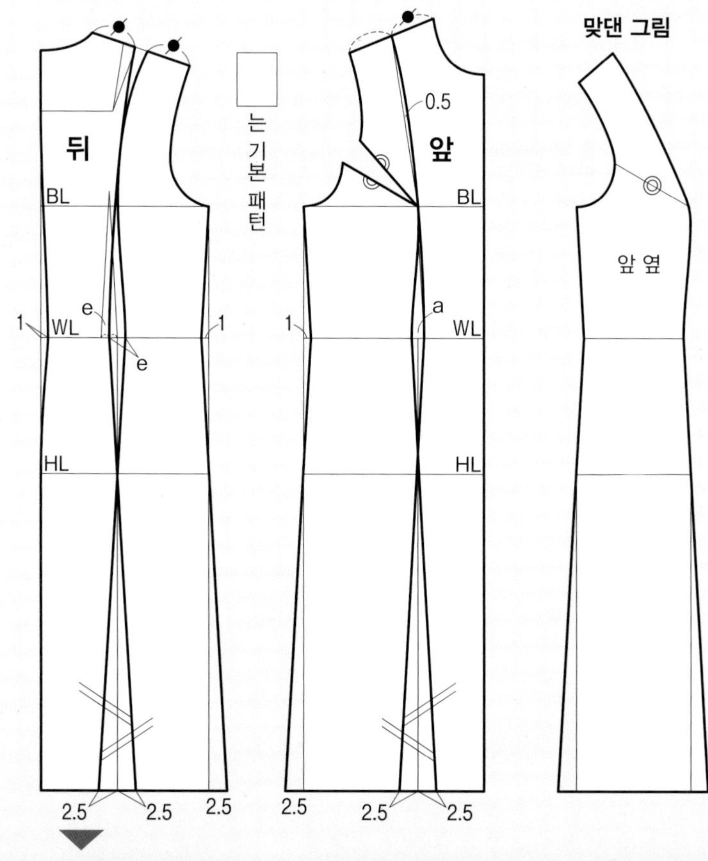

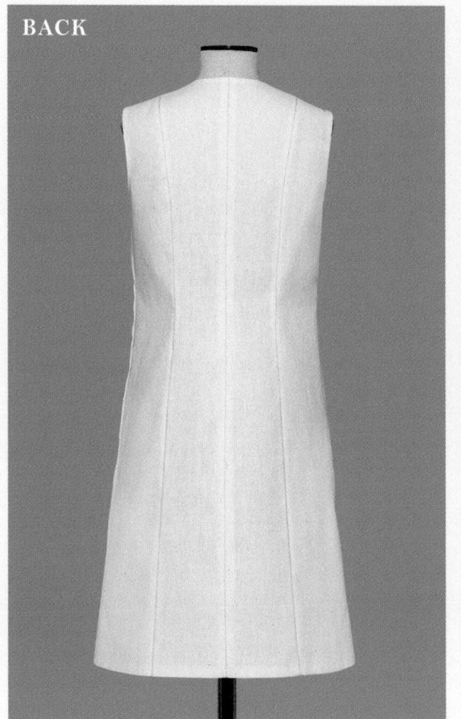

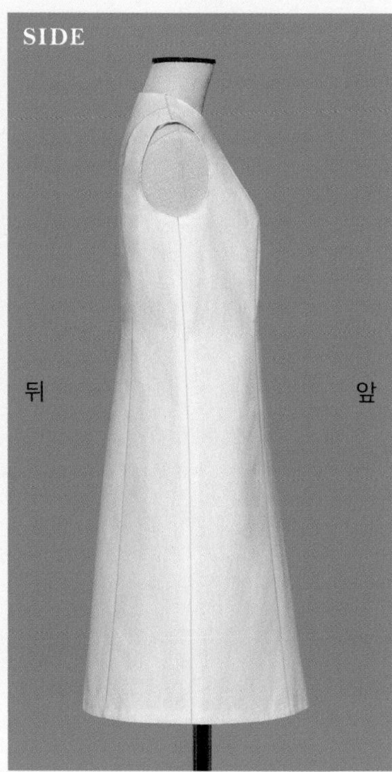

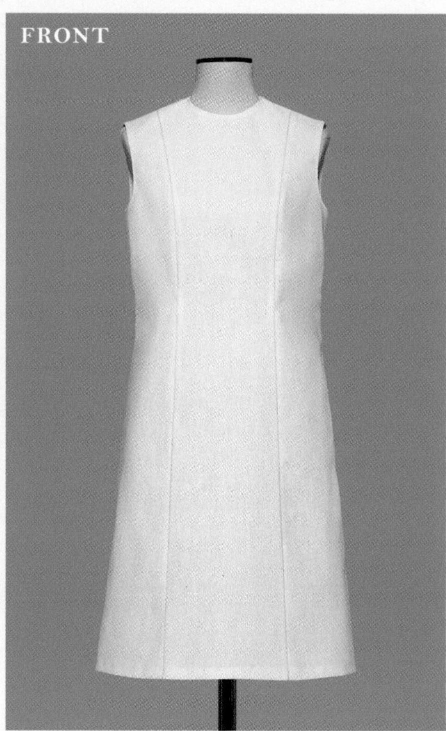

WL의 줄임도 밑단 너비 추가도 적게 설정해 리듬감이 덜한 피트 & 플레어 실루엣.
완만한 곡선의 프린세스 라인 효과로 표정이 부드럽다.

 → 기본 패턴 만드는 법…P.180, 줄이는 위치 차이에 따른 비교…P.113, 엉덩이둘레 치수 조정…P.189

셰이프트 라인 실루엣을
다트가 아닌 프린세스 라인(어깨에서 밑단으로의 세로 이음선)으로 상반신을 적당히 몸에 맞게 한 디자인.
허리 줄임 분량은 같지만 다트와 비교해 표정이 부드러워진다.

L 허리 다트 1개 이용, WL을 뒤 중심(1cm)과 옆(1.5cm)에서 줄이고, 밑단 너비를 넓힌다(2.5cm)

기본 패턴을 사용.
중심 쪽 다트 a, e를 사용하고
다트 분량을 a는 1cm, e는 1.5cm 늘린다.
프린세스 라인은 어깨~WL~밑단
(각 다트의 중심선에서 밑단 너비를 2.5cm씩
추가한 위치)을 연결한다.
다시 WL을 뒤 중심과 옆에서 줄이고 밑단 너비를
옆에서 추가.
뒤 중심은 어깨 다트 끝의 수평 위치~WL~HL을,
옆은 BL(진동 둘레 아랫점)~WL~밑단을 연결한다.

> ! 앞뒤 프린세스 라인은 어깨선에서 연결되도록 위치를 맞춘다.

> ! 엉덩이둘레 치수의 확인, 조정이 필수.

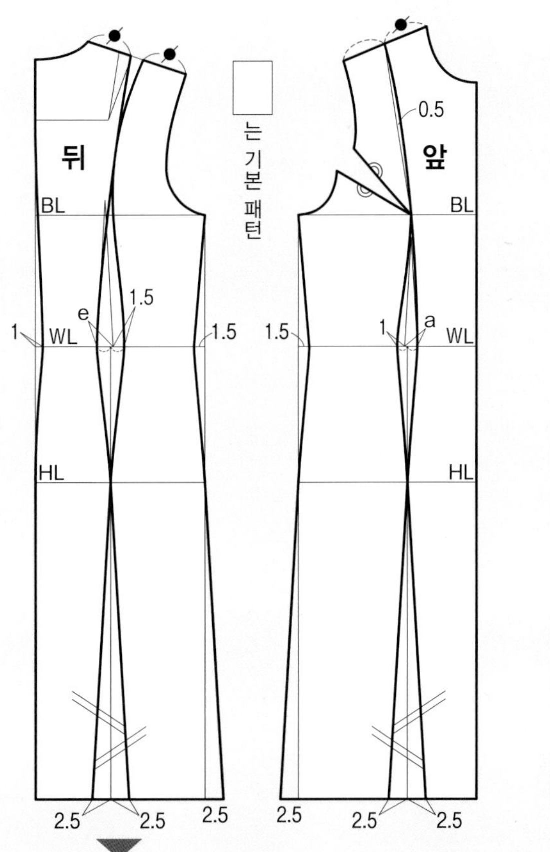

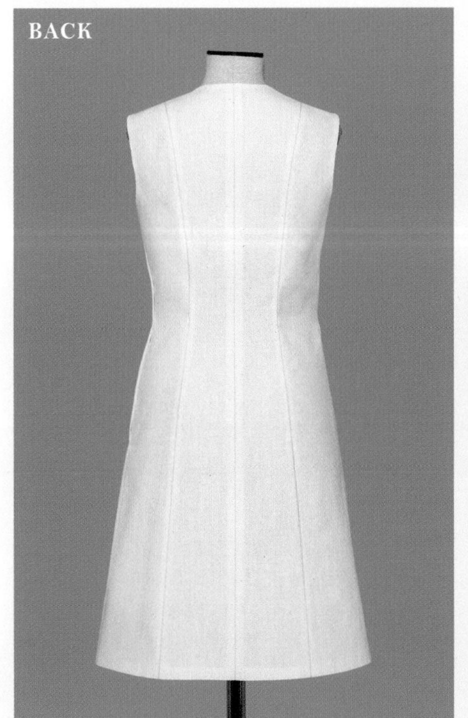

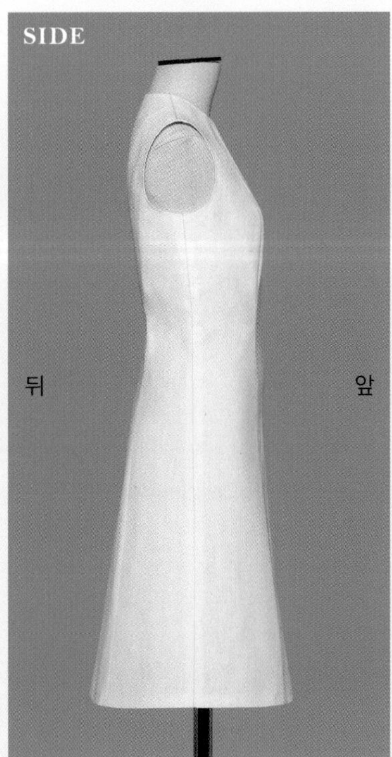

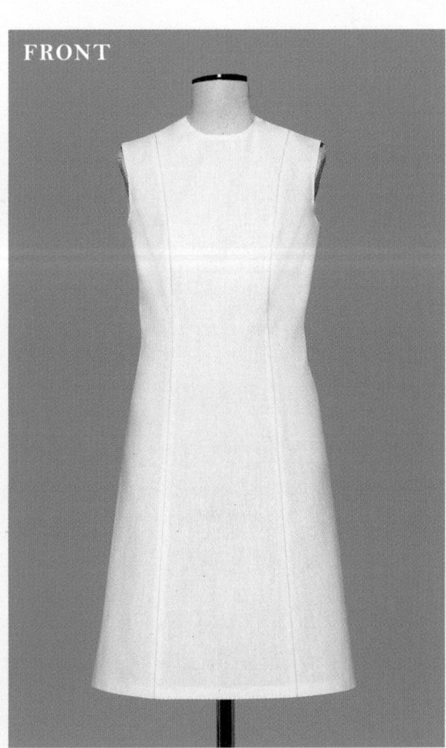

WL의 줄임을 더 많게 하여 허리가 더 잘록하게 들어간다.
그로 인해 밑단 너비의 추가는 K와 같지만 한층 리듬감이 생기고 피트 & 플레어 실루엣이 좀 더 명확해진다.

→ 기본 패턴 만드는 법…P.180, 줄이는 위치 차이에 따른 비교…P.113, 엉덩이둘레 치수 조정…P.189

프린세스 라인
— Princess line —

M 허리 다트 1개 이용, WL을 뒤 중심(1cm)과 옆(1.5cm)에서 줄이고, 밑단 너비를 넓힌다(5cm)

기본 패턴을 사용.
중심 쪽 다트 a, e를 사용하고
다트 분량을 a는 1cm, e는 1.5cm 늘린다.
프린세스 라인은 어깨~WL~밑단
(각 다트의 중심선에서 밑단 너비를 5cm씩
추가한 위치)을 연결한다.
다시 WL을 뒤 중심과 옆에서 줄이고 밑단 너비를
옆에서 추가.
뒤 중심은 어깨 다트 끝의 수평 위치~WL~HL을,
옆은 BL(진동 둘레 아랫점)~WL~밑단을 연결한다.

앞뒤 프린세스 라인은 어깨선에서 연결되도록 위치를 맞춘다.

엉덩이둘레 치수의 확인, 조정이 필수.

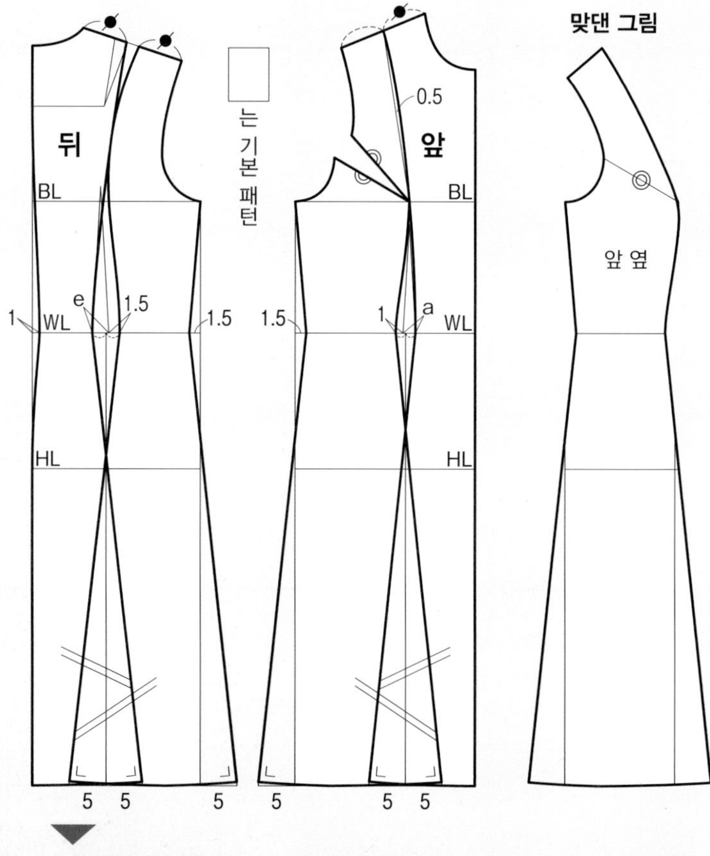

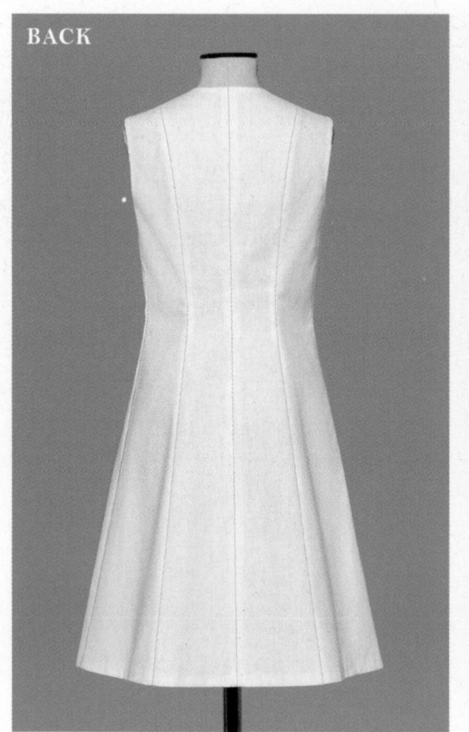

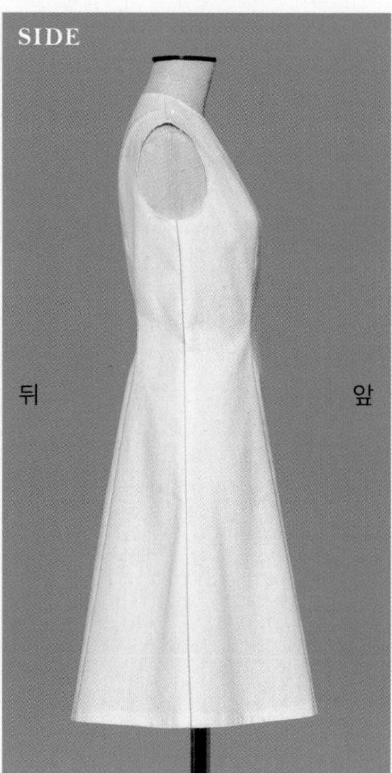

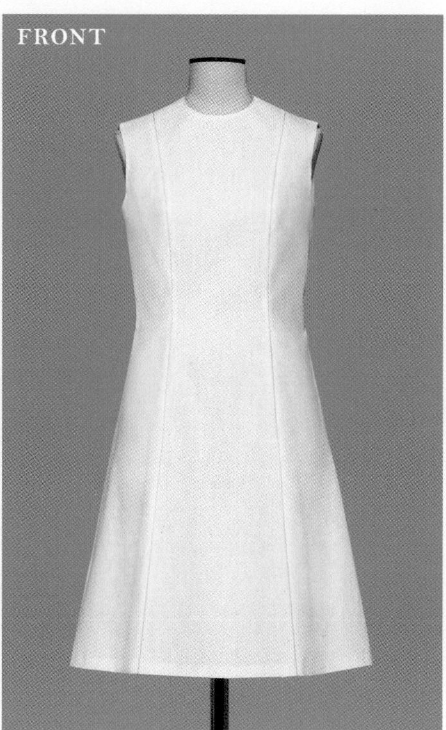

WL의 줄임은 L과 같게 하고 밑단 너비의 추가 분량을 많게 한 스타일.
허리 가늘기와 밑단 퍼짐의 대비가 두드러져 입체감 있는 X라인 실루엣이 된다.

 → 기본 패턴 만드는 법…P.180, 줄이는 위치 차이에 따른 비교…P.113, 엉덩이둘레 치수 조정…P.189

N 허리 다트 1개 이용, WL을 뒤 중심(1cm)과 옆(1.5cm)에서 줄이고, 밑단 너비를 넓힌다(10cm)

기본 패턴을 사용.
중심 쪽 다트 a, e를 사용하고
다트 분량을 a는 1cm, e는 1.5cm 늘린다.
프린세스 라인은 어깨~WL~밑단
(각 다트의 중심선에서 밑단 너비를
10cm씩 추가한 위치)을 연결한다.
다시 WL을 뒤 중심과 옆에서 줄이고
밑단 너비를 옆에서 추가.
뒤 중심은 어깨 다트 끝의 수평 위치~
WL~HL을,
옆은 BL(진동 둘레 아랫점)~WL~밑단을
연결한다.

> ! 앞뒤 프린세스 라인은 어깨선에서 연결되도록 위치를 맞춘다.

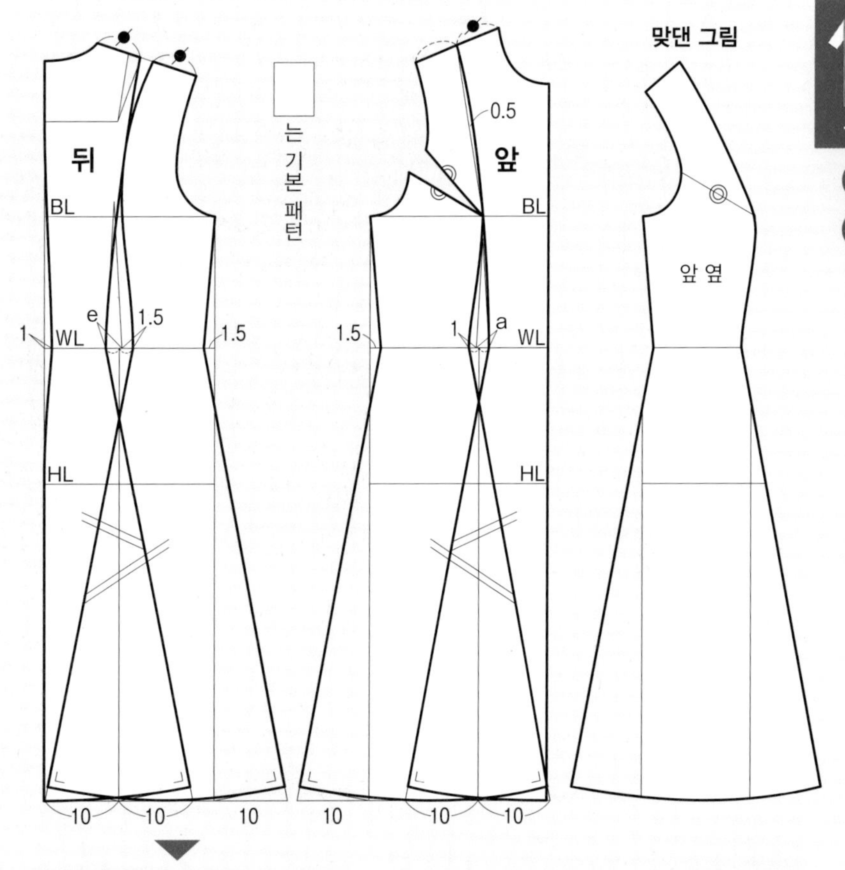

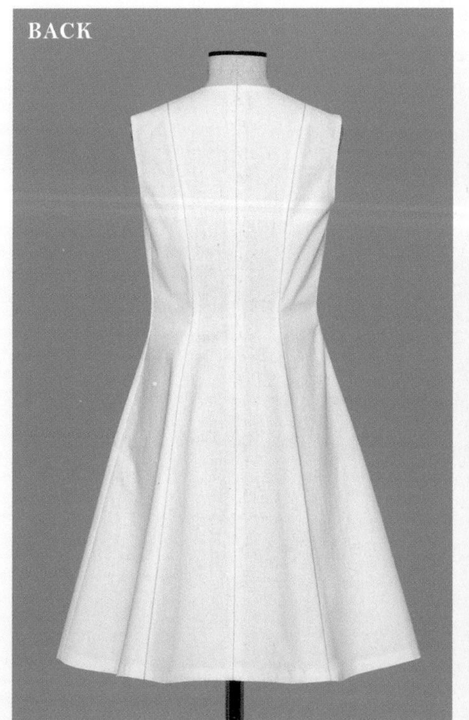

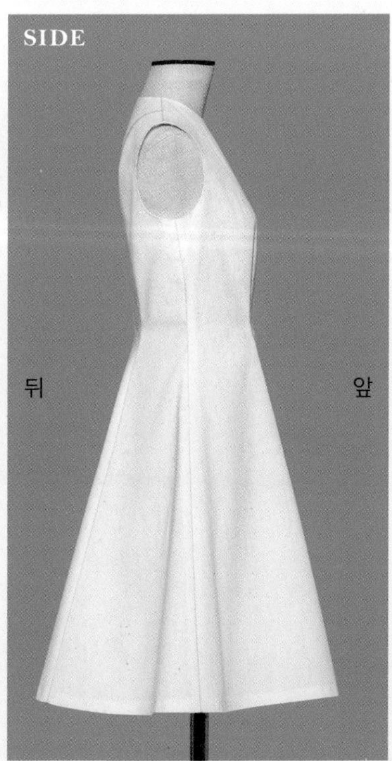

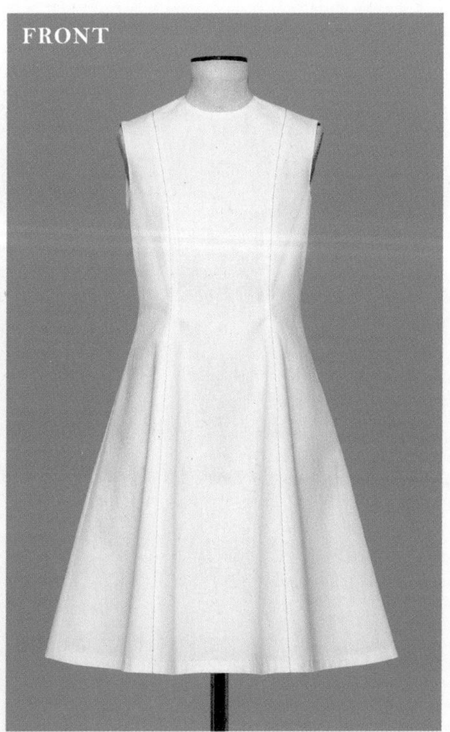

Ⓜ보다 더 밑단 너비를 넓혀 허리에서 밑단 쪽으로 여유 있게 플레어가 생긴다.
X라인이 강조되어 허리가 좀 더 가늘어 보인다.

→ 기본 패턴 만드는 법…P.180, 줄이는 위치 차이에 따른 비교…P.113

패널 라인

— Panel line —

O 허리 다트 1개 이용, WL을 뒤 중심(1cm)과 옆(1cm)에서 줄이고, 밑단 너비를 넓힌다(2.5cm)

기본 패턴을 사용.
중심 쪽 다트 a, e를 사용하고
a는 같은 위치, e는 같은 분량을 옆쪽으로 이동.
패널 라인은 진동 둘레~WL~밑단
(각 다트의 중심선에서 밑단 너비를 2.5cm씩
추가한 위치)을 연결한다.
다시 WL을 뒤 중심과 옆에서 줄이고
밑단 너비를 옆에서 추가.
뒤 중심은 어깨 다트 끝의 수평 위치~WL~HL을,
옆은 BL(진동 둘레 아랫점)~WL~밑단을 연결한다.

! 엉덩이둘레 치수의 확인, 조정이 필수.

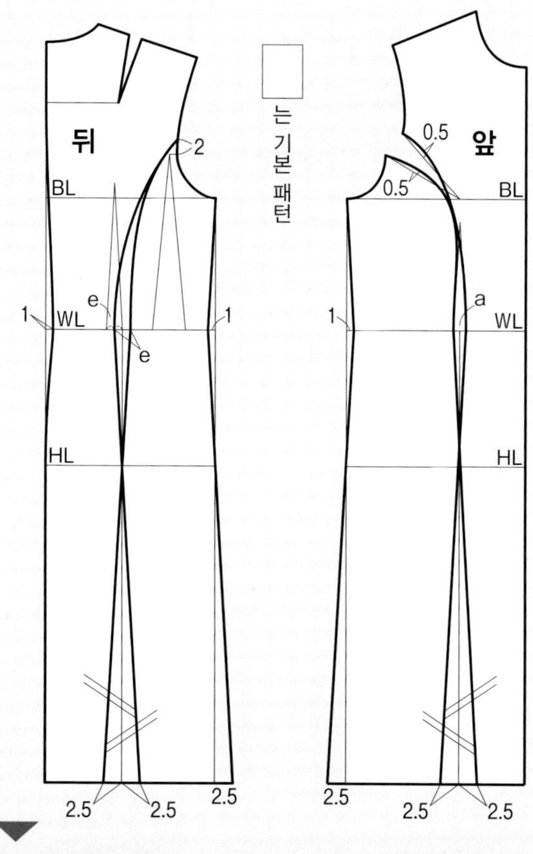

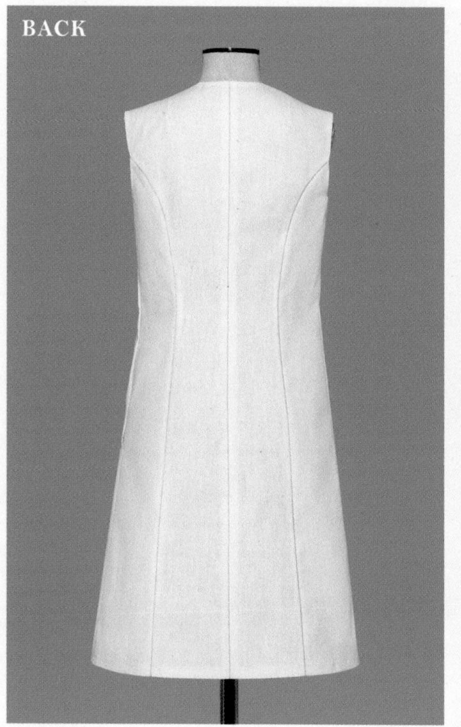

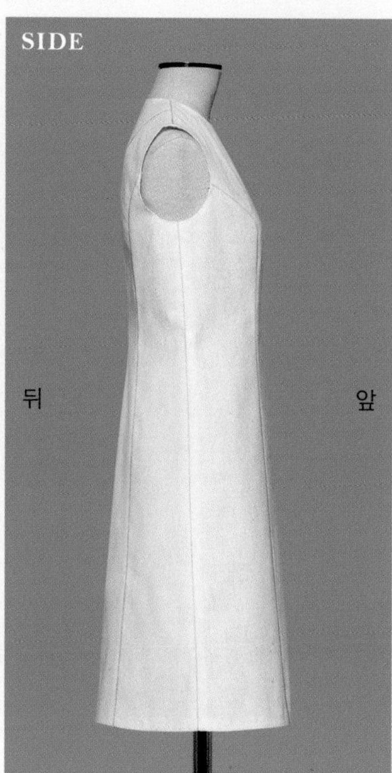

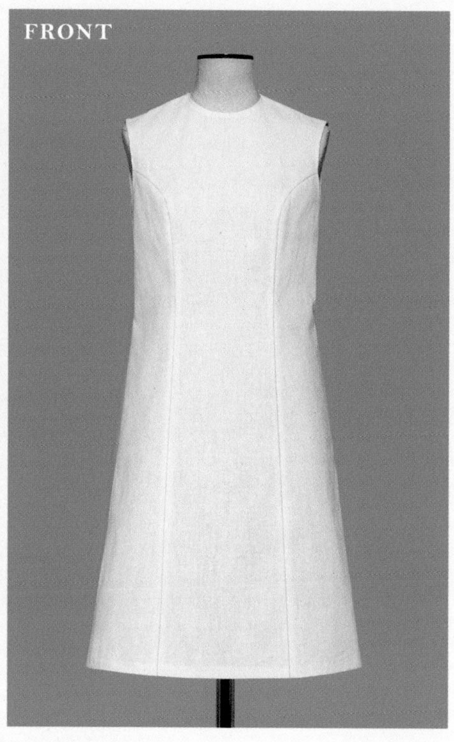

WL의 줄임과 밑단 퍼짐은 Ⓚ와 같지만 진동 둘레부터의 이음선 효과로 입체적으로 보이며 리듬감이 더 생긴다.

 → 기본 패턴 만드는 법…P.180, 줄이는 위치 차이에 따른 비교…P.113, 엉덩이둘레 치수 조정…P.189

셰이프트 라인 실루엣을,
다트가 아닌 패널 라인(진동 둘레에서 밑단으로의 이음선)으로 상반신의 입체감을 표현한 디자인.
소프트한 피트감의 프린세스 라인과 비교해 좀 더 리듬감이 생긴다.

P 허리 다트 1개 이용, WL을 뒤 중심(1cm)과 옆(1.5cm)에서 줄이고, 밑단 너비를 넓힌다(2.5cm)

기본 패턴을 사용.
중심 쪽 다트 a, e를 사용하고
다트 분량을 a는 1cm, e는 1.5cm 늘린다.
패널 라인은 진동 둘레~WL~밑단
(각 다트의 중심선에서 밑단 너비를 2.5cm씩
추가한 위치)을 연결한다.
다시 WL을 뒤 중심과 옆에서 줄이고 밑단 너비를
옆에서 추가.
뒤 중심은 어깨 다트 끝의 수평 위치~WL~HL을,
옆은 BL(진동 둘레 아랫점)~WL~밑단을 연결한다.

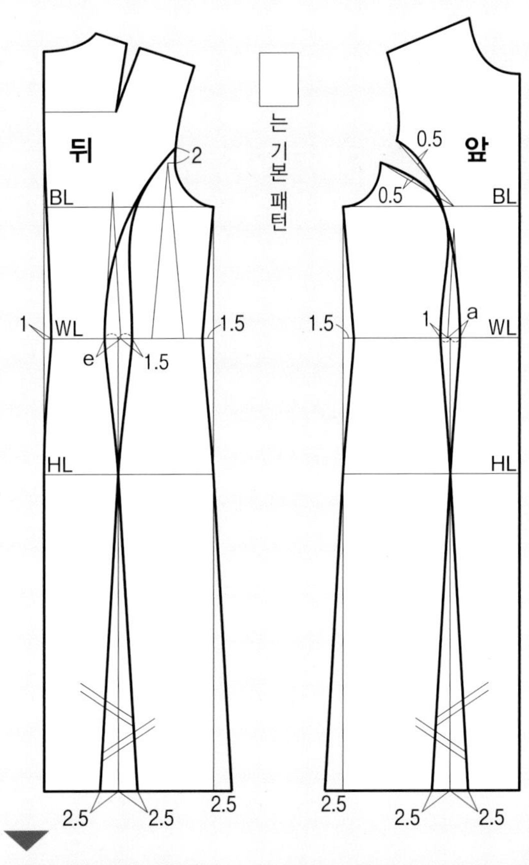

! 엉덩이둘레 치수의 확인, 조정이 필수.

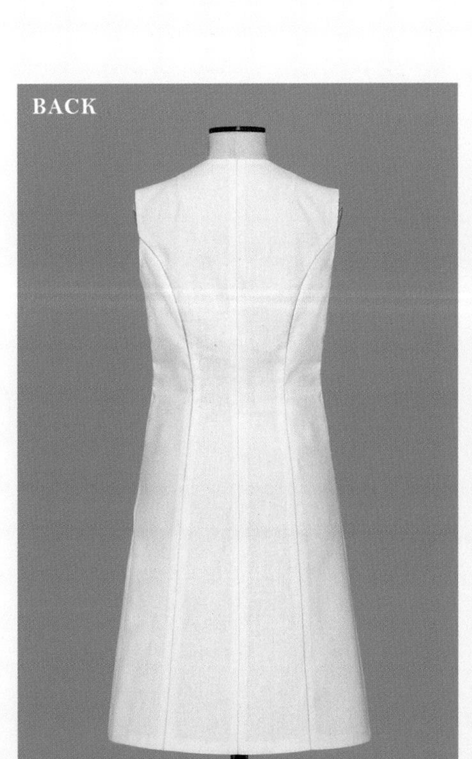

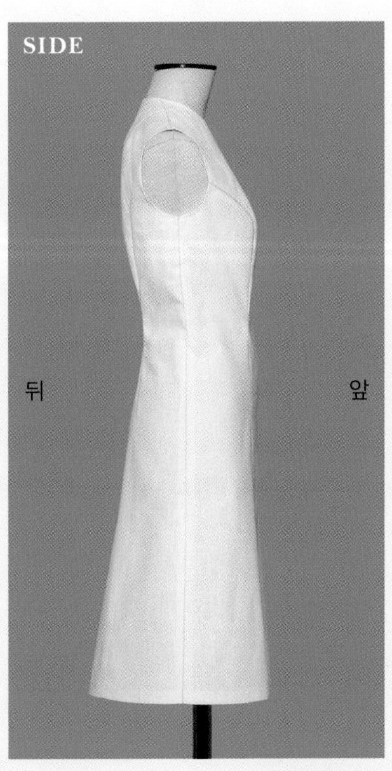

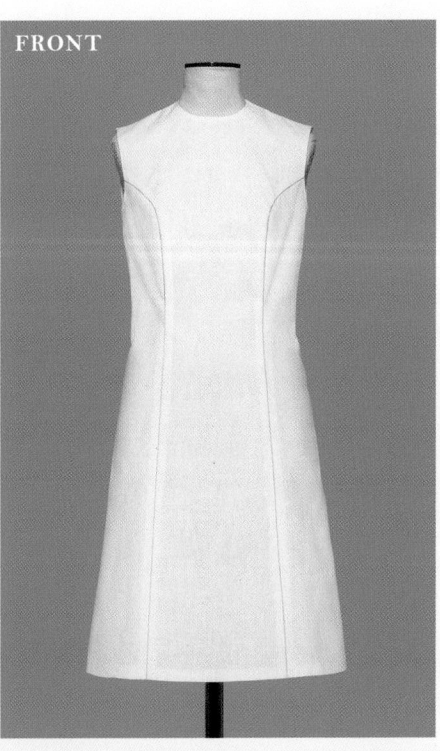

WL의 줄임과 밑단 퍼짐은 L과 같지만 좀 더 입체적으로 리듬감이 생기고 허리의 피트감이 높아진다.

→ 기본 패턴 만드는 법…P.180, 줄이는 위치 차이에 따른 비교…P.113, 엉덩이둘레 치수 조정…P.189

A라인

— A line —

Q 옆선에서 밑단 너비를 넓힌다(10cm)

기본 패턴을 사용.
밑단 너비를 옆에서 추가해
BL(진동 둘레 아랫점)과 연결하고,
밑단 둘레 전체에서 40cm 넓힌다.

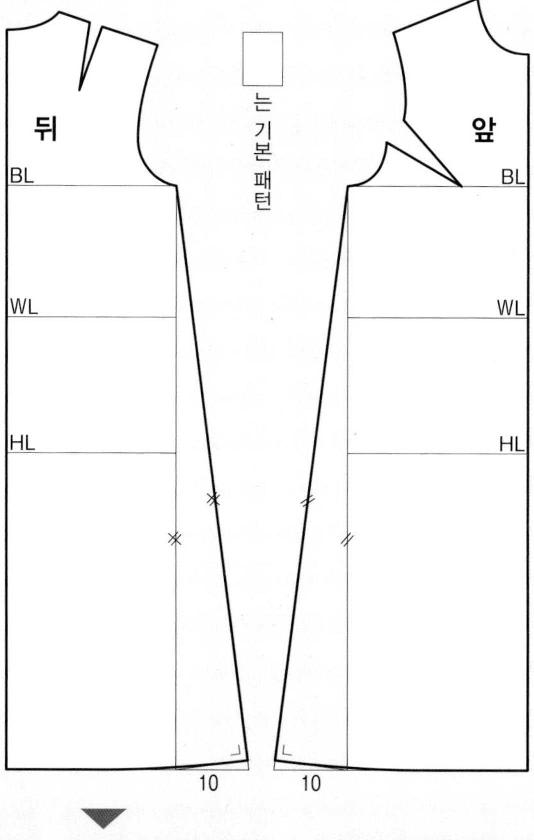

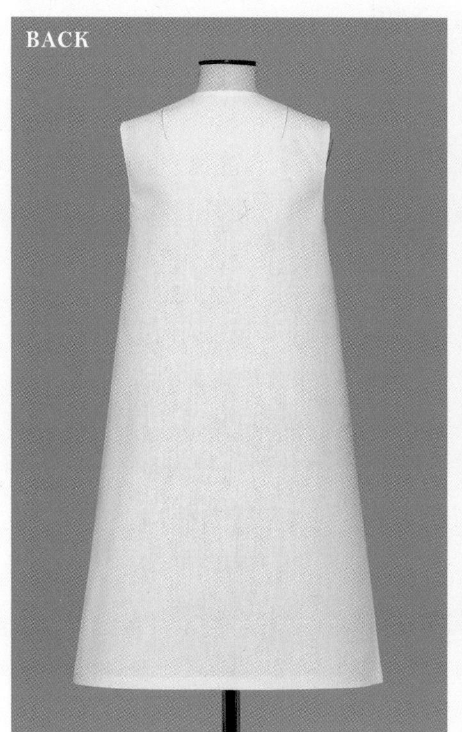

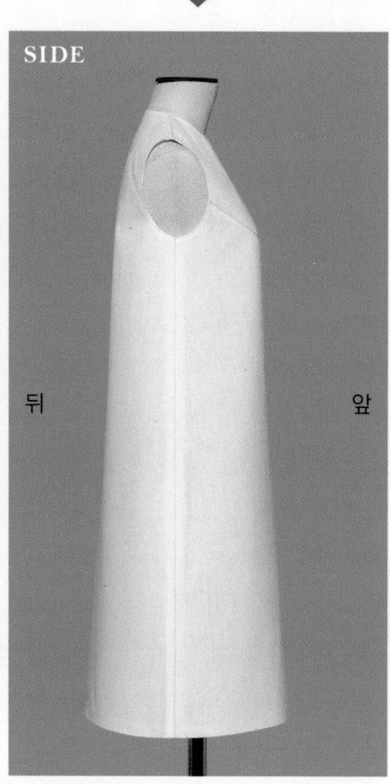

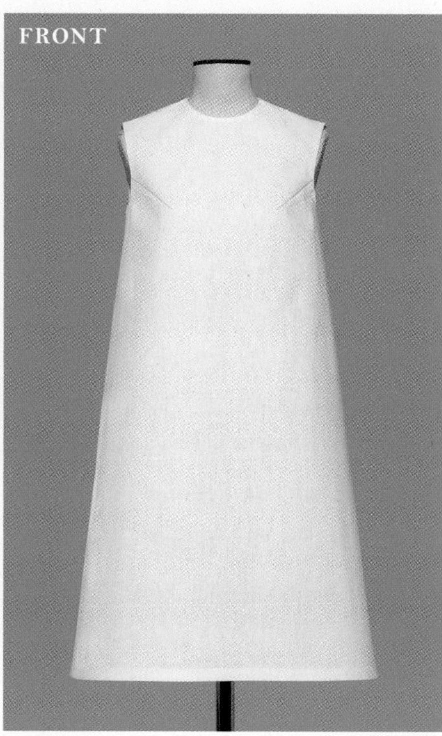

BL에서 밑단 쪽으로 서서히 퍼지는 A라인.
옆만 추가하기 때문에 약간 평면적이고 플레어는 옆으로 치우친다.

 → 기본 패턴 만드는 법…P.180

알파벳 A를 이미지화한 밑단이 퍼지는 실루엣. 넓히는 분량이 많으면 플레어 웨이브가 생긴다.
벨트나 드로스트링, 고무줄 등으로 허리를 조이는 변화를 시도함으로써
한 단계 위 레벨의 연출을 즐길 수도 있다.

R 다트(절반 분량)를 닫아 밑단 너비를 넓힌다

기본 패턴을 사용.
뒤는 어깨 다트, 앞은 AH 다트의 각각 절반 분량을 닫아
벌어지는 분량을 다트 끝의 수직으로 내린 선에서 벌리고,
다시 벌린 분량의 절반을 옆에서 추가해 밑단 너비를 넓힌다
(넓어지는 분량은 각자의 다트 분량에 따른다).

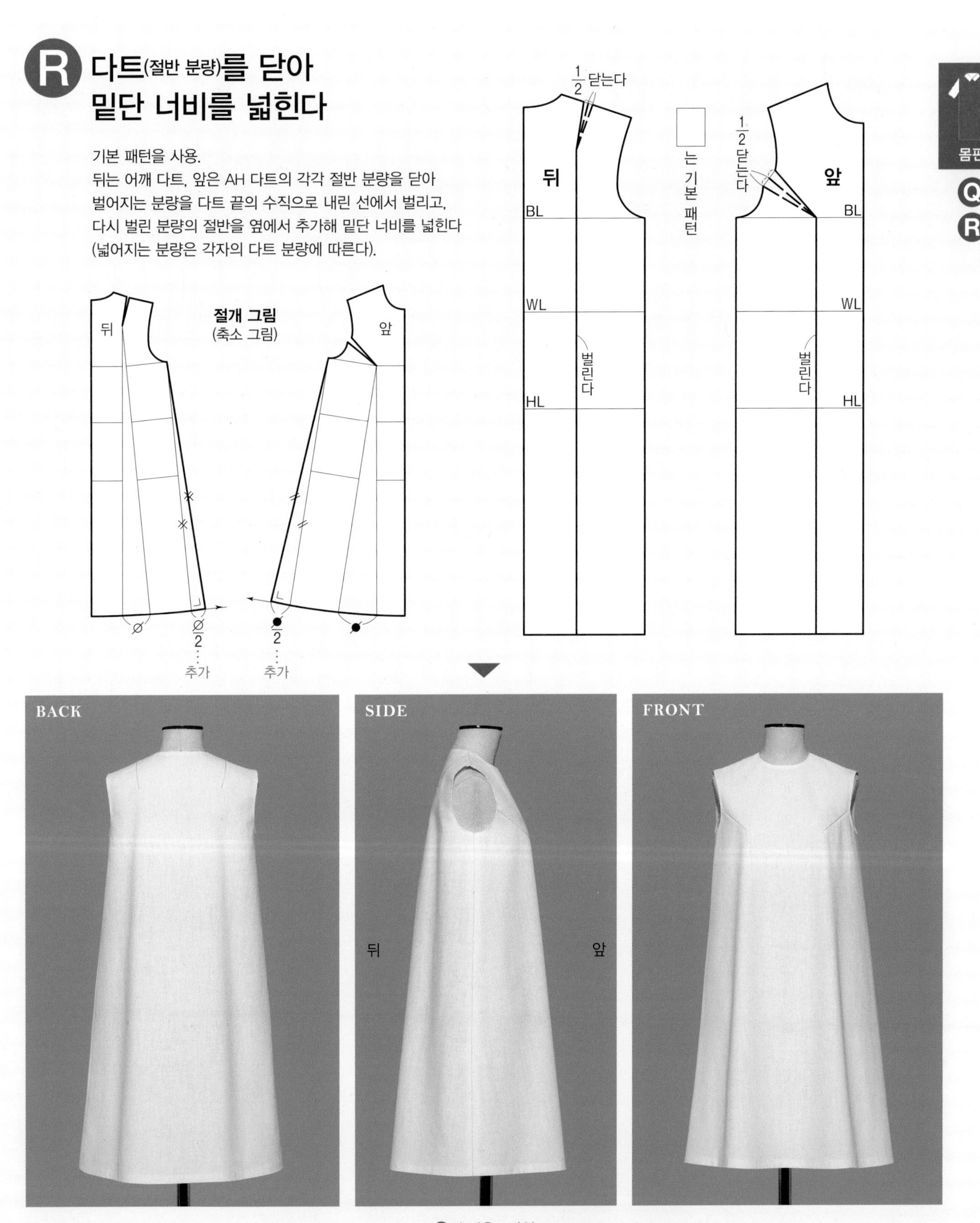

Q와 같은 A라인.
앞뒤 모두 다트 끝에서 아래쪽으로 분량을 추가해 플레어가 약간 생겨 인상은 부드럽고 입체적이다.

→ 기본 패턴 만드는 법…P.180

A라인
— A line —

S 다트(전체 분량)를 닫아 밑단 너비를 넓힌다

기본 패턴을 사용.
뒤는 어깨 다트, 앞은 AH 다트의
각각 전체 분량을 닫아 벌어지는 분량을
다트 끝의 수직으로 내린 선에서 벌리고,
다시 벌린 분량의 절반을 옆에서 추가해 밑단 너비를 넓힌다
(넓어지는 분량은 각자의 다트 분량에 따른다).

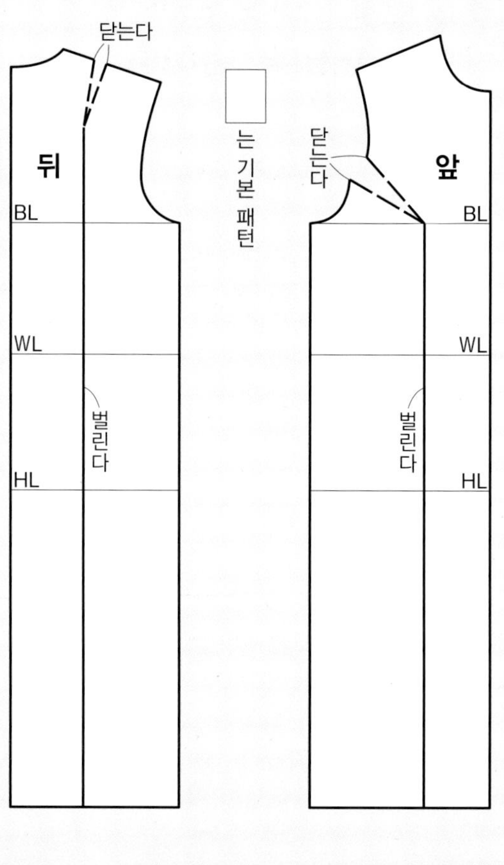

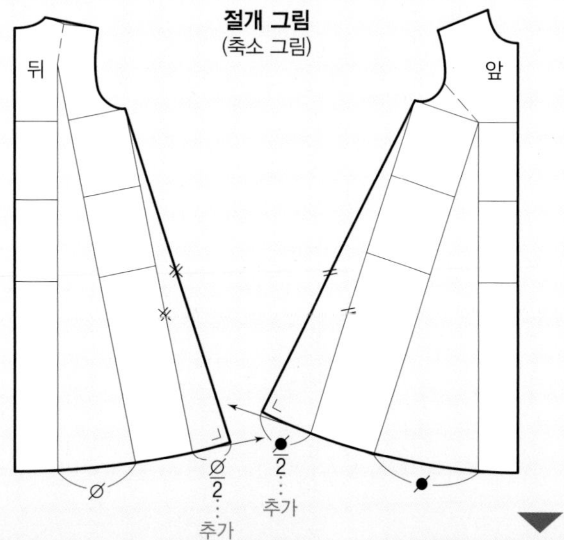

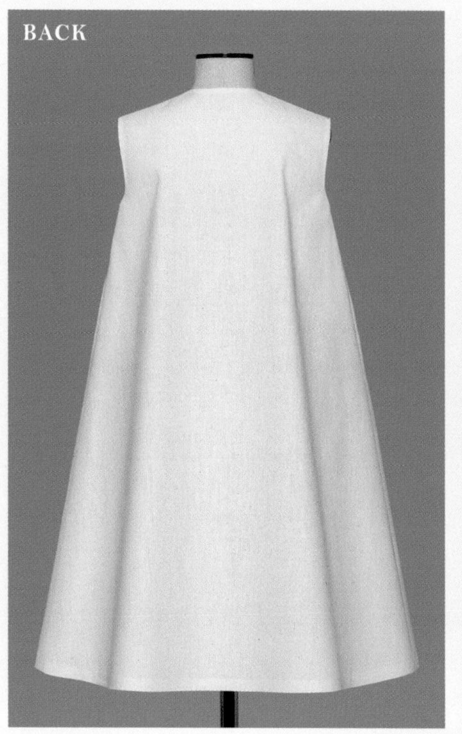

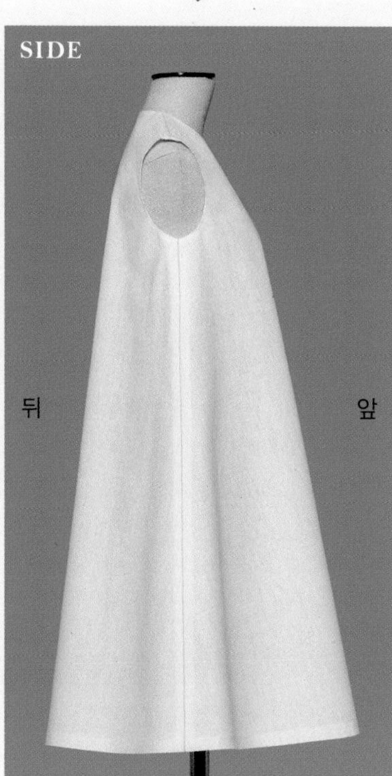

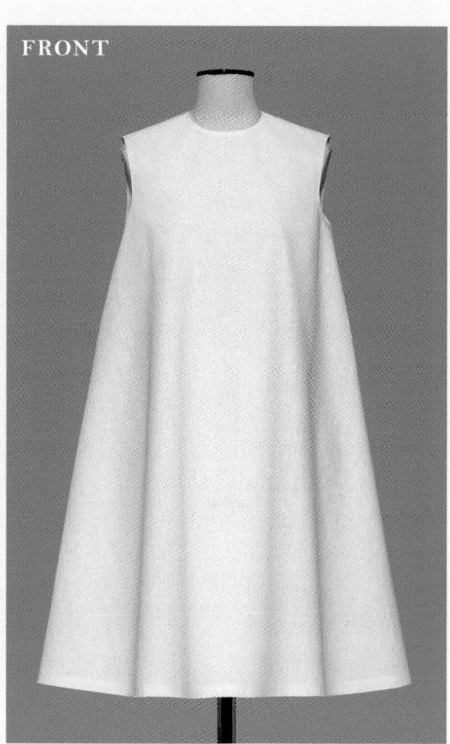

밑단 퍼짐이 커지고 볼륨감이 더 생긴다. 플레어 웨이브의 굴곡이 늘어난다.
앞뒤 모두 원형 패턴의 다트 끝에서 아래쪽만 플레어가 들어가서 어깨 주위는 깔끔하다.

 → 기본 패턴 만드는 법…P.180

Ⓣ Ⓢ보다 더 잘라서 벌려 밑단 너비를 넓힌다

기본 패턴을 사용.
뒤는 어깨 다트, 앞은 AH 다트의 각각 전체 분량을 닫아
벌어지는 분량을 다트 끝의 수직으로 내린 선에서 벌리고,
다시 옆쪽 절개선에서 밑단을 잘라서 벌려 밑단 너비를 넓힌다
(절개 분량의 합계가 앞뒤 같은 치수가 되도록 뒤의
절개 치수를 설정. 넓어지는 분량은 각자의 다트 분량에 따른다).

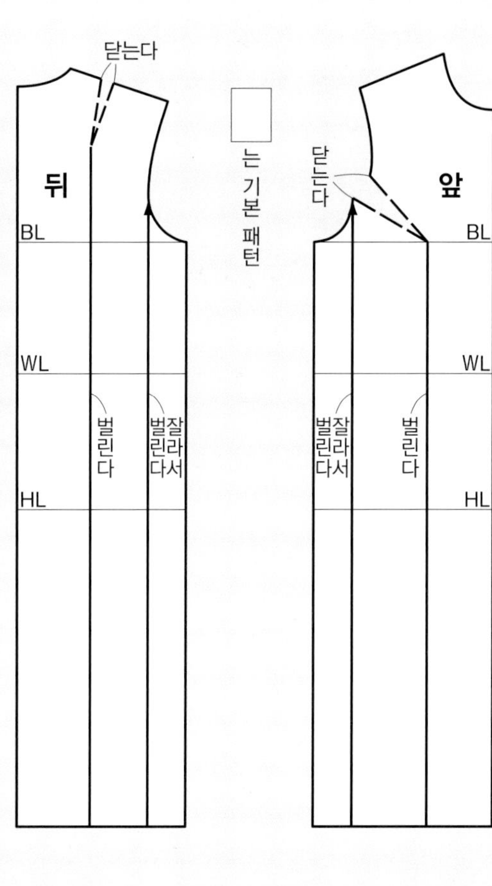

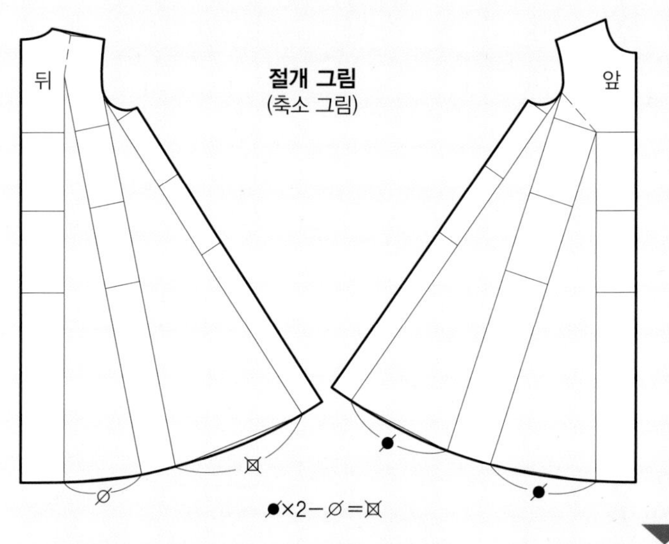

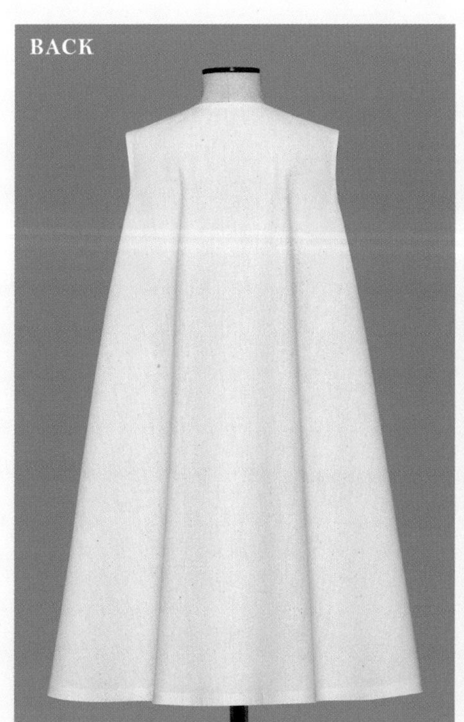

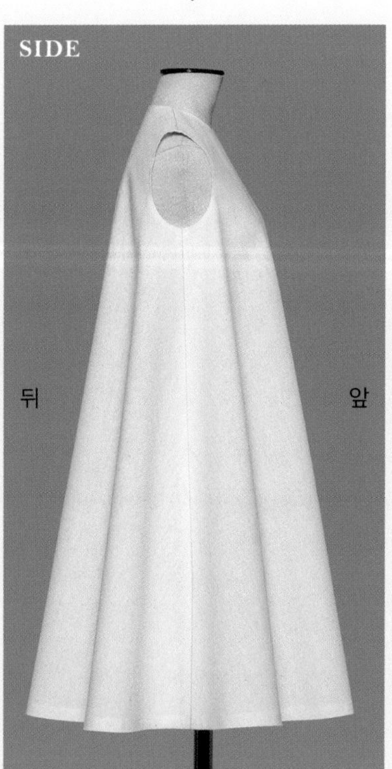

밑단의 추가 분량을 늘려 플레어 물결이 증대. 존재감이 가득한 A라인 실루엣이지만,
앞뒤 모두 원형 패턴의 다트 끝에서 아래쪽만 플레어가 들어가서 어깨 주위는 깔끔하고 좁은 폭을 유지한다.

→ 기본 패턴 만드는 법…P.180

목둘레에 개더나 턱을 더하다

— Gather & Tuck in neck —

U 다트(전체 분량)를 닫아 목둘레를 개더로

기본 패턴을 사용.
뒤는 어깨 다트, 앞은 AH 다트를 이용한다.
각각 전체 분량을 닫아
벌어지는 분량을 목둘레에서 벌려 개더로 한다
(개더 분량은 각자의 다트 분량에 따른다).

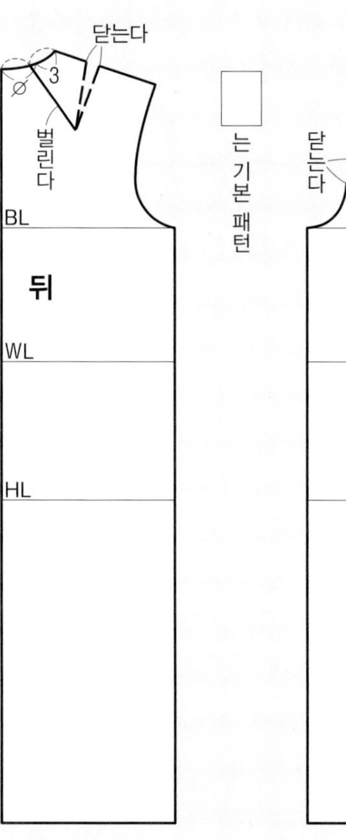

□ 는 기본 패턴

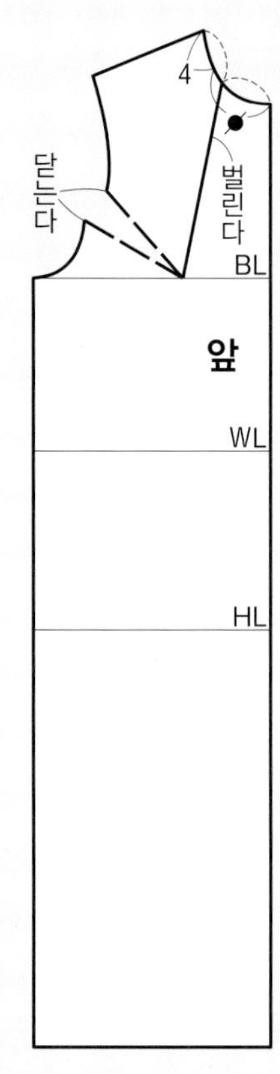

! 밑단 너비나 길이에 따라서 벤트나 슬릿 등을 만들어 보행을 위한 기능성을 보완한다.

! 엉덩이둘레 치수의 확인, 조정이 필수.

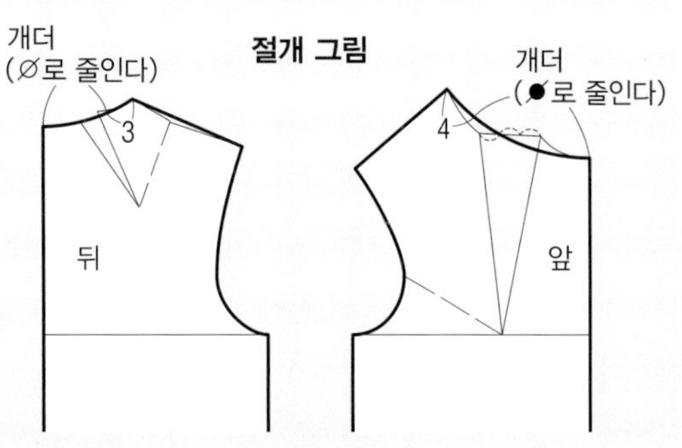

＊어깨 가까이는 개더 없이 해야 균형이 맞는다

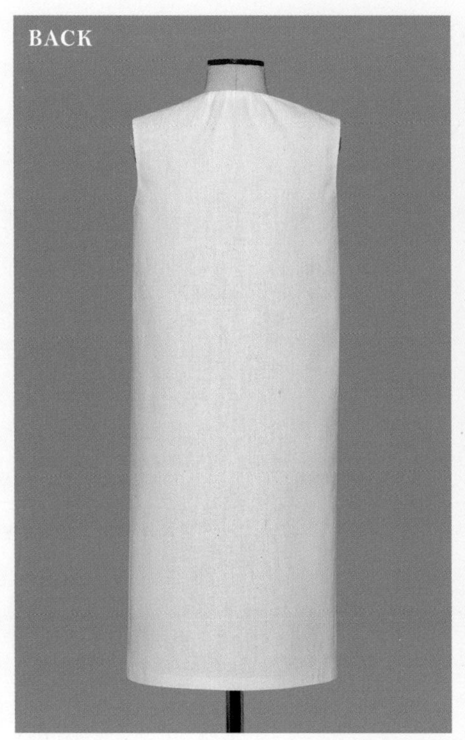

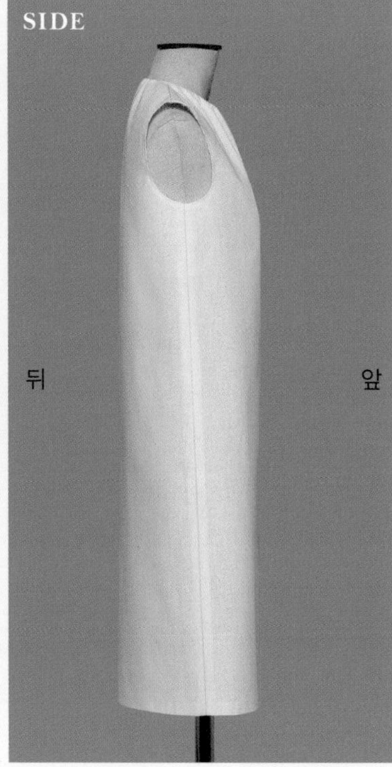

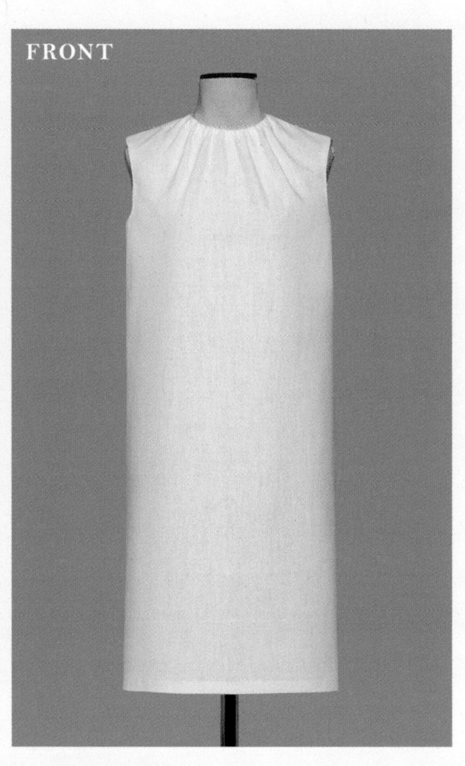

원형의 다트 분량만으로 처리하기 때문에 개더 분량은 전체적으로 적고 앞쪽이 많아진다.
BL에서 위쪽만 처리하므로 아웃트라인에 변화 없이 박스 실루엣 그대로 깔끔하게 세로로 긴 라인을 유지한다.

 → 기본 패턴 만드는 법…P.180, 필요한 밑단 둘레 치수…P.125, 엉덩이둘레 치수 조정…P.189

목둘레에 개더나 턱을 넣어 목 밑을 입체적으로 응용.
분량의 추가 방법이나 처리 방법에 따라 네크라인에만 뉘앙스를 더하거나 옷 폭 전체에 볼륨을 주는 등
다양한 표정의 디자인으로 변형이 가능하다.

중심에 추가해 목둘레를 개더로

기본 패턴을 사용.
앞뒤 중심에 평행으로 치수를 추가해
목둘레를 개더로 한다.
U와 마찬가지로 어깨 가까이는 개더 없이.

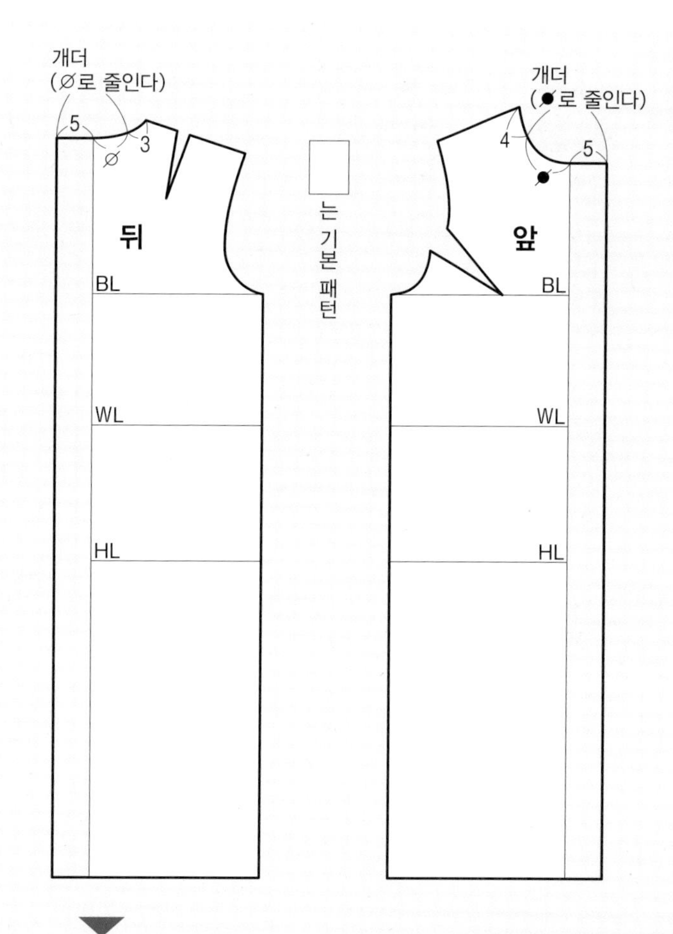

! 밑단 너비나 길이에 따라서 벤트나 슬릿 등을 만들어 보행을 위한 기능성을 보완한다.

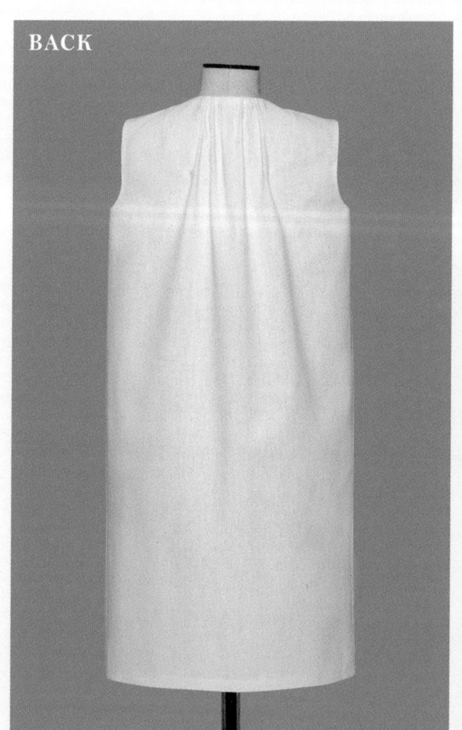

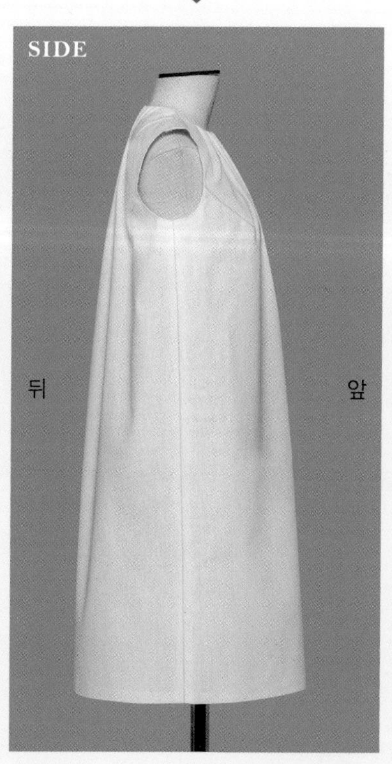

중심에 추가해 옷 폭이 넓어지고 볼륨감이 커져 여유 있는 박스 실루엣으로.
개더는 적지만 앞뒤 균형은 균등하다.

→ 기본 패턴 만드는 법…P.180, 필요한 밑단 둘레 치수…P.125

6 목둘레에 개더나 턱을 더하다

— Gather & Tuck in neck —

W 다트(전체 분량)를 닫고, 중심에도 추가해 목둘레를 개더로

기본 패턴을 사용.
뒤는 어깨 다트, 앞은 AH 다트를 이용한다.
각각 전체 분량을 닫아 벌어지는 분량을 목둘레에서 벌린다(개더 분량은 각자의 다트 분량에 따른다).
다시 앞뒤 중심에도 평행으로 치수를 추가해 목둘레를 개더로 한다.

> ! 밑단 너비나 길이에 따라서 벤트나 슬릿 등을 만들어 보행을 위한 기능성을 보완한다.

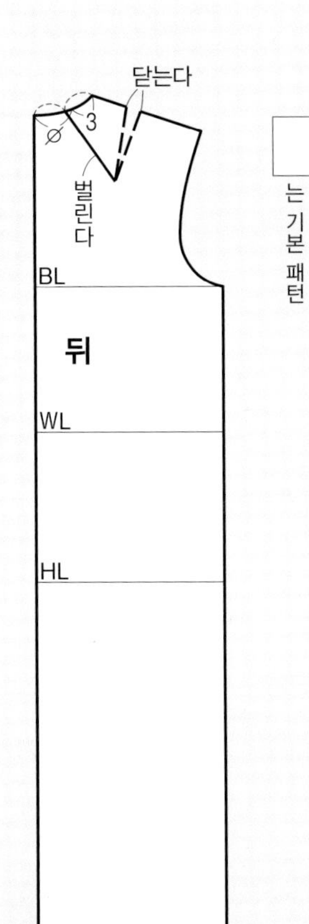

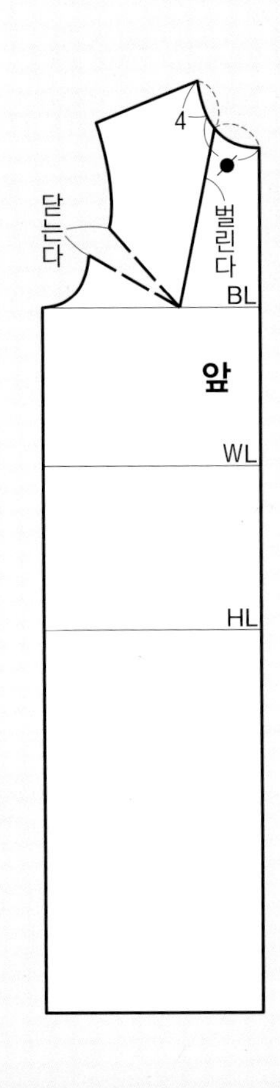

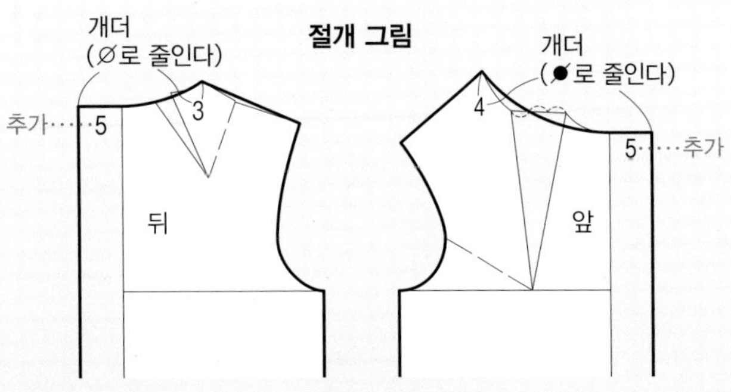

*어깨 가까이는 개더 없이 해야 균형이 맞는다

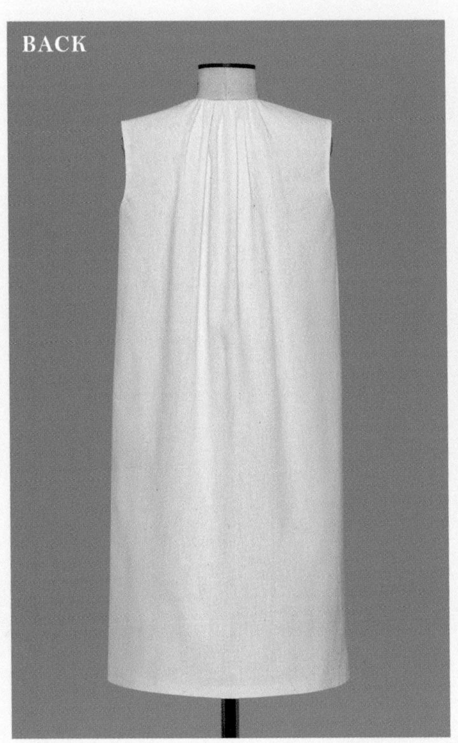

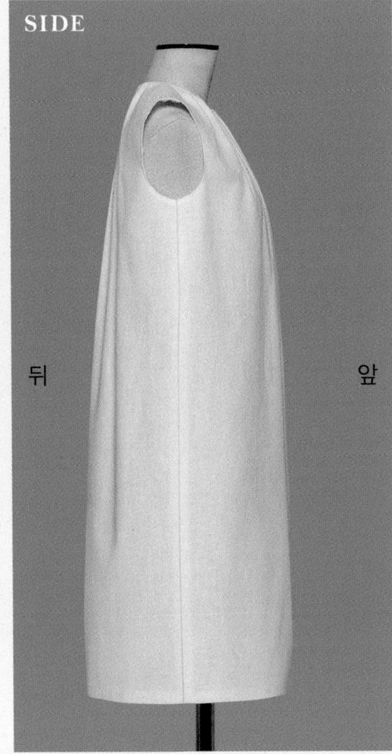

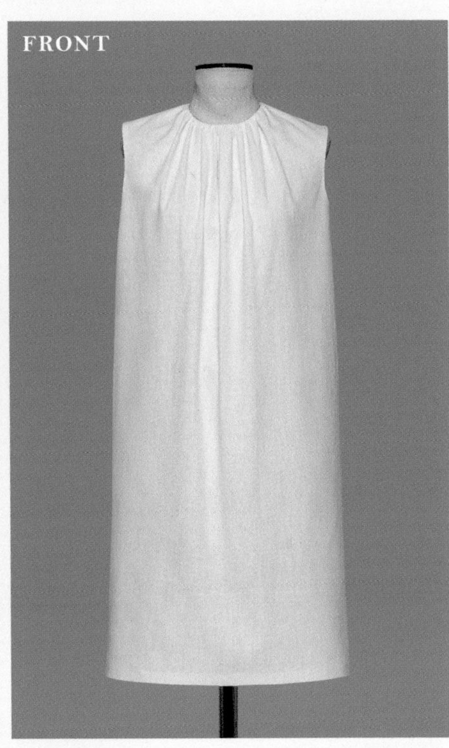

개더 분량을 늘려 네크라인의 입체감이 커진다. 개더 분량은 앞쪽이 많아진다.
패턴은 박스 실루엣이지만 가슴과 치수 차이로 밑단이 조금 퍼져 보인다.

 → 기본 패턴 만드는 법…P.180, 필요한 밑단 둘레 치수…P.125

다트(전체 분량)를 닫고, 중심에도 추가해 목둘레를 턱으로

기본 패턴을 사용.
뒤는 어깨 다트, 앞은 AH 다트를 이용한다.
각각 전체 분량을 닫아 벌어지는 분량을 목둘레에서
벌린다(턱 분량은 각자의 다트 분량에 따른다).
다시 앞뒤 중심에도 평행으로 치수를 추가해
목둘레를 턱으로 한다.

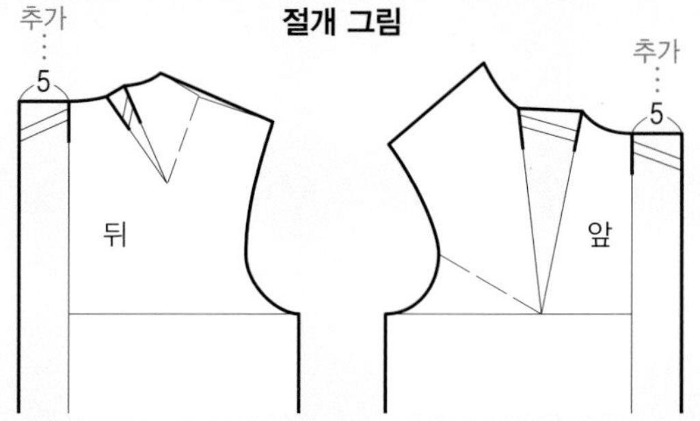

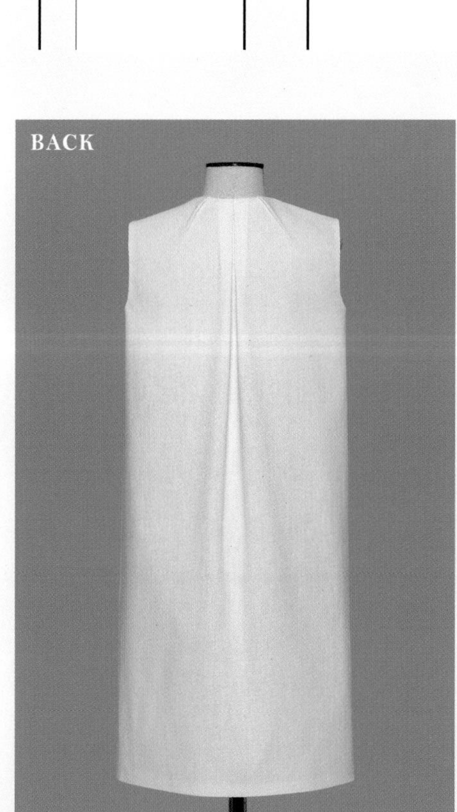

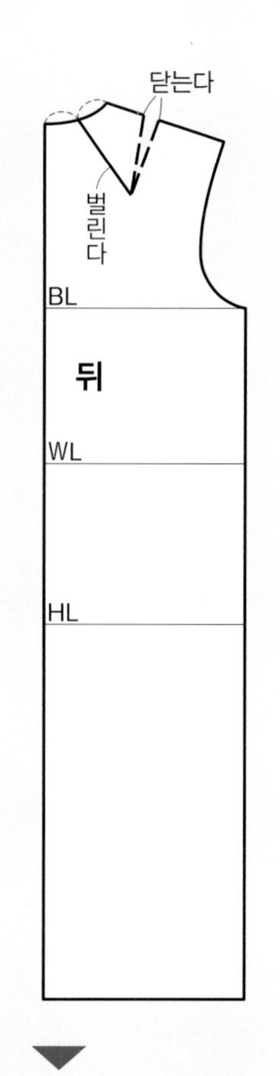

□는 기본 패턴

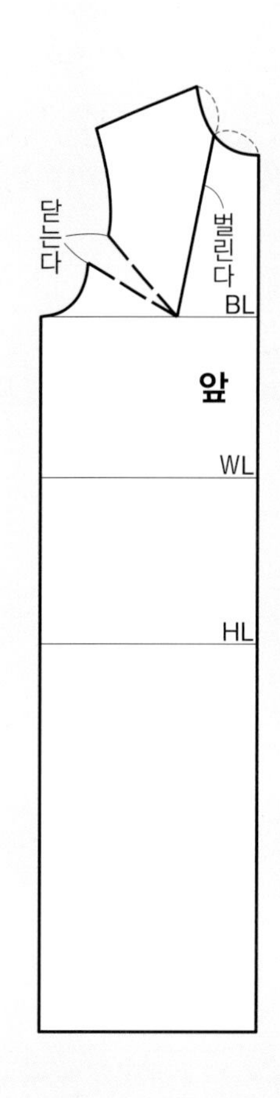

BACK

SIDE

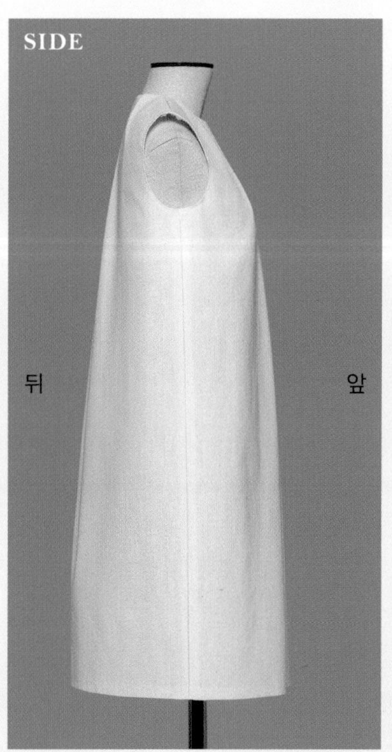

FRONT

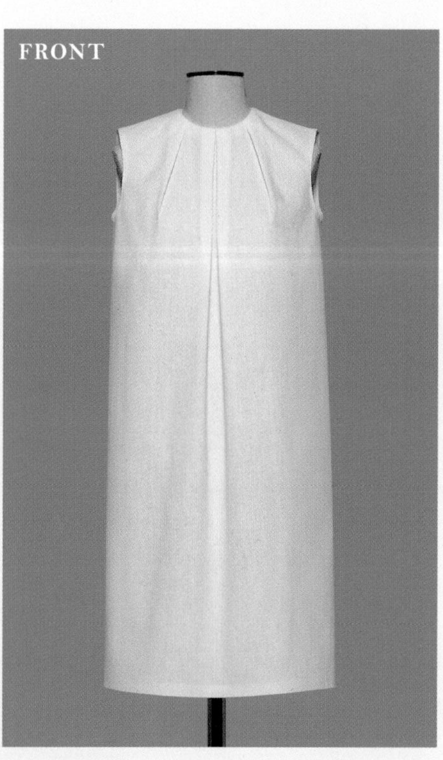

목둘레의 추가 분량을 모두 턱으로 한 디자인. Ⓦ와 같은 분량이지만 굴곡이 줄어 인상은 깔끔하고 스마트하다.
턱을 중심 쪽으로 눕히면 음영이 짙어져 입체감이 커진다.

→ 기본 패턴 만드는 법…P.180, 필요한 밑단 둘레 치수…P.125

허리 이음선(웨이스트 루스형)

— Waist seam —

Y-①

저스트 웨이스트+

개더 스커트

기본 패턴을 사용.
저스트 웨이스트 위치에서 이음선을 넣고 몸판은 그대로 사용한다. 스커트 부분은 옆쪽에서 개더 분량을 추가한다.
뒤도 같은 방법.

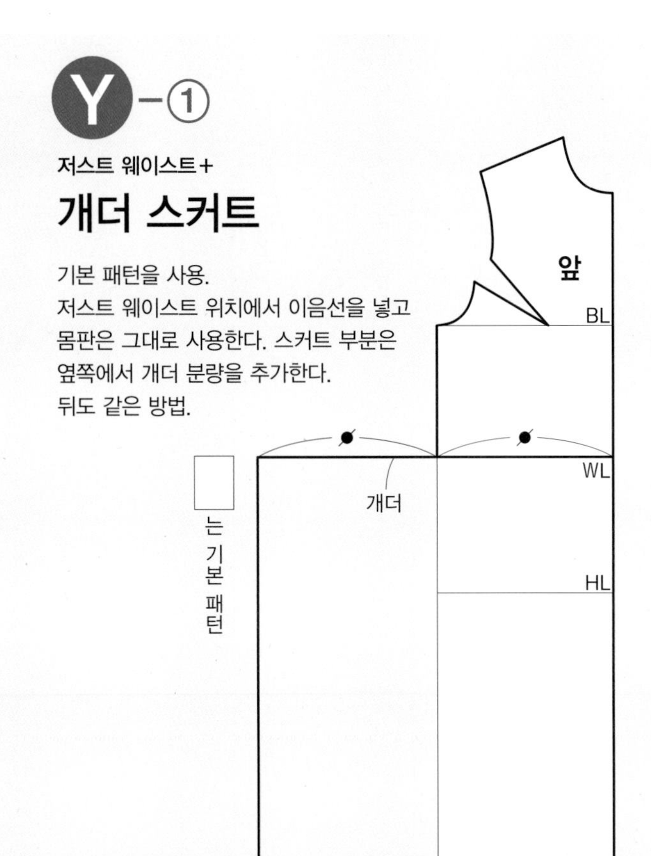

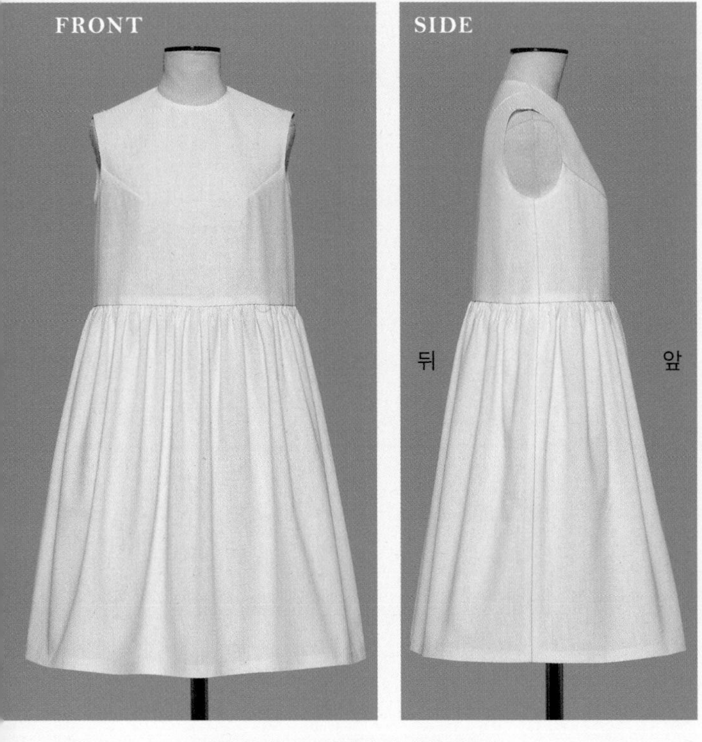

개더 효과로 풍성하게 퍼지는 실루엣.

Y-②

저스트 웨이스트+

플레어 스커트

몸판은 ①과 같다.
스커트 부분은 WL을 기준점으로 밑단에서 잘라서 벌려 플레어 분량을 추가한다. 뒤도 같은 방법.

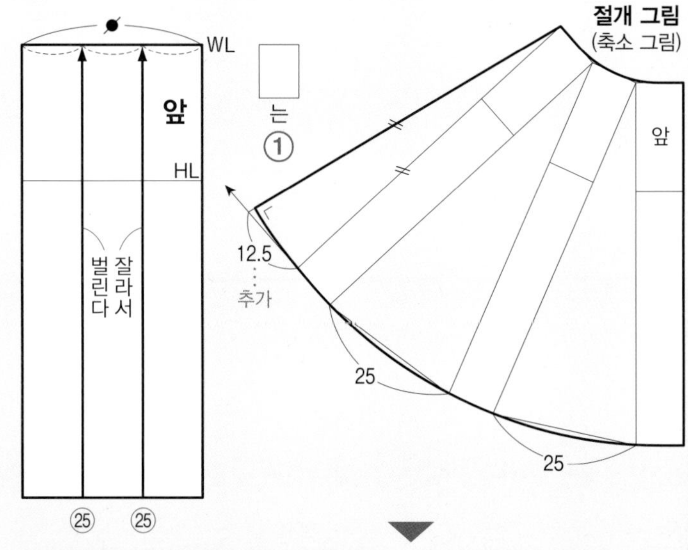

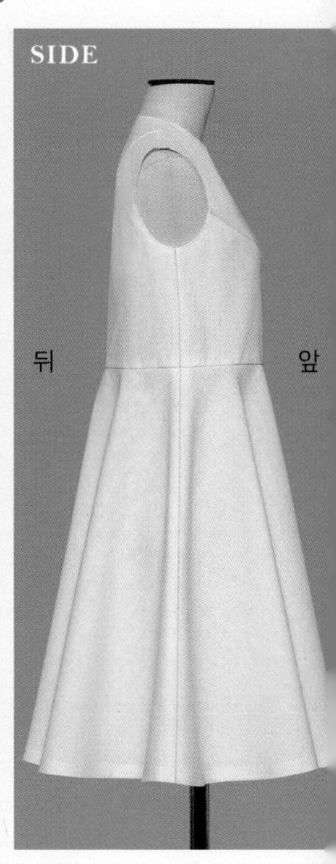

풍성한 플레어로 볼륨감을 살린 밑단이 퍼지는 플레어 실루엣.

 → 기본 패턴 만드는 법…P.180, 이음선 위치 차이에 따른 비교…P.112

허리에 이음선을 넣어 몸판과 스커트로 나눈 디자인.
몸판 허리는 꼭 맞게 하지 않고 스트레이트 라인을 유지해 릴랙스한 느낌의 실루엣이다.
스커트 부분의 응용에 따라 다양한 변형이 가능하다.
이음선 위치는 저스트 웨이스트(WL)로 설명.

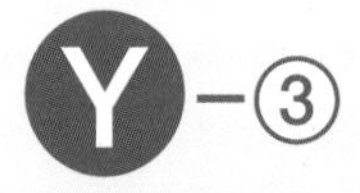

저스트 웨이스트+

트라페즈 스커트

몸판은 ①과 같다.
스커트 부분은 WL을 기준점으로 밑단 1곳에서 ②보다 적게 잘라서 벌려 밑단 너비를 넓힌다. 뒤도 같은 방법.

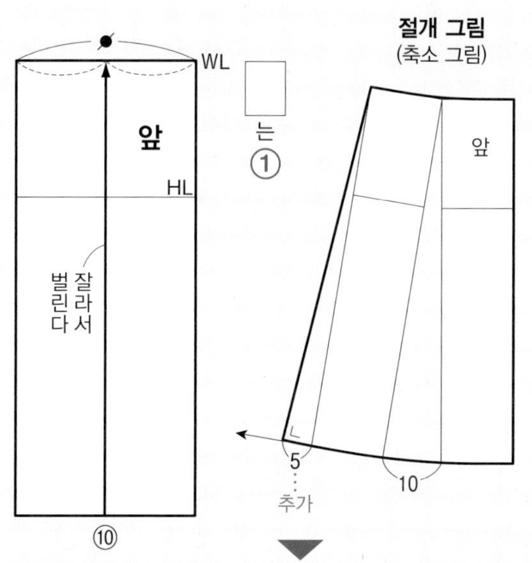

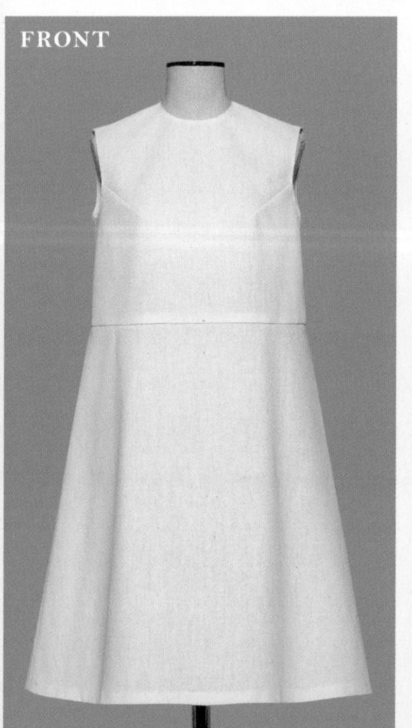

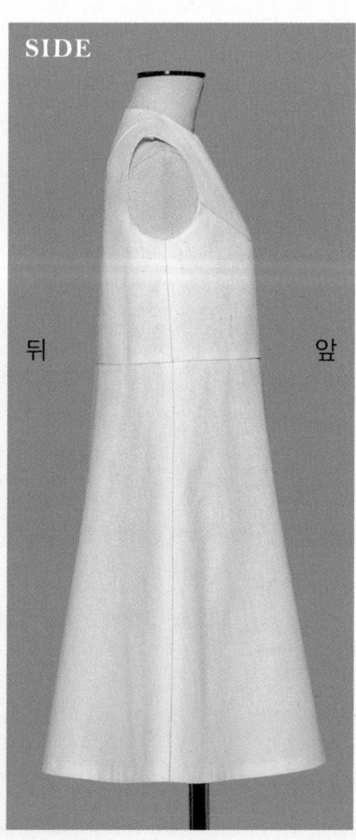

허리에서 밑단 쪽으로 우아하게 퍼지는 소프트한 실루엣.

저스트 웨이스트+

턱트 스커트

몸판은 ①과 같다.
스커트 부분은 옆쪽에서 턱 분량을 추가해 배분한다.
뒤도 같은 방법.

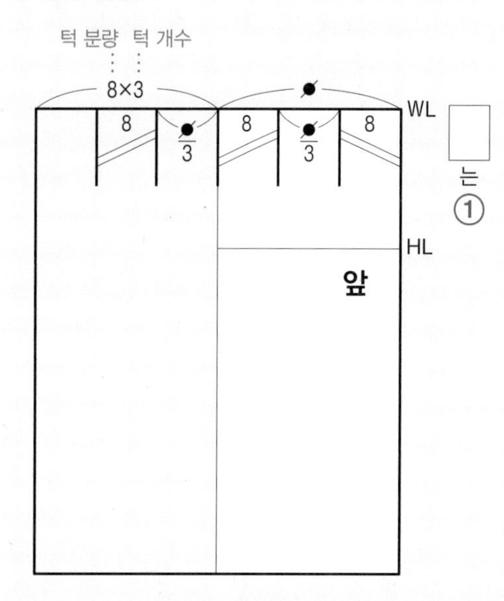

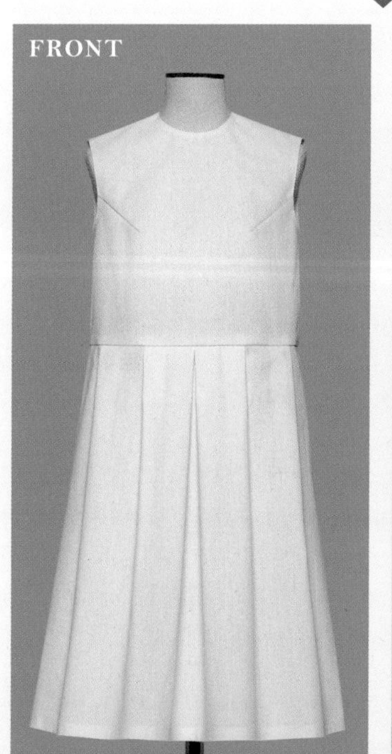

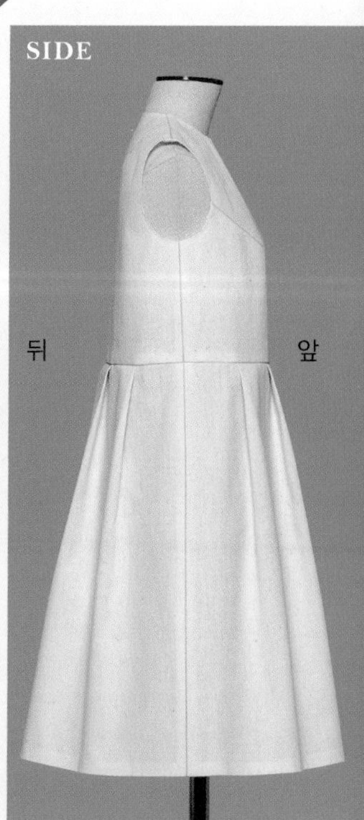

큰 턱의 음영으로 입체적이다. 라인은 비교적 스트레이트.

→ 이음선 위치 차이에 따른 비교…P.112

허리 이음선(웨이스트 피트형)

— Waist seam —

저스트 웨이스트+

타이트 스커트

허리 줄임 상태는 I와 같다.
허리 다트를 전부(d는 절반 분량) 사용하고
스커트 부분을 그려 넣어 마름모꼴 다트로 한다.
다시 WL을 뒤 중심에서 1cm, 옆에서 1.5cm 줄이고
뒤 중심은 어깨 다트 끝의 수평 위치~WL~HL,
옆은 BL(진동 둘레 아랫점)~WL~HL을 연결한다.
저스트 웨이스트 위치에서 이음선을 넣는다.

> ! 밑단 너비나 길이에 따라서 벤트나 슬릿 등을 만들어 보행을 위한 기능성을 보완한다.

> ! 엉덩이둘레 치수의 확인, 조정이 필수.

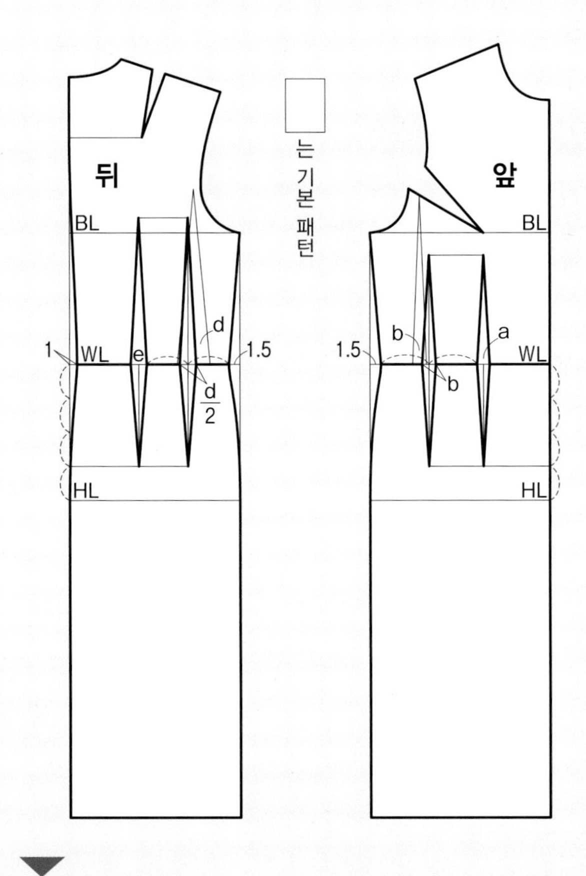

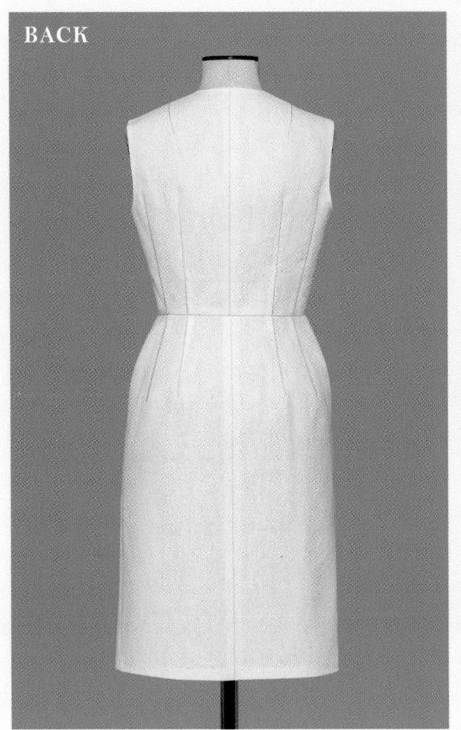

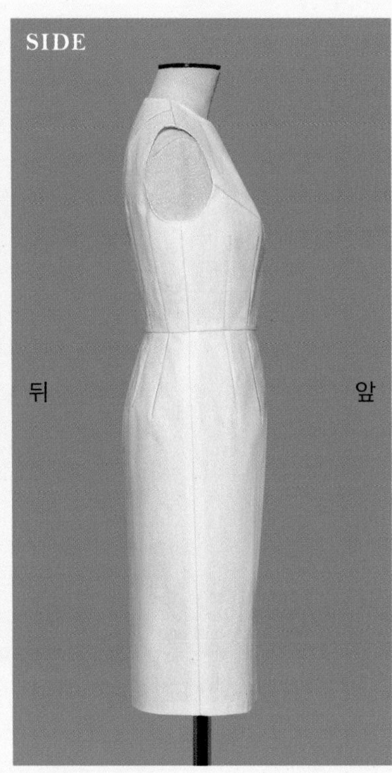

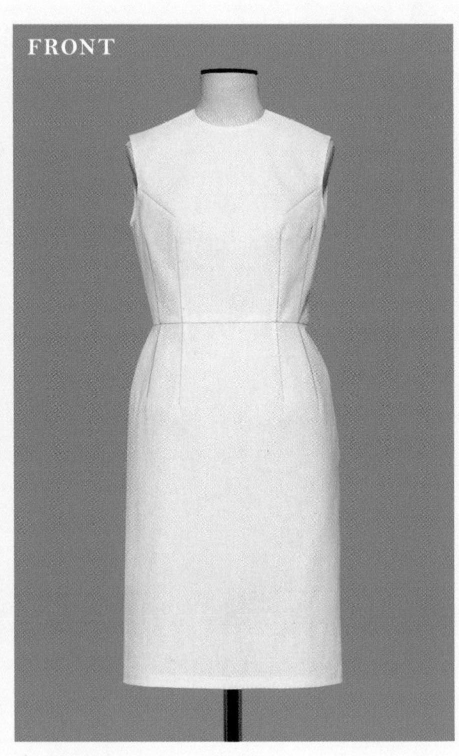

보디라인에 맞추는 정통적인 타이트 실루엣. 깔끔하게 세로로 긴 스타일이다.
저스트 웨이스트 위치의 이음선을 이용한 디자인 응용의 기본이 된다.

 → 기본 패턴 만드는 법…P.180, 필요한 밑단 둘레 치수…P.125, 엉덩이둘레 치수 조정…P.189

WL 주변에 이음선을 넣어 몸판과 스커트로 나누고, 몸판 허리를 딱 맞게 한 리듬감이 특징인 디자인.
웨이스트 루스형과 마찬가지로 스커트 부분의 응용에 따라 다양한 변형이 가능하다.
또한 이음선 위치(저스트 웨이스트, 하이 웨이스트, 로 웨이스트)의 변화로 응용 범위를 넓힐 수 있다.

저스트 웨이스트+

이음선 있는 스커트

몸판은 ①과 같다.
스커트 부분은 다트 끝의 수직으로 내린 선에서 밑단 너비를 2.5cm씩 추가.
다트 끝과 밑단을 연결해 이음선으로 한다. 밑단 너비를 옆에서도 2.5cm 추가해 옆선을 그린다.
뒤도 같은 방법.

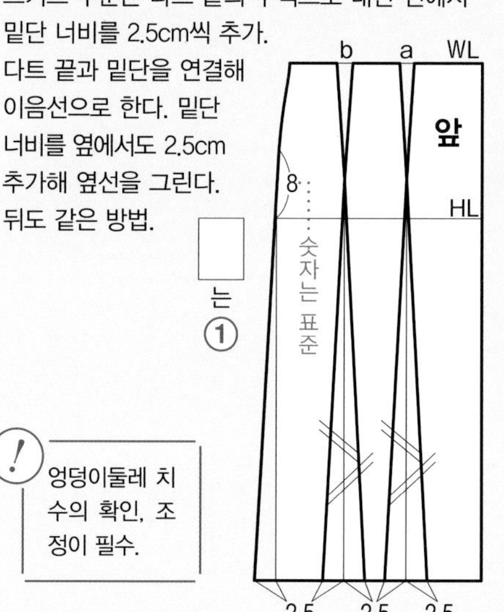

! 엉덩이둘레 치수의 확인, 조정이 필수.

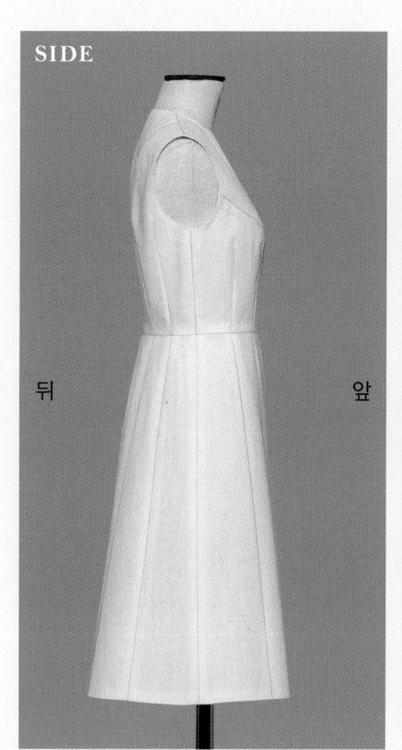

스커트는 사다리꼴 실루엣. 이음선이 세로 라인을 강조하는 악센트로.

저스트 웨이스트+

개더 스커트

몸판은 ①과 같다. 스커트 부분은 몸판 허리둘레 치수를 사용해 직사각형의 패턴을 만들어 개더로 한다. 뒤도 같은 방법.

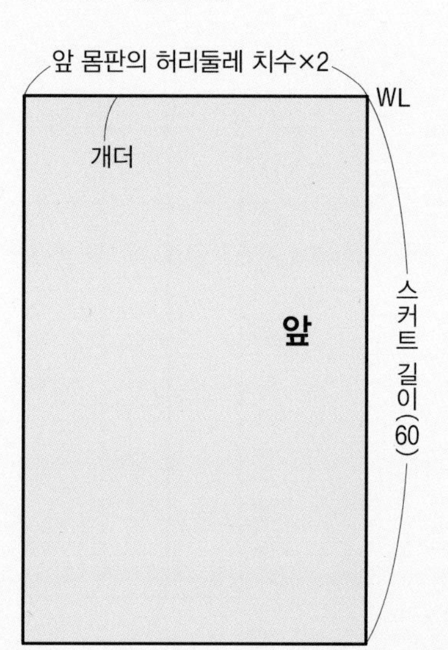

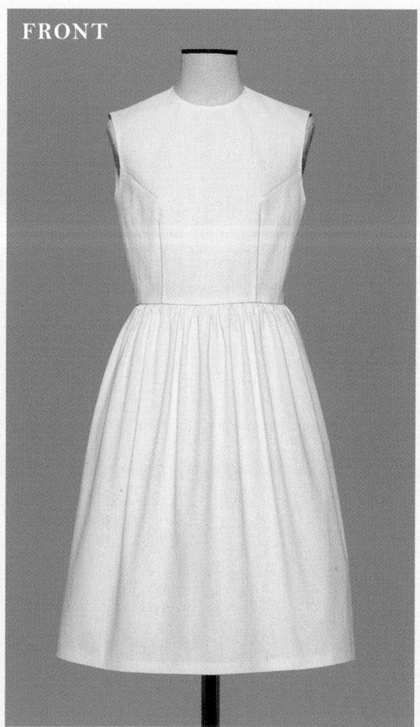

개더로 부드럽게 부풀어 풍성하고 사랑스러운 느낌으로.

→ 엉덩이둘레 치수 조정…P.189

8 허리 이음선(웨이스트 피트형)

교시

— Waist seam —

저스트 웨이스트+

플레어 스커트

몸판은 ①과 같다.
스커트 부분은 다트를 닫아 지정된 치수만큼 벌려
플레어 분량을 추가한다. 뒤도 같은 방법.

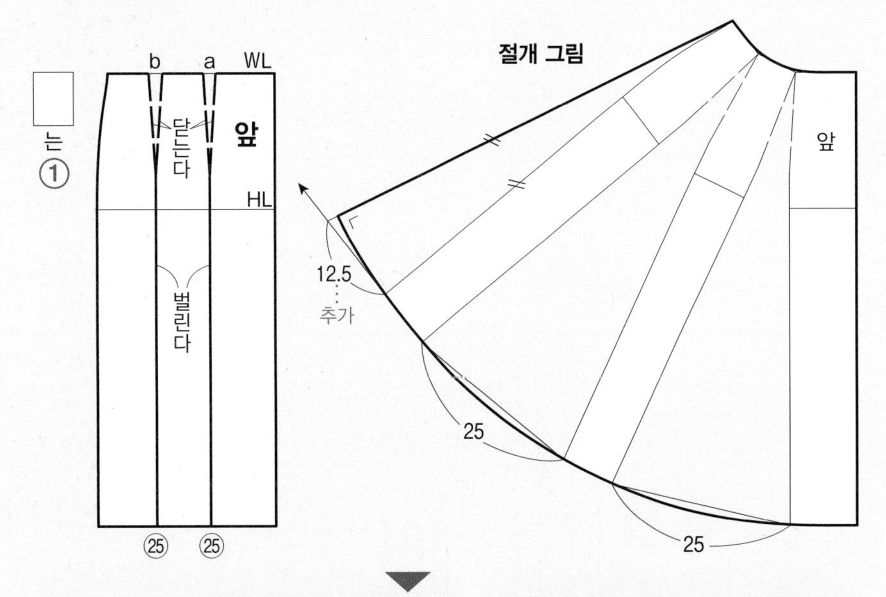

밑단 너비가 넓어져 리듬감이 더 생긴다. 허리 가늘기가 두드러지고
표정이 풍부한 피트 & 플레어 라인.

저스트 웨이스트+ **트라페즈 스커트**

몸판은 ①과 같다. 스커트 부분은 다트를
닫아 벌어지는 분량을 벌려 밑단 너비를 넓힌다.
뒤도 같은 방법.

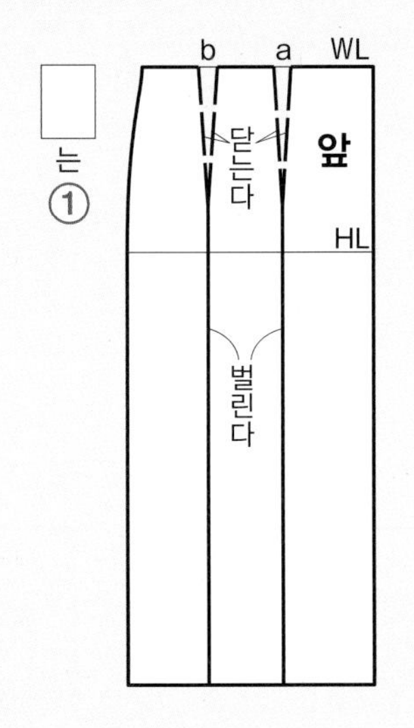

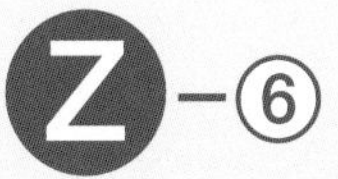

저스트 웨이스트+ **턱트 스커트**

몸판은 ①과 같다. 스커트 부분은
다트 끝의 수직으로 내린 선과 중심에 분량을
추가해 턱으로 한다. 뒤도 같은 방법.

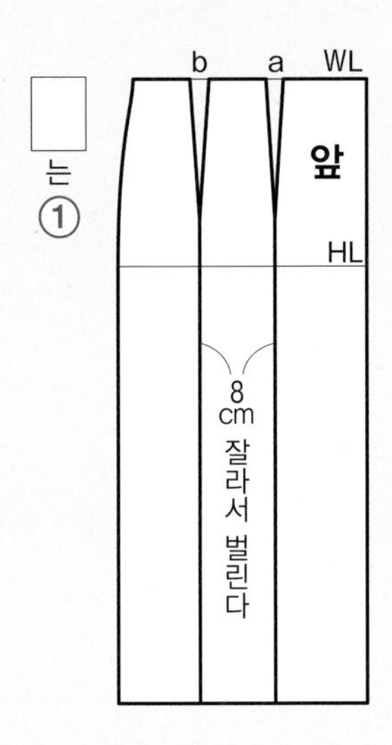

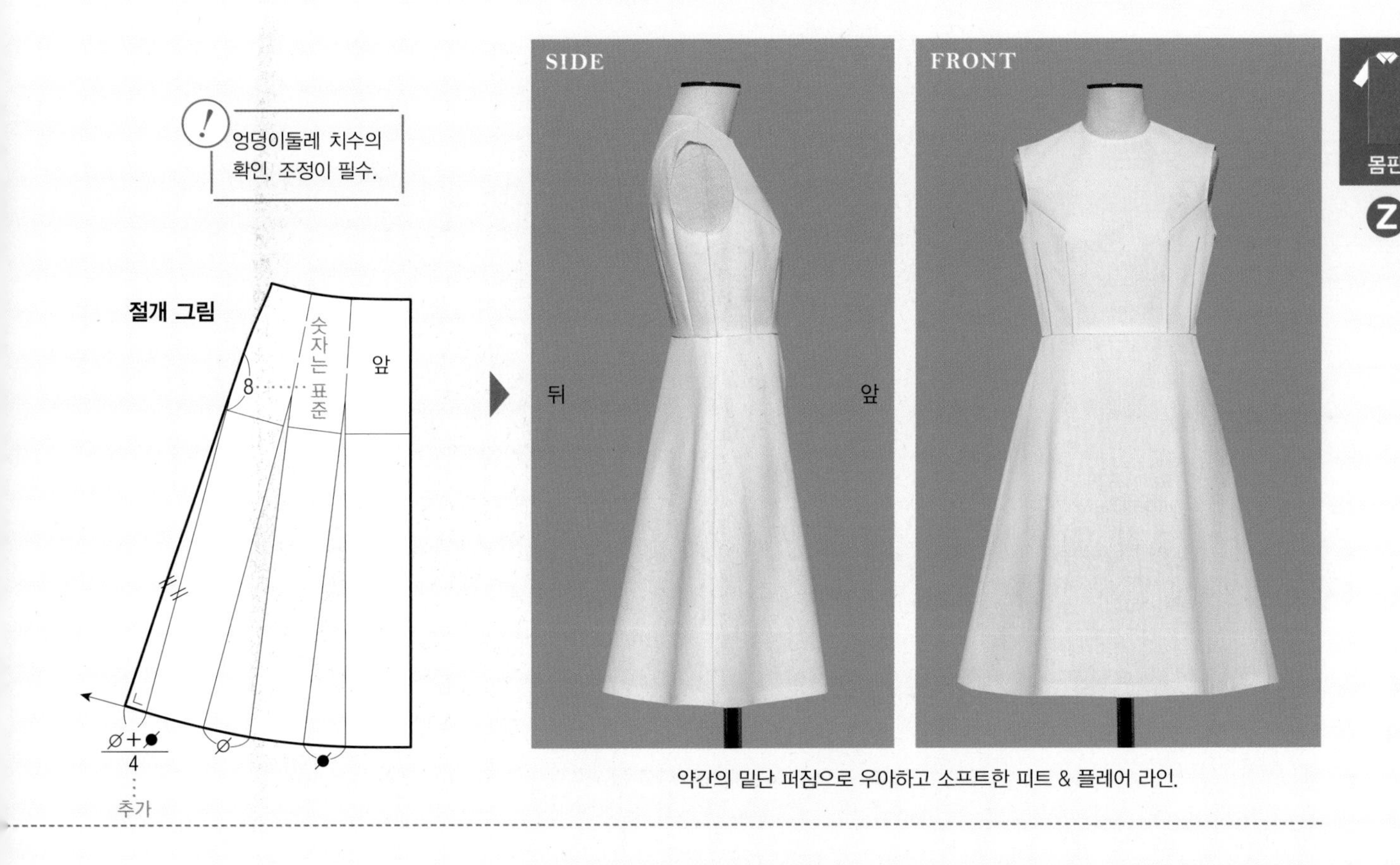

약간의 밑단 퍼짐으로 우아하고 소프트한 피트 & 플레어 라인.

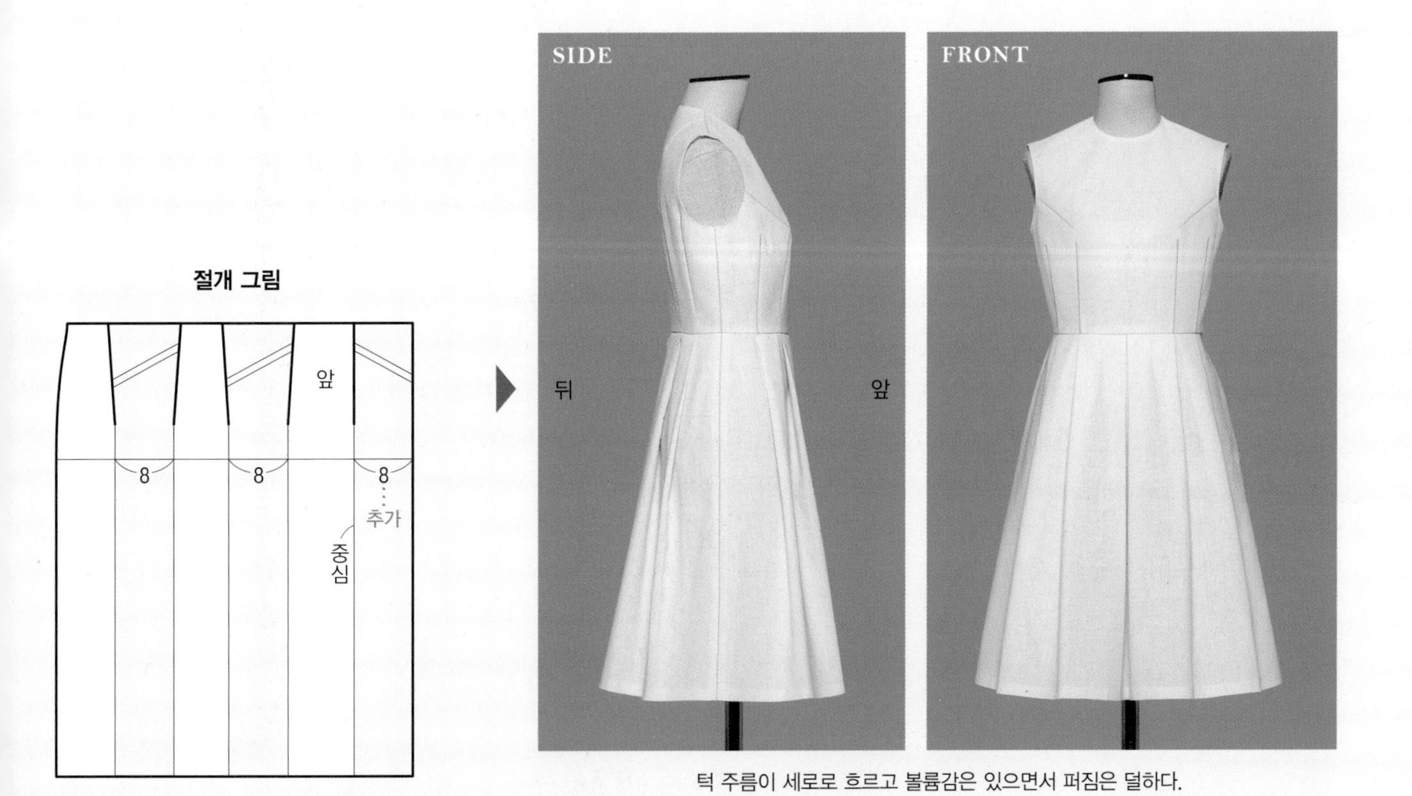

턱 주름이 세로로 흐르고 볼륨감은 있으면서 퍼짐은 덜하다.

→ 엉덩이둘레 치수 조정…P.189

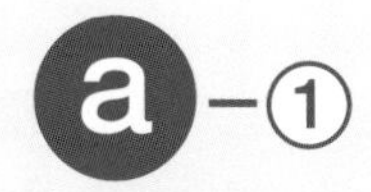

허리 이음선(웨이스트 피트형)

— Waist seam —

a-①

하이 웨이스트+

타이트 스커트

허리 줄임 상태는 I와 같다.
허리 다트를 전부(d는 절반 분량) 사용하고, 스커트 부분을 그려 넣어 마름모꼴 다트로 한다. 다시 WL을 뒤 중심에서 1cm, 옆에서 1.5cm 줄이고
뒤 중심은 어깨 다트 끝의 수평 위치~WL~HL,
옆은 BL(진동 둘레 아랫점)~WL~HL을 연결한다.
하이 웨이스트 위치에서 이음선을 넣고 몸판 다트는 중심 쪽으로 모아 1개로 한다.
스커트 부분의 다트는 그대로 사용한다.

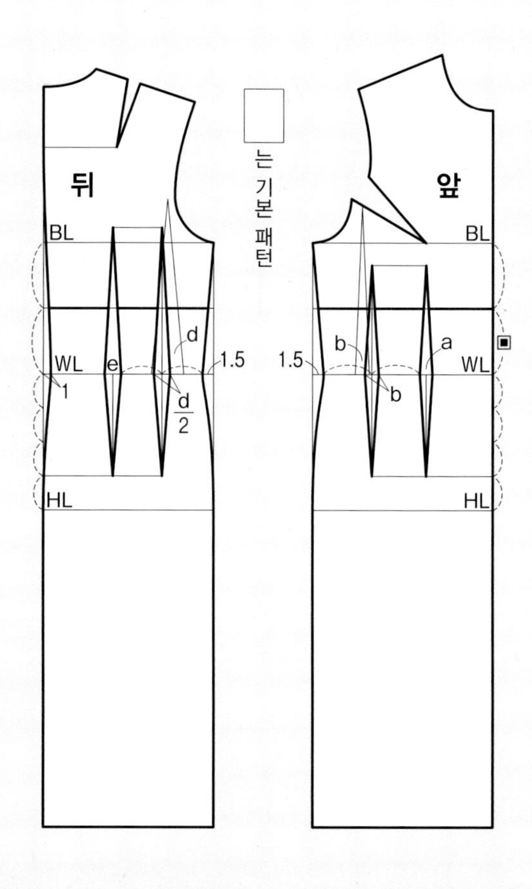

몸판의 다트 이동

분량이 적어지는 허리 다트는
중심 쪽으로 모아 1개로 한다.
모은 다트 분량이 0.7cm 미만인 경우 옆에서 자른다.

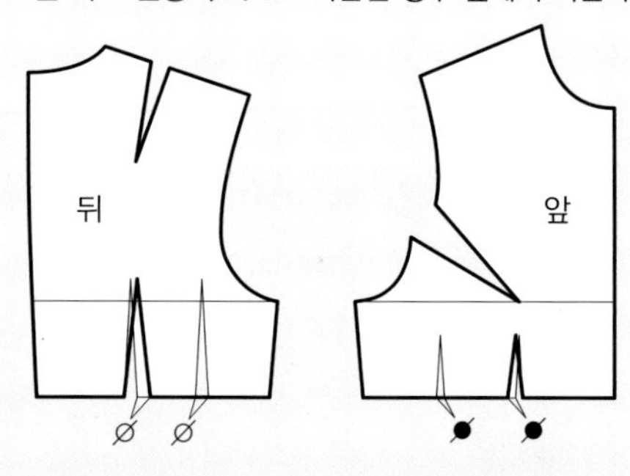

! 밑단 너비나 길이에 따라서 벤트나 슬릿 등을 만들어 보행을 위한 기능성을 보완한다.

! 엉덩이둘레 치수의 확인, 조정이 필수.

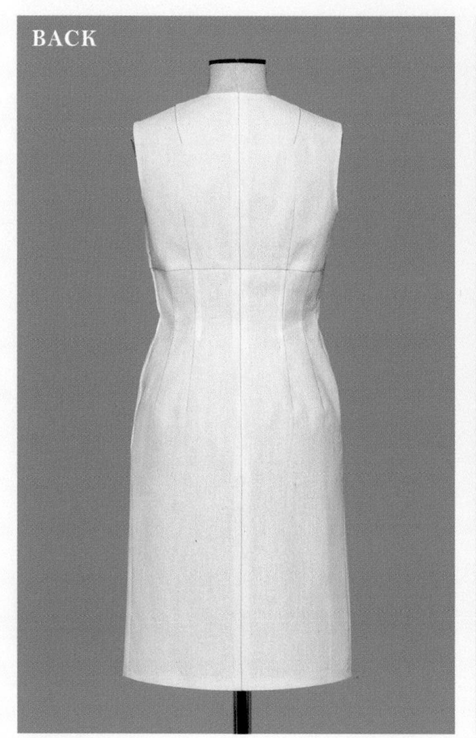

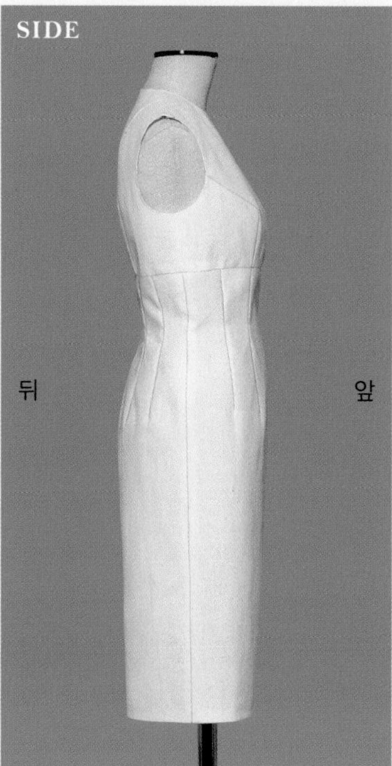

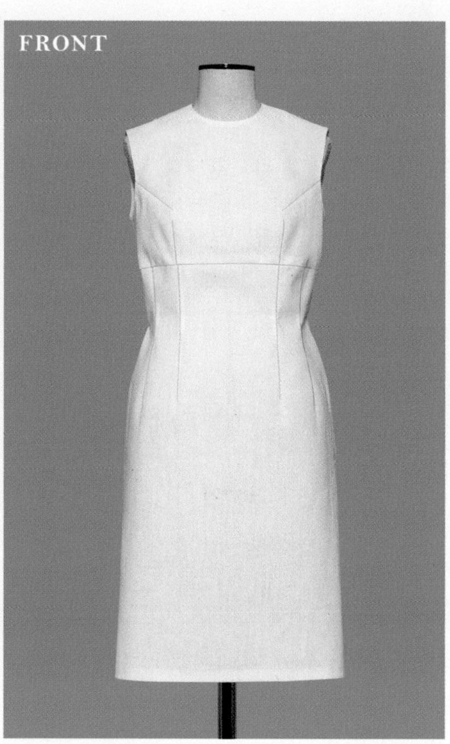

보디라인에 맞추는 정통적인 타이트 실루엣. Z-①과 같은 깔끔하게 세로로 긴 스타일이다.
하이 웨이스트에서 이음선을 넣어 포인트가 올라가 다리가 길어 보이는 효과를 낸다.

 → 기본 패턴 만드는 법…P.180, 필요한 밑단 둘레 치수…P.125, 엉덩이둘레 치수 조정…P.189

하이 웨이스트+
이음선 있는 스커트

몸판은 ①과 같다.
스커트 부분은 다트 끝의 수직으로 내린 선에서 밑단 너비를 2.5cm씩 추가.
다트 끝과 밑단을 연결해 이음선으로 한다.
밑단 너비를 옆에서도 2.5cm 추가해 옆선을 그린다.
뒤도 같은 방법.

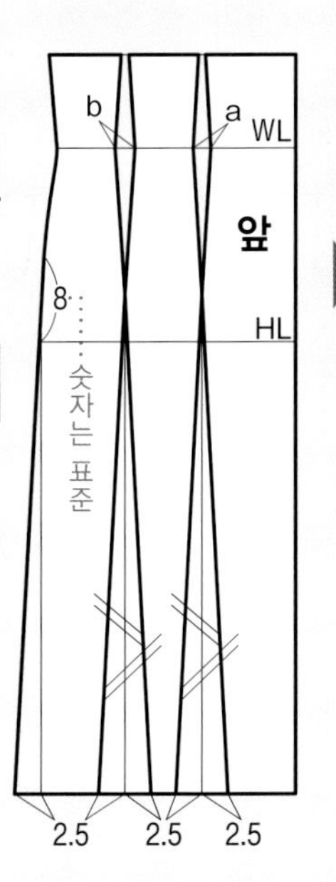

! 엉덩이둘레 치수의 확인, 조정이 필수.

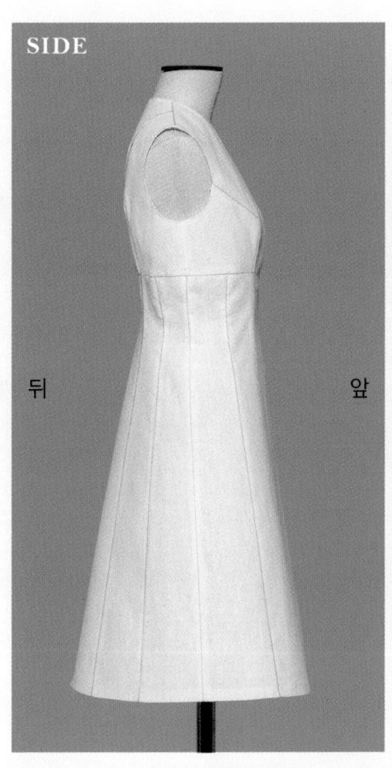

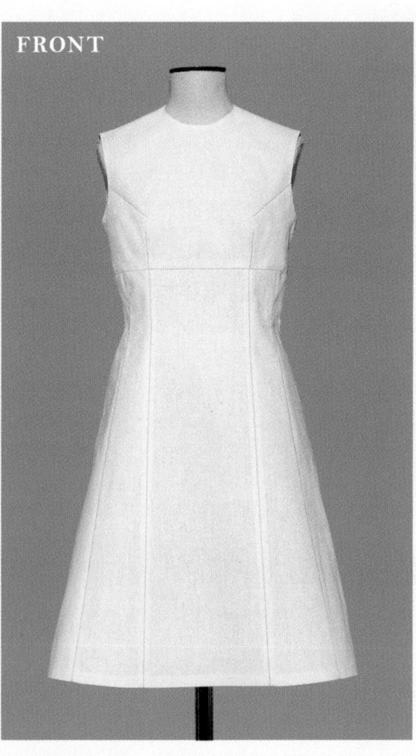

허리 다트를 살리면서 밑단 너비를 넓힌 피트 & 플레어 실루엣.
이음선의 세로 라인도 디자인 포인트.

---

a-③

하이 웨이스트+ **개더 스커트**

몸판은 ①과 같다. 스커트 부분은 몸판 하이 웨이스트 치수를 사용해 직사각형의 패턴을 만들어 개더로 한다. 뒤도 같은 방법.

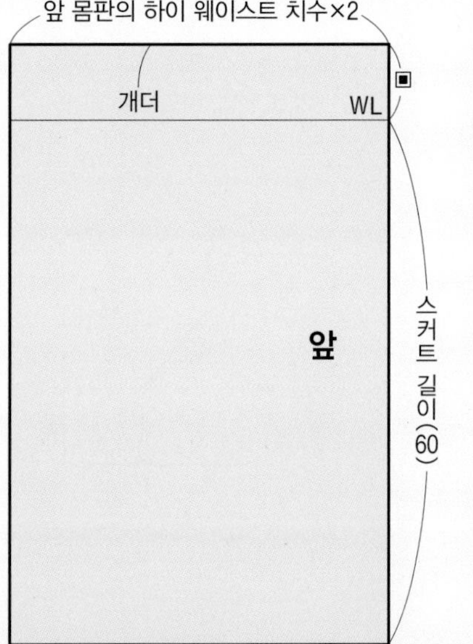

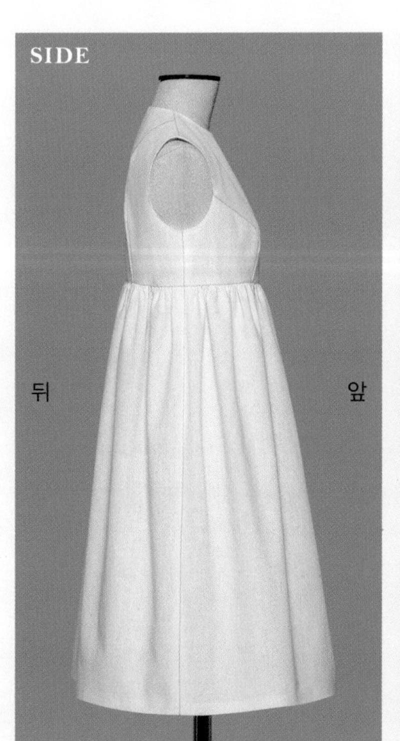

상의는 피트, 스커트 부분은 풍성하다.
하이 웨이스트부터 개더를 넣어 볼륨감을 좀 더 강조한 스타일.

→ 엉덩이둘레 치수 조정…P.189

8 교시 허리 이음선(웨이스트 피트형)

— Waist seam —

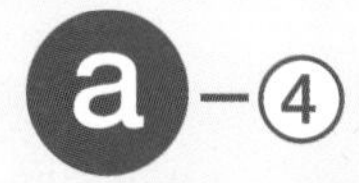

하이 웨이스트+ 플레어 스커트

몸판은 ①과 같다. 스커트 부분은 몸판 하이 웨이스트 치수를 사용해 직사각형의 패턴을 만들어 잘라서 벌려 플레어 분량을 추가한다. 뒤도 같은 방법.

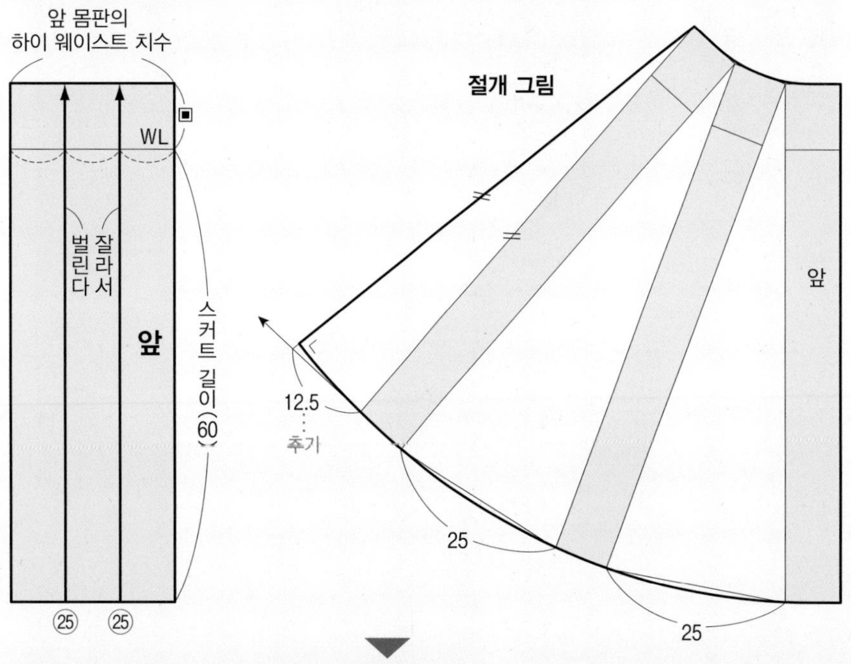

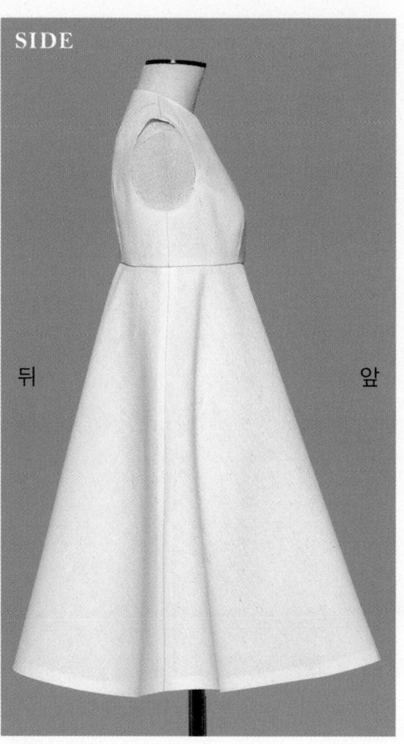

하이 웨이스트 위치에서 밑단 쪽으로 여유 있는 플레어가 퍼진다.
몸판의 피트감과 대조적으로 스커트 부분 와이드감이 커져 형태의 대비가 뚜렷해진다.

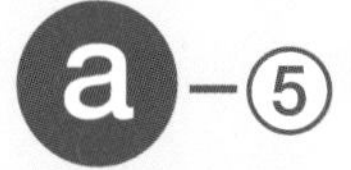

하이 웨이스트+ 트라페즈 스커트

몸판은 ①과 같다.
스커트 부분은 몸판
하이 웨이스트 치수를 사용해
직사각형의 패턴을 만들어
잘라서 벌려 밑단 너비를 넓힌다.
뒤도 같은 방법.

하이 웨이스트+ 턱트 스커트

몸판은 ①과 같다.
스커트 부분은
몸판 하이 웨이스트 치수에
턱 분량을 추가해 직사각형을 그려
턱으로 한다. 뒤도 같은 방법.

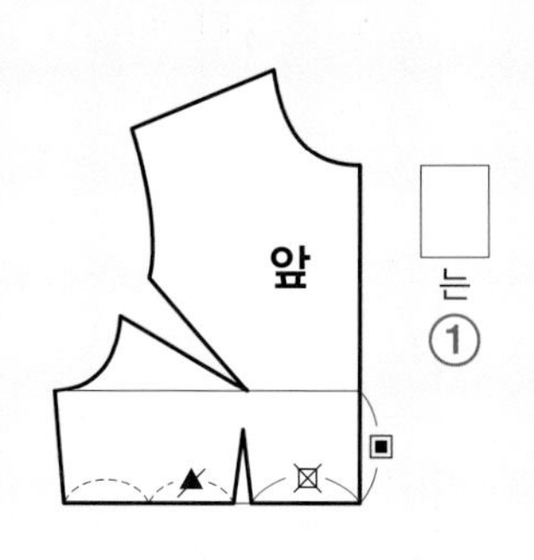

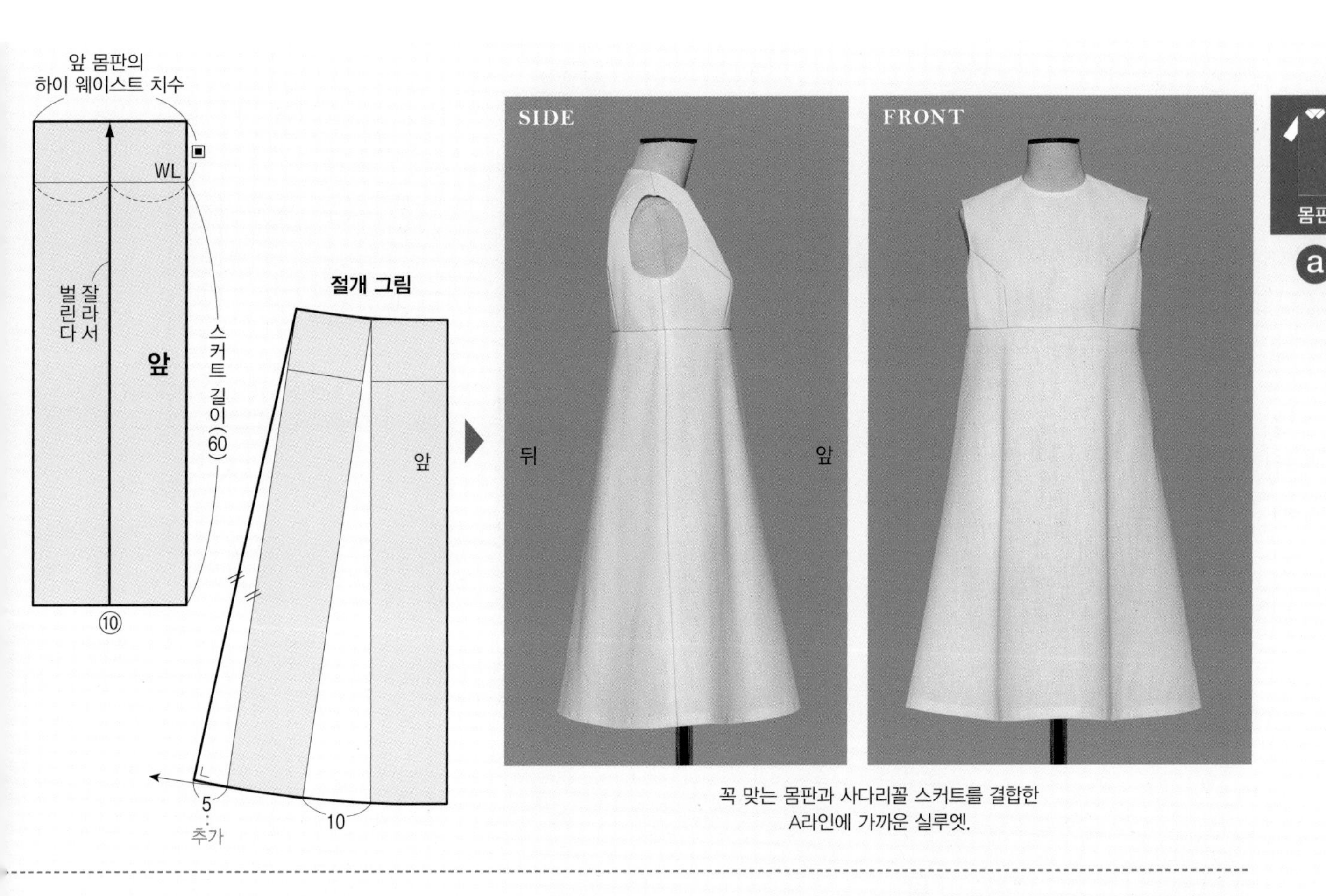

꼭 맞는 몸판과 사다리꼴 스커트를 결합한
A라인에 가까운 실루엣.

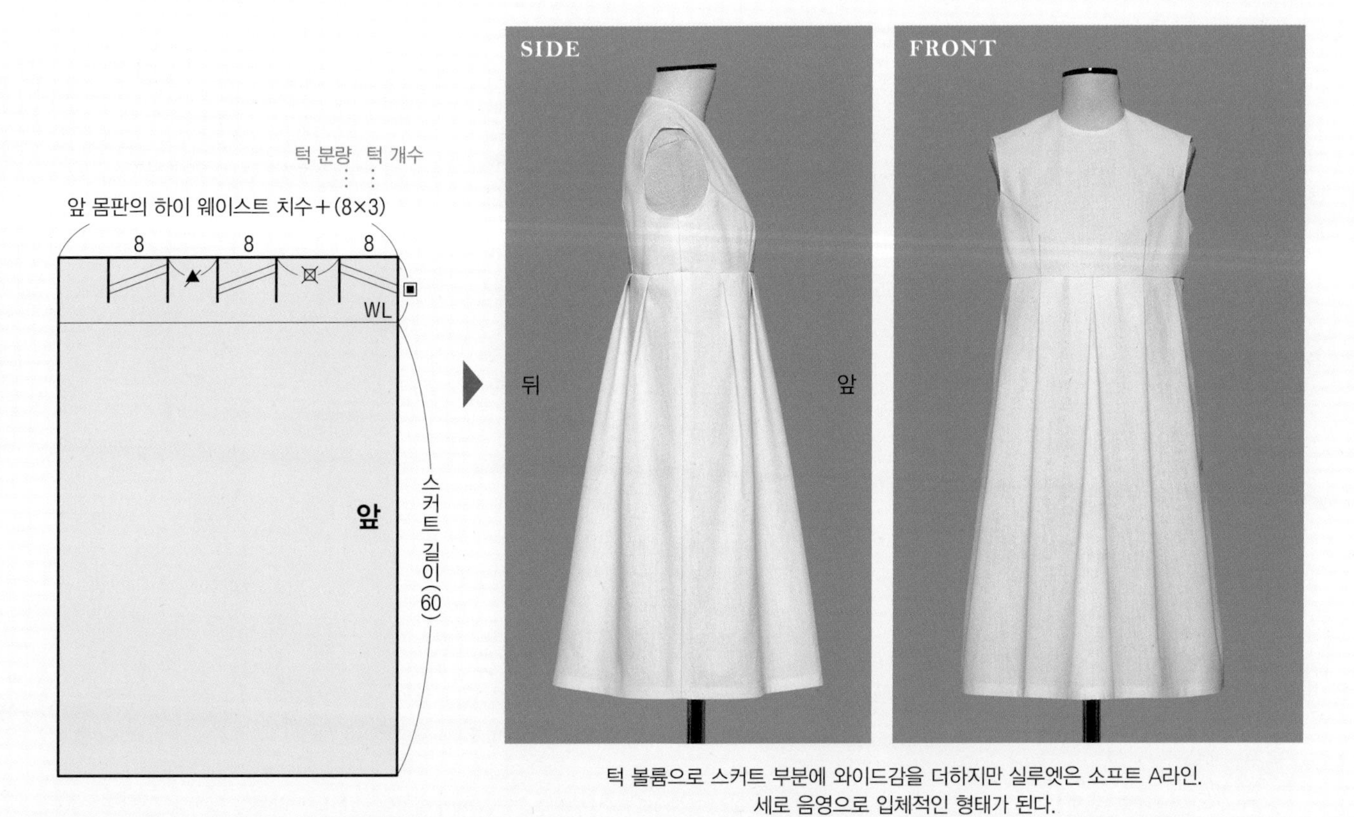

턱 볼륨으로 스커트 부분에 와이드감을 더하지만 실루엣은 소프트 A라인.
세로 음영으로 입체적인 형태가 된다.

8 교시 허리 이음선(웨이스트 피트형)

— Waist seam —

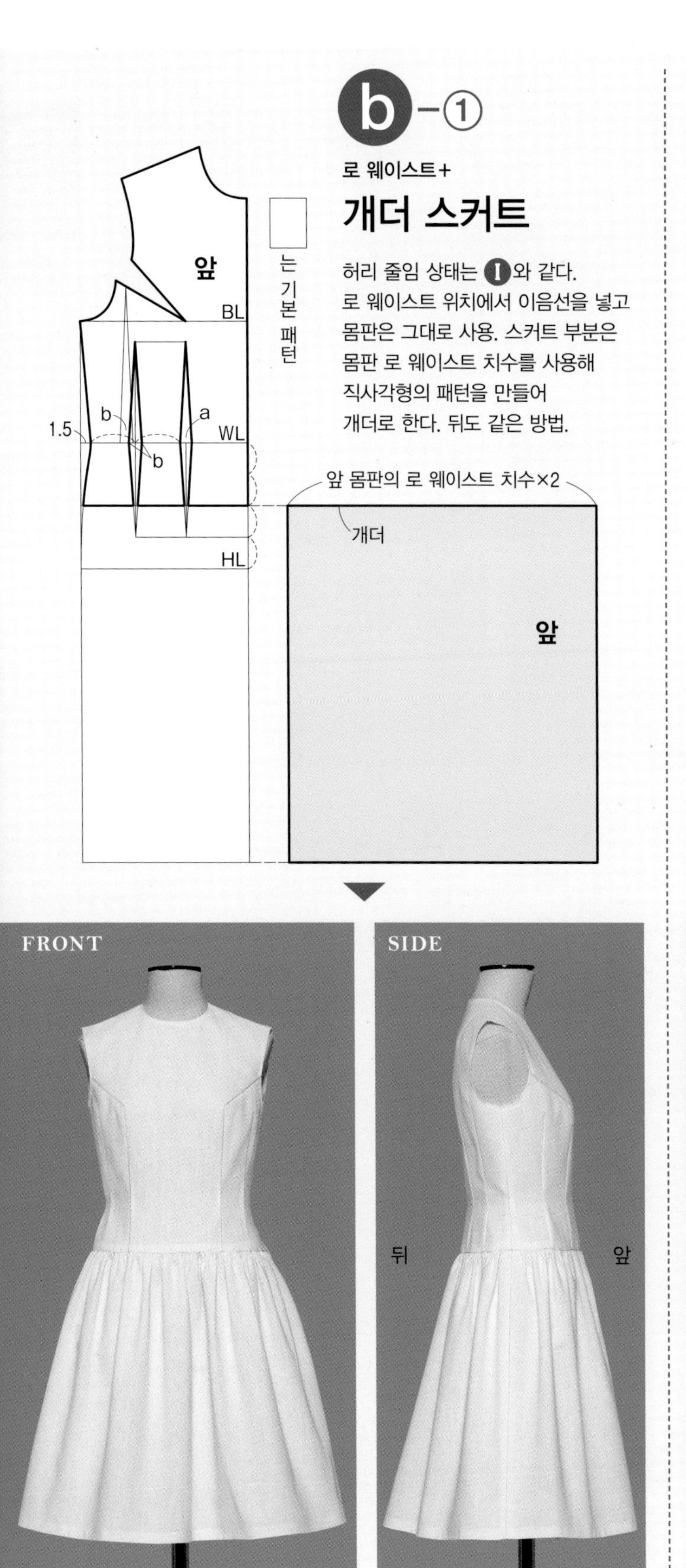

b-① 로 웨이스트+ 개더 스커트

허리 줄임 상태는 I와 같다.
로 웨이스트 위치에서 이음선을 넣고
몸판은 그대로 사용. 스커트 부분은
몸판 로 웨이스트 치수를 사용해
직사각형의 패턴을 만들어
개더로 한다. 뒤도 같은 방법.

엉덩이에 개더를 풍성하게 넣어
밑단 쪽으로 봉긋하게 퍼진다.

b-② 로 웨이스트+ 플레어 스커트

몸판은 ①과 같다.
스커트 부분은
다트를 닫아
다시 지정된 치수만큼 벌려
플레어 분량을 추가한다.
뒤도 같은 방법.

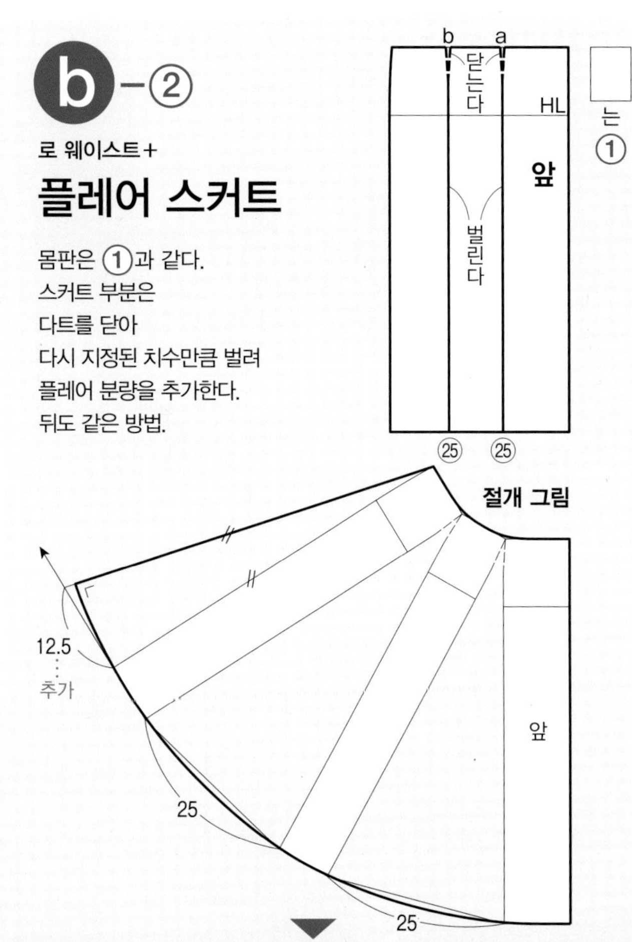

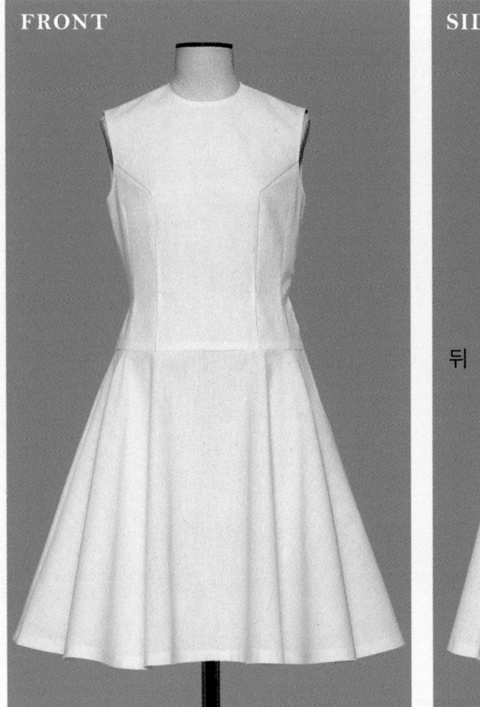

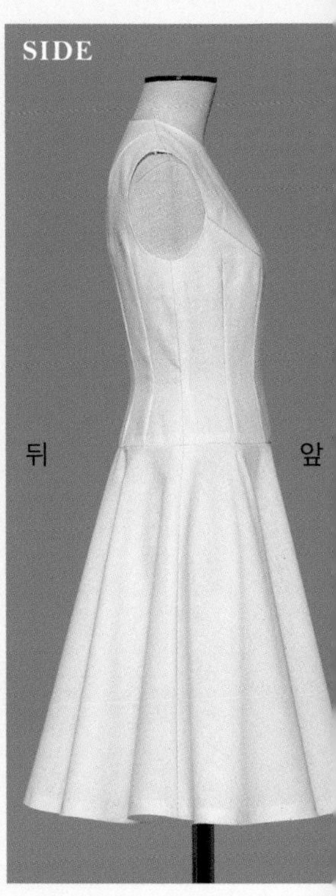

엉덩이 위치부터 밑단으로 크게 퍼지는 실루엣.
플레어 물결로 입체적인 굴곡이 생긴다.

 → 기본 패턴 만드는 법…P.180

로 웨이스트+

트라페즈 스커트

엉덩이둘레 치수의 확인, 조정이 필수.

몸판은 ①과 같다.
스커트 부분은 다트를 닫아 벌어지는 분량을 벌려 밑단 너비를 넓힌다. 뒤도 같은 방법.

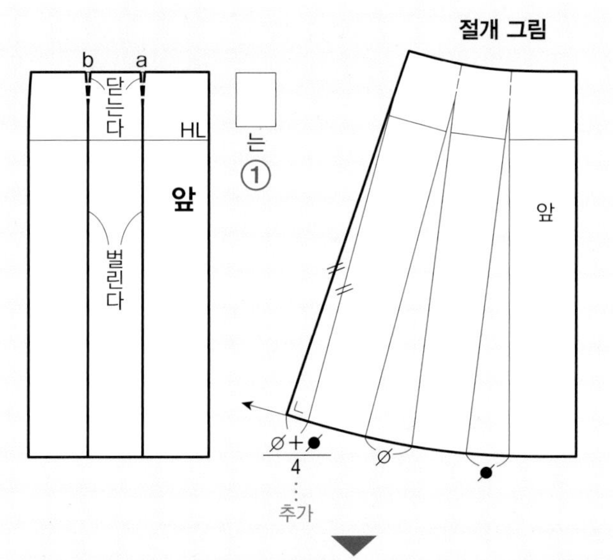

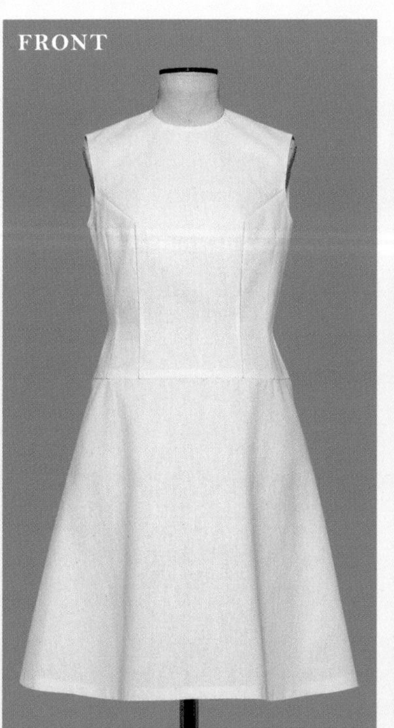

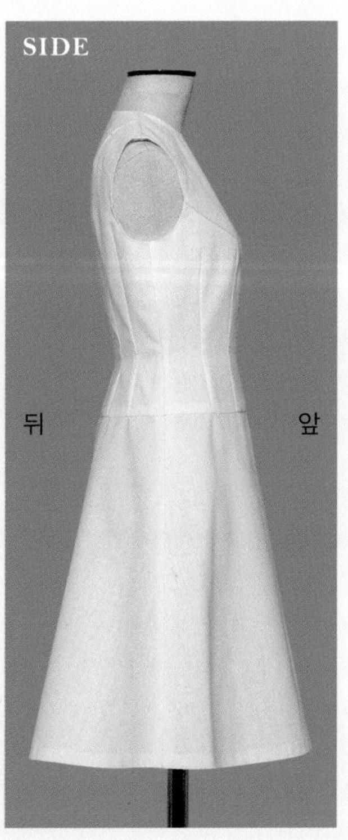

상반신은 피트, 엉덩이 위치부터 밑단으로 우아하게 퍼지는 실루엣.

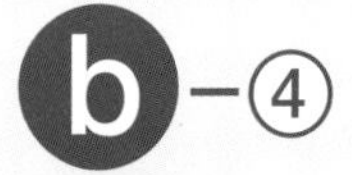

로 웨이스트+

턱트 스커트

몸판은 ①과 같다.
스커트 부분은 다트 끝의 수직으로 내린 선과 중심에 분량을 추가해 턱으로 한다.
뒤도 같은 방법.

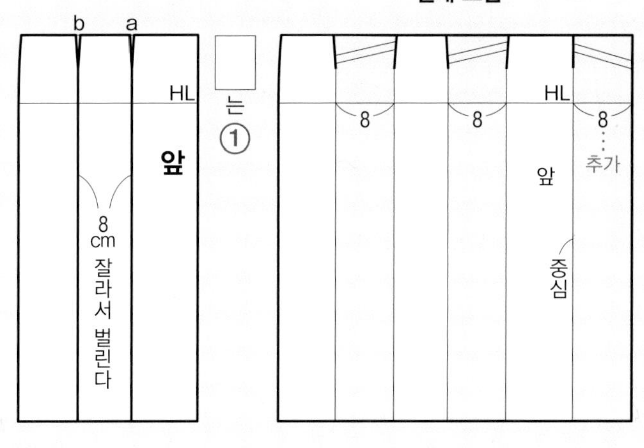

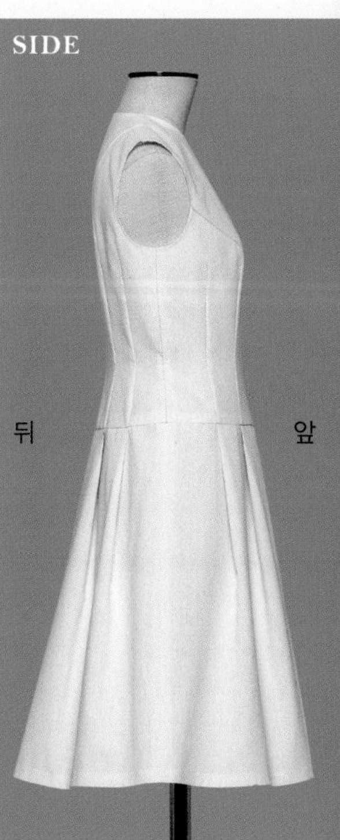

엉덩이 위치부터 밑단으로 턱 주름이 세로로 흐른다.
밑단 둘레 분량은 많아도 부풀림은 적다.

b

→ 엉덩이둘레 치수 조정…P.189

랩 스타일

— Wrap style —

C 피트 & 플레어 타입

기본 패턴을 사용.
분량이 적은 쪽
허리 다트 a, e를 사용하고
스커트 부분을 그려 넣어
마름모꼴 다트로 한다.
다시 WL을 옆에서 줄여
몸에 꼭 맞게 한다.
밑단 너비를 옆에서 추가해
옆선, 밑단선을 그린다.
앞은 WL의 중심에서
허리와 같은 치수로
겹침 분량을 추가한다.

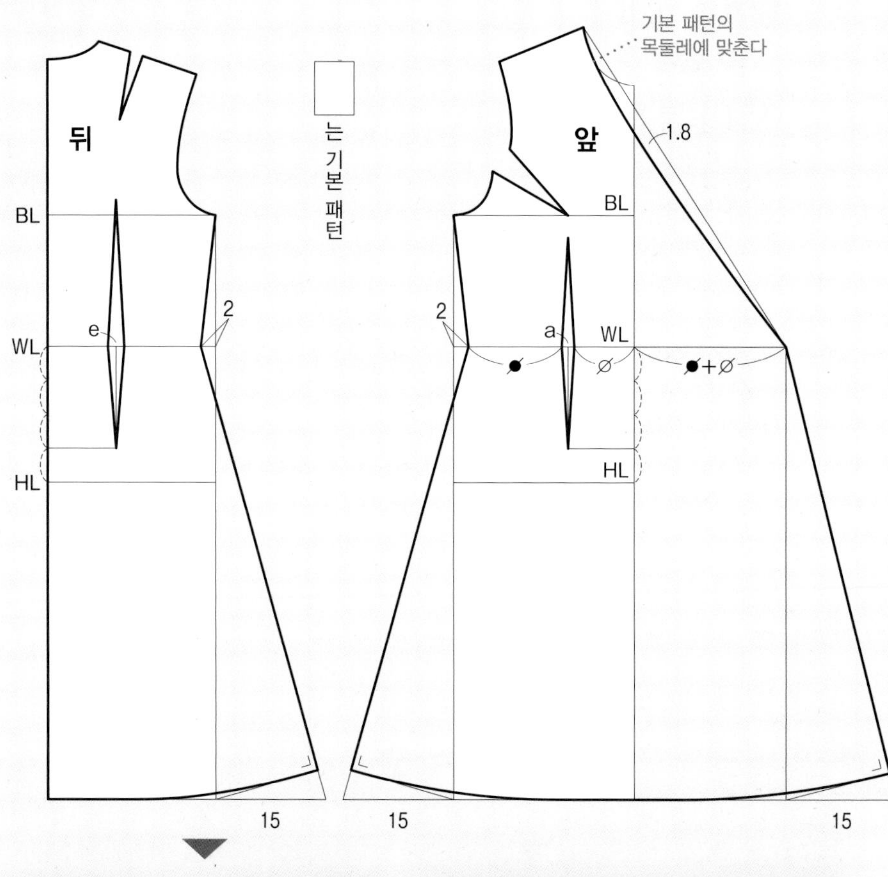

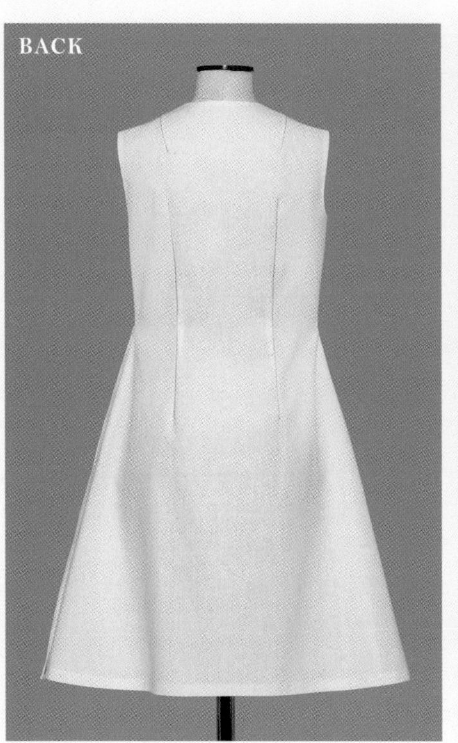

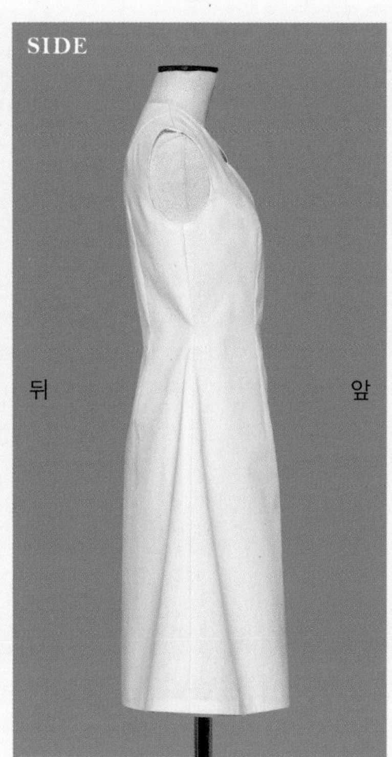

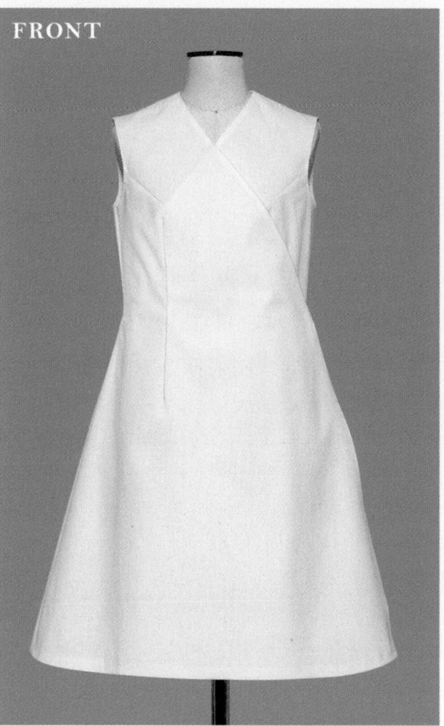

허리 줄임과 밑단 퍼짐의 대비가 두드러지는 X라인 실루엣. 옆 밑단의 추가분을 많게 하여 플레어 분량이 옆으로 치우친다.
실제로 만들 때는 앞 끝과 옆을 단추나 끈 등으로 고정한다.

 → 기본 패턴 만드는 법…P.180, 줄이는 위치 차이에 따른 비교…P.113

몸에 감듯이 앞을 겹쳐서 착용하는 디자인으로 여성스러운 우아한 분위기가 매력.
앞 끝을 단추 등으로 고정하거나 끝에 단 끈을 허리에 묶어서 입는다.

d 허리 이음선 턱 넣기

기본 패턴을 사용.
저스트 웨이스트 위치에서
이음선을 넣고, 몸판은
WL을 옆에서 줄여
뒤 스커트 부분은
옆쪽에서 턱 분량을
추가한다.
앞은 중심에서
겹침 분량을 추가.
스커트 부분은
다시 옆쪽과 중심 쪽에서
턱 분량을 추가한다.

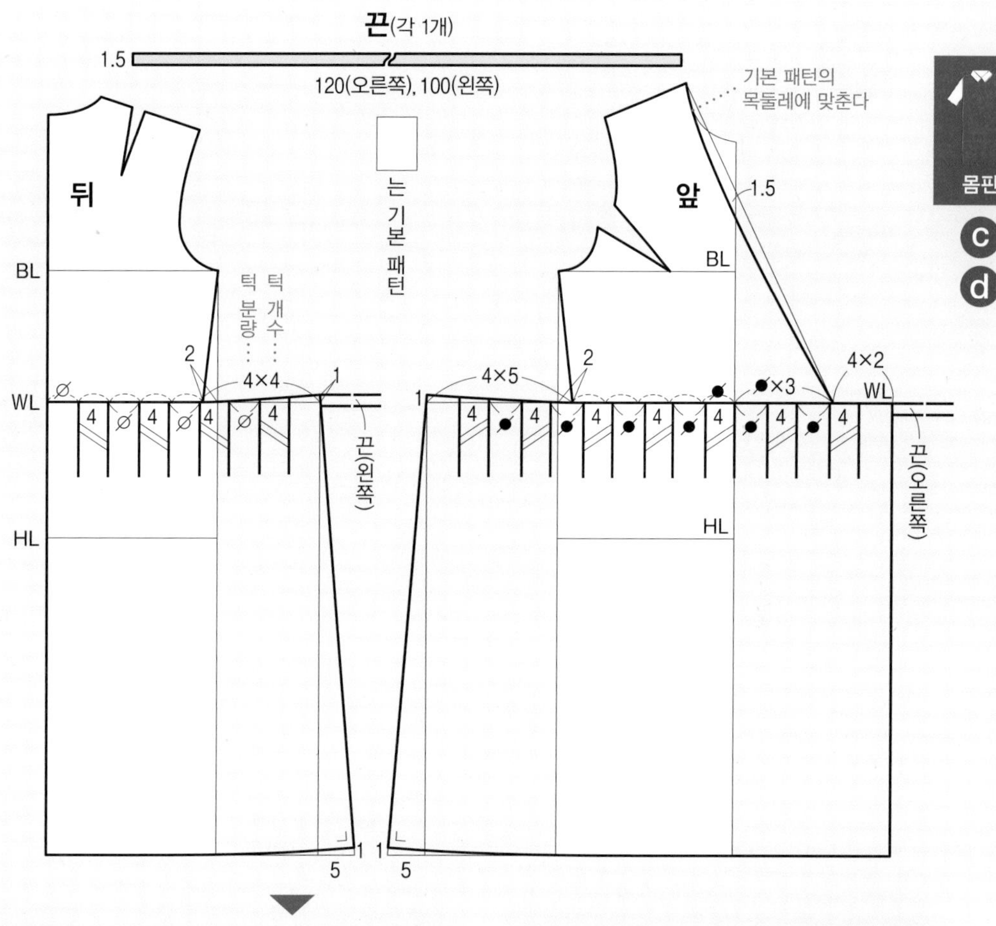

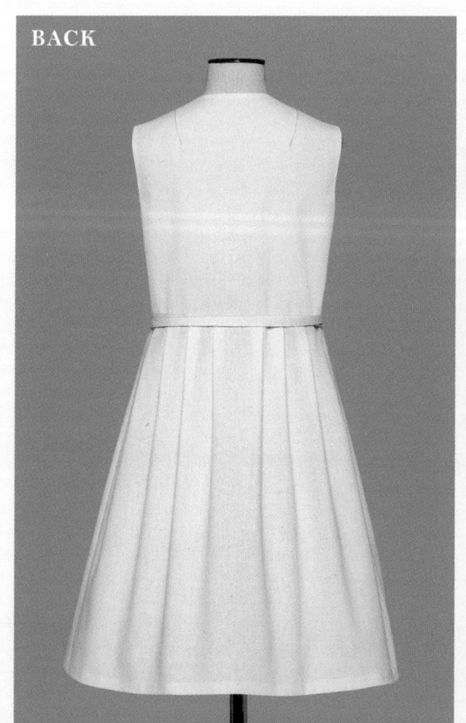

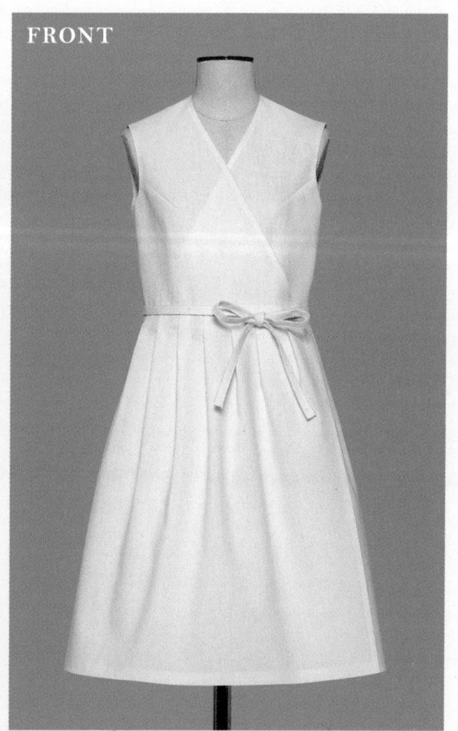

몸판은 약간 셰이프트 라인. 스커트는 밑단 쪽으로 갈수록 턱이 자연스럽게 벌어져 부드러운 A라인 실루엣으로.

→ 기본 패턴 만드는 법…P.180, 이음선 위치 차이에 따른 비교…P.112, 줄이는 위치 차이에 따른 비교…P.113

커쿤 라인

— Cocoon line —

e 소프트 타입(부풀림 작게)

기본 패턴을 사용.
밑단 너비를 옆에서 추가해 BL
(진동 둘레 아랫점)과 연결하고,
HL에서 10cm 내려간 위치에
부풀림 분량을 추가해
옆선을 완만하게 그린다.

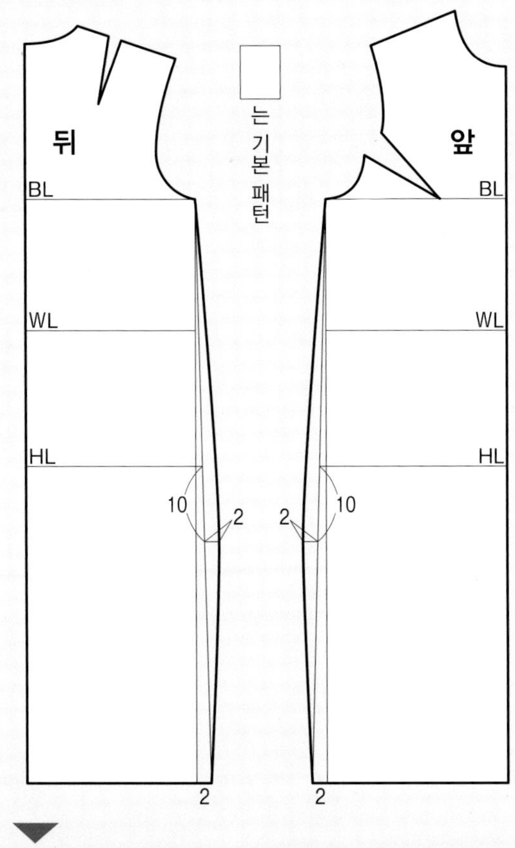

밑단 너비나 길이에 따라서 벤트 나 슬릿 등을 만들어 보행을 위한 기능성을 보완한다.

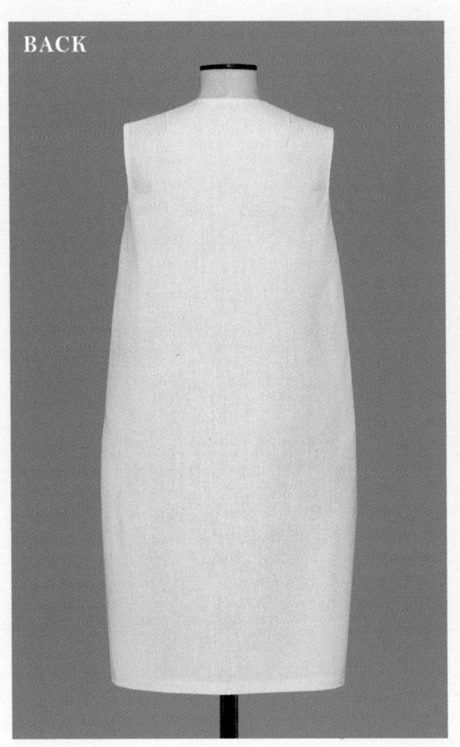

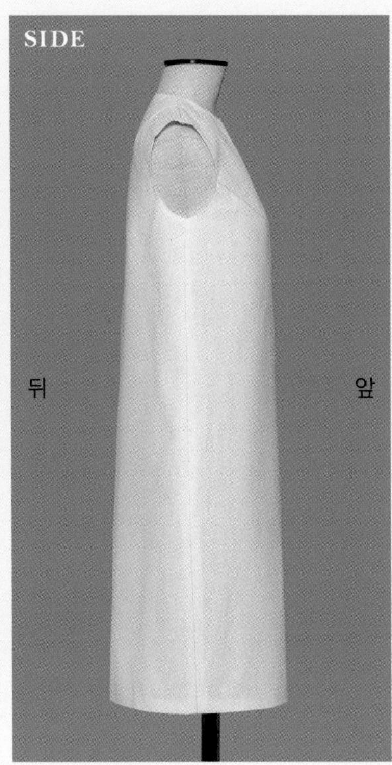

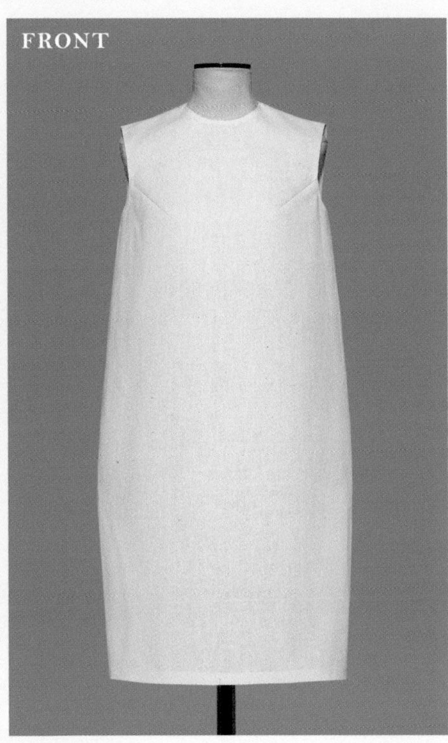

기본 패턴에 가까운 박스 실루엣. 엉덩이 주위에 약간 부풀림이 생긴다.

 → 기본 패턴 만드는 법…P.180, 필요한 밑단 둘레 치수…P.125

'커쿤'이란 누에고치를 의미. 엉덩이 주위를 부풀려서 몸을 둥글게 감싸는 실루엣이다.
부풀림이 적으면 박시 라인에 가깝고, 많으면 A라인과 비슷한 분위기가 된다.

와이드 타입(부풀림 크게)

기본 패턴을 사용.
HL에서 10cm 내려간 위치에서 밑단까지의 옆선을 평행으로 이동해 옷 폭을 추가.
BL(진동 둘레 아랫점)과 완만한 곡선으로 연결한다.

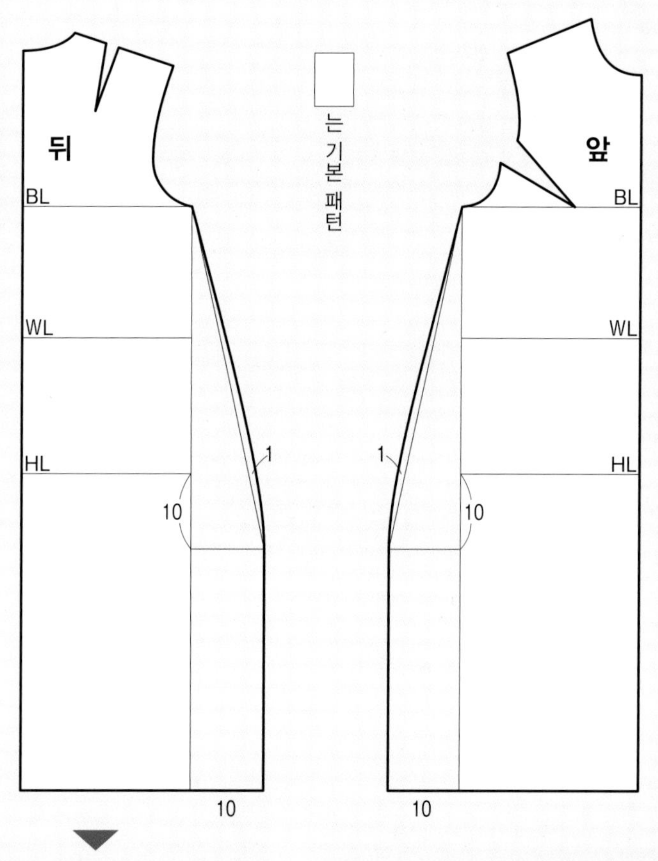

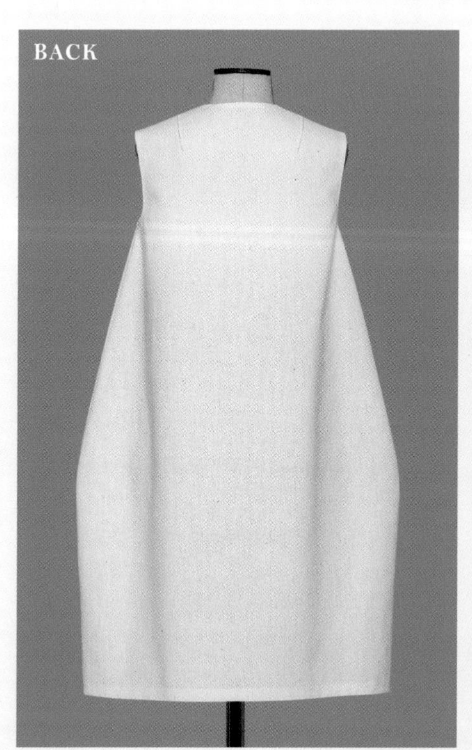

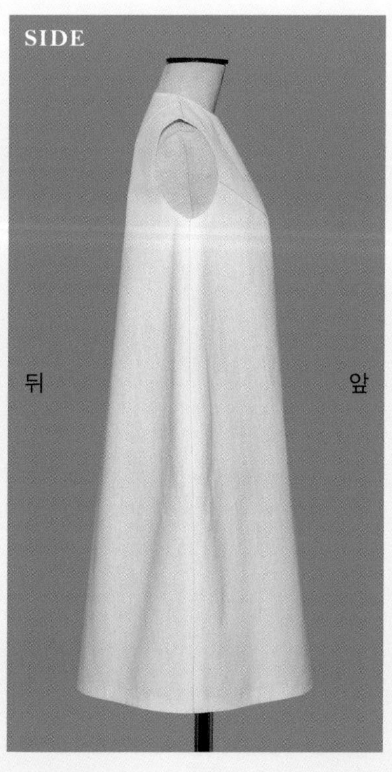

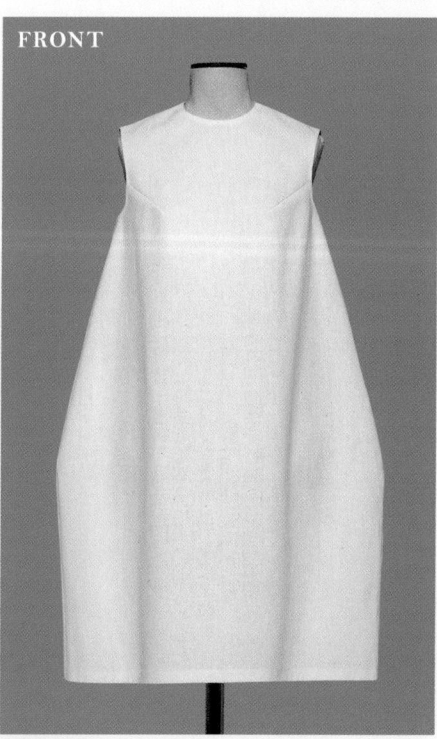

ⓔ보다 전체적으로 볼륨이 커진다. 부풀린 부분부터 아래쪽은 스트레이트.
평면적인 패턴이기 때문에 앞뒤와 옆의 와이드감 차이가 커진다.

몸판 e f

→ 기본 패턴 만드는 법…P.180

10 교시 커쿤 라인
— Cocoon line —

g 세로 이음선 타입

프린세스 라인을 활용한
커쿤 스타일.
기본 패턴을 사용.
중심 쪽 다트 a, e를 사용하고
a는 같은 위치, e는 같은 분량을
옆쪽으로 이동한다.
프린세스 라인은 어깨~WL~엉덩이 아래
(각 다트의 중심선에서 폭을 1cm
추가한 위치)를 연결한다.
다시 WL을 옆에서 줄여
BL(진동 둘레 아랫점)~WL~
엉덩이 아래를 연결한다.
엉덩이 아래 위치에서 밑단까지는 수직.

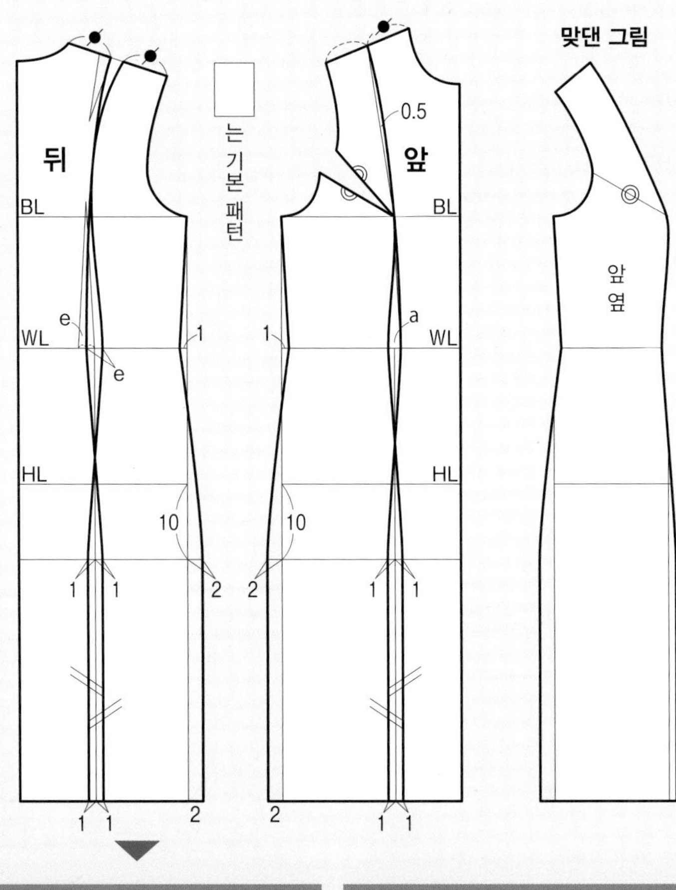

> 밑단 너비나 길이에 따라서 벤트나 슬릿 등을 만들어 보행을 위한 기능성을 보완한다.

> 엉덩이둘레 치수의 확인, 조정이 필수.

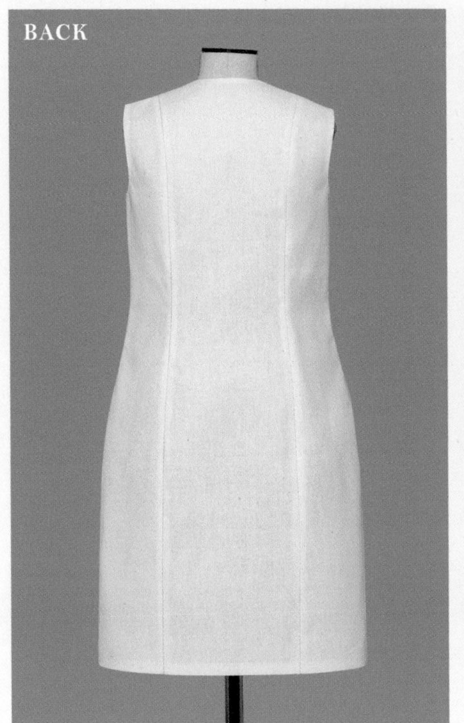

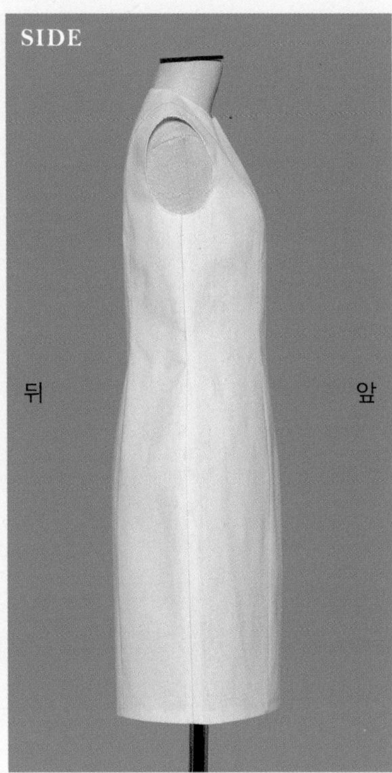

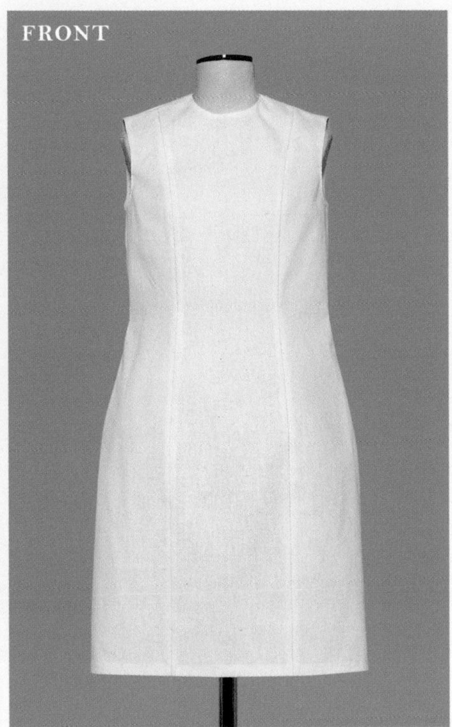

이음선을 넣어서 파트 개수를 늘려 좀 더 입체적이다. 앞뒤, 옆 모두 부풀림의 정도가 같다.

 → 기본 패턴 만드는 법…P.180, 줄이는 위치 차이에 따른 비교…P.113, 필요한 밑단 둘레 치수…P.125, 엉덩이둘레 치수 조정…P.189

h 가로 이음선 타입

가로 이음선을 사용한 커쿤 스타일.
기본 패턴을 사용.
HL에서 10cm 내려간 위치에 이음선을 넣어
부풀림 분량을 추가해
BL(진동 둘레 아랫점)과 직선으로 연결한다.
이음선 아랫부분은 밑단 너비를 추가해
완만한 곡선으로 연결한다.

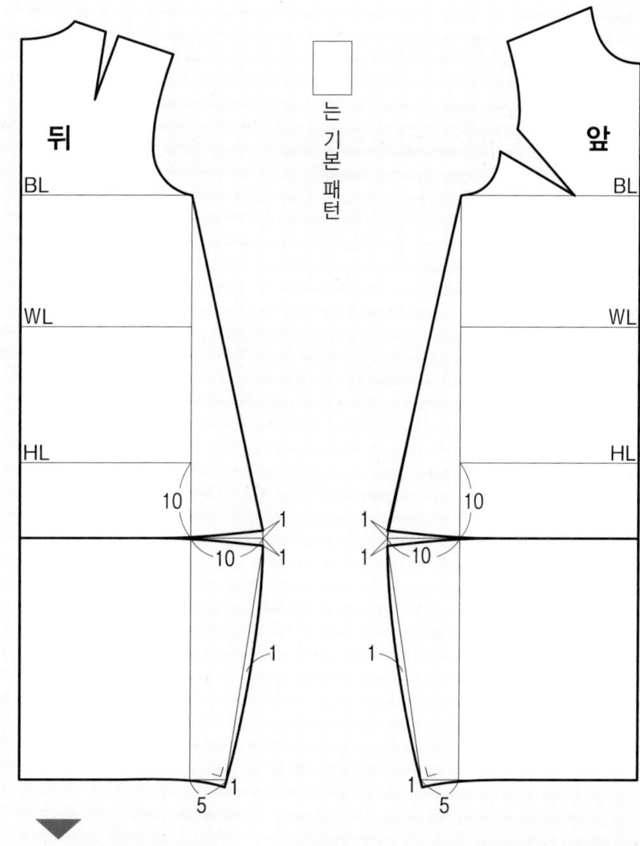

밑단 너비나 길이에 따라서 벤트나 슬릿 등을 만들어 보행을 위한 기능성을 보완한다.

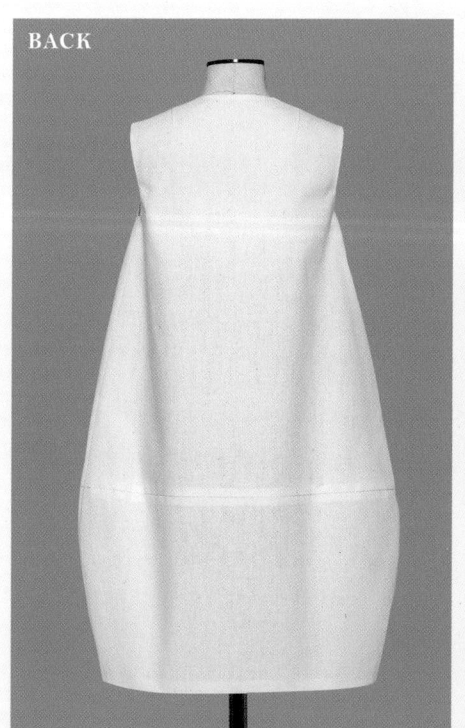

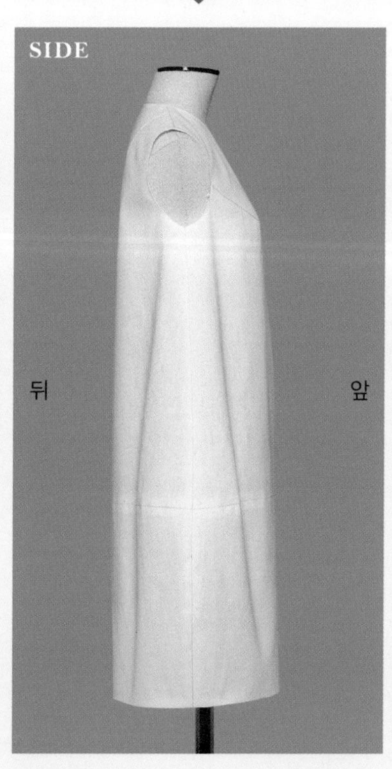

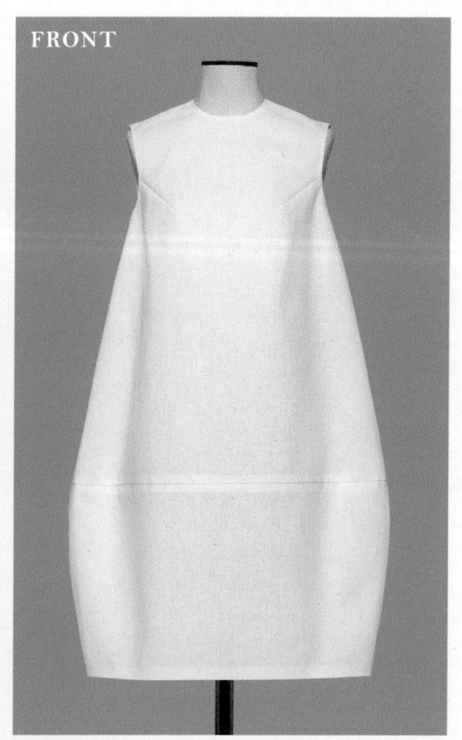

엉덩이 아래 위치의 이음선으로 가로 라인을 강조해 와이드한 느낌의 커쿤 실루엣으로.

→ 기본 패턴 만드는 법…P.180, 필요한 밑단 둘레 치수…P.125

드레이프 디자인

— Drape design —

i 앞 드레이프(목둘레 얕게)

기본 패턴을 사용.
뒤는 G와 같다.
앞은 WL을 옆에서 줄이고, AH 다트를 닫아
벌어지는 분량을 목둘레에서 벌린다.
다시 비스듬히 절개선을 2개 넣어
어깨선을 잘라서 벌려 턱으로 한다.

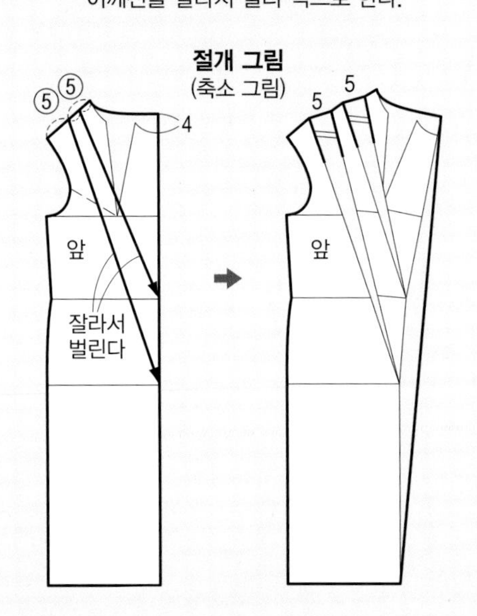

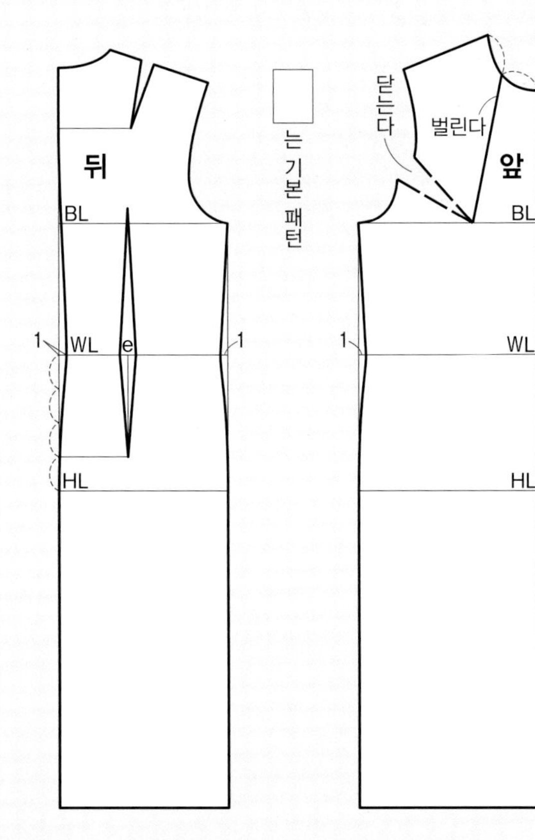

! 밑단 너비나 길이에 따라서 벤트나 슬릿 등을 만들어 보행을 위한 기능성을 보완한다.

! 엉덩이둘레 치수의 확인, 조정이 필수.

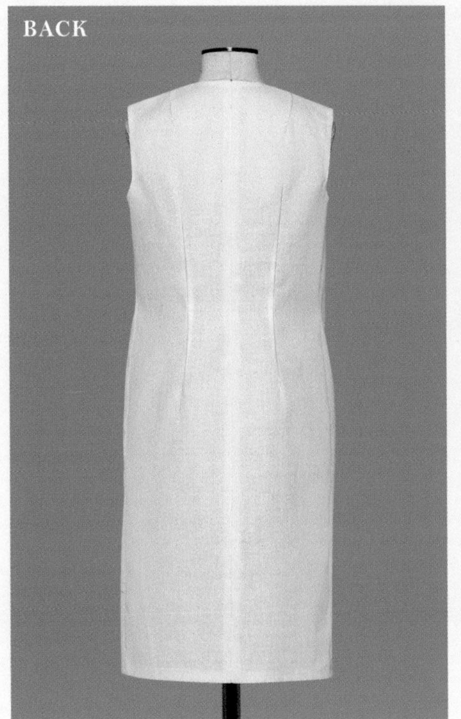

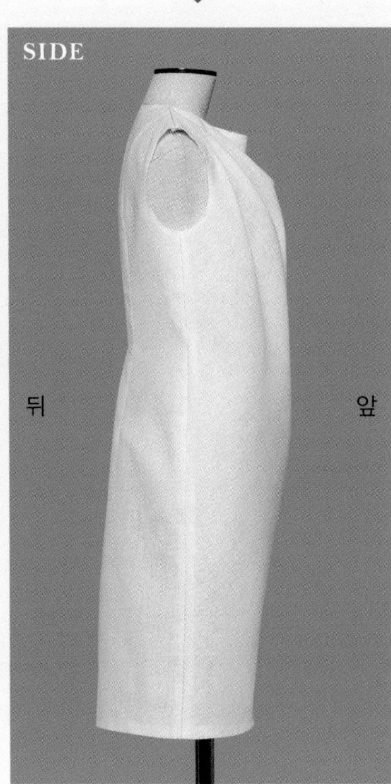

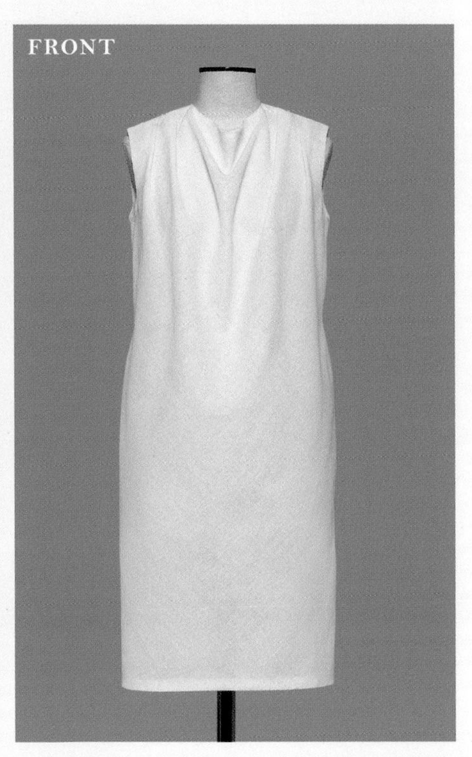

앞 목둘레에 라운드 모양으로 드레이프가 들어가 목 밑을 우아하게 연출.

 → 기본 패턴 만드는 법…P.180, 필요한 밑단 둘레 치수…P.125, 엉덩이둘레 치수 조정…P.189

천을 늘어뜨렸을 때 생기는 느슨하고 완만한 주름으로 엘리건트한 느낌을 주는 드레이프는
원피스를 좀 더 우아하게 만드는 테크닉.
넣고 싶은 위치를 잘라서 벌리고 분량을 추가해 표현한다. 분량이나 위치에 따라 다양한 표정을 즐길 수 있다.

j 앞 드레이프(목둘레 깊게)

뒤는 기본 패턴을 사용해
G와 같이 제도한다.
앞은 i의 패턴을 사용.
목둘레에 중심에서 드레이프 분량을 추가해
중심선, 목둘레를 다시 그린다.

> ! 밑단 너비나 길이에 따라서 벤트나 슬릿 등을 만들어 보행을 위한 기능성을 보완한다.

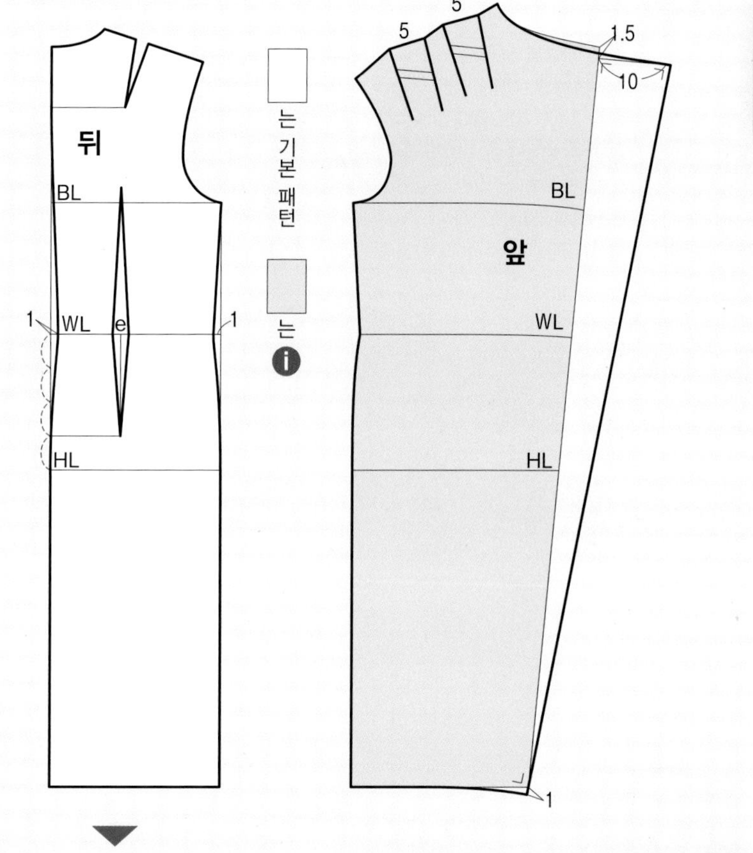

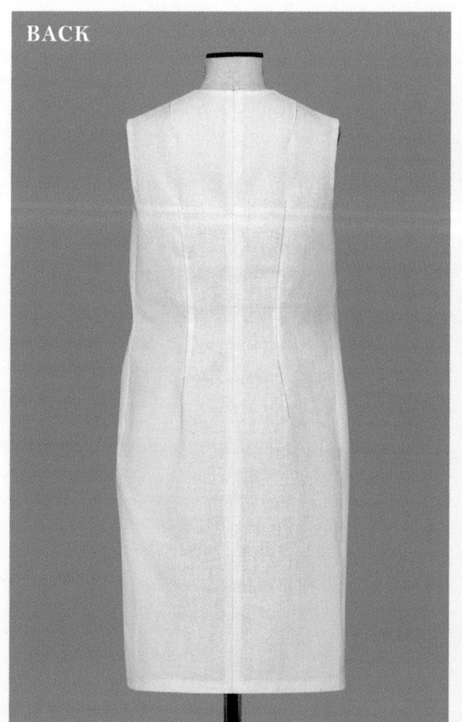

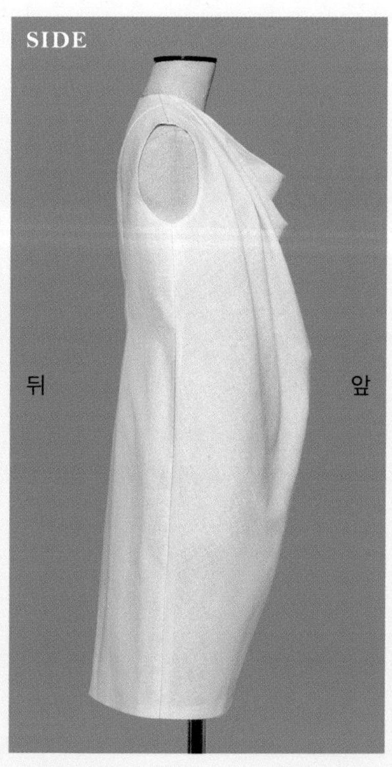

목둘레 치수를 추가해 깊고 큰 천의 흐름이 나타나며 드레이프의 존재감이 커진다.

→ 기본 패턴 만드는 법…P.180, 필요한 밑단 둘레 치수…P.125

11 교시 드레이프 디자인

— Drape design —

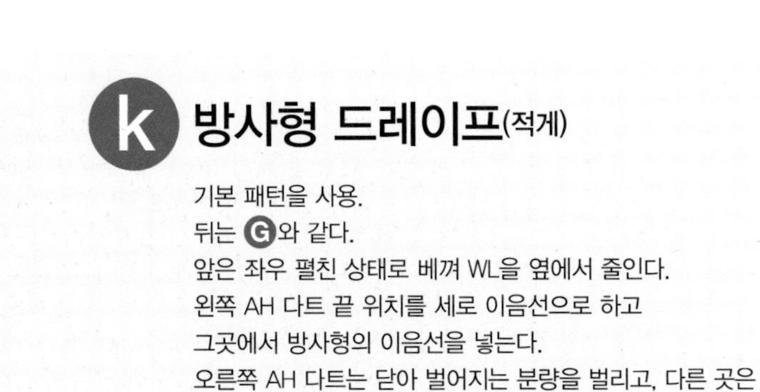

k 방사형 드레이프(적게)

기본 패턴을 사용.
뒤는 G와 같다.
앞은 좌우 펼친 상태로 베껴 WL을 옆에서 줄인다.
왼쪽 AH 다트 끝 위치를 세로 이음선으로 하고
그곳에서 방사형의 이음선을 넣는다.
오른쪽 AH 다트는 닫아 벌어지는 분량을 벌리고, 다른 곳은
옆을 기준점으로 잘라서 벌려 턱으로 한다.

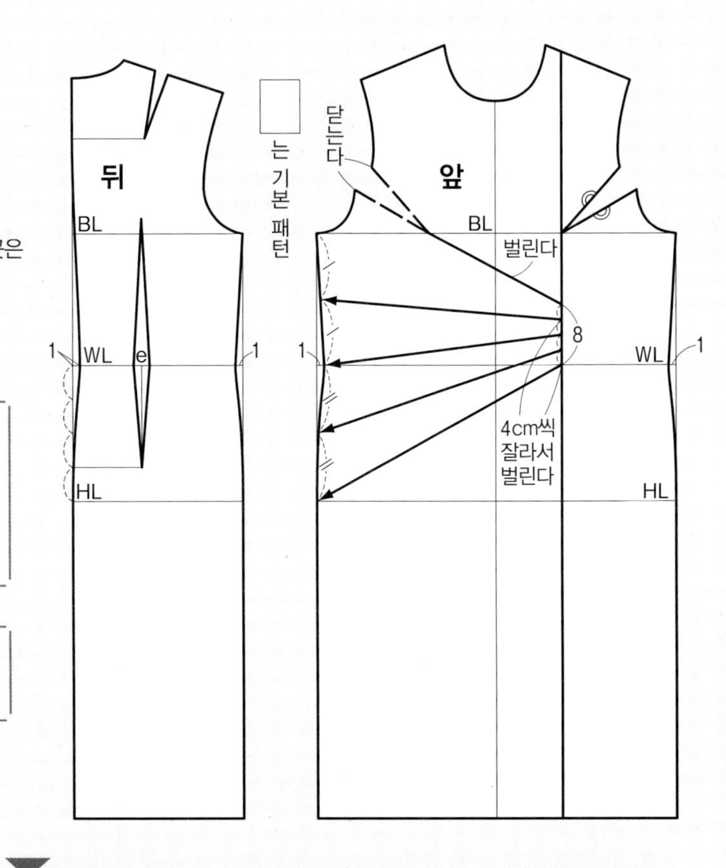

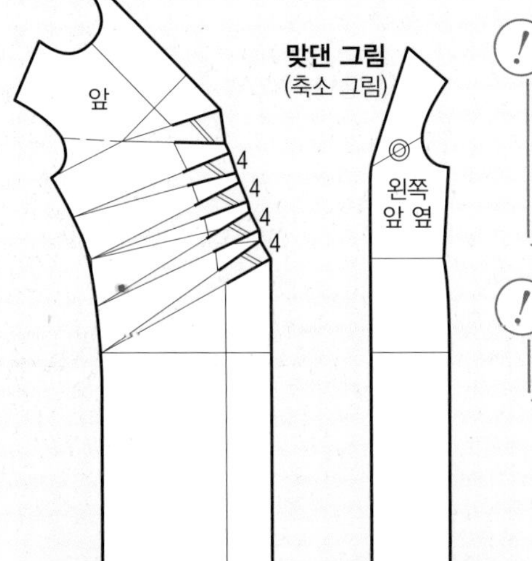

! 밑단 너비나 길이에 따라서 벤트나 슬릿 등을 만들어 보행을 위한 기능성을 보완한다.

! 엉덩이둘레 치수의 확인, 조정이 필수.

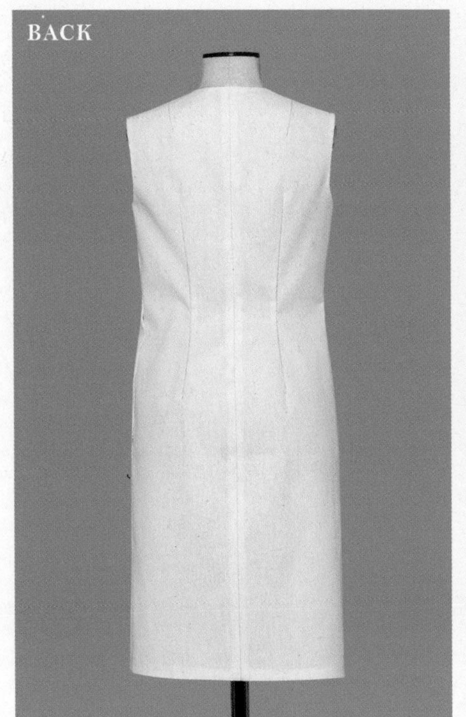

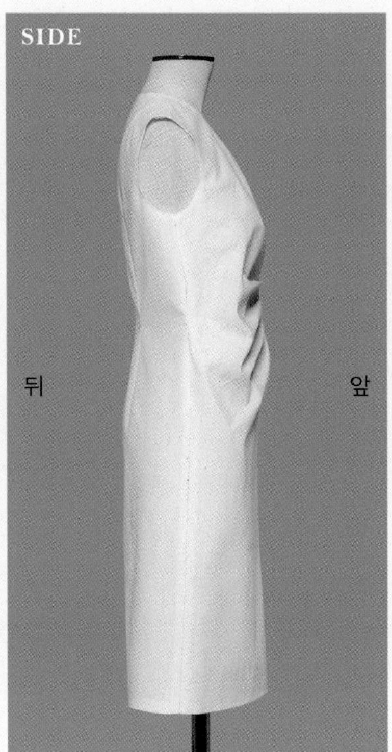

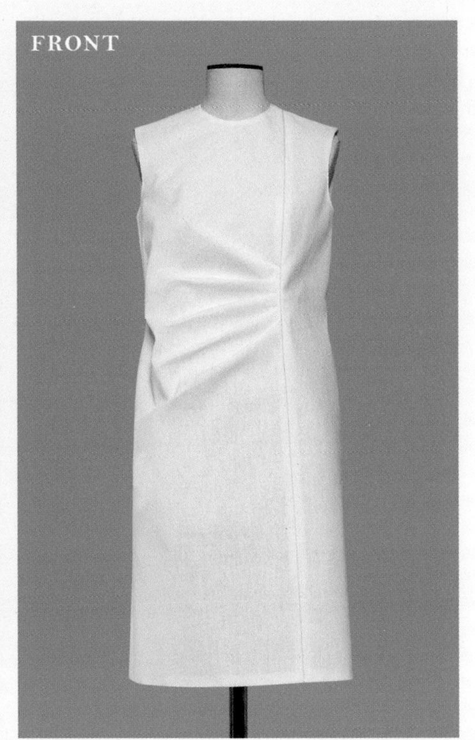

실루엣은 셰이프트 라인. 방사형의 드레이프로 우아한 표정이 연출된다.
비대칭으로 만들어 더 개성 넘치게.

 → 기본 패턴 만드는 법…P.180, 필요한 밑단 둘레 치수…P.125, 엉덩이둘레 치수 조정…P.189

ℓ 방사형 드레이프(많게)

기본 패턴을 사용.
뒤는 G와 같다.
앞은 좌우 펼친 상태로 베껴 WL을 옆에서 줄인다.
방사형으로 절개선을 넣어
AH 다트는 닫아 벌어지는 분량을 벌리고,
다른 곳은 오른쪽 옆선을 기준점으로 잘라서 벌려 턱으로 한다.

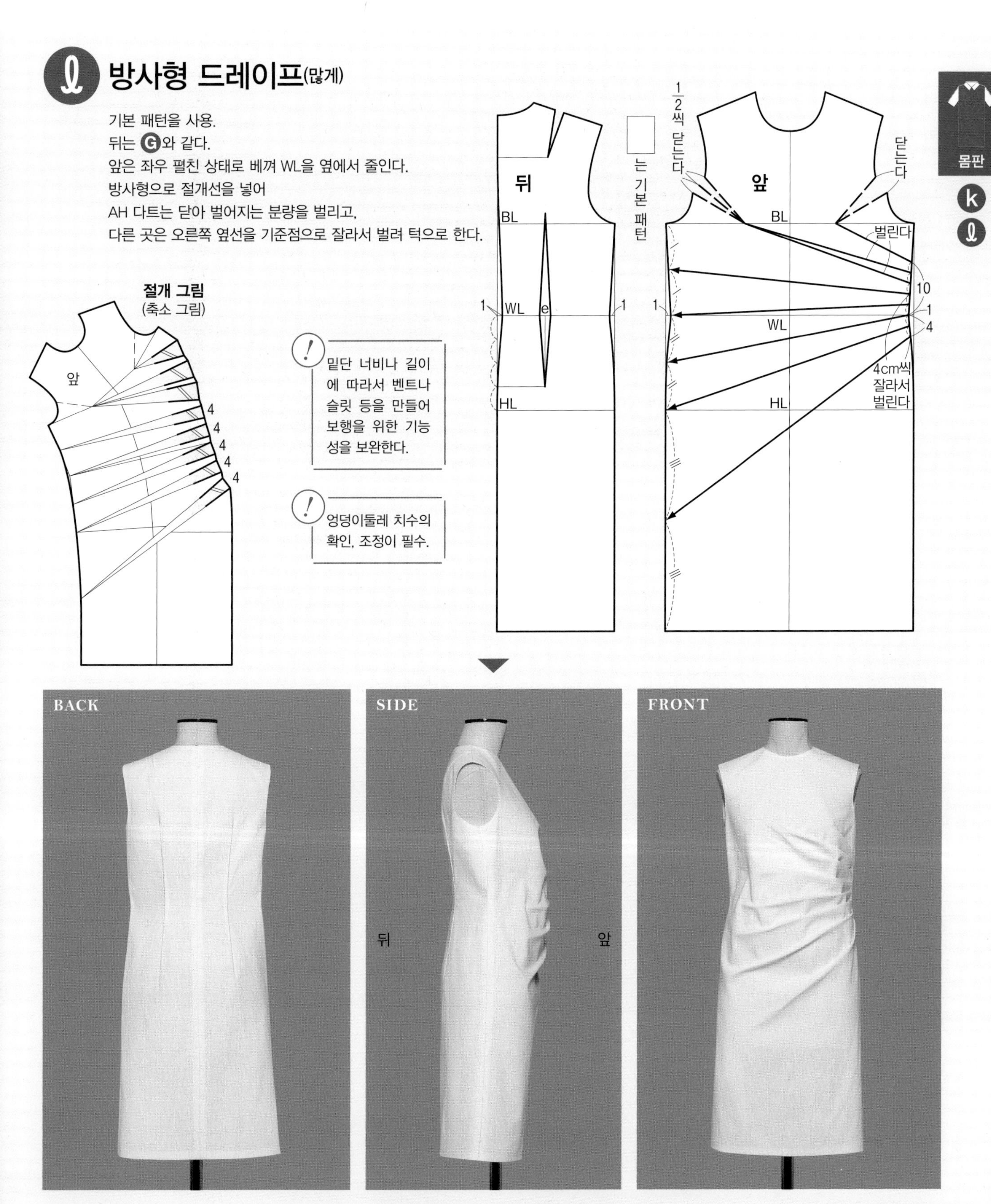

왼쪽 옆에서 오른쪽 옆으로 크게 드레이프가 들어간다.
드레이프 개수가 늘어나 전체적으로 여유가 많아지고 천의 드리움이 자연스럽다.

→ 기본 패턴 만드는 법…P.180, 필요한 밑단 둘레 치수…P.125, 엉덩이둘레 치수 조정…P.189

캐미솔 스타일

— Camisole style —

m 피트 & 플레어형

기본 패턴을 사용.
몸판은 옷 폭을 잘라
진동 둘레 아래 위치를 1cm 올린다.
뒤는 BL을 기준으로 하고,
앞은 가슴을 덮는 부분을 남기고
위 끝선과 진동 둘레선을 그린다.
스커트 부분은 밑단 너비를 옆에서 추가해
WL과 직선으로 연결한다.

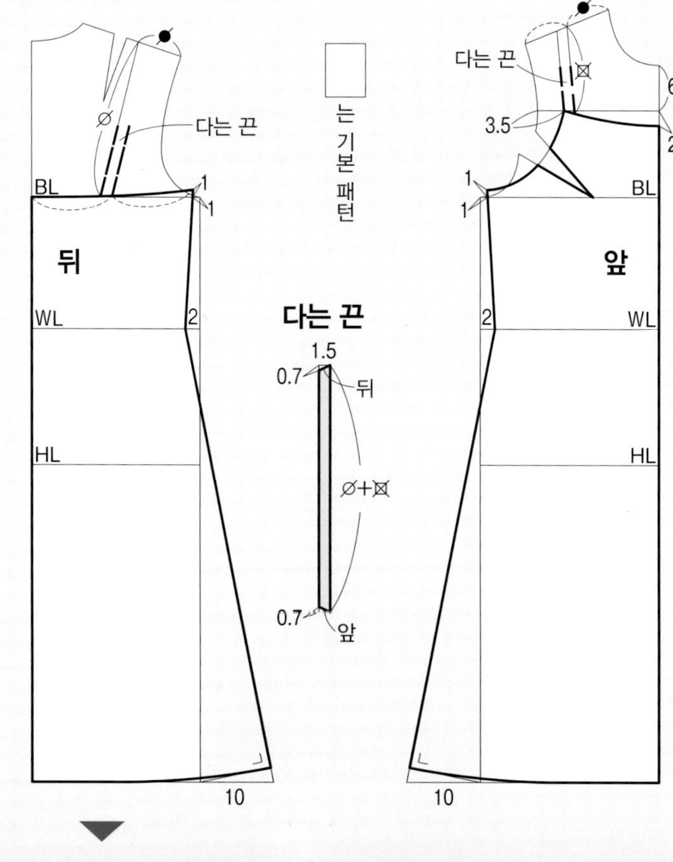

엉덩이둘레 치수의 확인, 조정이 필수.

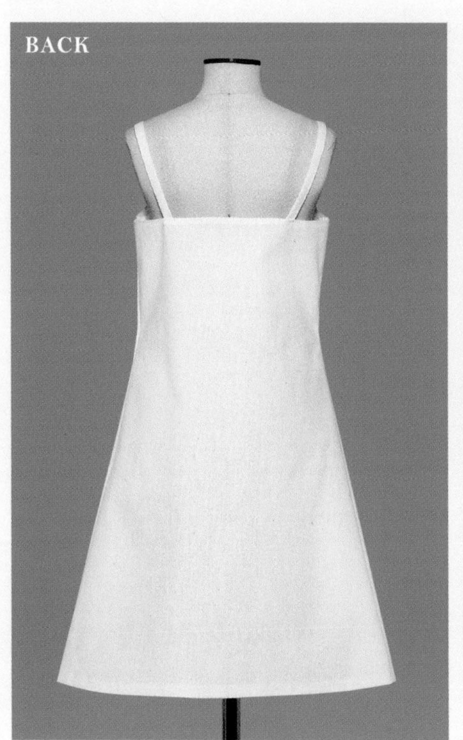

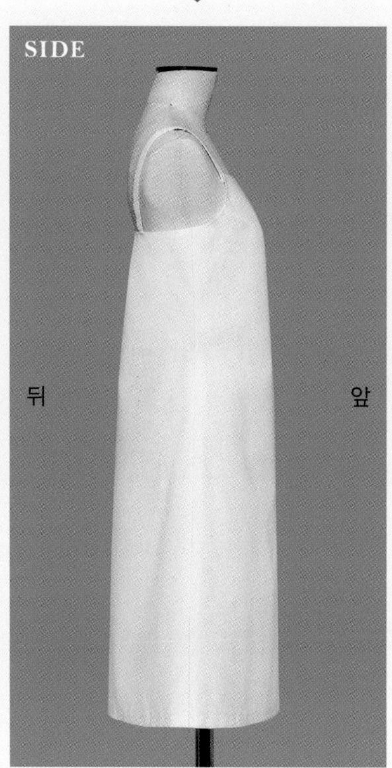

1장으로도 착용 가능한 타입. 기본적인 피트 & 플레어 실루엣의 캐미솔 드레스.

 → 기본 패턴 만드는 법…P.180, 줄이는 위치 차이에 따른 비교…P.113, 엉덩이둘레 치수 조정…P.189

가는 어깨끈을 달아 입는, 어깨를 노출한 형태의 디자인.
앞뒤 위쪽 끝은 거의 수평으로 직선적이다. 1장으로 입을 수 있는 것부터 점퍼스커트 타입까지 변형이 무궁무진하다.
매력적인 레이어드 스타일에도 활약한다.

n 살로페트형

기본 패턴을 사용.
로 웨이스트에서 이음선을 넣고
몸판은 옆을 파서
가슴받이풍으로 만든다.
스커트 부분은 옆선에 평행으로
개더 분량을 추가한다.

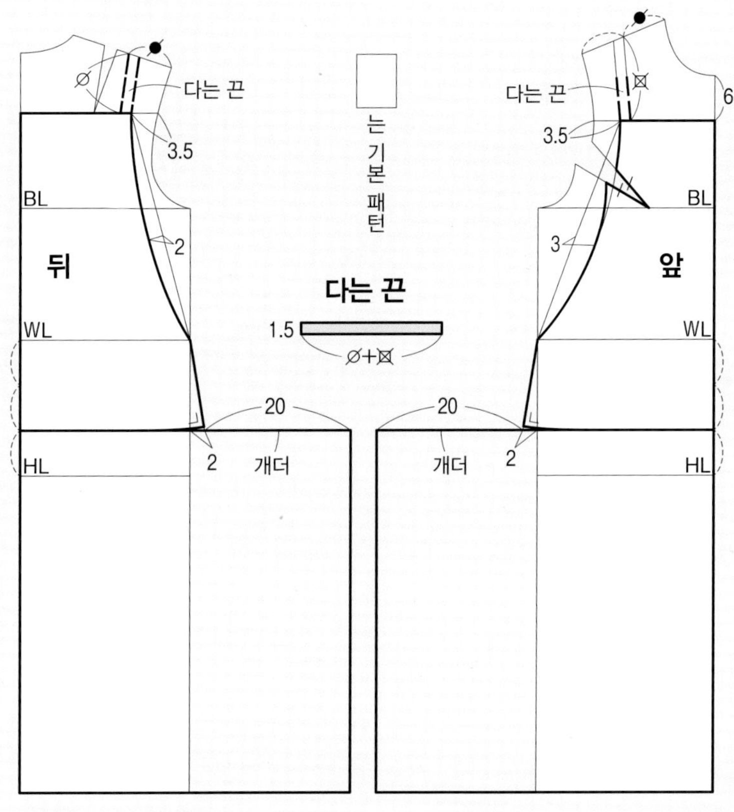

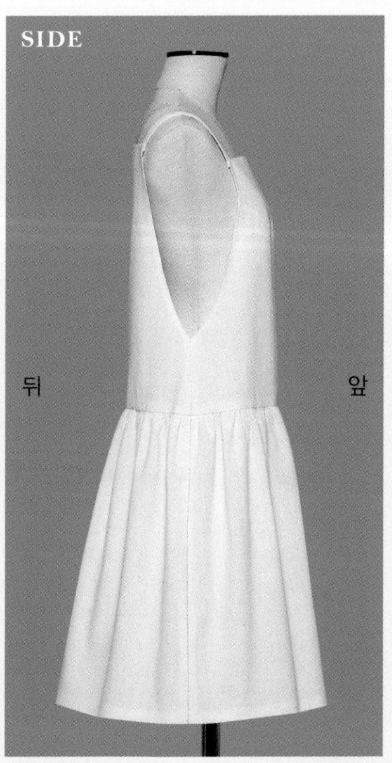

겹쳐 입는 것을 전제로 한 점퍼스커트 타입.
큰 가슴받이가 캐주얼한 인상을 준다. 로 웨이스트 이음선부터 개더가 퍼지는 풍성한 실루엣.

→ 기본 패턴 만드는 법…P.180, 이음선 위치 차이에 따른 비교…P.112

12 교시 캐미솔 스타일

— Camisole style —

O 박스형

옷 폭, 길이, 그 밖의
필요 치수를 사용해 손쉽게
거의 프리 사이즈로
제도할 수 있다.
볼륨이 있는 옷 폭을
위쪽 끝에 끼운 고무줄로 줄인다.

끈을 만들어
허리를 강조하면…

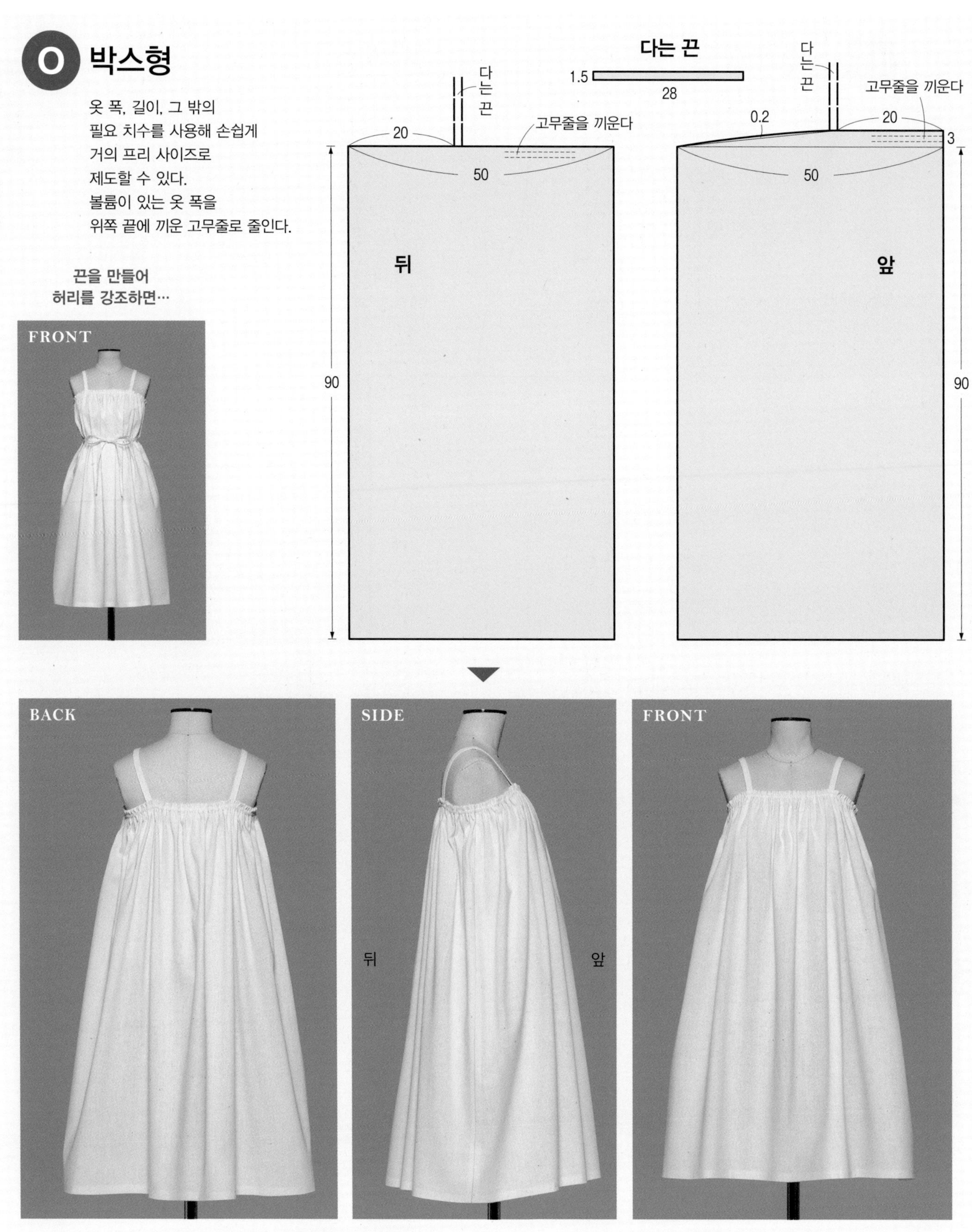

1장으로도 착용 가능. 원통형 바탕에 풍성하게 개더를 넣은 릴랙스한 스타일. 허리를 조여 입으면 또 다른 느낌으로.

p 에이프런형

가슴둘레 치수와 길이,
그 밖의 필요 치수를
사용해 제도한다.

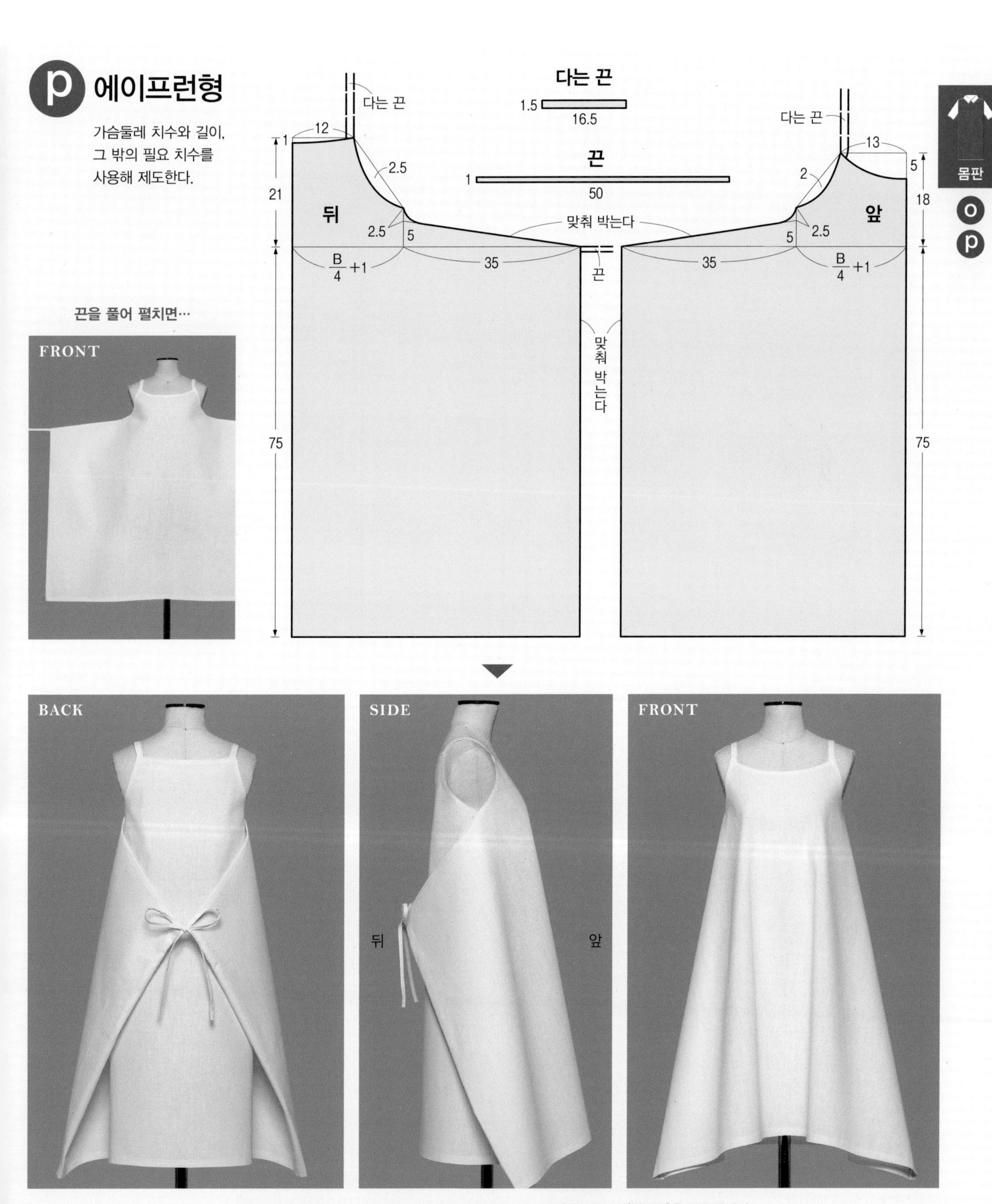

1장으로도 착용 가능. 직선과 모서리를 살린 패턴이 불규칙한 밑단선(헴라인)을 만들어낸다.

13 교시 요크 이음선

— Yoke seam —

q 가슴 요크+턱 1개

기본 패턴을 사용.
뒤는 어깨 다트 끝,
앞은 FNP와 BL의 중간점에서 수평으로
요크 이음선을 긋는다.
앞뒤 중심에서 턱 분량을 추가하고
AH 다트는 닫아 옆으로 이동한다.

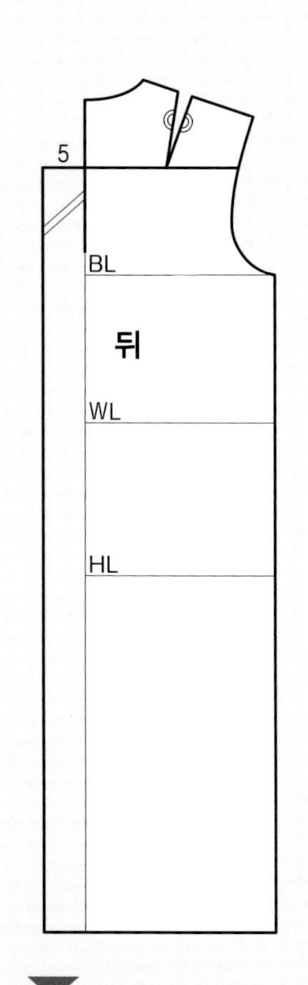

□ 는 기본 패턴

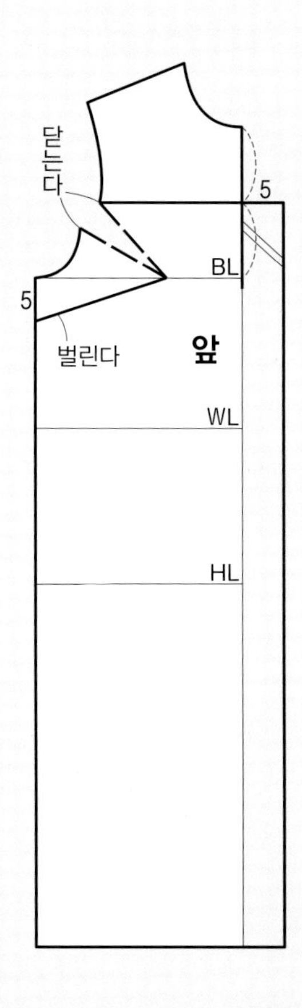

> 밑단 너비나 길이에 따라서 벤트나 슬릿 등을 만들어 보행을 위한 기능성을 보완한다.

맞댄 그림 **절개 그림**

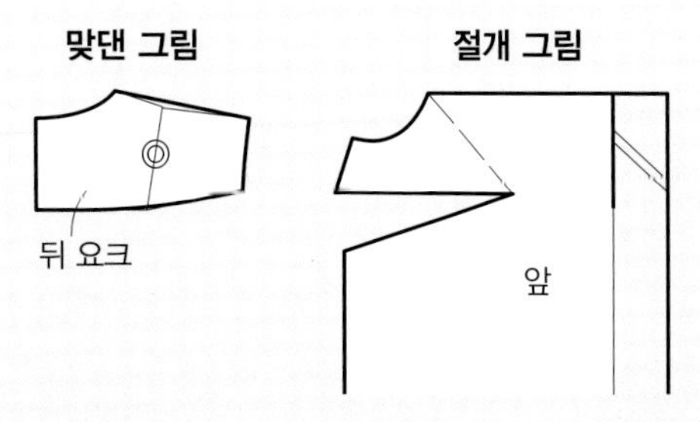

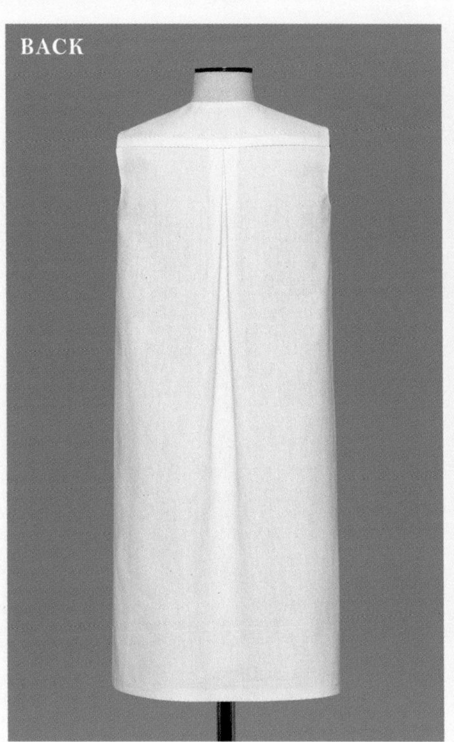

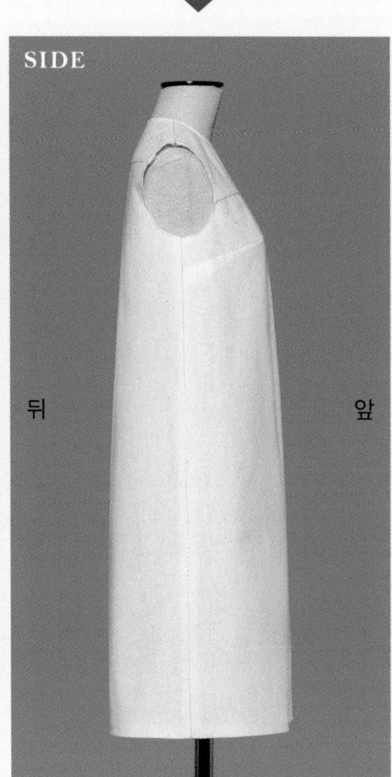

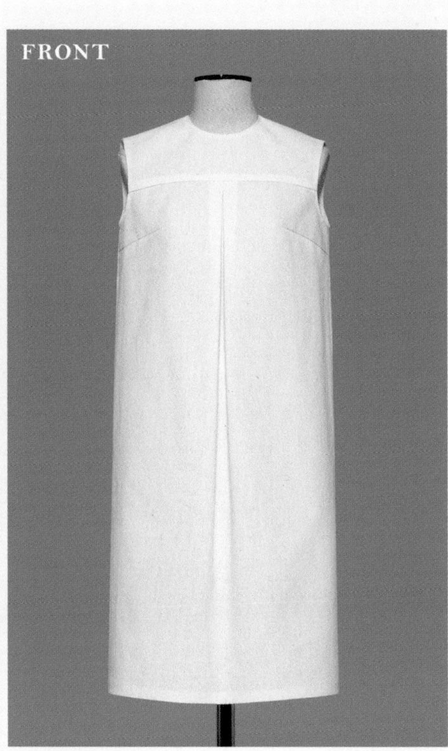

몸판 윗부분에 요크 이음선을 수평으로 넣고, 앞뒤 중심에 턱 접음선을 세로로 넣은 디자인.
턱 분량이 추가되어도 옷 폭은 그만큼 넓은 느낌 없이 거의 박스 실루엣이다.

 → 기본 패턴 만드는 법…P.180, 다트 위치…P.114, 필요한 밑단 둘레 치수…P.125

요크는 어깨나 가슴, 등, 엉덩이 등에 넣은 이음 부분을 말한다.
몸에 꼭 맞게 하는 기능적인 역할과 더불어 같이 박는 파트에 개더나 턱을 추가해 장식 효과를 낼 수 있다.
원피스에서는 어깨를 덮는 어깨 요크, 가슴 부근을 커버하는 가슴 요크가 대표적.
턱을 추가하는 경우로 설명하지만 같은 패턴에서 개더로 변경하는 것도 가능하다.

r 가슴 요크+턱 3개

기본 패턴을 사용.
요크 그리는 법은 q와 같다.
앞뒤 중심에서 턱 분량을 추가하고
AH 다트는 닫아 옆으로 이동한다.

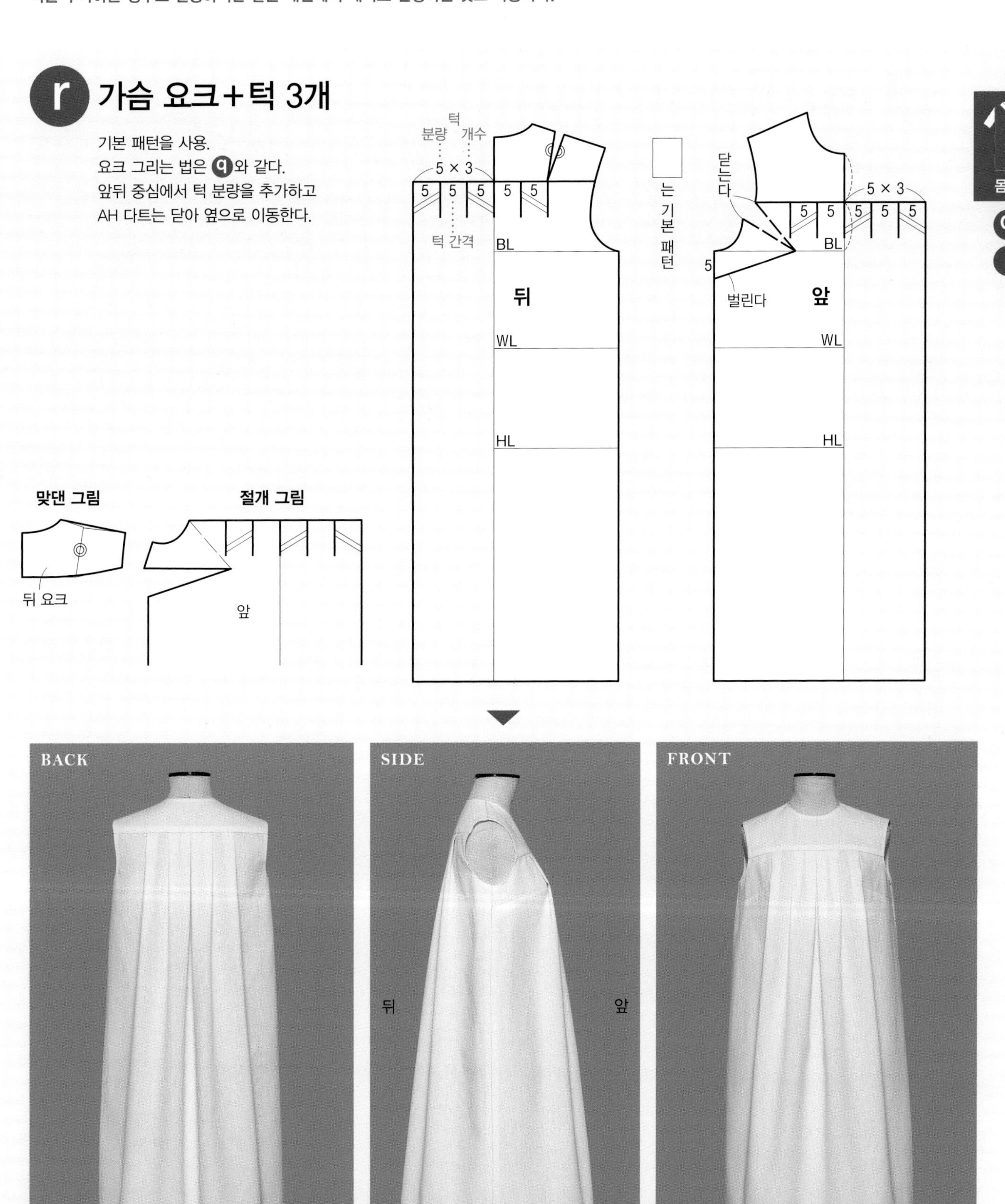

q와 같은 요크에 턱 분량과 개수를 늘린 스타일.
앞뒤 실루엣은 변하지 않고 박스형이지만 옆은 턱의 부풀림으로 인해 밑단이 퍼진다. 옷 폭이 넓어져 와이드한 느낌이 커진다.

13 교시 요크 이음선

— Yoke seam —

S 가슴받이풍 요크+턱 1개

기본 패턴을 사용.
뒤는 BNP와 BL의 중간점에서 수평으로,
앞은 어깨선의 2등분점, AH 다트 끝,
중심을 연결해 요크 이음선을 긋는다.
어깨선에서 앞뒤 요크가 연결되도록
뒤 요크 폭을 잡고
앞뒤 중심에 턱 분량을 추가한다.
AH 다트를 맞대는 것으로 인해
요크 이음선으로 다트 분량이 이동한다.

! 밑단 너비나 길이에 따라서 벤트나 슬릿 등을 만들어 보행을 위한 기능성을 보완한다.

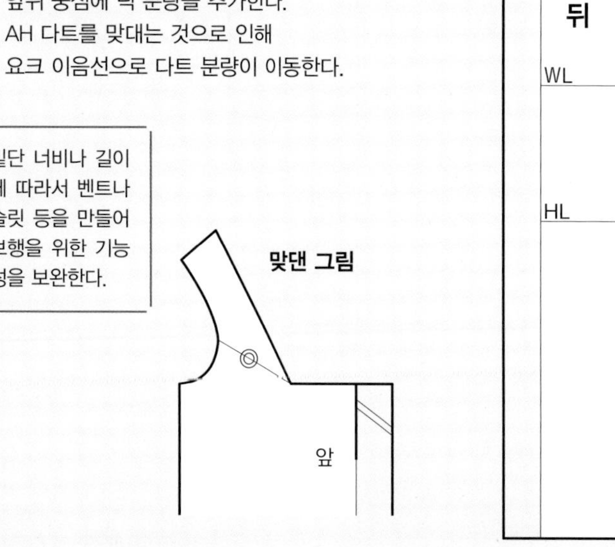

□ 는 기본 패턴

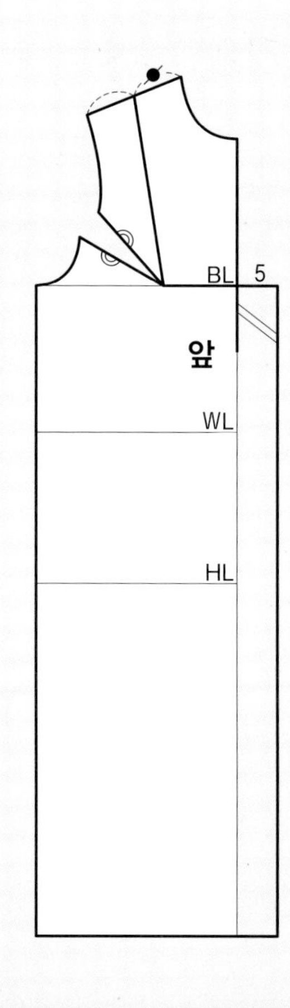

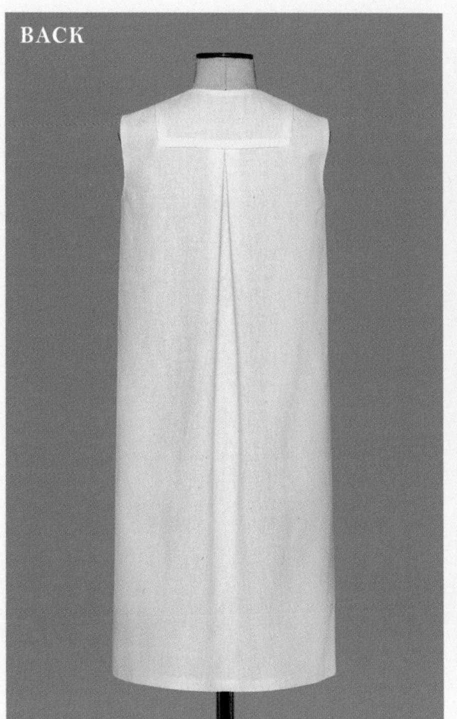

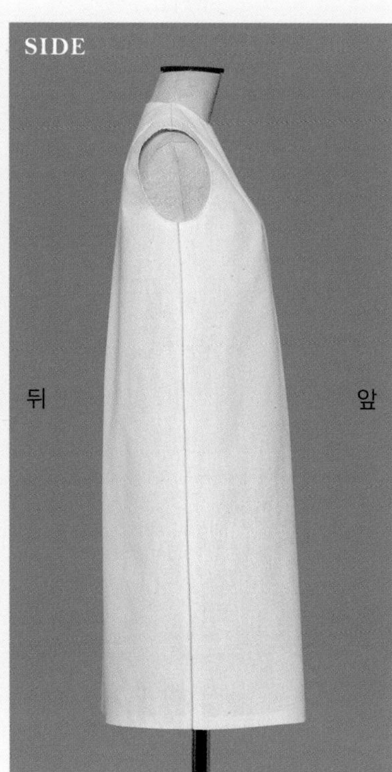

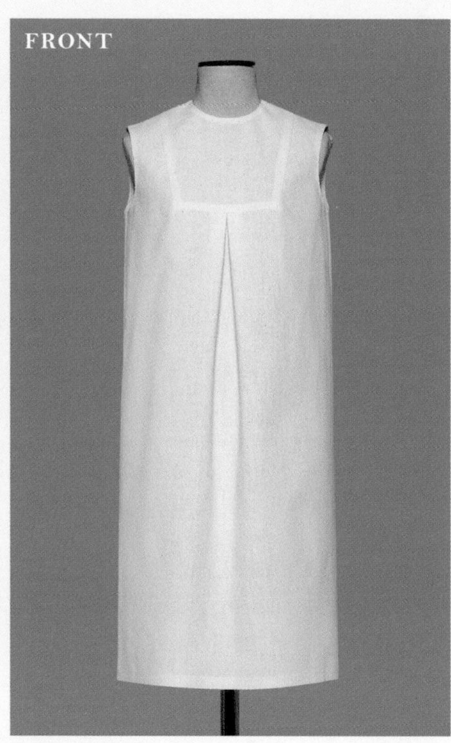

뒤는 윗부분 중앙에, 앞은 가슴받이풍으로 요크를 넣은 스타일.
중심에 턱을 1개 넣어 알맞게 볼륨을 더했다.

 → 기본 패턴 만드는 법…P.180, 필요한 밑단 둘레 치수…P.125

ⓣ 가슴받이풍 요크+턱 3개

기본 패턴을 사용.
요크 그리는 법은 ⓢ와 같다.
앞뒤 중심에서 턱 분량을 추가한다.

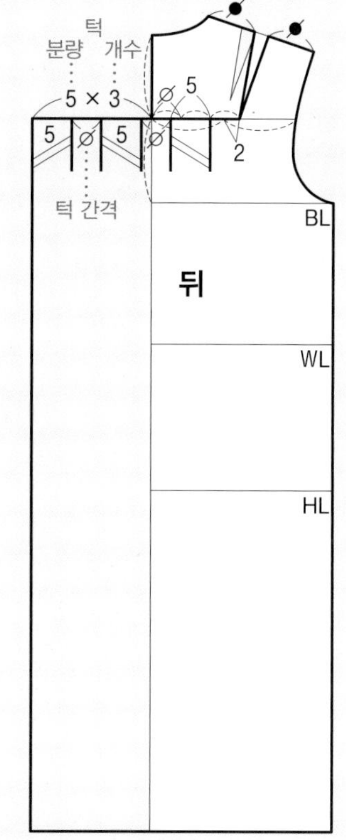

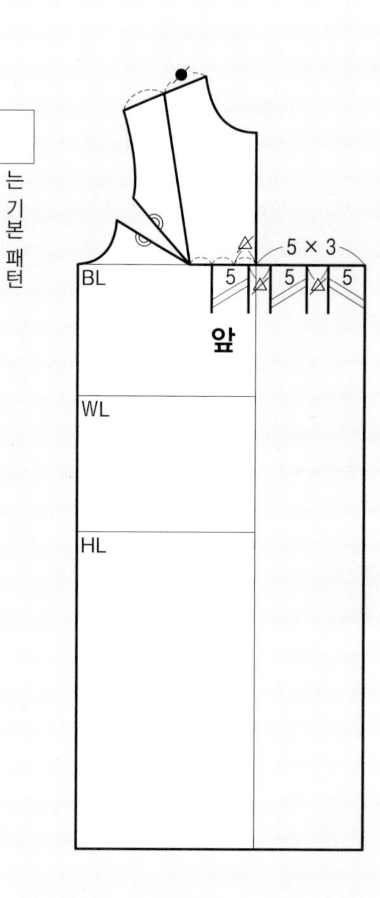

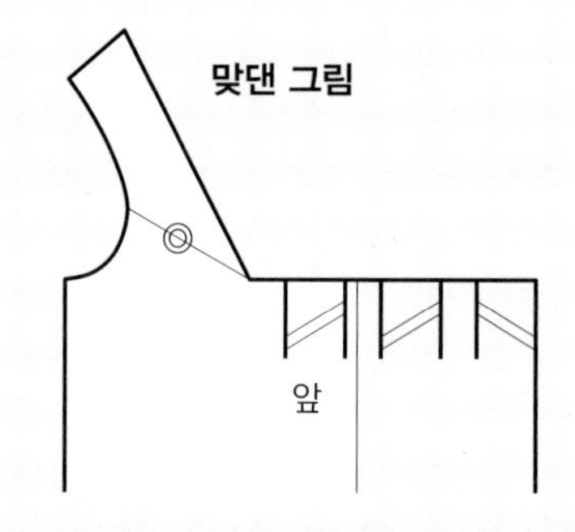

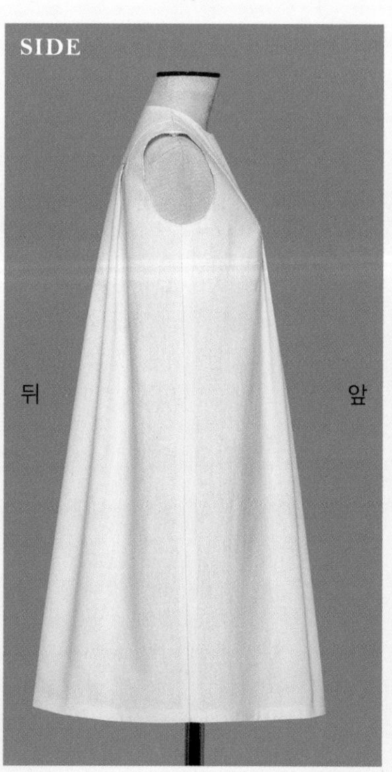

ⓢ와 같은 요크에 턱 분량과 개수를 늘린 스타일.
요크 모양이 다를 뿐 ⓡ과 거의 같은 실루엣에 와이드감도 비슷하다.

13 요크 이음선

— Yoke seam —

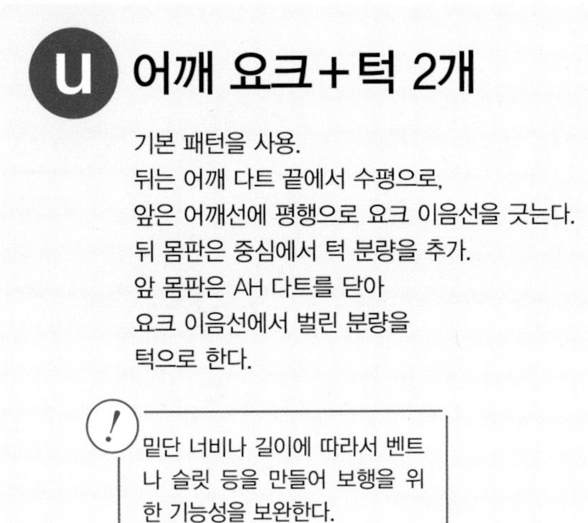

u 어깨 요크+턱 2개

기본 패턴을 사용.
뒤는 어깨 다트 끝에서 수평으로,
앞은 어깨선에 평행으로 요크 이음선을 긋는다.
뒤 몸판은 중심에서 턱 분량을 추가.
앞 몸판은 AH 다트를 닫아
요크 이음선에서 벌린 분량을
턱으로 한다.

! 밑단 너비나 길이에 따라서 벤트나 슬릿 등을 만들어 보행을 위한 기능성을 보완한다.

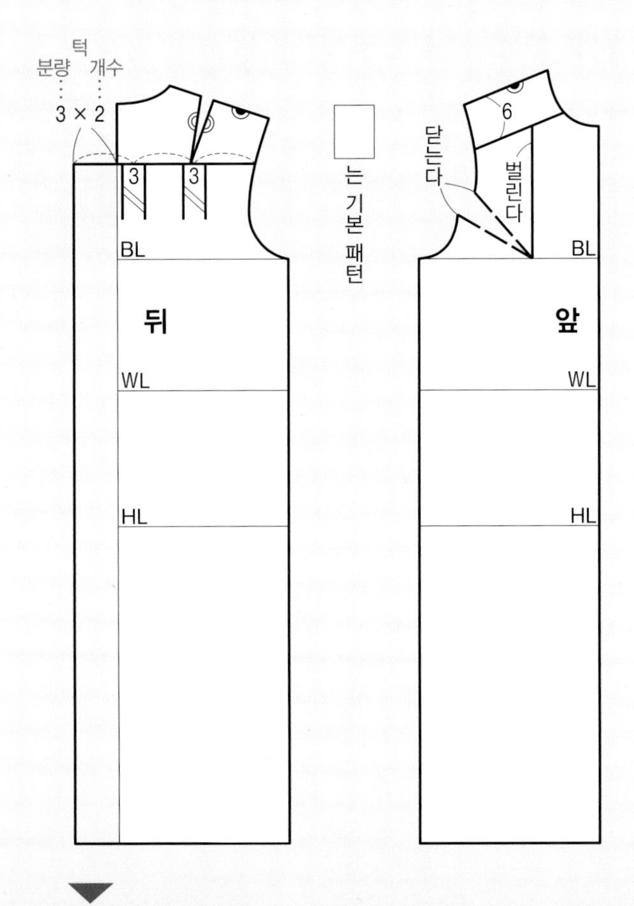

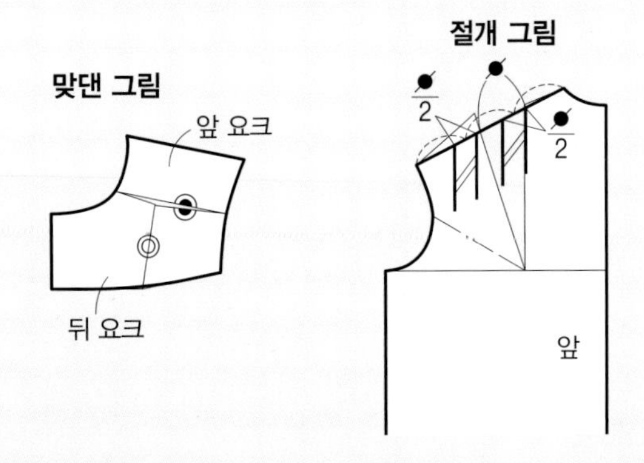

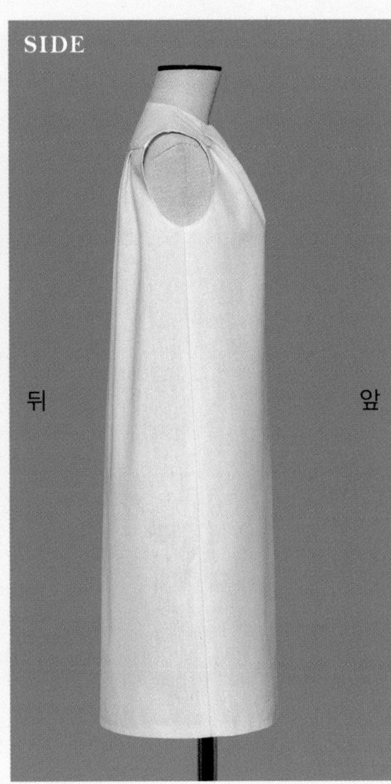

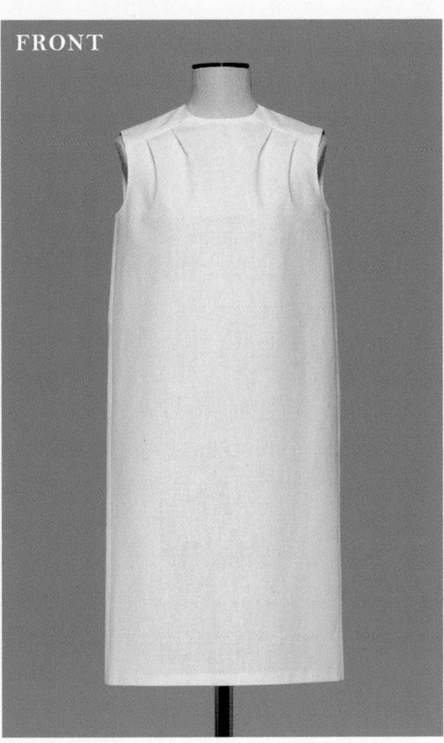

뒤는 어깨 윗부분에 수평으로, 앞은 어깨선에 평행으로 요크 이음선을 넣은 디자인. 요크 아래쪽에는 턱을 추가.
뒤만 옷 폭을 추가해 실루엣은 좁은 스트레이트.

 → 기본 패턴 만드는 법…P.180, 필요한 밑단 둘레 치수…P.125

V 어깨 요크+턱 5개

기본 패턴을 사용.
요크 그리는 법은 u와 같다.
뒤 몸판은 중심에서 턱 분량을 추가.
앞 몸판은 AH 다트를 닫아
다트 끝의 수직으로 내린 선에서
잘라서 벌려 턱으로 한다.

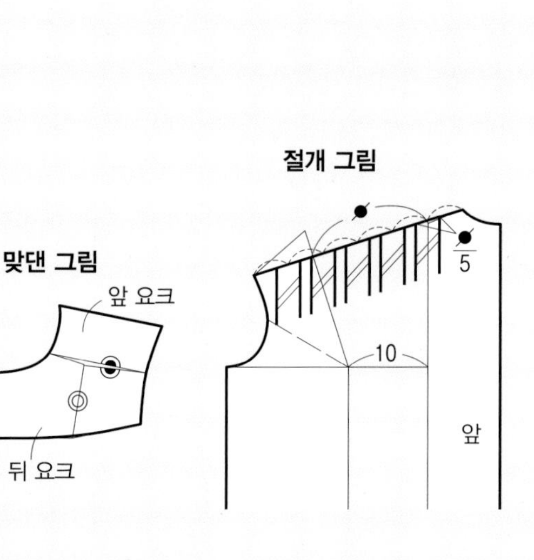

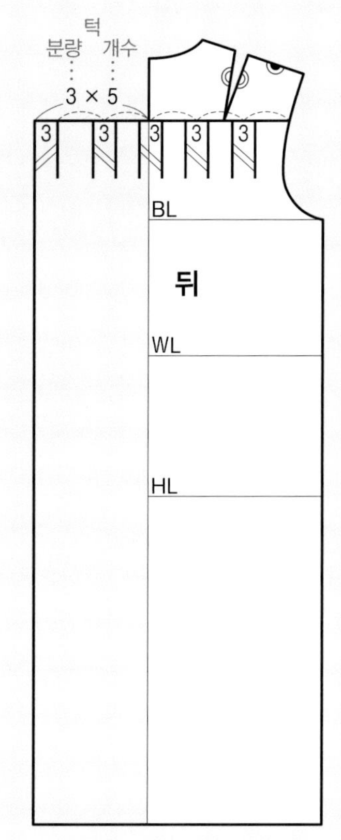

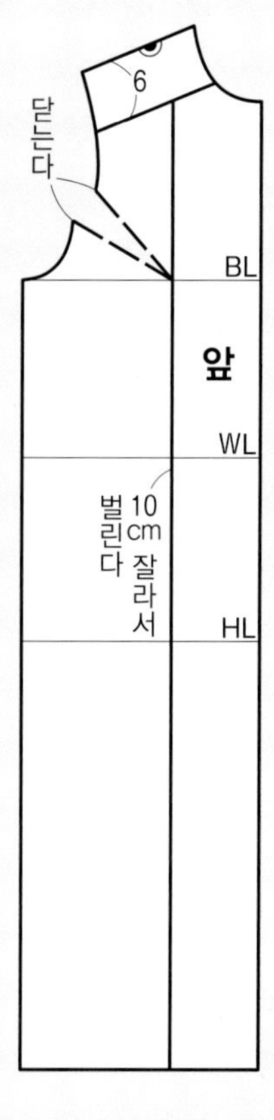

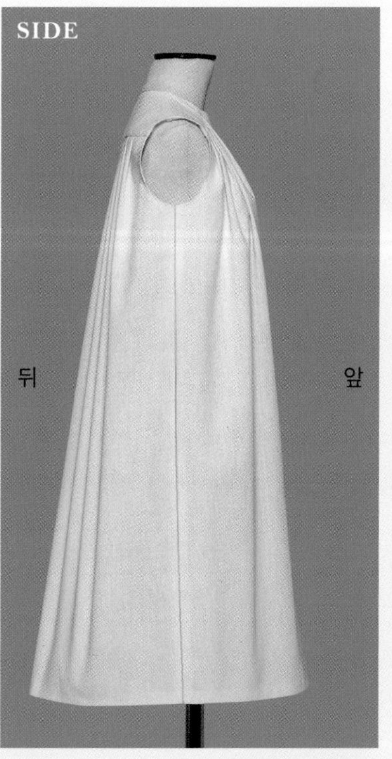

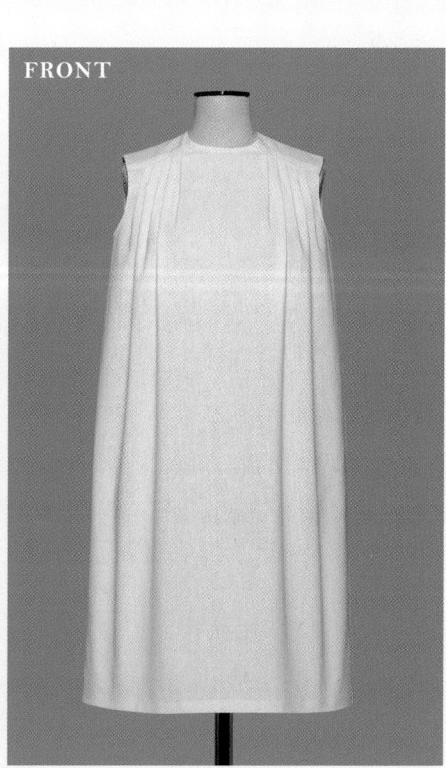

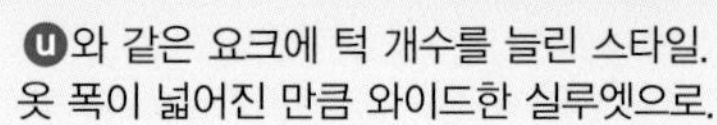
u와 같은 요크에 턱 개수를 늘린 스타일.
옷 폭이 넓어진 만큼 와이드한 실루엣으로.

→ 기본 패턴 만드는 법…P.180

14 교시 와이드 라인

— Wide line —

W 어깨(10cm), 옆(5cm)에서 추가하고, 밑단 너비를 넓힌다(5cm)

기본 패턴을 사용.
뒤 어깨 다트는 진동 둘레로 이동해놓는다.
어깨너비와 옷 폭을 추가.
진동 둘레 아랫점을 내려 진동 둘레를 그린다.
밑단 너비를 옆에서 추가해 진동 둘레 아랫점과 연결한다.

실제로 팔을 넣으면…

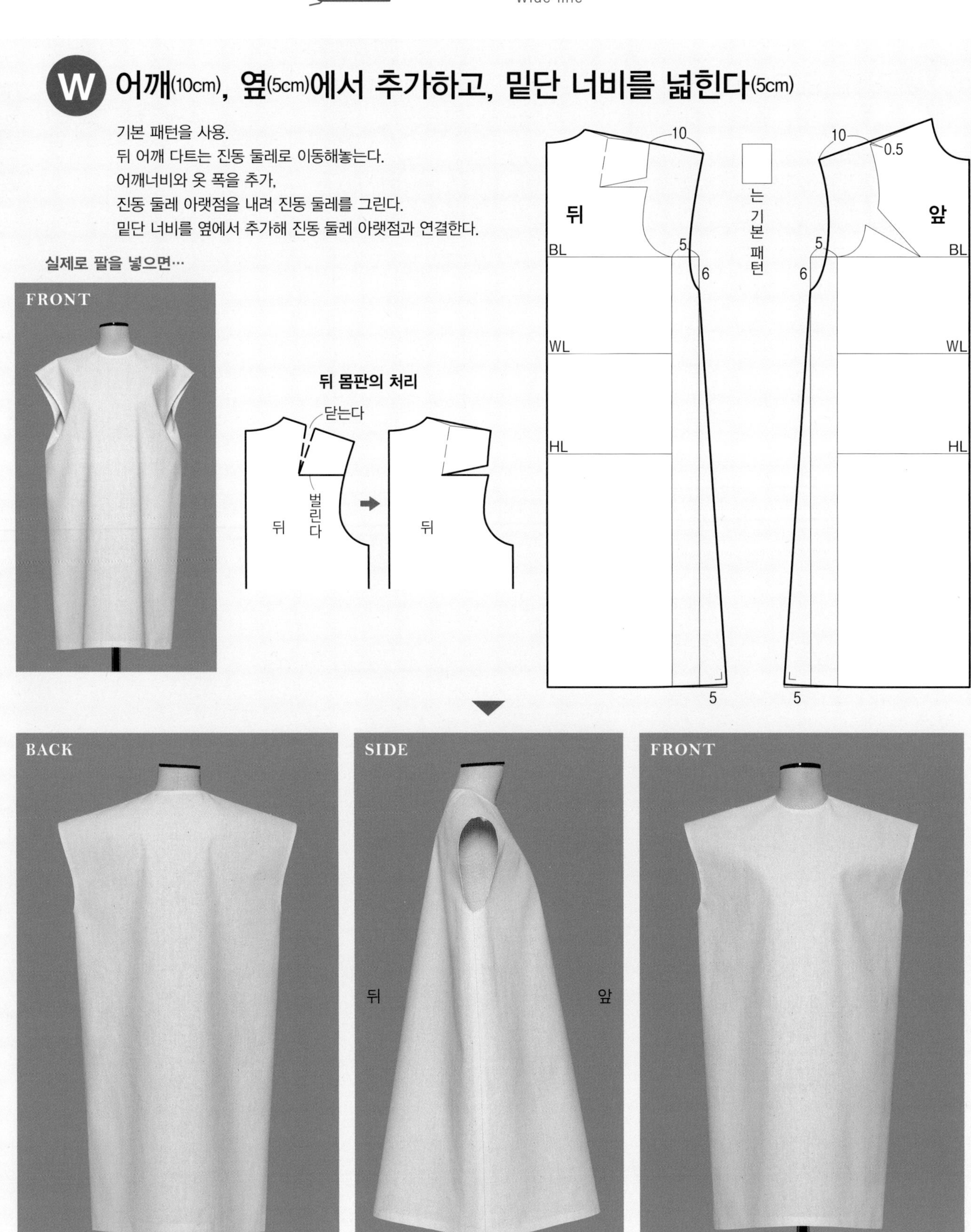

옷 폭이 가로로 퍼지고 옆쪽이 내려가 밑단이 오므라드는 와이드 라인.
균형을 맞추어 진동 둘레도 커지면서 프렌치 슬리브 상태로.

 → 기본 패턴 만드는 법…P.180

옷 폭을 넓게 한 릴랙스 타입의 실루엣.
입으면 저절로 어깨부터 떨어지는 드롭 숄더가 되고, 균형을 맞추기 위해 진동 둘레는 깊고 크게 하는 것이 일반적이다.
내추럴한 디자인이나 캐주얼한 셔츠 원피스에 주로 쓰인다.

X 어깨(15cm), 옆(10cm)에서 추가하고, 밑단 너비를 넓힌다(5cm)

기본 패턴을 사용.
뒤 어깨 다트는 진동 둘레로 이동해놓는다.
어깨너비와 옷 폭을 W보다 더 추가.
진동 둘레 아랫점을 내려 진동 둘레를 그린다.
밑단 너비를 옆에서 추가해 진동 둘레 아랫점과 연결한다.

실제로 팔을 넣으면…

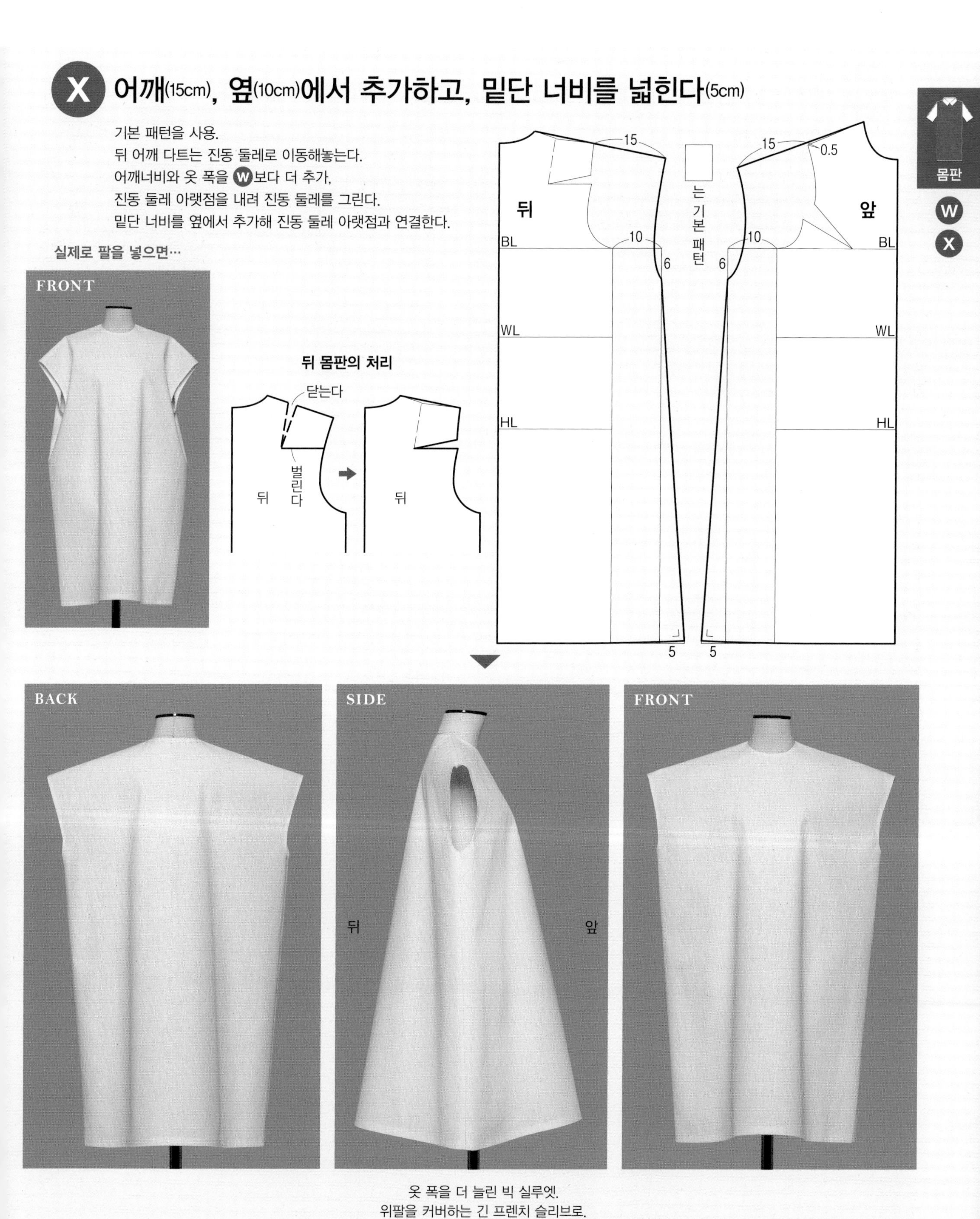

옷 폭을 더 늘린 빅 실루엣.
위팔을 커버하는 긴 프렌치 슬리브로.

→ 기본 패턴 만드는 법…P.180

14 와이드 라인

— Wide line —

y 어깨(15cm), 옆(2.5cm)에서 추가하고, 밑단 너비를 넓힌다(3cm)

기본 패턴을 사용.
뒤 어깨 다트는
진동 둘레로 이동해놓는다.
어깨 폭을 추가해 경사를 둔다.
옷 폭을 평행으로 추가하고
진동 둘레 아랫점을 내려 진동 둘레를 그린다.
밑단 너비를 옆에서 추가해
진동 둘레 아랫점과 연결한다.

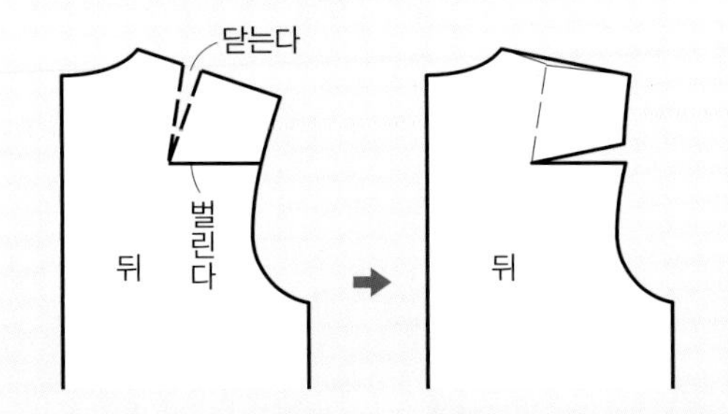

밑단 너비나 길이에 따라서 벤트나 슬릿 등을 만들어 보행을 위한 기능성을 보완한다.

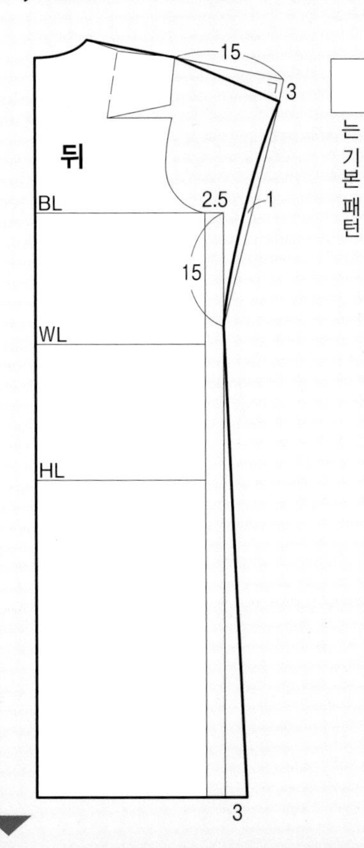

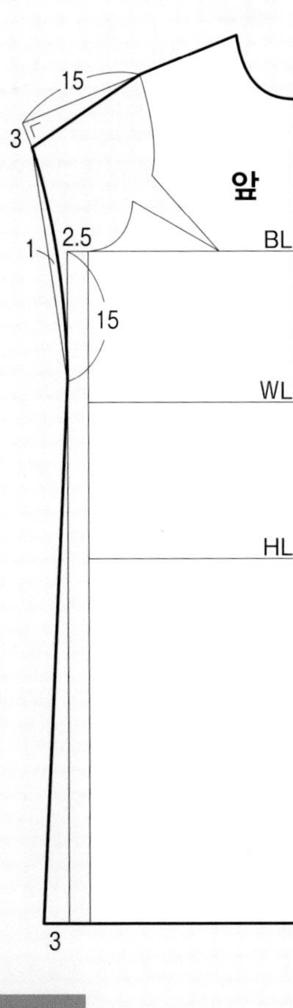

뒤 몸판의 처리

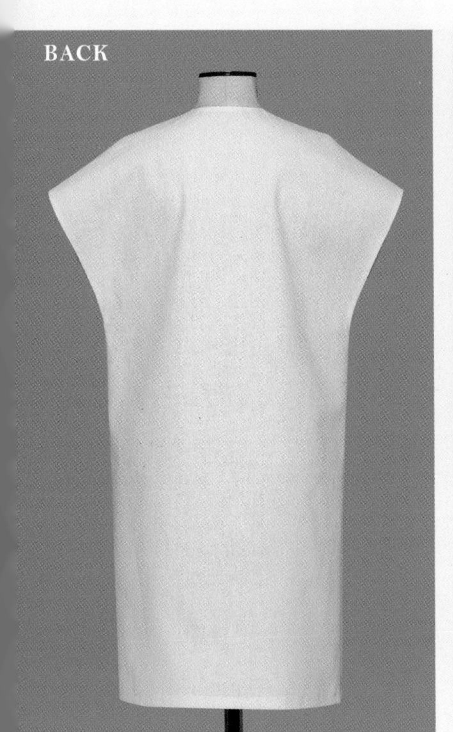

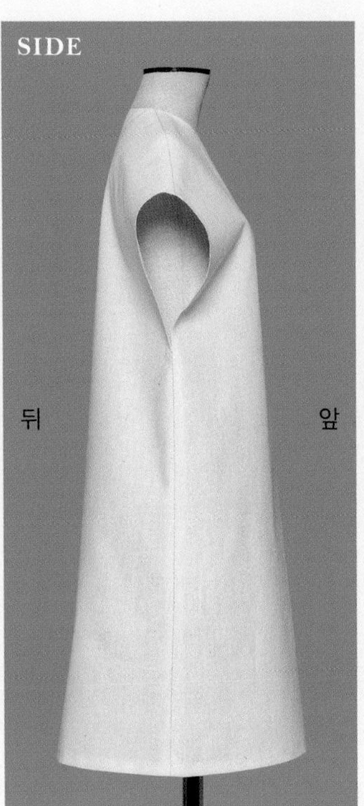

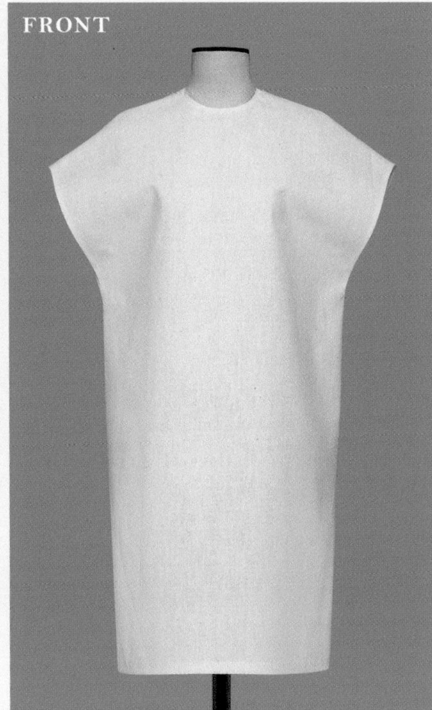

실제로 팔을 넣으면…

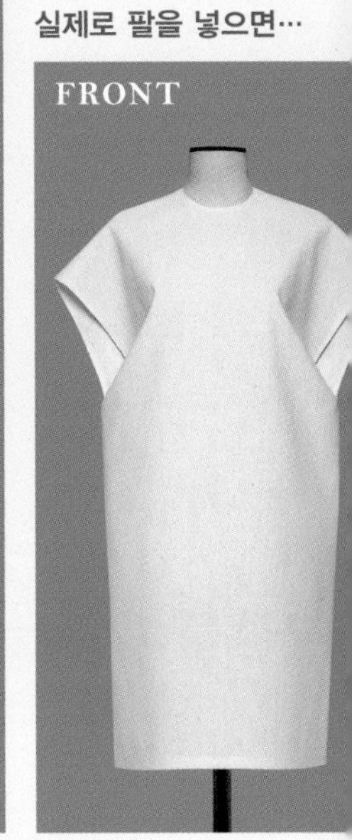

옷 폭의 퍼짐은 덜하다. 반대로 진동 둘레를 깊게 한 변칙적인 와이드.
보디라인은 비교적 좁고, 진동 둘레를 크게 파내 대비를 살린 디자인.

 → 기본 패턴 만드는 법…P.180, 필요한 밑단 둘레 치수…P.125

Z 어깨(10cm), 옆(5cm)에서 추가하고, 밑단 너비를 넓힌다(5cm) (턱 넣기)

기본 패턴을 사용.
뒤 어깨 다트는 진동 둘레로 이동해놓는다.
어깨너비와 옷 폭을 추가,
진동 둘레 아랫점을 내려 진동 둘레를 그린다.
밑단 너비를 옆에서 추가해 진동 둘레 아랫점과 연결하고,
중심선과 평행으로 잘라서 벌려 턱으로 한다.

절개 그림

2 2 2 2 박음질 끝 뒤 앞 2 2 2 2 박음질 끝

뒤 몸판의 처리

닫는다 뒤 벌린다 → 뒤

박음질 끝 10 뒤 6 BL 5 6 WL 2cm씩 잘라서 벌린다 HL 5

는 기본 패턴

10 0.5 앞 5 6 6 박음질 끝 BL WL 2cm씩 잘라서 벌린다 HL 5

실제로 팔을 넣으면…

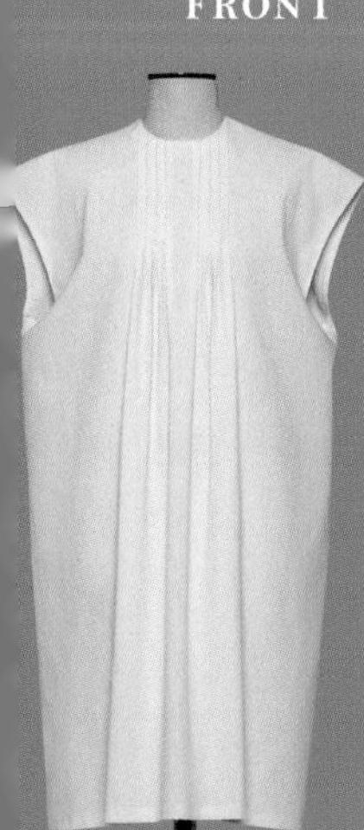

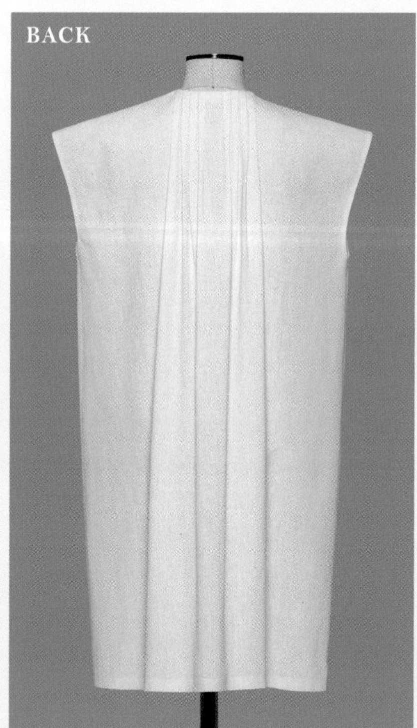

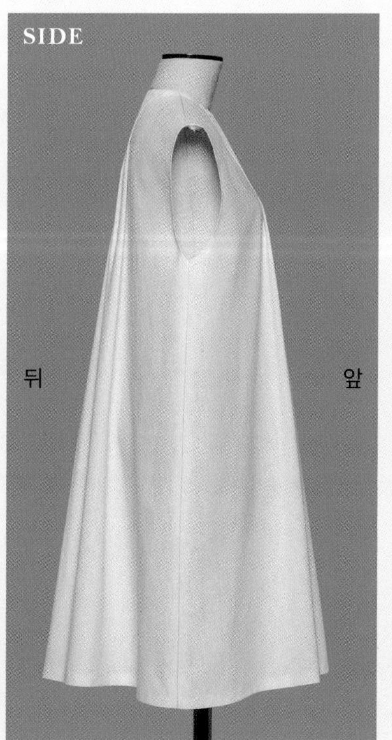

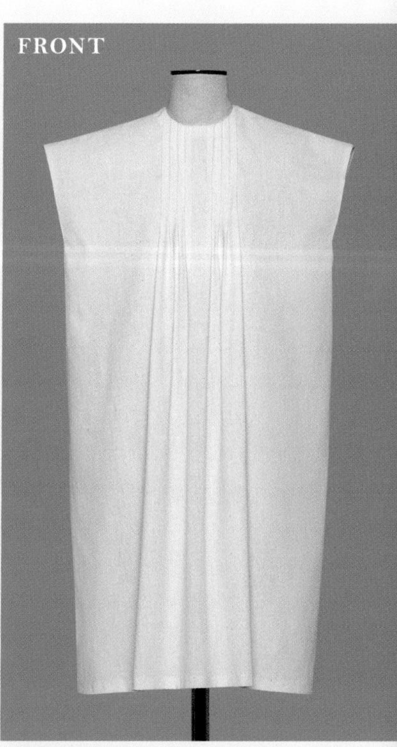

ⓦ에 턱을 추가한 응용 타입. 옷 폭은 턱 분량이 증가하지만
세로 라인의 시각 효과와 앞의 BL까지 고정한 피트감으로 너무 퍼지지 않고 알맞게 볼륨감이 생긴다.

→ 기본 패턴 만드는 법…P.180

15교시 이레귤러 스타일

— Irregular style —

1 색드레스

앞뒤 모두 직사각형을 토대로
어깨선과 진동 둘레를
직선으로 그리기만 하는 간단한 패턴.
어깨와 옆만 박으면
완성되는, 박기도 입기도 편한 드레스.

* 색드레스(sack dress): 몸의 선에 맞추지 않고
헐렁하게 지어 부대 자루같이 넓게 만든 풍성한 여성용 드레스

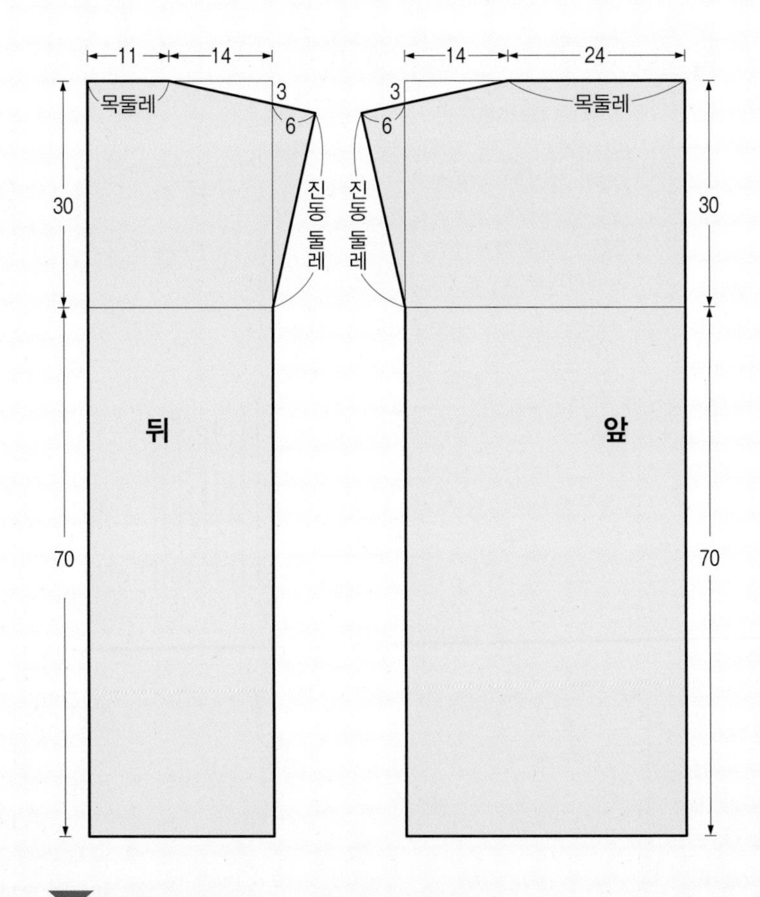

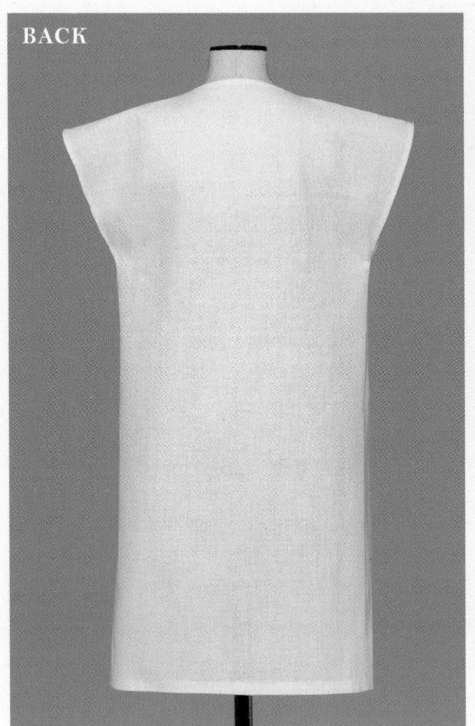

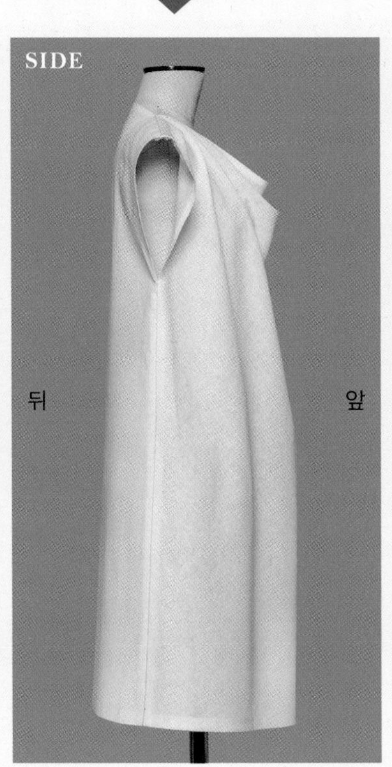

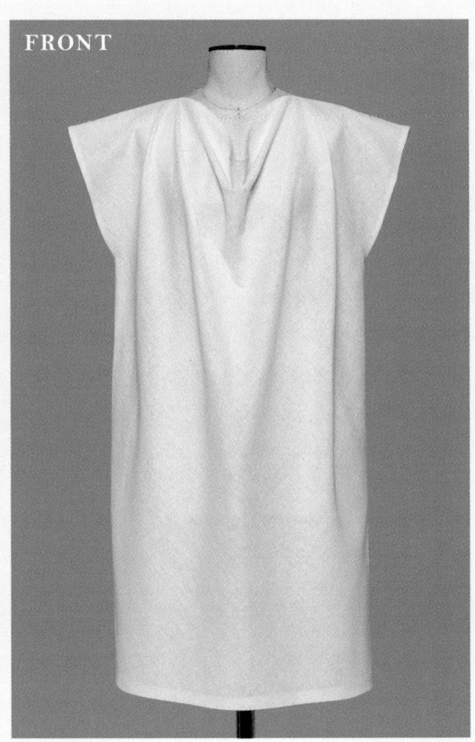

앞은 옷 폭에 여유가 있는 드레이프 칼라. 소매는 심플한 프렌치 슬리브.
간단한 패턴이지만 세련미가 넘친다.

지금까지 소개한 여러 가지 타입 이외에 추천하고 싶은 디자인이다.
직사각형의 간단한 패턴으로 만든 개성파, 과감한 노출의 선드레스 타입. 변칙적인 이음선을 구사한 스타일 등
틀에 얽매이지 않은 매력적인 디자인을 소개한다.

❷ 루스 드레이프

토대는 앞뒤 같은 모양으로 직사각형.
앞에만 팔을 끼우는 구멍을 낸 유니크한 패턴이다.
사이즈도 입는 방법도 프리 스타일.

패턴 그대로의 형태는…

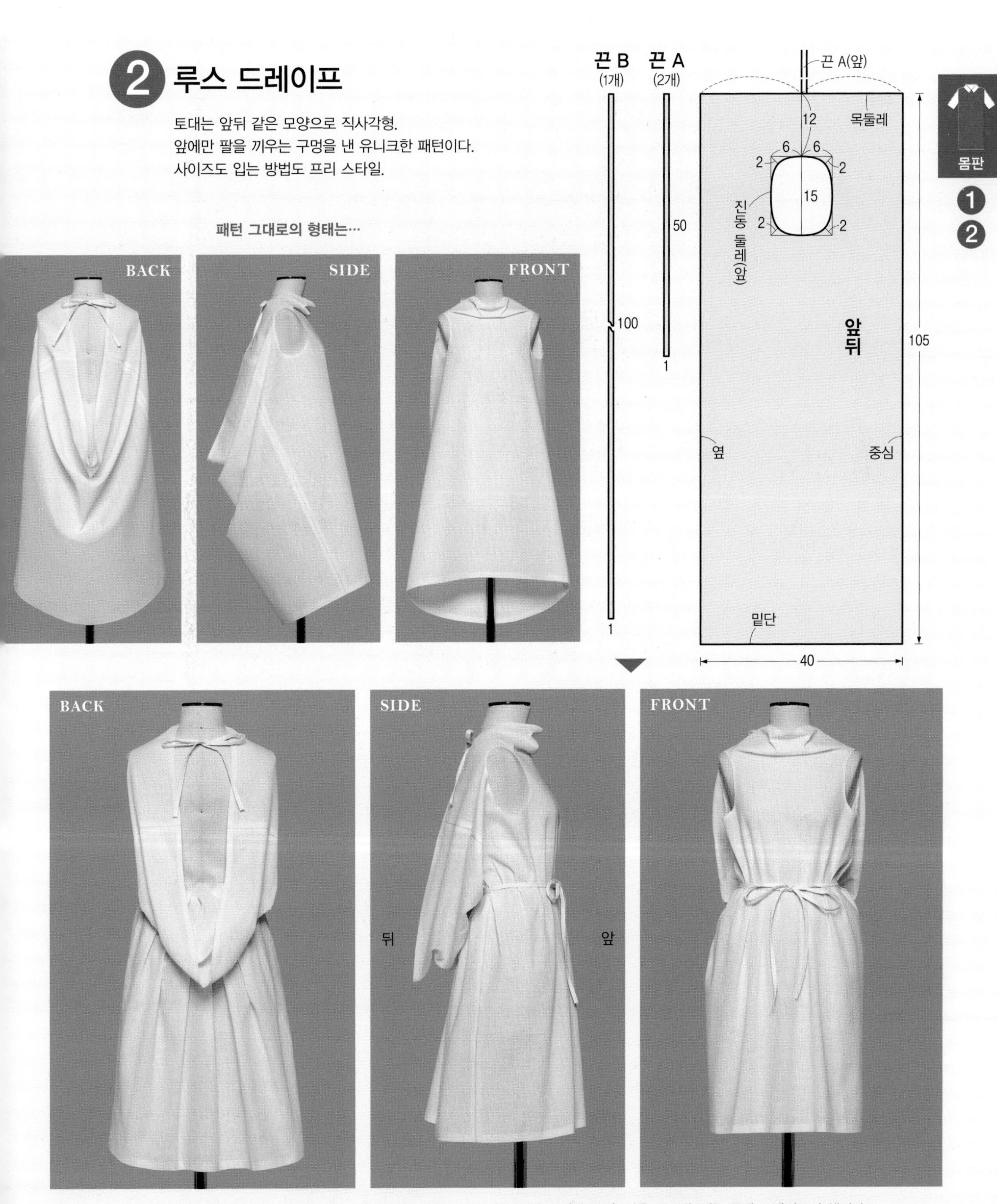

앞의 구멍으로 팔을 빼고 위쪽 끝에 단 끈(A)을 뒤로 묶는 것이 기본 스타일링(위 사진). 앞은 오프넥, 뒤는 등에 드레이프가 생긴다.
밑단선은 뒤쪽으로 내려간다. 가는 끈(B)으로 허리를 강조하면 또 다른 느낌으로(아래 사진). 앞뒤를 반대로 입어도 OK.

15 이레귤러 스타일
교시

— Irregular style —

3 선드레스

기본 패턴을 사용.
하이 웨이스트 라인에 이음선을 넣어
벨트를 끼워 넣는다.
몸판은 앞뒤 끝을 비스듬한 라인으로 하여 겹치고,
잘라서 벌려 어깨선과 하이 웨이스트 라인에
개더를 넣는다.
스커트 부분은 직사각형으로 하여
허리를 개더로 처리한다.

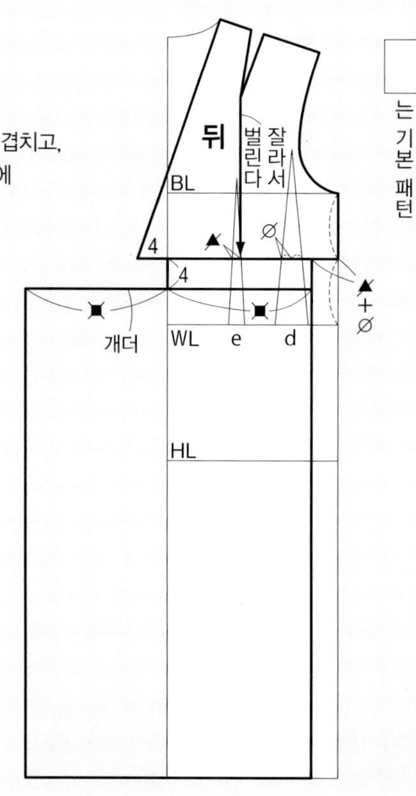

□는 기본 패턴

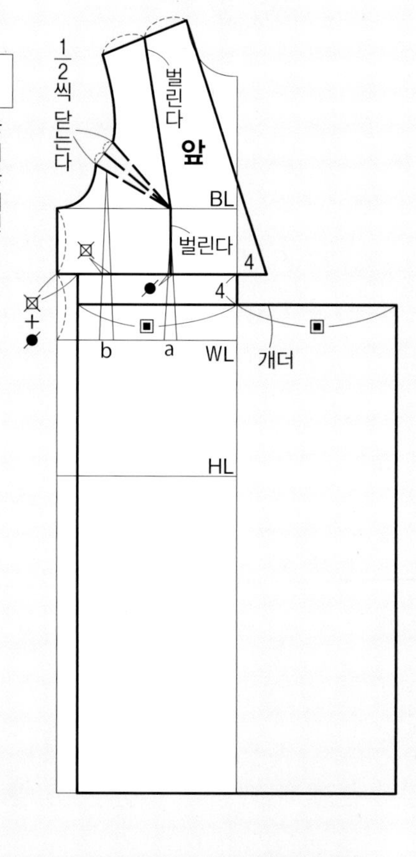

절개 그림

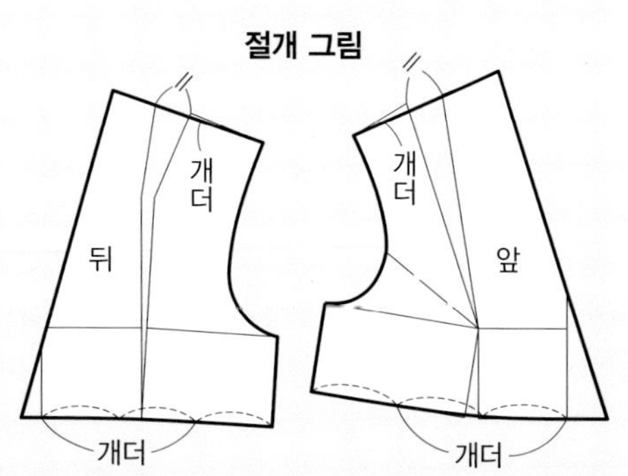

하이 웨이스트 위치를 끼워 넣은 벨트로 강조. 상의는 적게, 스커트 부분은 풍성하게 퍼지도록 개더를 넣는다.
가슴과 등의 V존이 매력 있는 여성스러운 스타일.

 → 기본 패턴 만드는 법…P.180

4 스파이럴 플레어

기본 패턴을 사용.
앞뒤 모두
좌우 펼친 상태로 베껴
WL을 옆에서 줄인다.
다시 WL을 줄이고
밑단을 넓히는 목적을 겸해
나선형으로 이음선을 넣는다.

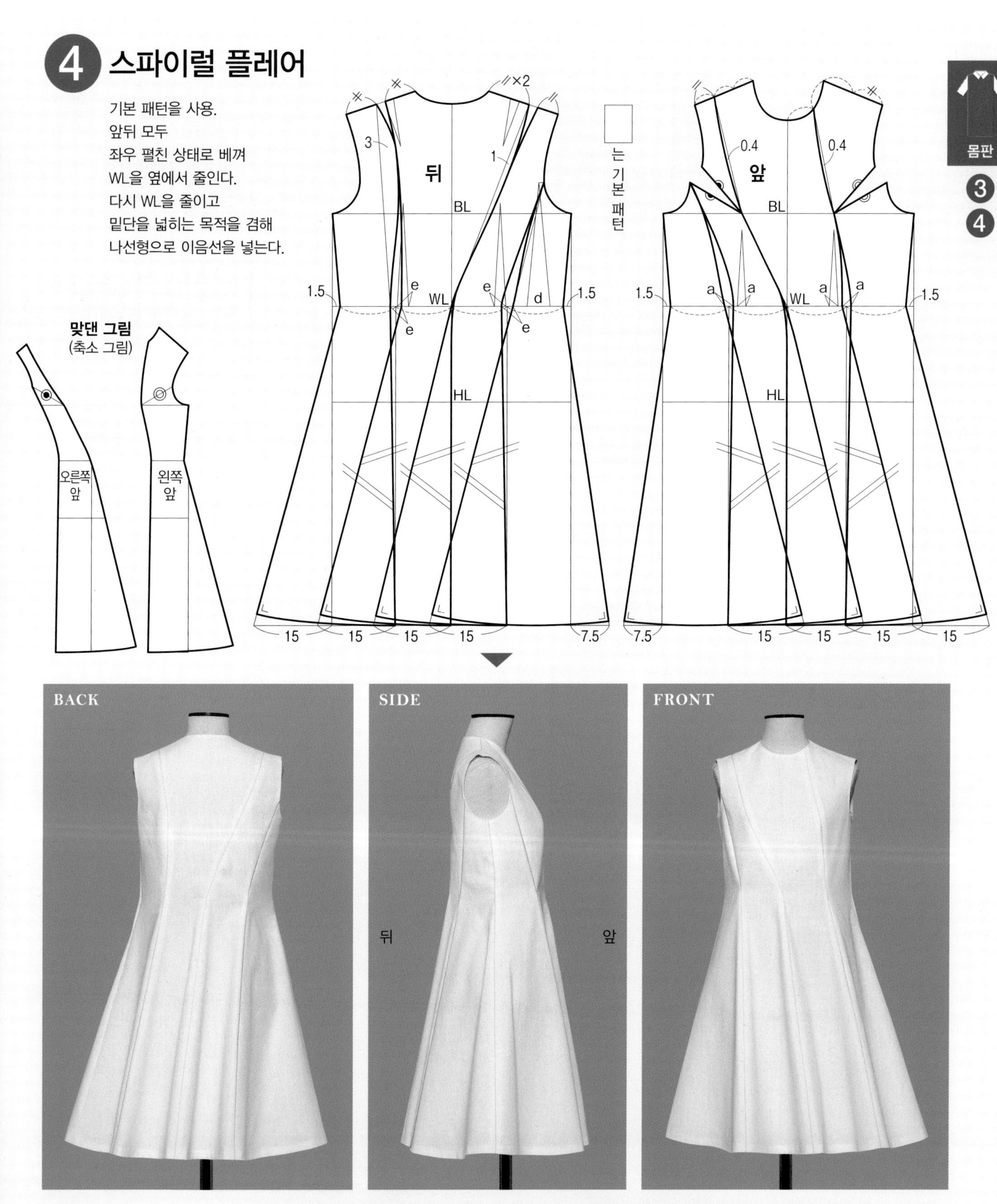

스파이럴 이음선이 개성을 발휘하는 피트 & 플레어 라인.
허리가 매우 가늘어 보이는 구축적인 형태로, 여성스러운 우아한 느낌을 연출한다.

→ 기본 패턴 만드는 법…P.180, 줄이는 위치 차이에 따른 비교…P.113

기초 강의 2

소매 패턴

→P.84

세트인 슬리브
— Set-in sleeve —

→P.88

퍼프 슬리브
— Puff sleeve —

→P.90

셔츠 슬리브
— Shirt sleeve —

→P.91

래글런 슬리브
— Raglan sleeve —

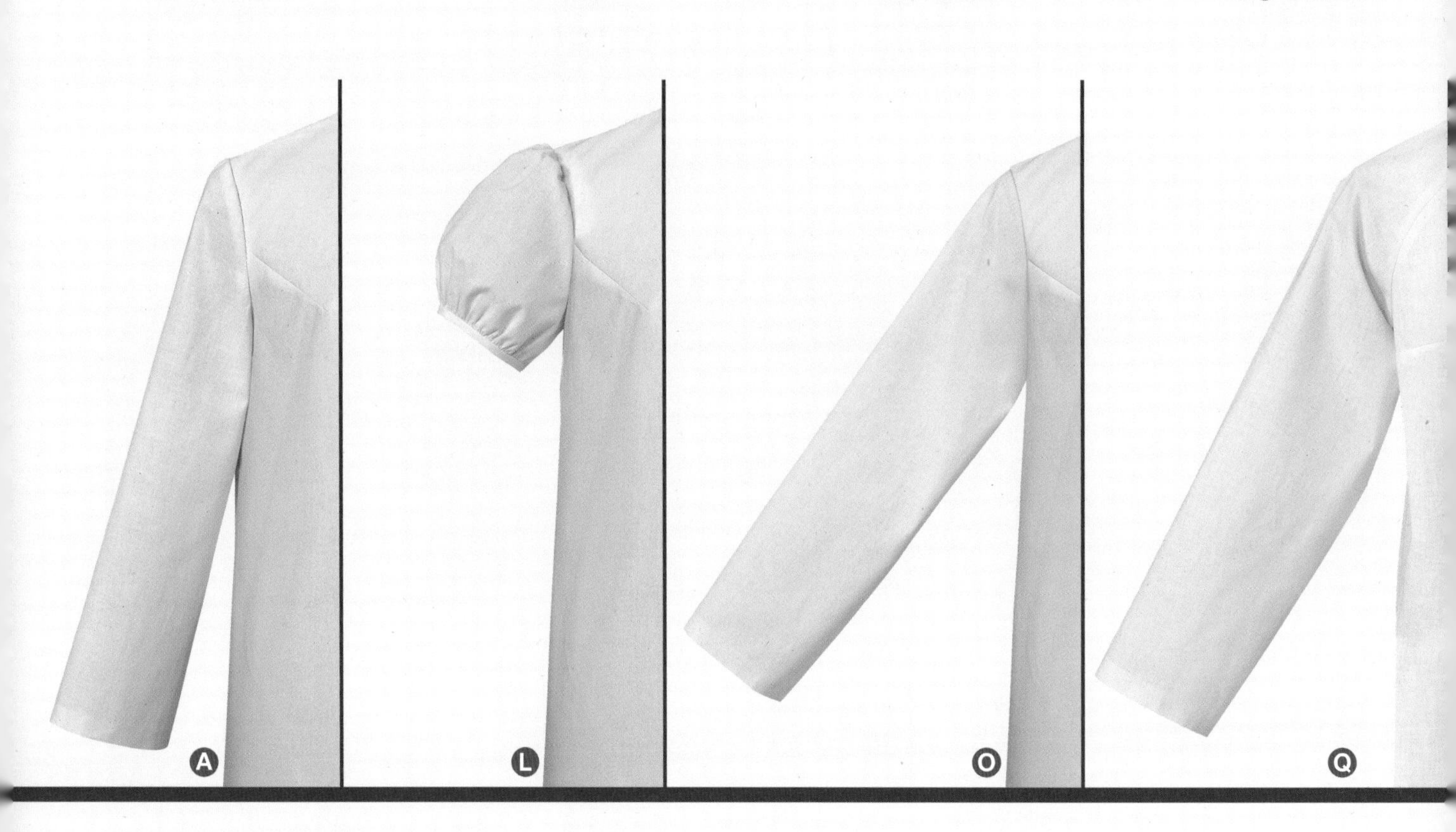

소매는 원통형으로 팔을 감싸는 부분.
일반적으로 몸판의 진동 둘레에 붙이는 형태지만 몸판에 이음선을 넣거나 이어서 재단해 만드는 소매도 있다.
이 책에서는 슬리브리스도 디자인의 하나로 분류해 3가지 디자인을 추가했다.
여기서는 8종류, 총 29가지 디자인을 소개한다. Ⓐ~Ⓝ은 기본 패턴에서 전개하고,
Ⓞ, Ⓟ, Ⓤ, Ⓩ는 단독으로 제도, Ⓠ~Ⓣ, Ⓥ~Ⓨ, ⓐ~ⓒ는 몸판에 직접 제도한다.
디자인상 사용하는 몸판에 따라 사전 처리가 필요하기 때문에
소매와 몸판의 대응표를 P.130에 게재한다.

→P.92

요크 슬리브
— Yoke sleeve —

→P.93

카무플라주 슬리브
— Camouflage sleeve —

→P.94

프렌치 슬리브
— French sleeve —

→P.95

슬리브리스
— Sleeveless —

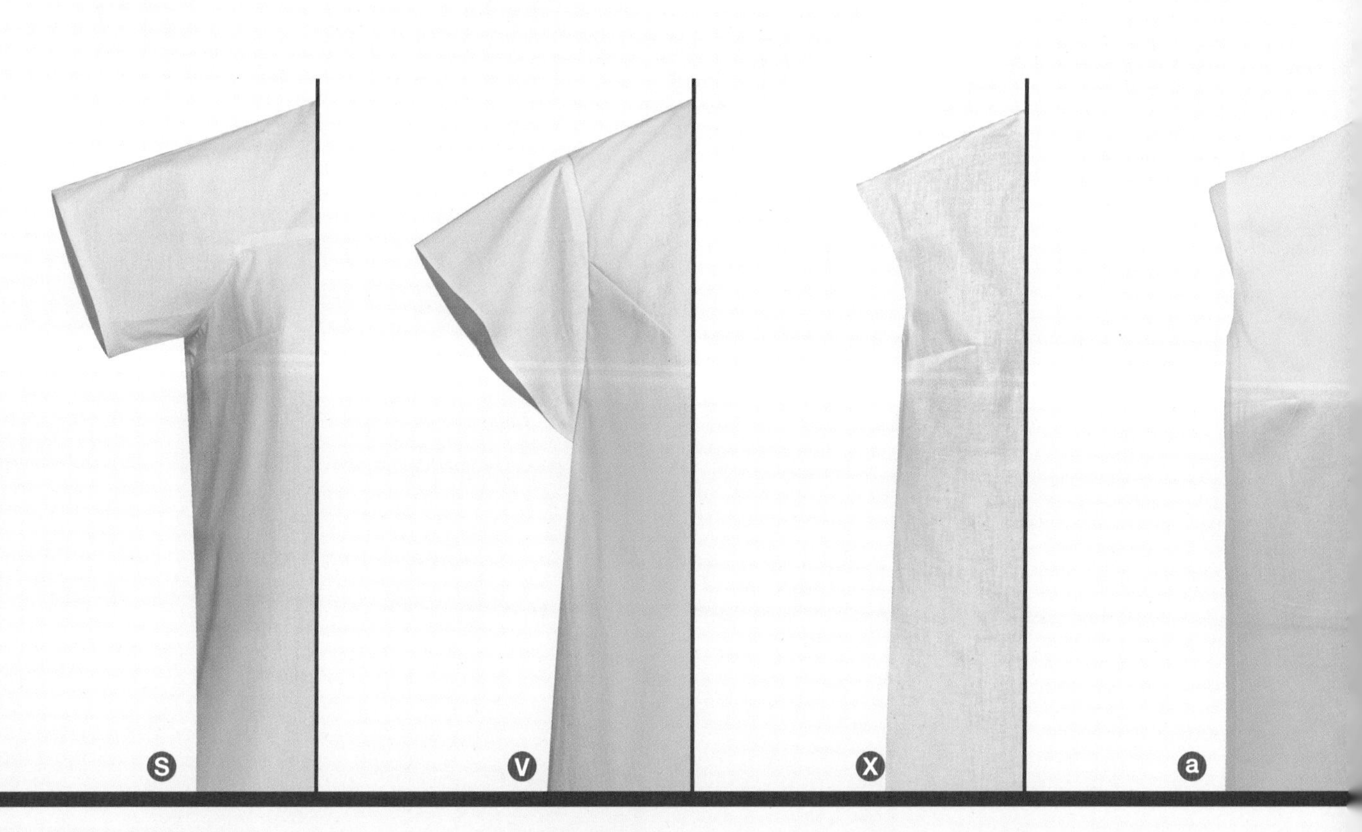

세트인 슬리브(스트레이트 타입)

— Set-in sleeve —

A 스트레이트(기본 패턴 그대로)

소매 밑선은 소맷부리까지 아래로 수직.
기본 패턴을 그대로 사용한
스트레이트 타입.
가장 기본적인 소매 패턴.

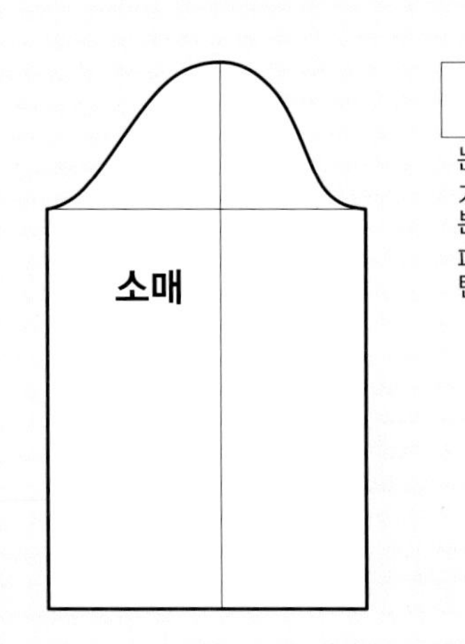

□는 기본 패턴

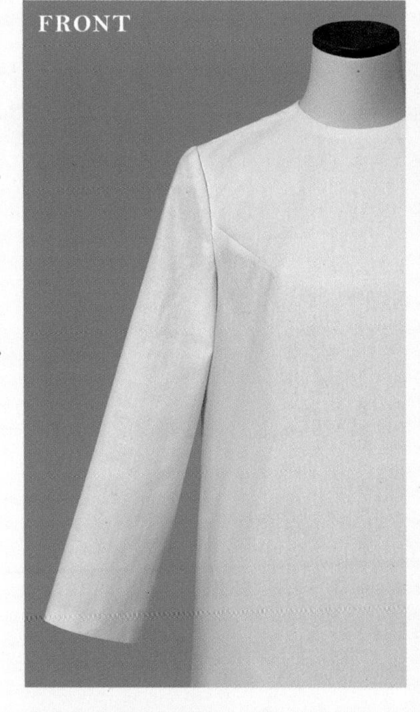

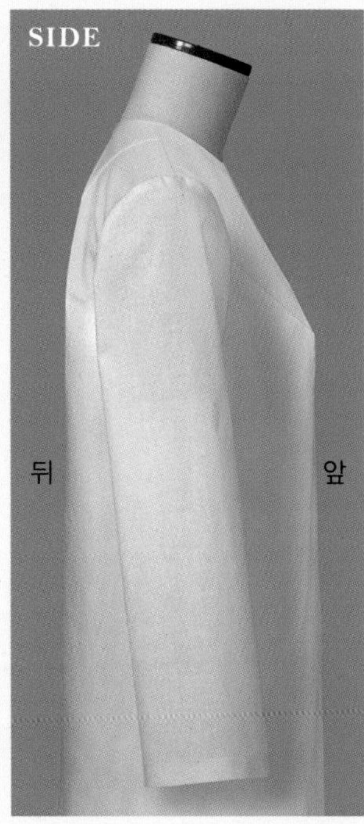

소매 폭에 적당한 여유가 있는 직선적인 실루엣.

B 타이트

기본 패턴을 사용.
소맷부리 치수를 조금 좁히고
소매 밑선에 경사를 둔다.

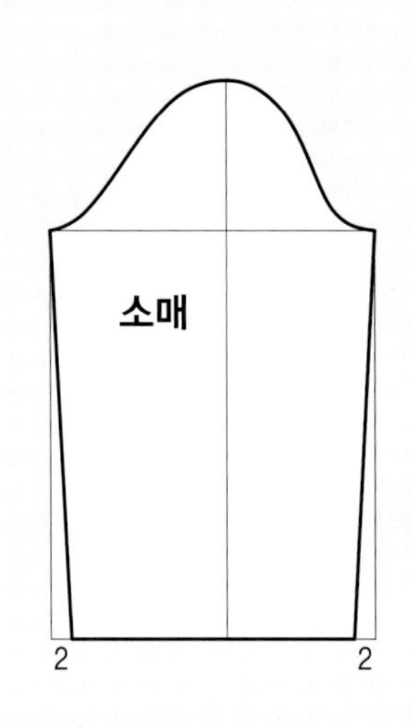

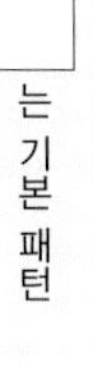

□는 기본 패턴

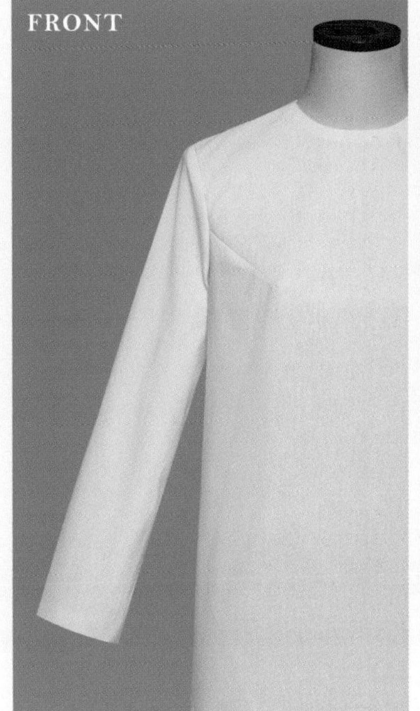

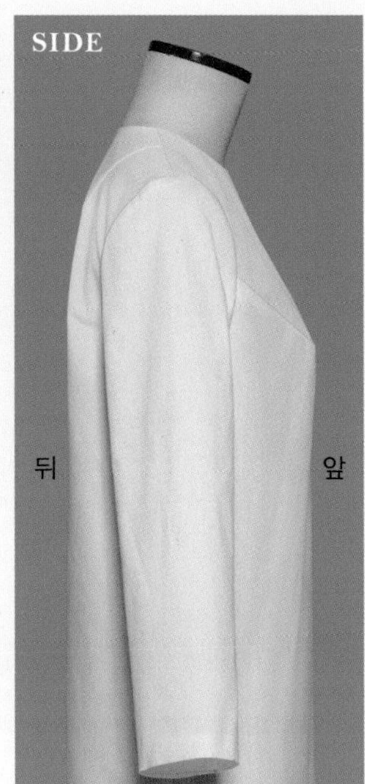

소맷부리 쪽으로 약간 좁아진 직선적인 소매.

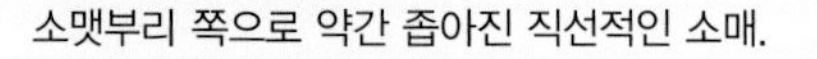

 → 기본 패턴 만드는 법…P.186, 소매산 높이와 그 차이에 따른 비교…P.118

진동 둘레선에 맞게 몸판에 붙이는 기본적인 소매. 어떤 디자인이든 소매산에 여유분 줄임을 하고 어깨 끝을 약간 부풀려서 만든다.
소매산 높이와 소매 폭은 반비례해 높아질수록 좁아지고, 낮아질수록 넓어지므로
디자인에 따라 균형을 취향대로 조정해, 기본 패턴을 새롭게 제도할 필요가 있다.
소매 밑의 디자인은 박스형, 슬림, 플레어 등 긴소매부터 반소매까지 다양한 응용이 가능하다.

C 슬림

기본 패턴을 사용.
소맷부리 치수 기준은 소매 폭의 $\frac{3}{4}$.
남은 $\frac{1}{4}$을, 앞뒤 소매 폭을 2등분한 소맷부리에서
배분해 자른다.
소맷부리는 손바닥 둘레 치수+3cm(여유분) 이상이
되도록 조정한다.

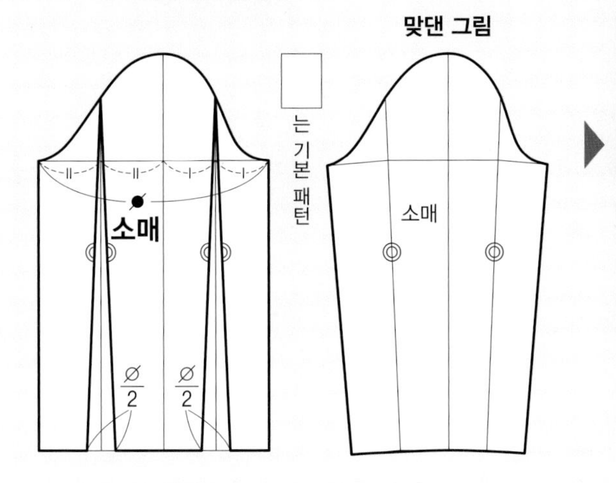

∅=소매 폭(●)÷4

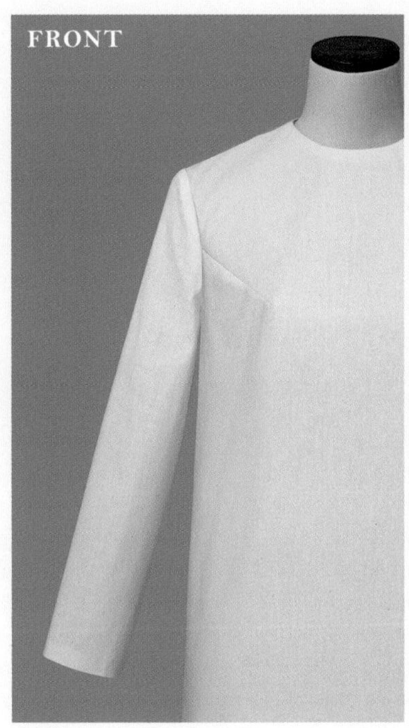

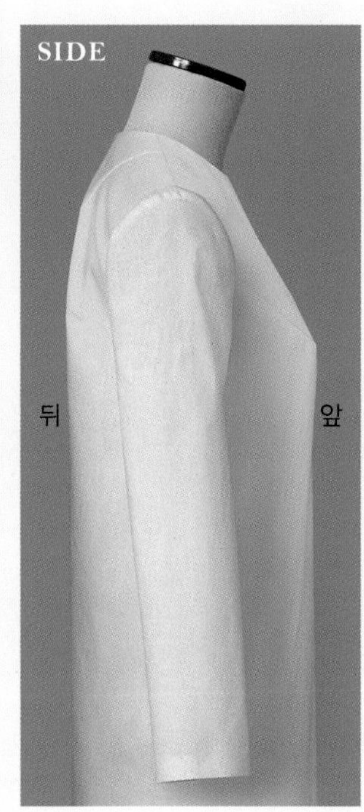

소맷부리 쪽으로 좁아진 직선적이고 깔끔한 소매.

D 2장 소매

기본 패턴을 사용.
치수를 잰 팔꿈치 길이를 사용해
EL(엘보 라인)을 긋고,
팔 모양과 같은 경사로 이음선을 넣어
2개의 파트(바깥소매와 안소매)로 분할한다.
소맷부리 치수는 소매 폭의 $\frac{3}{4}$을 기준으로 정한다.

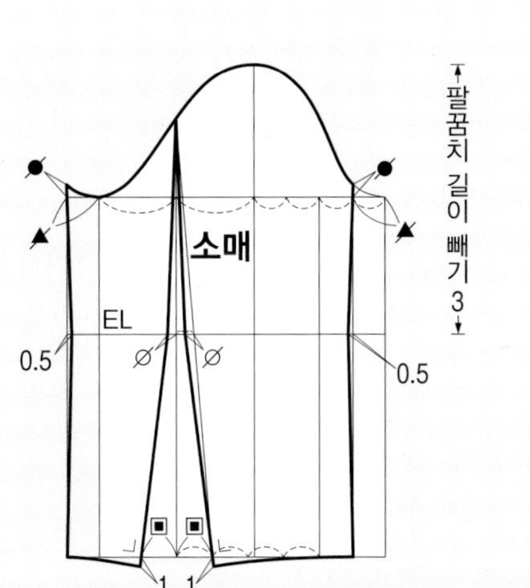

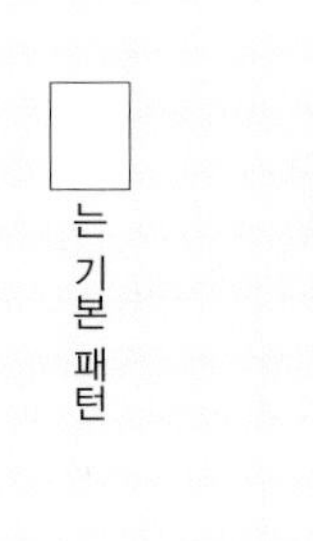

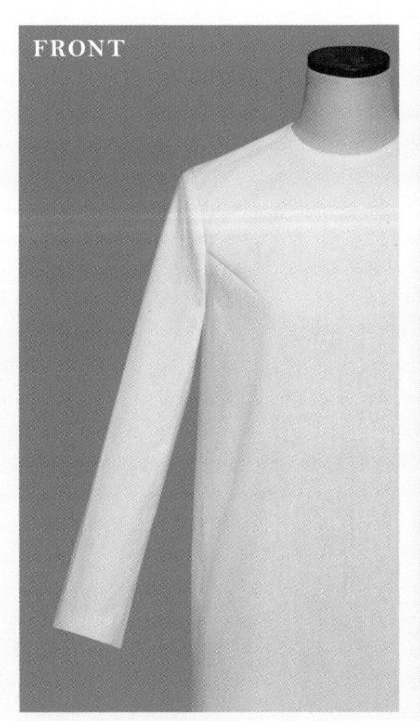

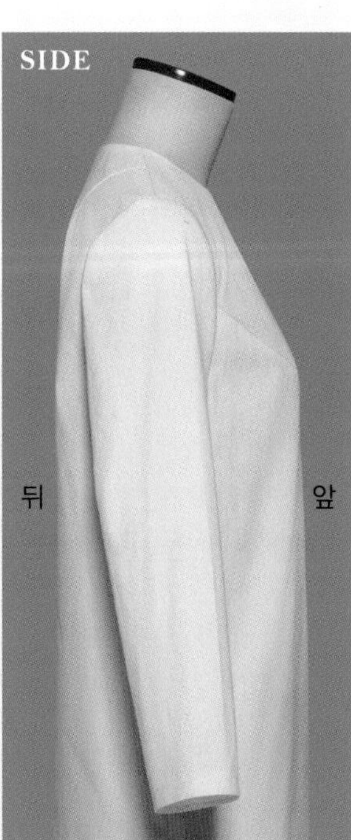

입체적이고 팔 모양에 가까운 상태. EL에서 소맷부리를 향해
앞쪽으로 방향성이 있는 소매.

세트인 슬리브(플레어 타입)

— Set-in sleeve —

E 롱

기본 패턴을 사용.
앞뒤 소매 폭을 2등분한 위치에 절개선을 넣어
소매산을 기준점으로 소맷부리에서 플레어 분량을
잘라서 벌린다.

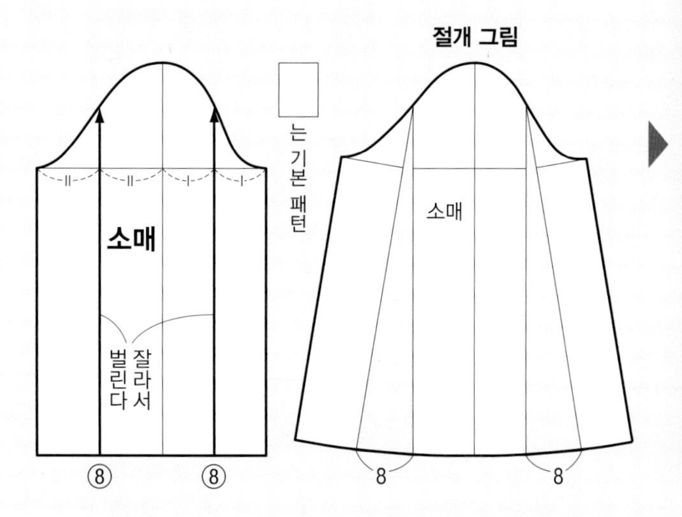

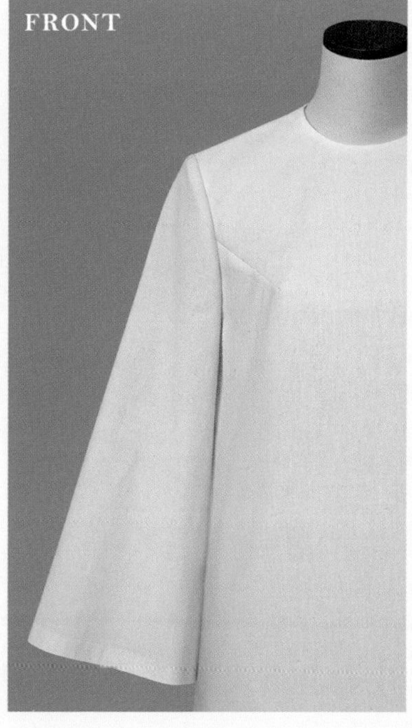

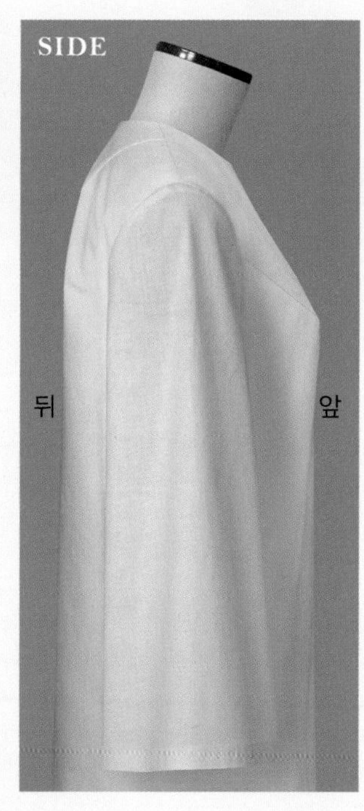

소맷부리 쪽으로 퍼지는 실루엣. 플레어 물결은 적다.

F 쇼트

기본 패턴을 사용. 소매길이를 자른다.
앞뒤 소매 폭을 3등분한 위치에 절개선을 넣는다.
중심선을 추가한 5곳을 소매산을 기준점으로
소맷부리에서 플레어 분량을 잘라서 벌린다.
중심에서 소매 밑 쪽으로
절개 분량을 줄이는 것이 포인트.

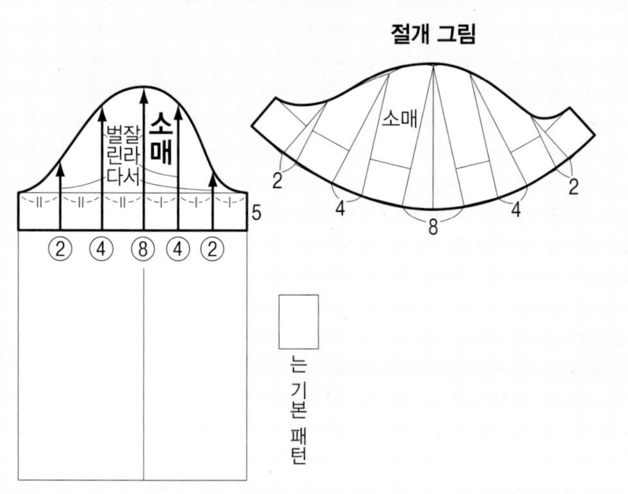

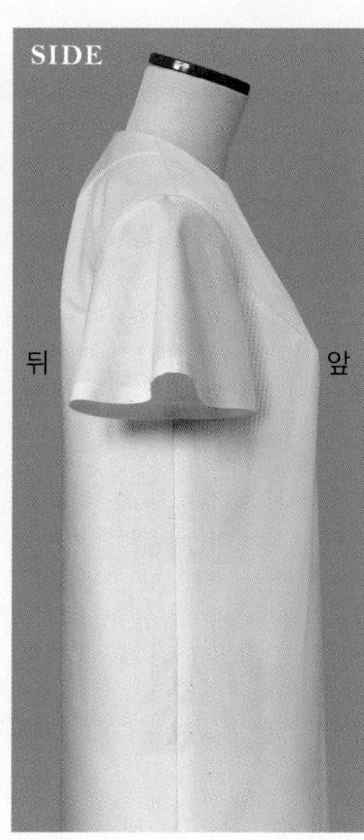

소맷부리가 알맞게 퍼지고 플레어가 아름답게 물결친다.

G 캡 슬리브

기본 패턴을 사용.
소매 아랫점보다 위에 소맷부리선을 그리기만 하는 간단한 제도.
소맷부리를 곡선으로 하는 경우도 있지만,
소맷부리 마무리는 직선 쪽이 편하다.

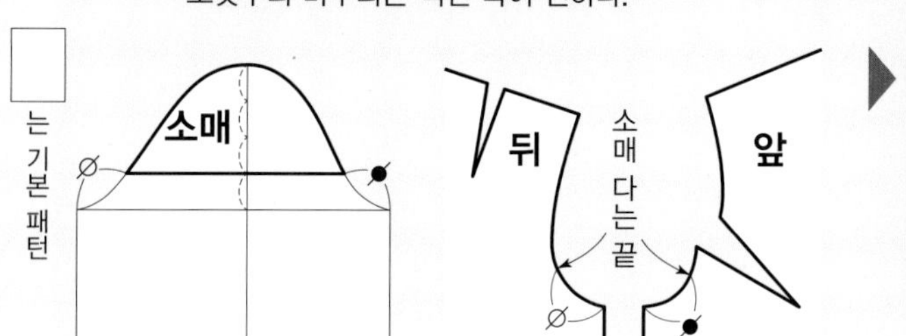

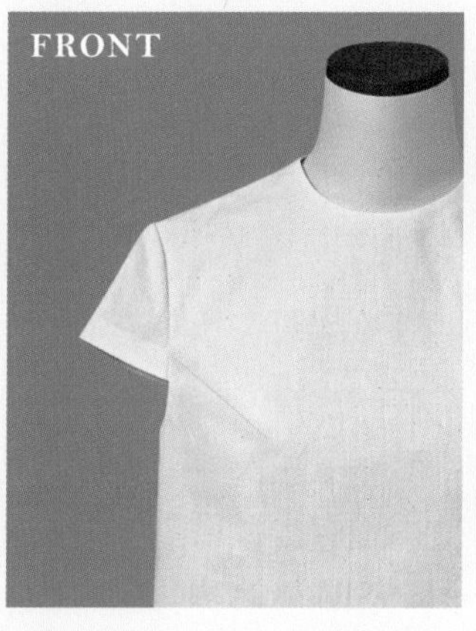

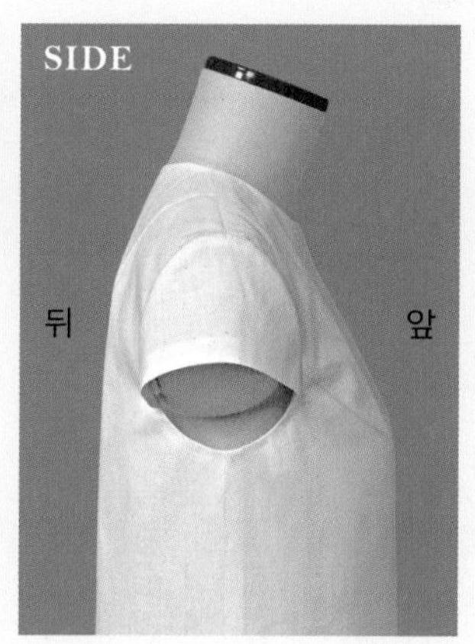

어깨 끝을 가릴 정도의 작은 소매.
소매 아래가 비어 있어 릴랙스한 느낌이 있다.

H 캡 슬리브(턱 넣기)

기본 패턴을 사용.
소맷부리선을 그려 중심선에서 턱 분량을 잘라서 벌린다.

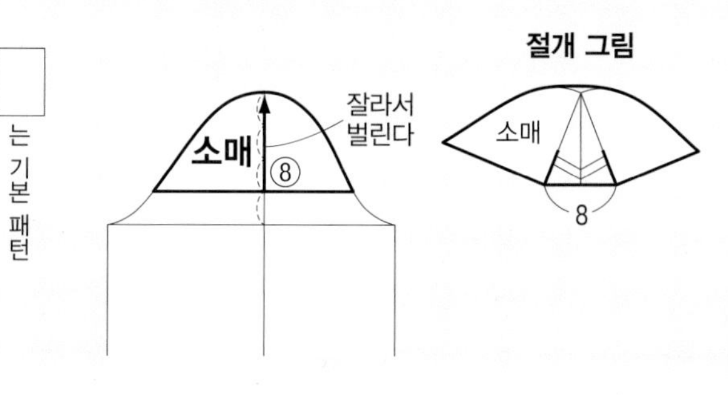

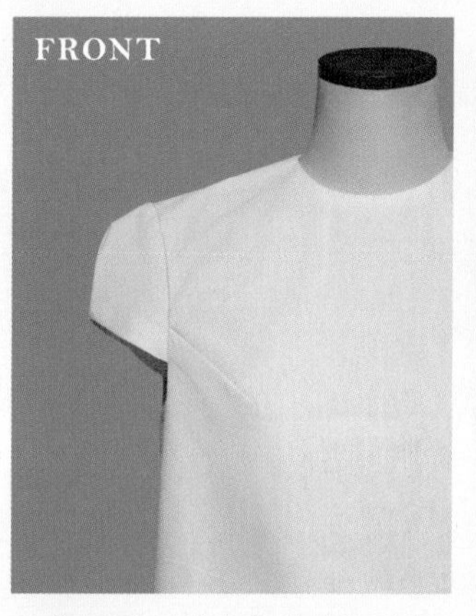

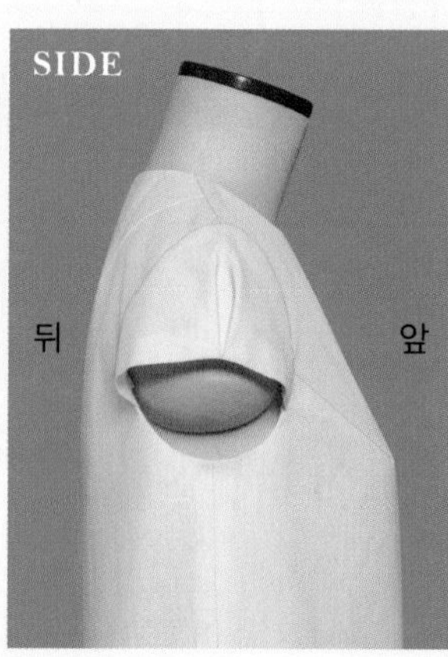

소매길이와 모양이 G와 같은 작은 소매.
소맷부리의 턱으로 인해 부풀림이 생겨 존재감 있는 악센트로.

I 미니 슬리브

캡 슬리브의 일종.
기본 패턴을 사용.
소매길이를 잘라 소매 밑에 경사를 두고
소맷부리를 곡선으로 한다.

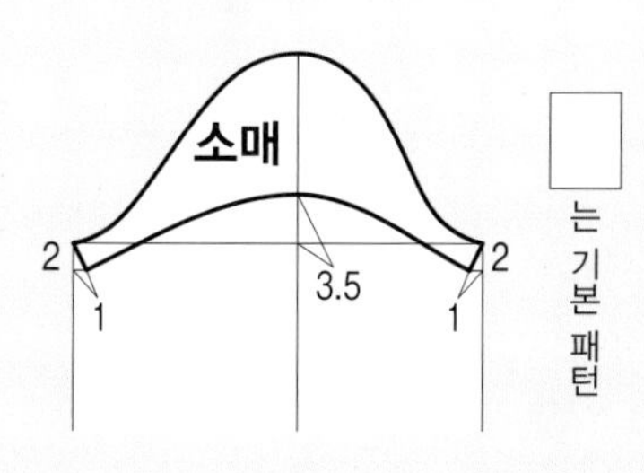

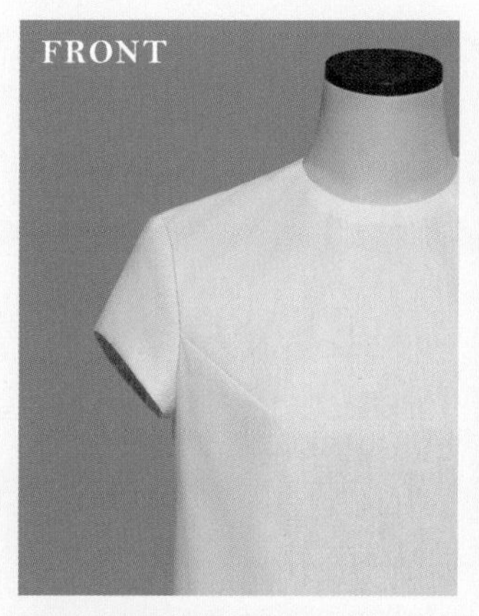

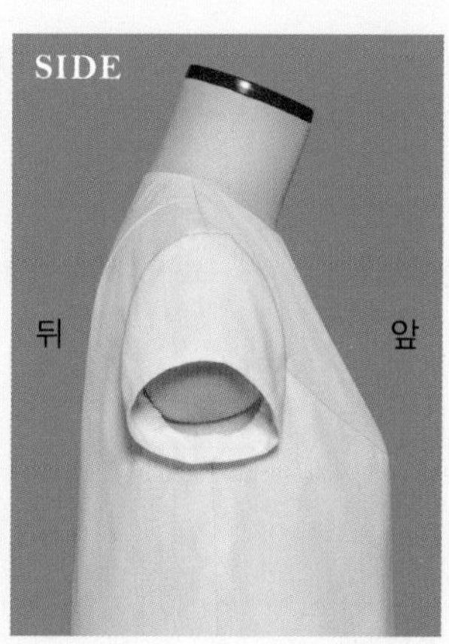

화사하고 대단히 콤팩트한 소매.
소매길이는 짧지만 진동 둘레 전체에 달기 때문에 G, H보다 안정감은 높다.

→ 기본 패턴 만드는 법…P.186

퍼프 슬리브

— Puff sleeve —

J 소맷부리 개더

기본 패턴을 사용.
앞뒤 소매 폭을 2등분한 위치에 절개선을 넣고,
중심선까지 포함해 3곳의 소매산을 기준점으로
소맷부리에서 개더 분량을 잘라서 벌린다.
소맷부리에 개더를 잡아 커프스를 단다.

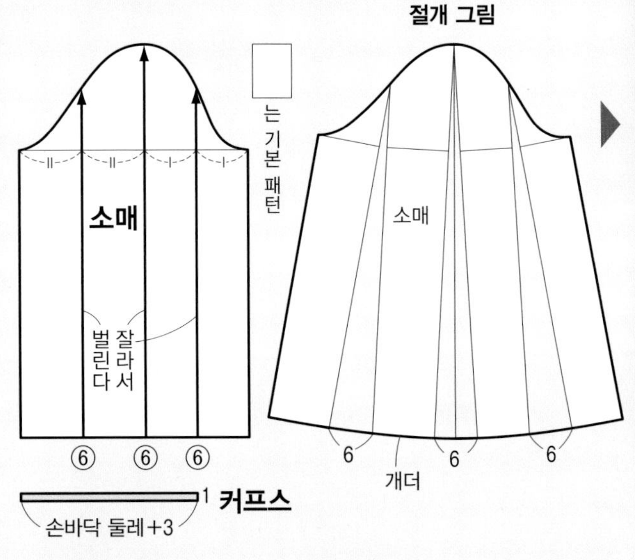

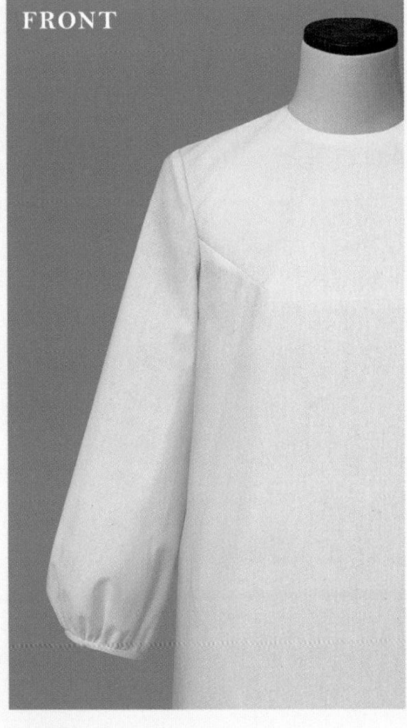

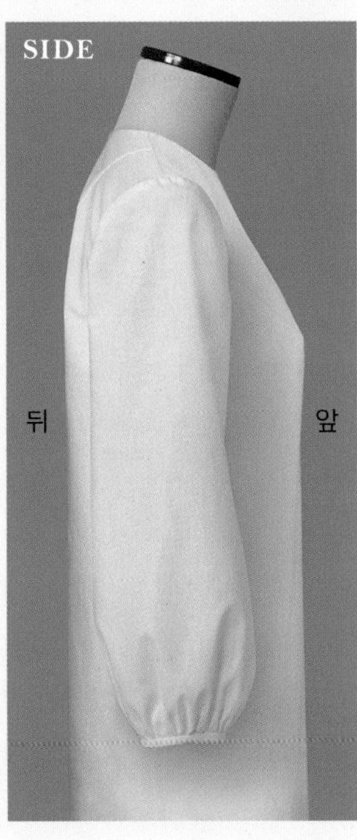

팔이 붙어 있는 근처부터 소매 폭이 서서히 넓어져 소맷부리 쪽으로 볼륨이 커진다.
소맷부리에 다시 개더 부풀림(퍼프)이 생긴다.

K 소매산 & 소맷부리 개더

기본 패턴을 사용.
중심선에서 평행으로 개더 분량을 잘라서 벌려
소매산과 소맷부리에 개더를 잡아
소매산은 진동 둘레와 맞춰 박고 소맷부리는 커프스를 단다.

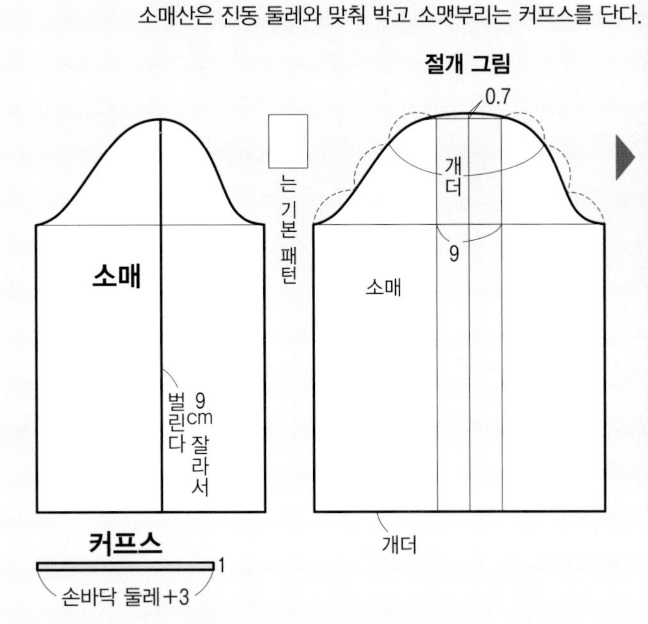

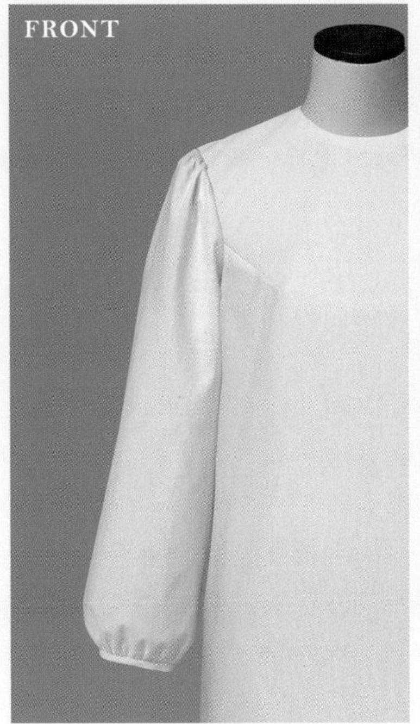

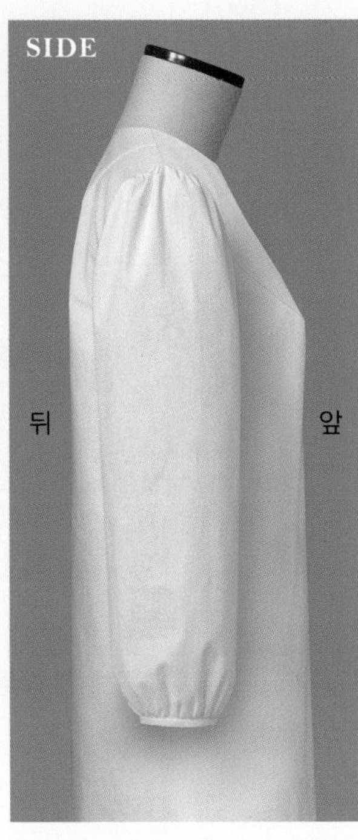

소맷부리의 개더 분량은 J보다 적지만 소매 폭이 전체적으로 넓어져
볼륨감이 크다. 소매산과 소맷부리에 개더 부풀림(퍼프)이 생긴다.

 → 기본 패턴 만드는 법…P.186, 치수 재기…P.12

‘퍼프’는 개더나 턱 등으로 생기는 부풀림으로, 소매산이나 소맷부리에 이 디자인을 넣은 소매가 퍼프 슬리브.
소맷부리에는 퍼프를 고정하기 위한 별도의 파트(커프스나 안단 등)나 고무줄이 필수이다.
여기에서 소개하는 커프스는 긴소매든 반소매든 소맷부리 트임 없이 입을 수 있는 치수로 설정했다.
진동 둘레나 커프스 다는 치수에 대한 퍼프 분량은 사용하는 천에 맞춰 적당히 조정하자.

L 반소매 · 소매산 & 소맷부리 개더

기본 패턴을 사용. 소매길이를 자른다.
앞뒤 소매 폭을 3등분한 위치에 절개선을 넣는다.
소매 중심은 평행으로, 절개선은 소매산을 기준점으로
소맷부리에서 개더 분량을 잘라서 벌린다.
소매산과 소맷부리에 개더를 잡아 소매산은
진동 둘레와 맞춰 박고, 소맷부리는 커프스를 단다.

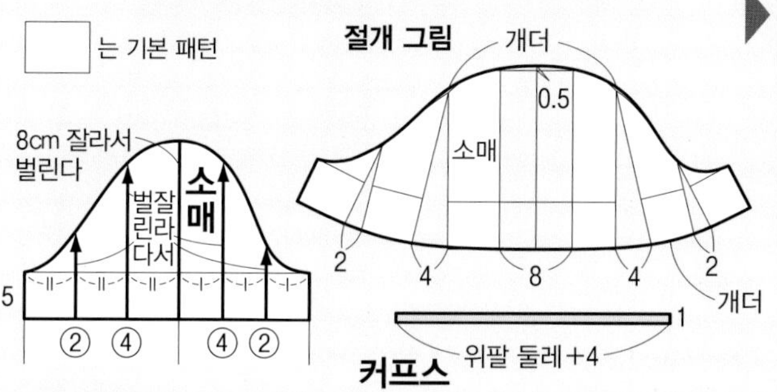

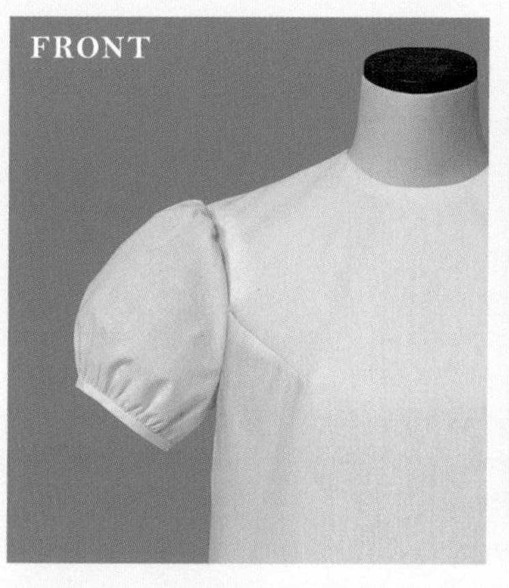

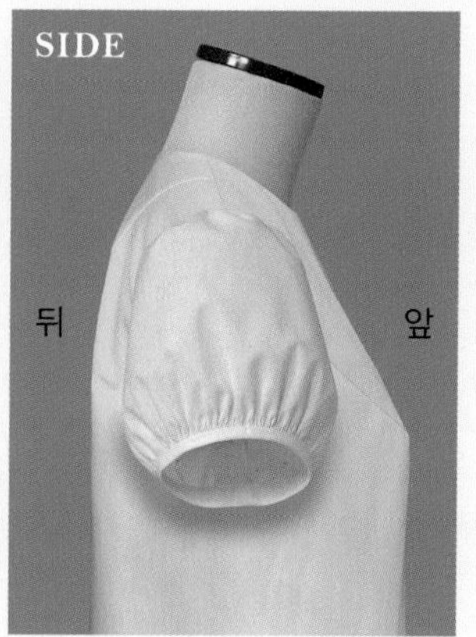

볼륨이 있는 쇼트 퍼프.
소매산과 소맷부리에 개더 부풀림(퍼프)이 생긴다.

M 반소매 · 벌룬

기본 패턴을 사용. 소매길이를 자른다.
소매 중심선과 평행으로 4개의 절개선을 넣어
평행으로 턱 분량을 잘라서 벌린다.

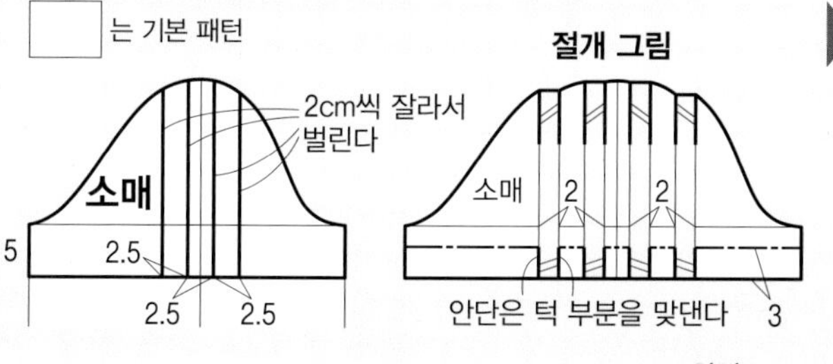

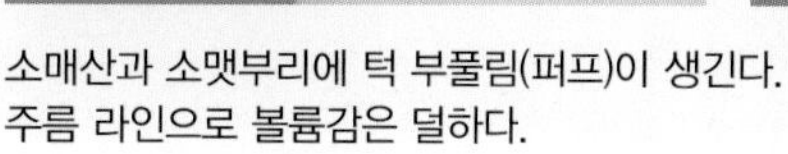

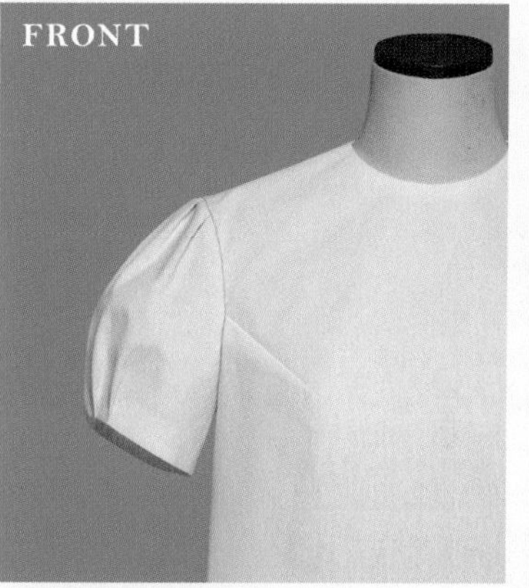

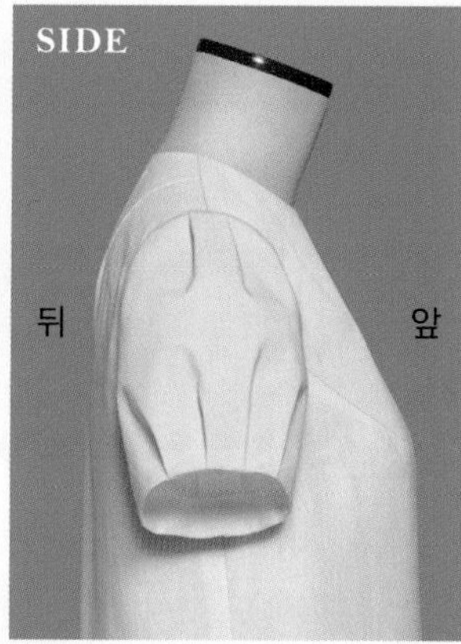

소매산과 소맷부리에 턱 부풀림(퍼프)이 생긴다.
주름 라인으로 볼륨감은 덜하다.

N 반소매 · 튤립

기본 패턴을 사용. 소매길이를 자른다.
소매 중심선을 소맷부리를 기준점으로 소매산에서
개더 분량을 잘라서 벌린다.
원하는 위치에 소맷부리 곡선을 그려 앞뒤로 나눈다.

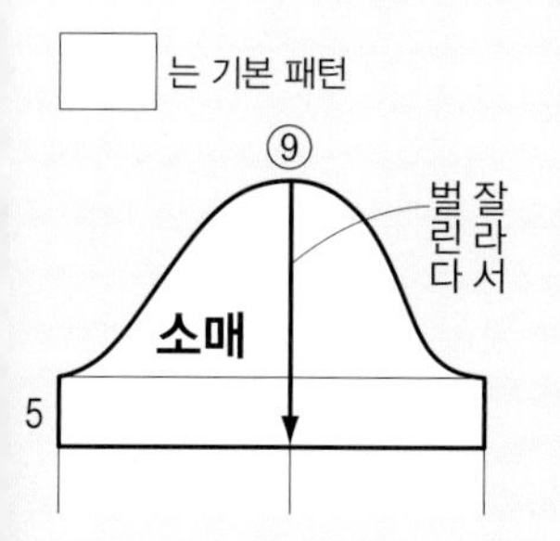

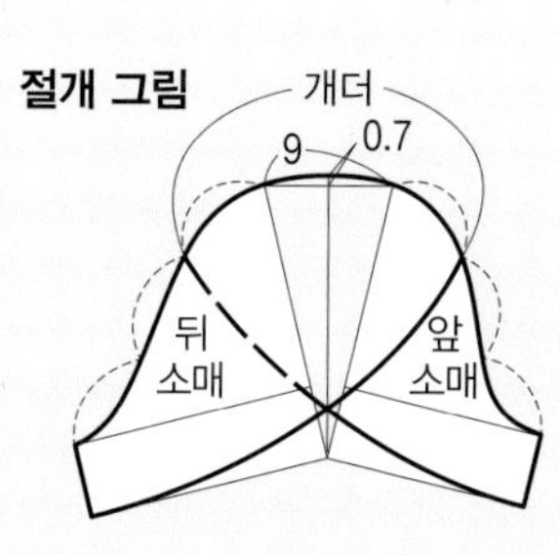

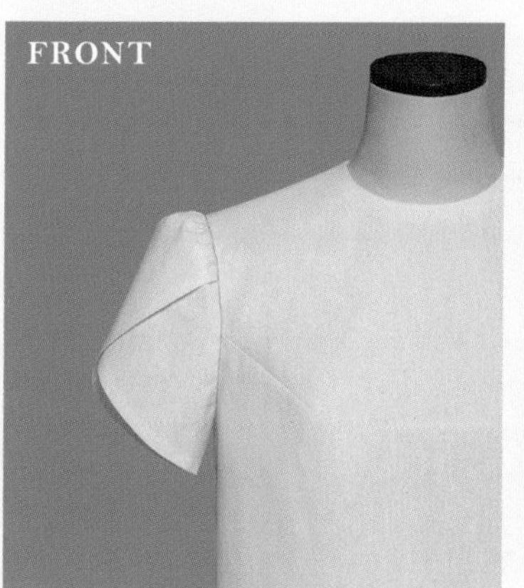

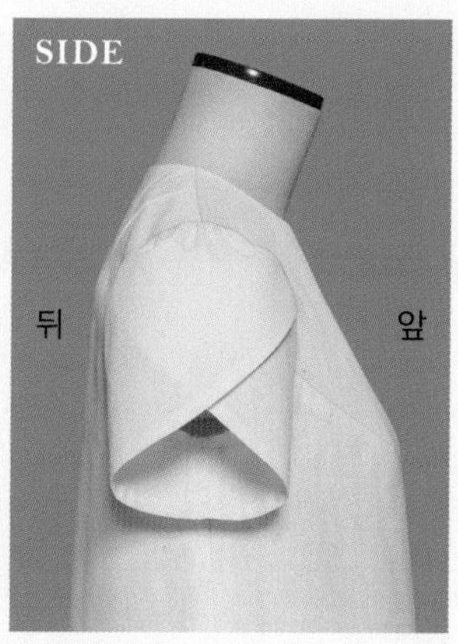

튤립을 연상시키는 소맷부리 커팅이 특징.
소매산의 개더로 인한 부풀림(퍼프)이 화사함을 더해 표정이 풍부하다.

→ 기본 패턴 만드는 법…P.186, 치수 재기…P.12

셔츠 슬리브

— Shirt sleeve —

소매산에 여유분 줄임을 하지 않고 몸판과 같은 치수로 맞춰 박은 소매.
캐주얼한 느낌으로 완성되기 때문에
이름대로 셔츠 타입의 디자인에 주로 이용된다.

O 스탠더드한 스트레이트

소매산은 평균 어깨 길이의 최저 비율로 설정.
몸판 기본 패턴의
AH 치수를 사용해 처음부터 제도한다.

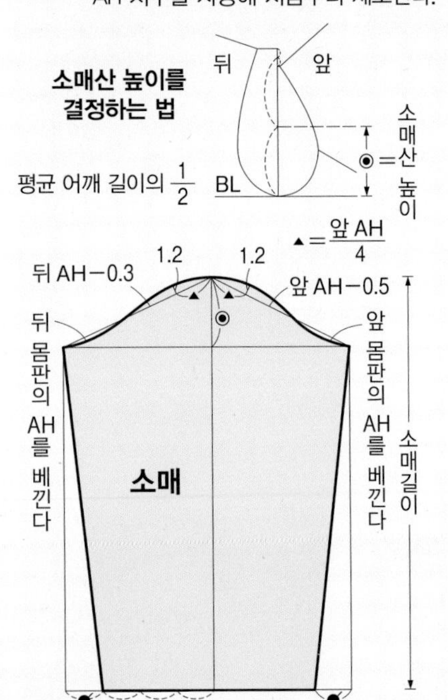

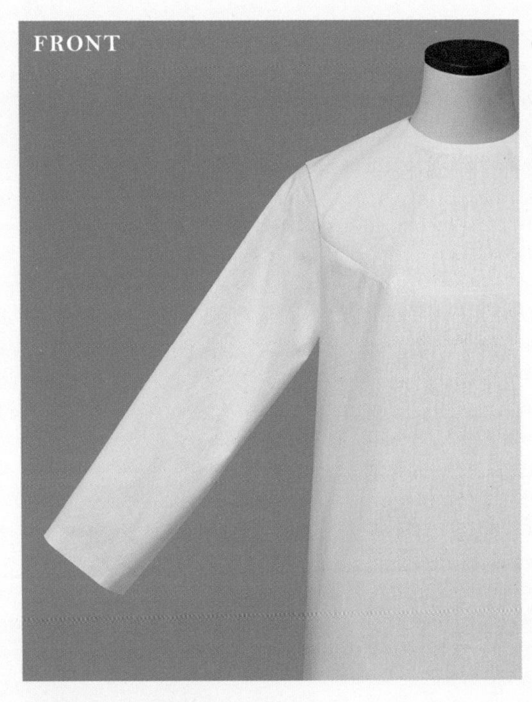

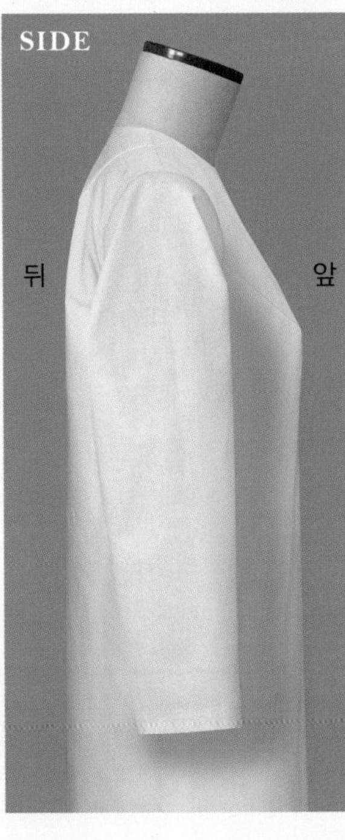

기본적인 소매 폭의 셔츠 슬리브.
소매산이 낮아지는 만큼 소매 폭이 넓어지고 여유가 많아져 기능성이 높아진다.

P 소매 폭이 넓고 커프스 달림

옷 폭이 넓은 와이드 라인의
몸판 W~Z에 다는 셔츠 소매.
소매산을 낮게 설정하고
몸판의 AH 치수를 사용해 처음부터 제도한다.
소맷부리에 턱을 넣어 커프스를 단다.

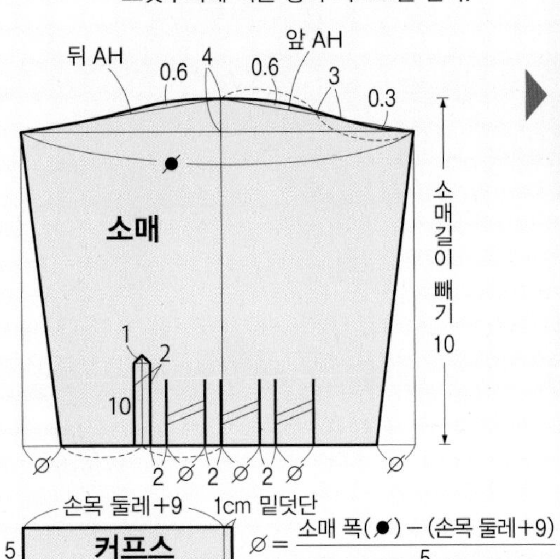

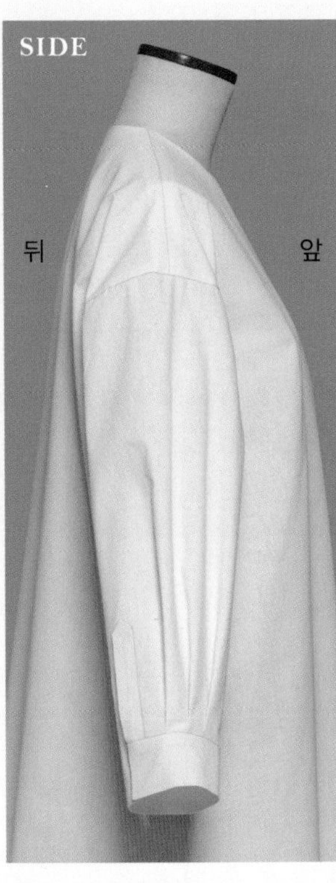

커프스가 달린 기본적인 타입. SP를 팔 쪽으로 떨어뜨린 드롭 숄더
몸판(와이드 라인 W)에 풍성한 여유로 릴랙스한 느낌이 커진다.

 → 치수 재기…P.12, 소매산 높이와 그 차이에 따른 비교…P.118

래글런 슬리브

— Raglan sleeve —

어깨 부분과 소매가 하나로 이어진 소매. 몸판 목둘레에서 겨드랑이 쪽으로 비스듬히 소매 달림선(래글런 선)을 넣는다.
소매가 앞쪽을 향하도록 소매 중심선의 경사(★)는 앞을 많게 한다.

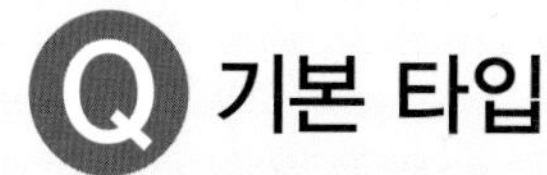

Q 기본 타입

앞 몸판에 AH 다트가 있는 디자인은 미리 다트를 이동해놓는다.
소매산 높이를 결정하고 몸판에 래글런 선을 그려 제도한다.
여기서는 최종적으로 앞뒤 소매를 맞대고 어깨선은 다트로 처리한다.

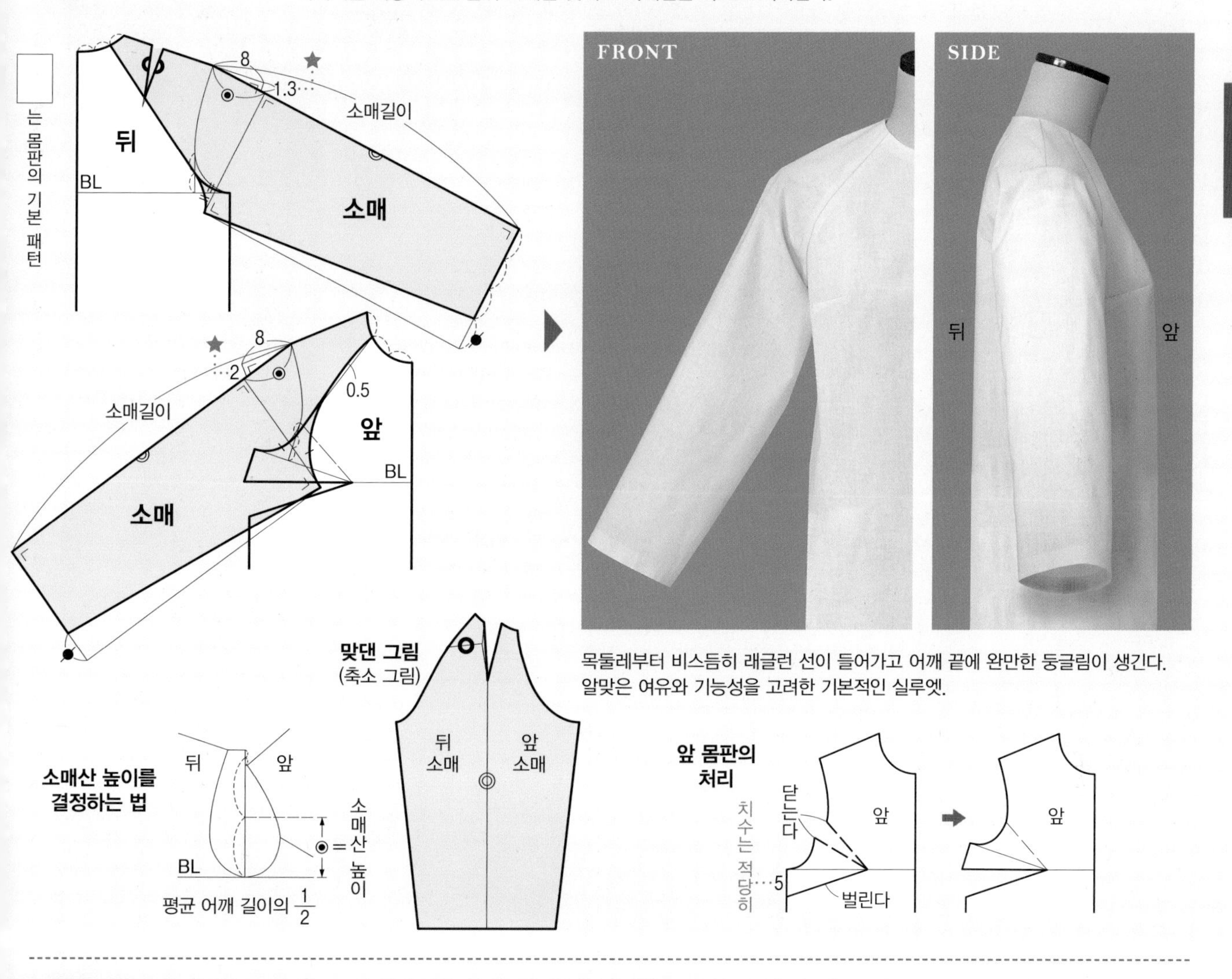

목둘레부터 비스듬히 래글런 선이 들어가고 어깨 끝에 완만한 둥글림이 생긴다.
알맞은 여유와 기능성을 고려한 기본적인 실루엣.

R 반소매(개더 넣기)

Q의 응용. 소매길이를 잘라서 패턴을 맞댈 때 개더 분량을 넣는다.

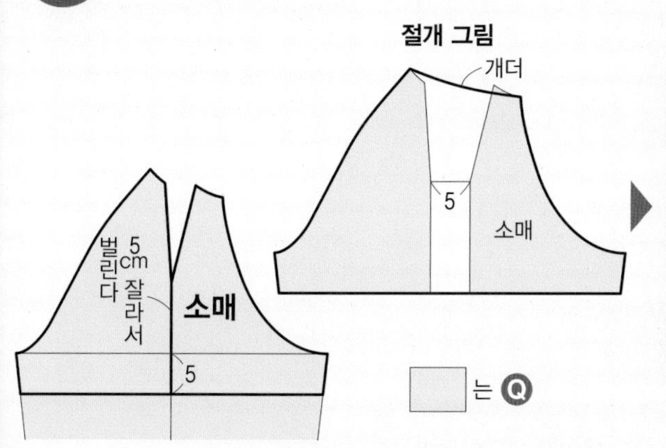

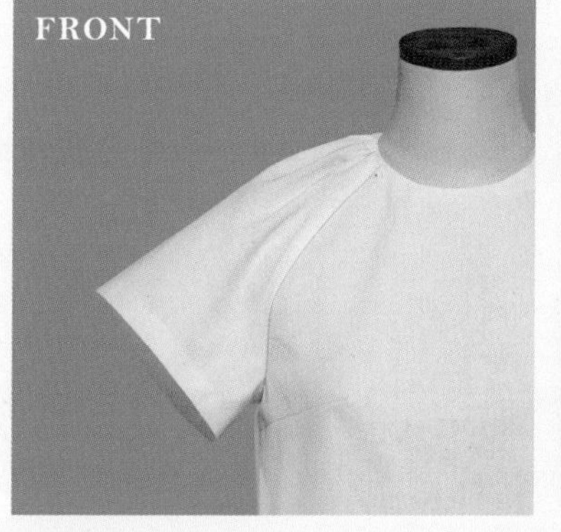

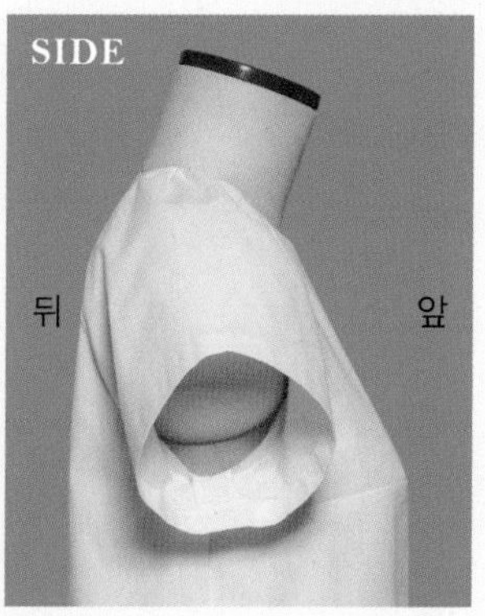

소매 폭이 넓어지고 SNP 부근에 개더 부풀림이 생겨
퍼프 슬리브 같은 부드러운 느낌이 더해진다.

→ 몸판의 기본 패턴 만드는 법…P.180, 다트 위치…P.114

요크 슬리브

— Yoke sleeve —

몸판의 요크 이음선에서 연결한 소매.
디자인의 일부를 소매로 한 상급 테크닉이다.
기본적인 타입을 소개하지만, 이음선을 곡선으로 하거나
소매산에 개더를 넣기도 하고 소맷부리를 턱으로 줄이는 등
방법에 따라 응용 가능성은 무한대.

Ⓢ 소매 폭 좁게

앞 몸판에 AH 다트가 있는 경우
미리 이동해놓는다.
소매산 높이(◉)를 결정하고 요크 연결 이음선과
진동 둘레선을 그려 제도한다. 한도는 있지만
소매산을 높게 할수록 소매 폭은 좁아진다.

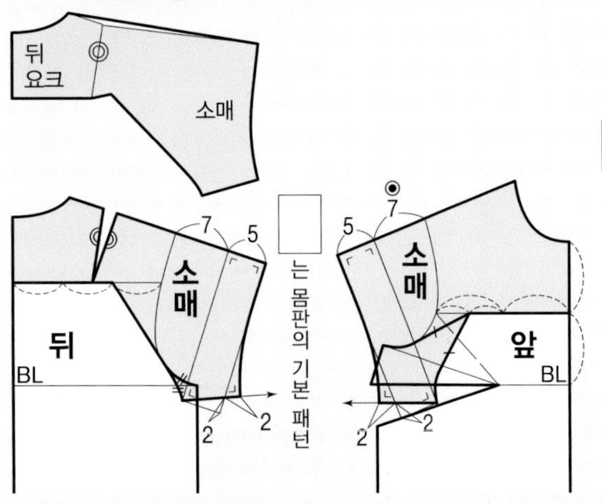

✻앞 몸판의 처리는 P.91 Ⓠ와 같다

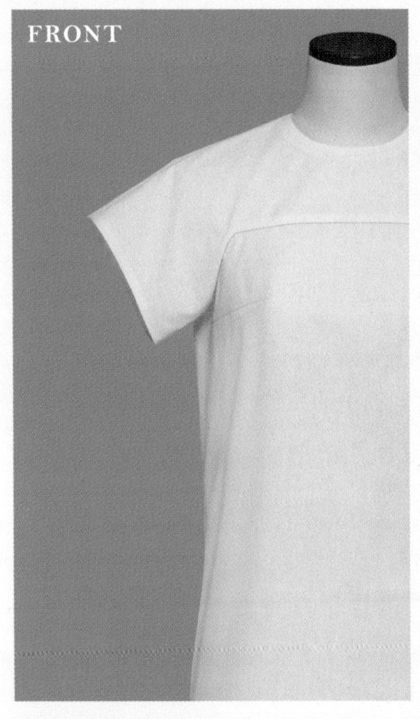

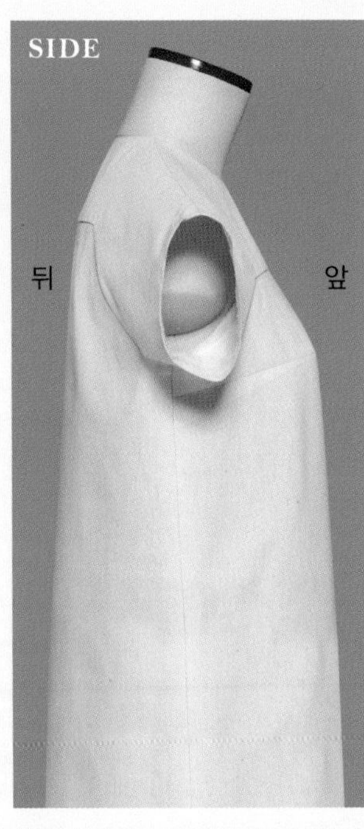

가슴 요크에서 이어지는 소매. 소매산을 높게 설정했기 때문에 소매 폭이 좁아져
콤팩트한 인상으로 완성된다.

Ⓣ 소매 폭 넓게

앞 몸판에 AH 다트가 있는 경우
미리 이동해놓는다.
소매산 높이(◉)를 결정하고 요크 연결 이음선과
진동 둘레선을 그려 제도한다. 한도는 있지만
소매산을 낮게 할수록 소매 폭은 넓어진다.

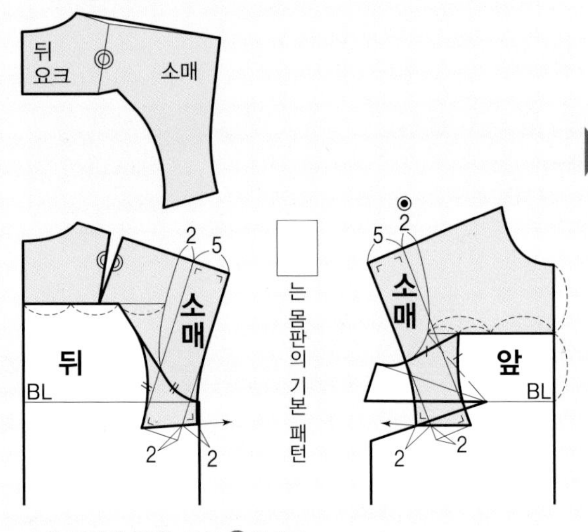

✻앞 몸판의 처리는 P.91 Ⓠ와 같다

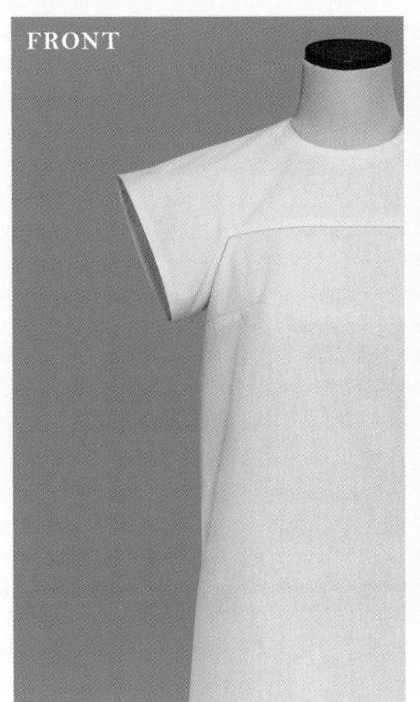

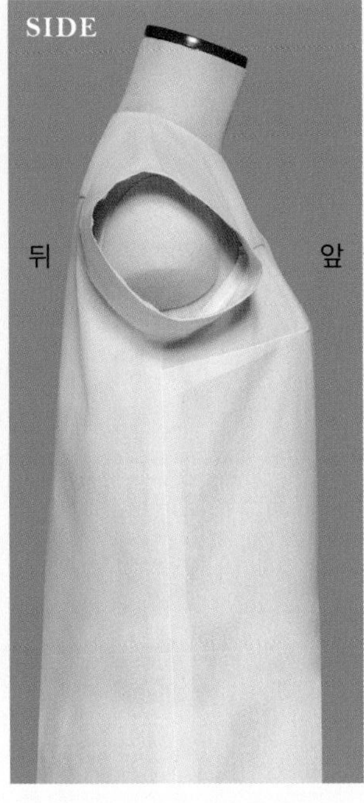

Ⓢ와 같은 패턴.
소매산을 낮게 설정했기 때문에 소매 폭이 넓어져 와이드한 느낌이 든다.

 → 몸판의 기본 패턴 만드는 법…P.180, 다트 위치…P.114

6교시 카무플라주 슬리브

— Camouflage sleeve —

슬리브리스 같은 몸판에
새로운 파트를 겹쳐 다른 표정으로 바꾸거나
이음선을 이용해 파트를 추가한 소매이다.
디자인 효과와 실용성을 겸한 응용 방법.

U 개더

슬리브리스 몸판에 겹쳐 다는 소매.
몸판의 목둘레와 평행으로
소매 다는 위치를 정하고
그 치수를 사용해 소매를 제도한다.

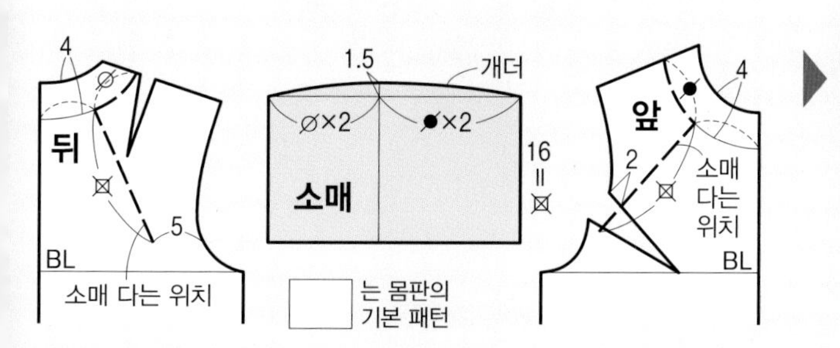

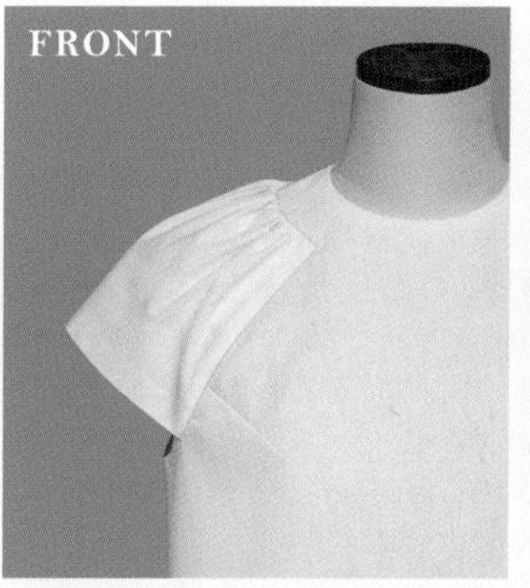

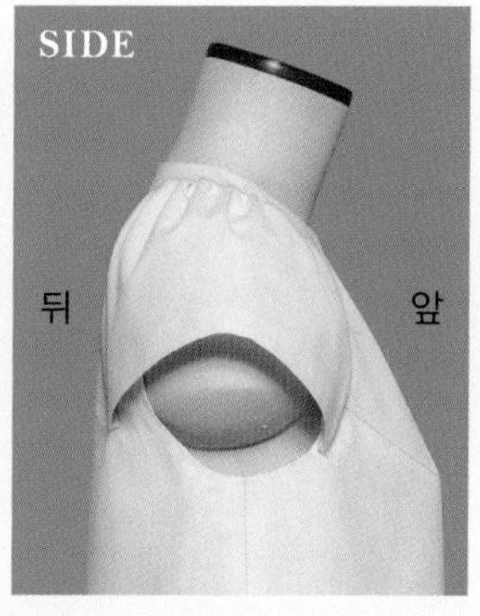

심플한 슬리브리스 몸판에 개더를 잡은 파트를 나중에 단다.
래글런풍의 퍼프 슬리브로.

V 플레어

이음선을 이용해 끼워 다는 소매. 겨드랑이 천의 이음선을
그리고, 앞은 AH 다트를 맞대어 앞뒤 소매를 그린다.
어깨선을 연장해 소매길이를 잡고 그 위치에서 직각으로,
그다음 완만한 곡선으로 소맷부리선을 그린다.
최종적으로 앞뒤 소매를 맞댄다.

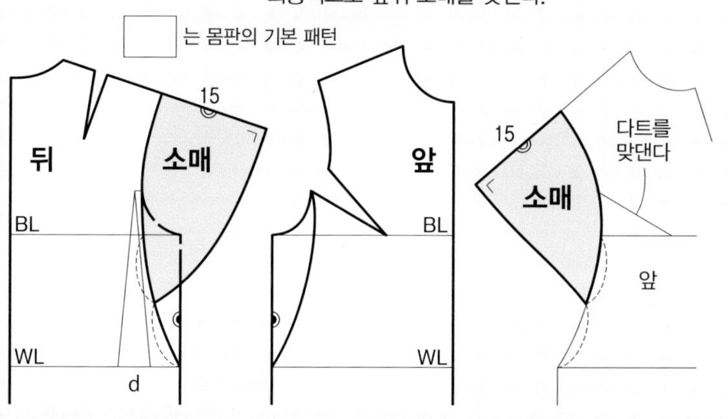

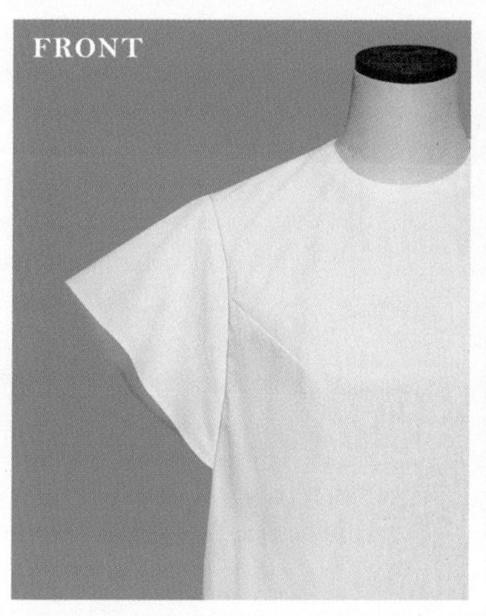

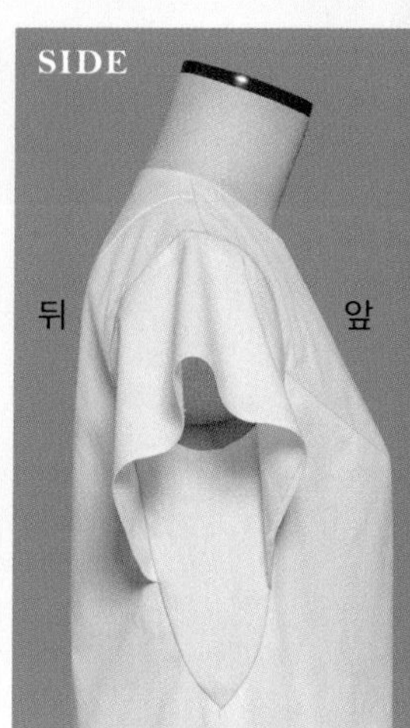

진동 둘레를 따라 진동 둘레 아랫부분에 이음선을 넣고 소매를 끼워 박는다.
쇼트 길이의 부드러운 플레어 타입. 소매 밑으로 겨드랑이 천이 보인다.

W 래글런

래글런 이음선을 이용한 소매.
래글런 선과 겨드랑이 천을 그리고, 앞은 AH 다트를
맞대어 앞뒤 소매를 그린다.
어깨선을 연장해 소매길이를 잡고 그 위치에서 직각으로,
그다음 완만한 곡선으로 소맷부리선을 그린다.
최종적으로 앞뒤 소매를 맞댄다.

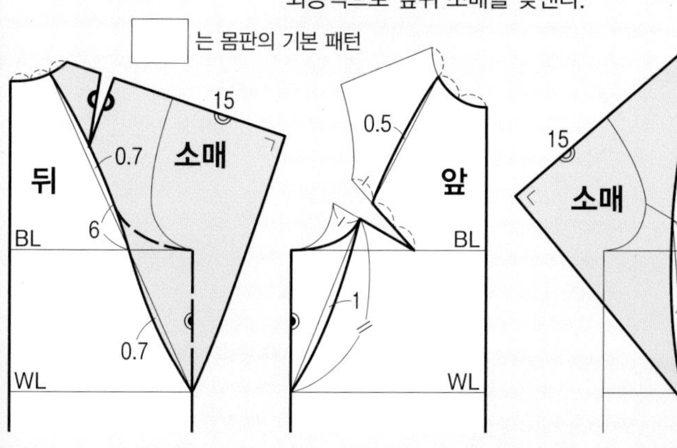

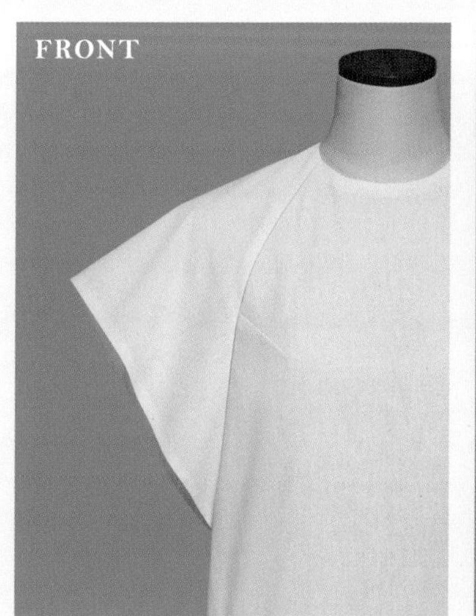

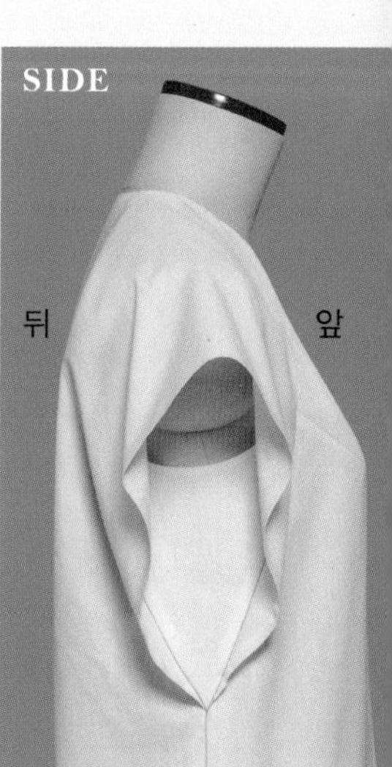

래글런 선을 따라 진동 둘레 아랫부분에 이음선을 넣고 소매를 끼워 박는다.
어깨부터 위팔을 덮는 프렌치풍의 쇼트 슬리브.

→ 몸판의 기본 패턴 만드는 법…P.180

7교시 프렌치 슬리브

— French sleeve —

어깨 끝을 덮는, 몸판에서 이어진 소매.
AH 다트를 다른 위치로 이동한 디자인에 사용한다.
소개한 예는 몸판의 기본 패턴을 사용해 다트를 옆으로 이동.
또 프릴을 달아 프렌치 소매풍으로 보이게 한 응용 방법도 소개하였다.

X 곡선형

몸판의 어깨선을 연장해 어깨 끝을 조금 떨어뜨려 그곳에서 직각으로, 그다음 곡선을 그려 원래의 진동 둘레선에 연결한다.

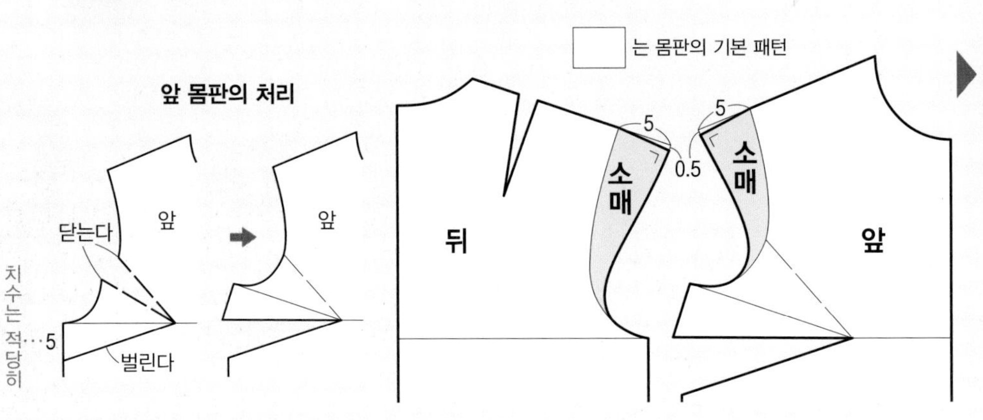

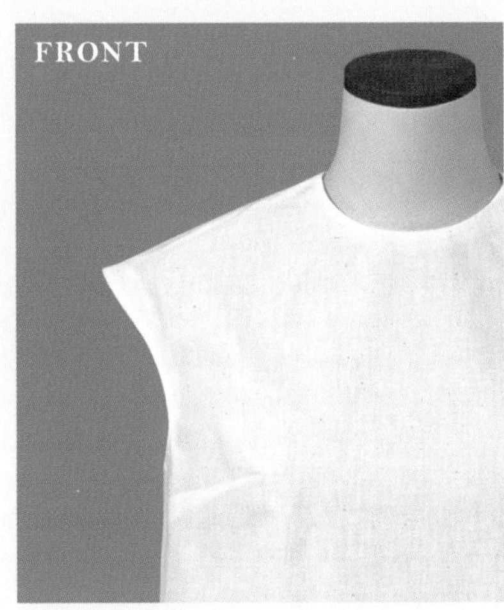

소맷부리는 곡선형. 어깨 끝을 약간 커버한다.

Y 직선형

몸판의 어깨선을 연장해 그곳에서 직각으로, 그다음 완만한 곡선으로 진동 둘레 아랫점에 연결한다.

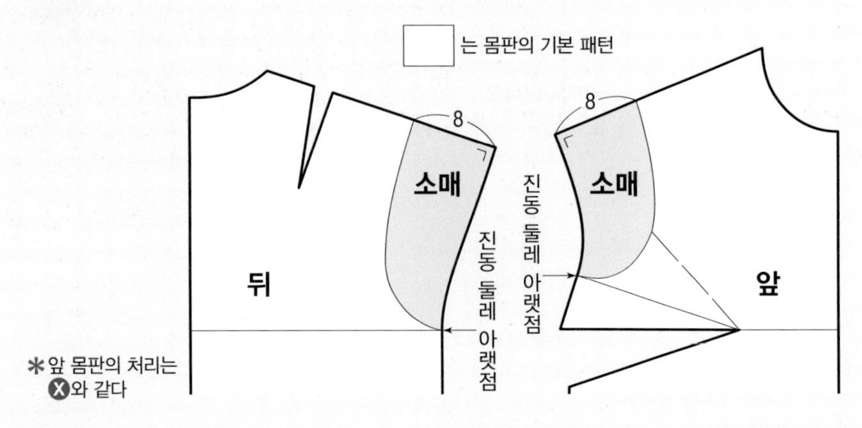

*앞 몸판의 처리는 X와 같다

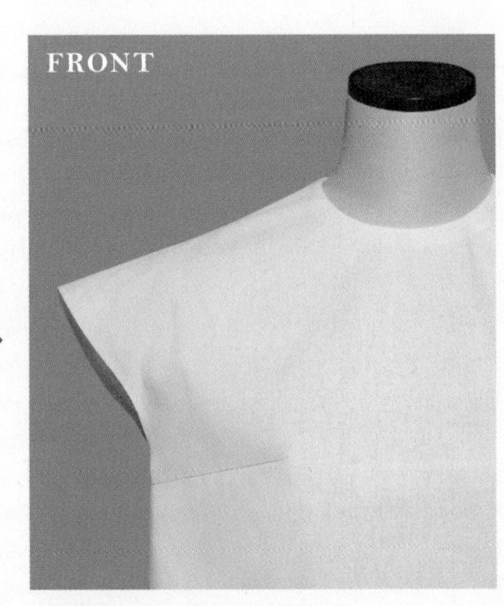

소맷부리는 직선적. 어깨 끝을 약간 커버한다.

Z 프릴 추가

앞뒤 각각 진동 둘레 아랫점에서 AH 치수의 $\frac{1}{4}$ 위치를 소매 다는 끝으로 설정. 프릴은 남은 AH 치수의 1.5배 길이로 모서리를 둥글게 제도한다.

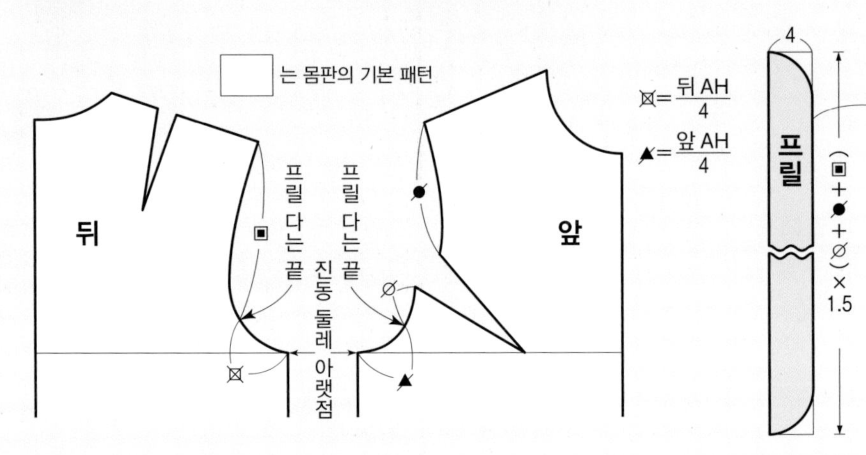

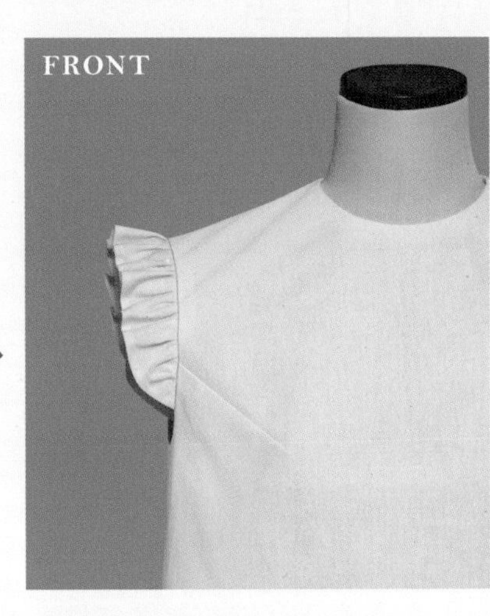

다른 파트를 진동 둘레에 단 프렌치풍.
개더를 더해 조금 귀엽게.

 → 몸판의 기본 패턴 만드는 법…P.180, 다트 위치…P.114

8 교시

슬리브리스

— Sleeveless —

소매를 달지 않은, 어깨 끝부터 팔이 보이는 디자인. 모양에 따라 표정이 다양하다.
몸판의 기본 패턴으로 설명하지만 이 진동 둘레에 가까운 모든 디자인에 응용 가능하다.
소개한 예의 제도는 AH 다트가 있는 경우. 다트를 일시적으로 맞대어
진동 둘레를 그린 뒤 다트로 사용한다. 사진은 겨드랑이로 이동한 경우.

a 얕은 형

진동 둘레 아랫점이 팔이 붙어 있는 부분에 가깝고 겨드랑이 아래가 감춰진다. 여유는 적다.
옆선을 위로 3cm 연장해 진동 둘레선을 다시 그린다.

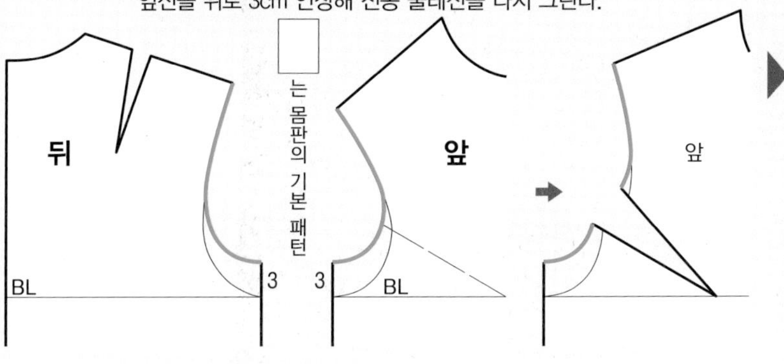

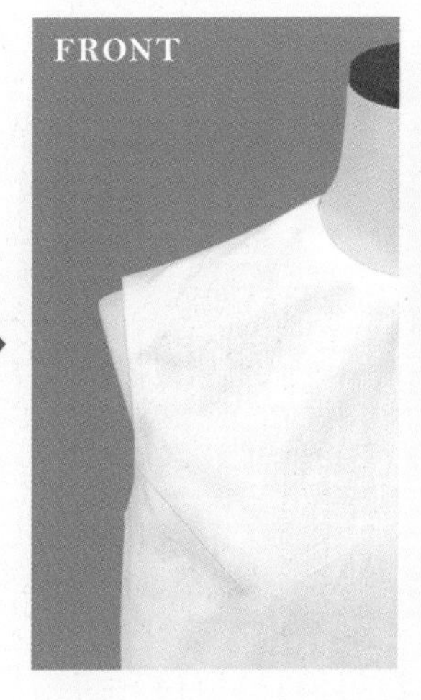

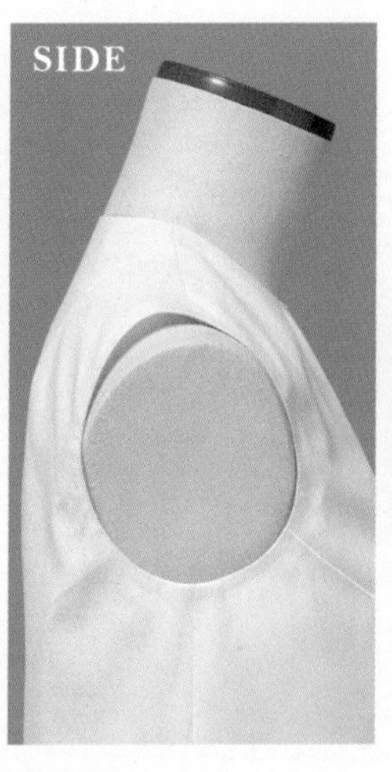

1장으로 입을 수 있으며 단정하고 피트감이 있다.

b 깊은 형

진동 둘레의 여유가 많고 릴랙스한 느낌이 있다.
옆선을 3cm 잘라 진동 둘레선을 다시 그린다.

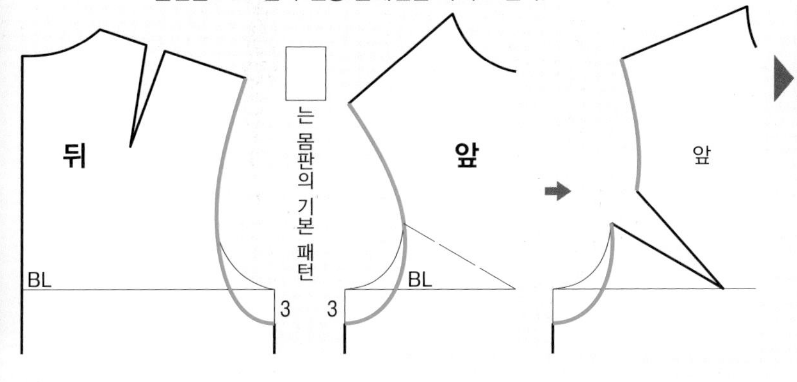

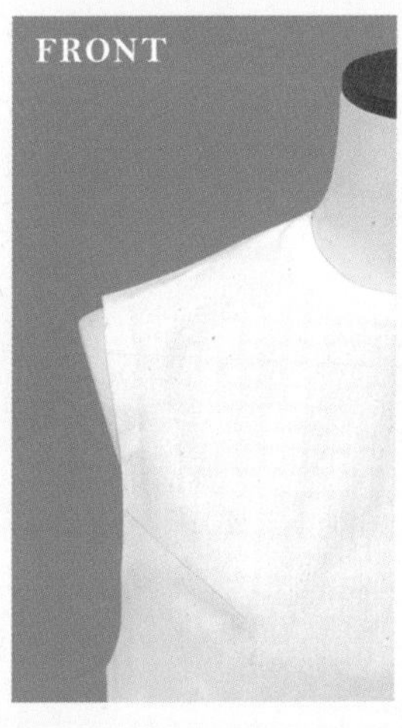

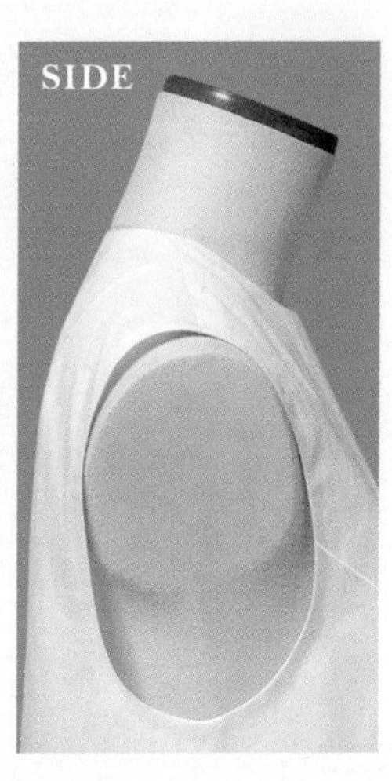

루스한 느낌이 있는 타입. 이너 웨어가 필요.

c 아메리칸 슬리브

어깨 다트를 목둘레로 이동. 어깨 끝을 잘라 진동 둘레를 다시 그린다.
1장으로 입을 때를 염두에 두면 a와 같이 진동 둘레 아랫점을 올린다.

뒤 몸판의 처리

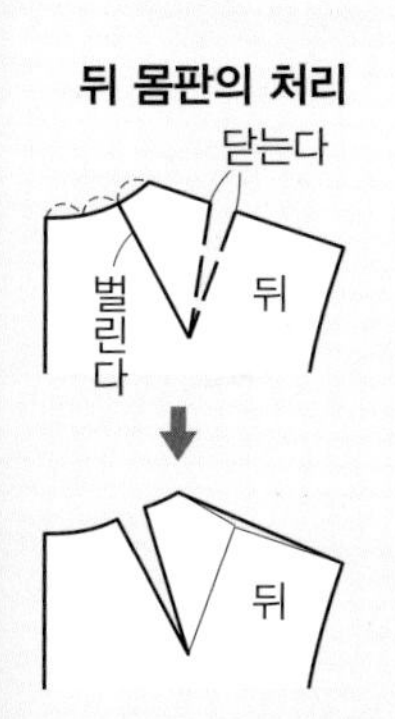

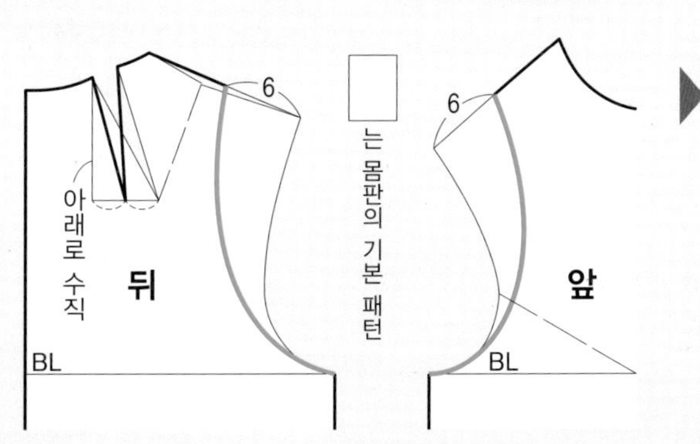

＊앞 몸판의 처리는 위와 같다

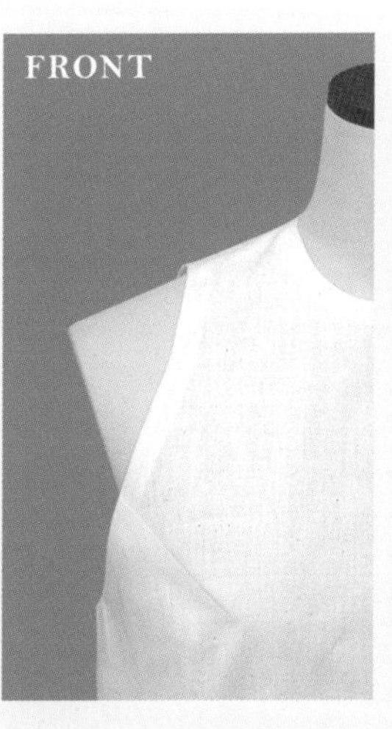

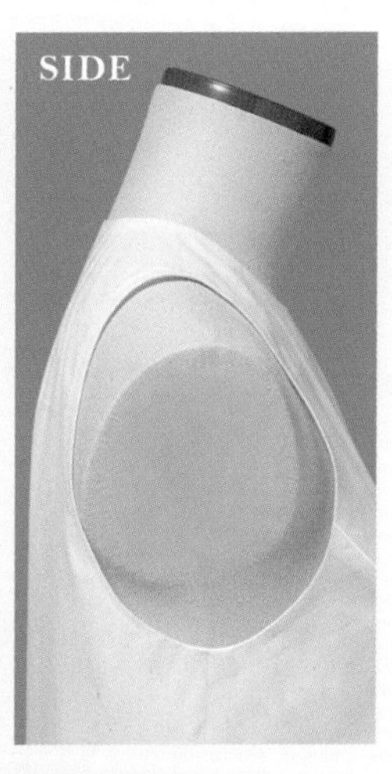

어깨가 보이는 비스듬한 라인이 샤프한 느낌.

소매

X Y Z a b c

→ 몸판의 기본 패턴 만드는 법…P.180, 다트 위치…P.114, 진동 둘레 마무리 종류…P.126

칼라 패턴

→P.98

스탠드 칼라

— Stand collar —

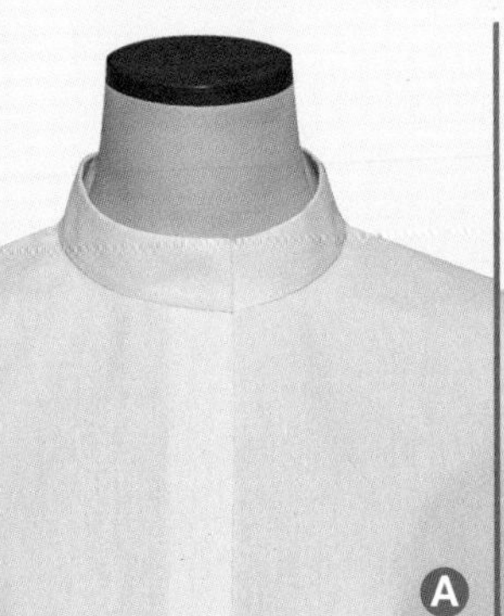

→P.99

칼라 밴드 달린 셔츠 칼라

— Shirt collar —

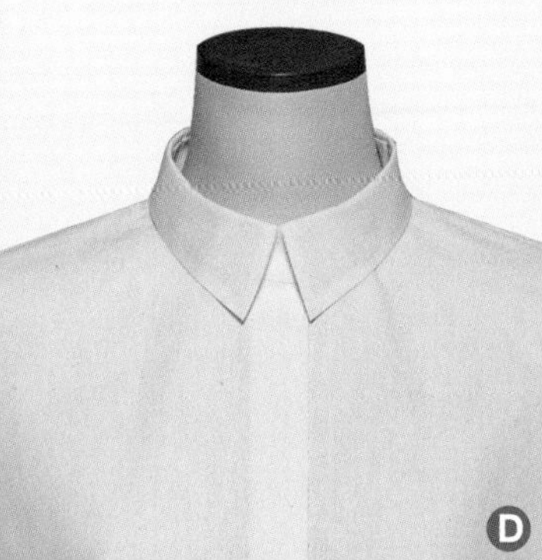

→P.100

셔츠 칼라

— Shirt collar —

→P.101

플랫 칼라

— Flat collar —

→P.103

보 칼라

— Bow collar —

칼라는 목 주위에 붙어 있는 부분.
이 책에서는 칼라리스도 디자인의 하나로 분류해 다양한 변형을 설명하였다.
여기서는 9종류, 모두 29가지 디자인을 소개한다. 설명의 편의상 몸판은 모두 기본 패턴을 사용한다.
대부분의 디자인은 앞 중심과 SNP에서 목둘레를 크게 하여 여유를 적절히 확보하고,
만들고 싶은 디자인으로 몸판을 완성한 뒤 칼라를 제도한다.
칼라와 몸판의 대응표는 P.130에 게재.

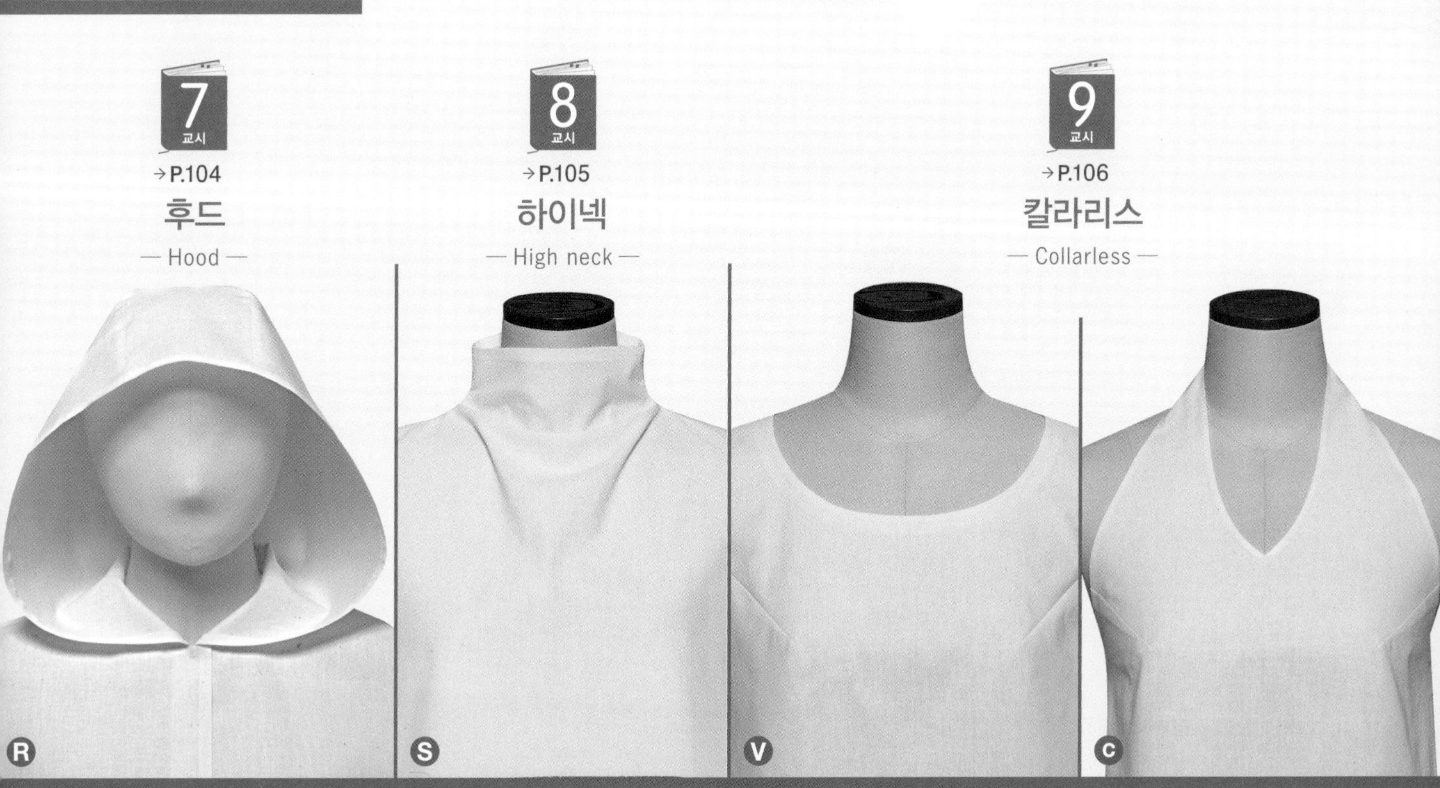

스탠드 칼라

— Stand collar —

네크라인에서 목 쪽으로 붙어 세워진 직사각형에 가까운 칼라.
칼라 폭, 앞 중심의 경사 치수, 칼라 끝 모양에 따라 표정이 달라진다.
같은 칼라 폭으로 칼라 끝 위치와 경사 차이를 소개한다.
칼라 끝이 수직으로 보이도록 앞 중심에서 0.5cm 비스듬히 자른다.

A 앞 끝까지(경사 적게)

스탠드 칼라의 기본형.
목둘레 치수를 수평선상에 두고, 앞 중심에서 1cm 올려 경사지게 한 뒤
완만한 곡선으로 칼라 달림선과 위 끝선을 그린다. 앞 중심에서 앞 끝까지 평행으로 추가한다.

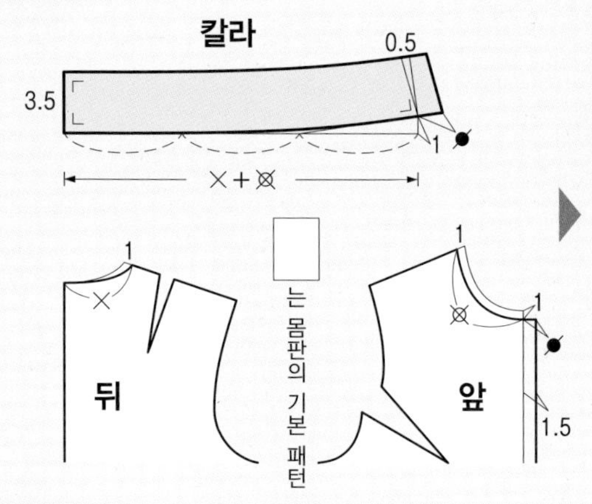

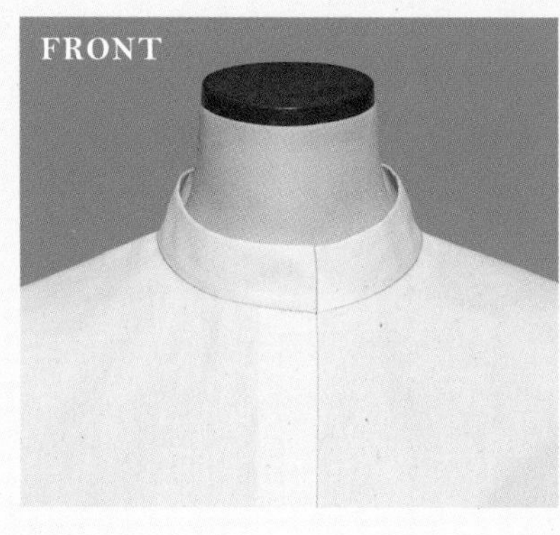

수직에 가깝게 세워지고 목 쪽으로 조금 붙는다. 목 주위의 여유가 적당히 확보된다.

B 앞 중심까지(경사 중간)

앞 중심에서 3cm 올려 경사지게 하고 A와 같은 방법으로 제도한다.
경사가 급해져서 칼라 달림선이 길어지므로 치수를 확인해 뒤 중심에서 수정한디.

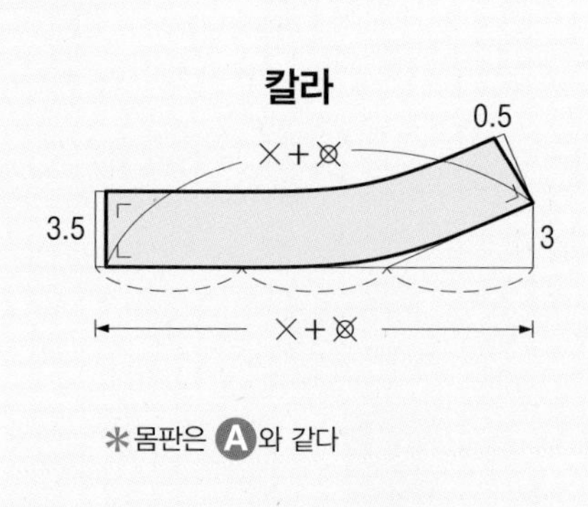

*몸판은 A와 같다

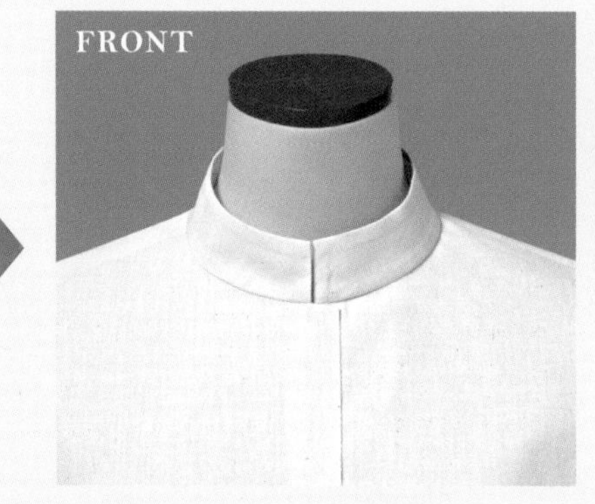

칼라의 앞 끝이 앞 중심까지 오는 디자인. A보다 칼라가 목 쪽으로 붙고, 목 주위의 여유도 조금 있다.

C 앞 중심까지(경사 많게)

앞 중심에서 8.5cm 올려 경사지게 한다. 이 경사 치수가 최대.
칼라 달림 치수와 오차가 커지기 때문에
미리 수평선상에서 빼두고, 달림 치수를 확인해 뒤 중심에서 수정한다.
칼라 폭을 넓힐 경우 목 주위가 답답하지 않도록 경사 치수를 적게 한다.

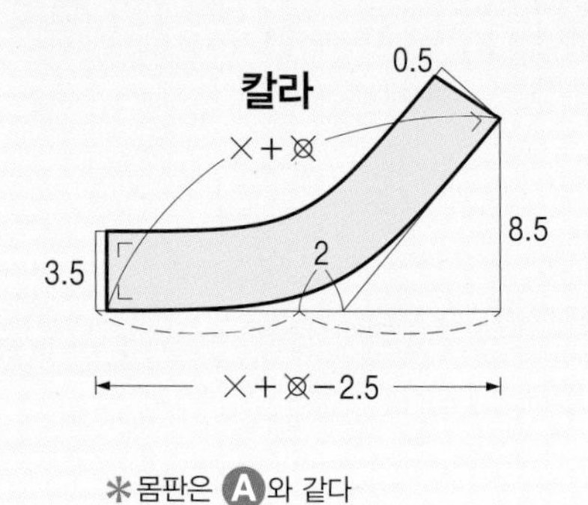

*몸판은 A와 같다

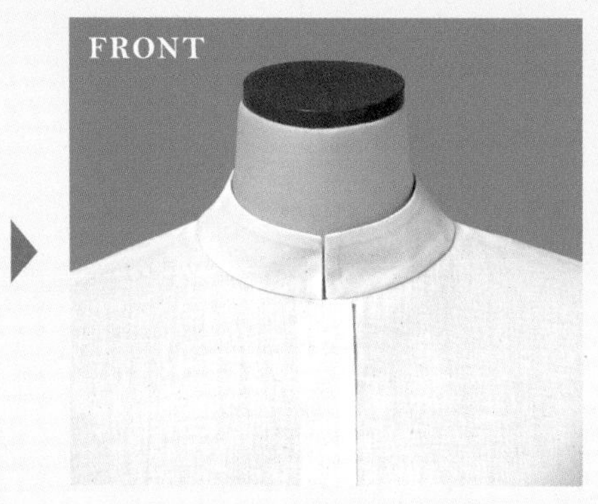

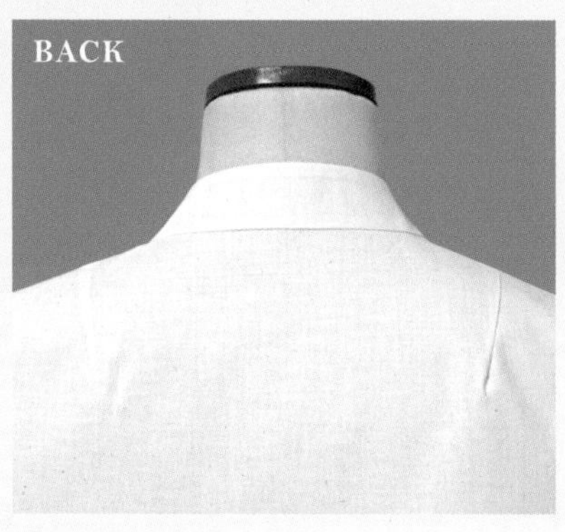

앞 중심까지 오는 디자인. 목 쪽으로 꽤 많이 붙고 목 주위의 여유는 최소.

 → 몸판의 기본 패턴 만드는 법…P.180

칼라 밴드 달린 셔츠 칼라

— Shirt collar —

셔츠 칼라의 일종으로, 좀 더 목 쪽에 붙이기 위해 위 칼라와 칼라 밴드로 이어 맞춘 칼라. 몸판에 스탠드 칼라와 같은 칼라 밴드를 달고, 그 위쪽에 위 칼라를 단다.

D 기본형(경사 적게)

칼라 밴드 달린 셔츠 칼라의 기본형. 몸판의 목둘레 치수를 토대로 칼라 밴드를 그리고, 이 칼라 밴드를 토대로 다시 위 칼라를 제도한다. 앞 중심의 경사 치수는 1.5cm. 위 칼라와 칼라 밴드의 뒤 중심 간격은 2.5cm. 이음선의 치수 차이는 위 칼라의 뒤 중심에서 수정한다.

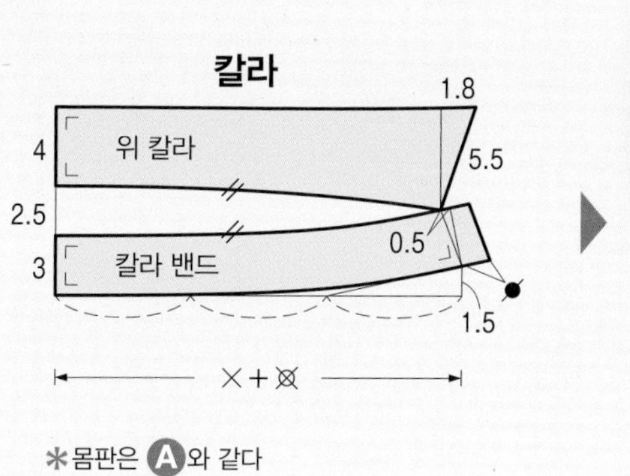

＊몸판은 A와 같다

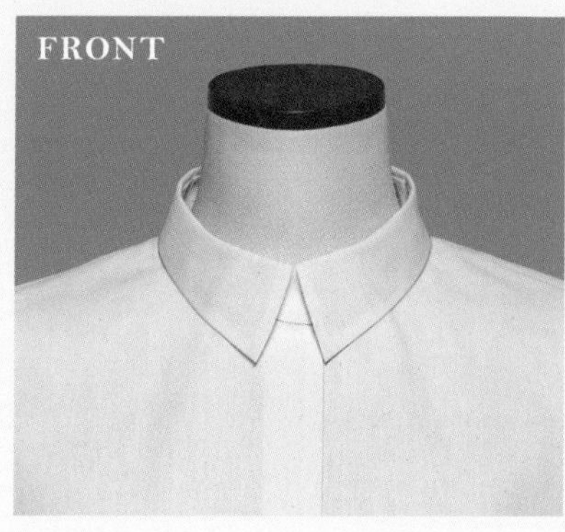

직선적으로 세워지고 목 주위의 여유는 많다. 샤프하고 매니시한 인상.

E 기본형(경사 많게)

D와 같이 제도한다.
앞 중심의 경사 치수는 3cm. 위 칼라와 칼라 밴드의 뒤 중심 간격은 7cm.
몸판 목둘레와 치수 차이는 칼라 밴드의 뒤 중심에서, 이음선의 치수 차이는 위 칼라의 뒤 중심에서 수정한다.

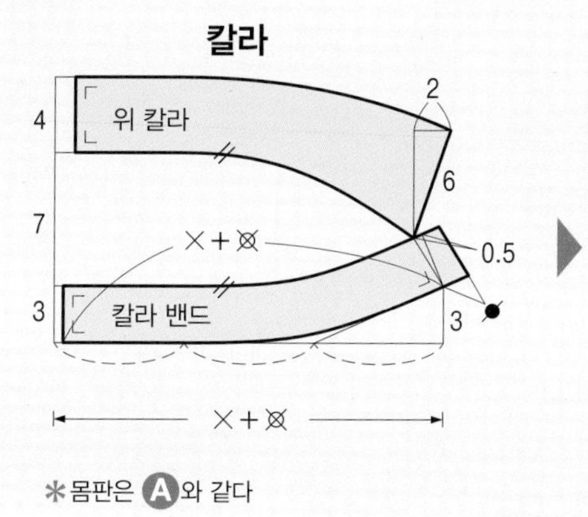

＊몸판은 A와 같다

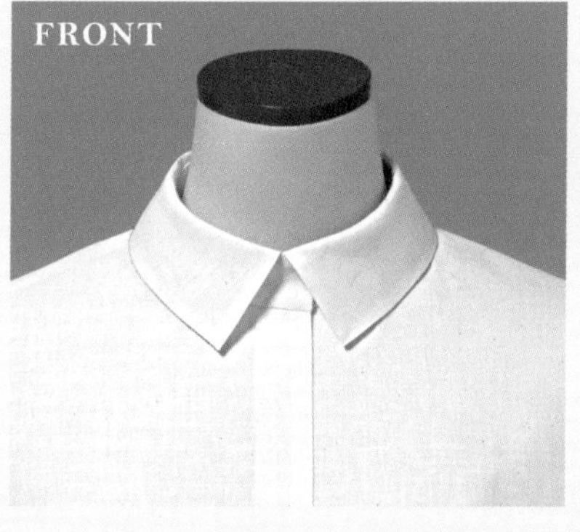

이음선의 치수가 짧아지기 때문에 D보다 목 쪽으로 붙는 디자인이다. 목 주위의 여유는 표준이다.

F 뒤트임

E의 뒤트임 버전.
몸판의 목둘레 치수를 토대로 칼라 밴드를 그리고, 이 칼라 밴드를 토대로 다시 위 칼라를 제도한다.
몸판 목둘레와 치수 차이는 칼라 밴드의 앞 중심에서, 이음선의 치수 차이는 위 칼라의 앞 중심에서 수정한다.

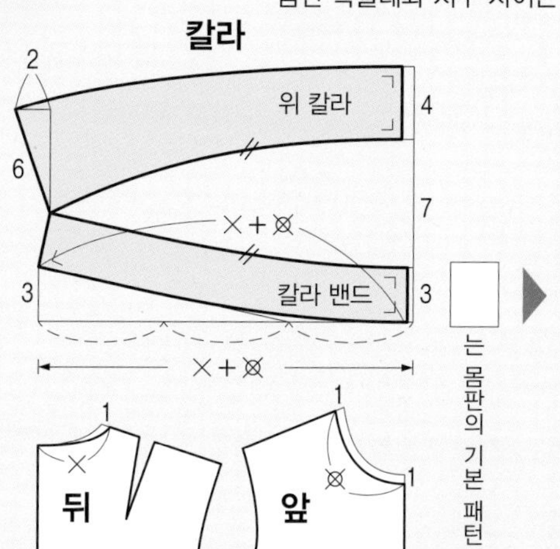

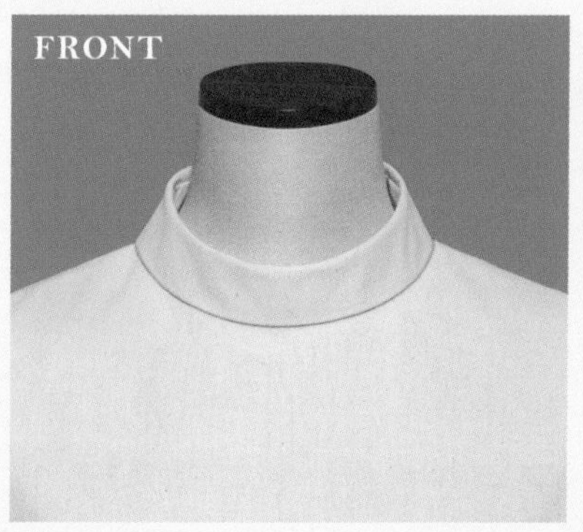

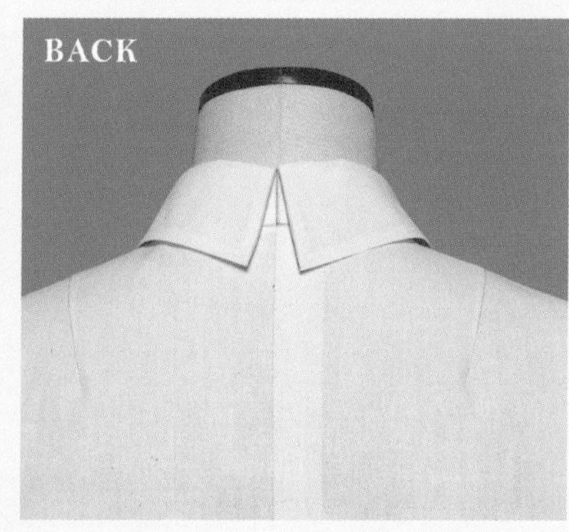

앞뒤를 바꾼 칼라 디자인으로, 앞모습은 롤 칼라풍.

→ 몸판의 기본 패턴 만드는 법…P.180

셔츠 칼라

— Shirt collar —

몸판의 목둘레에서 세워 접는 칼라.
칼라 폭, 칼라 허리의 높이, 칼라 끝 모양에 따라 표정이 달라진다.
뒤 칼라 폭이 같은 3가지 타입을 소개한다.

G 기본형

뒤 칼라 폭, 칼라 허리의 높이, 칼라 끝 모양이 모두 표준적인 셔츠 칼라의 기본형.
뒤 중심의 올림 치수(2.5cm)를 결정하고, 몸판의 목둘레 치수를 토대로 제도한다.

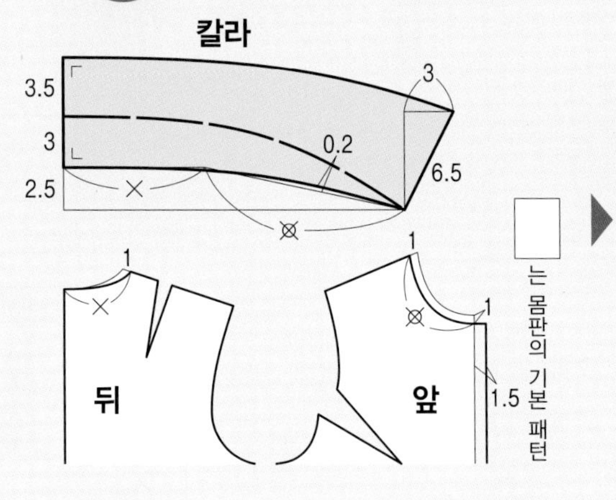

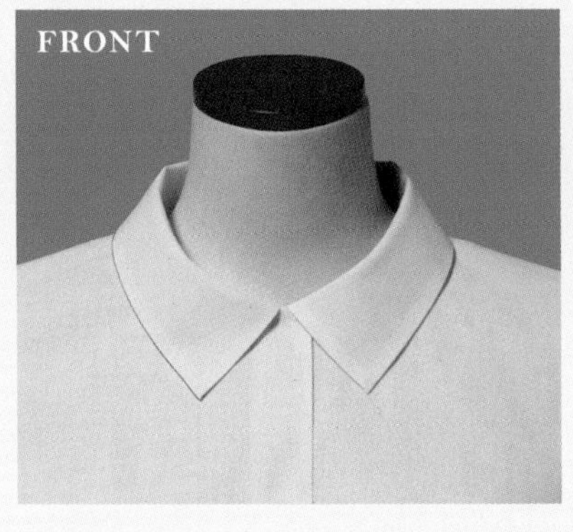

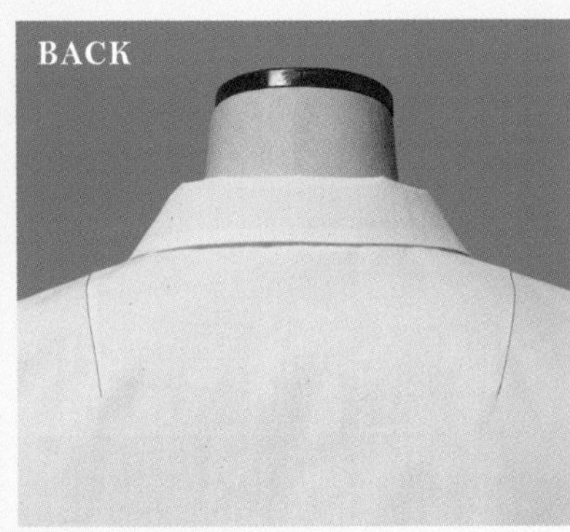

뒤 칼라를 세워 앞 중심까지 경사가 가파르고, 스포티한 분위기.

H 곡선형

셔츠 칼라로는 적은(최소는 1cm) 칼라 허리로, 칼라 끝을 둥글린 소프트 타입.
뒤 중심의 올림 치수(7cm)를 결정하고, 몸판의 목둘레 치수를 토대로 제도한다.
칼라 허리를 낮추면 뒤 칼라가 세워지지 않기 때문에, 칼라 외곽 치수가 많이 필요하다.
뒤 중심의 올림 치수를 늘려 이 치수를 획보하고, 곡선을 가파르게 했다.

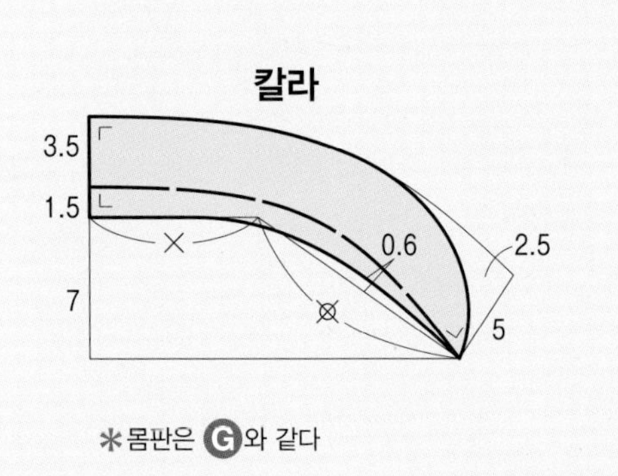

*몸판은 G와 같다

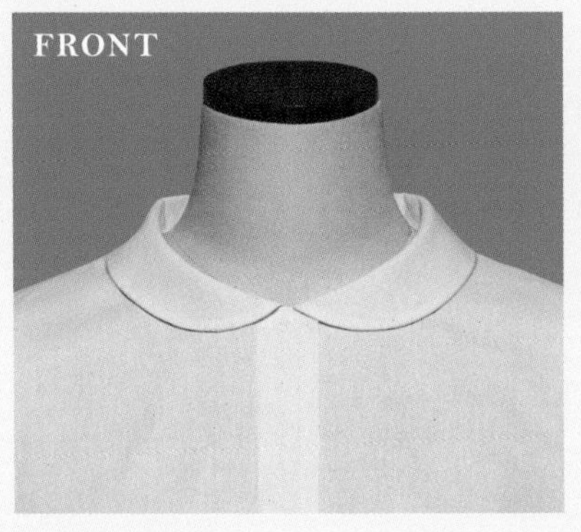

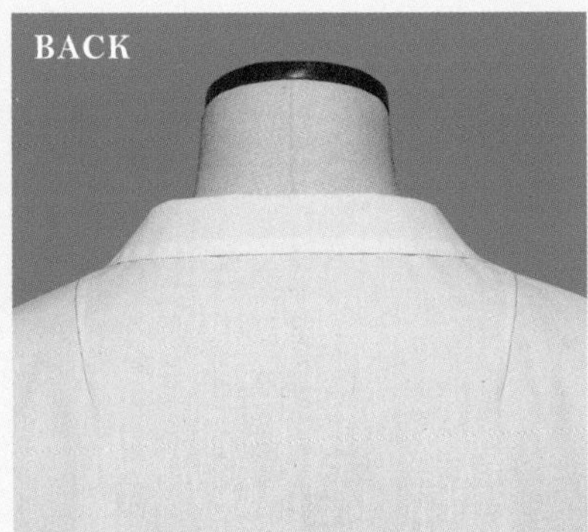

칼라 허리가 낮아 칼라가 눕는다. 플랫 칼라에 가까운 모양으로 부드러운 이미지.

I 오픈 칼라

꺾임선을 앞 중심에서 띄워 몸판과 연결하고, 접어 입는 것을 전제로 한 캐주얼 칼라.
앞 몸판에 꺾임선을 그리고, 이 치수를 토대로 제도한다.
칼라 외곽을 수평으로 하면, 이 위치를 골선으로 만드는 것도 가능하다.

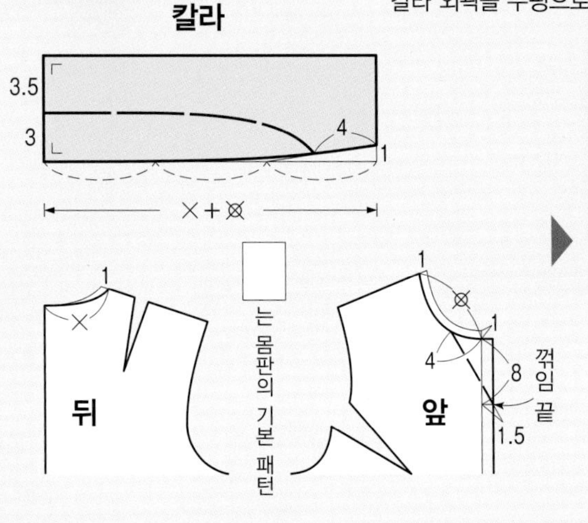

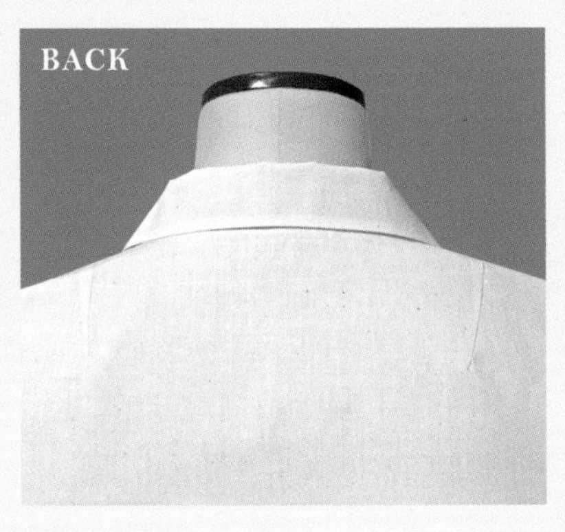

꺾임 끝부터 앞을 벌리기 때문에 칼라 외곽이 저절로 자리 잡는다.

 → 몸판의 기본 패턴 만드는 법…P.180, 목둘레 차이에 따른 비교…P.117

플랫 칼라

— Flat collar —

입체적이지 않고 평면적. 칼라 허리가 너무 낮아 거의 평평하게 꺾이는 칼라.
칼라 폭이나 칼라 끝 모양은 자유롭게 변경이 가능하다.
여기서는 대표적인 2종류의 디자인을 소개한다.

J 기본형

앞뒤 몸판의 어깨선을 겹쳐서 베끼고, 뒤 중심의 목둘레에서
0.5cm 낸 뒤, 앞 중심에서 0이 되도록 칼라 달림선을 그린다.
몸판의 목둘레선보다 전체에서 약 0.5cm 짧아지므로
이 부족분을 칼라를 달 때 늘이면서 박으면
작은 칼라 허리를 예쁘게 세울 수 있다.

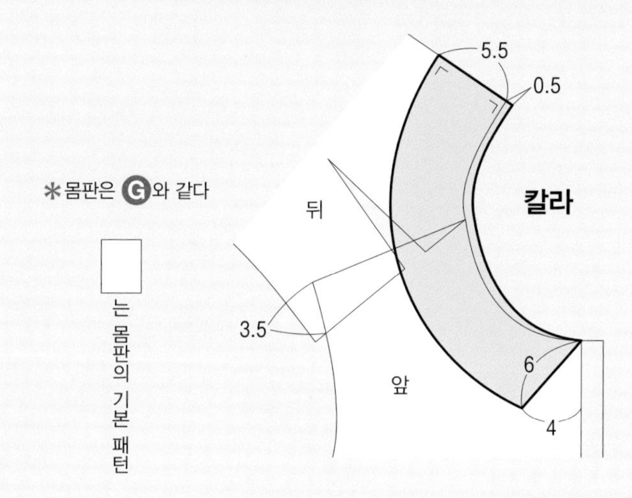

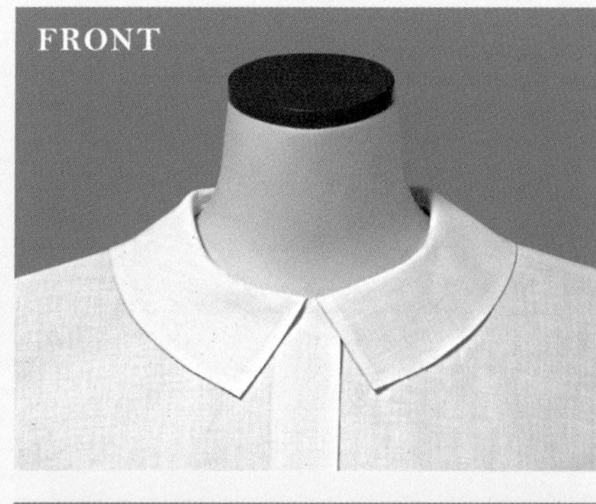

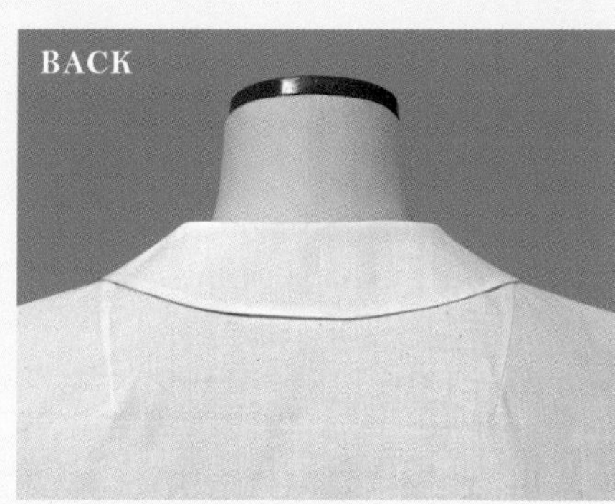

기본 플랫 칼라. 어깨선을 겹쳐서 제도하기 때문에
칼라 외곽이 짧아져 작은 칼라 허리가 생긴다.

K 세일러형

앞 몸판의 V 네크라인을 결정하고
앞뒤 어깨선을 겹쳐서 베낀 뒤
칼라를 제도한다.
V넥의 깊이나 칼라 폭,
칼라 외곽의 모양에 따라
이미지가 달라진다.

는 몸판의 기본 패턴

뒤 앞 1 1 0.8 12 1.5

15.5 11 0.5 칼라 뒤 10 1.5 앞 1.5

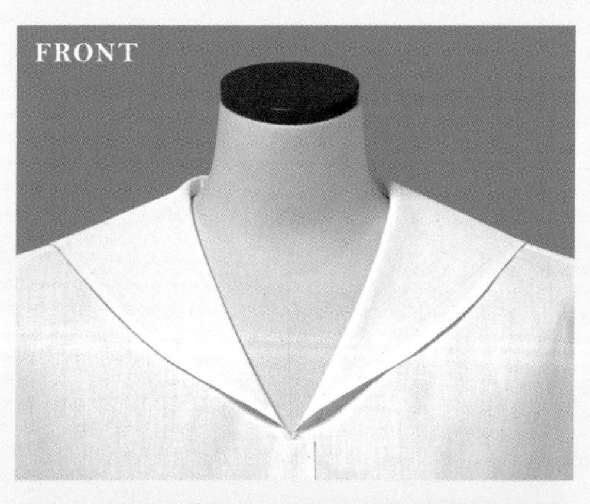

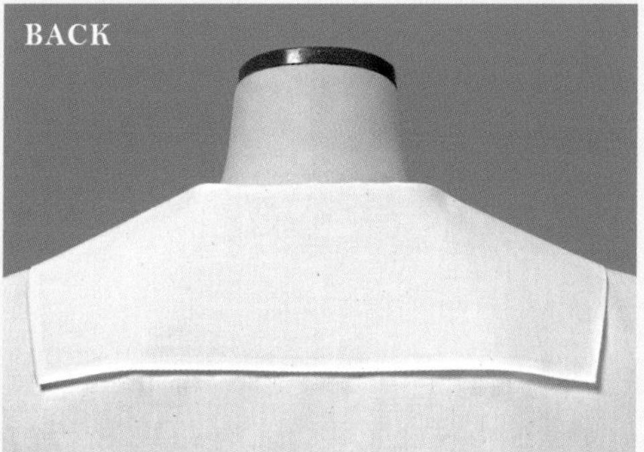

표준적인 세일러 칼라. 뒤 중심에서 작은 칼라 허리가 생
기고 칼라 폭은 넓다. 앞의 칼라 외곽은 완만한 곡선.

→ 몸판의 기본 패턴 만드는 법…P.180

5교시 롤 칼라
— Roll collar —

목 주위를 감싸듯 접은 칼라. 올 방향은 바이어스로.
네크라인의 깊이나 칼라 폭의 변화로 변형이 자유롭다.
대표적인 디자인은 원통형. 옆이나 뒤에 적당히 슬릿을 만들어
악센트를 주는 경우도 많다. 트임은 적당히.

L 원통형

목둘레 치수를 수평선상에 두고, 세우는 치수를 결정해 직사각형을 그린다.

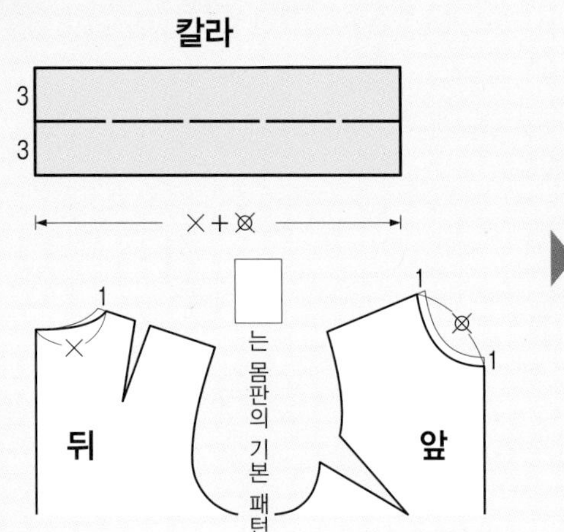

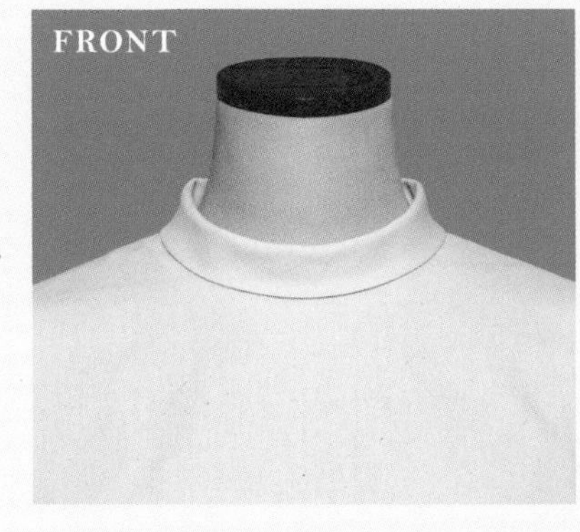

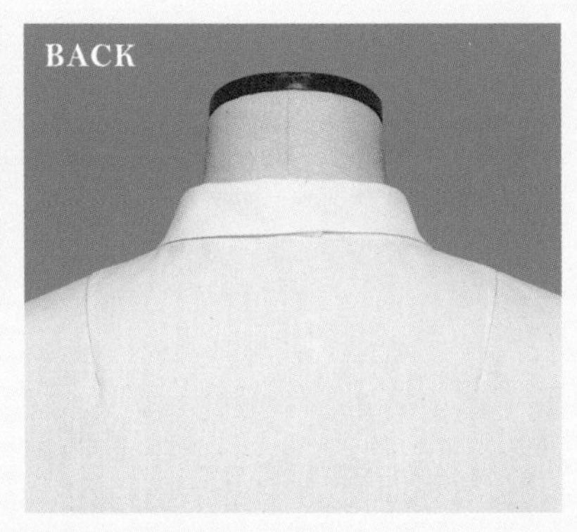

세로로 긴 원통형의 칼라를 2겹으로 접어 착용하는 심플한 터틀넥 타입.

M 옆 슬릿

앞뒤 각각 목둘레 치수를 수평선상에 두고, 옆에서 1cm 내려
경사지게 한 뒤, 완만한 곡선으로 칼라 달림선을 그리고, 이 선과 직각으로
세우는 치수를 잡는다. 꺾임선은 칼라 달림선에 평행.
다시 칼라 외곽을 그리고, 앞뒤가 겹치지 않도록 1cm씩 칼라 끝을 자른다.

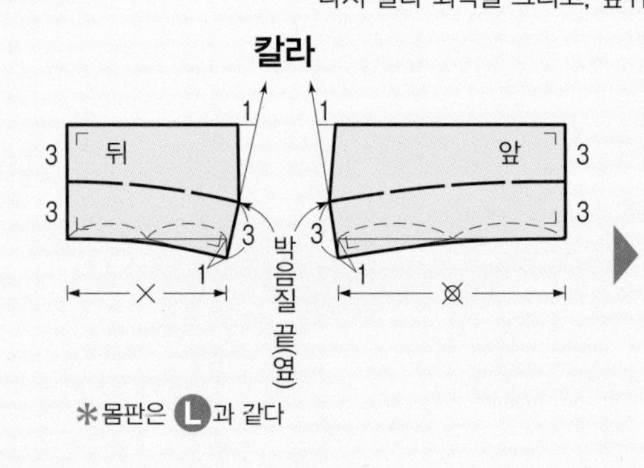

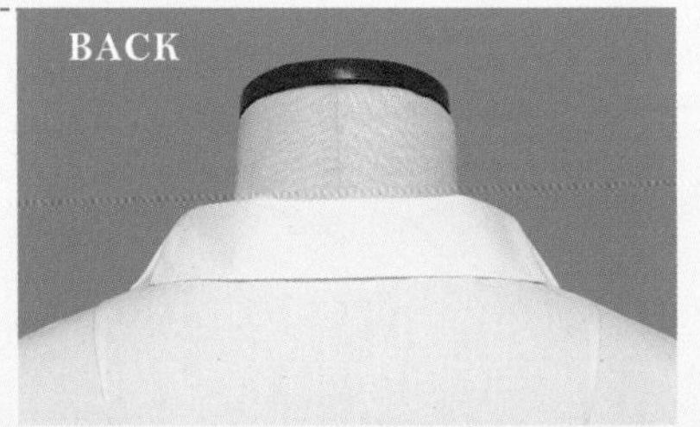

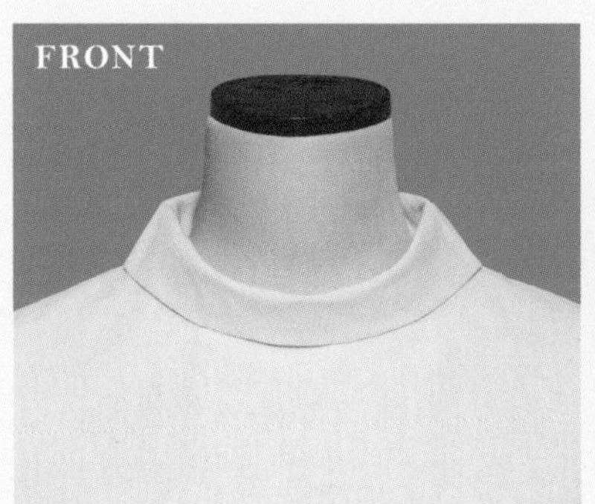

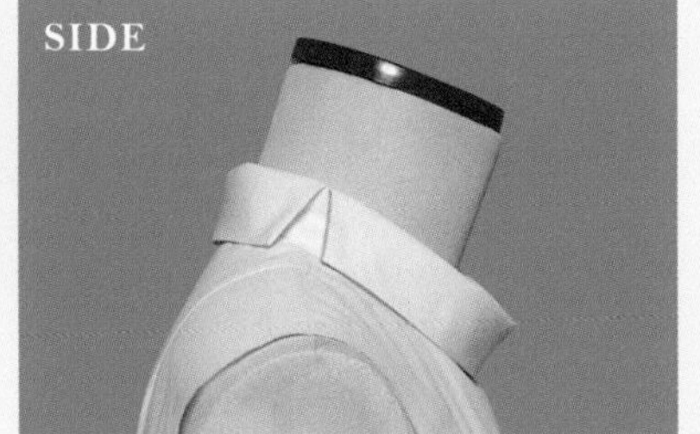

양옆으로 악센트를 준 개성파. 디자인의 포인트 효과가 커진다.

N 뒤 슬릿

목둘레 치수를 수평선상에 두고, 뒤 중심에서 1cm 내려 경사지게 한 뒤, 완만한 곡선으로 칼라 달림선을 그리고,
이 선과 직각으로 세우는 치수를 잡는다. 꺾임선은 칼라 달림선에 평행으로 그린다.
다시 칼라 외곽을 그리고, 좌우가 겹치지 않도록 1cm씩 칼라 끝을 자른다.

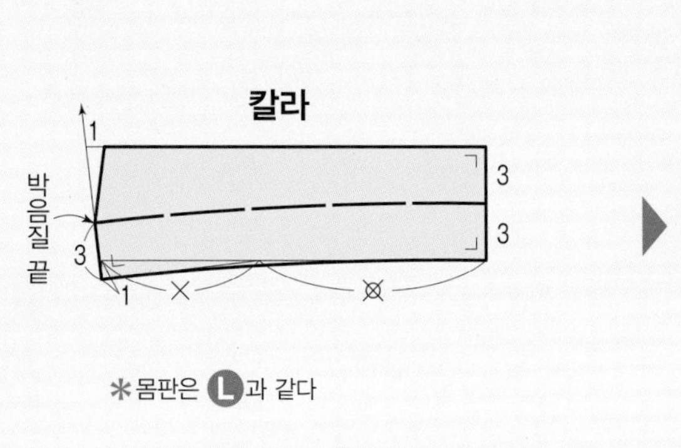

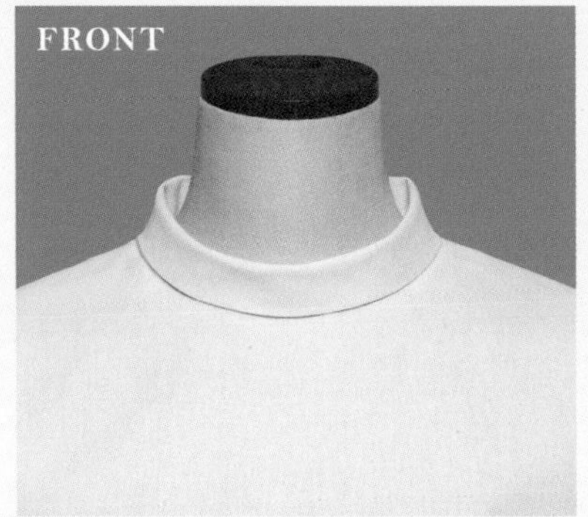

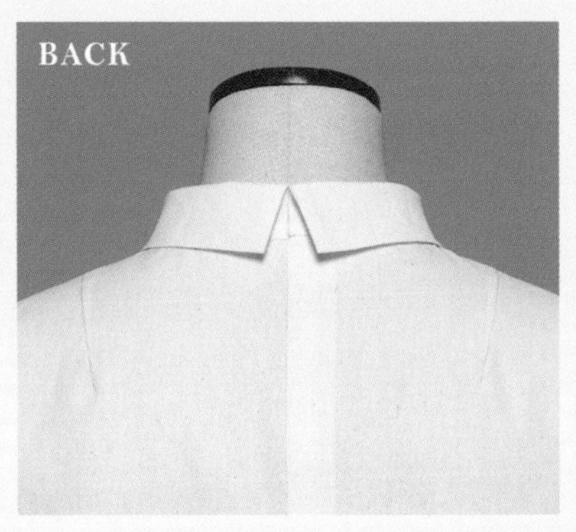

뒤 중심에 악센트를 준 롤 칼라. 앞뒤를 반대로 하는 응용도 가능.

 → 몸판의 기본 패턴 만드는 법…P.180

보 칼라

— Bow collar —

목둘레에 직사각형의 파트를 달고, 다양한 모양으로 묶어 표정을 만든 칼라.
대표적인 것이 나비매듭. 그 밖에도 좁은 것은 넥타이풍,
넓은 것은 스카프풍으로 감는 등 여러 가지 방법으로 응용할 수 있다.
플레인 보뿐만 아니라 디자인을 가미한 스타일도 매력 있다.

O 직사각형 타입

가장 심플한 모양. 몸판에 칼라 다는 끝을
결정하고, 칼라 달림 치수에
보의 길이를 더해 직사각형을 그린다.
칼라 다는 끝을 앞 중심에서 띄우는 것은
보 매듭이 예쁘게 자리 잡도록 하기 위하여.
칼라 폭과 길이는 자유.
기본적으로는 비례한다.

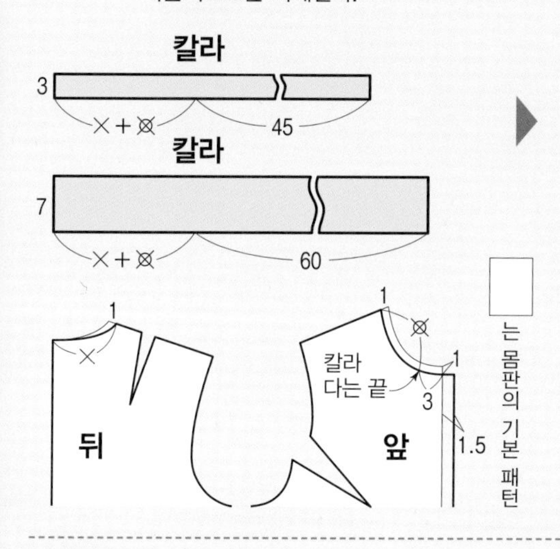

□는 몸판의 기본 패턴

좁고 짧은 보는 콤팩트한 나비매듭으로.

조금 넓고 길게 하면 볼륨이 커진다.

P 하이넥+보

독립된 보가 아니라
이음선이나 네크라인을 이용해
디자인성을 가미한 응용 스타일.
앞 몸판은 미리 다트를 목둘레로 이동.
앞뒤 중심과 SNP에서 세우는 치수를 결정하고
뒤는 칼라 위 끝선을 그려 어깨선을 완만하게 그린다.
앞은 비스듬한 이음선을 넣고, 칼라 위 끝선에서
연결해 보를 그린 뒤 어깨선을 완만하게 그린다.

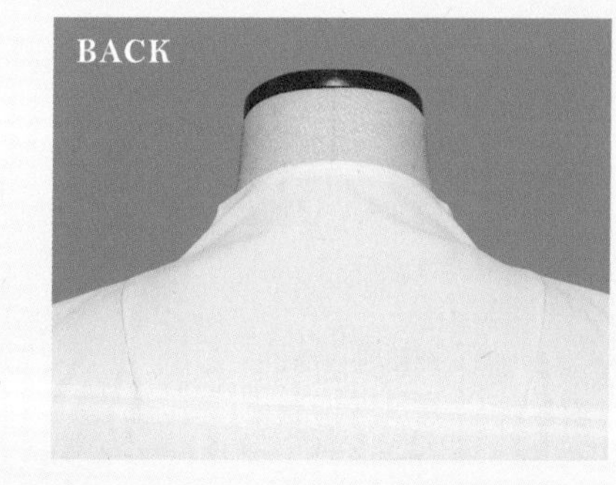

앞 몸판의 처리

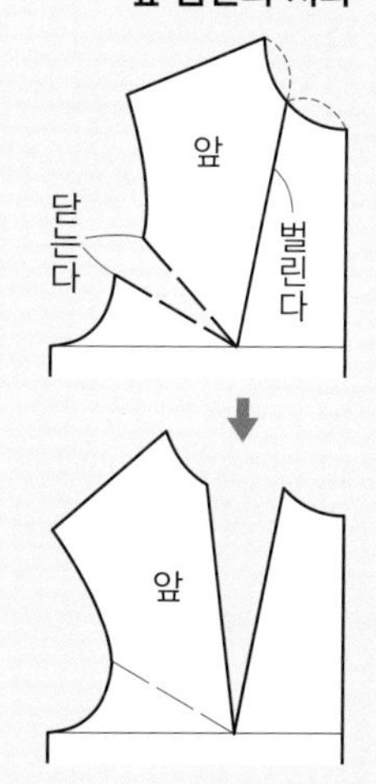

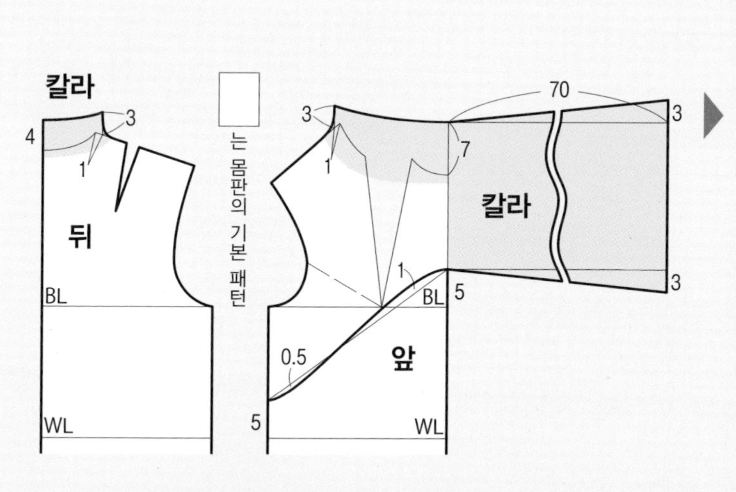

□는 몸판의 기본 패턴

악센트 효과가 크다. 몸판에서 이어진
넓은 보가 존재감 있게 보이는 개성파.

→ 몸판의 기본 패턴 만드는 법…P.180

7교시 후드 — Hood —

목둘레에 붙여서 머리에 덮어쓰는 쓰개의 일종.
스포티한 느낌을 더해 디자인 효과를 내는 역할뿐만 아니라
아이템에 따라서 방수나 방한의 목적으로도 사용된다.

Q 미니 후드

실용성보다 악센트 효과를 중시.
겉모습이나 균형을 고려한 디자인 포인트용으로, 덮어쓰지는 못하는 미니 후드.
모양은 중심에 이음선을 넣은 정통적인 스타일.
몸판의 목둘레 치수, 후드 길이, 후드 폭을 사용해 외형을 그리고,
정수리 모서리를 완만한 곡선으로 한다.

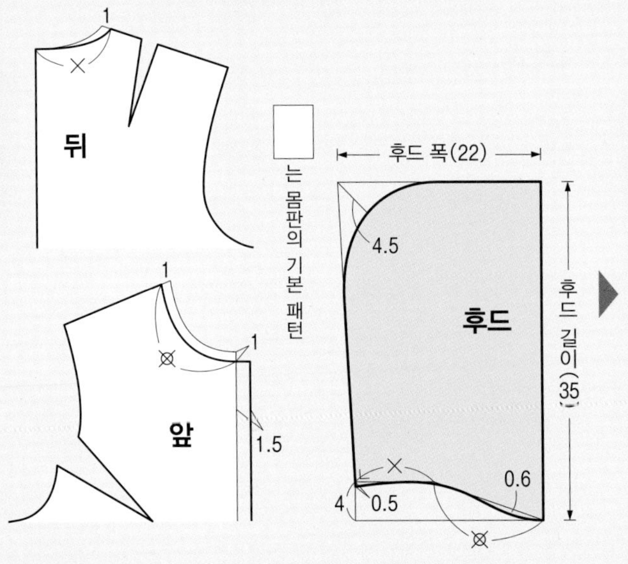

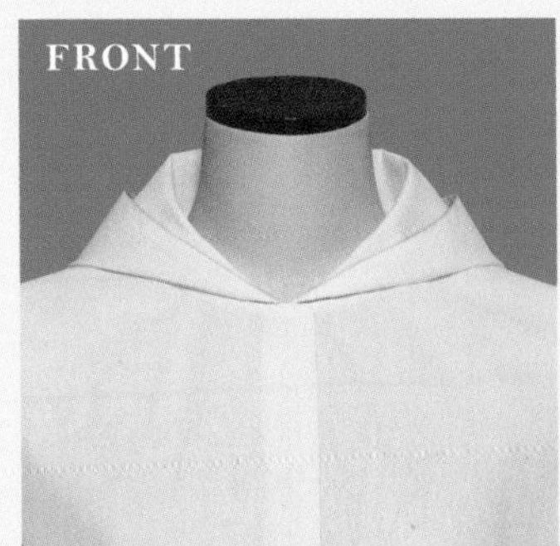

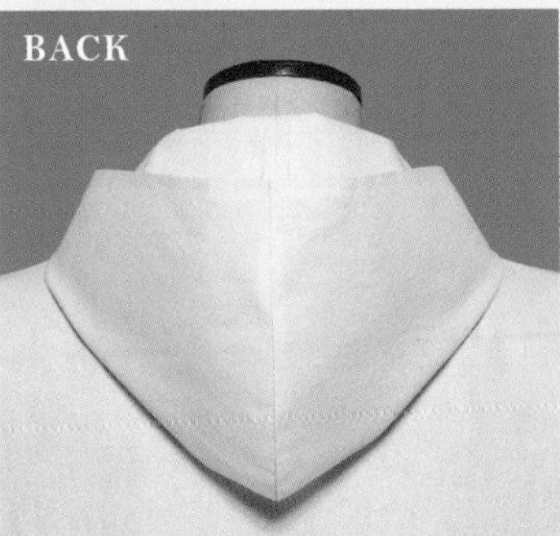

뒤로 떨어뜨려 입는 후드.
평면적인 패턴이기 때문에 정수리는 삼각으로 뾰족한 모양.

R 덧천 넣은 후드

중심에 덧천을 넣은 3면 구성의 덮어쓸 수 있는 후드.
앞 몸판에 겹쳐 후드의 외형을 그리고,
덧천 분량을 자른다. 이음선과 같은 치수로 덧천을 그린다.
덧천 폭은 뒤 목둘레선까지 서서히 좁게 하면
균형이 맞는다. 덧천을 달지 않고 외형(—선)을 사용하면
기본적인 후드가 된다.

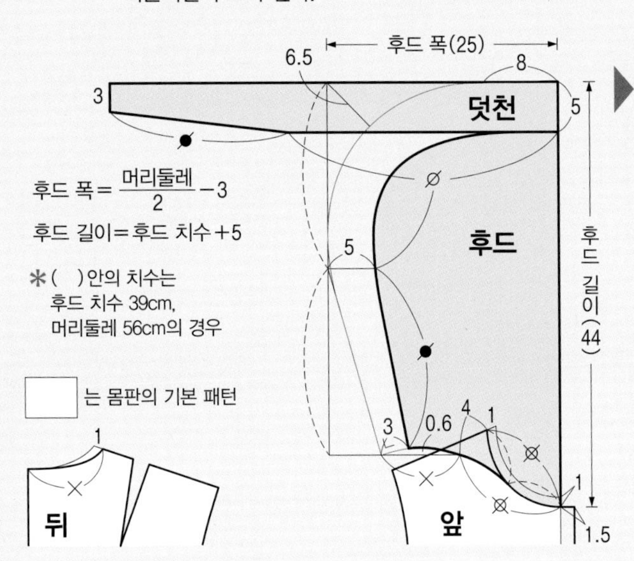

후드 폭 = $\frac{\text{머리둘레}}{2}$ −3

후드 길이=후드 치수+5

*( )안의 치수는
후드 치수 39cm,
머리둘레 56cm의 경우

☐ 는 몸판의 기본 패턴

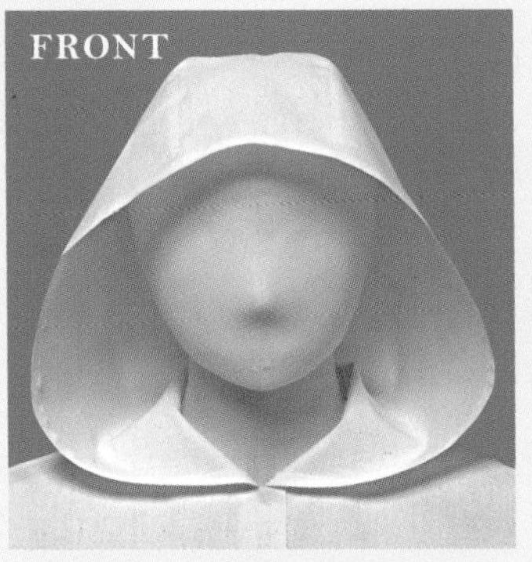

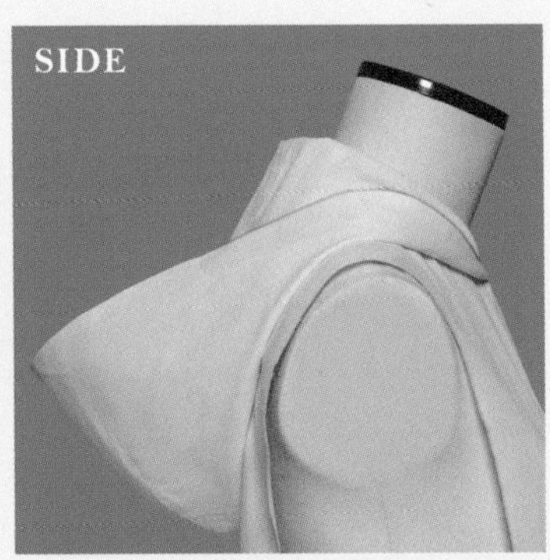

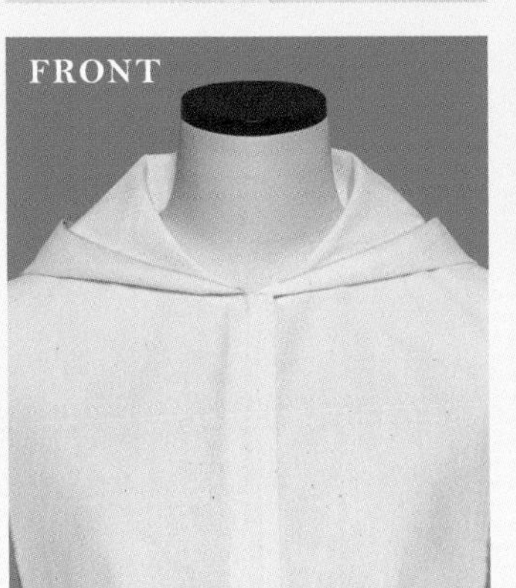

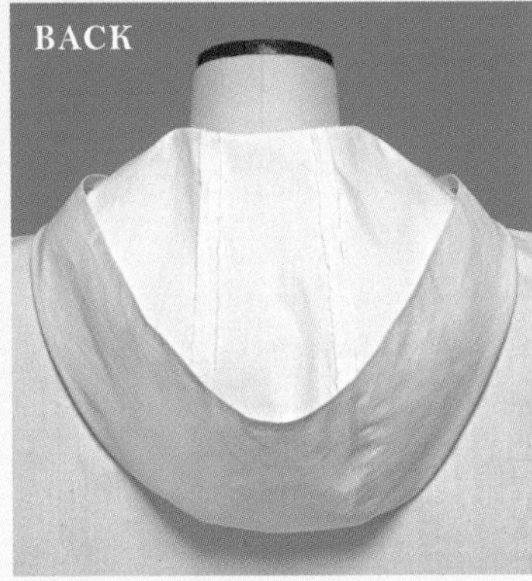

정수리가 뾰족하지 않고, 머리 모양에 맞춘 입체적인 실루엣.
앞 끝 윗부분은 이마에서 떨어진다.

 → 몸판의 기본 패턴 만드는 법…P.180, 치수 재기…P.12

8 교시

하이넥

— High neck —

목 주위에 맞춰 높게 올라온 네크라인.
몸판에서 이어서 재단한다. 트임은 적당히.

S 심플 타입

앞은 목둘레에 여유를 두기 위해 미리 처리해둔다.
앞뒤 모두 SNP에서 2cm 자른 위치에서 세우는 치수를 결정하고
칼라 위 끝선, 중심선, 어깨선을 그린다.
BNP, FNP에서 세우는 치수가 많은 디자인.

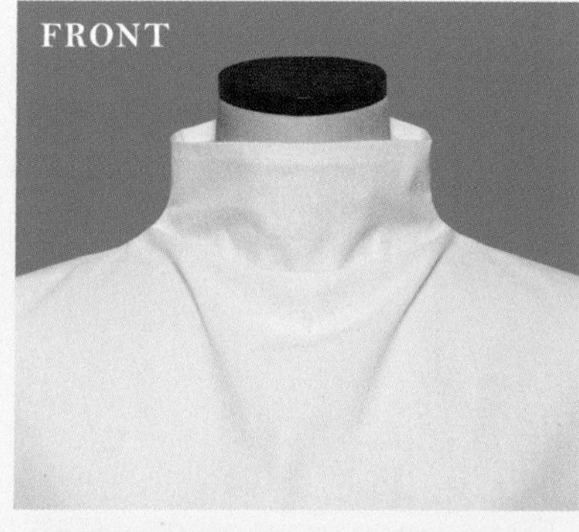

앞 몸판의 처리

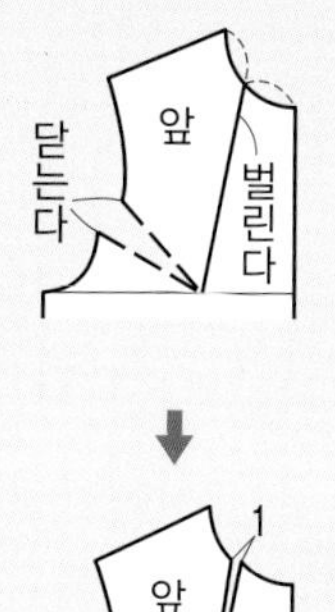

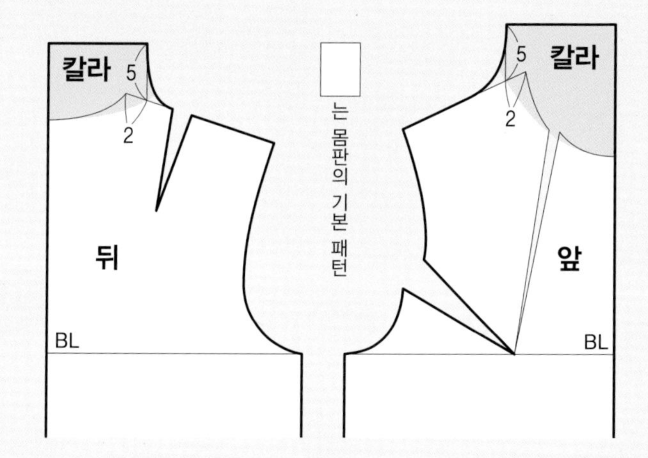

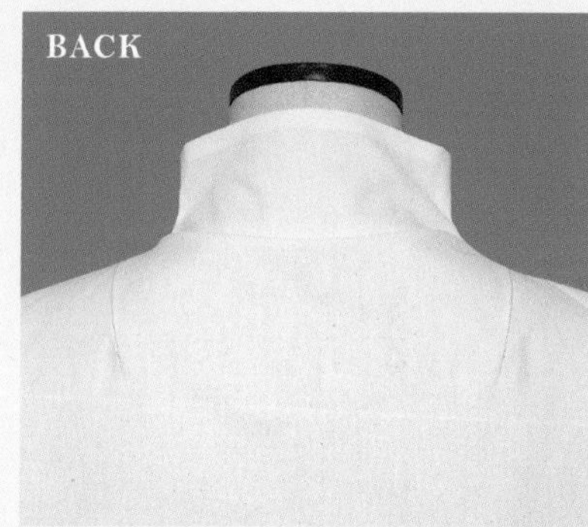

목둘레에서 세운 원통형의 칼라.
분량이 많아
착용 시 곡선 모양으로 휜다.

T 보틀넥

앞뒤 모두 미리 다트를 목둘레로 이동. 앞뒤 중심, 다트 위치,
어깨에서 세우는 치수를 결정하고 칼라 위 끝선과 어깨선을 그린다.
목 주위의 여유를 확보하기 위해 앞 목둘레 다트의 위 끝에 치수를 추가한다.
어깨선은 앞 치수에 뒤를 맞춘다.
칼라의 위 끝 연결은 패턴 체크로 수정한다.

몸판의 처리

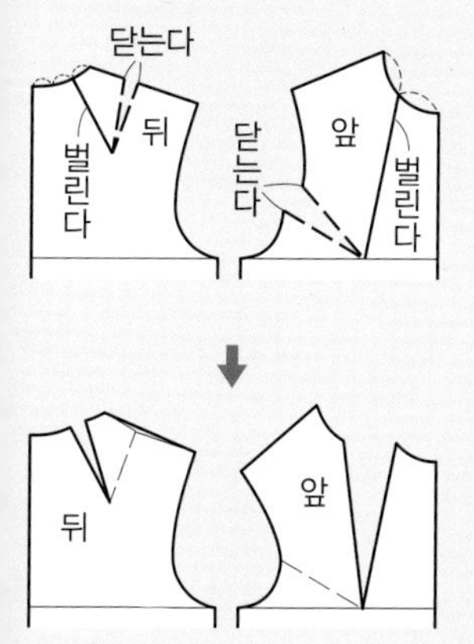

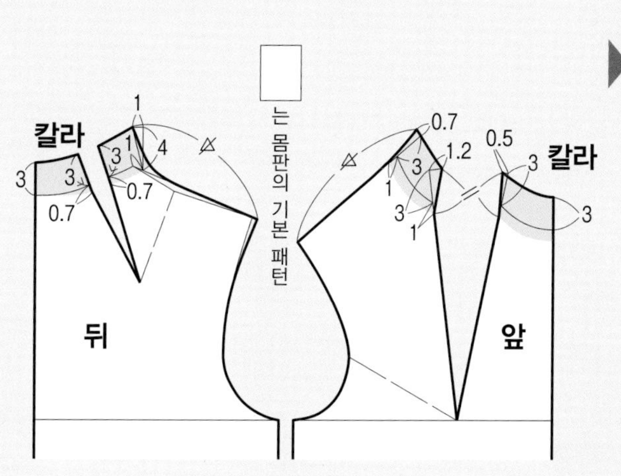

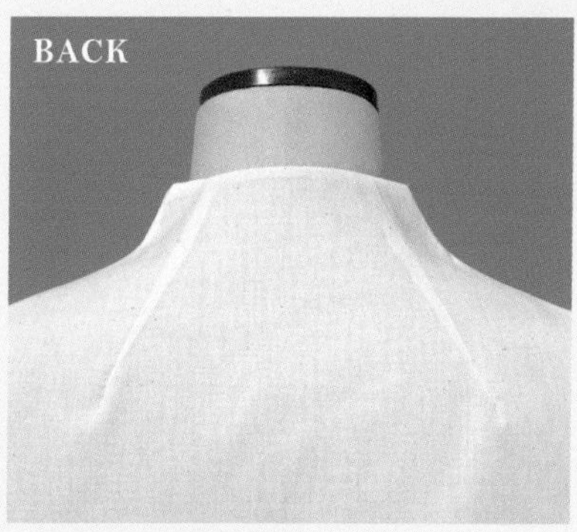

네크라인부터 자연스럽게 세워진다. 입체적이고, 목 주위 전체에 여유가 있다.

9교시 칼라리스

— Collarless —

U 크루넥

좁고 둥근 모양의 목둘레.
뒤는 SNP에서, 앞은 평행으로 1cm씩 잘라
목둘레를 그린다. 트임은 적당히.

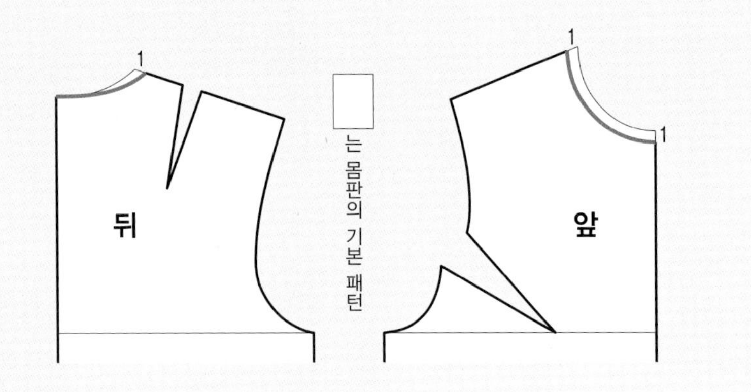

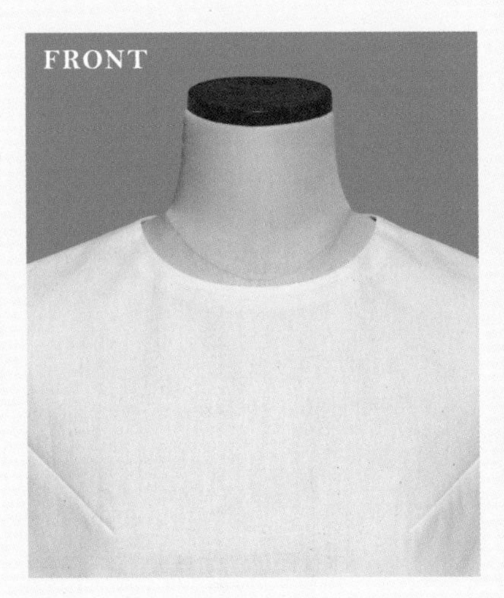

목둘레에 맞춘 콤팩트한 라인.

V 라운드넥

둥근 모양으로 깊게 파인 목둘레.
몸판을 처리한 뒤 제도한다.
앞뒤 모두 중심선과 어깨선에서 잘라 목둘레를 그린나.
뒤는 다트 각도를 변경. 트임은 필요 없다.

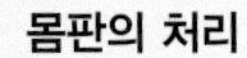

몸판의 처리

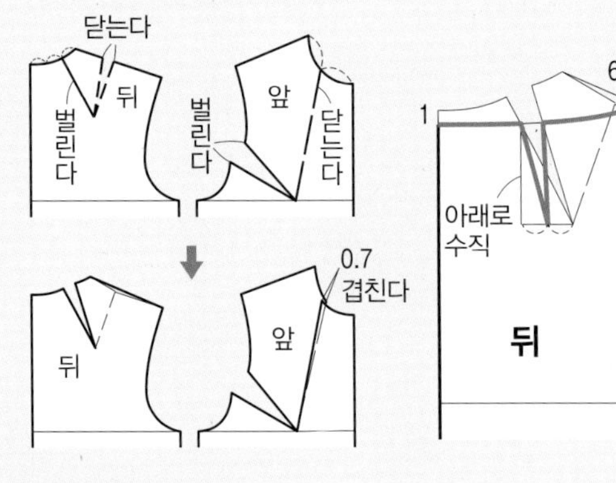

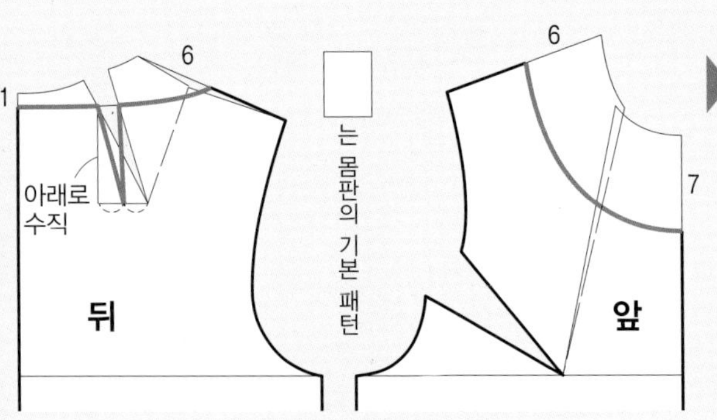

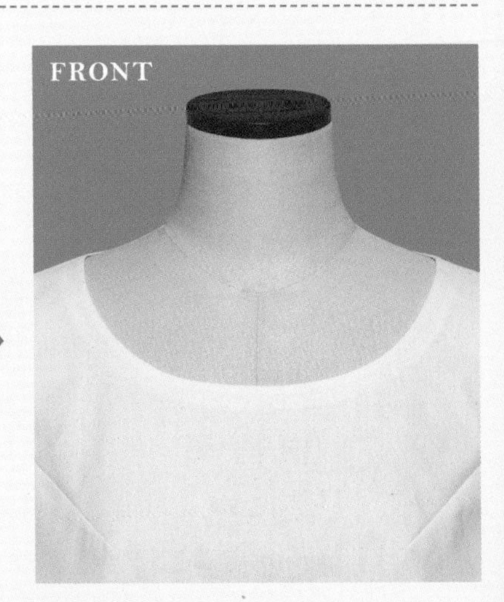

여성스러운 부드러움이 있는 네크라인.
이 이상 깊게 하면 속옷이 보일 수 있다.

W 보트넥

완만한 곡선으로 옆으로 넓은 배 밑바닥 모양의 목둘레.
몸판을 처리한 뒤 제도한다.
앞뒤 모두 중심선과 어깨선에서 잘라 목둘레를 그린다.
뒤는 다트 각도를 변경. 트임은 필요 없다.

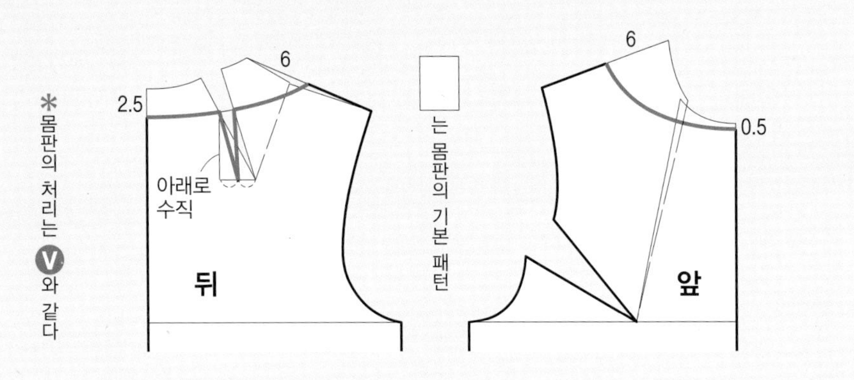

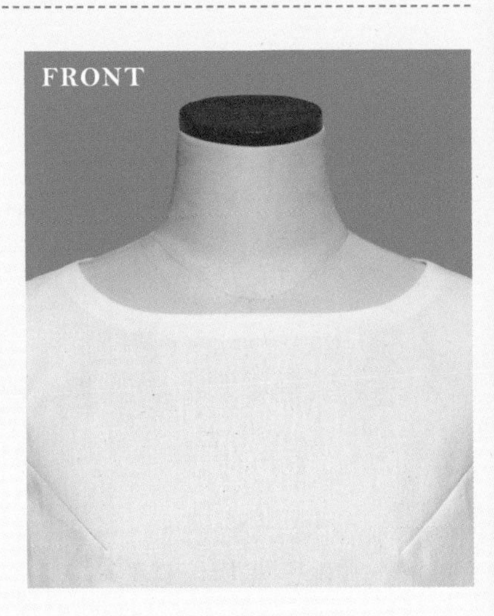

목 주위가 깔끔하게 보이는 고상함이 매력.

 → 몸판의 기본 패턴 만드는 법…P.180, 목둘레 마무리 종류…P.126

칼라를 달지 않은 것. 네크라인이 다양하고 변형이 풍부해 자유로운 디자인 변화가 가능하다.
거울을 보면서 균형을 정하는 것도 좋다. 그리고 목둘레 치수를 반드시 확인!
머리둘레보다 적은 경우 트임이 필요하다. 트임을 만들지 않는 경우 여유를 두어 머리둘레+3cm 이상으로 조정한다.
아래 설명에서 사용하는 것은 기본 패턴의 몸판. 와이드한 목둘레의 경우 들뜨는 것을 막기 위해 기본 패턴을 베낄 때(몸판을 제도하기 전) 몸판을 처리해 목둘레를 짧게 해둔다. 원피스에 추천하는 9종류를 소개한다.

V넥(얕은 형)

V 포인트를 얕게 설정, SNP의 트임을 넓게 하여
옷을 입고 벗도록 고려한 옆으로 넓은 V넥.
몸판을 처리한 뒤 제도한다.
앞뒤 모두 중심선과 어깨선에서 잘라 목둘레를 그린다.
뒤는 다트 각도를 변경. 트임은 필요 없다.

*몸판의 처리는 V와 같다

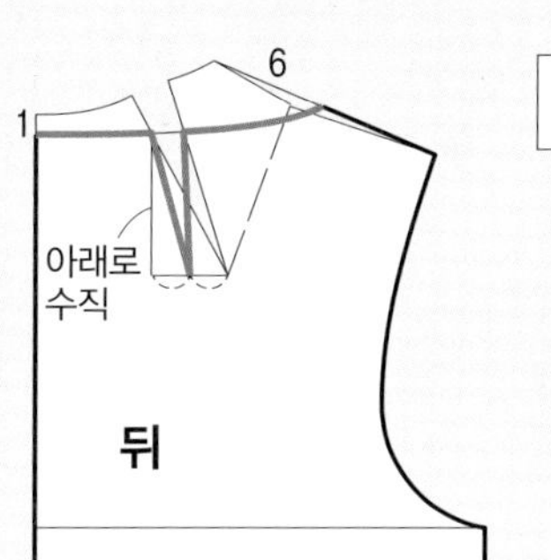

는 몸판의 기본 패턴

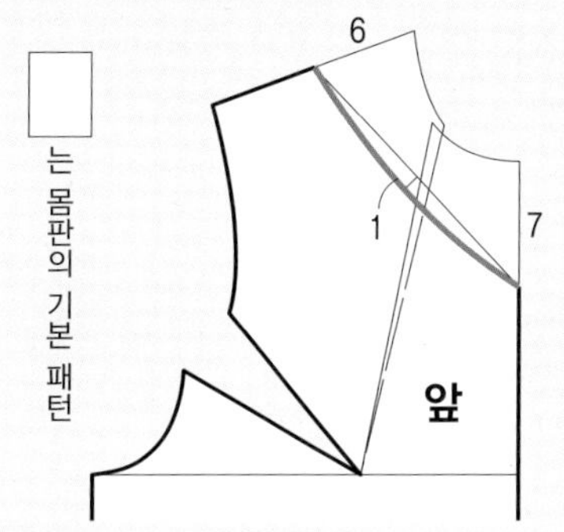

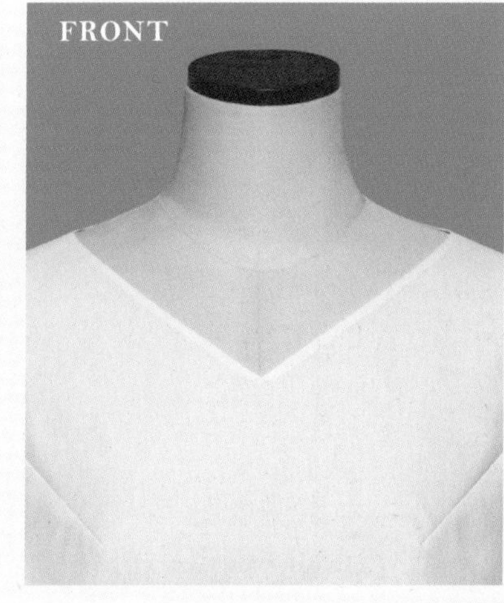

옆으로 넓은 넥이 알맞고 부드러운 느낌을 준다.

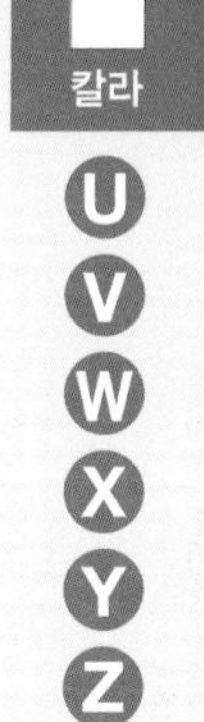

V넥(깊은 형)

V 포인트를 깊게 설정,
SNP의 트임을 적게 한 세로로 긴 V넥.
앞 몸판을 처리한 뒤 제도한다.
앞뒤 모두 SNP에서 1cm 잘라 목둘레를 그린다.
트임은 필요 없다.

*앞 몸판의 처리는 V와 같다

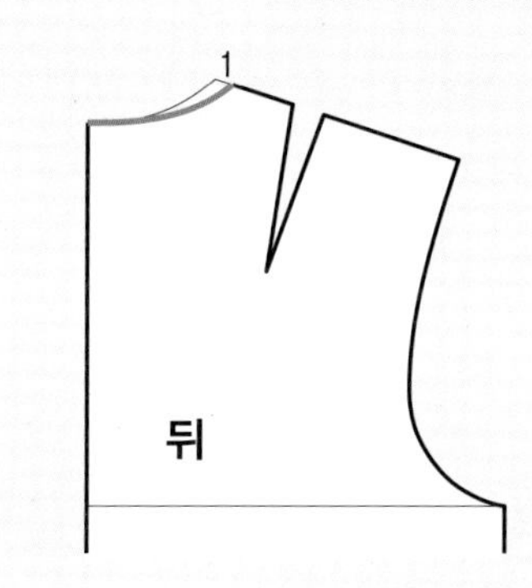

는 몸판의 기본 패턴

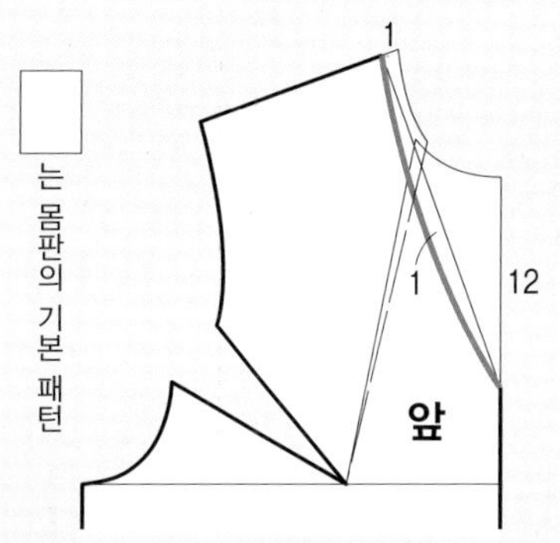

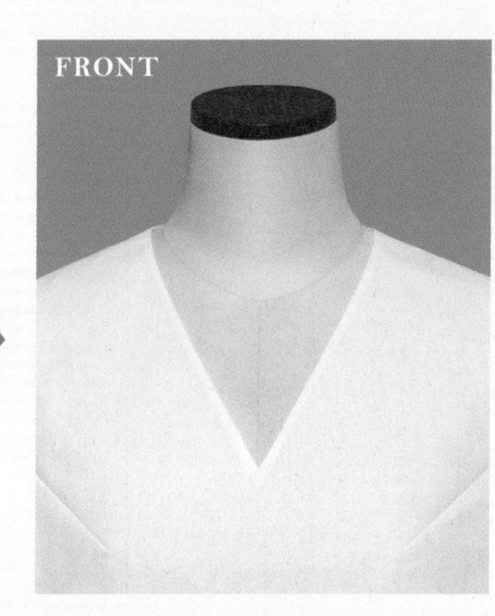

둥근 목둘레보다 샤프함이 있다.

스퀘어넥

사각형의 목둘레. 몸판을 처리한 뒤 제도한다.
앞뒤 모두 중심선과 어깨선에서 잘라 목둘레를 그린다.
뒤는 다트 각도를 변경. 트임은 필요 없다.

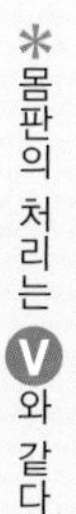

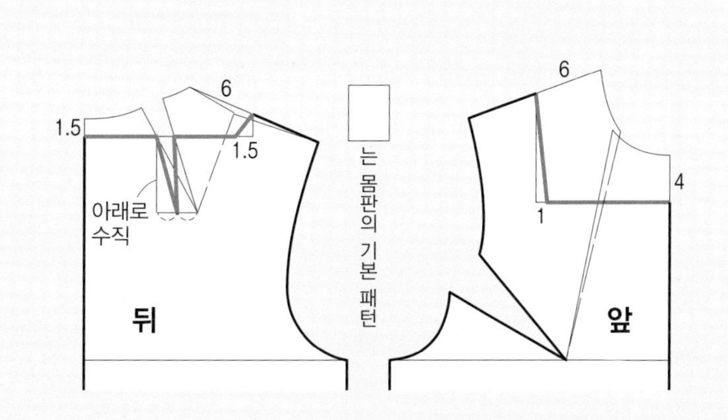

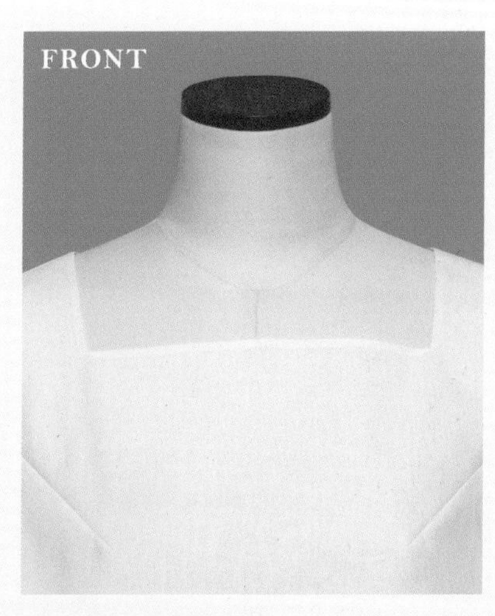

직선적이고 스마트한 표정.
목 라인이 예쁘게 보인다.

→ 몸판의 기본 패턴 만드는 법…P.180, 목둘레 마무리 종류…P.126

9교시 칼라리스

— Collarless —

a 오픈 프런트

트임 효과를 겸한 디자인으로,
앞 중심에 가위집을 넣은 네크라인.
SNP와 앞 중심에서 적당히 잘라 목둘레를 그리고,
다시 앞 중심에서 비스듬히 선을 긋는다.
트임 길이는 적당히.

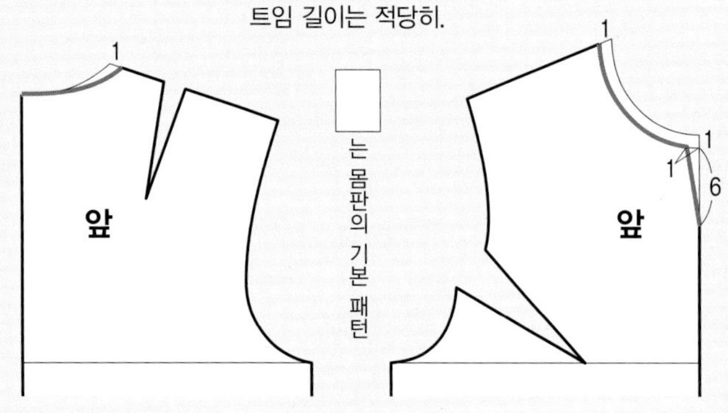

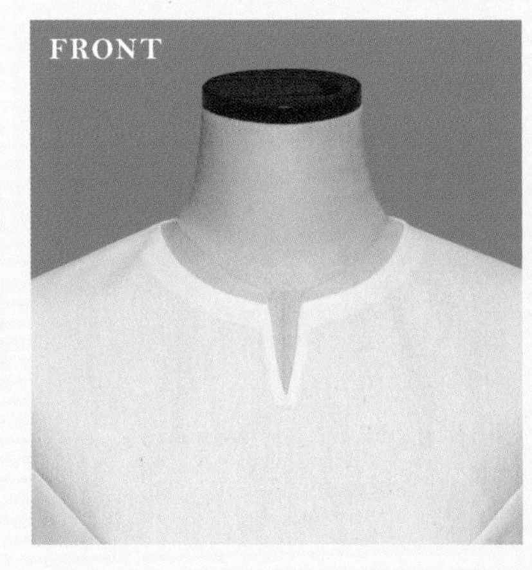

목 밑 V존이 샤프한 악센트로.

b 다이아몬드넥

다이아몬드를 이미지화한 모양의 네크라인.
앞 몸판을 처리한 뒤 제도한다. 뒤는 SNP에서 잘라
목둘레를 다시 그리고, 앞은 뒤와 같은 위치의 어깨선에서
앞 중심에 걸쳐 다이아몬드 모양으로 선을 긋는다.
트임은 필요 없다.

*앞 몸판의 처리는 V와 같다

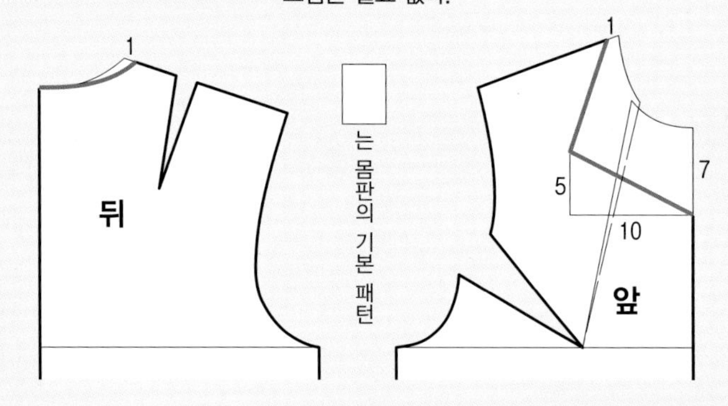

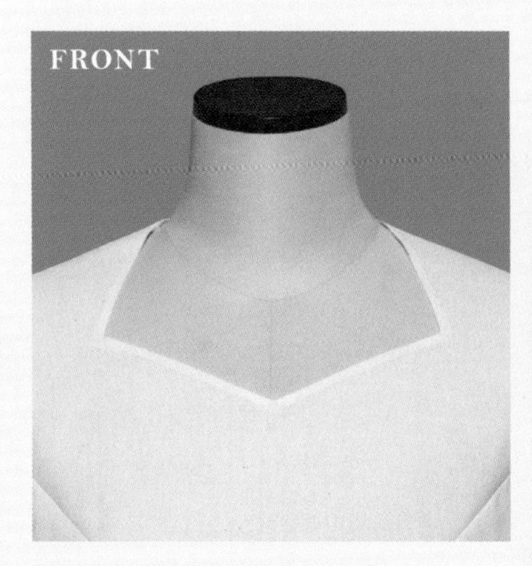

다이아몬드 이미지와 같은
우아한 네크라인.

c 홀터넥

목에 달아맨 모양의 네크라인.
SNP에서 자른 뒤 몸판의 목둘레 치수를
사용해 제도한다. 옷 폭의 여유분은
고무줄로 조정해 몸에 꼭 맞게 한다.
트임은 필요 없다.

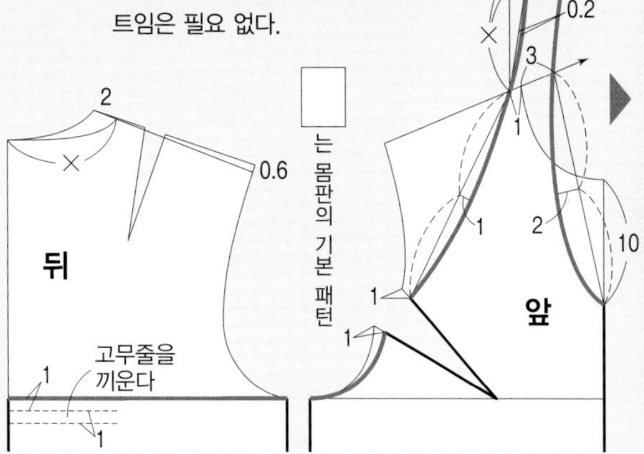

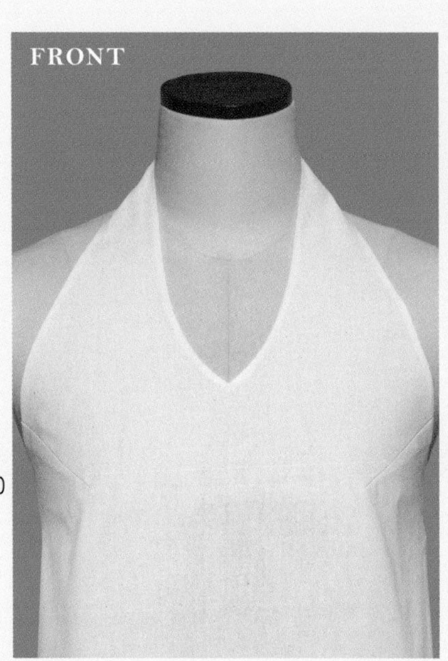

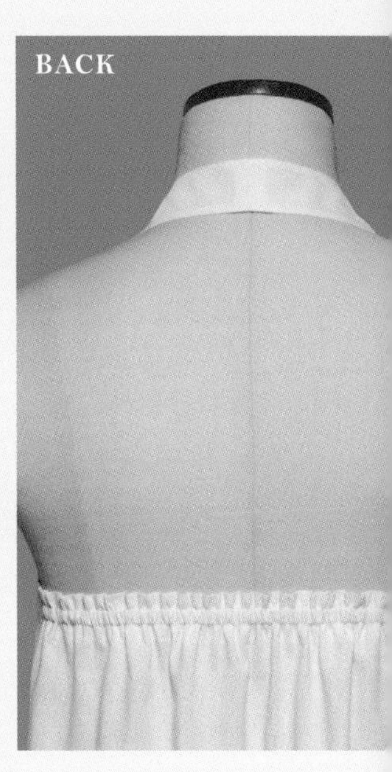

어깨와 등이 노출되는 선드레스나 포멀 드레스에 어울리는 디자인.

 → 몸판의 기본 패턴 만드는 법…P.180, 목둘레 마무리 종류…P.126

응용 종류와 방법을 쉽게 설명한다

특별 강의

나만의 특별한 감각을 한층 높이고 싶다면 필수 코스인 '응용'.
패턴에 부분적인 변화를 주어 형태, 착용감, 기능 등
가능성을 무한대로 넓힐 수 있다.
응용 종류와 방법을 알면 완성도와 만족감이 높아진다.

길이 차이에 따른 비교

몸판의 스커트 길이나 소매길이를 바꾸기만 해도 디자인을 다양하게 응용할 수 있다. 단계적으로 길이를 변화시켜 소개한다.

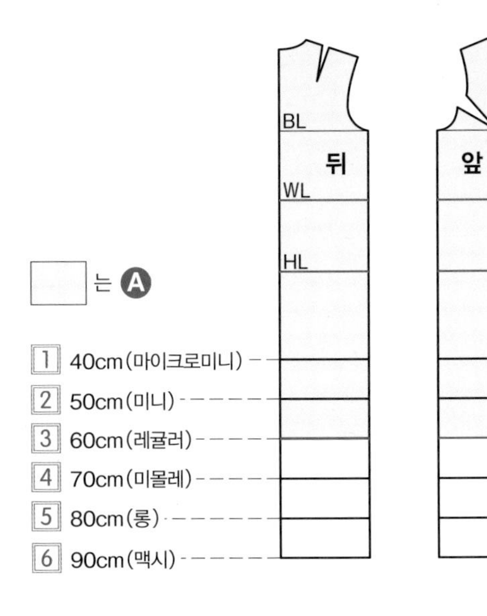

스커트 길이

박스형(A)과 피트 & 플레어형(Z-⑤) 2가지 타입의 디자인으로, 기본 스커트 길이(WL에서 60cm=옷 길이 98cm)를 기준으로 가감.

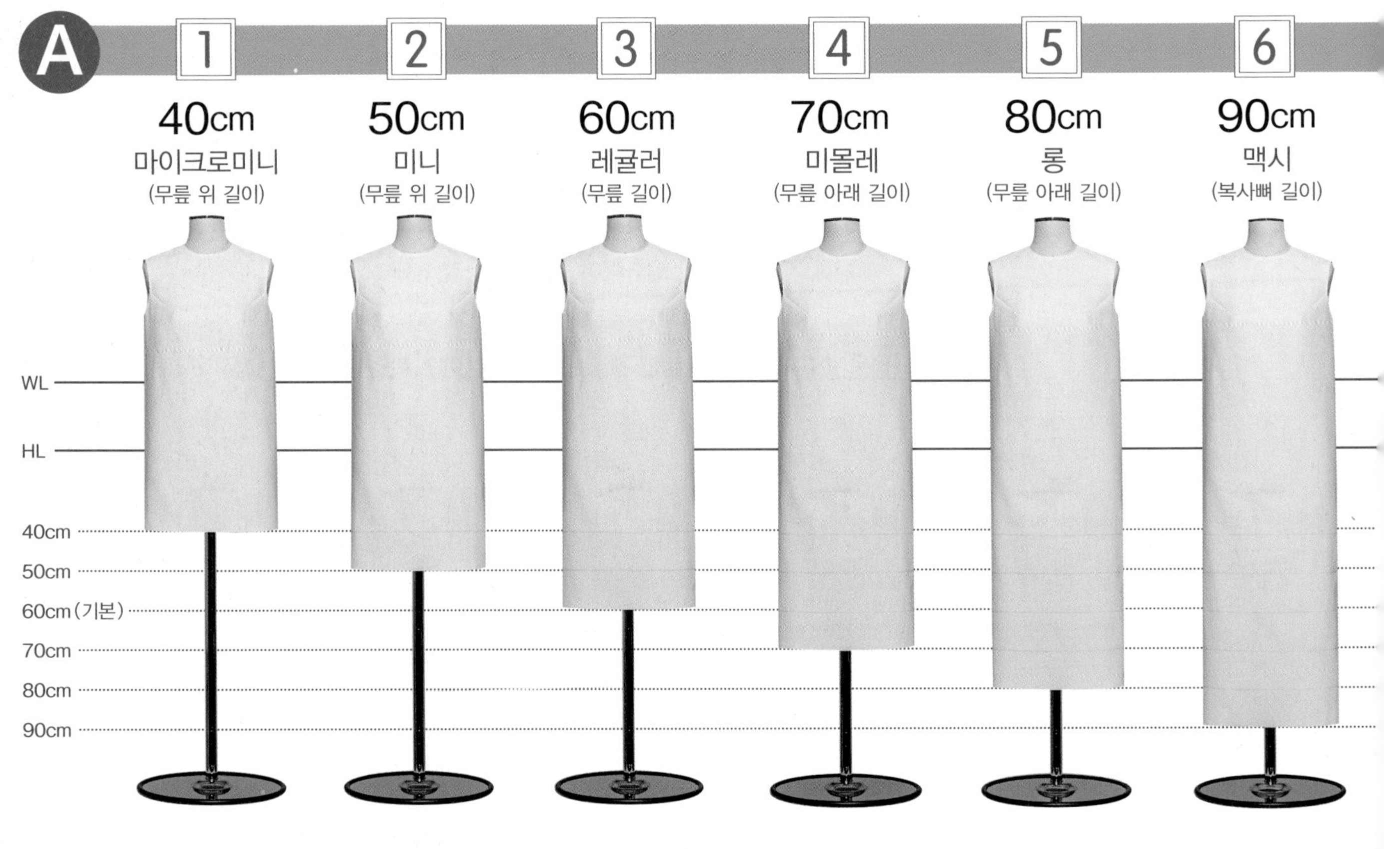

소매길이

소매산점에서 정해진 치수(팔꿈치 길이~소맷부리는 등분해 결정한 치수)로 표시.
소개한 예는 소매길이 52cm의 경우.

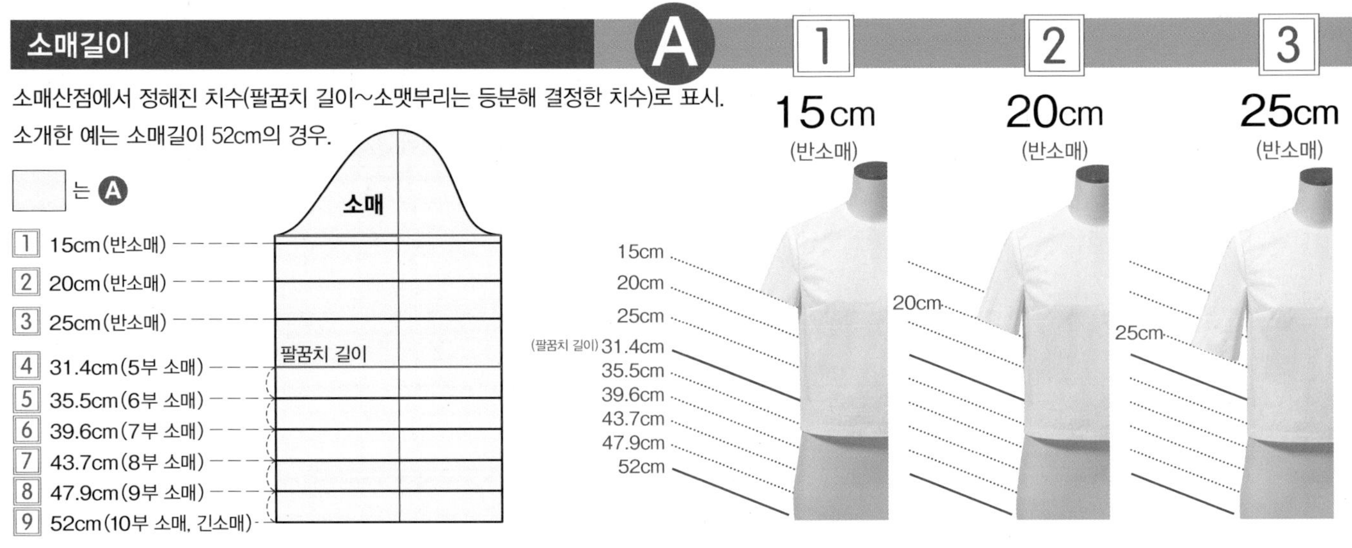

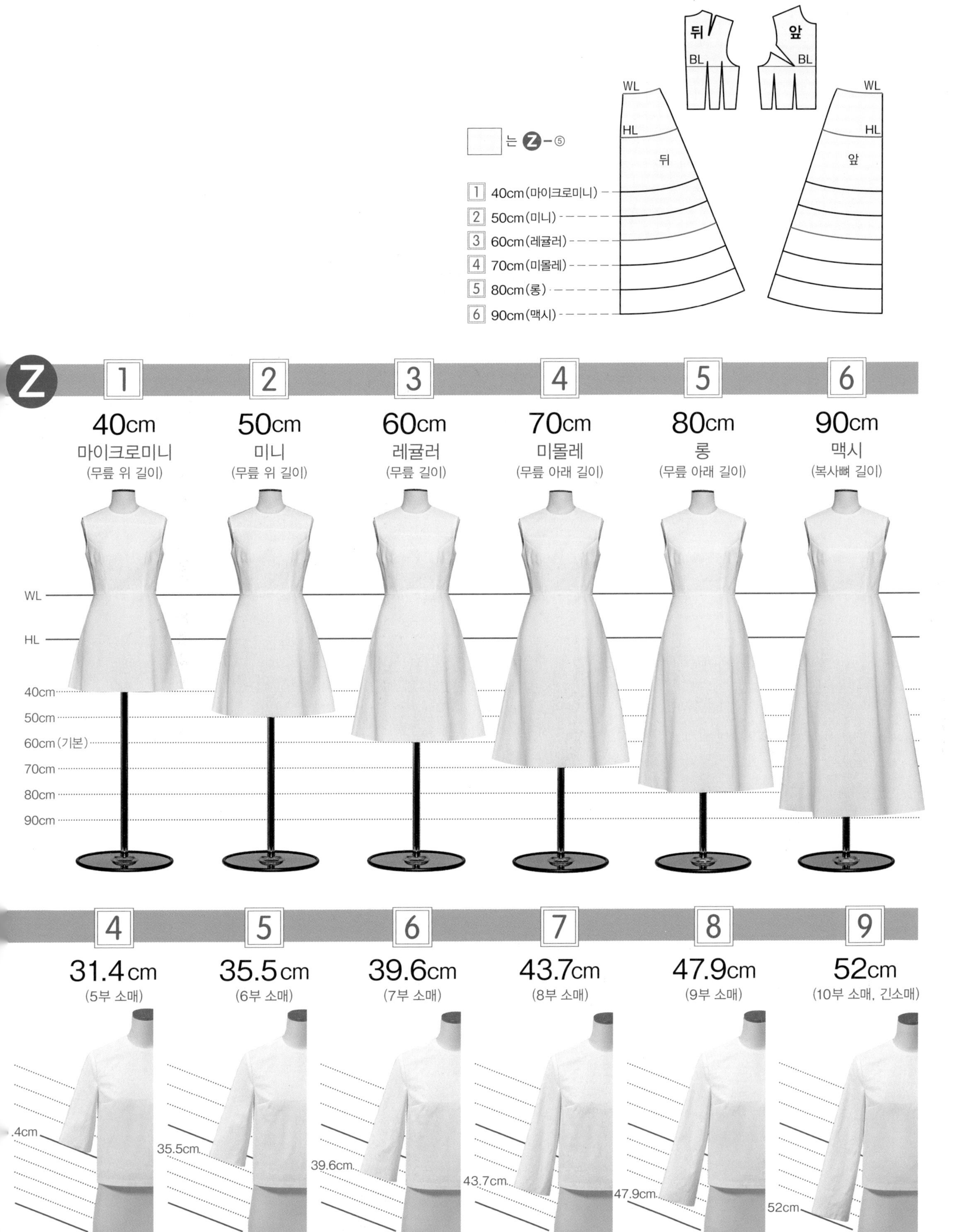

뒤
앞
BL
WL
HL
는 Z-⑤
1 40cm(마이크로미니)
2 50cm(미니)
3 60cm(레귤러)
4 70cm(미몰레)
5 80cm(롱)
6 90cm(맥시)
Z
1 40cm 마이크로미니 (무릎 위 길이)
2 50cm 미니 (무릎 위 길이)
3 60cm 레귤러 (무릎 길이)
4 70cm 미몰레 (무릎 아래 길이)
5 80cm 롱 (무릎 아래 길이)
6 90cm 맥시 (복사뼈 길이)
40cm
50cm
60cm(기본)
70cm
80cm
90cm
4 31.4cm (5부 소매)
5 35.5cm (6부 소매)
6 39.6cm (7부 소매)
7 43.7cm (8부 소매)
8 47.9cm (9부 소매)
9 52cm (10부 소매, 긴소매)
.4cm
35.5cm
39.6cm
43.7cm
47.9cm
52cm

허리 이음선 위치 차이에 따른 비교

원피스는 가로 방향으로 이음선을 넣어 위아래로 분할하는 것이 가능.
이음선의 위치나 개수에 따라 디자인의 변형 범위를 더욱 넓힐 수 있다.
허리 위치에 이음선을 넣고, 스커트 부분을 플레어(밑단 둘레는 같은 치수)로 변형한 예로 설명한다.
토대로 한 패턴은 허리 이음선 Ⓨ-②(P.42).
복수로 이음선을 넣어 천을 달리하거나 밑단 가까이 이음선을 넣어 페플럼풍으로 하는 등
응용은 무한대.

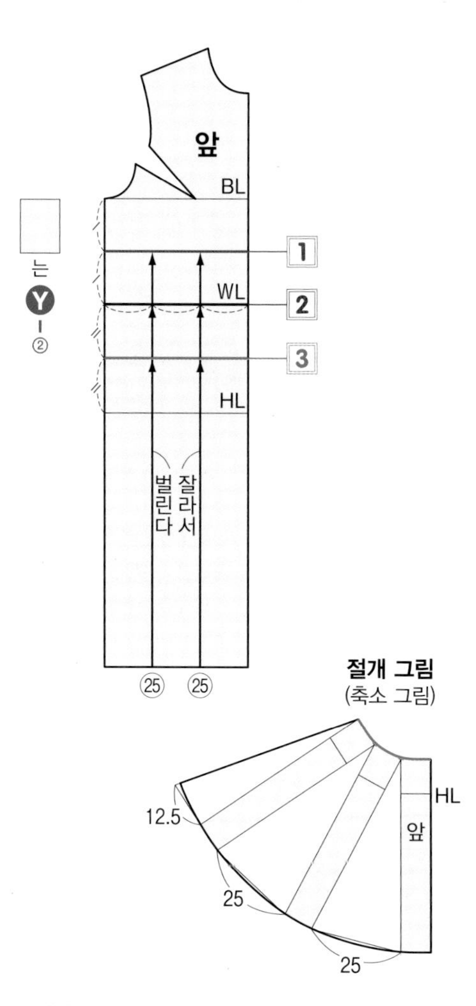

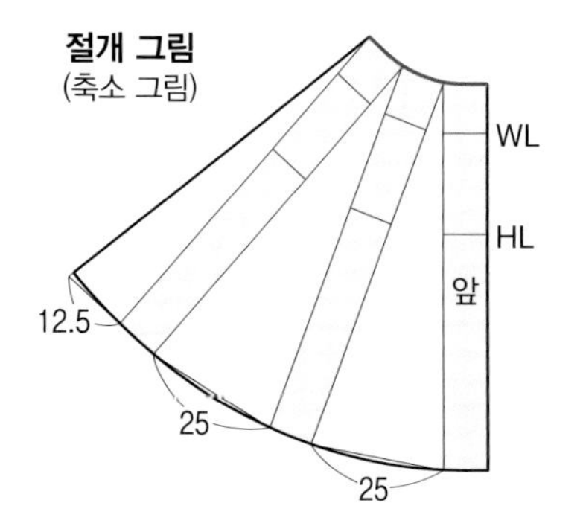

절개 그림
(축소 그림)
HL
앞
12.5
25
25

절개 그림
(축소 그림)
HL
앞
12.5
25
25

1 하이 웨이스트

이음선 위치를 하이 웨이스트(BL과 WL의 중간)로 변경. 높은 위치부터 플레어가 퍼지고, 풍성하고 사랑스러운 분위기로.

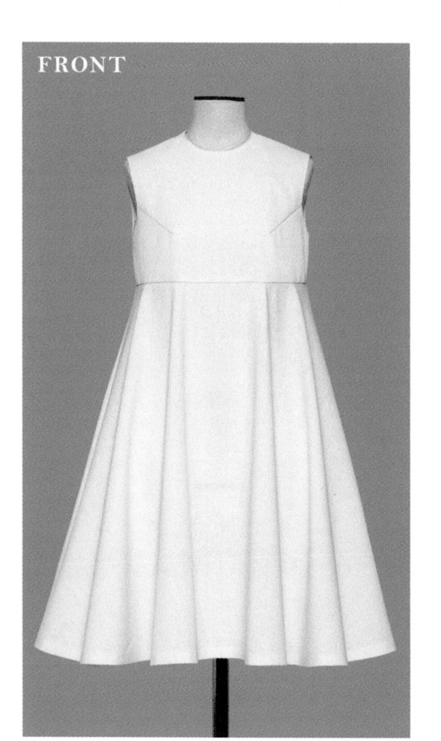

2 저스트 웨이스트

이음선 위치는 기본 패턴에 설정된 그대로 저스트 웨이스트. 균형 잡힌 실루엣.

3 로 웨이스트

이음선 위치를 로 웨이스트(WL과 HL의 중간)로 변경. 상반신의 스트레이트 부분이 많아지고, 여성스러운 우아한 표정으로.

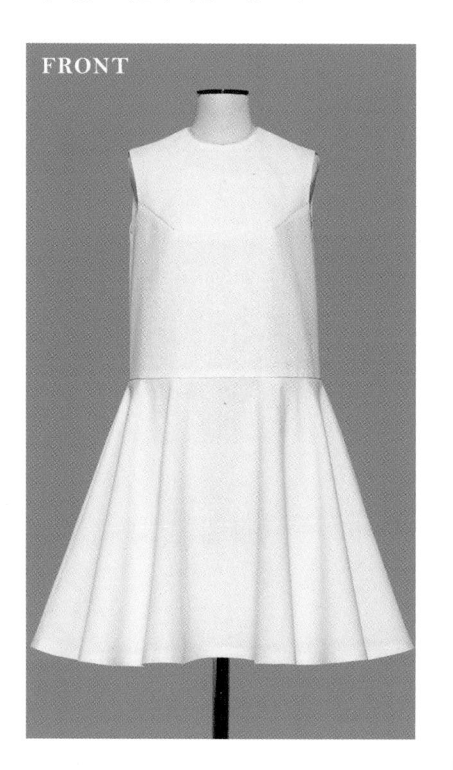

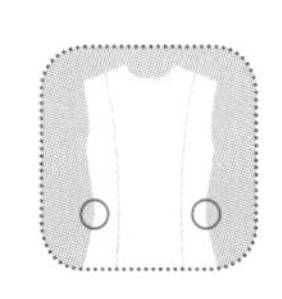

허리 줄이는 위치 차이에 따른 비교

허리의 잘록함을 강조하는 피트 & 플레어 라인은
줄이는 위치에 따라 모습이 달라진다.
기본 패턴에 설정된 WL(저스트 웨이스트 위치)을 기준으로
위아래로 이동해 검증한다.
토대로 한 패턴은
프린세스 라인 N(P.31).

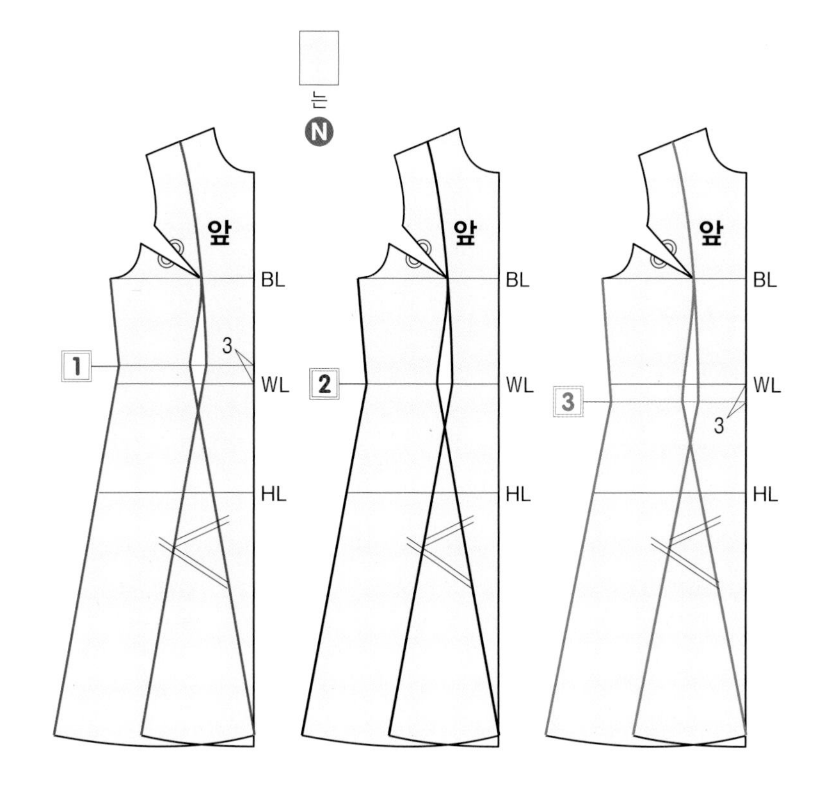

1 3cm 위

줄이는 위치를 평행으로 3cm 올리고 옆선, 프린세스 라인을 완만하게 연결한다. 잘록한 위치가 올라가 상반신이 콤팩트해지고 하반신이 길어 보인다.

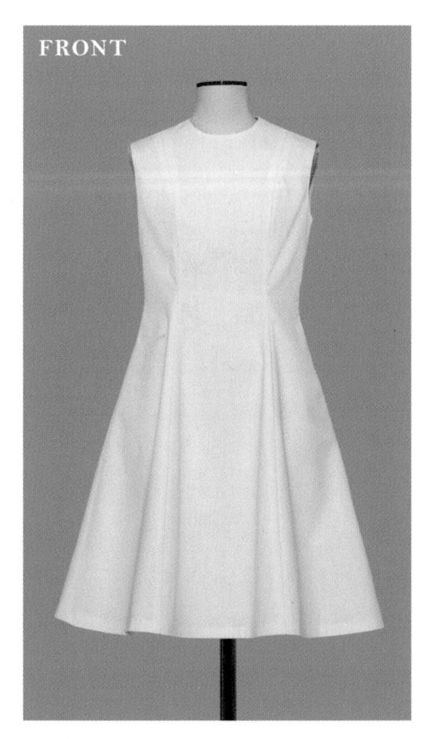

2 WL(기본)

줄이는 위치는 기본 패턴의 WL을 그대로 사용. 프린세스 라인 N의 설정대로 저스트 웨이스트. 위아래 균형은 평균적.

3 3cm 아래

줄이는 위치를 평행으로 3cm 내리고 옆선, 프린세스 라인을 완만하게 연결한다. 잘록한 위치가 내려가 꼭 맞는 상반신 부분이 늘어나서 몸통이 가늘어 보인다.

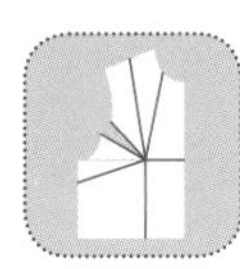

다트 위치와 디자인

[앞 몸판의 다트 위치] 기본을 포함한 6종류

앞 몸판의 기본 위치는 AH(진동 둘레)이지만, 어깨, 목둘레, 중심, 밑단, 옆으로 변경이 가능하다. 이동은 AH 다트를 닫아 각각의 위치에서 벌린다. 어느 위치로 이동하든지 그대로 다트로 사용하면 완성품의 형태는 같다. 변하는 것은 솔기 위치뿐. 자신이 만들려는 디자인에 맞춰 적절히 변경하자.

기준점은 모두 AH 다트 끝

A…기본(AH 다트)
B…어깨선과 이은 선
C…목둘레와 이은 선
D…앞 중심과 이은 선
E…밑단과 이은 선
F…옆선과 이은 선

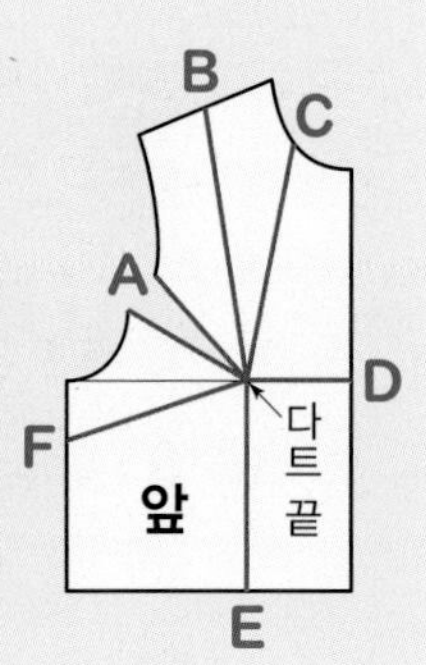

진동 둘레

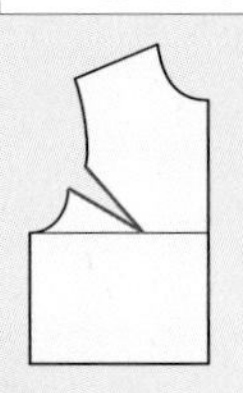

어깨

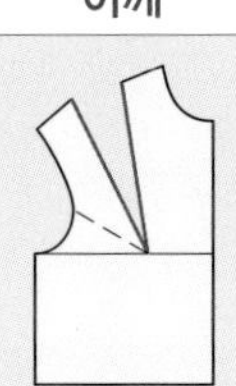

목둘레

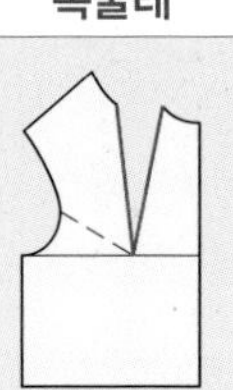

중심

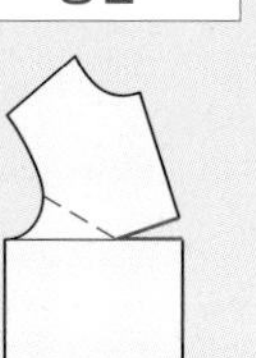

밑단

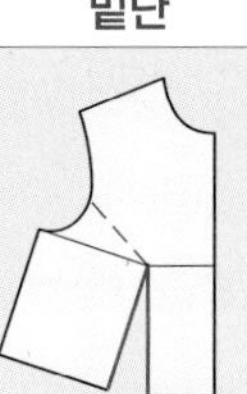

옆

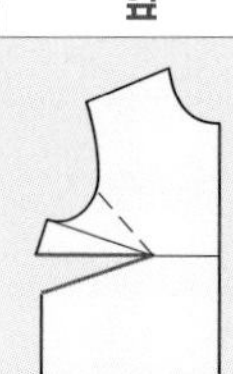

기본 A

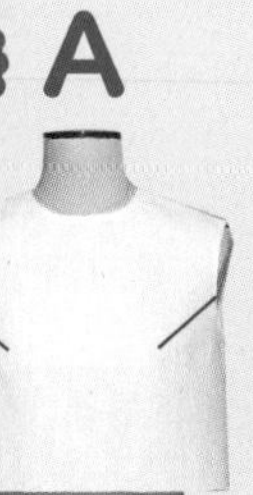

B

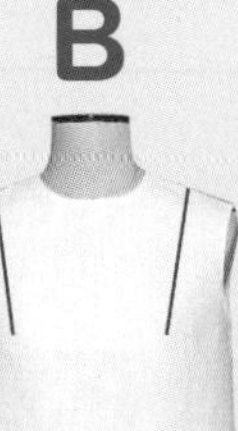

C

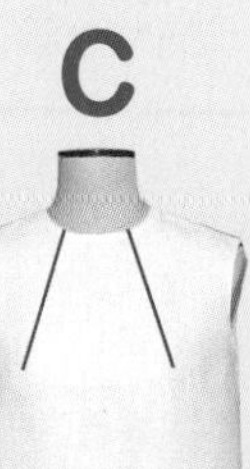

D

E

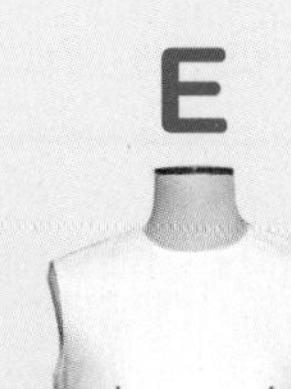

F

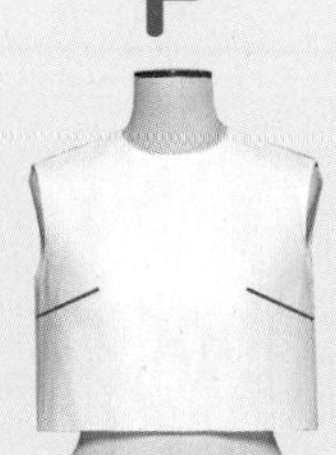

[뒤 몸판의 다트 위치] 기본을 포함한 5종류

앞 몸판의 AH 다트처럼 뒤 몸판의 기본 위치는 어깨이지만, 진동 둘레, 밑단, 중심, 목둘레로 변경이 가능하다. 이동은 어깨 다트를 닫아 각각의 위치에서 벌린다.

기준점은 모두 어깨 다트 끝

A…기본(어깨 다트)
B…진동 둘레와 이은 선
C…밑단과 이은 선
D…뒤 중심과 이은 선
E…목둘레와 이은 선

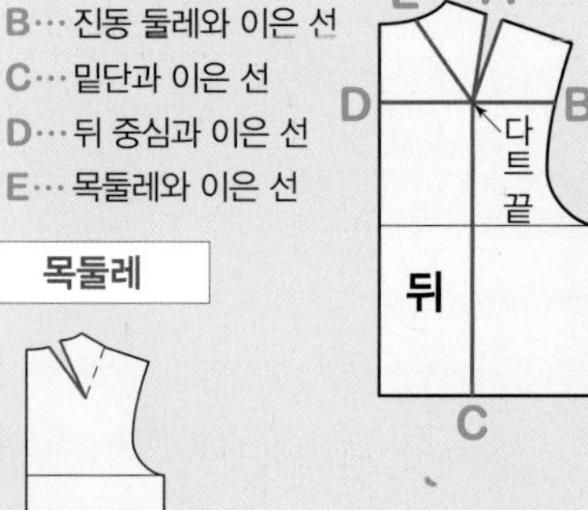

어깨

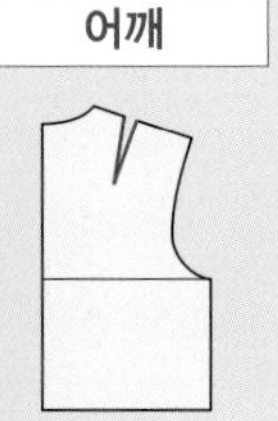

진동 둘레

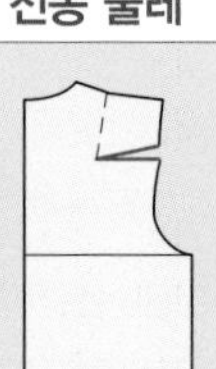

밑단

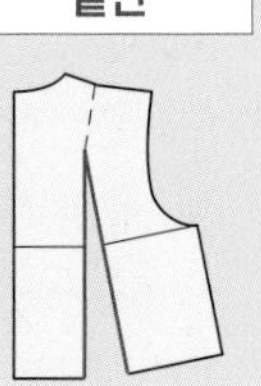

중심

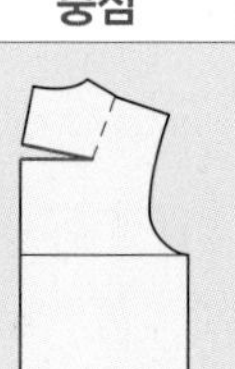

목둘레

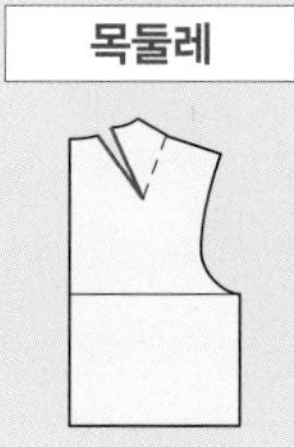

기본 A

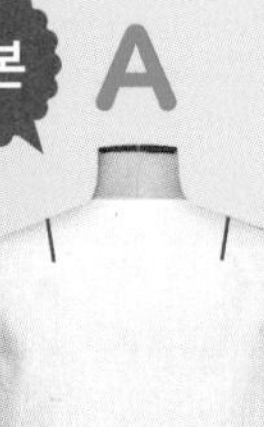

B

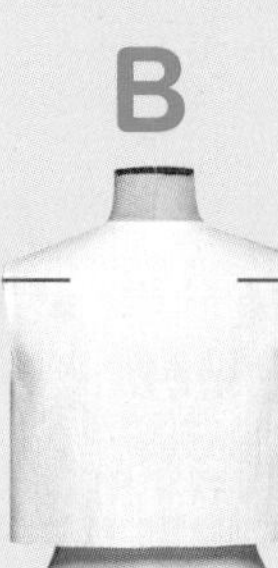

C

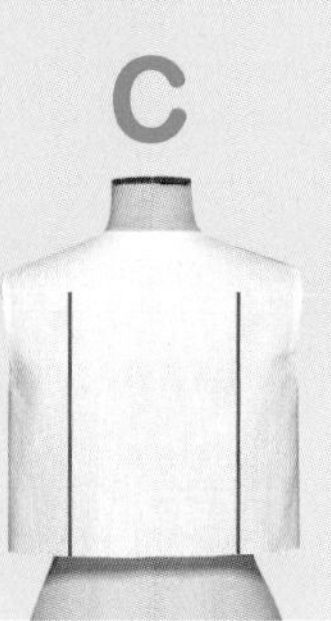

D

E

천을 입체적으로 만들기 위한 다트. 이 책에서는 앞 몸판의 AH(진동 둘레)와 뒤 몸판의 어깨에 배치한 패턴을 기본으로 설정했다.
이 2개의 다트는 위치를 바꾸거나 그곳에서 다시 전개하는 등 방법에 따라 응용 가능성은 무한대.
이 책에 소개한 것 이외에도 다양한 디자인으로 진화시켜 폭넓게 응용할 수 있다.
어떻게 사용할지는 각자의 아이디어. 자유로운 발상으로 다양한 스타일을 연출해 자신만의 독창적인 원피스를 만들어보자.

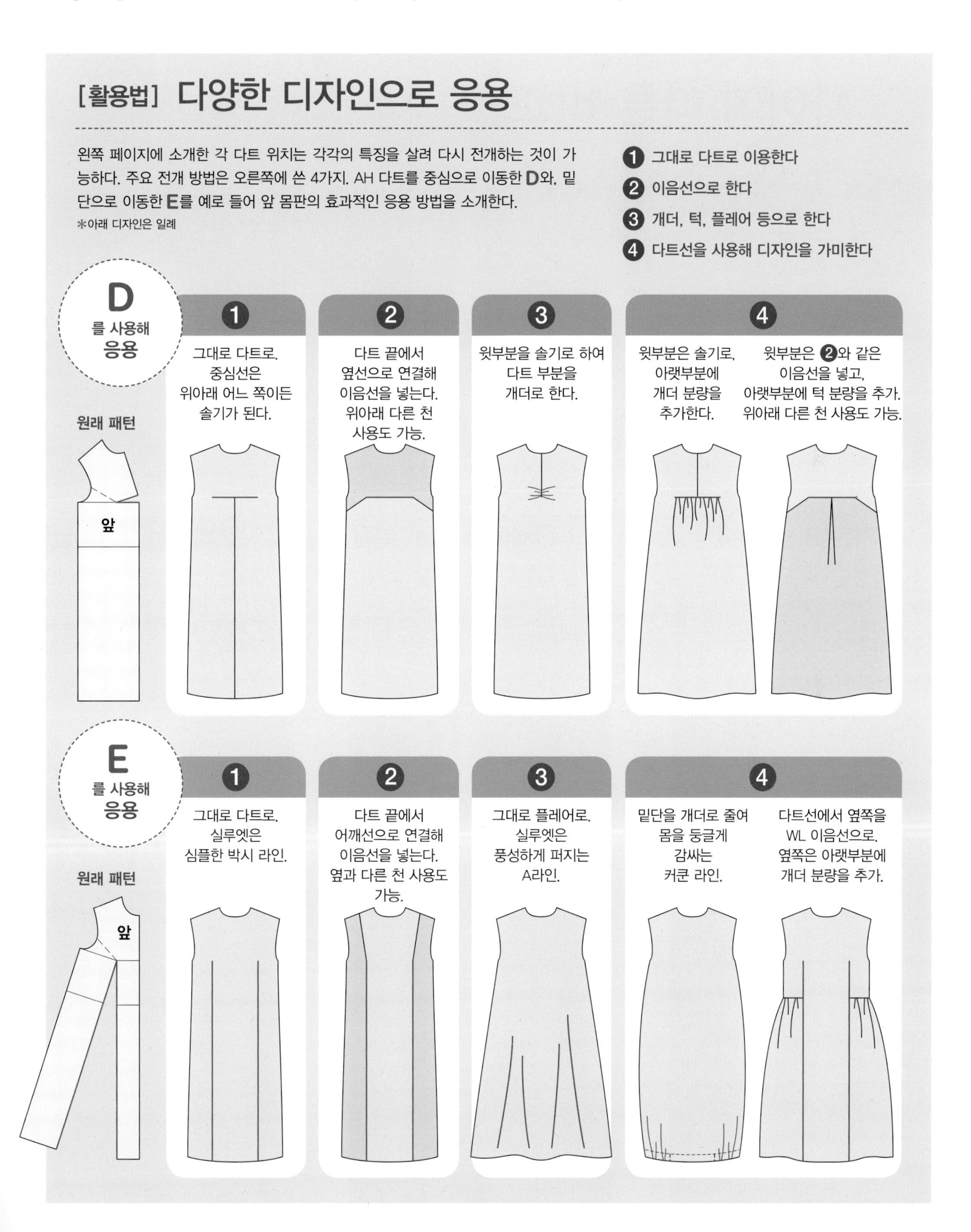

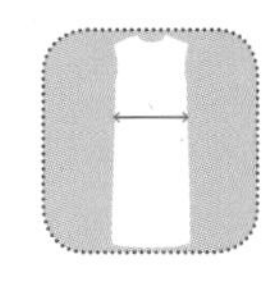

옷 폭 차이에 따른 비교

옆선을 이동하면 옷 폭이 증가하고, 실루엣이 달라진다.
이 테크닉을 활용하면 어깨너비를 바꾸지 않고
몸판을 원하는 볼륨감으로 바꿀 수 있다.
토대로 한 패턴은 박시 라인 Ⓐ(P.18).

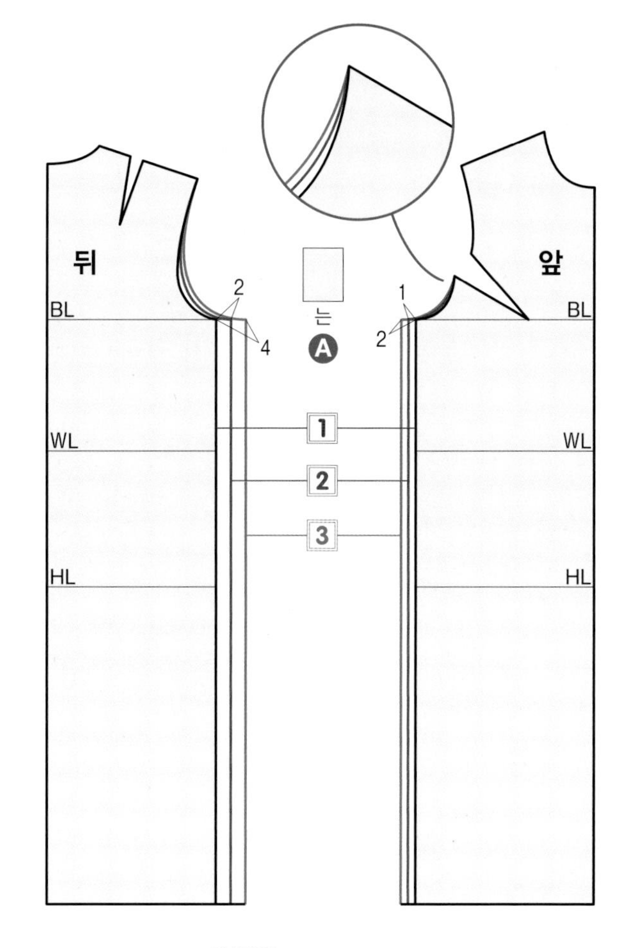

1 기본(B+12cm)

기본 패턴 그대로. 가슴에 알맞게 여유(12cm)를 둔 박시 라인. 엉덩이도 가슴의 완성 치수와 같아지기 때문에 사이즈에 따라 다르지만 엉덩이 여유는 적다.

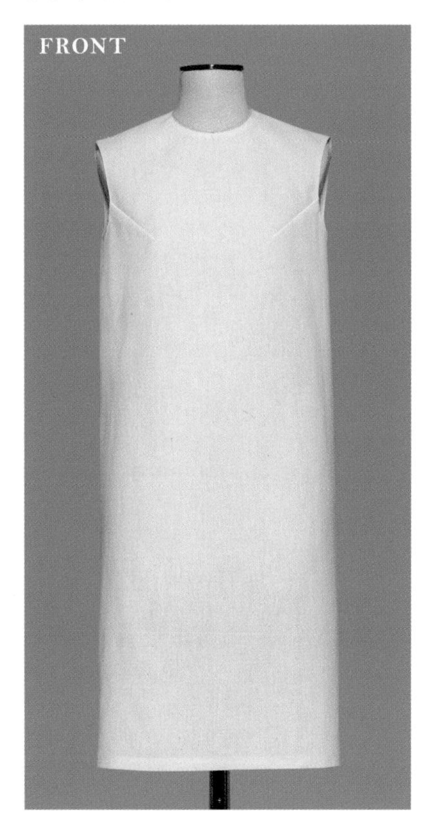

2 전체에서 6cm 늘림

앞은 1cm, 뒤는 2cm 옷 폭을 옆선에서 평행으로 추가. 진동 둘레를 다시 그린다. BL에서 아래쪽 원통형 부분이 한 둘레 커지고 가로 폭이 생긴다.

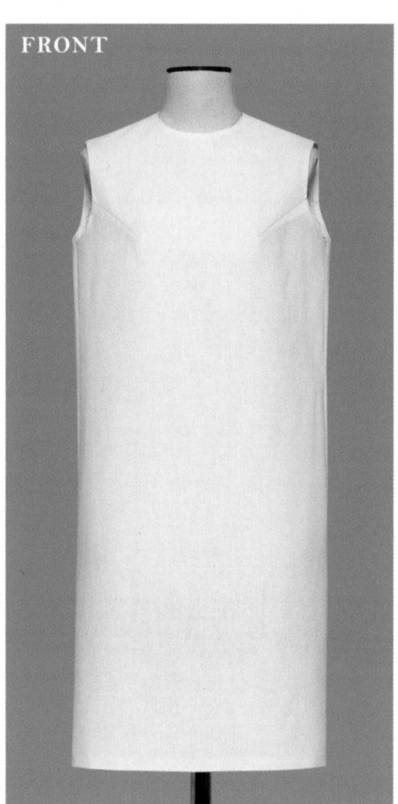

3 전체에서 12cm 늘림

앞은 2cm, 뒤는 4cm 옷 폭을 옆선에서 평행으로 추가. 진동 둘레를 다시 그린다. BL에서 아래쪽 원통형 부분이 꽤 커지고 좀 더 와이드한 실루엣으로.

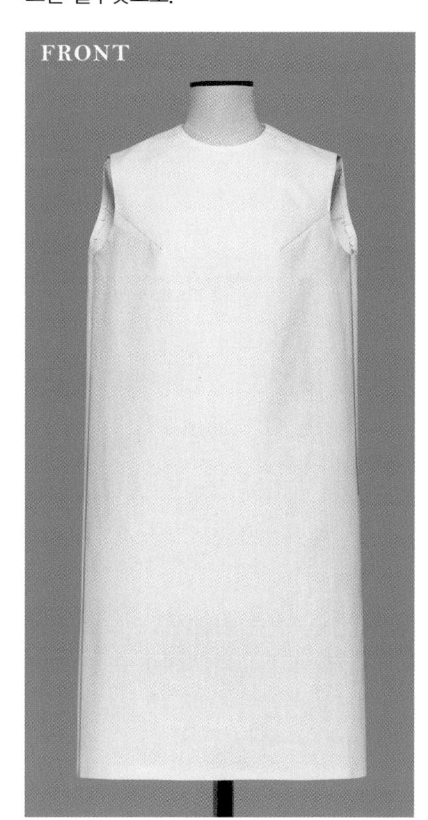

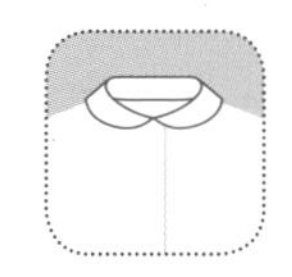

목둘레 차이에 따른 칼라 비교

칼라는 소개한 예쁜 아니라 다양한 모양의 목둘레에 다는 것이 가능.
같은 디자인이라도 목 주위의 여유나 모습이 달라진다.
셔츠 칼라 Ⓗ(P.100)를 사용해 3종류의 목둘레로 검증.
몸판에 원하는 목둘레를 그리고,
그 목둘레 치수를 사용해 칼라를 똑같이 제도한다.

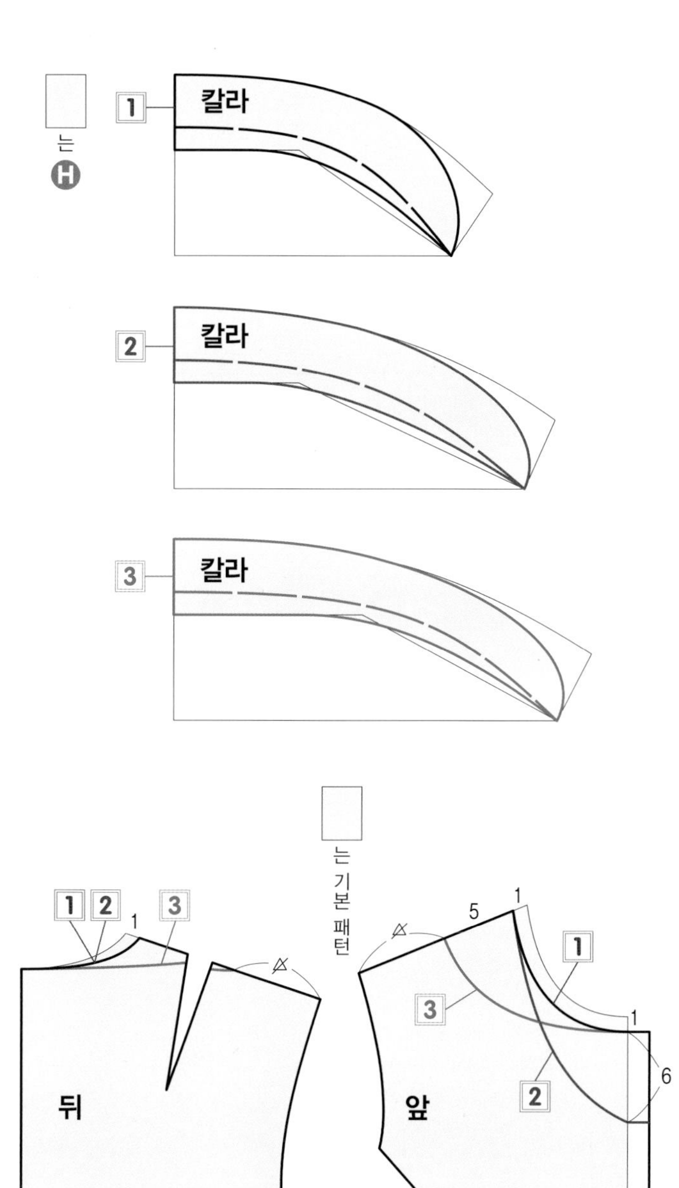

1

기본 목둘레

칼라 디자인 소개 예, 셔츠 칼라 Ⓗ 그대로. 부드러운 느낌의 곡선형 셔츠 칼라로 목 주위의 여유는 적고, 콤팩트하게 꼭 맞는 칼라가 된다.

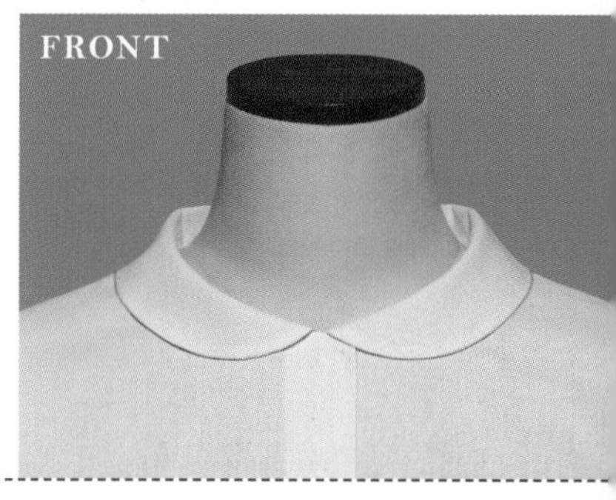

2

목둘레를 V넥으로

목둘레를 V넥으로 변경. 뒤 목둘레는 1과 같다. 칼라는 1보다 가로로 긴 패턴이 된다. FNP에서 크게 떨어져 둥글린 목둘레에 맞춰지도록 칼라를 그린다. 칼라 끝을 둥글린 귀여운 형태가 두드러지고 부드러운 느낌으로.

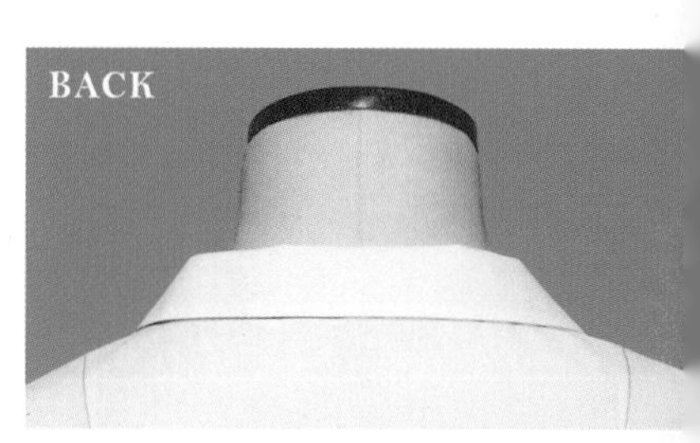

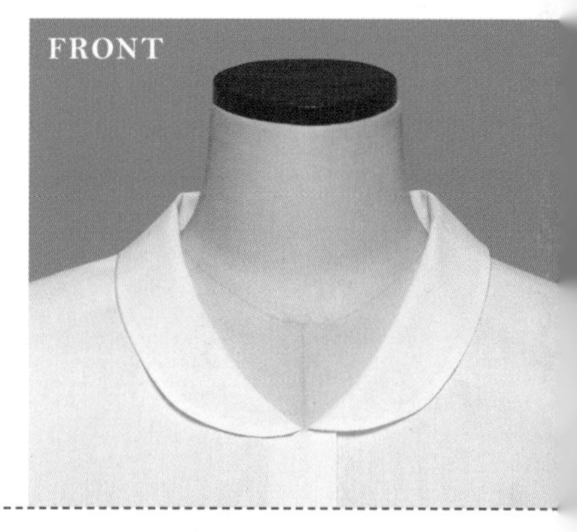

3

목둘레를 보트넥으로

목둘레를 보트넥으로 변경. 뒤 목둘레는 어깨 다트를 닫은 상태로 완만하게 그린다. 칼라는 2보다 더 가로로 긴 패턴이 된다. FNP와 BNP의 위치는 1과 같고, SNP만 크게 떨어뜨려 가로로 넓은 목둘레에 세워지도록 칼라를 단다. 롤 칼라풍의 느낌도 있는 스마트한 분위기로.

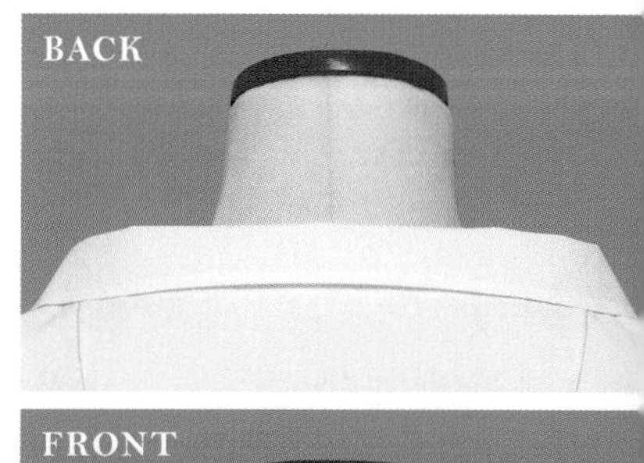

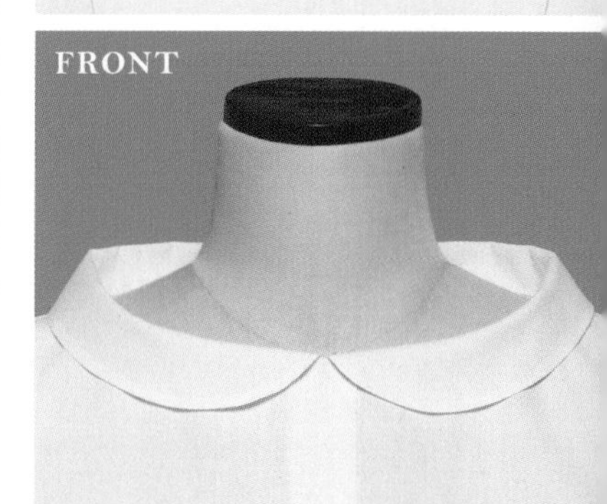

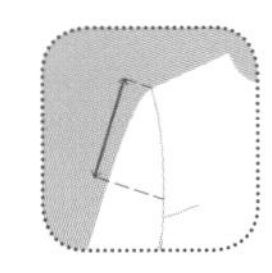

소매산 높이와 그 차이에 따른 비교

소매산 높이란?

소매산 높이란 소매 아랫점에서 소매산점까지의 수직 치수를 말한다. 결정하는 법은 '평균 어깨 길이'의 비율과 정해진 치수, 2가지 방법이 있다.

소매산점
소매산 높이
소매
소매 아랫점
소매 아랫점

평균 어깨 길이=(뒤 어깨 길이+앞 어깨 길이)÷2

평균 어깨 길이는 몸판의 진동 둘레 아랫점에서 SP까지 수직 치수의 평균값. 앞뒤 각각의 어깨 길이 치수를 사용해 계산한다.
평균 어깨 길이로 결정하는 소매산 높이는 이 값의 비율로 구한다.

SP
SP
뒤 어깨 길이
뒤
평균 어깨 길이
앞
앞 어깨 길이
진동 둘레 아랫점

같은 진동 둘레(AH)로 5종류

평균 어깨 길이를 사용하는 소매산 높이

높게 — 소매산이 높고, 폭이 좁은 소매로
낮게 — 소매산이 낮고, 넓은 소매로

기본 패턴으로 사용

평균 어깨 길이의 $\frac{5}{6}$	평균 어깨 길이의 $\frac{4}{5}$	평균 어깨 길이의 $\frac{3}{4}$	평균 어깨 길이의 $\frac{2}{3}$	평균 어깨 길이의 $\frac{1}{2}$

세트인 슬리브에 대응 ($\frac{5}{6}$ ~ $\frac{2}{3}$)
셔츠 슬리브에 대응 ($\frac{4}{5}$ ~ $\frac{1}{2}$)

*이 이하는 대응 불가. 제도 방법, 진동 둘레의 모양을 변경하고 소매산은 정해진 치수 (P.90-Ⓟ)로 한다

'세트인 슬리브'와 '셔츠 슬리브'의 차이와 특징

몸판 진동 둘레에 다는 일반적인 모양의 소매는 '여유분 줄임(P.15 참조)'의 유무로 2가지 타입으로 나뉜다. 각각의 특징을 살려서 디자인해보자.

세트인

- 소매산에 여유분 줄임을 해서 단다(소매산선의 길이를 몸판 진동 둘레선보다 길게 한다)
- 높은 소매산에 대응. 소매 폭은 좁아진다
- 형태감이 좋다. 꼭 맞는 몸판에 적합

셔츠

- 소매산에 여유분 줄임을 하지 않고 단다(소매산선의 길이를 몸판 진동 둘레선과 같은 치수로 한다)
- 낮은 소매산에 대응. 소매 폭은 넓어진다
- 캐주얼한 느낌이 강하다. 여유 있는 몸판에 적합

평균 어깨 길이의 $\frac{3}{4}$의 경우로 비교

* $\frac{3}{4}$은 '세트인 슬리브'와 '셔츠 슬리브' 양쪽에 달 수 있는 중간적인 높이

1 세트인

넓은 스트레이트로, 어깨 끝에 여유분 줄임의 부풀림이 생긴다. 셔츠 슬리브보다 소매산선이 길어지고 이 분량만큼 소매 폭이 넓어진다.

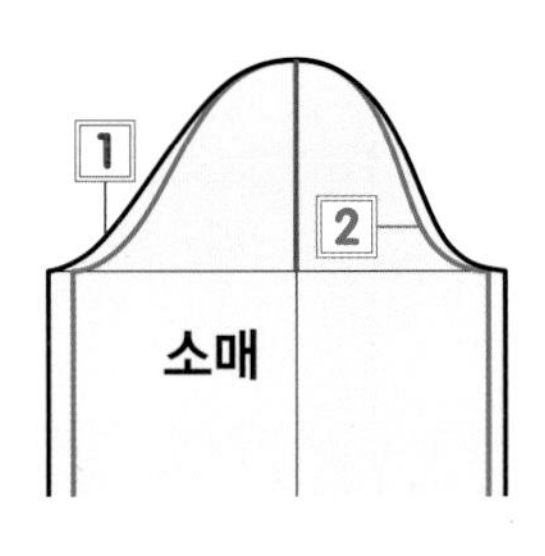

2 셔츠

소매산 높이가 같은 경우 여유분 줄임을 하지 않는 셔츠 슬리브는 소매산선이 짧아지고 이 분량만큼 소매 폭이 좁아진다. 어깨 끝은 당겨진다.

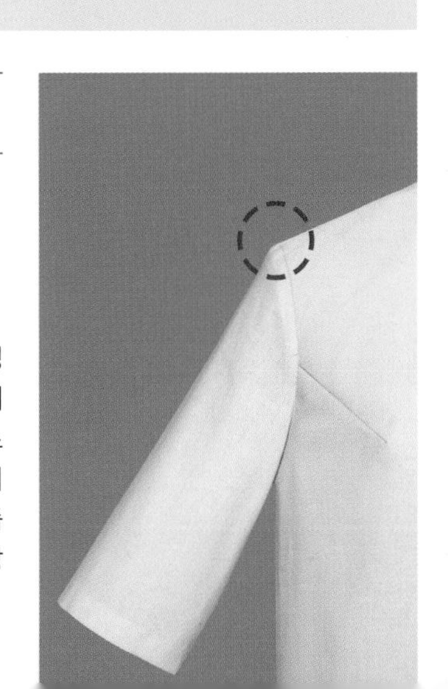

소매 패턴의 주축이 되는 소매산 높이는 디자인에 따라 최상의 균형이 있다.
또 같은 높이라도 여유분 줄임의 유무로 완성 모양이 달라진다.
소매산 높이 차이에 따른 각각의 제도와 특징을 익혀서 패턴 제작에 활용하자.
소개 예 몸판은 박시 라인 Ⓐ(P.18).

세트인 슬리브

1 평균 어깨 길이의 $\frac{5}{6}$

세트인 슬리브의 소매산 높이로는 높은 편이다. 소매 폭은 평균적. 어깨부터의 경사는 가파르고 몸판에 가깝게 붙어 팔 올리기는 힘들다.

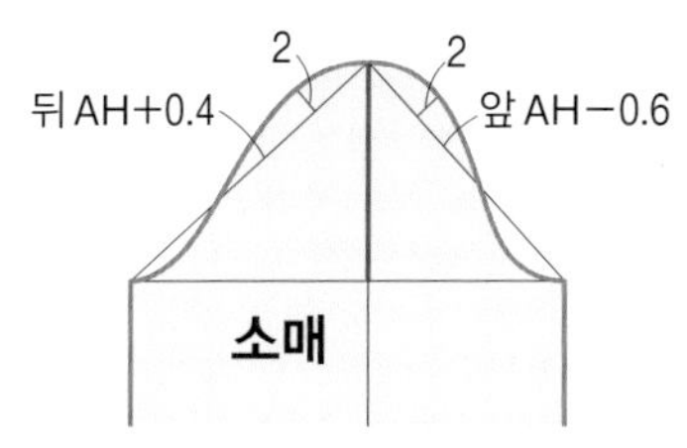

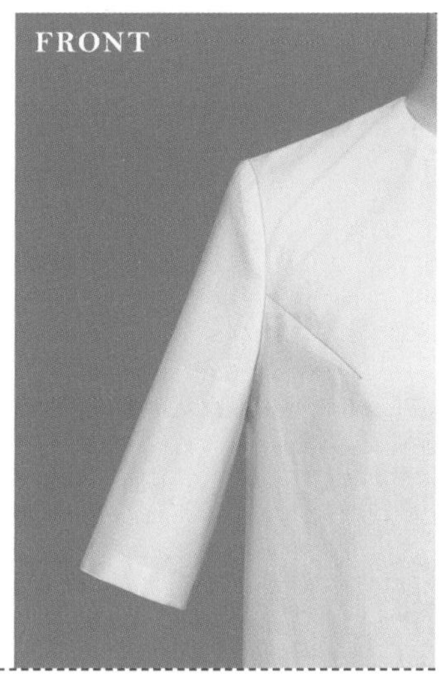

2 평균 어깨 길이의 $\frac{4}{5}$

폭넓은 디자인에 대응할 수 있도록 설정한 기본 패턴의 소매산 높이. 소매 폭은 조금 넓다. 어깨부터의 경사는 가파르다.

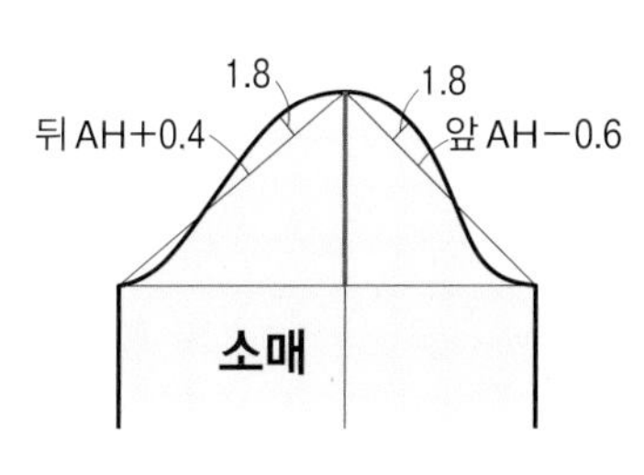

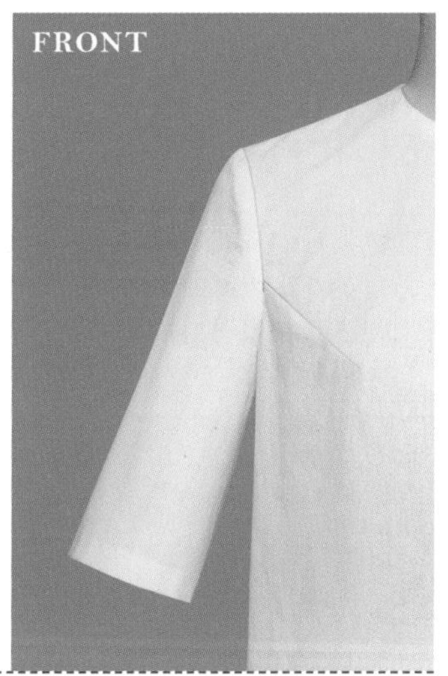

3 평균 어깨 길이의 $\frac{3}{4}$

세트인 슬리브의 소매산 높이로는 조금 낮다. 소매 폭도 넓어진다. 어깨부터의 경사가 완만해지고 몸판에서 떨어져 팔 올리기가 약간 수월하다.

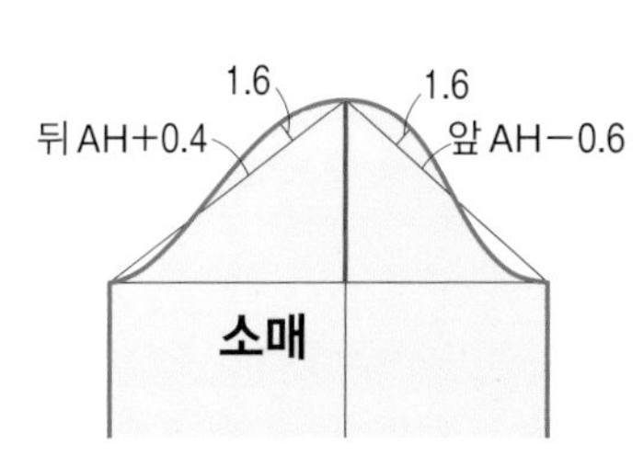

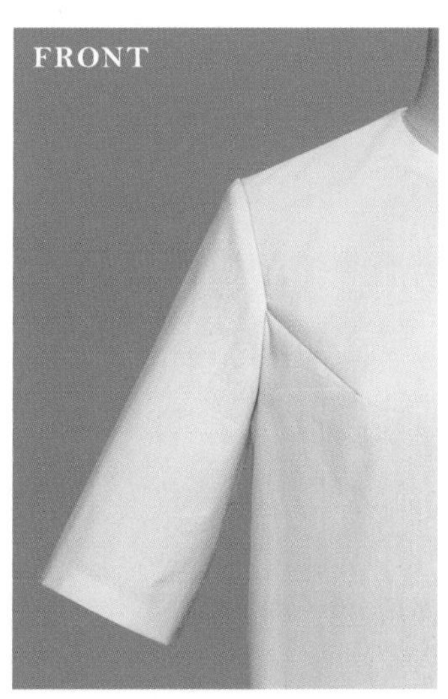

셔츠 슬리브

1 평균 어깨 길이의 $\frac{3}{4}$

셔츠 슬리브로는 높은 편인 소매산. 소매 폭도 비교적 좁고 어깨부터의 경사도 완만하다.

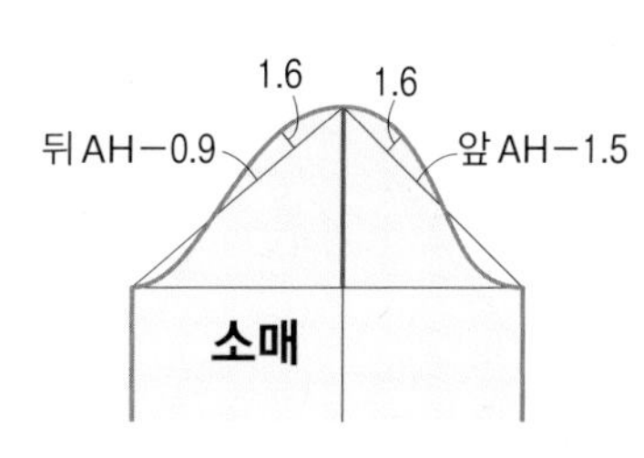

2 평균 어깨 길이의 $\frac{2}{3}$

소매산 높이는 보통. 소매 폭이 넓고 어깨부터의 경사가 더 완만해진다. 몸판에서 떨어져 팔 올리기가 꽤 수월해진다.

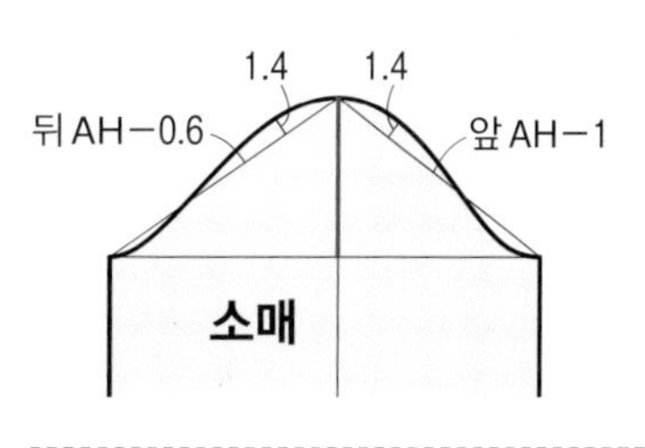

3 평균 어깨 길이의 $\frac{1}{2}$

소매산 높이는 최저. 소매산선의 부풀림도 적어진다. 소매 폭은 넓고 어깨부터의 경사도 최소가 된다. 몸판에서 많이 떨어져 팔 올리기가 상당히 수월해진다.

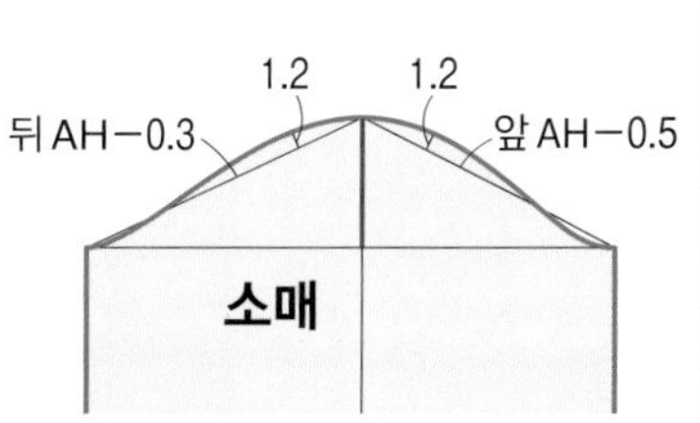

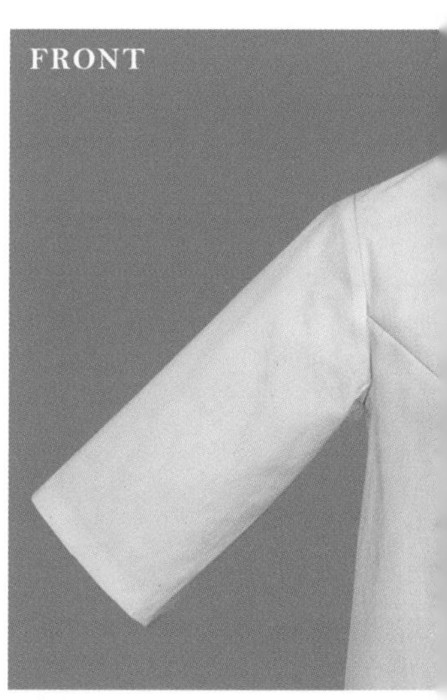

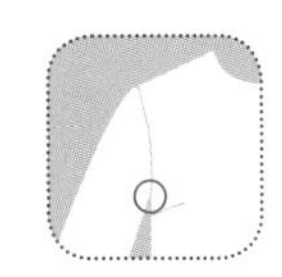

진동 둘레 아랫점 차이에 따른 소매 비교

옷 폭은 같아도 진동 둘레 아랫점을 내리면
진동 둘레의 모양이 달라지고 치수도 증가.
평균 어깨 길이의 비율이 같은 경우, 소매산은 높고 소매 폭도 넓어진다.
박시 라인 A(P.18)의 몸판과
세트인 슬리브 A(P.84)의 소매로 검증.

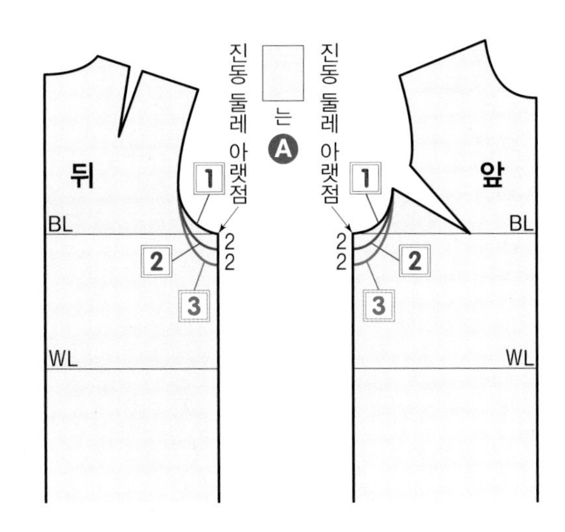

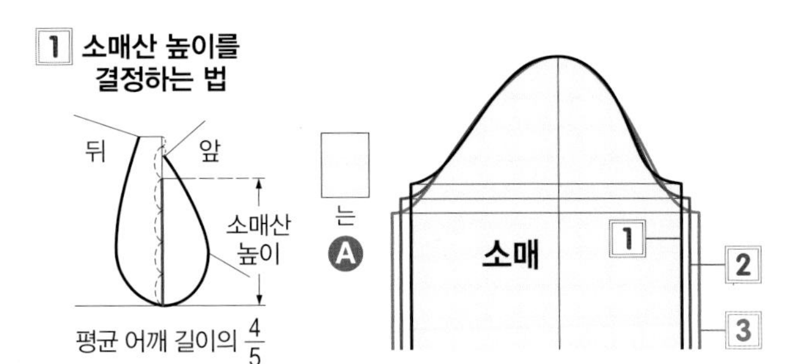

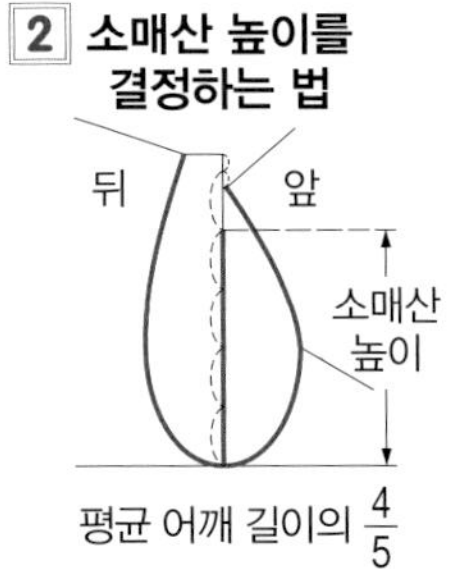

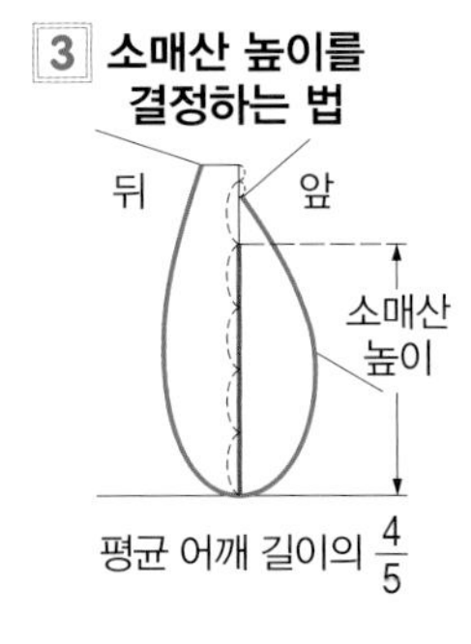

1 변경 없이

기본 패턴 그대로. 알맞게 여유가 있는 몸판과 소매의 평균적인 균형.

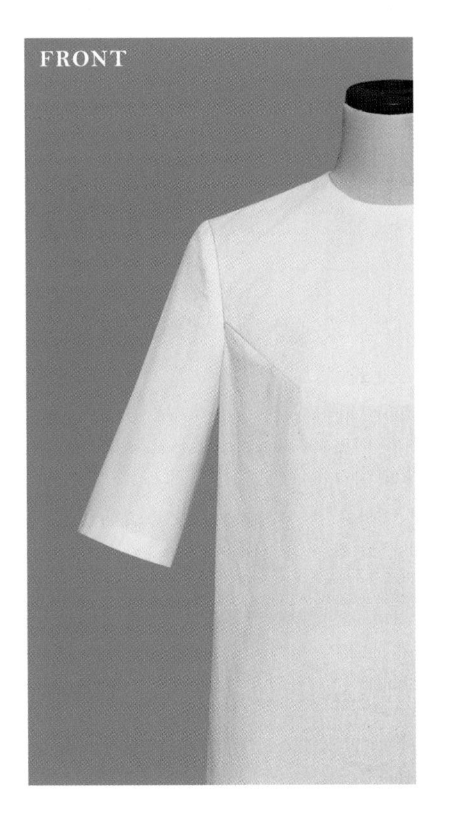

2 2cm 내린다

앞뒤 진동 둘레 아랫점을 2cm 내려 진동 둘레를 다시 그린다. 진동 둘레가 커져 소매산은 높고 소매 폭도 넓어진다. 소매 여유는 많아지지만 팔 올리기는 조금 어렵다.

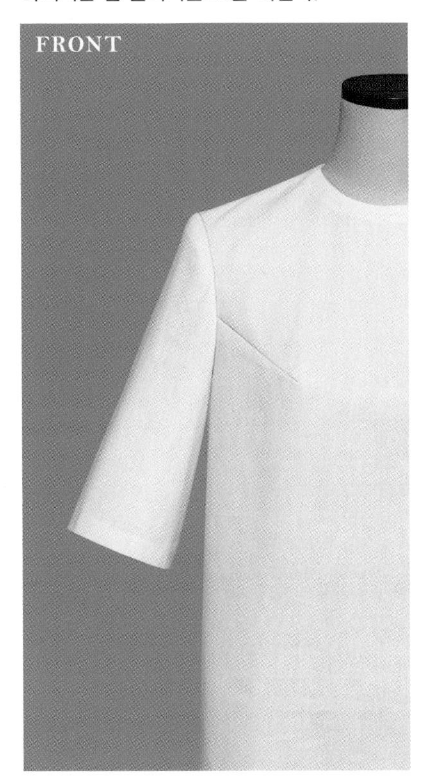

3 4cm 내린다

앞뒤 진동 둘레 아랫점을 4cm 내려 진동 둘레를 다시 그린다. 진동 둘레가 한층 커져 소매산은 더 높고 소매 폭도 넓어진다. 소매 여유는 충분하지만 팔 올리기는 어렵다.

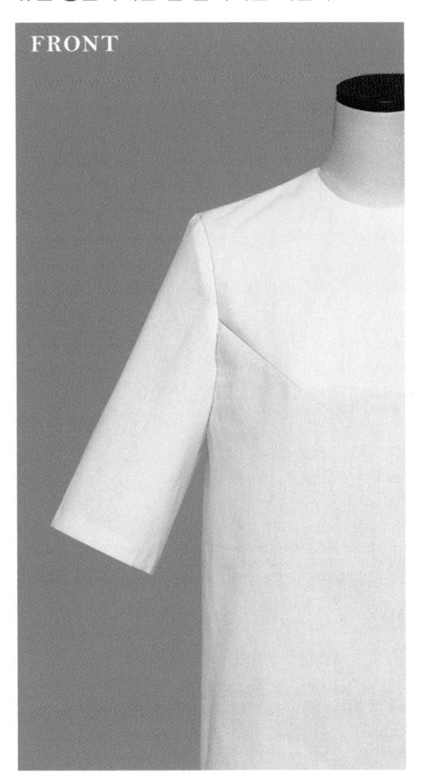

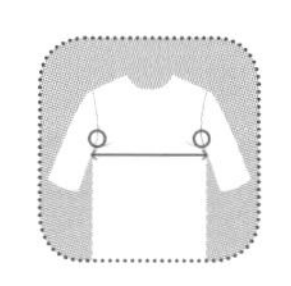

진동 둘레 아랫점과 옷 폭 차이에 따른 소매 비교

왼쪽 페이지의 진동 둘레 아랫점 이동에 맞춰
P.116과 같은 방법으로 옷 폭도 늘리면 완성품의 차이가 현저하다.
변경에 따라 진동 둘레의 모양이 달라지고 치수도 증가한다.
평균 어깨 길이의 비율이 같은 경우 소매산은 높고 소매 폭도 넓어져
몸판은 원래보다 소매 여유도 많아진다.
박시 라인 Ⓐ(P.18)의 몸판과 세트인 슬리브 Ⓐ(P.84)의 소매로 검증.

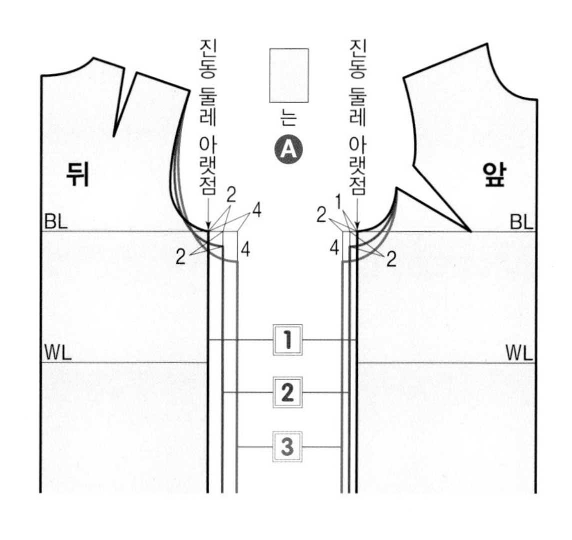

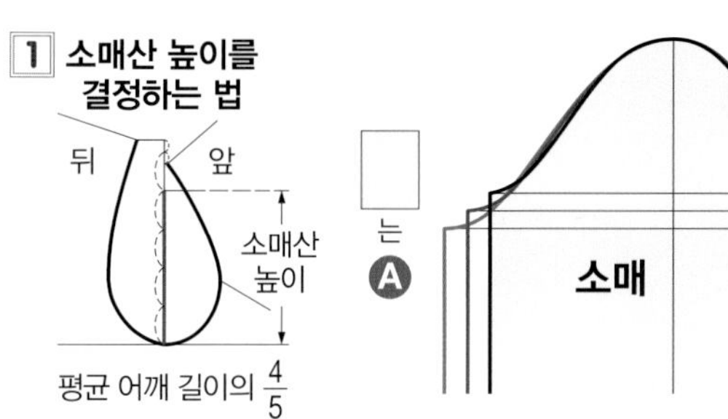

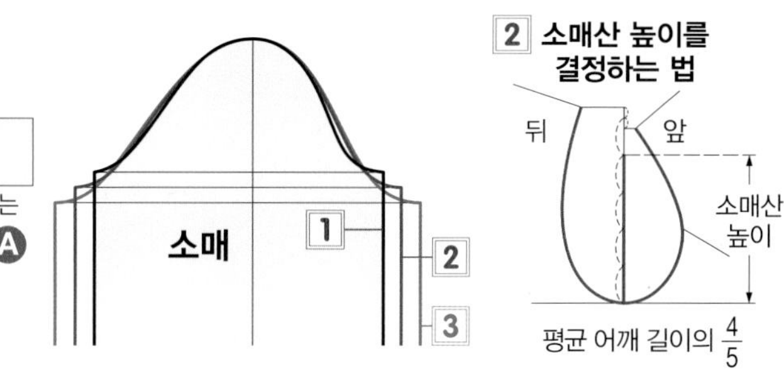

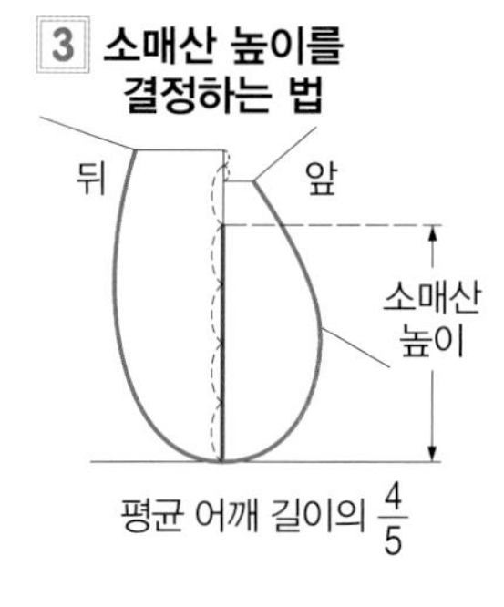

1 변경 없이

기본 패턴 그대로. 알맞게 여유가 있는 평균적인 균형의 몸판과 소매. 옷 폭은 전체에서 95cm(9호의 경우).

2 옷 폭을 전체에서+6cm 진동 둘레 아랫점을 2cm 내린다

옷 폭을 평행으로 추가. 앞뒤 진동 둘레 아랫점을 내려 진동 둘레를 다시 그린다. 옷 폭이 전체에서 6cm 늘어나고 소매도 넓어진다. 낙낙한 라인으로.

3 옷 폭을 전체에서+12cm 진동 둘레 아랫점을 4cm 내린다

옷 폭을 평행으로 추가. 앞뒤 진동 둘레 아랫점을 내려 진동 둘레를 다시 그린다. 옷 폭이 전체에서 12cm 늘어나고 소매도 넓어져 볼륨 있는 실루엣으로.

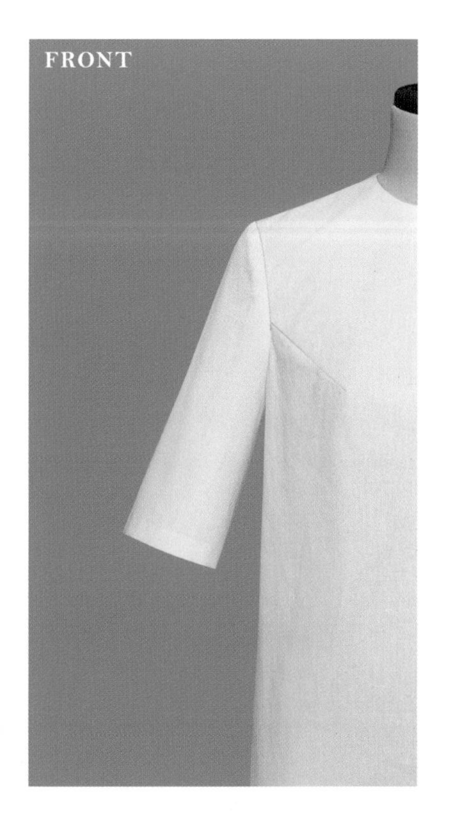

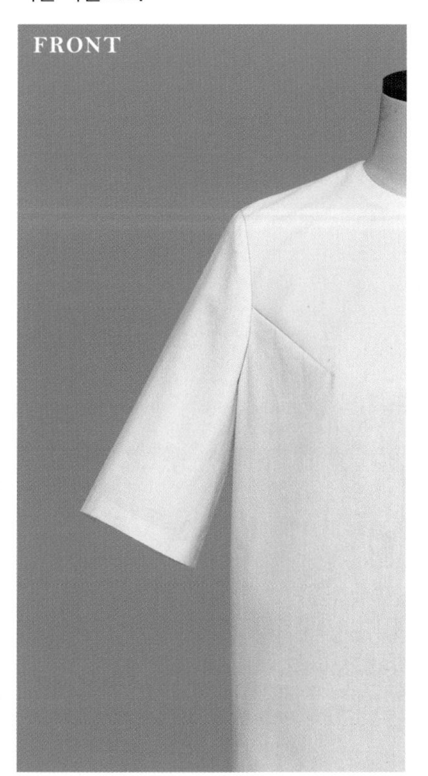

천 차이에 따른 비교

같은 패턴을 사용해도 소재에 따라 표정이나 볼륨감 등이 달라진다.
옷 만들기에서 중요한 역할을 담당하는 천. 만들고 싶은 디자인의 완성 이미지에 맞춰 신중하게 선택하자.
토대로 한 패턴은 A라인 Ⓢ(P.36).

1 처짐이 있는 레이온

천의 무게로 아래쪽으로 당겨지고, 바이어스인 옆이 늘어져 양옆이 자연스럽게 내려간다. 플레어 물결은 얕고 개수가 많아 옆으로 치우친다. 옆 퍼짐이 억제되어 볼륨은 최소. 몸에 맞춰지는 섬세한 이미지.

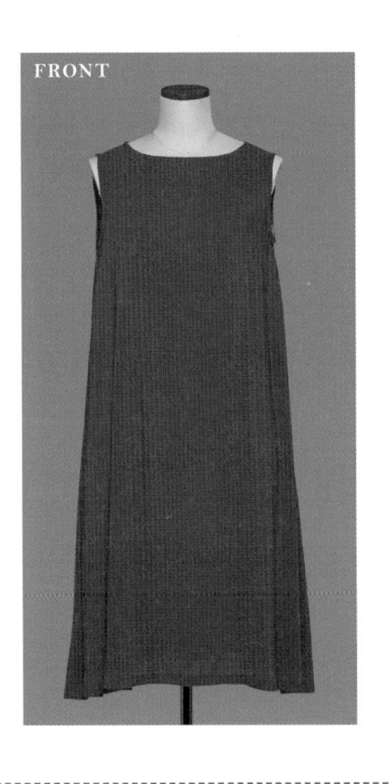

2 신축성이 적은 면 폰테(더블 저지)

니트 소재이지만 알맞게 두께감이 있고 신축성이 적어 모양을 유지한다. 옆 처짐은 생기지 않는다. 무게가 있어 퍼짐은 적고, 플레어 물결은 개수가 많아 직선적으로 밑단까지 들어간다. 볼륨은 덜하다. 우아하고 부드러운 이미지.

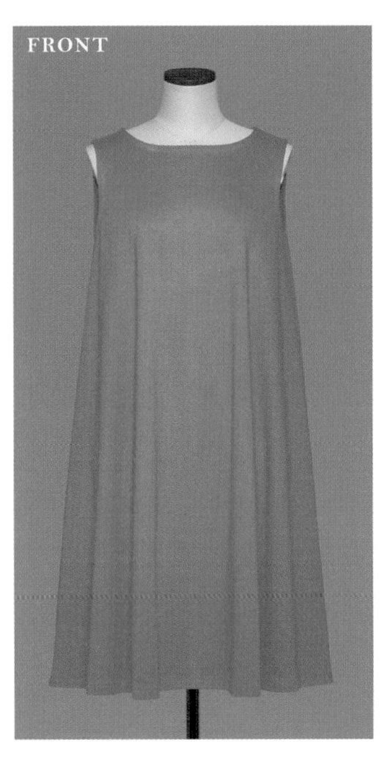

3 조금 장력이 있는 얇은 면 (소개 작품에 사용한 천과 같다)

적당한 장력과 두께를 지닌 기본적인 천. 플레어 물결의 개수는 Ⓢ와 같고, 밑단은 알맞게 퍼진다. 옆선은 밑단 쪽으로 완만한 곡선 모양. 볼륨은 있어도 과하지 않고 사랑스러운 이미지.

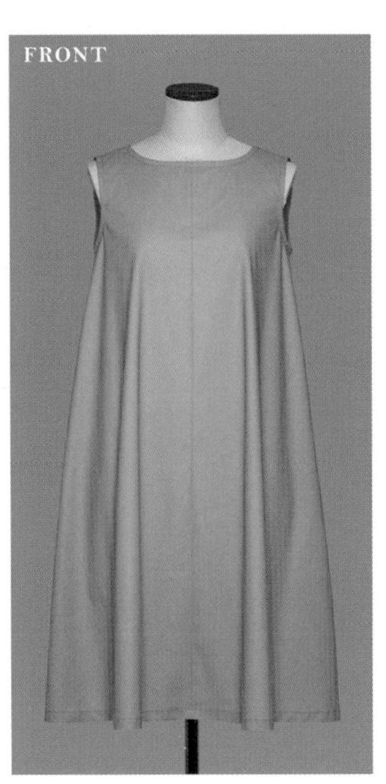

4 장력이 강한 마 평직

강한 장력으로 퍼짐이 생기고 볼륨은 최대. 플레어 웨이브가 크게 물결친다. 풍성하고 와이드한 A라인 실루엣으로 공기처럼 가벼운 느낌이 커져 우아하고 경쾌한 이미지.

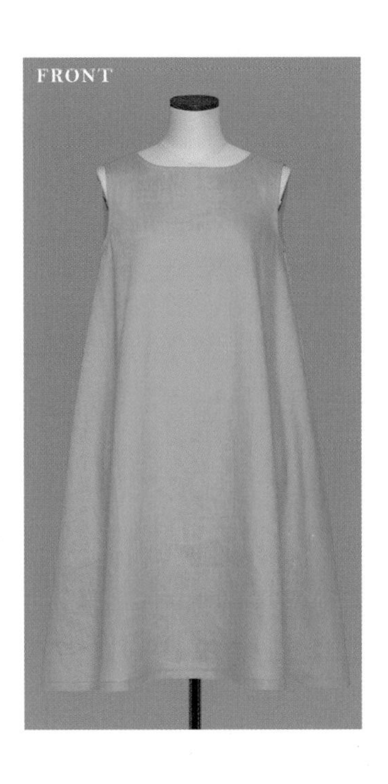

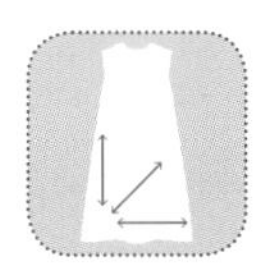

올 방향 차이에 따른 비교

소재의 차이뿐만 아니라 같은 천을 사용해도 올 방향에 따라 장력이나 표정이 변하고 완성품에 차이가 생긴다.
보더나 체크 등의 무늬 원단은 특히 현저하다. 적당한 장력이 있는 스트라이프 무늬의 면 트윌을 사용해 비교한다.
토대로 한 패턴은 A라인 Ⓢ(P.36). 뒤 몸판도 올 방향은 같다.

세로 방향

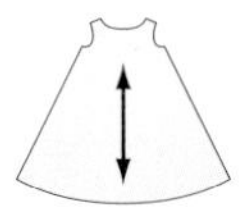

천의 올이 중심선과 평행. 스트라이프의 시각 효과로 세로로 가늘고 길어 보인다. 세로 실의 장력이 강하기 때문에 옆쪽 플레어가 세로 방향으로 흐르고 퍼짐은 적다.

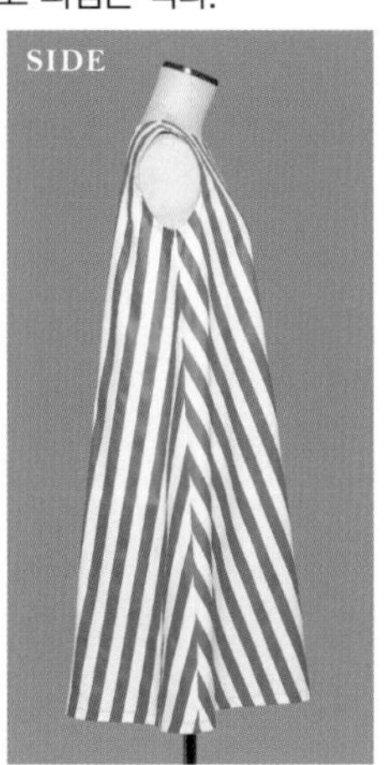

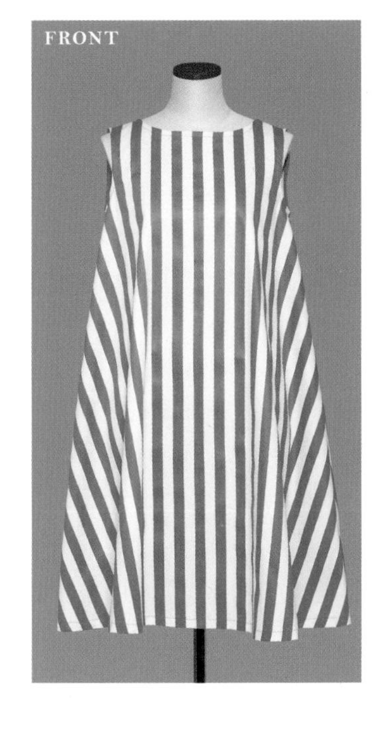

가로 방향

천의 올이 중심선과 직각. 세로 실의 강한 장력으로 가로로 넓게 퍼지고, 플레어도 밑단에서 옆쪽으로 흐른다. 보더 무늬의 시각 효과도 한몫한다. 와이드한 A라인으로.

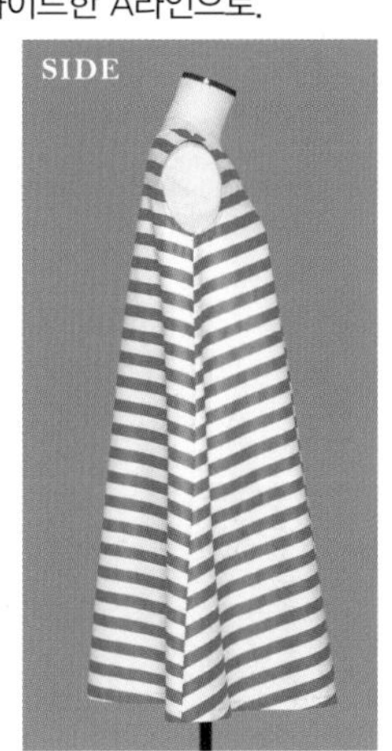

바이어스

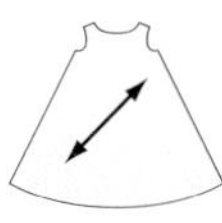

천의 올이 중심선과 사선 방향. 세로 방향의 신축성으로 드레이프가 더해지고 볼륨이 덜한 실루엣이 된다. 비스듬한 라인과 조화를 이루어 부드럽고 경쾌한 느낌. 좌우 올 방향이 달라지기 때문에 세로 실의 강한 장력으로 실루엣이 좌우 비대칭이 되기 쉽다.

바이어스

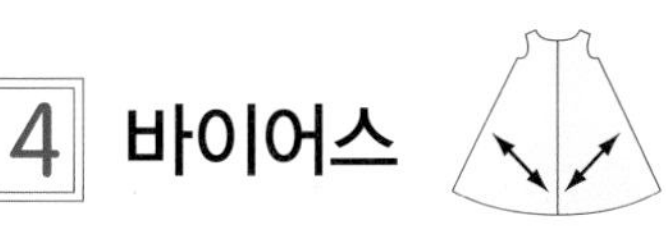

천의 올은 중심선과 사선 방향. 중심을 솔기로 해서 좌우 대칭으로. 3 과 같이 흘러내리는 깔끔한 실루엣. 좌우 올 방향이 동일하기 때문에 같은 장력으로 균형은 흐트러지지 않는다.

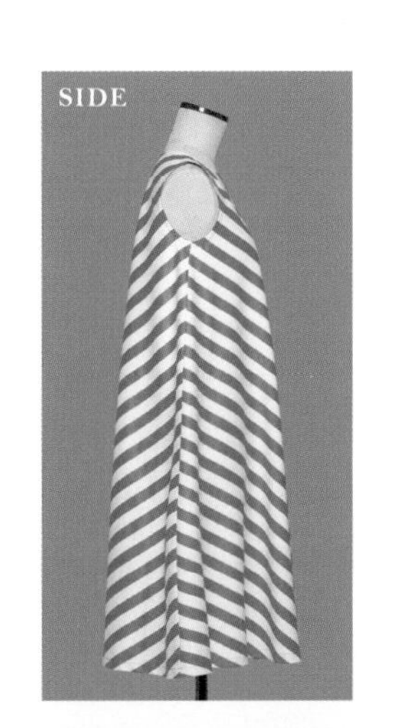

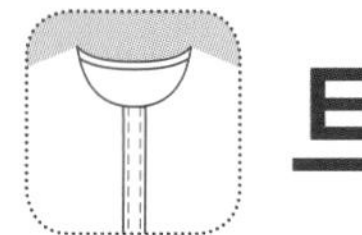

트임 종류

"목둘레가 작아 머리가 안 들어간다",
"허리가 꽉 껴 머리 위로 입을 수 없다"와 같은 경우 '트임'이 필요하다.
여기서는 옷을 입고 벗기 위해 만드는, 대표적인 6종류의 트임을 소개한다. 아래 예의 몸판은 기본 패턴.

*각 치수는 임의. 디자인에 따라 적당히 조정

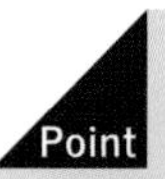

Point **트임을 생각하는 법**

트임을 만들지 않고 머리 위로 입는 옷을 만들 때는 옷 폭과 목둘레 치수를 확인하자. 옷 폭은 머리에서 조금 떨어져 팔을 똑바로 들어 올렸을 때 팔을 포함한 몸의 바깥쪽 둘레+5cm(여유분)로, 목둘레는 머리둘레+3cm 이상으로 완성한다. 중간까지의 트임을 만들 경우는 트임 길이를 포함해 이 치수가 되도록 조정한다.

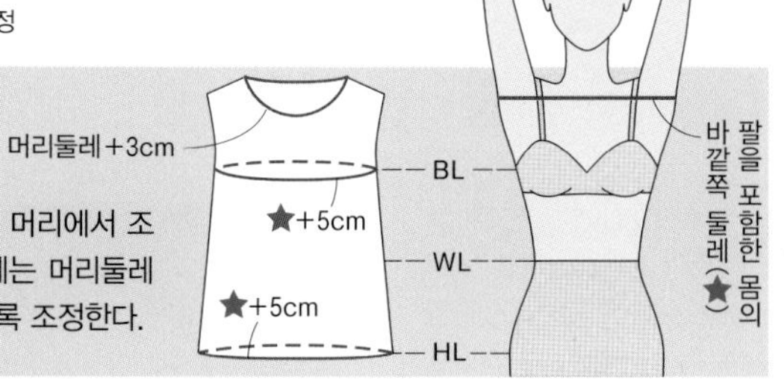

1 숨김 지퍼 *박는 법은 P.160 참조

숨김 지퍼를 사용해
솔기처럼 보이는 트임.

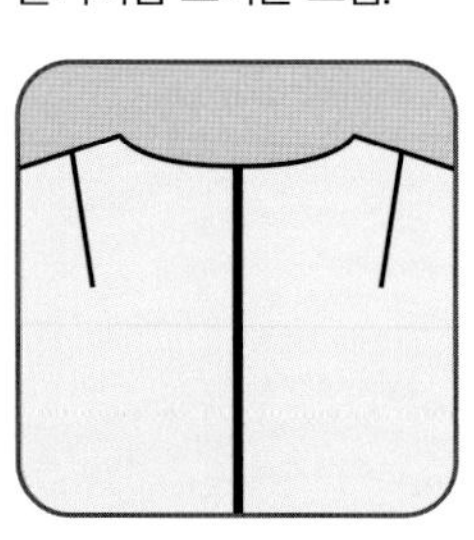

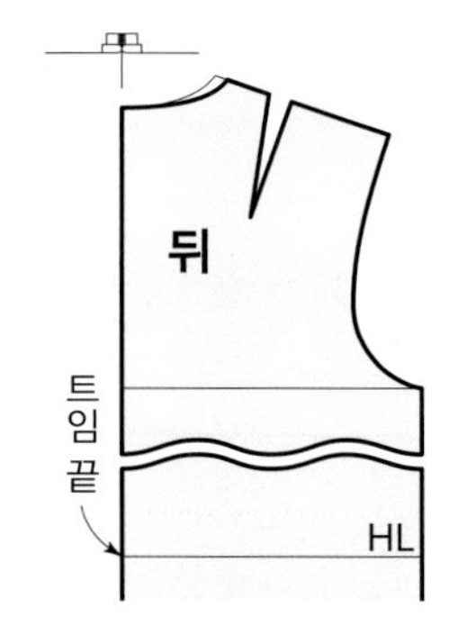

2 앞단 *박는 법은 P.164 참조

끝에 가늘고 긴 천을 끼워서 만든 밑단까지의 트임.

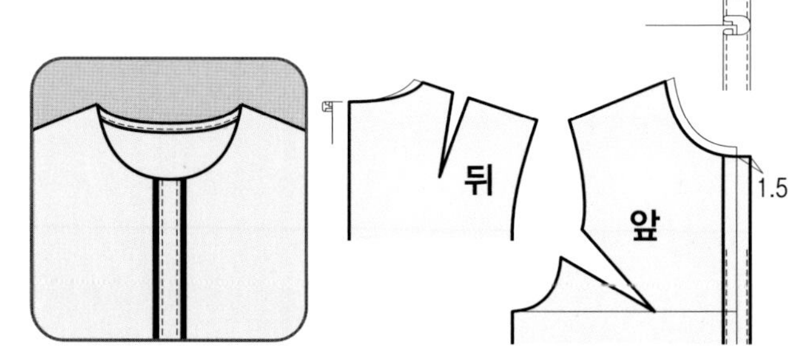

3 안단 *박는 법은 P.166 참조

끝을 안단으로 마무리하는 트임. 안단은 이어서
재단하는 방법이 손쉽다.

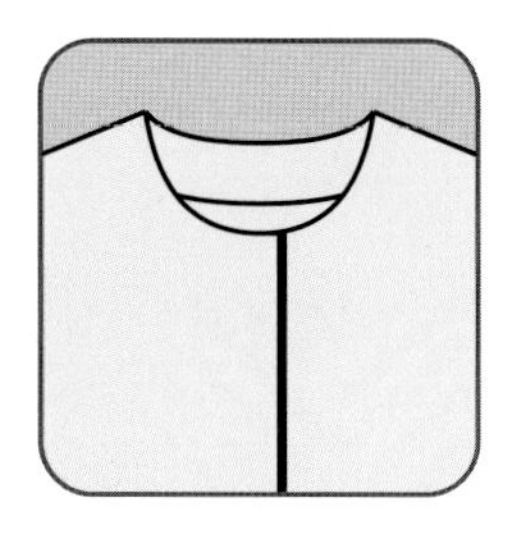

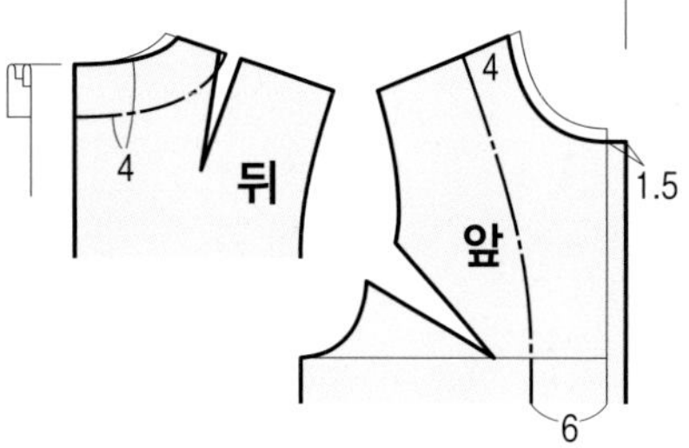

4 덧단 *박는 법은 P.168 참조

가위집을 넣어 만든 중간까지의 트임.
직사각형의 가늘고 긴 천을 단다.

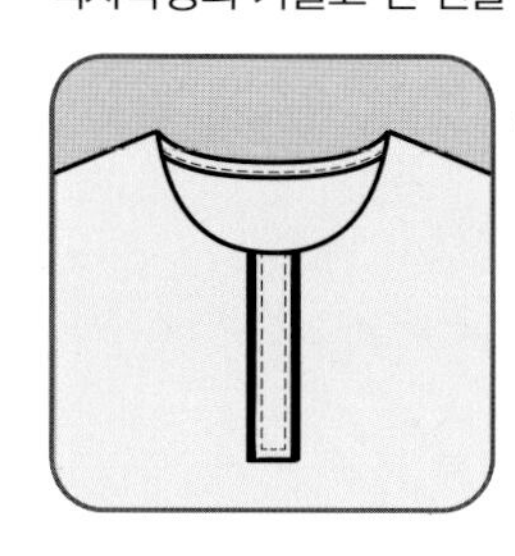

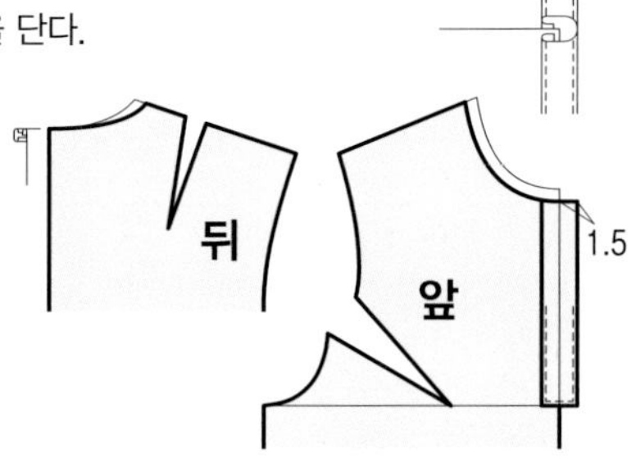

5 슬래시 *박는 법은 P.159 참조

가위집을 넣어 만든 트임. 트임 부분에 안단을 달고
가위집을 넣어 박아 뒤집는다.

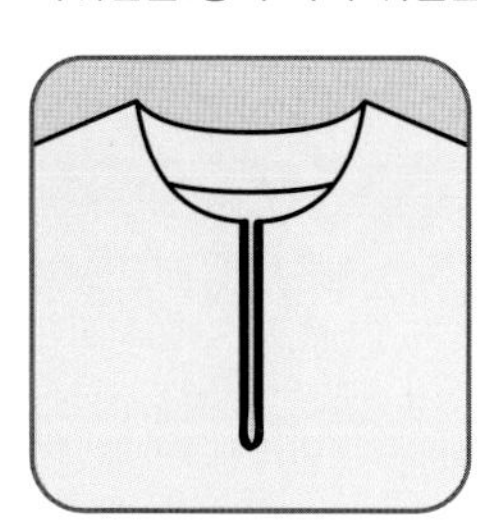

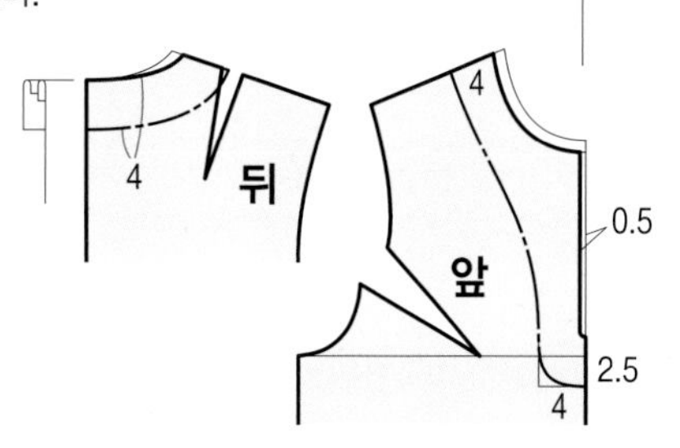

6 티어드롭형 트임(티어드롭 플래킷)

5의 응용. 눈물방울 모양의 트임. 안단으로 박아 뒤집는 것 이외에
파이핑으로 마무리하는 방법 등이 있다.

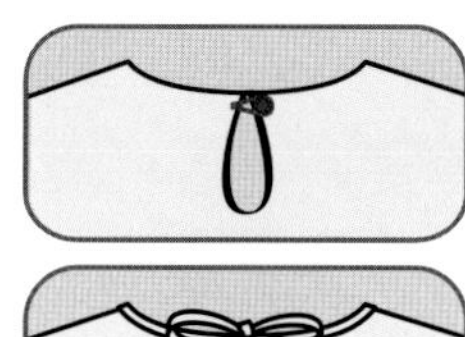

 → 치수 재기…P.12

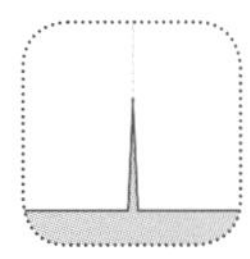

소맷부리와 밑단 트임 종류

소맷부리나 밑단 트임은 기능성이나 장식을 위해 만든다. 다양한 디자인과 방법이 있지만, 커프스 디자인을 포함한 소맷부리 트임 4종류, 밑단 트임 2종류를 소개한다. 아래 예의 몸판과 소매는 기본 패턴.

*각 치수는 임의. 디자인에 따라 적당히 조정

Point

소맷부리 트임을 생각하는 법

커프스 다는 치수가 긴소매는 '손바닥 둘레+3cm' 이하, 반소매는 '위팔 둘레+3cm' 이하인 경우 트임이 필요. 이 치수 이상이면 트임이 없어도 OK.

커프스 다는 법

커프스 다는 법은 겹침분인 밑덧단을 남기는 방법(**A**)과 밑덧단까지 소매를 달아 겹치는 방법(**B**) 2종류가 있다.

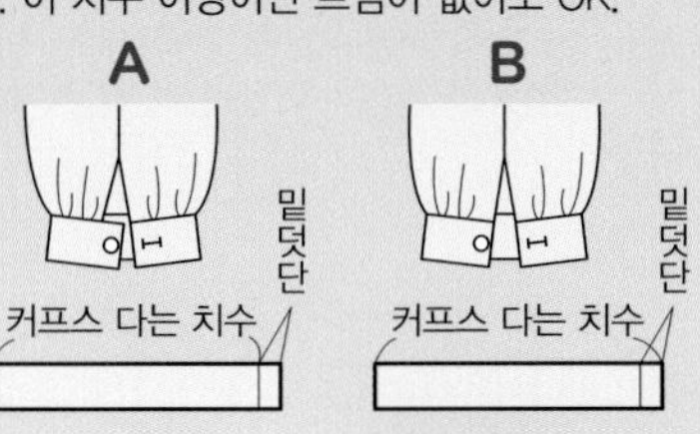

밑단 트임을 생각하는 법

발걸음이 편하려면 길이가 길어질수록 밑단 둘레 치수가 많이 필요. 보폭에 따라 차이는 있지만 그림을 참조해 필요한 치수보다 적은 경우는 트임을 만들어 커버한다.

스커트 길이 / 최소한으로 필요한 밑단 둘레 치수
50cm — 94cm
60cm — 100cm
70cm — 126cm
80cm — 134cm
90cm — 146cm

*엉덩이둘레 91cm, 보폭 67cm의 경우

보폭

소맷부리

1 덧단

가위집을 넣어 만든 트임. 얇게 완성하려면 안쪽을 파이핑으로 마무리하고 바깥쪽에 덧단을 단다. 덧단 끝을 삼각으로 한 것은 '뾰족단'이라고도 한다.

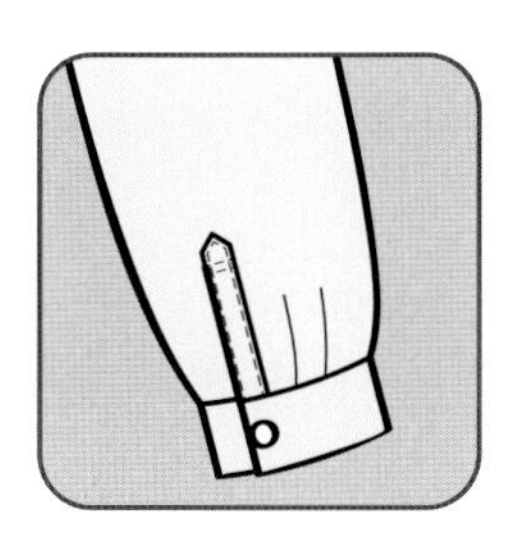
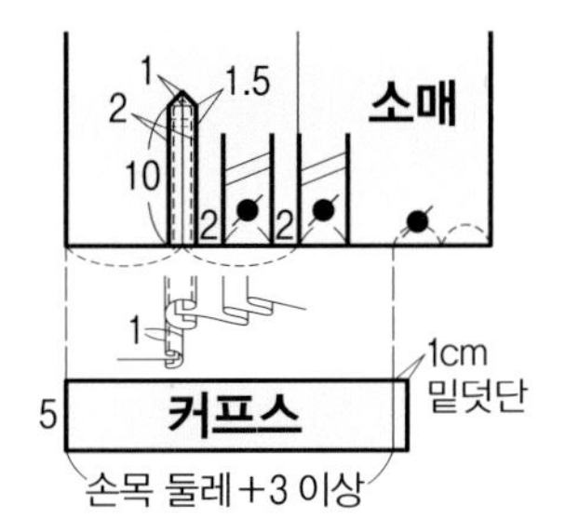

2 슬래시 (파이핑)

가위집을 넣어 만든 트임. 재단 끝을 파이핑으로 마무리하고 앞쪽 파이핑을 안쪽으로 접어 넣어 마무리한다.

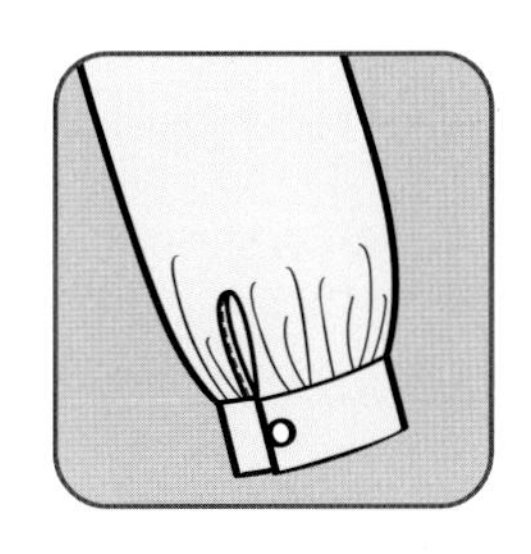
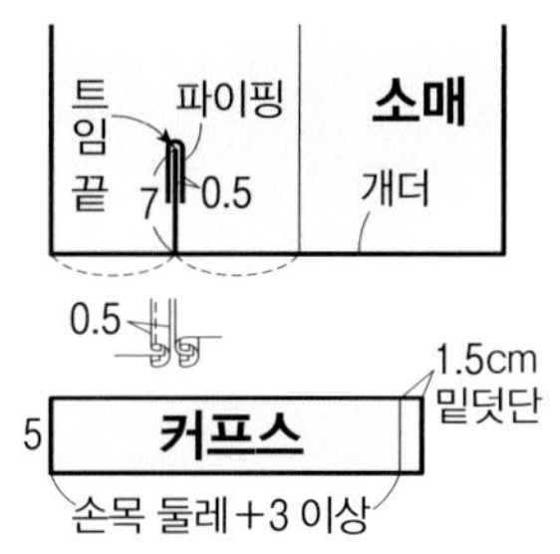

3 솔기 이용

소매 밑이나 이음선의 솔기를 이용해 만든 트임. 일부분을 박지 않고 트임으로 한다. 간단함이 이점.

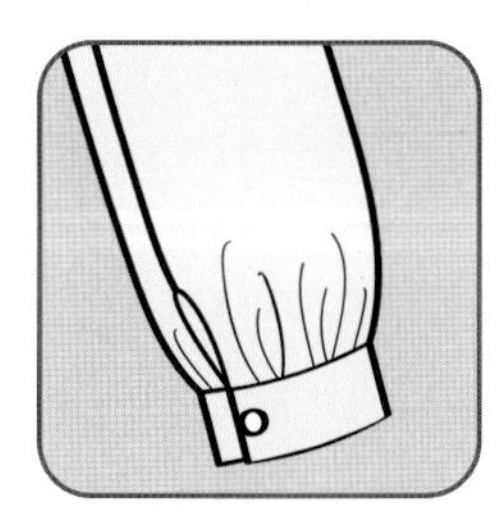
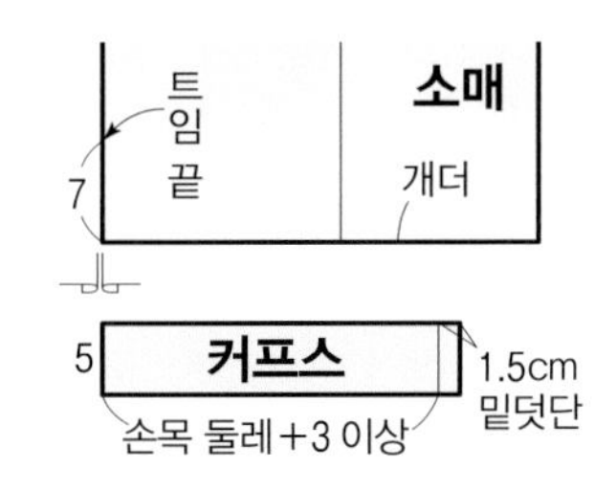

4 슬릿

솔기를 이용해 만든 트임. 트임 부분을 남겨 소매 밑을 박아 시접을 가르고, 겉끼리 맞대어 트임 부분을 박은 뒤 겉으로 뒤집는다.

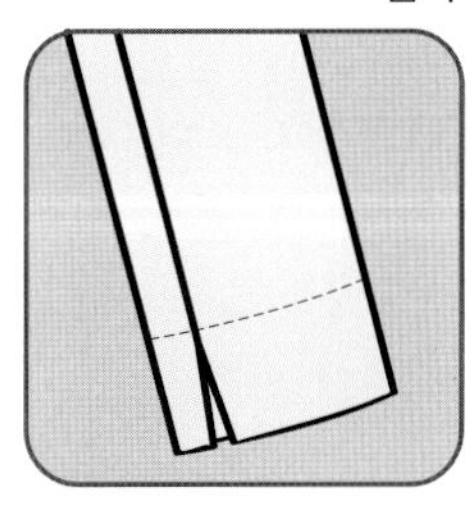
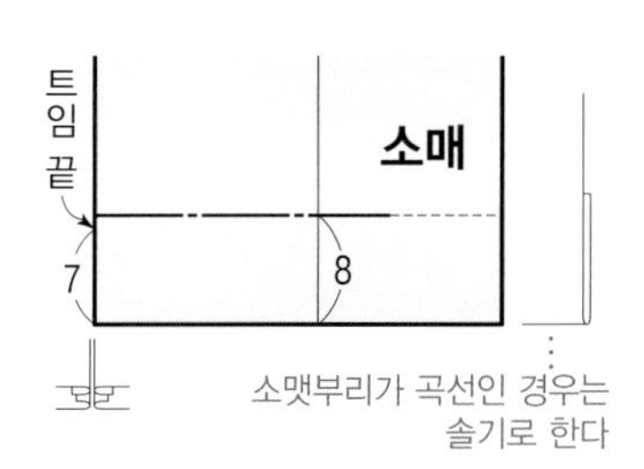

밑단

1 벤트

겹침이 있는 기본적인 트임. 한쪽에 안단, 다른 한쪽에 밑덧단을 달아 겹친다. 뒤 중심 솔기를 이용해 만든다.

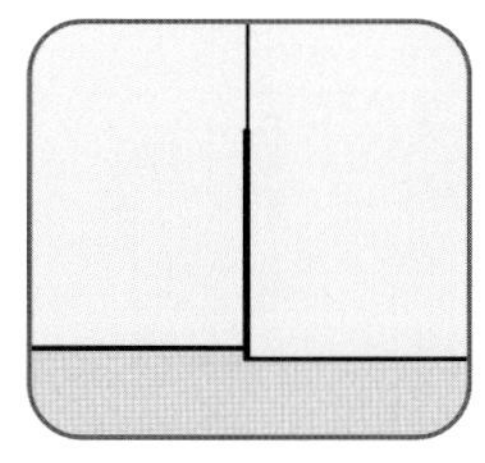
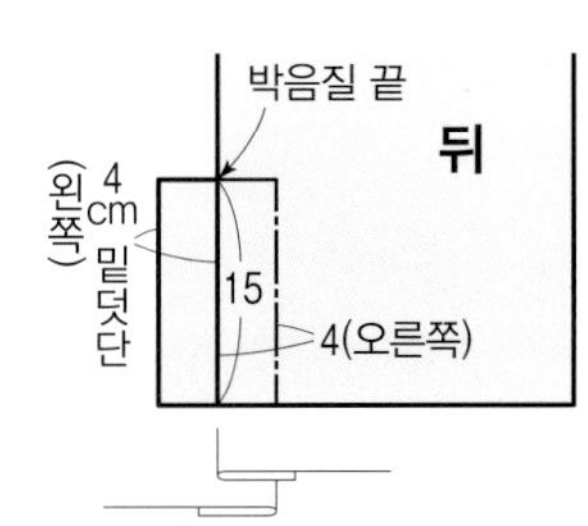

2 슬릿

겹침을 만들지 않고 자른 듯이 보이는 트임. 트임 부분에 안단을 달아 완성한다. 중심이나 옆 솔기를 이용.

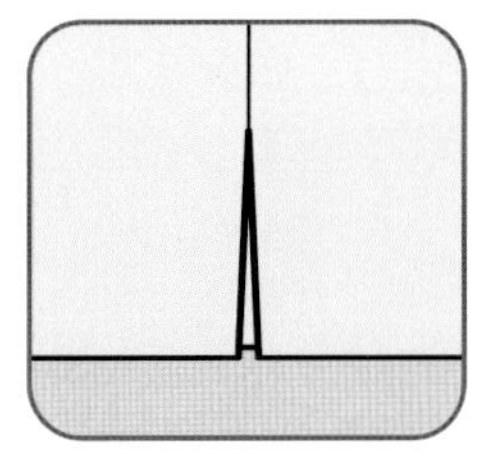
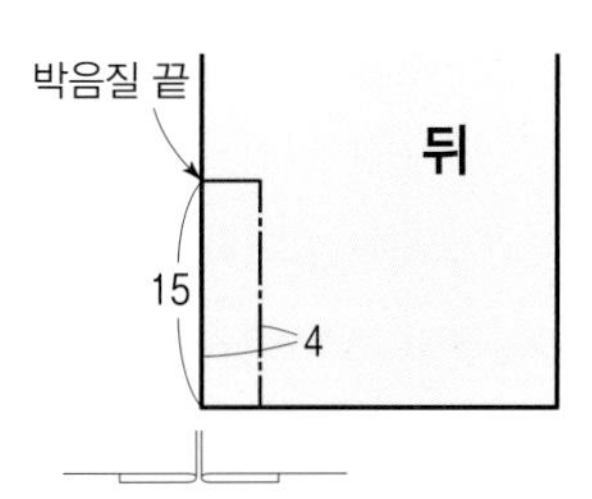

→ 치수 재기…P.12

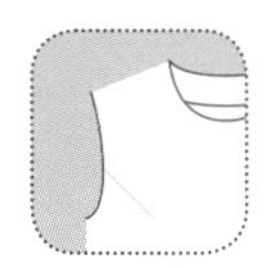

목둘레 & 진동 둘레 마무리 종류

칼라나 소매를 달지 않는 칼라리스 & 슬리브리스 디자인에 사용하는 대표적인 4종류의 마무리와 유형 예를 소개한다. 아래 예의 몸판은 기본 패턴.

*각 치수는 임의. 디자인에 따라 적당히 조정

1 폭이 넓은 안단

어느 정도 폭이 있는 안단으로 목둘레와 진동 둘레를 박아 뒤집는 방법. 기본은 몸판, 안단을 각각 어깨선과 옆선을 박은 뒤 안단을 단다. 어깨너비가 좁은 디자인은 가는 바이어스 천을 안단으로 해 완성한다. *박는 법은 P.150, 152 참조

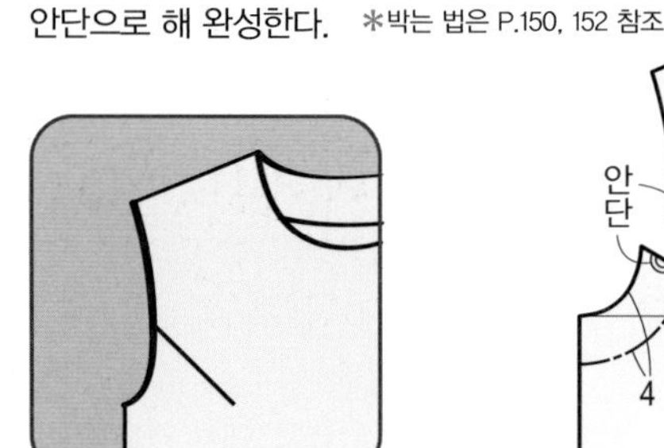

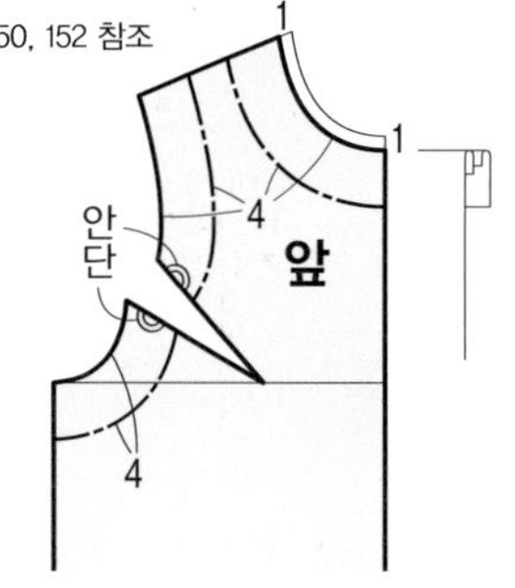

2 이어진 안단

목둘레에서 진동 둘레까지 커버하는 모양의 안단을 단 상급 재봉 기술. 뒤 중심에 트임이 있는 경우 어깨와 박은 뒤 안단을 달아 겉으로 뒤집는다. 그다음 뒤 중심과 옆을 박는다.

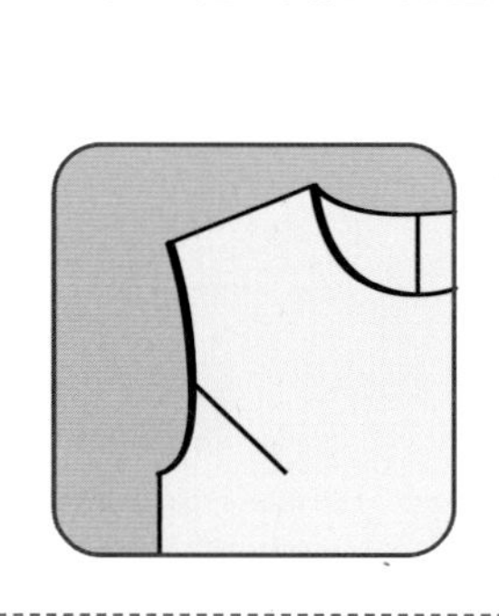

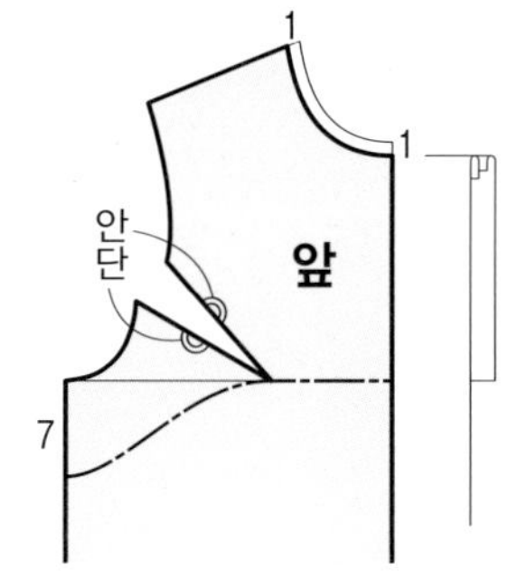

3 바이어스 안단

폭이 좁은 바이어스 천이나 시판하는 바이어스테이프를 사용해 마무리하는 방법. 안단으로 목둘레와 진동 둘레를 박아 뒤집고 스티치로 누르거나 감침질해 안단을 고정한다.

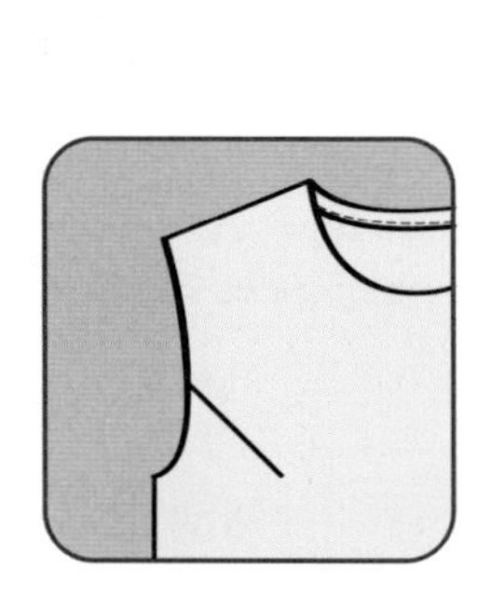

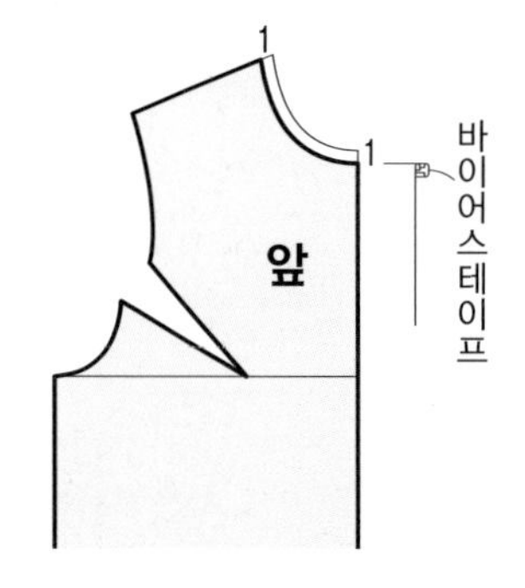

4 파이핑

폭이 좁은 바이어스 천으로 목둘레와 진동 둘레를 감싸는 방법. 정통적인 박는 법은 몸판의 겉쪽에 바이어스 천을 박고 안쪽으로 뒤집어 숨겨박기나 스티치 등으로 고정한다. 시판하는 바이어스테이프 등을 사용해 악센트를 주는 경우도 있다.

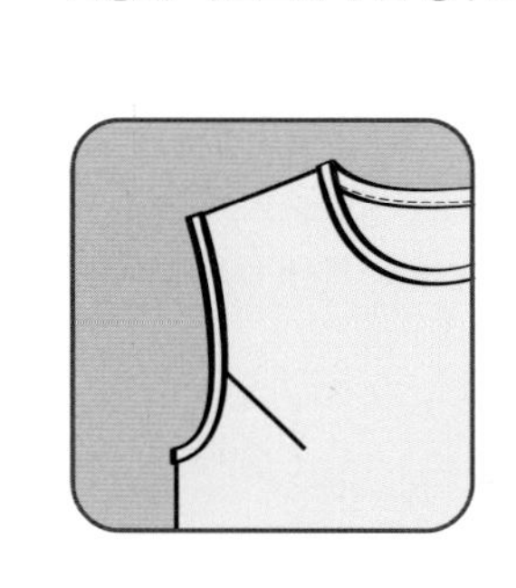

Point 목둘레, 진동 둘레 마무리 유형의 예

마무리 방법은 같아도 그 완성법은 다양하다. 스티치는 고정력이 강하지만 인상은 캐주얼하고, 감침질은 고정력은 약하지만 섬세하고, 숨겨박기는 겉에서 보이지 않아 거친 느낌이 적다. 이와 같이 약간의 차이로 느낌이 달라지기 때문에 완성 이미지에 따라 구별해 사용하자.

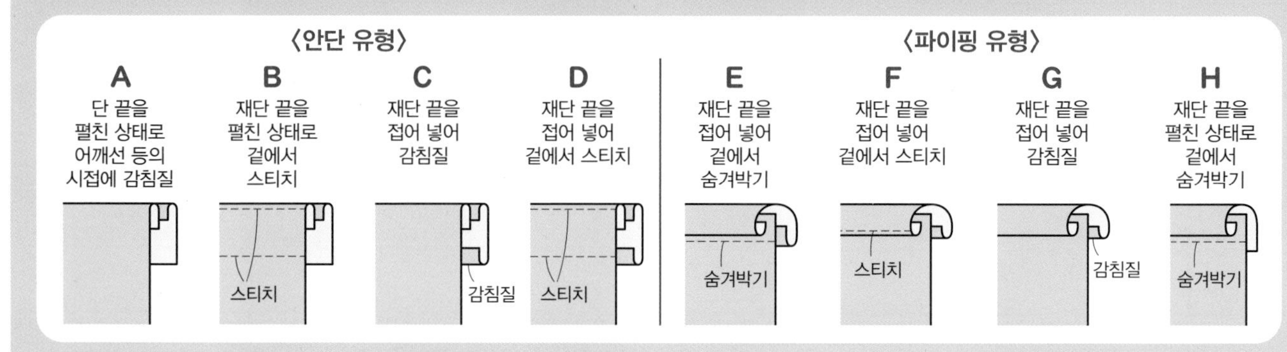

독창적인 디자인의 제작 과정을 배운다

실습

여기가 이 책의 핵심이다.
'기초 강의', '특별 강의'에서 배운 지식을 살려 실천하기 위한 필수 수업이기 때문이다.
실제로 자신만의 특별한 디자인과 패턴을 만드는 과정에 대해 설명한다.
마루야마 하루미 선생이 토대가 되는 기본 패턴과 디자인을 응용해
완성한 오리지널 작품도 소개한다.

디자인 결정하는 법

1 이미지를 결정한다

어떤 느낌의 원피스를 만들고 싶은지 결정하자. 슬림 실루엣인지, 여유 있는 실루엣인지, 깔끔한 옷인지 캐주얼한 옷인지 등 스타일이나 취향을 정해두면 나중에 패턴 선택이 순조롭게 진행된다.

결정하지 못했다 →

이미지 결정하는 법

'특별한 날을 위한 격식 있는 옷', '드레시하고 우아한 옷', '일상에서 입는 편안한 캐주얼', '풍성하고 부드러운 내추럴한 옷' 등 TPO나 기능성 등을 생각하면 결정하기 쉽다. 천을 이미 결정한 상태라면 거기에 맞추거나, 지니고 있는 좋아하는 원피스나 잡지 등도 참고한다.

결정했다 ↓ 예: 셔츠 스타일

2 몸판 모양을 결정한다

이미지를 결정했다면 P.16~81 '몸판 패턴' Ⓐ~④ 중에서 고른다.

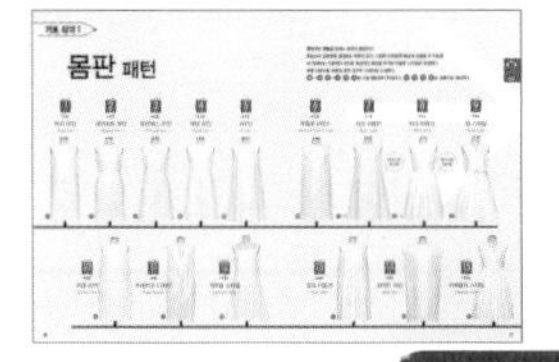

결정하지 못했다 →

몸판 모양을 결정하는 법

1에서 결정한 이미지에 맞게 디자인이나 볼륨 등 자신이 만들고 싶은 디자인에 가까운 패턴을 고른다. 웨이스트 셰이프의 유무를 기준으로 하면 선택 범위가 좁아져 고르기 쉽다. 몸매 라인을 살리는 정도나 플레어, 개더 분량은 나중에 변경이 가능하다. 취향대로 고른다.

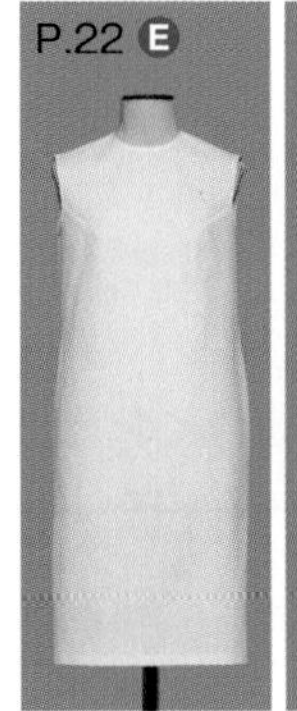

P.22 Ⓔ

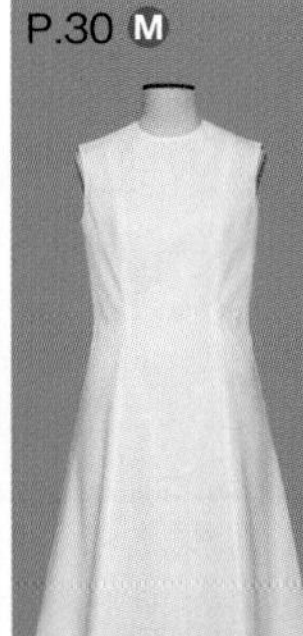

P.30 Ⓜ

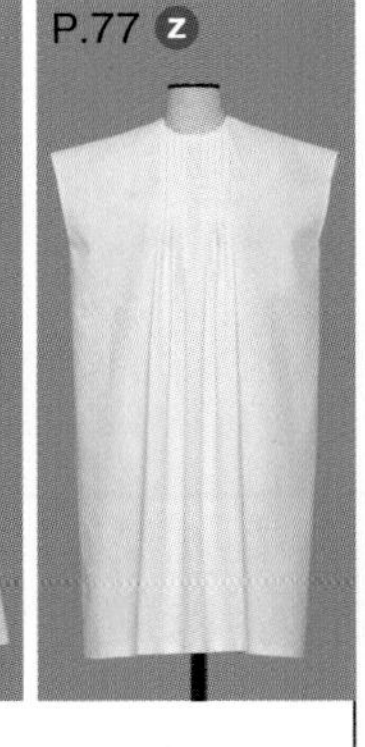

P.77 ⓩ

결정했다 ↓ 예: 와이드 라인

3 소매 모양을 결정한다

몸판 모양을 결정했다면 P.82~95 '소매 패턴' Ⓐ~Ⓒ 중에서 고른다. 2에서 고른 몸판에 따라서는 대응하지 않는 소매가 있기 때문에 P.130을 보고 확인한다.

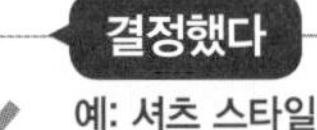

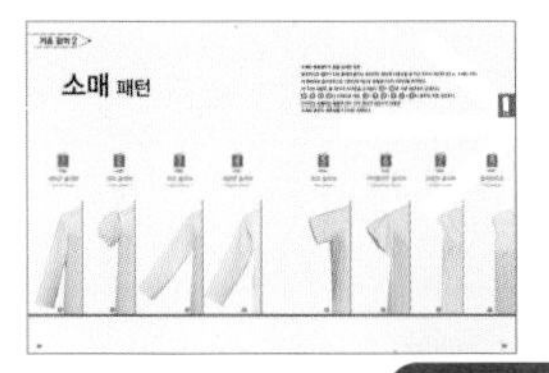

결정하지 못했다 →

소매 모양을 결정하는 법

몸판 선택과 마찬가지로 1에서 결정한 이미지에 맞게 디자인이나 볼륨 등 자신이 만들고 싶은 디자인에 가까운 패턴을 고른다. 몸판과 조화나 소매길이, 깔끔함, 풍성함 등 분량을 결정하면 선택 범위가 좁아진다. 개더를 넣는 위치나 분량 등은 나중에 변경이 가능하다.

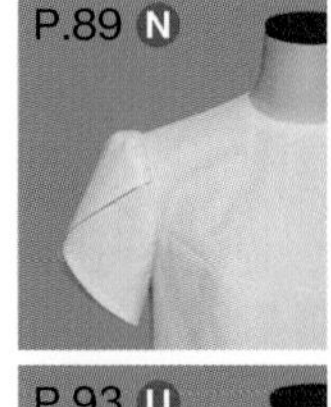

P.89 Ⓝ

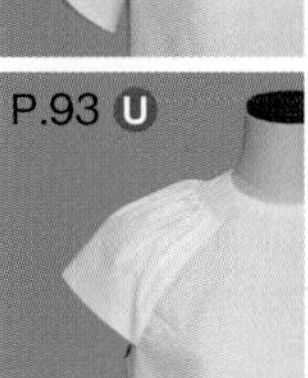

P.93 Ⓤ

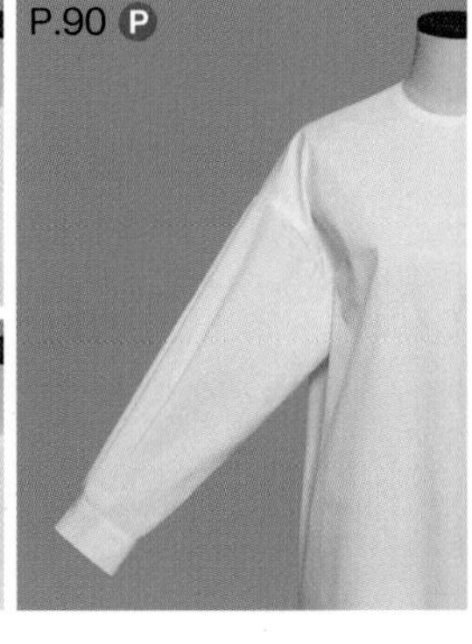

P.90 Ⓟ

결정했다 ↓ 예: 셔츠 슬리브

4 칼라 모양을 결정한다

소매 모양을 결정했다면 P.96~108 '칼라 패턴' Ⓐ~Ⓒ 중에서 고른다. 3과 4에서 고른 몸판과 소매에 따라서는 대응하지 않는 모양이 있기 때문에 P.130을 보고 확인한다.

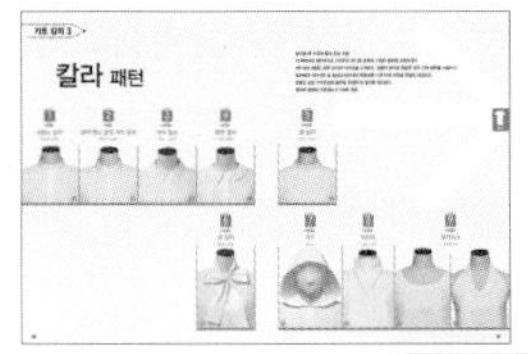

결정하지 못했다 →

칼라 모양을 결정하는 법

몸판이나 소매와 마찬가지로 1에서 결정한 이미지에 맞게 디자인이나 볼륨 등 자신이 만들고 싶은 디자인에 가까운 패턴을 고른다. 전체적인 균형과 귀엽게, 세련되게 같은 취향을 생각하거나 지금까지 고른 몸판과 소매를 조합해 일러스트로 그려보면 이미지를 구체화하기 쉽다. 칼라 폭 등은 나중에 변경이 가능하다.

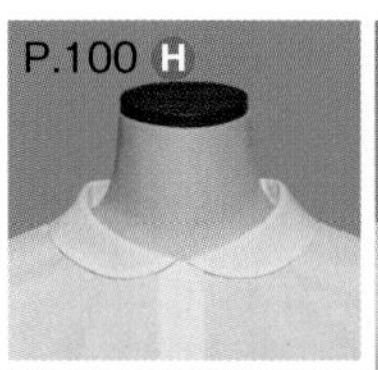

P.100 Ⓗ

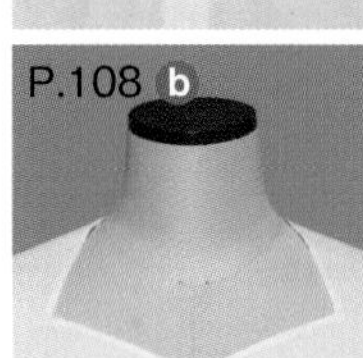

P.108 ⓑ

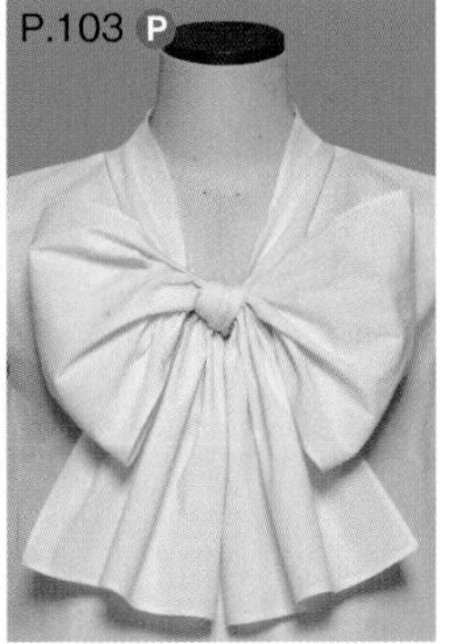

P.103 Ⓟ

결정했다 예: 셔츠 칼라

→ 오른쪽 페이지로

나만의 특별한 디자인을 만들 때 순서대로 진행하면 쉽게 정할 수 있다.
여기서는 그 과정을 소개한다. 참고하여 만들고 싶은 원피스 디자인을 결정해보자.

5 응용한다

몸판, 소매, 칼라를 고르고 변경할 곳을 검토한다. 옷 길이, 소매길이, 개더나 플레어 분량, 칼라 폭이나 칼라 끝 모양 등. 앞 끝의 유형, 포켓, 장식(테이프나 브레이드 등), 별도 벨트를 추가할지 등 외형 디자인은 여기에서 정한다.

결정하지 못했다

응용 방법

P.133을 참고로 어떻게 응용할지 정한다. 일러스트로 그려서 생각하면 이미지를 구체화하기 쉽다.

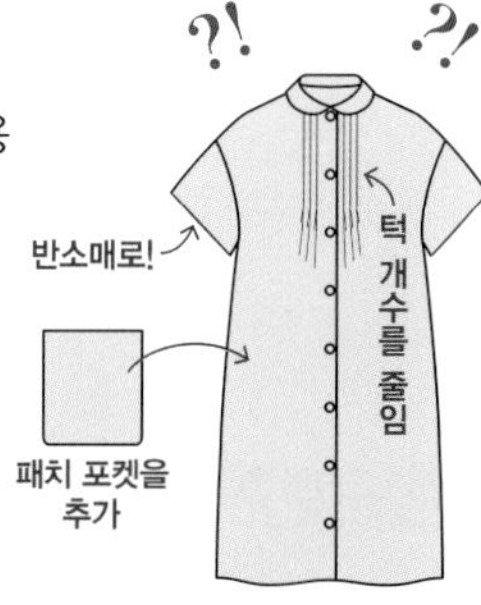

여름용 원피스니까 역시 반소매로??

몸판은 와이드 라인 Z 예정.
앞 단추 트임으로 하면 중심 쪽 턱이 걸리니까 1개 줄일까??

응용하지 않는다 또는 결정했다

예: 소매길이 변경, 포켓 추가

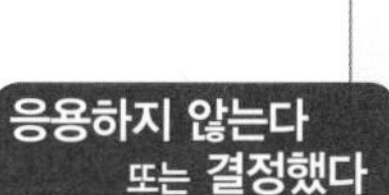

6 트임을 넣을지 결정한다

만들고 나서 '머리가 안 들어가 못 입는' 상황이 되지 않도록 자신이 생각한 디자인에 트임이 필요한지 그렇지 않은지 검토한다. 이 단계에서 알 수 없는 경우 제도할 때 반드시 체크한다. 고른 디자인에 따라서는 대응하지 않는 트임이 있기 때문에 P.130을 보고 확인한다.

결정하지 못했다

트임을 결정하는 법

목둘레 치수가 머리둘레 치수보다 적은 경우나 허리가 꼭 끼는 경우 옷을 입고 벗기 위한 트임이 필수. P.124를 참조해 트임 디자인을 정한다. 또 소맷부리나 밑단도 필요한 치수가 부족한 경우는 트임이 필요하다. P.125를 참조해 알맞게 정하자.

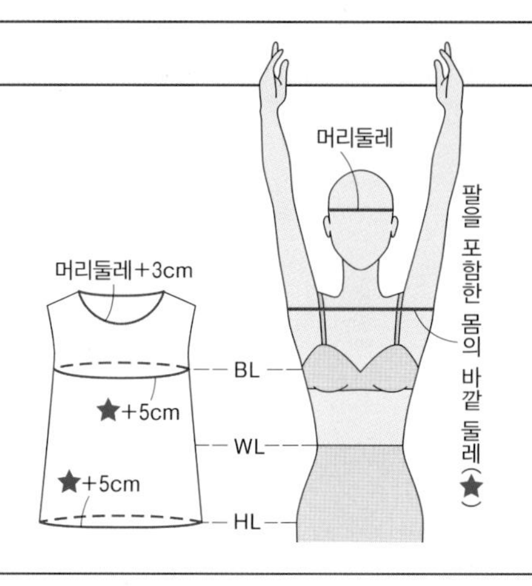

결정했다

예: 앞트임 안단 마무리

7 봉제 유형을 결정한다

대략적으로 디자인과 관계없는 옷 안쪽의 박는 법이나 박는 순서를 생각해두면 제도나 패턴 제작이 수월해진다. 스티치 등도 중요한 디자인 요소가 되므로 검토한다.

결정하지 못했다

봉제 유형을 결정하는 법

갖고 있는 기성복 등을 참고로 디자인이나 천에 맞춰 옷 안쪽의 유형, 박는 순서(P.148), 시접 폭(P.193), 시접 마무리 등을 검토한다. 요크(1장이나 2장)나 밑단 등의 접는 법도 여기에서 정해둔다. 재단 끝이 풀리지 않는 천 이외는 오버로크, 지그재그 박기 등으로 시접을 마무리한다.

시접 마무리 종류

오버로크 / 지그재그 / 파이핑

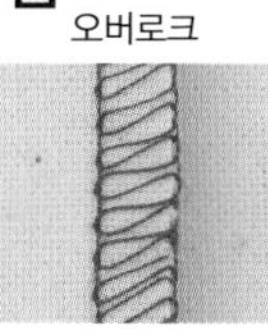

밑단 접는 법 예

재단 끝을 마무리해 감침질

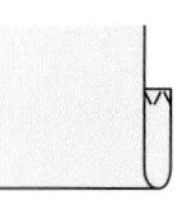

2번 접어 감침질

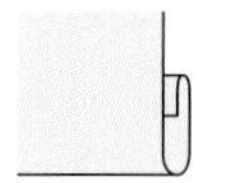

재단 끝을 마무리해 스티치

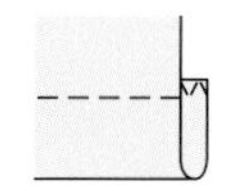

2번 접어 스티치

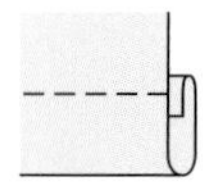

스티치를 결정하는 법

캐주얼한 디자인에는 주로 스티치를 사용하는 경우가 많다. 시접을 누르고, 밑단과 소맷부리의 접단을 고정하는 등의 목적으로 사용한다. 스티치 폭, 실의 굵기나 색상, 재봉틀로 박을지 손바느질로 할지 등도 디자인 요소가 된다.

스티치 용도

시접을 누른다 / 접단을 누른다

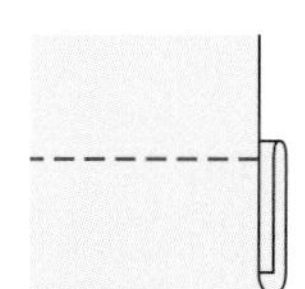

결정했다

예: 스티치를 주로 사용

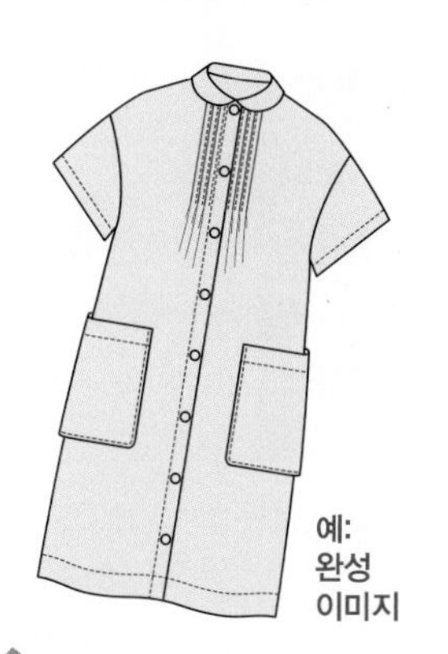

예: 완성 이미지

디자인 결정!

지금까지 결정한 것을 일러스트로 그려보고 상상한 디자인이 맞는지 빠진 것은 없는지 확인하자.

몸판, 소매, 칼라, 트임 대응표

각 파트와 트임을 선택하고 조합하여 디자인을 결정할 때는 약간의 주의가 필요하다.
1~5의 순서로 체크해 조합에 문제가 없는지 확인한다.
일부 디자인은 그대로 조합하면 문제가 있지만, 치수나 다트 등의 위치를 변경하면 대응할 수 있다.
표에서는 디자인 이름을 생략하고 알파벳과 숫자로 표기했다.

1 몸판과 소매

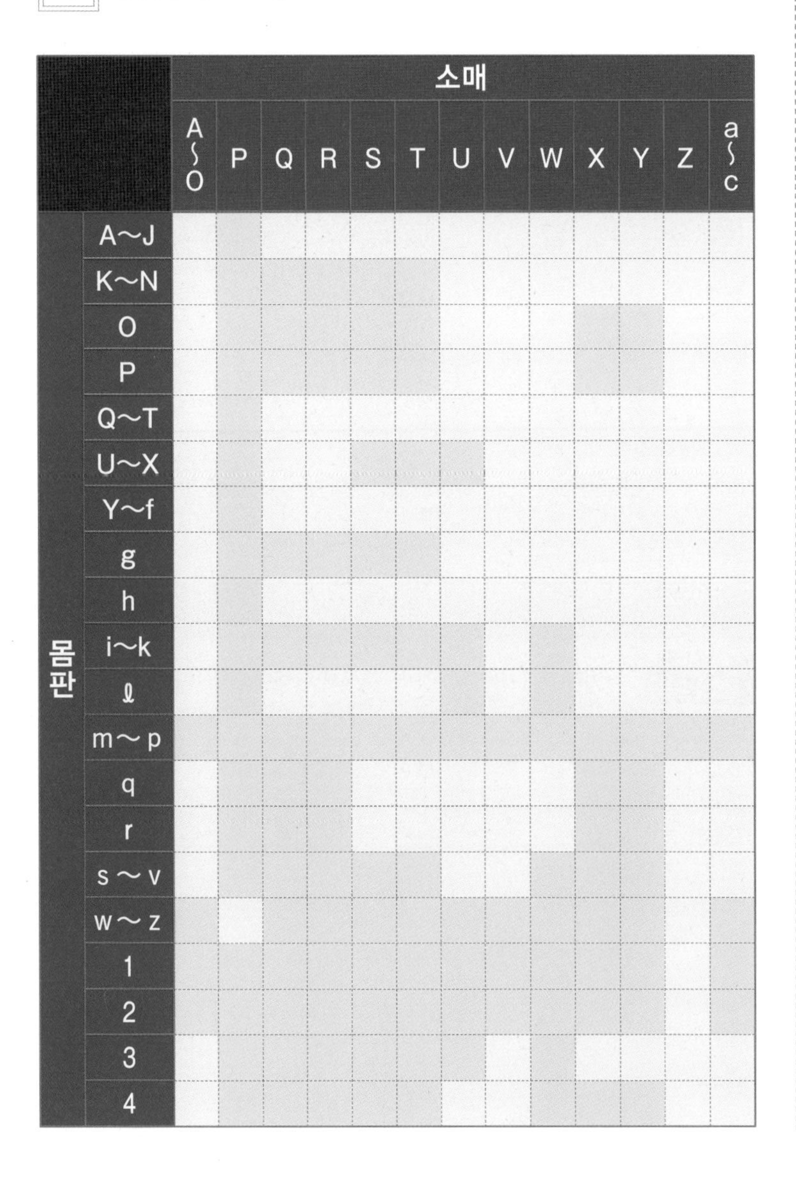

몸판 \ 소매	A~O	P	Q	R	S	T	U	V	W	X	Y	Z	a~c
A~J													
K~N													
O													
P													
Q~T													
U~X													
Y~f													
g													
h													
i~k													
ℓ													
m~p													
q													
r													
s~v													
w~z													
1													
2													
3													
4													

2 몸판과 칼라

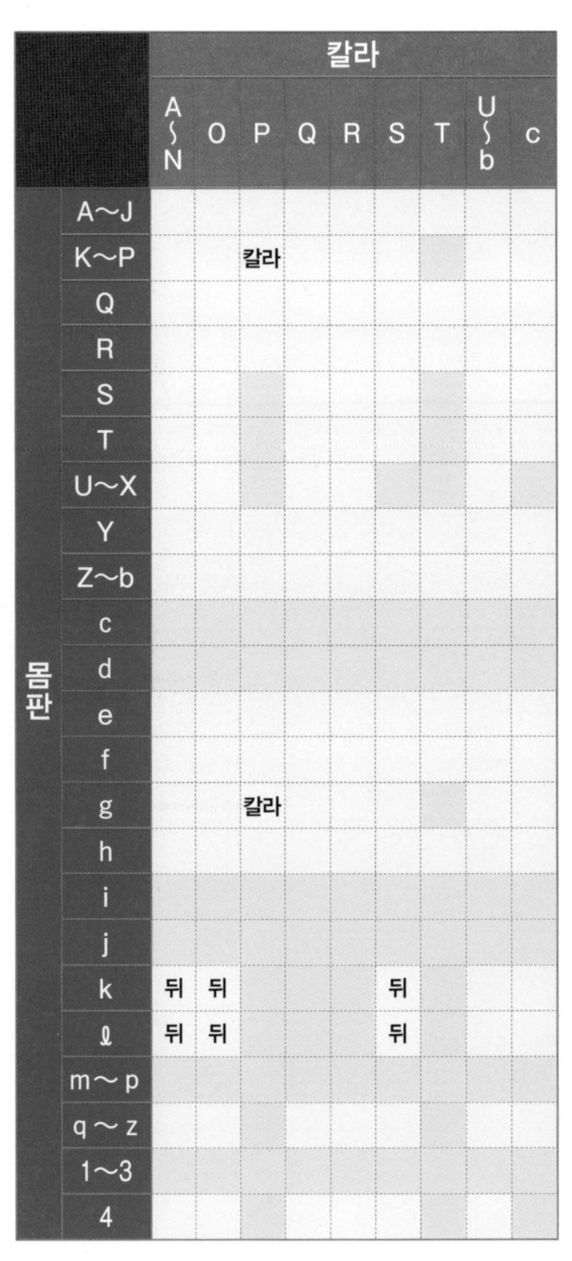

몸판 \ 칼라	A~N	O	P	Q	R	S	T	U~b	c
A~J									
K~P			칼라						
Q									
R									
S									
T									
U~X									
Y									
Z~b									
c									
d									
e									
f									
g			칼라						
h									
i									
j									
k	뒤	뒤				뒤			
ℓ	뒤	뒤				뒤			
m~p									
q~z									
1~3									
4									

칼라 = 칼라·몸판 순서로 제도한다
뒤 = 뒤트임으로 한다

…대응한다

…대응하지 않는다

…조건 있음

3 소매와 칼라

		칼라							
		A~O	P	Q	R	S	T	U~b	c
소매	A~P								
	Q								
	R								
	S								
	T								
	U								
	V								
	W								
	X~c								

5 칼라와 트임

		트임					
		1	2	3	4	5	6
		숨김 지퍼	앞단	안단	덧단	슬래시	티어드롭형 트임
칼라	A						
	B						
	C						
	D						
	E						
	F~H						
	I						
	J~c						

4 몸판과 트임

몸판 디자인에 따라 트임 종류나 위치가 한정되는 것이 있다. P.124 '트임 종류'를 참조해 트임이 필요 없는 경우는 트임 없는 디자인으로 한다.

		트임					
		1	2	3	4	5	6
		숨김 지퍼	앞단	안단	덧단	슬래시	티어드롭형 트임
몸판	A~F						
	G~P				HL		
	Q~Y						
	Z~b				HL		
	c						
	d						
	e						
	f						
	g				HL		
	h						
	i~ℓ	뒤	뒤	뒤	뒤, HL		
	m				HL		
	n						
	o						
	p						
	q~z						
	1	뒤	뒤	뒤	뒤	뒤	뒤
	2						
	3	옆					
	4	왼쪽					

뒤 = 뒤트임으로 한다
옆 = 옆트임으로 한다
HL = HL까지의 트임으로 한다
왼쪽 = 왼쪽 앞 이음선에 트임을 만든다

패턴 만드는 과정

만들고 싶은 디자인을 결정했다면 원형이 되는 기본 패턴을 시작으로 목표한 원피스를 제도한다.
원칙은 몸판, 소매, 칼라의 순서. 이것을 파트별로 나누고 정확성을 확인한 뒤 맞춤 표시와 시접을 넣어, 재단용 시접을 넣은 패턴을 완성한다.

1 몸판의 기본 패턴을 만든다

이 책에 게재한 대부분의 디자인에서 사용. 단 ⓞ, ⓟ, ❶, ❷는 사용하지 않으므로 3의 제도부터 시작한다.

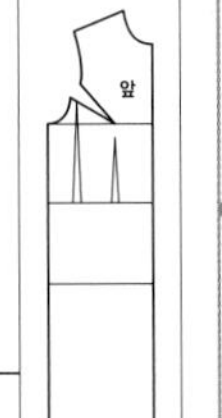

기본 패턴 만드는 법

→ 몸판…P.180

2 몸판의 기본 패턴을 커스터마이징한다

사용하기 쉽게 허리 이음선 위치, 밑단선을 원하는 위치에 추가해 그린다. 다트 끝에서 수직으로 내린 선 등도 그려두면 편리. 이 패턴을 원형으로 3 이후에 결정한 내용으로 몸판을 만든다. 아직 미정인 경우는 나중에 선을 추가할 수 있게 여백을 남겨둔다(종이를 붙여서 사용해도 OK).

응용

→ 스커트 길이 차이에 따른 비교…P.110
→ 허리 이음선 위치 차이에 따른 비교…P.112

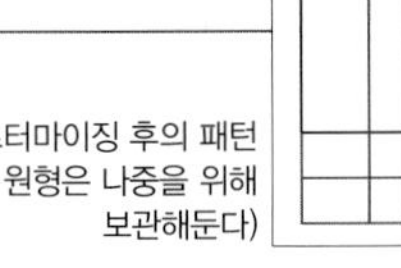

커스터마이징 후의 패턴
(이 원형은 나중을 위해 보관해둔다)

3 선택한 몸판, 소매, 칼라 패턴을 만든다

'닫는다·벌린다', '잘라서 벌린다' 등 처리의 필요성에 따라 순서가 달라진다. 디자인 변경 같은 응용이나 추가하는 별도 파트의 제도도 여기서 진행한다.

순서 1 제도한다

《 몸판 》 기본 패턴을 베끼고 필요한 선을 그려 넣는다. 여유분을 추가하는 경우나 칼라리스 Ⓥ~Ⓩ, ⓑ의 경우는 필요한 처리를 맨 처음 진행한다. 목둘레 변경도 이 단계에서 제도에 반영한다. 기본 패턴을 사용하지 않는 디자인은 독자적으로 제도한다.

《 소매 》 Ⓐ~Ⓝ의 경우는 기본 패턴(*)을 만들어서 베끼고 필요한 선을 그려 넣는다. Ⓞ~Ⓒ는 몸판을 토대로 소매를 그린다.
*몸판의 진동 둘레를 변경한 경우 변경 후의 치수와 모양을 사용해 기본 패턴을 만든다

《 칼라 》 몸판의 목둘레 치수나 모양을 토대로 제도한다.

순서 2 추가 파트를 그린다

트임(안단, 밑덧단), 포켓 등 추가하는 파트를 그린다.

순서 3 처리를 한다

'닫는다·벌린다'나 '잘라서 벌린다' 등 처리가 필요한 파트를 마무리한다.

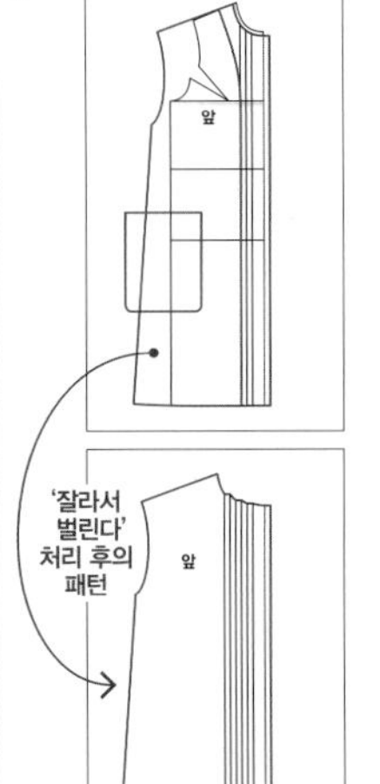

3의 완성형 예
몸판 Ⓩ+소매 Ⓟ(반소매로)+칼라 Ⓗ, 앞트임으로 하고 안단과 포켓을 추가

기본 패턴 만드는 법

→ 소매…P.186

디자인

→ 몸판 패턴…P.16~81
→ 소매 패턴…P.82~95
→ 칼라 패턴…P.96~108

응용

→ 응용 방법…P.133
→ 여유분 증감 방법…P.134
→ 스커트 길이, 소매길이 차이에 따른 비교…P.110
→ 허리 이음선 위치 차이에 따른 비교…P.112
→ 허리 줄이는 위치 차이에 따른 비교…P.113
→ 옷 폭 차이에 따른 비교…P.116
→ 목둘레 차이에 따른 칼라 비교…P.117
→ 소매산 높이와 그 차이에 따른 비교…P.118
→ 진동 둘레 아랫점 차이에 따른 소매 비교…P.120
→ 진동 둘레 아랫점과 옷 폭 차이에 따른 소매 비교…P.121
→ 트임과 목둘레 & 진동 둘레 마무리 종류…P.124~126

→ 다트 위치와 디자인…P.114

보너스

4 파트 분리+맞춤 표시

필요한 맞춤 표시를 넣으면서 파트별로 분리한다. 칼라, 요크, 목둘레 안단, 밑덧단 등 펼친 패턴으로 할 경우는 여기에서.

패턴 마무리 방법

→ 맞춤 표시 하기…P.190

파트별로 분리한 패턴

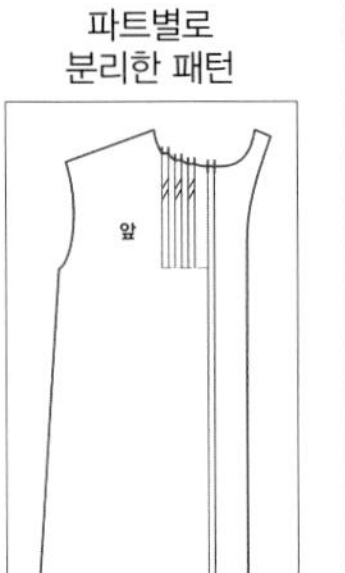

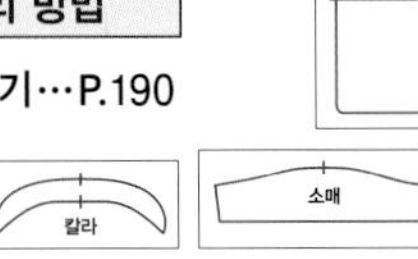

5 패턴 체크, 시접 넣기(+맞춤 표시)

정확하게 맞춰 박기 위한 패턴 체크를 한 뒤 나머지 맞춤 표시, 필요한 시접을 넣는다.

패턴 마무리 방법

→ 패턴 체크…P.191
→ 시접 넣기…P.193

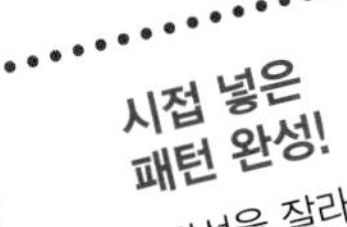

시접 넣은 패턴 완성!
시접선을 잘라 재단용 패턴을 완성한다.

응용 방법

선택한 원피스를 기본으로, 만들고 싶은 디자인에 더 가까워지도록 원하는 스타일로 응용해보자.
간단하게 할 수 있는 응용 방법을 소개한다.

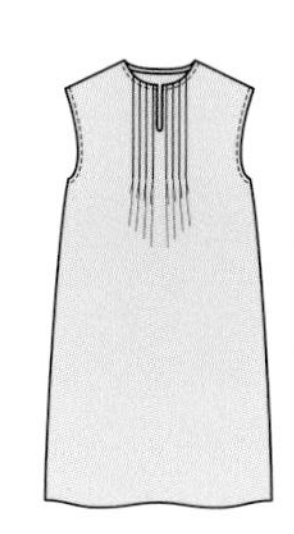

기본은
와이드 라인
Z(P.77).
칼라리스,
슬리브리스,
앞 슬래시 트임

1 길이를 변경한다

기본 패턴은 스커트 길이를 60cm (무릎 위치)로, 소매길이를 52cm로 설정했다. 어느 쪽 길이든 만들고 싶은 디자인에 맞추어 변경이 가능하다. 기본 패턴의 길이에서 평행으로 증감한다.

→스커트 길이, 소매길이 차이에 따른 비교…P.110

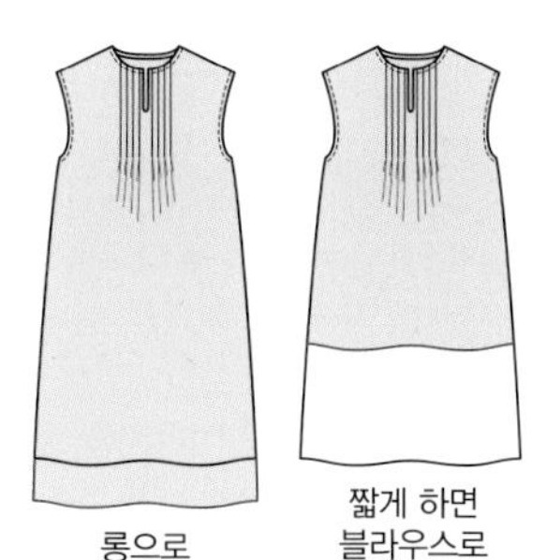

롱으로

짧게 하면 블라우스로

5 실루엣을 변경한다

볼륨 있는 몸판은 패턴을 변경하지 않고 허리를 꼭 끼게 하거나 밑단을 오므리는 것이 가능하다. 고무줄, 드로스트링, 턱 등의 테크닉으로 형태 변경도 자유자재. 같은 방법으로 긴소매 디자인에도 응용할 수 있다.

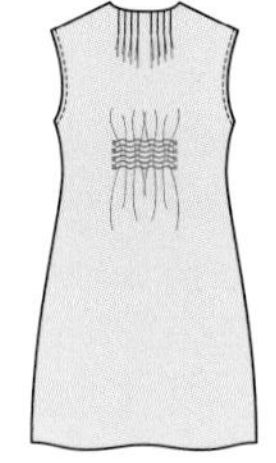

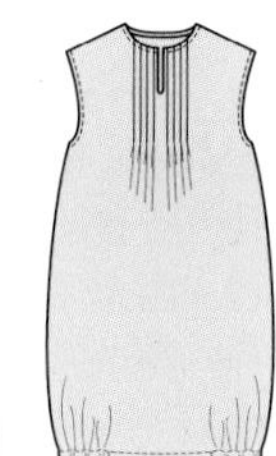

하이 포인트 셔링으로 허리를 날씬하게

고무줄로 밑단을 오므려서

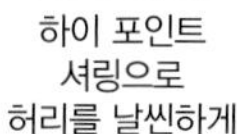

2 치수를 변경한다

제도에 표시된 숫자는 어디까지나 일례. 옆 밑단의 추가 치수, 플레어 분량, 개더 분량, 턱 등의 위치와 분량, 칼라 폭과 목둘레의 자르는 치수 등은 변경이 가능하다. 제도 시 균형을 보며 설정하고, 불안한 경우는 얇은 면 등으로 시침바느질(가봉)해 입어본다.

턱을 늘려 볼륨을 크게

목둘레를 크게

6 트임을 변경한다

같은 디자인이라도 트임을 달리하면 또 다른 표정이 된다. 전체적인 이미지나 취향에 맞추어 다양하게 변화시켜보자.

→트임 종류, 만드는 법
…P.124, 159~171

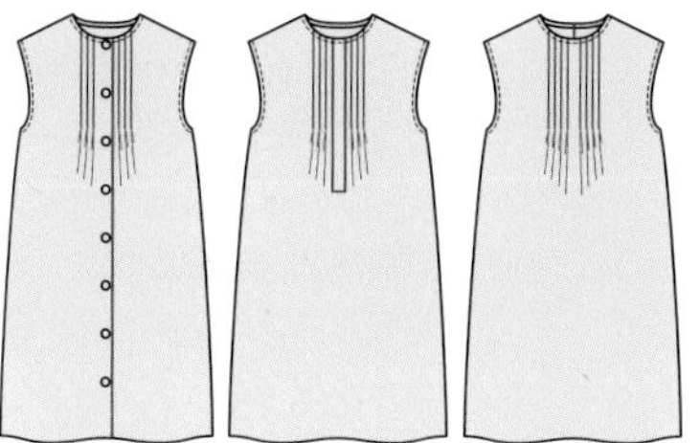

앞트임으로 캐주얼하게

덧단 트임으로 스포티하게

뒤트임으로 소프트하게

3 선을 추가한다

이음선을 넣어 파트를 나누고 부분적으로 올 방향을 바꾸거나 다른 천으로 디자인 포인트를 주고 싶을 때 사용한다. 디자인을 살린 선이므로 폭 등은 취향대로 정한다. 이음선의 솔기를 이용한 포켓 만들기도 가능하다.

→올 방향 차이에 따른 비교…P.123

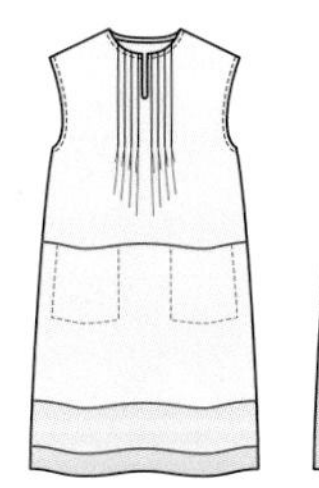

이음선+포켓으로 뉘앙스를 더하다

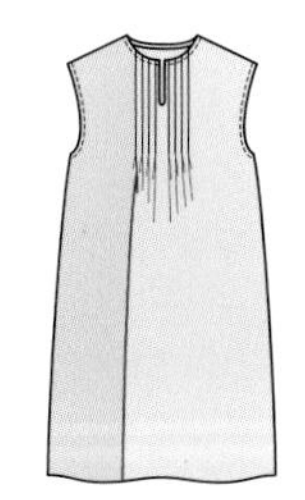

세로 이음선의 비대칭 스타일로

7 파트를 추가한다

실용성과 악센트를 겸비한 포켓이나 간단한 패턴의 커프스 등 새로운 파트를 자유롭게 추가해 디자인 포인트로 한다. 포켓은 안쪽에 주머니 천을 대고 스티치만 보이게 하는 유형도 효과적이다.

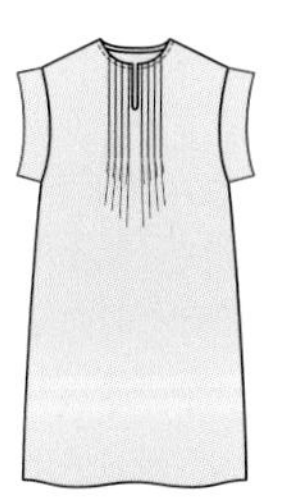

커프스를 달아 소매를 표현

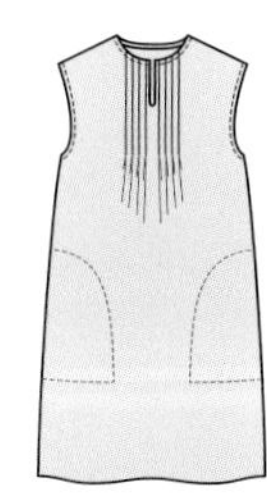

옆 포켓의 스티치를 살려서

4 디테일을 변경한다

칼라 끝, 밑단선, 소맷부리선 등의 세부 모양을 변경할 수 있다. 원하는 모양으로 새롭게 선을 그린다. 패턴이 평면이어서 느낌을 모를 경우 손으로 그려서 종이를 몸에 대보고 확인한 뒤 최종 라인을 결정한다.

밑단을 셔츠 테일로

옆이 내려가는 헴라인으로

8 부속품을 단다

단추, 똑딱단추, 호크 같은 잠금장치를 비롯해 테이프나 리본, 브레이드 등도 중요한 디자인 요소가 된다. 천에 대보고 알맞은 것을 고른 뒤 크기와 폭, 위치를 결정한다.

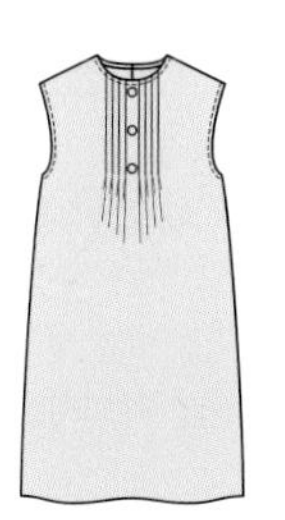

장식 단추로 트임풍으로 응용

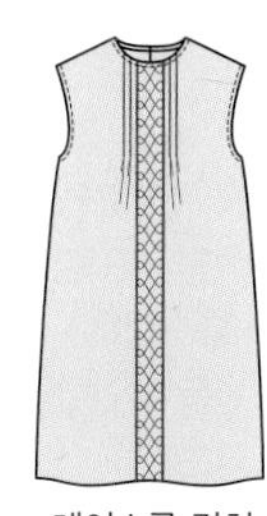

레이스를 겹쳐 더 부드럽게

여유분 증감 방법

몸판의 기본 패턴에 들어 있는 여유분은 속옷이나 캐미솔 같은 얇은 이너 웨어 위에 바로 입을 때를 염두에 둔 표준적인 분량.
몸에 더 꼭 맞게 하고 싶은 경우는 여유분을 줄이고, 블라우스나 스웨터 위에 겹쳐 입는 경우는 여유분을 추가하는 처리가 필요하다.
몸판의 기본 패턴에 이 처리를 추가한 후 만들고 싶은 디자인을 제도한다.

'여유분'이란

신축성이 없는 천으로 옷을 만들 경우 호흡이나 활동성을 고려해 누드 치수보다 크게 여유를 두는 것을 말한다. 몸판의 기본 패턴에는 이미 표준적인 옷 폭 여유분(가슴둘레에서 12cm)과 소매를 단다는 가정하에 진동 둘레 여유분이 들어 있다.

여유분을 추가하지 않는 경우

몸판의 기본 패턴 그대로 OK인 경우는 여유분을 늘릴 필요가 없다. 좀 더 꼭 맞게 하고 싶은 경우나 신축성이 있는 천을 사용하는 경우 또는 1장으로 입는 슬리브리스의 진동둘레는 적당히 여유분을 줄여준다.

여유분을 추가하는 경우

몸판을 폭이 넓은 라인으로 하고 싶은 경우는 물론이고 소매를 넓고 여유 있는 디자인으로 하고 싶은 경우도 몸판에 어느 정도 여유분을 추가해야 한다. 어깨 끝을 추가해 드롭 숄더로 하는 경우도 마찬가지. 이것은 전체적인 균형을 맞추기 위한 테크닉.

몸판의 여유분을 증감하면 소매도 변한다

몸판의 진동 둘레에 여유분을 증감하면 진동 둘레 치수, 모양이 달라지므로 실물 대형 패턴의 소매는 사용할 수 없다. 기본 패턴을 토대로 하여 그리는 디자인의 소매(Ⓐ~Ⓝ)는 P.187을 참조해 완성한 몸판의 진동 둘레를 토대로 기본 패턴을 처음부터 제도한다.

여유분 조정 위치

원피스의 경우 기본적으로 진동 둘레와 옷 폭의 2곳.

＊진동 둘레 여유분을 늘리려면 뒤는 어깨 다트를 닫은 반동을 진동 둘레에서 벌려 추가하고, 앞은 같은 치수를 AH 다트의 일부를 사용해 추가한다. 더 늘릴 경우는 진동 둘레 아랫점을 내린다.
1장으로 입는 슬리브리스 유형은 옷 폭 여유분을 줄여서 진동 둘레 아랫점을 올린다.
＊옷 폭은 옆선을 평행으로 이동해 여유분을 증감한다.

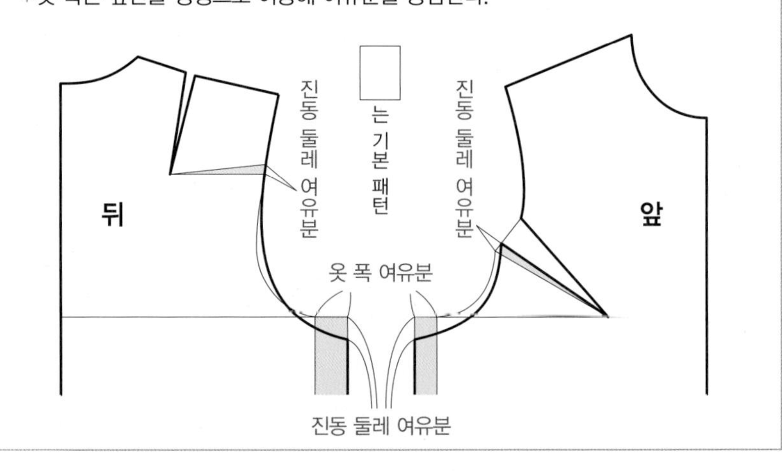

여유분 증감 기준

여유분은 이너 웨어로 뭘 입을지, 소매가 있는지 없는지, 여유가 많은 와이드 라인인지 등으로 결정한다. 또 여유분을 가감할 때 '폭이 좁고 몸에 딱 맞는 옷이 좋다', '크고 낙낙한 옷이 좋다'와 같은 취향이 있으므로 평상시 즐겨 입는 기성복 치수를 재서 참고하는 것이 좋다.
아래 표는 소매가 있는 것과 없는 것의 2가지 타입에서 기본 패턴의 여유분(가슴둘레에서 12cm)을 기준으로 '적게', '표준', '많게' 3종류의 여유분 증감 기준을 표시. '적게'는 이너 웨어가 캐미솔 정도, '표준'은 얇은 블라우스 정도, '많게'는 스웨터 등에 겹쳐 입을 때를 기준으로 한다. 옷 폭 여유분은 팔을 앞쪽으로 뻗었을 때의 활동성을 고려해 뒤를 많게 했지만, 소매가 없는 경우는 앞뒤를 같은 치수로 해도 좋다.

타입	처리 순서와 치수 / 여유분 분량	1, 2	3		
		진동 둘레	뒤 몸판	앞 몸판	진동 둘레
소매 없음	적게		−2 ~ −1	−3 ~ −2	−2 ~ −3
	표준		0 ~ +2	−1 ~ +1	−1 ~ +1
	많게	어깨 다트를 $\frac{1}{3}$~$\frac{1}{2}$ 닫은 반동	+3 ~	+2 ~	+2 ~
소매 있음	적게		−0.5 ~ 0	−1 ~ 0	0 ~ +1
	표준	없이 or 어깨 다트를 $\frac{1}{3}$ 닫은 반동	0 ~ +2	0 ~ +1	0 ~ +1
	많게	어깨 다트를 $\frac{1}{3}$~$\frac{2}{3}$ 닫은 반동	+3 ~	+2 ~	+2 ~

＊표의 ▒ 부분 숫자는 오른쪽 페이지의 순서에 대응. 3의 숫자는 cm

처리 방법

여유분 변경을 결정했다면 아래 그림의 방법으로 몸판의 기본 패턴을 처리한다. 이 처리 후에 각 디자인을 제도한다.

여유분을 늘리는 경우

1 뒤 진동 둘레에 여유분을 늘린다

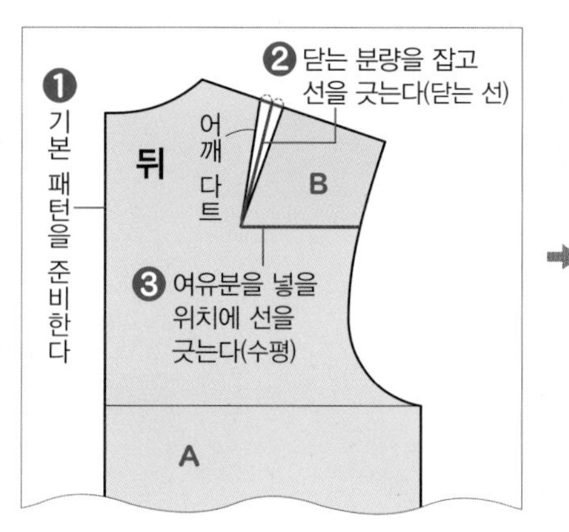

→ 몸판의 기본 패턴 만드는 법…P.180

2 앞 진동 둘레에 여유분을 늘린다

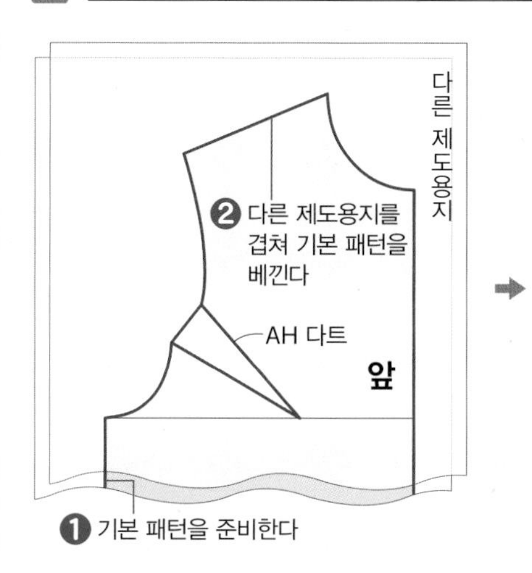

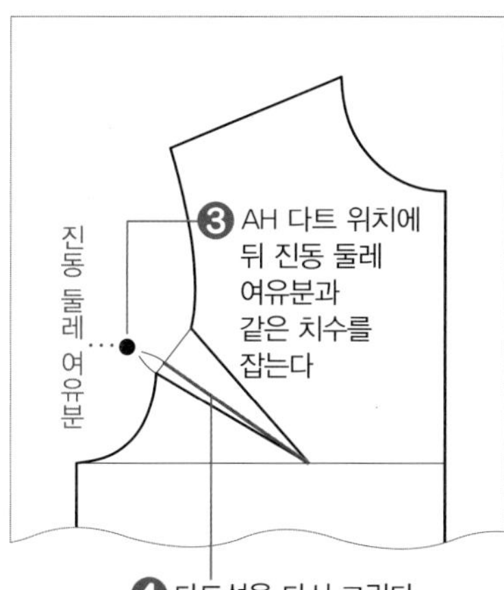

3 옆에서 옷 폭과 진동 둘레에 여유분을 늘린다

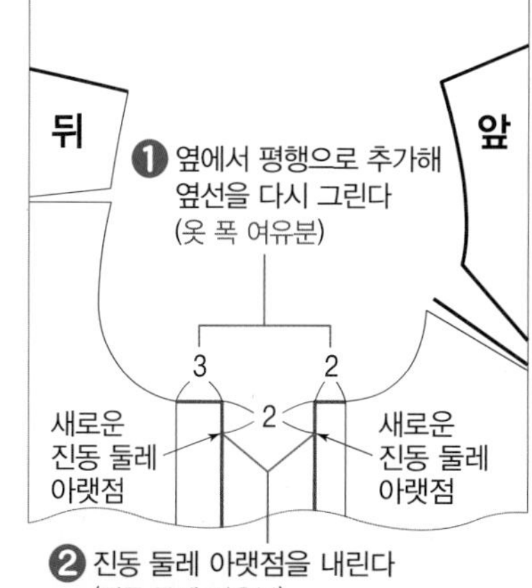

4 완성선을 그린다

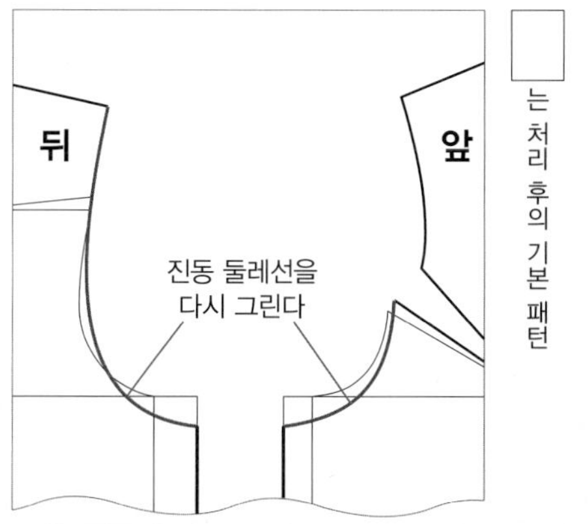

*이후 몸판을 제도하고, 그 제도를 토대로 소매와 칼라를 제도한다

여유분을 줄이는 경우

1과 **2**는 필요 없다

3 옆에서 옷 폭과 진동 둘레에 여유분을 줄인다

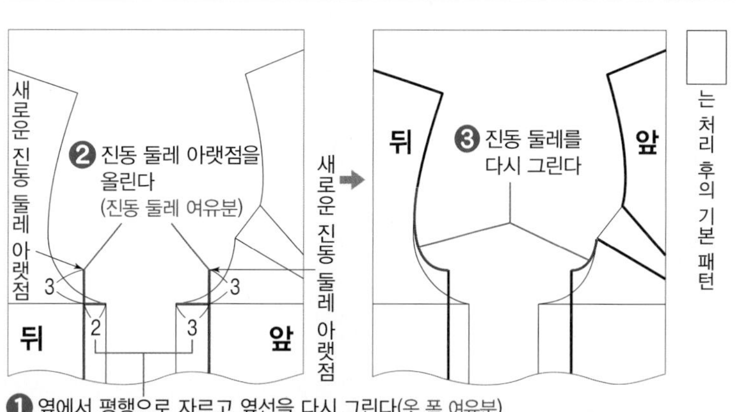

오리지널 디자인 1

부드러운 커쿤 실루엣과 롤 칼라의 매칭이 절묘.
단정함이 느껴지는 고상하고 우아한 디자인이다.

〈 디자인을 결정하기까지 〉

1 원형으로 할 파트를 고른다

몸판은 옆선을 둥글린 커쿤 실루엣 ⓔ.
소매는 기본적인 세트인 슬리브 Ⓐ.
칼라는 부드러운 롤 칼라 Ⓝ을 선택.

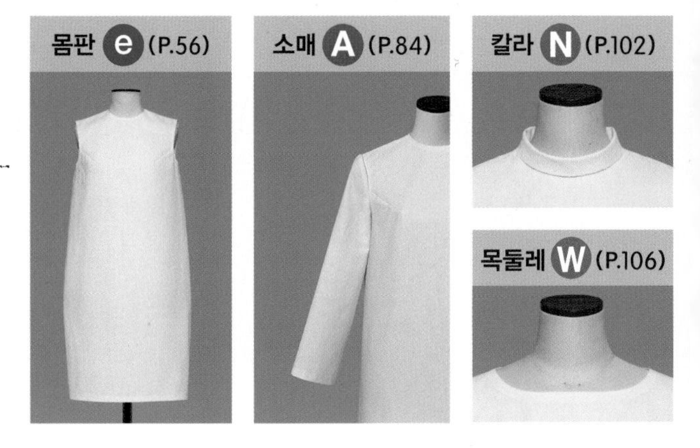

2 자신의 스타일로 응용한다

몸판은 ⓔ를 참고해 목둘레를 칼라리스 Ⓦ의 보트넥으로 변경,
밑단 너비는 퍼지지 않게 곡선으로 옆선을 그린다.
뒤 중심을 숨김 지퍼 트임으로 하고,
밑단에 벤트를 추가한다.
소매는 Ⓐ를 그대로 사용. 길이를 잘라 5부로.
칼라는 폭을 조금 넓혀서 Ⓝ과 같은 방법으로 제도한다.

●표준 사용량(오른쪽 페이지 완성 작품 · 9호의 경우)
겉감 = 153cm 폭 150cm

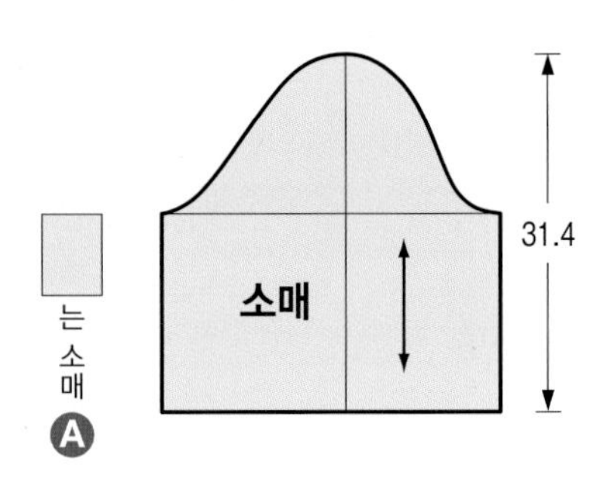

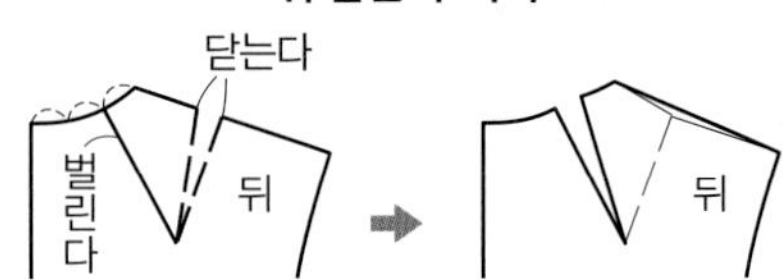

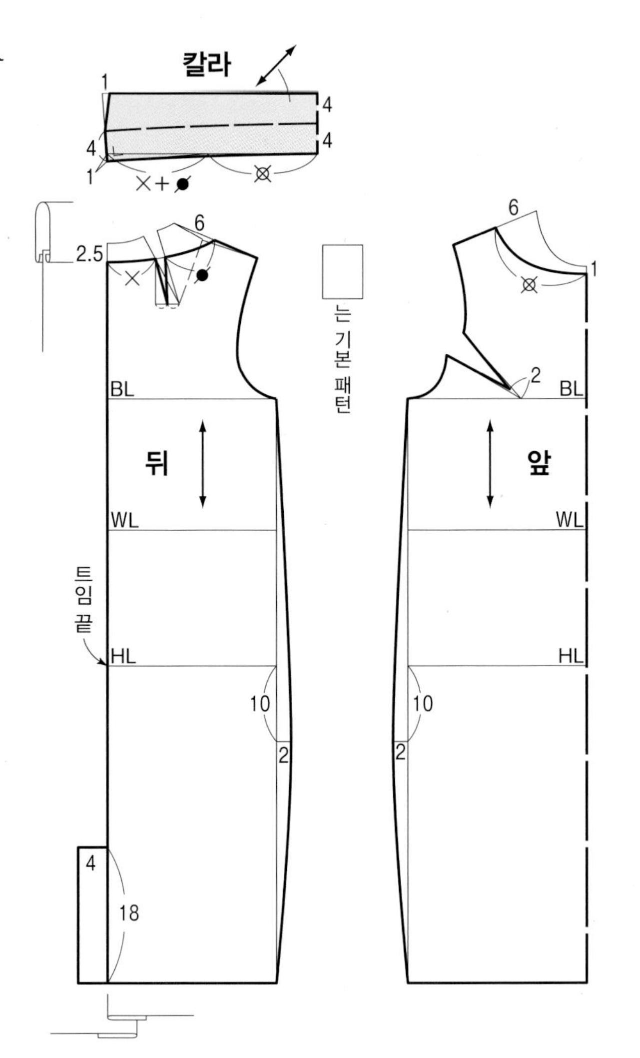

마루야마 하루미 선생이 디자인한 원피스 5종류를 소개한다.
시침바느질(가봉)용 천으로 만든 것(사진 위)과 실제로 착용할 수 있는 천으로 만든 작품(사진 아래)을 비교해 디자인을 구상할 때 참고한다.
접착심지를 붙이는 위치나 스티치 등의 유형은 본인의 디자인을 고민할 때 참고해보자.

정장 스타일의 원피스 완성!

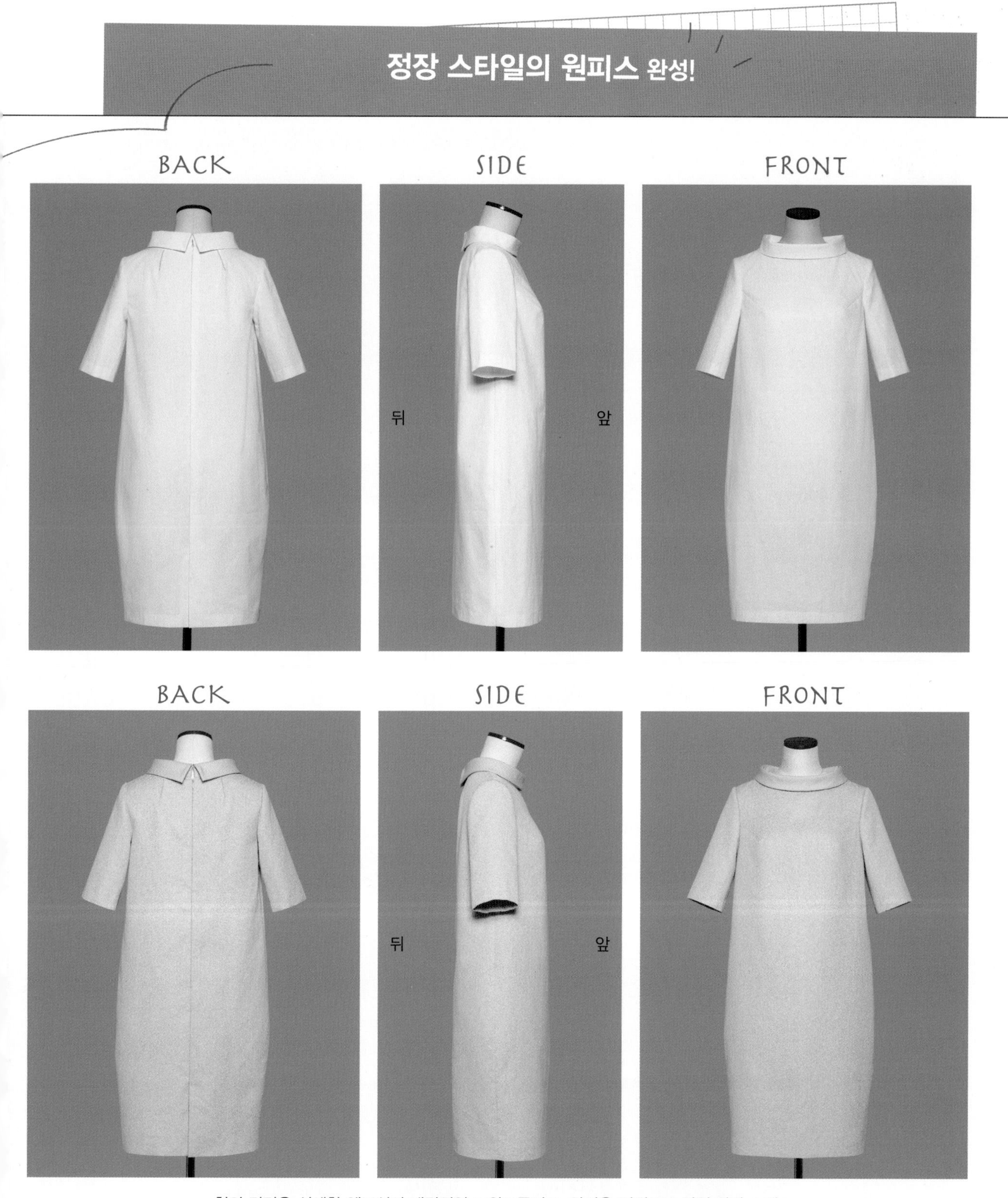

천의 겉면은 섬세한 엠보싱이 매력적인 트위드풍이고, 안면은 평직으로 짜인 양면 소재.
롤 칼라 연출로 안면을 겉으로 사용해 살짝 화사함을 더했다. 뒤트임 유형의 칼라 끝이 매혹적인 악센트.
몸판 실루엣에 맞춰 소매는 넓은 5부 길이의 경쾌한 스트레이트 타입. 보행이 편하도록 밑단에 벤트를 추가했다.

디자인 변형

오리지널 디자인 2

옷장 속 필수 아이템인 셔츠 원피스.
와이드한 라인에 스트라이프 무늬로 스마트함을 더했다.

〈 디자인을 결정하기까지 〉

1 원형으로 할 파트를 고른다

몸판은 볼륨 있는 와이드 라인 Z.
소매는 커프스 달린 셔츠 슬리브 P.
칼라는 스포티한 칼라 밴드 달린 셔츠 칼라 D를 선택.

몸판 Z (P.77)

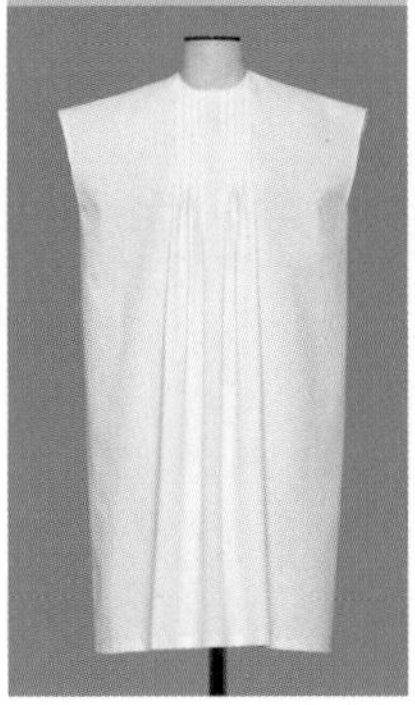

소매 P (P.90)

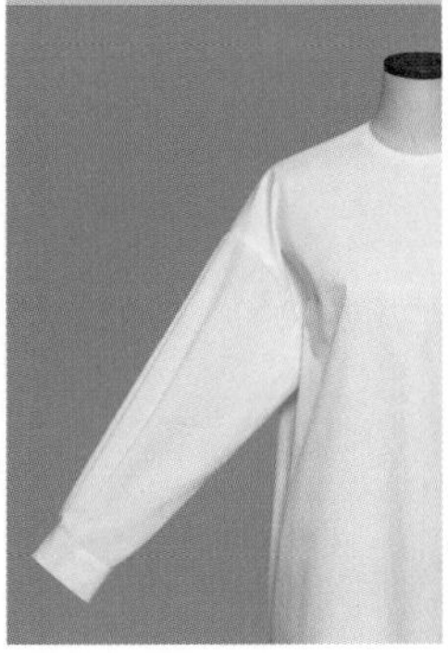

칼라 D (P.99)

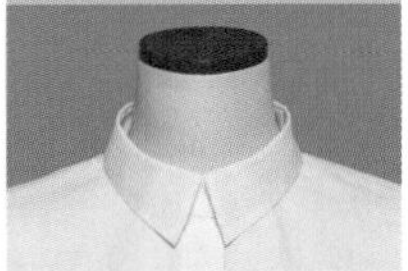

목둘레 U (P.106)

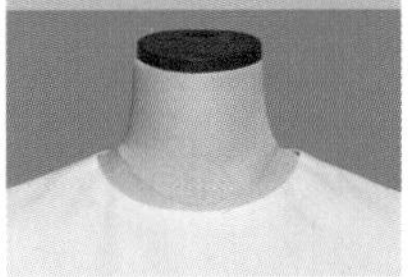

2 자신의 스타일로 응용한다

몸판은 Z를 참고해 길이를 길게 하여 제도한다.
칼라를 다는 경우 목둘레를
기본적인 라인(U와 같다)으로 변경하고,
헴라인 모양도 변경.
앞의 턱 위치를 겨드랑이까지 내려 앞단 트임으로.
소매는 P 그대로의 덧단 트임, 칼라는 D와 같다.
패치 포켓을 추가한다.

●표준 사용량(오른쪽 페이지 완성 작품 · 9호의 경우)
겉감 = 110cm 폭 370cm
접착심지 = 90cm 폭 130cm

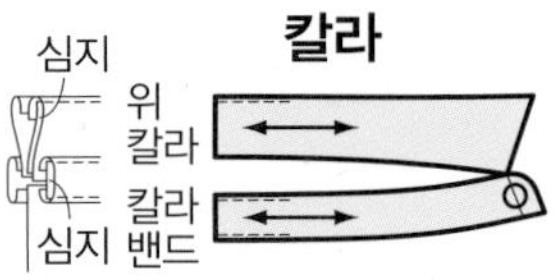

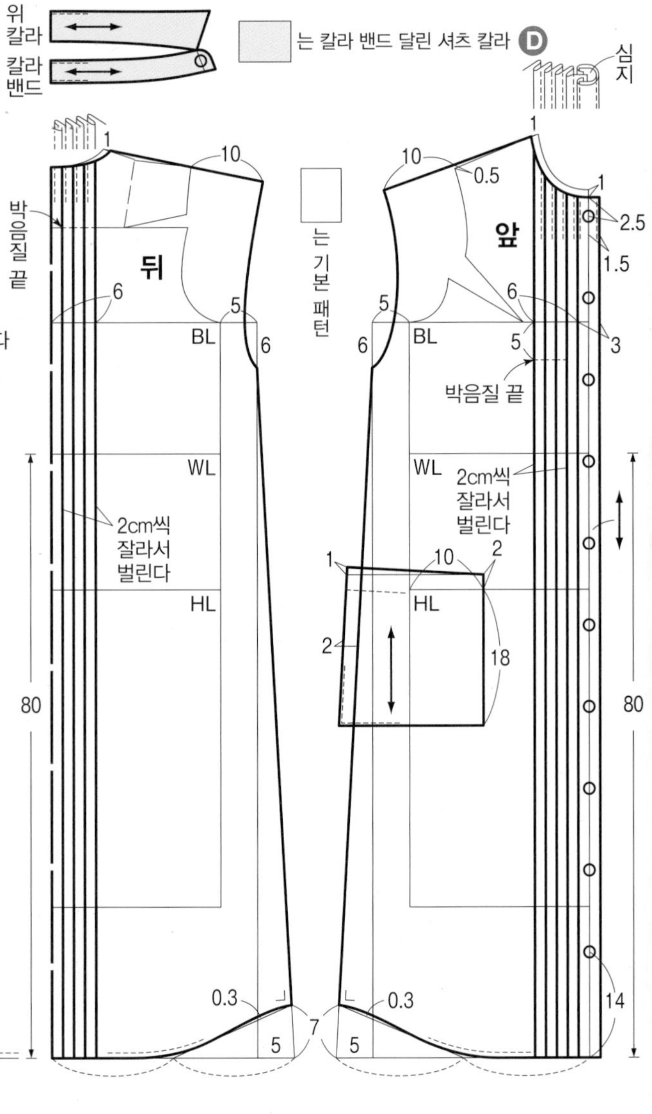

스티치 폭 = 0.2 0.5 3
단추 크기 = 1.5 1.2

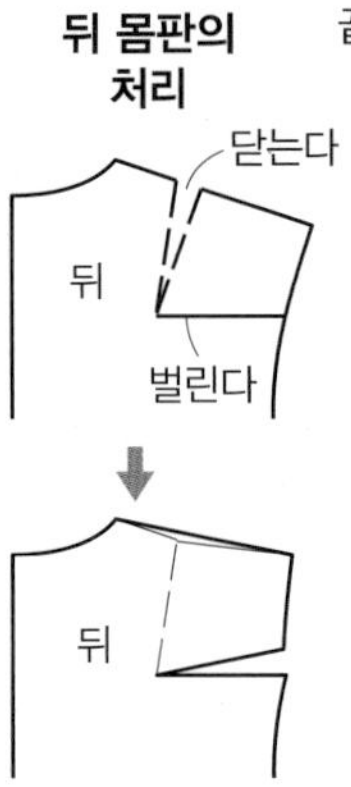

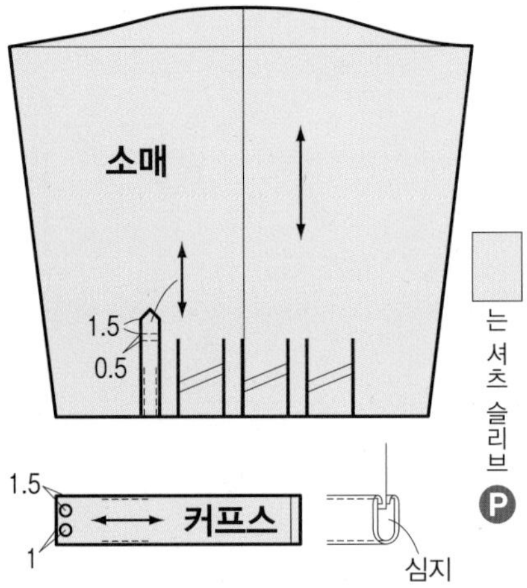

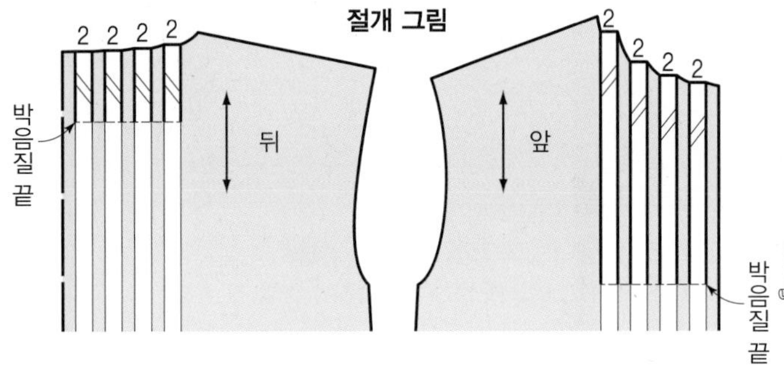

빅 실루엣의 셔츠 원피스 완성!

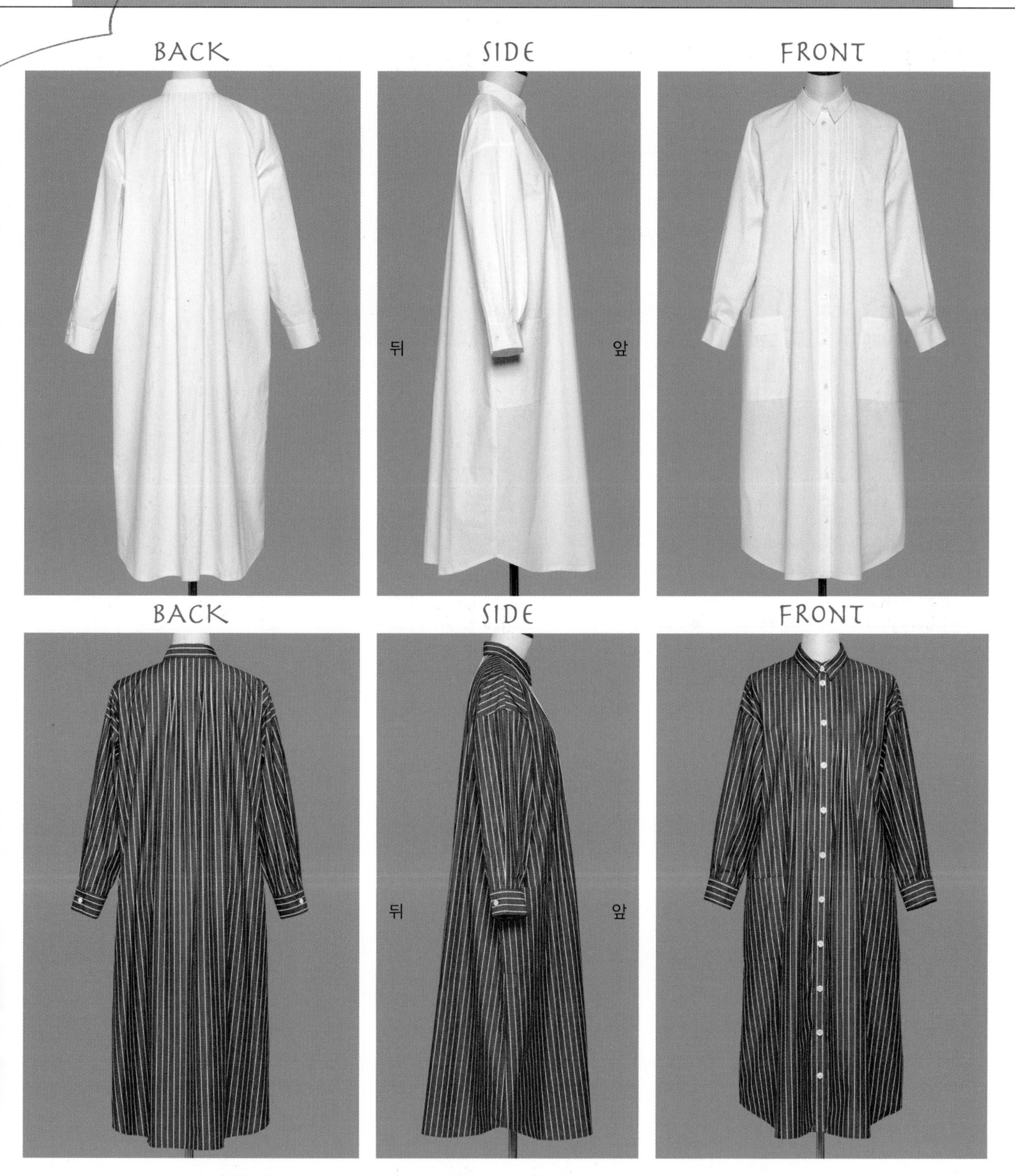

천은 기본적인 코튼 스트라이프. 턱을 넣은 와이드한 몸판에 커프스를 단 셔츠 슬리브,
콤팩트한 칼라 밴드 달린 셔츠 칼라로 스포티한 분위기를 연출. 헴라인을 곡선으로 처리해 경쾌하게.
앞단 트임에 나란한 흰색 단추가 경쾌한 느낌을 주며 스트라이프 무늬를 한층 돋보이게 한다.

디자인 변형

오리지널 디자인 3

적당히 편안한 느낌의 매력적인 릴랙스 스타일.
1장으로도 겹쳐서도, 자유롭게 입을 수 있는 심플하고 세련된 원피스.

〈 디자인을 결정하기까지 〉

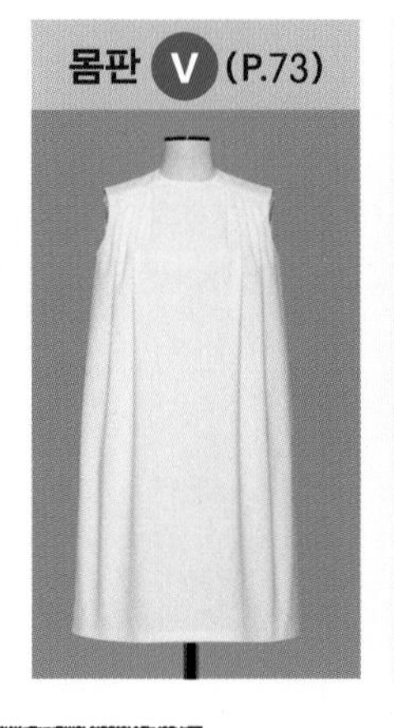

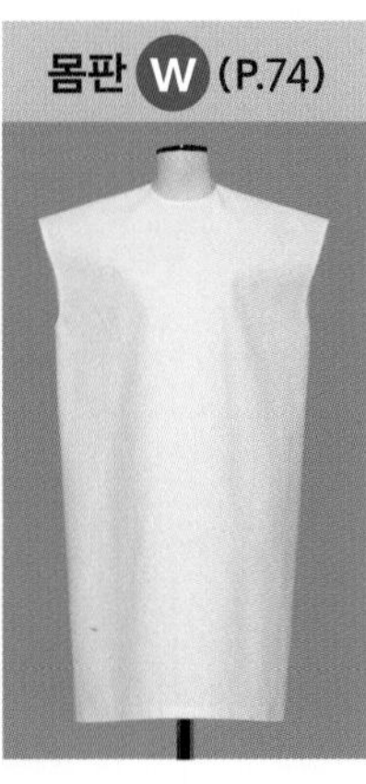

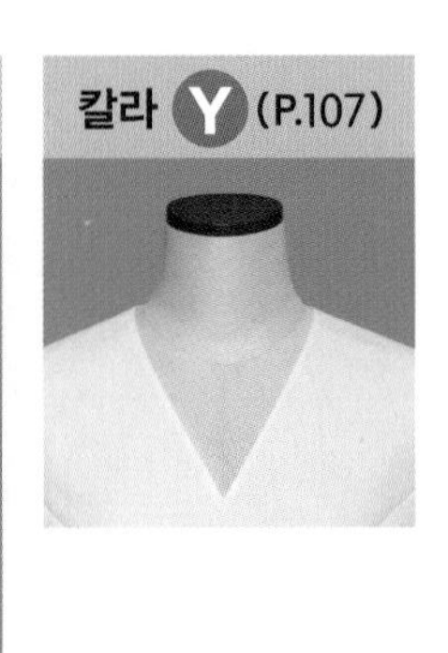

1 원형으로 할 파트를 고른다

몸판은 낙낙하고 착용감이 쾌적한 와이드 라인 W에,
스포티한 디테일의 요크 이음선 V.
칼라는 샤프한 칼라리스 Y를 선택, 소매는 없이.

2 자신의 스타일로 응용한다

몸판은 SNP에서 목둘레를 이동하지 않고 직선적인 V넥으로.
길이를 길게 하여 W와 V를 참고로 어깨와 옆에서 추가하고, 어깨 요크 이음선을 넣어 뒤 중심에 턱을 추가. 앞뒤 요크는 어깨선에서 맞댄다.
앞은 AH 다트 끝 위치에서 평행으로 잘라서 벌리고, 요크 이음선 위치와 WL에 턱을 추가.
직사각형의 커프스를 진동 둘레에 추가한다. 트임 없이 입을 수 있는 풀오버 타입.

뒤 몸판의 처리

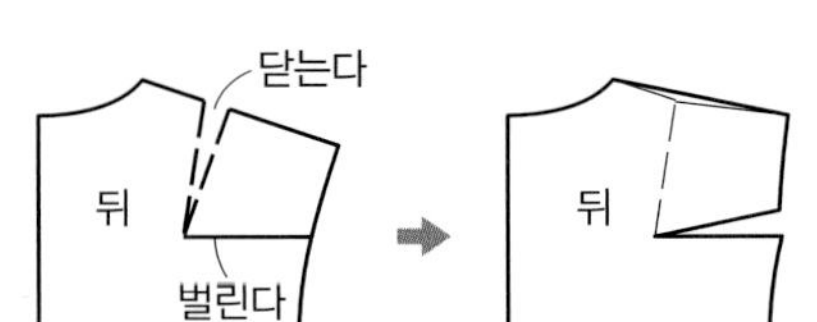

●표준 사용량(오른쪽 페이지 완성 작품 · 9호의 경우)
겉감 = 110cm 폭 240cm
다른 천(안 요크 분량) = 110cm 폭 30cm

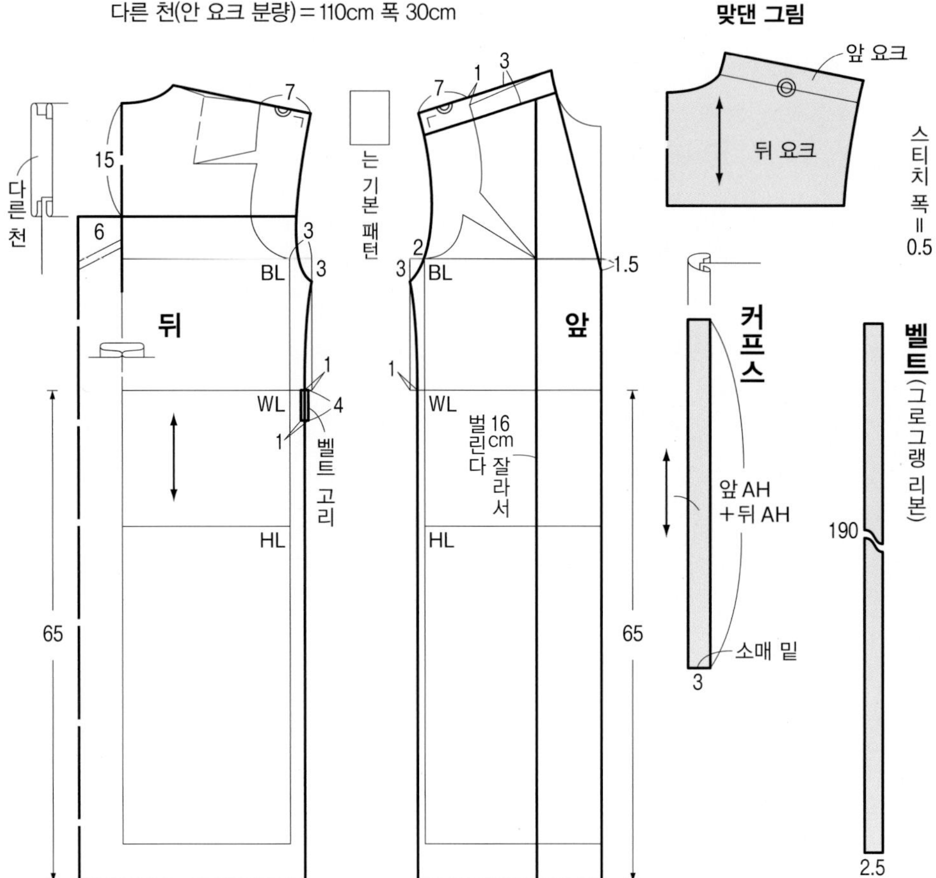

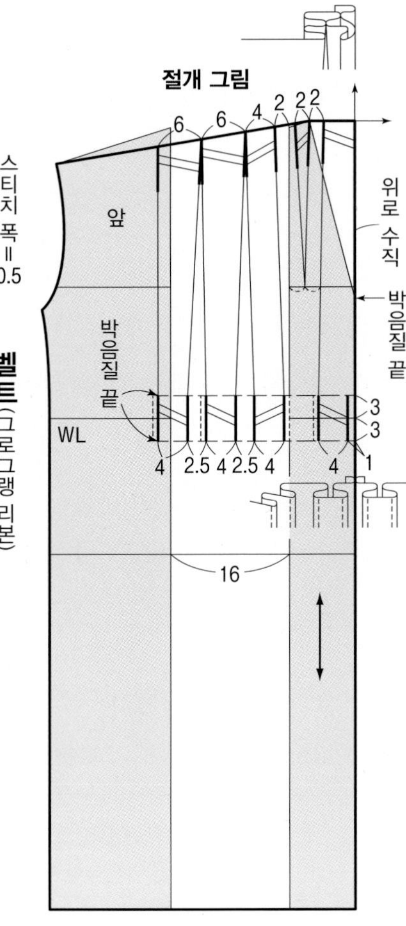

꾸미지 않은 듯 세련된 원피스 완성!

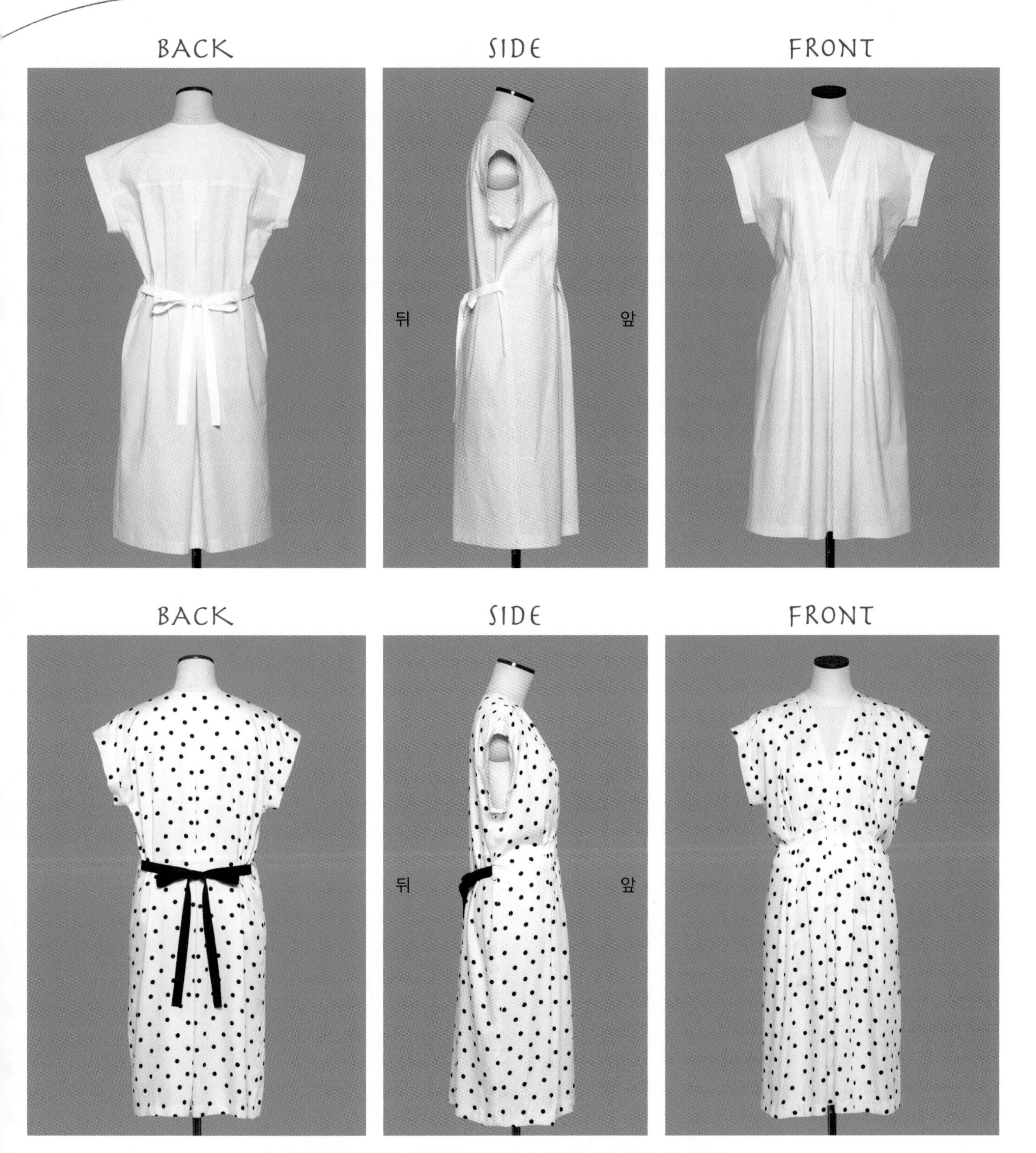

천은 릴랙스한 디자인을 매력적으로 살리는 부드러운 실크 새틴.
허리 위치에 턱을 넣어 풍성한 옷 폭을 부드럽게 셰이프. 소맷부리 커프스로 세련미를 한층 더 살렸다.
드레이프 소재 효과로 볼륨은 덜하게. 허리를 강조할 수 있게 수축색의 그로그랭 리본을 더했다.

디자인 변형

오리지널 디자인 4

사랑스러움이 돋보이는 효과적인 디자인을 복수로 선택.
모두 조합해 로망의 대상인 정통 스위트한 드레스로.

〈 디자인을 결정하기까지 〉

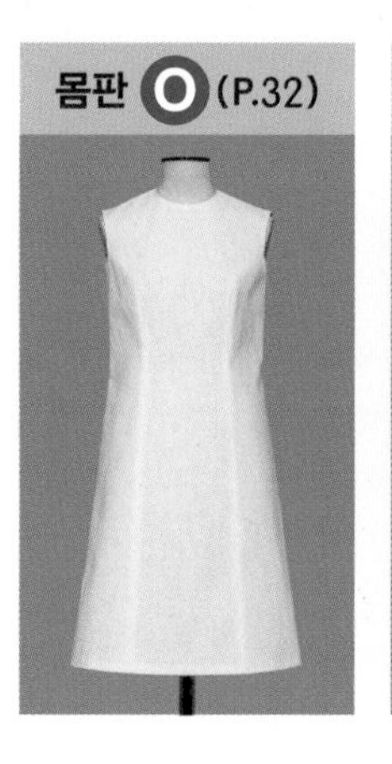

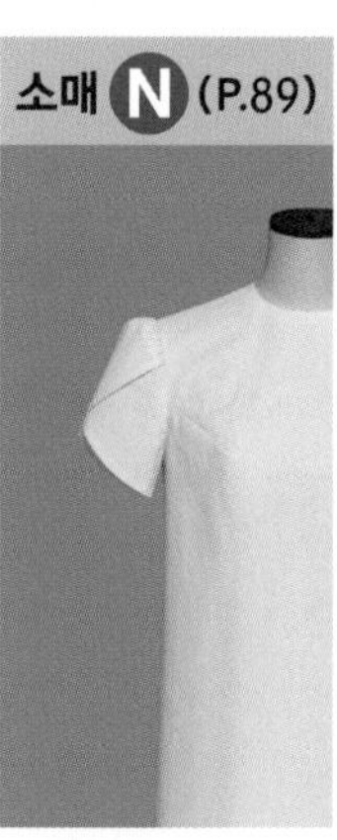

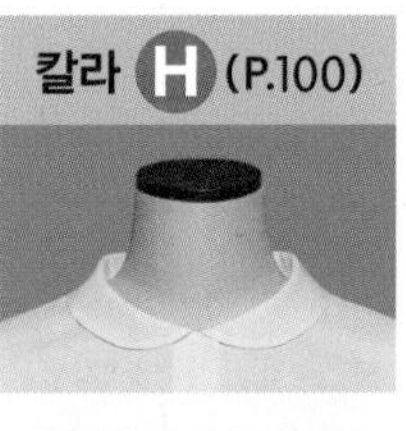

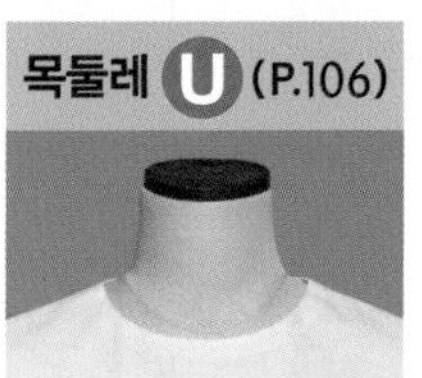

1 원형으로 할 파트를 고른다

몸판은 몸에 꼭 맞는 패널 라인 O.
소매는 귀여운 반소매 퍼프 슬리브 N.
칼라는 사랑스러운 셔츠 칼라 H를 선택.

2 자신의 스타일로 응용한다

몸판은 기본 패턴에 여유분을 넣은 뒤
패널 라인 O를 참고로 상반신을 제도.
스커트 부분은 허리의 완성 치수에
턱 분량을 추가해 직사각형을 그리고 턱으로 한다.
목둘레는 칼라를 다는 기본적인 라인(U와 같다)으로 변경.
뒤 중심을 숨김 지퍼 트임으로.
소매는 여유분을 넣은 뒤 진동 둘레 치수와 모양을
사용해 새롭게 기본 패턴을 만들고,
퍼프 슬리브 N을 참고해 제도한다.
칼라는 셔츠 칼라 H와 같은 방법으로 제도해
뒤트임 유형으로.

●표준 사용량(오른쪽 페이지 완성 작품 · 9호의 경우)
겉감＝110cm 폭 250cm
접착심지＝90cm 폭 25cm

여유분 넣는 법

진동 둘레는 뒤 몸판의 어깨 다트를 절반 닫아 진동 둘레에서 벌려 여유분을 추가.
뒤와 같은 치수의 여유분을 앞 몸판의 진동 둘레에도 추가한다.
옷 폭은 앞뒤 옆선을 평행으로 넓혀 여유분을 추가한다.

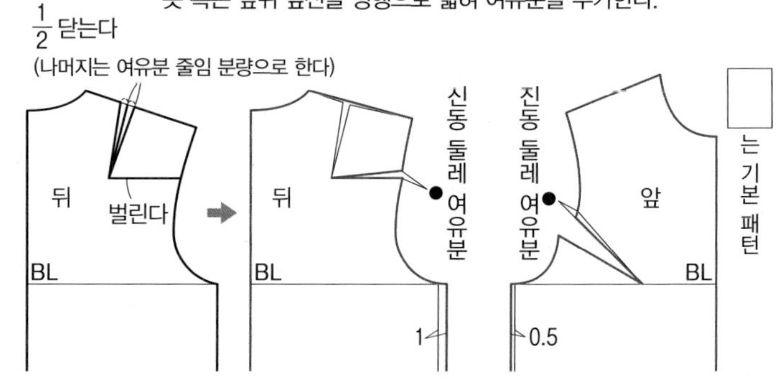

＊핑크색 선은 여유분을 넣은 기본 패턴

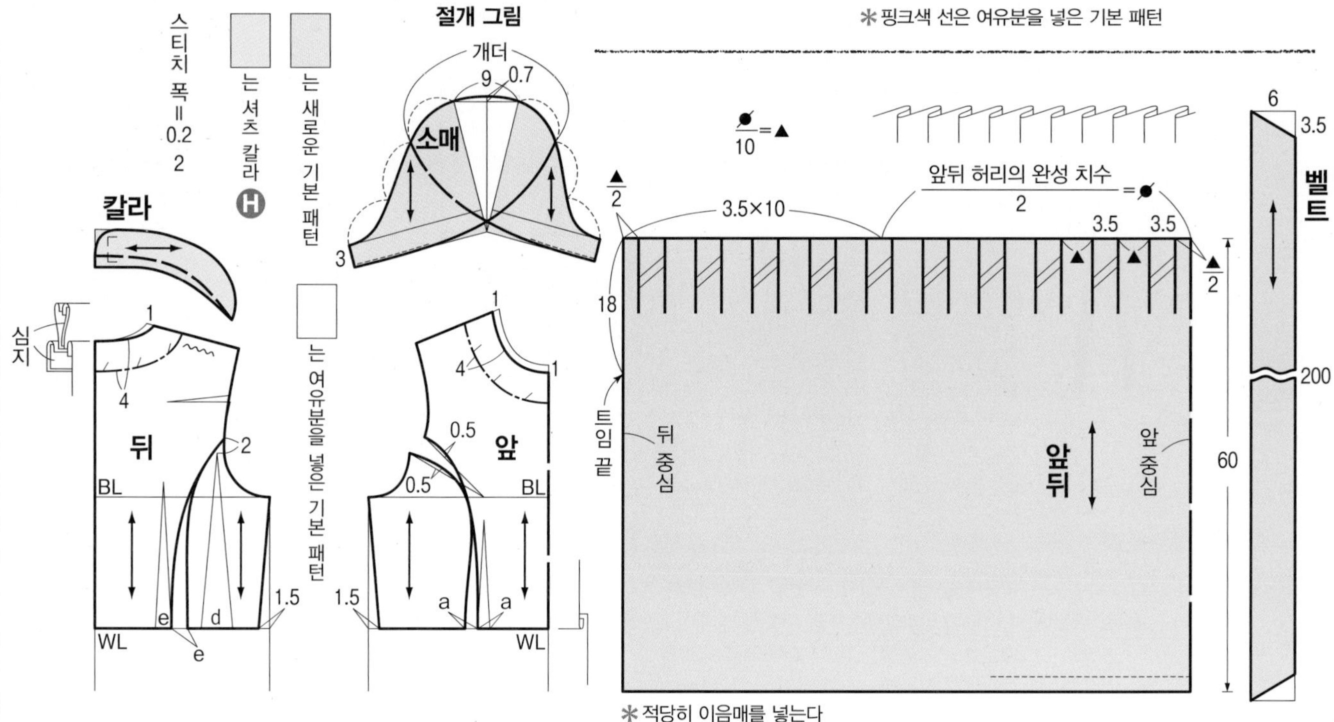

＊적당히 이음매를 넣는다

러블리한 원피스 완성!

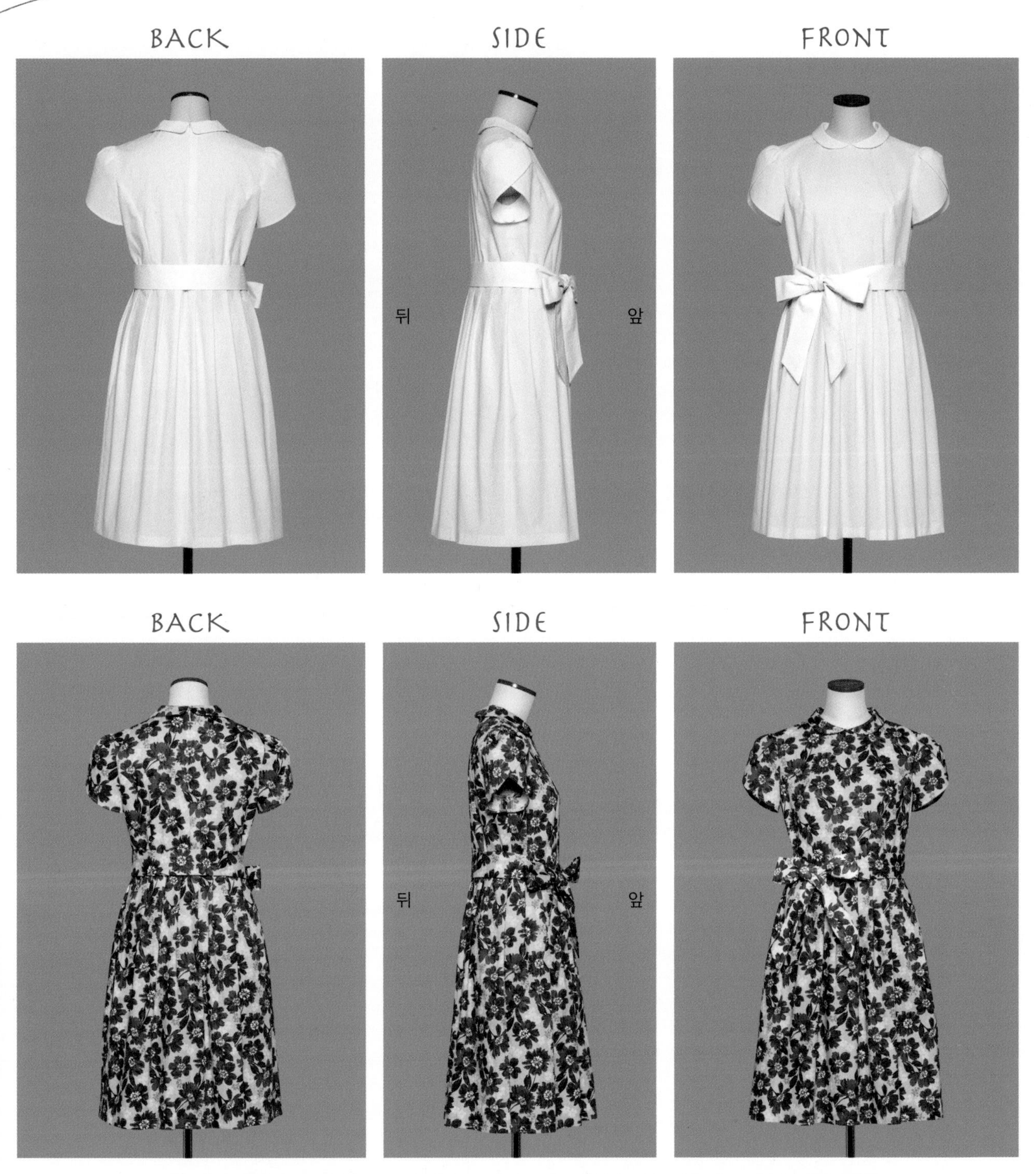

천은 화사한 플라워 프린트의 조금 장력 있는 면 도비. 허리 라인에서 이음선을 넣고, 피트 타입의 몸판은 패턴에 여유분을 추가해 착용감을 미세하게 조정. 폭은 좁지만 기능적으로 응용했다. 사랑스러움을 더하는 둥근 셔츠 칼라와 튤립 슬리브를 세트로 하고, 스커트는 턱을 넣어 풍성하고 부드럽게 완성. 같은 천의 벨트를 묶어 가는 허리를 강조하는 옷차림으로.

디자인 변형

오리지널 디자인 5

유행하는 디테일을 곳곳에 가미. 다른 소재로 믹스 효과를 더해
감각적으로 즐기는 매력 있는 원피스로.

〈 디자인을 결정하기까지 〉

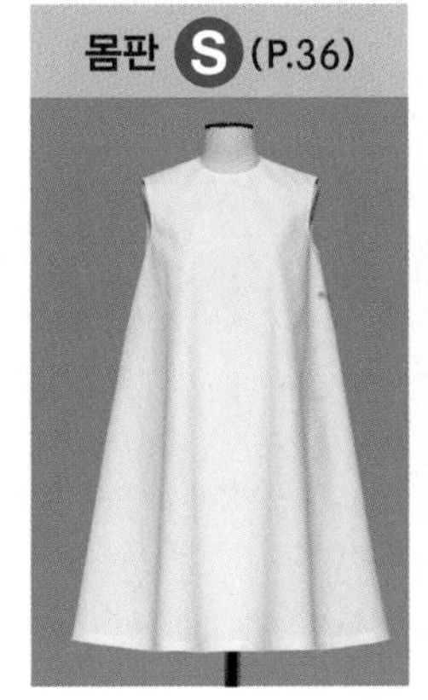

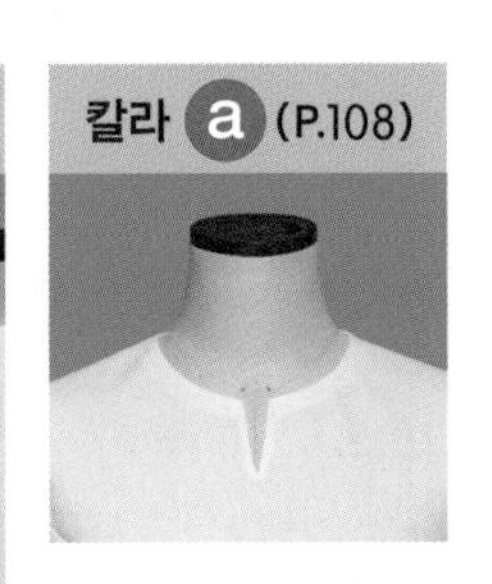

1 원형으로 할 파트를 고른다

몸판은 풍성한 플레어의 A라인 Ⓢ.
소매는 여유분 줄임을 하지 않는 셔츠 슬리브 Ⓞ.
칼라는 트임을 겸한 칼라리스 ⓐ를 선택.

2 자신의 스타일로 응용한다

몸판은 길이를 추가한 뒤 Ⓢ와 같은 방법으로 잘라서
벌리지만 옆 밑단의 추가는 없이.
목둘레를 칼라리스 ⓐ의 오픈 프런트로 변경하고,
앞은 다시 밑단을 잘라서 벌려 볼륨을 크게 한다.
몸판에 자연스럽게 생긴 플레어에 개더를 잡아
고정하기 위한 나른 파트(보강천)를 추가한다.
소매는 니트 소재이기 때문에
소매산을 높게 변경한 뒤 Ⓞ를 참고해 제도한다.
길이는 조금 길게 설정. 트임 없이 머리 위로 입고 벗을 수 있다.

●표준 사용량(오른쪽 페이지 완성 작품 · 9호의 경우)
겉감＝106cm 폭 240cm
다른 천(소매 분량)＝150cm 폭 60cm
접착심지＝90cm 폭 20cm

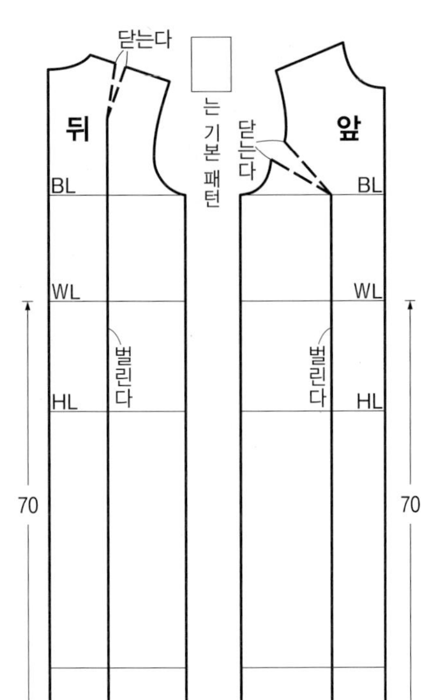

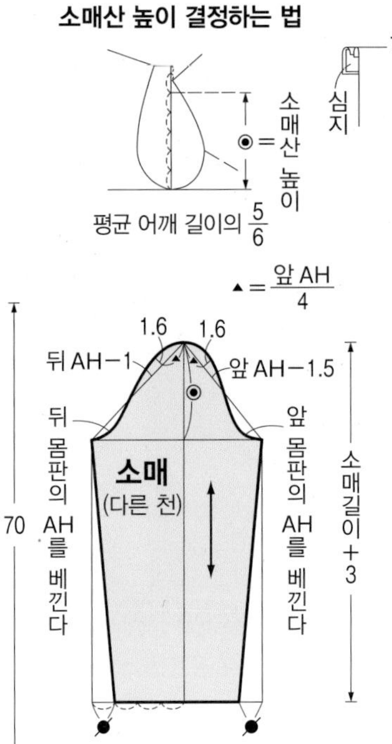

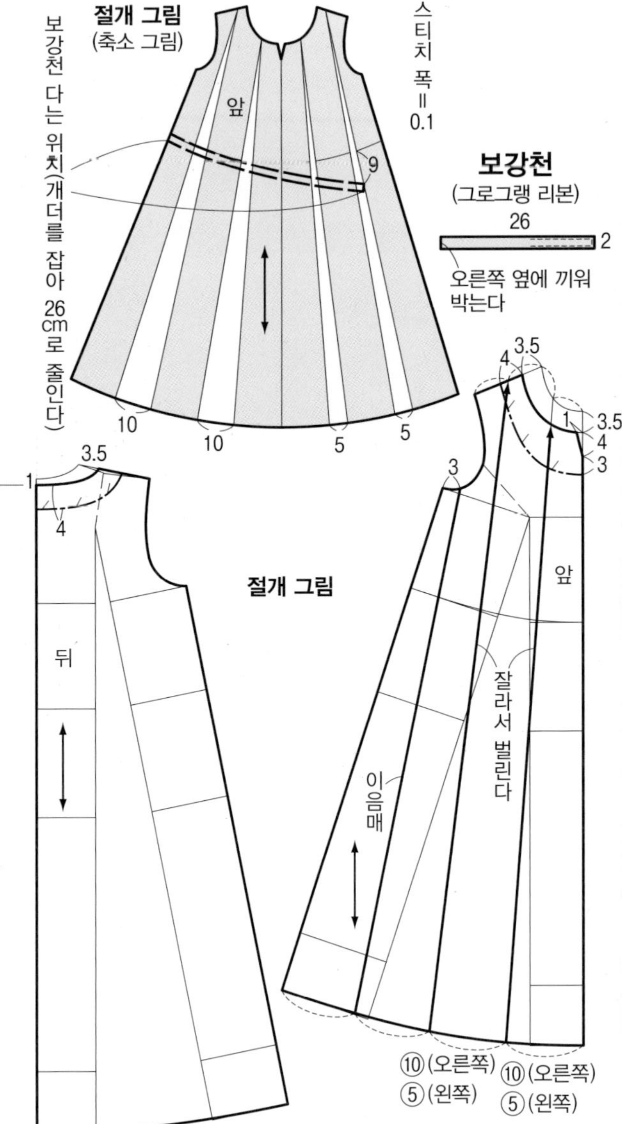

스타일리시한 원피스 완성!

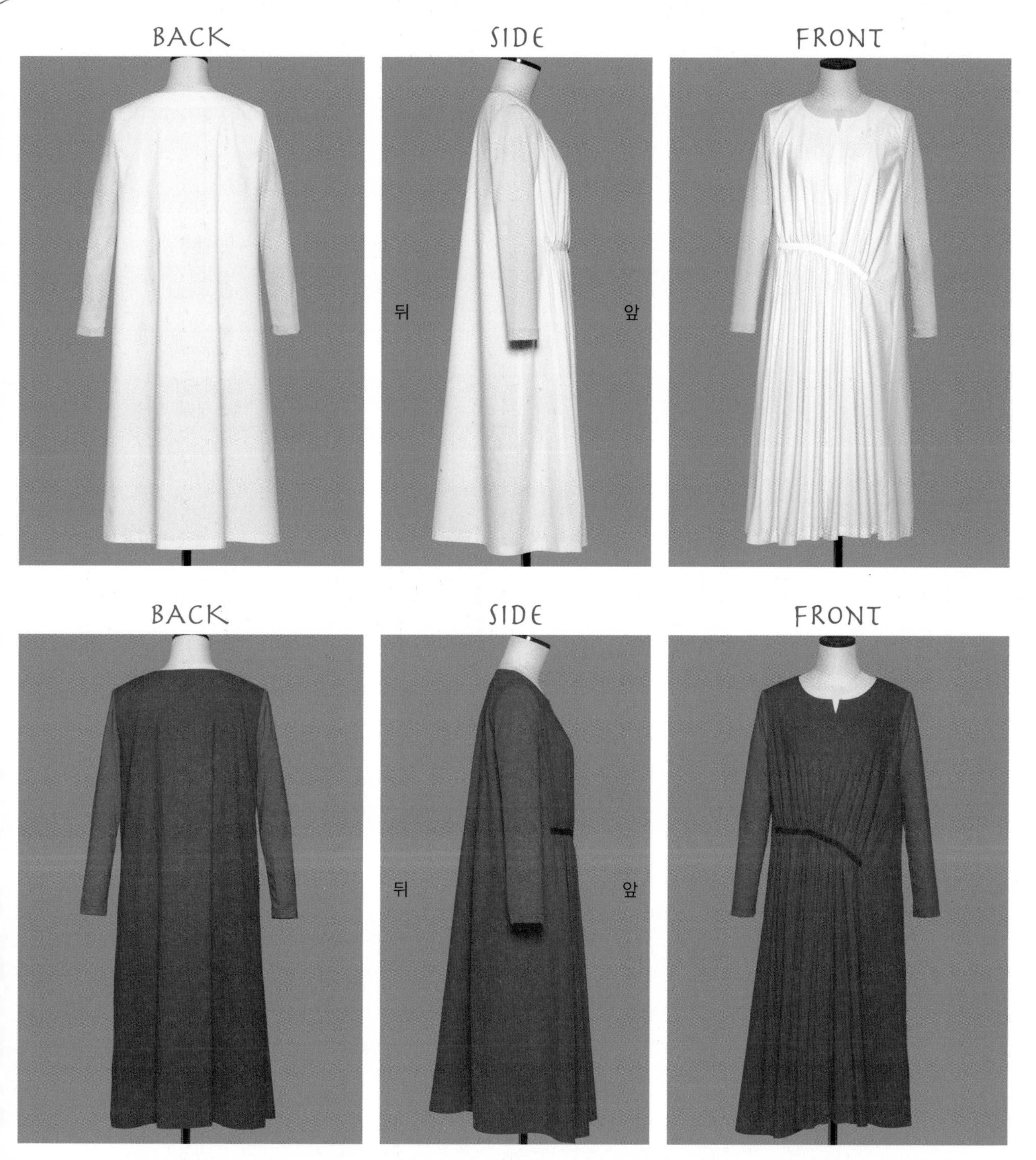

천은 몸판이 부드러운 감촉의 평직 면마 혼방이고, 소매는 면 프레이즈(후라이스). 니트 소재를 사용해야 깔끔하고 가는 소매가 된다. 산뜻한 색상도 존재감 만점. 그로그랭 리본으로 개더를 고정하고 비대칭적으로 완성해 표정을 좀 더 풍부하게. A라인의 볼륨 있는 실루엣이 적당히 피트되어 안정감 있는 디자인.

깔끔하게 완성하는 테크닉 [접착심지]

접착심지는 완성도를 좌우하는 중요한 부자재. 옷의 실루엣을 유지하거나 천을 보강하는 등 겉감만으로 부족한 기능을 보완하는 역할을 한다. 정확히 잘 다루어야 작품의 완성도를 한층 높일 수 있다.

붙이는 위치

부드러운 느낌의 디자인을 의도하는 경우가 아니라면 칼라, 커프스, 안단 등의 모양을 유지하려는 위치나 가위집을 넣은 모서리, 포켓 다는 위치 등 올 풀림 방지나 보강하고 싶은 위치에 붙인다. 사용 방법은 파트 전체에 붙이는 '전면 심지'와 일부분에 붙이는 '부분 심지'의 2가지 타입이 있다.

[부분 심지]

대표적인 것은 이어서 재단한 안단, 그 밖의 모서리나 밑단 등

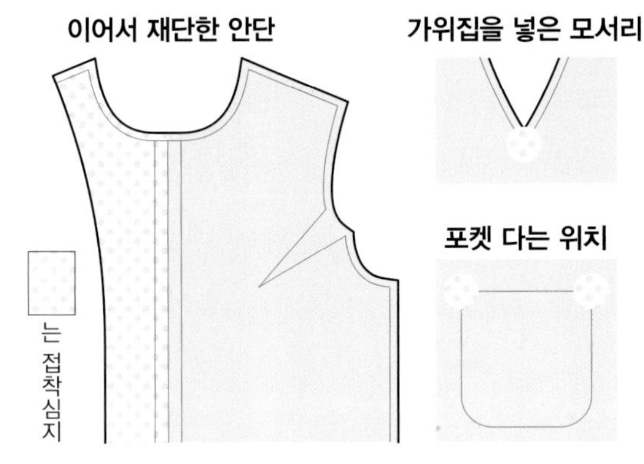

[전면 심지]

분리한 안단이나 칼라, 앞단, 커프스 등

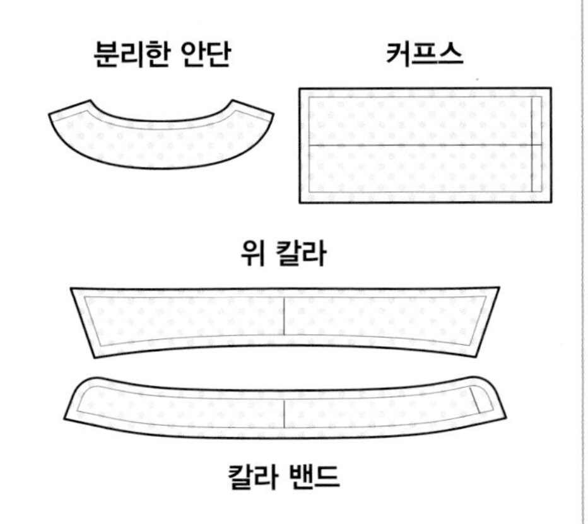

붙이는 방법

천 안쪽에 접착심지의 접착 면을 맞추어 붙인다. 다리미는 중간 온도(150℃ 정도)가 적당. 다리미를 한 곳에서 10초 정도 누르듯이 다리고, 이것을 반복해 빈틈없이 붙인다. 수지가 다리미에 붙으면 떼어내기 힘드니 반드시 패턴지 같은 종이를 댄다. 위의 '전면 심지'와 '부분 심지'에 따라서 재단 등의 방법이 달라진다.

[부분 심지]

접착심지도 시접 넣은 패턴을 만들어 정확하게 재단해 붙인다

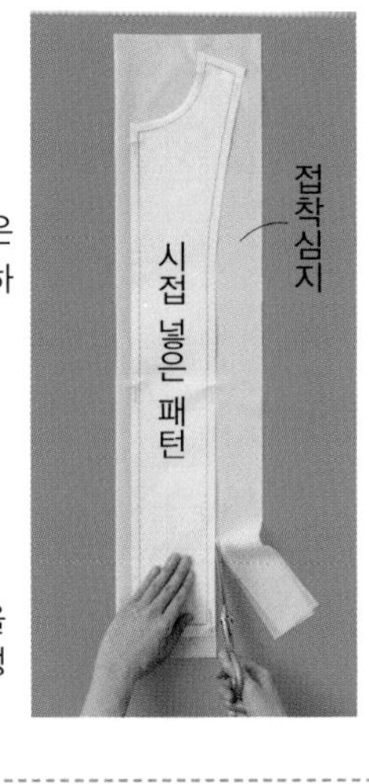

❶ 접착심지 위에 패턴을 놓고 시침핀으로 고정해 정확하게 자른다.

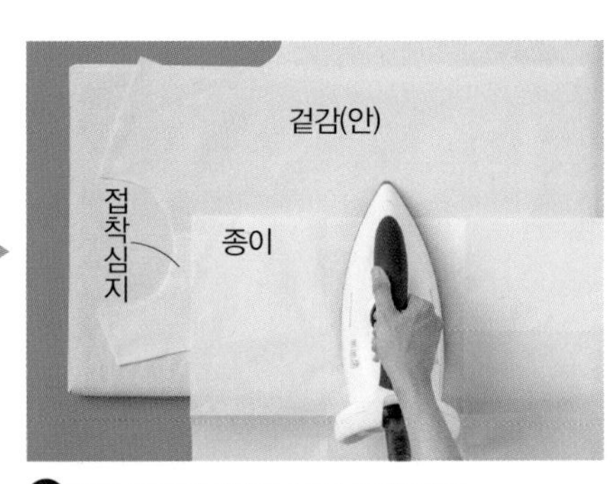

❷ 겉감 안쪽에 접착심지의 접착 면을 맞추어 붙인다.

[전면 심지] 겉감과 접착심지를 같은 방법으로 가재단해 접착심지를 붙인 뒤 정확하게 재단한다

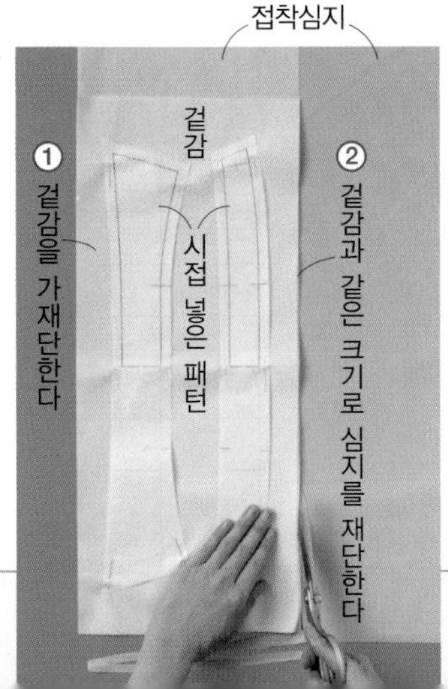

❶ 겉감과 접착심지를 같은 크기로 가재단한다.

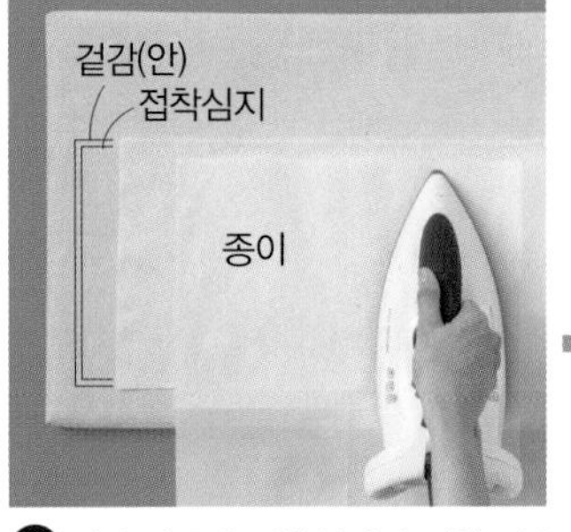

❷ 겉감 안쪽에 접착심지의 접착 면을 맞추어 빈틈없이 붙인다.

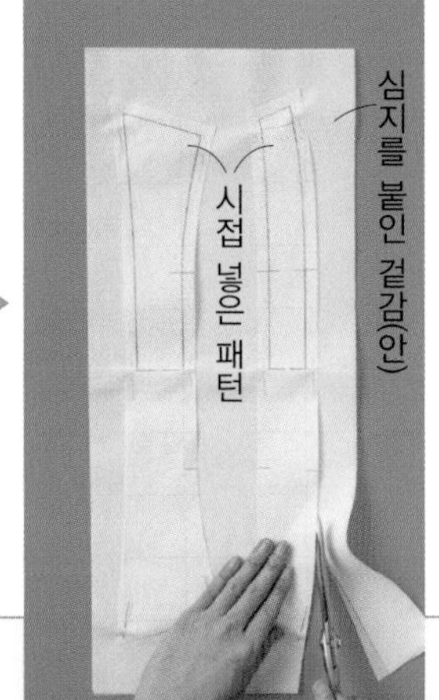

❸ 열이 완전히 식은 뒤 겉감에 패턴을 놓고 시침핀으로 고정해 정확하게 자른다.

보존판 • 스페셜 부록

원피스 제작에 유용한 기본 박는 법과 부분 박음질+안감

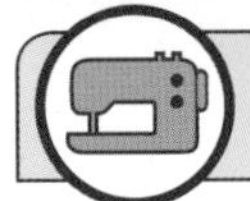

원피스의 기본적인 박는 순서를 대표적인 예로 소개.

원피스에 빼놓을 수 없는 칼라리스의 안단 마무리로, 트임을 만들지 않는 경우와
뒤 중심에 지퍼 트임을 만드는 경우의 2종류를 소개.

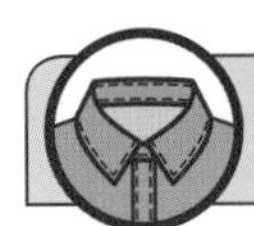

셔츠 타입 디자인에 필수적인 디테일, '칼라 밴드 달린 셔츠 칼라', '셔츠 칼라' 2종류의 만드는 법을 소개.

목둘레나 소맷부리에 사용하는 '슬래시 트임'과 뒤 중심이나 옆에 주로 사용하는 '숨김 지퍼 트임', 단추나 똑딱단추로 열고 닫기 위한 '앞트임'과 '앞단 트임', 셔츠 타입의 소맷부리에도 사용하는 '덧단 트임'을 소개.

숨김 지퍼

지퍼 이가 수지이며 겉으로 나오지 않는 타입. 달았을 때 두께감은 작다. 22cm, 56cm 등이 있다.

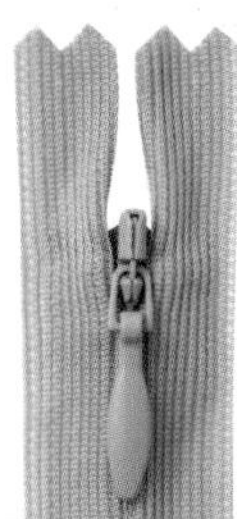

P.160에서 해설

스트레이트인 세트인 슬리브 만드는 법, 다는 법, 작은 소매에 주로 하는 곡선 모양의 소맷부리 마무리 방법을 소개.

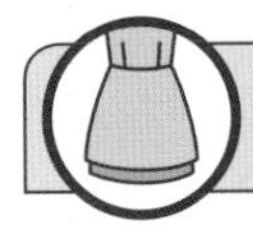

안감은 '형태 변형을 막는다', '착용감이 매끄럽다', '비치는 것을 방지한다' 등 다양한 장점이 있다. 안감 넣는 법,
패턴 만드는 법에 대해 설명.

원피스 박는 순서

봉제할 때 이 작업 순서를 생각해야 한다.
여기서는 기본적인 박는 순서를 8종류의 대표적인 예로 설명한다. 디자인이나 완성 방법이 다양하기 때문에
반드시 이 순서가 된다고는 할 수 없지만 알아두면 쉽게 응용할 수 있다.

A 칼라리스(안단 마무리), 슬리브리스(안단 마무리), 트임 없이

B 칼라리스(안단 마무리), 슬리브리스(안단 마무리), 다트(AH, 허리), 뒤 지퍼 트임

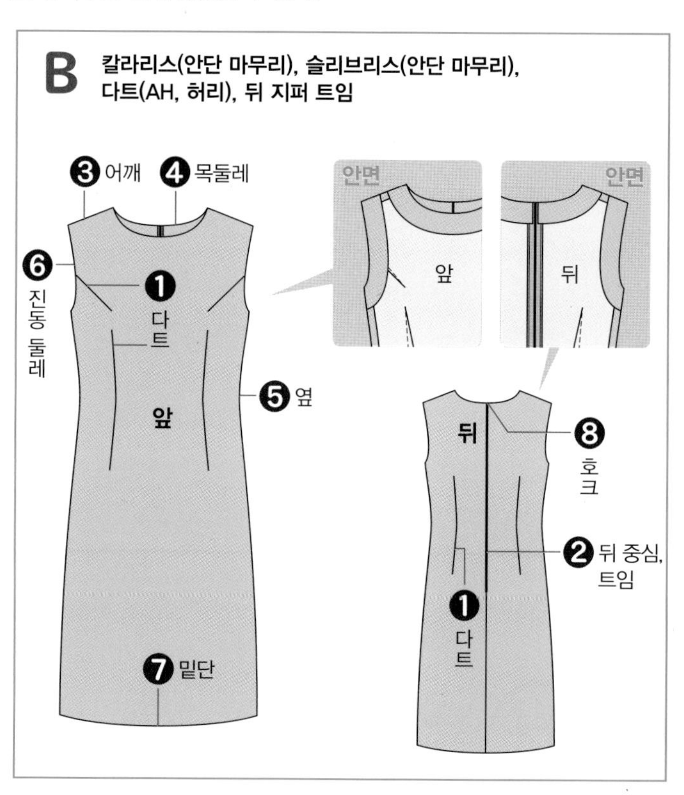

C 칼라리스, 슬리브리스(이어진 안단 마무리), 다트(AH, 허리), 뒤 지퍼 트임

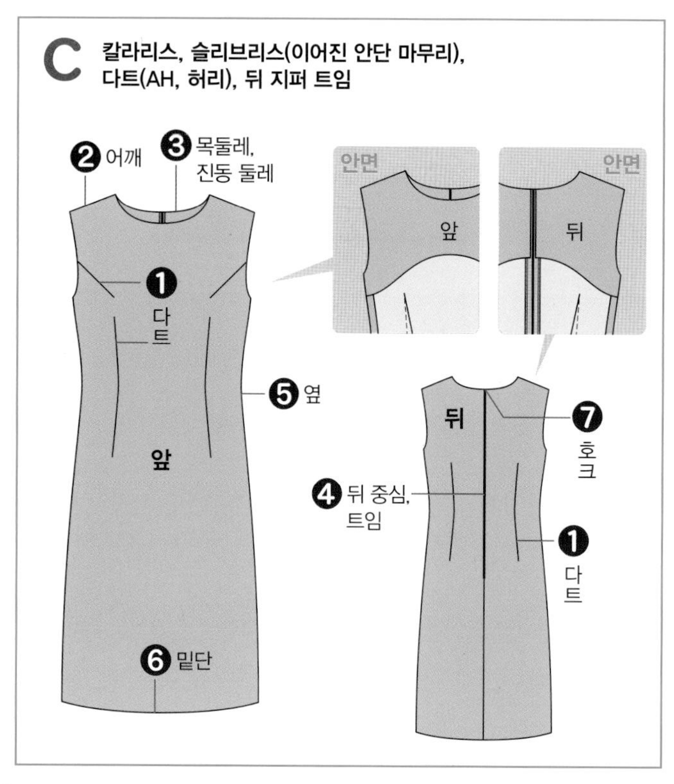

D 스탠드 칼라(칼라에 몸판을 끼운다), 슬리브리스(파이핑 마무리), 다트(어깨, 옆), 덧단 트임

포켓 만드는 순서

포켓을 다는 경우, 이음선에 겹치지 않는 패치 포켓은 맨 처음에, 겹치는 경우는 이음선을 박은 후에, 옆 솔기를 이용하는 것은 옆을 박을 때 등 적당한 타이밍으로 과정에 끼워 넣는다.

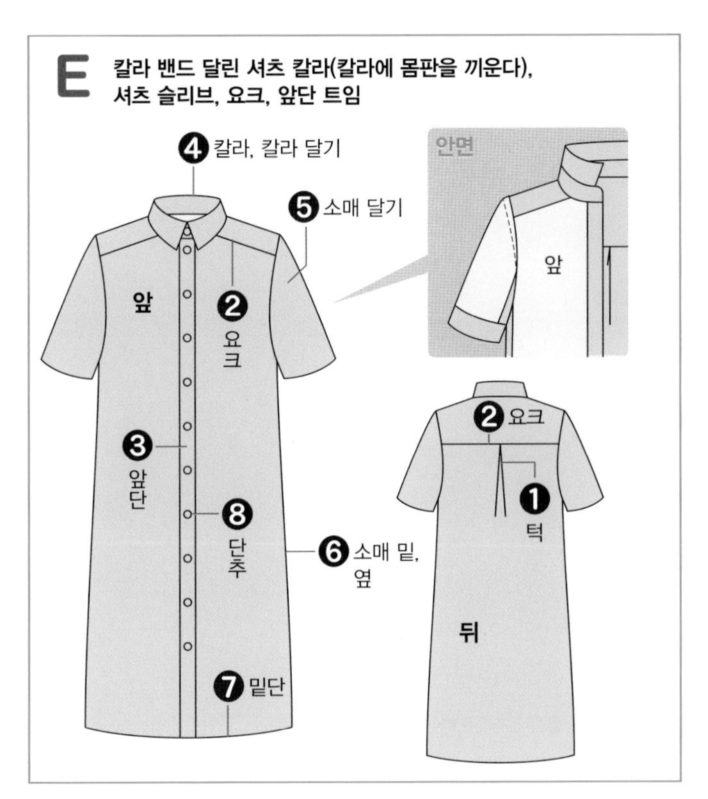

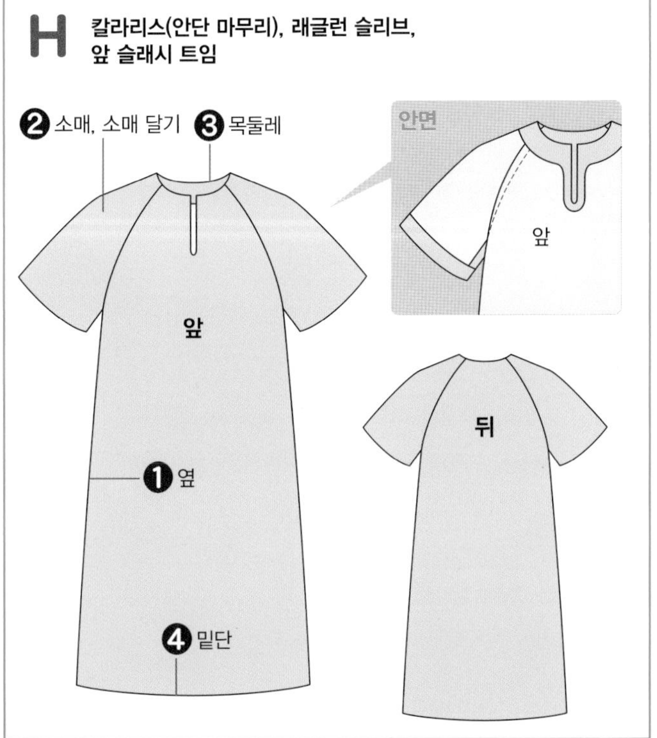

안단 마무리(트임 없는 경우)

칼라리스의 가장 정통적인 완성 방법

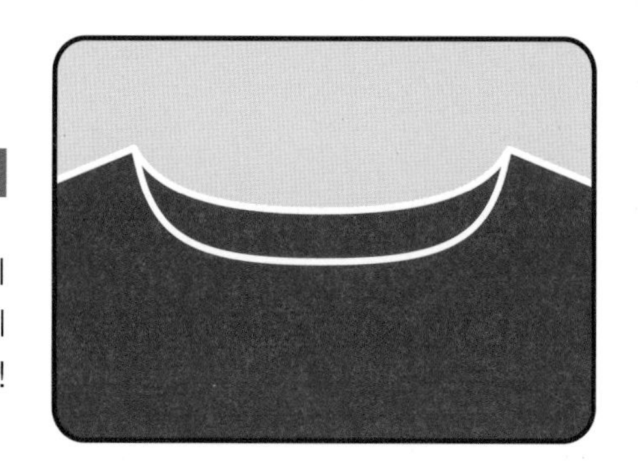

목둘레 안쪽에 적당한 폭의 안단을 대고 1바퀴 빙 둘러 박아 뒤집어서 마무리하는 방법이다. 머리 들어가는 치수가 확보되는 디자인을 전제로 사용. 단단하게 완성하기 위해서는 안단 안쪽 전체에 접착심지를 붙인다. V넥의 경우 보강을 위해 몸판의 V자 모서리에 접착심지를 붙인다(P.151 Hint! 참조).

〈재단 방법〉

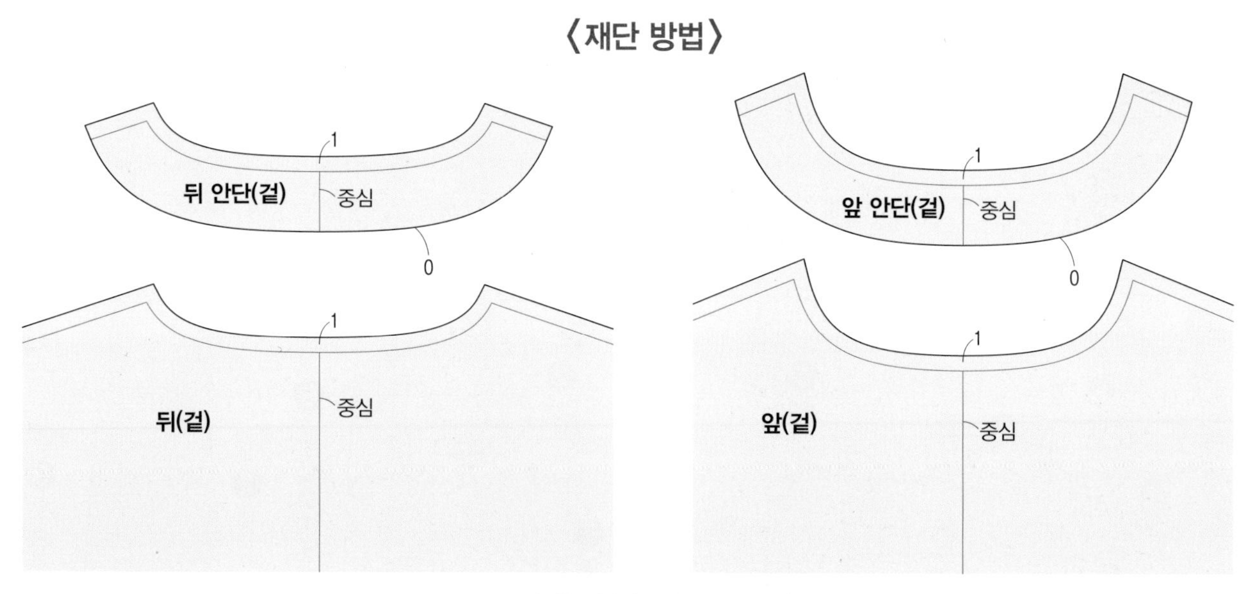

*숫자는 시접 치수. 안단 폭은 적당히

1 안단을 만든다

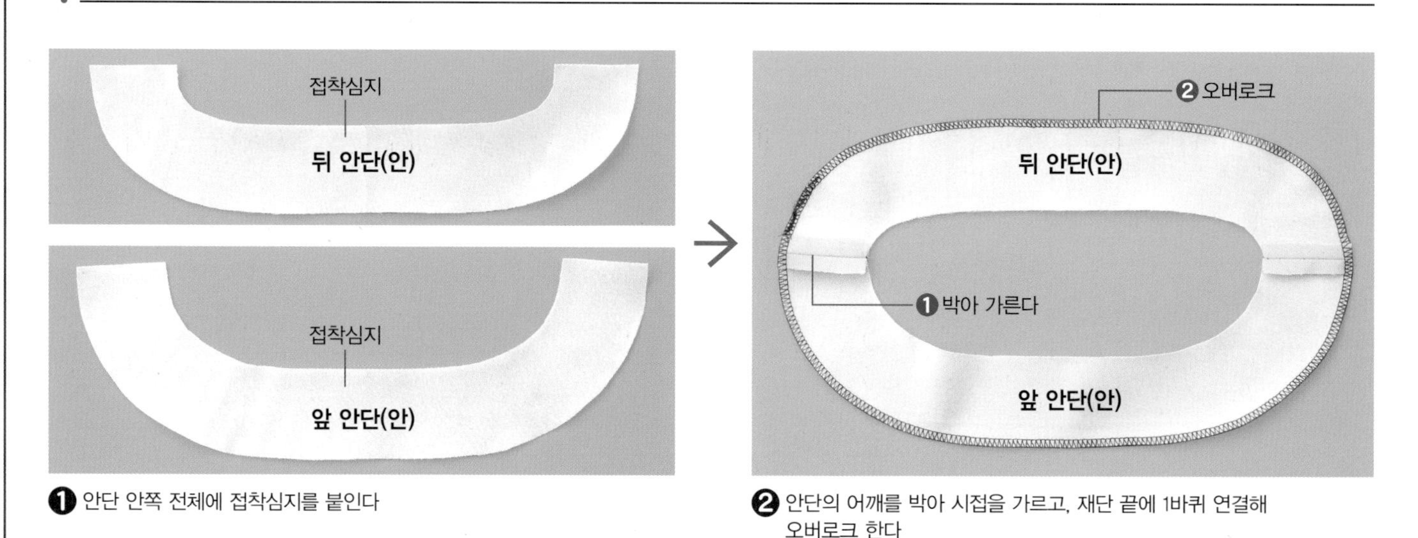

❶ 안단 안쪽 전체에 접착심지를 붙인다

❷ 안단의 어깨를 박아 시접을 가르고, 재단 끝에 1바퀴 연결해 오버로크 한다

2 안단을 단다

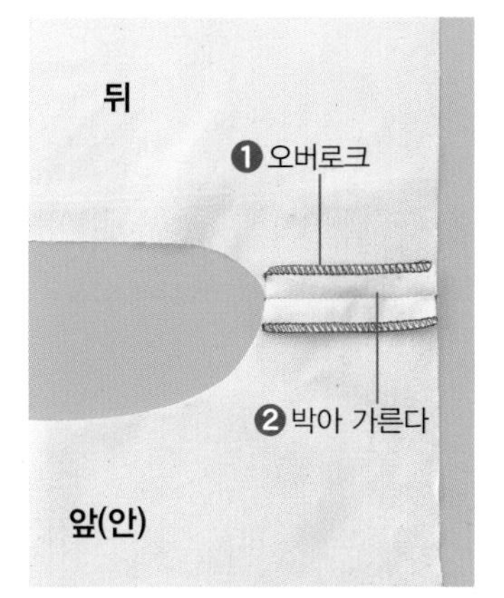

❶ 몸판 어깨의 재단 끝에 오버로크 하고 박아 시접을 가른다

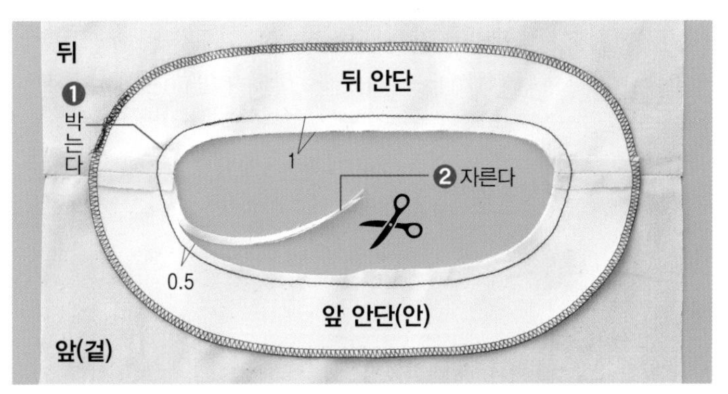

❷ 몸판과 안단을 겉끼리 맞대어 목둘레를 박고 시접을 반으로 자른다. 목둘레 곡선이 가파른 경우는 다시 시접에 가위집을 넣는다

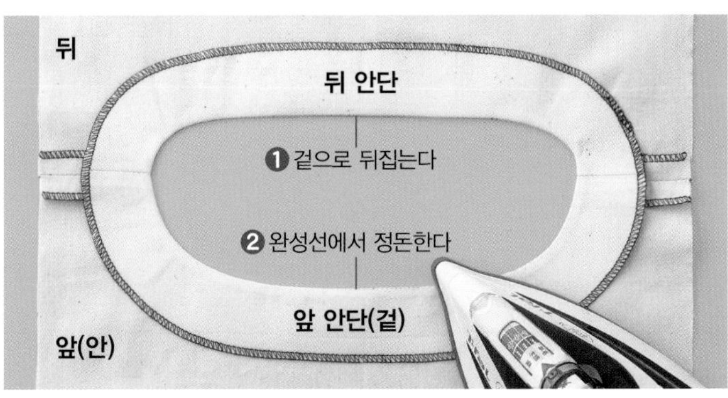

❸ P.167의 ❸과 같은 방법으로 목둘레 시접을 가르고, 겉으로 뒤집어 다리미로 정돈한다

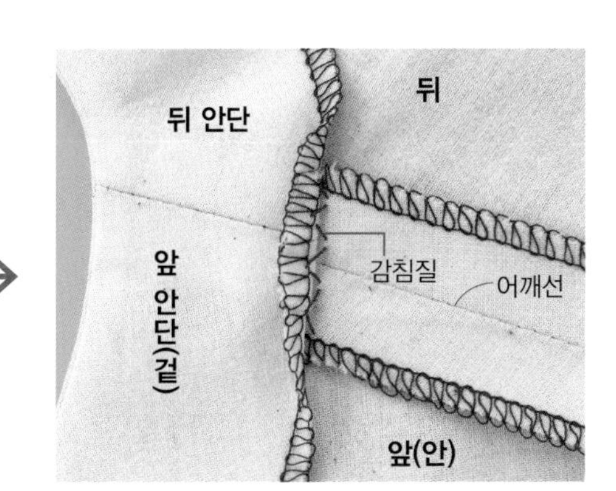

❹ 안단의 어깨 부분을 몸판 시접에 감침질하면 완성!

안단을 자리 잡게 하려면?

겉에서 스티치 하는 방법과 사진처럼 ❹의 전에 몸판과 안단의 시접을 안단에 고정하는 방법이 있다.

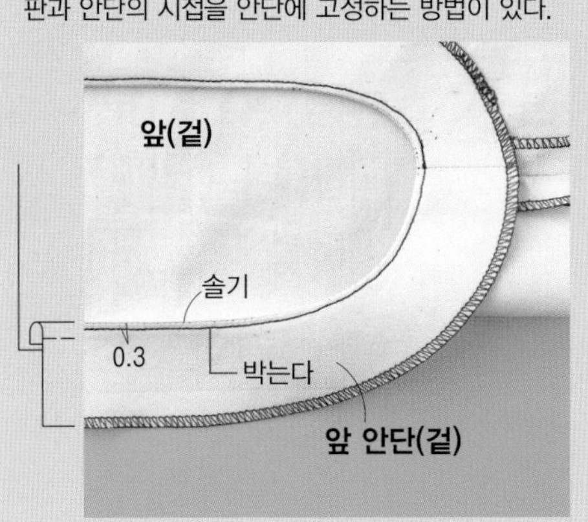

V넥의 경우는?

몸판의 V자 모서리(완성 위치)에 접착심지를 붙이고 안단과 박은 뒤 가위집을 넣는다.

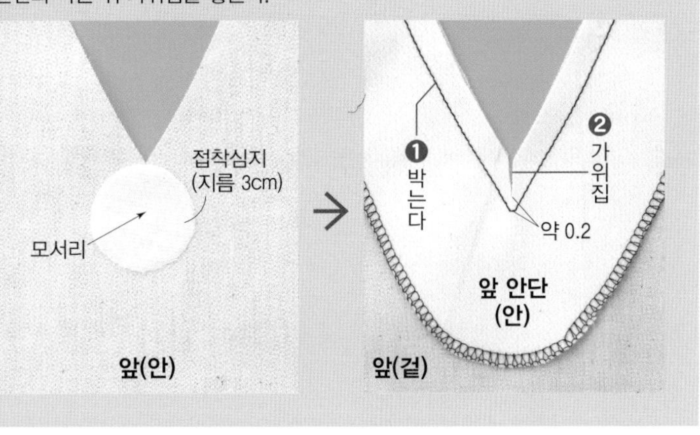

안단 마무리(숨김 지퍼 트임의 경우)

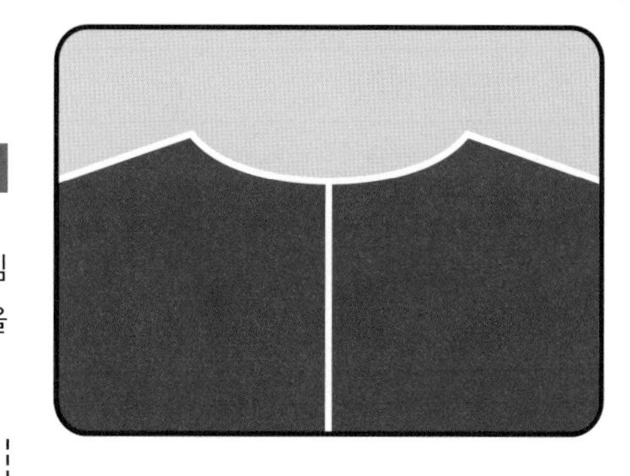

칼라리스에 트임을 만드는 경우의 완성 방법

P.150에서 소개한 안단 마무리에 숨김 지퍼 트임이 있는 경우의 방법이다. 일반적인 뒤 중심 트임으로 설명. 이 방법은 지퍼를 피해 달기 위해 뒤 안단을 중심에서 0.5cm 띄우고, 목둘레를 박을 때 몸판의 뒤 중심 시접을 겉으로 접는 것(2-❸)이 포인트이다.

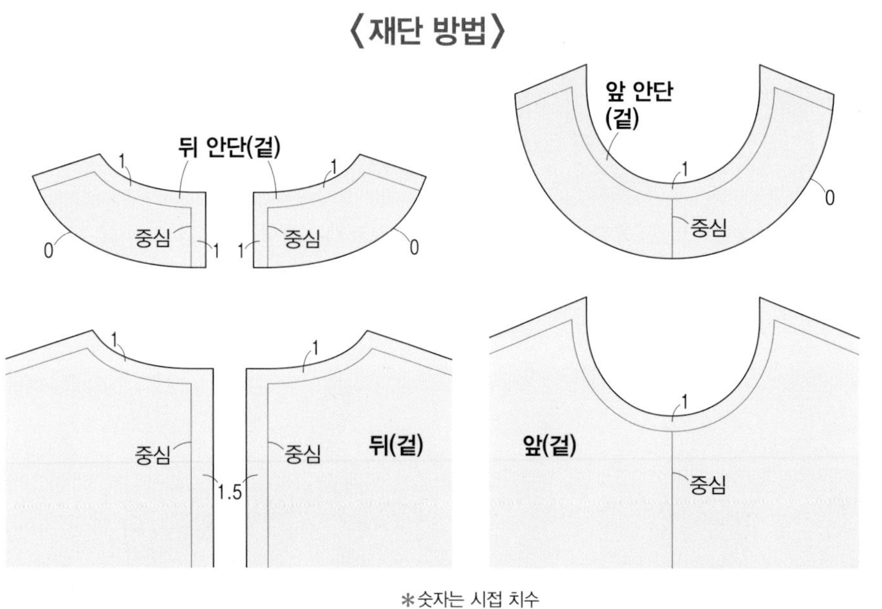

＊숫자는 시접 치수

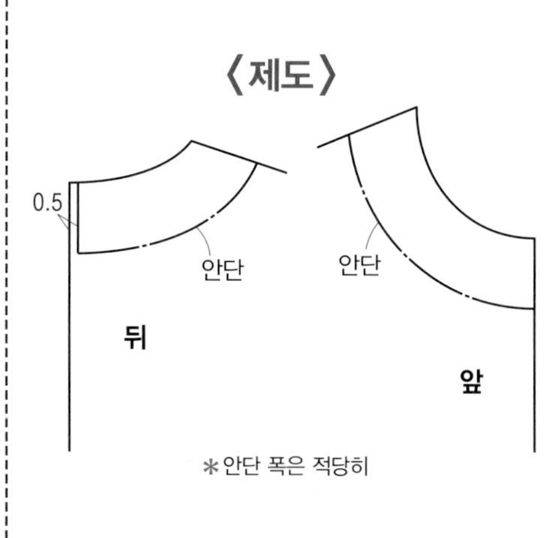

＊안단 폭은 적당히

1 안단을 만든다

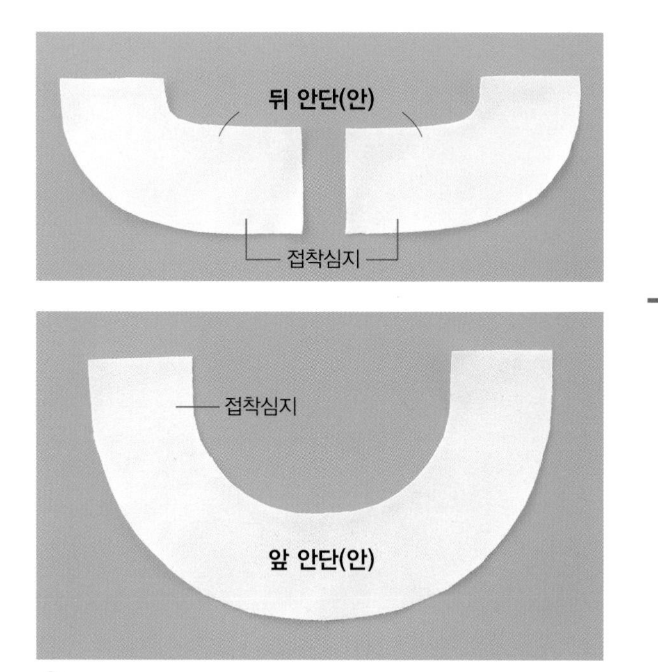

❶ 안단 안쪽 전체에 접착심지를 붙인다

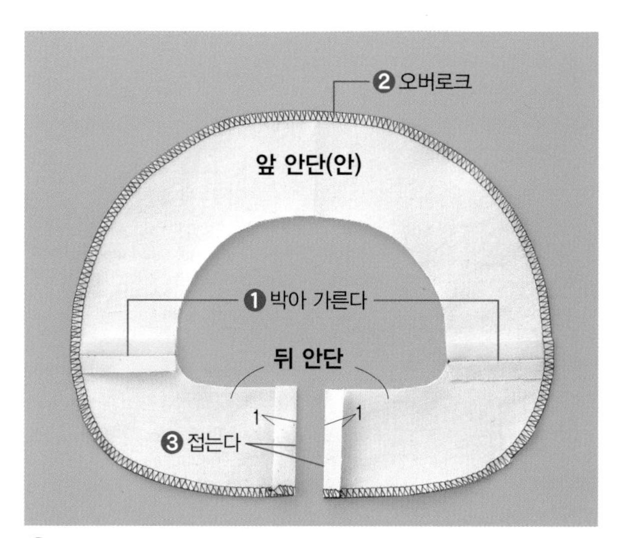

❷ 안단의 어깨를 박아 시접을 가르고, 재단 끝에 오버로크 해서 뒤 중심 시접을 접는다

2 안단을 단다

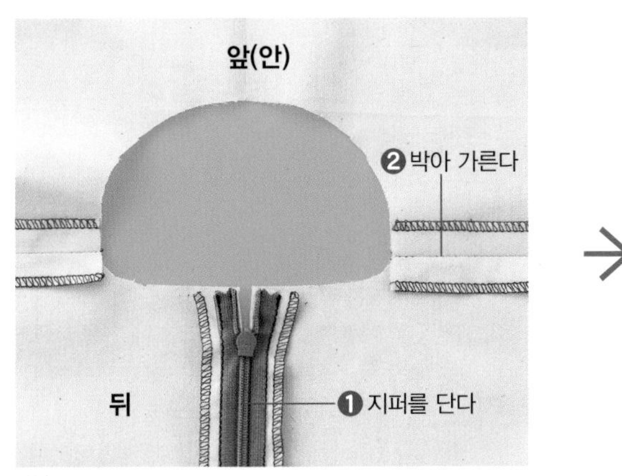

❶ 몸판에 숨김 지퍼를 달고(P.160), 어깨를 박아 시접을 가른다
*재단 끝 마무리는 적당히

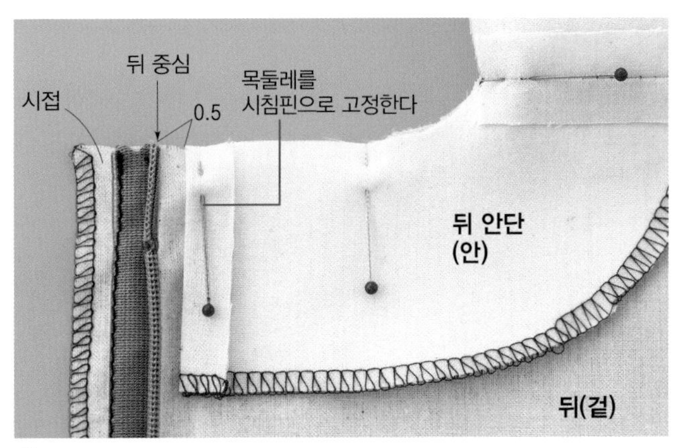

❷ 지퍼를 열고 몸판은 시접을 펴서 안단을 겉끼리 맞대어 시침핀으로 고정한다

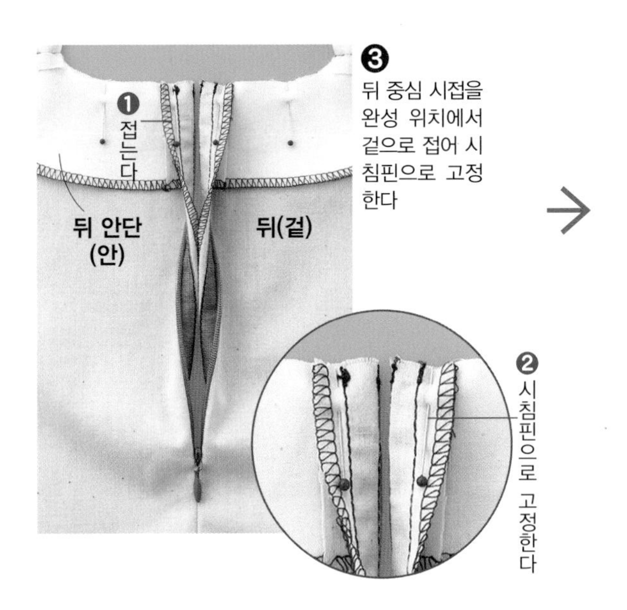

❸ 뒤 중심 시접을 완성 위치에서 겉으로 접어 시침핀으로 고정한다

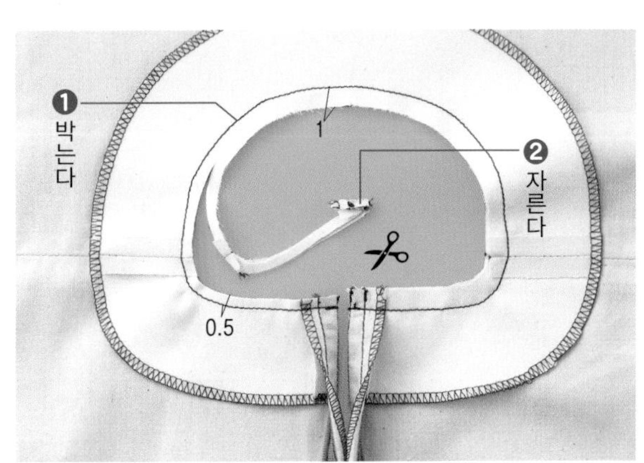

❹ 목둘레를 박아 시접을 반으로 자른다. 목둘레 곡선이 가파른 경우는 다시 시접에 가위집을 넣는다

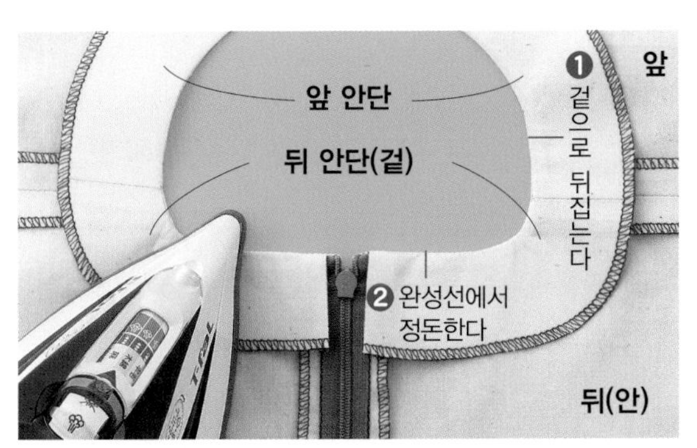

❺ P.167의 ❸과 같은 방법으로 목둘레 시접을 가르고 겉으로 뒤집는다. P.165의 ❻과 같은 방법으로 뒤 중심 모서리를 송곳으로 정돈한다

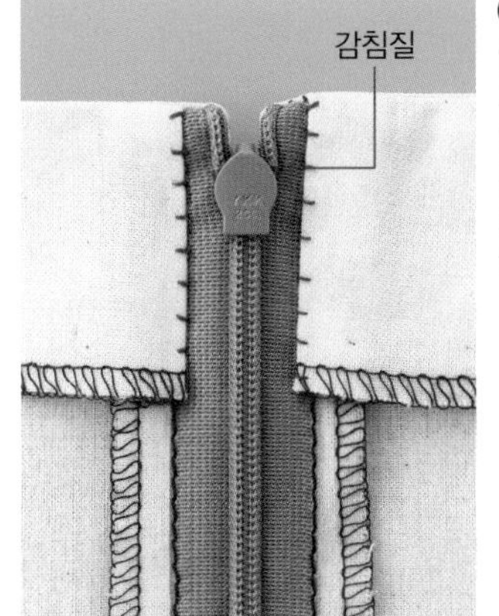

❻ 안단의 뒤 끝을 지퍼 테이프에 감침질한다. P.151의 ❹와 같은 방법으로 어깨 부분을 감침질하면 완성!

칼라 밴드 달린 셔츠 칼라

위 칼라와 칼라 밴드, 2개의 파트로 구성된 칼라. 칼라 밴드로 몸판을 감싸서 완성한다

칼라 허리 부분에 해당하는 스탠드 칼라와 같은 파트가 칼라 밴드, 그 윗부분에 다는 파트를 위 칼라라고 한다. 반듯하고 깔끔하게 완성하는 포인트는 위 칼라의 칼라 끝을 박아서 뒤집는 법과 각각의 겉 칼라 안쪽 전체에 접착심지를 붙이는 것이다. 얇은 천인 경우나 빳빳하고 단단하게 완성하고 싶은 경우는 안 칼라에도 접착심지를 붙인다.

〈재단 방법〉

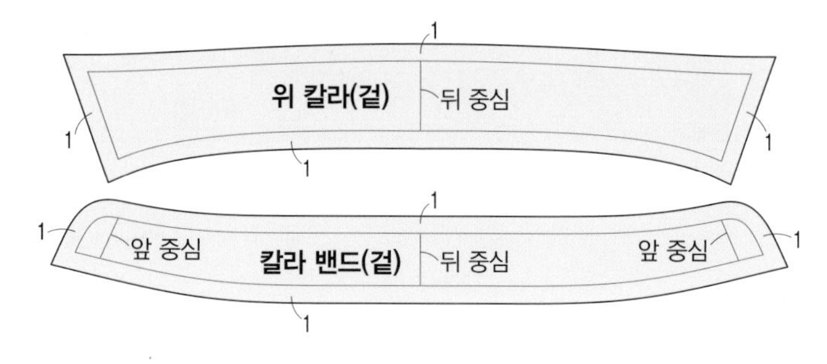

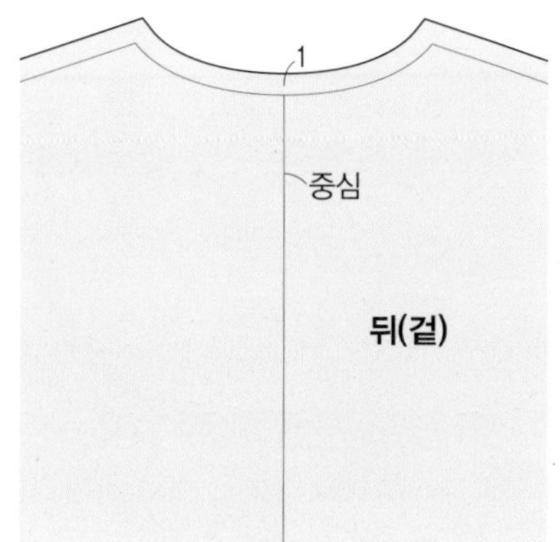

＊칼라는 위 칼라, 칼라 밴드 각 2장 자른다

＊앞은 P.164 '잎단 트임'과 같은 방법으로 자른다

＊숫자는 시접 치수

Hint!

칼라 밴드 달린 셔츠 칼라의 구조

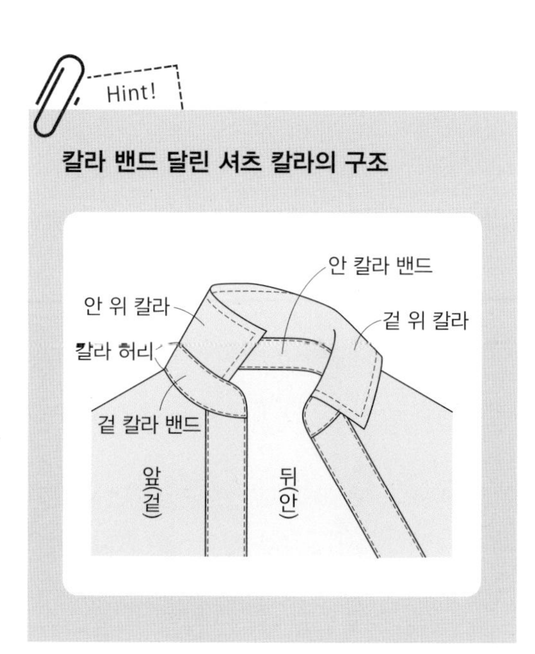

1 칼라에 접착심지를 붙이고 위 칼라의 칼라 끝을 표시한다

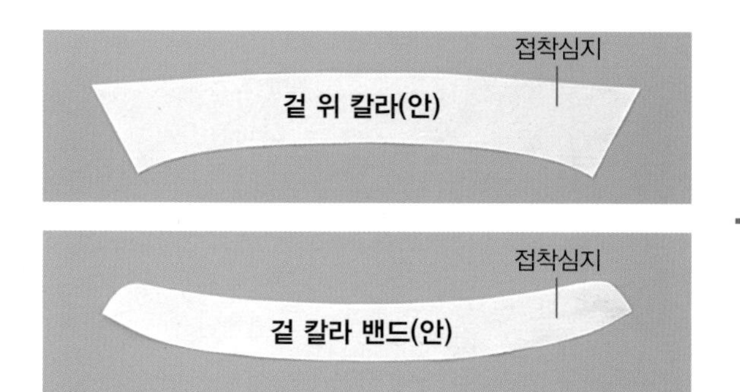

❶ 겉 칼라 밴드, 겉 위 칼라에 접착심지를 붙인다

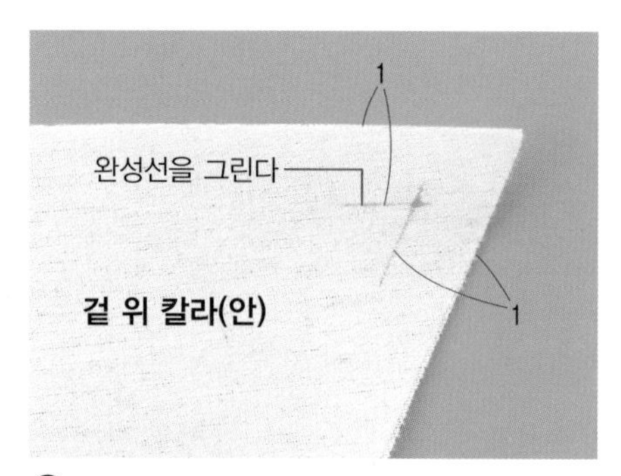

❷ 겉 위 칼라에 초크펜 등으로 칼라 끝 위치의 완성선을 그린다. 이것은 완성선을 표시하지 않고 재단 끝을 기준으로 박을 경우에 필요한 작업으로, 박을 때 칼라 끝 위치를 명확하게 하기 위함이다

2 위 칼라를 만든다

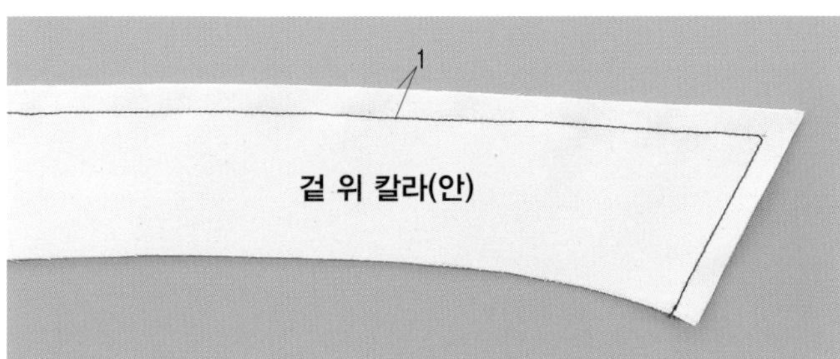

❶ 겉 위 칼라와 안 위 칼라를 겉끼리 맞대어 촘촘한 땀으로 박는다

Hint!

칼라 끝 박는 법

칼라 끝은 1땀 전에서 멈추고 모서리는 옆으로 박는다. 이렇게 해야 겉으로 뒤집었을 때 칼라 끝이 깔끔하게 완성된다. 촘촘한 땀으로 박는 이유는 1땀 전에서 멈추는 위치를 모서리에 가깝게 하기 위하여

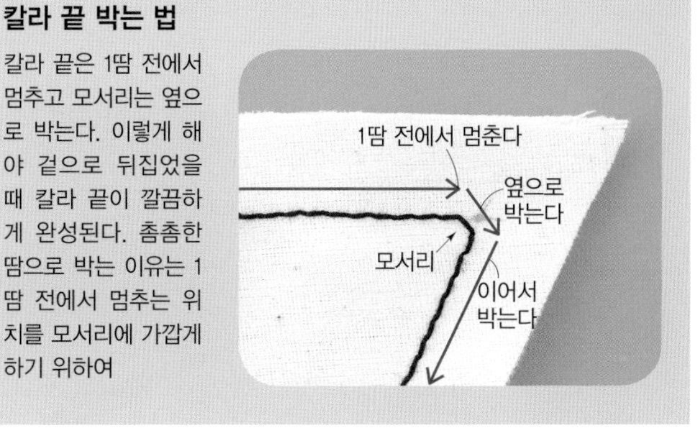

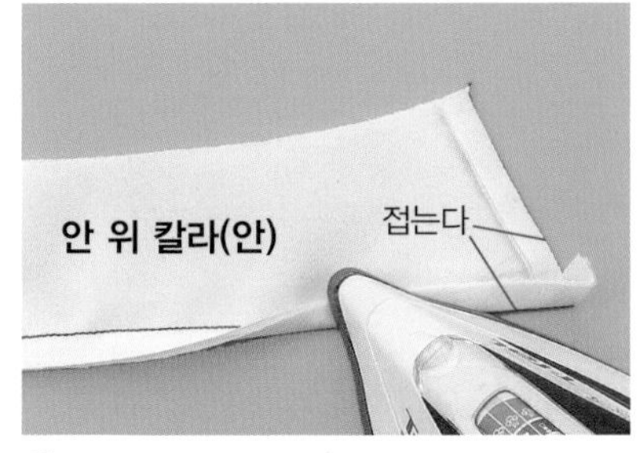

❷ 칼라 끝 부근의 시접을 솔기 바로 옆에서 안 위 칼라 쪽으로 접는다

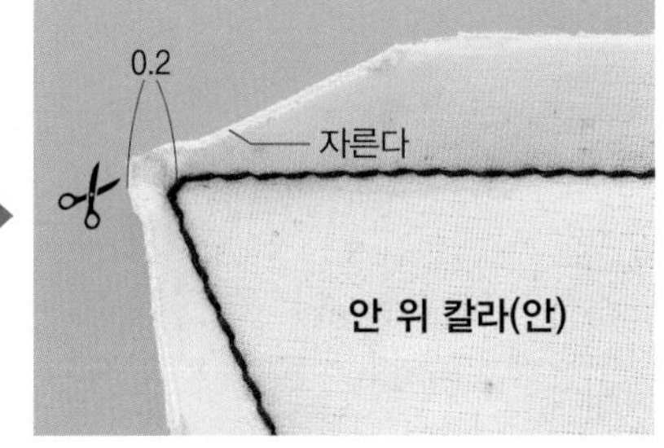

❸ 칼라 끝 시접을 자른다

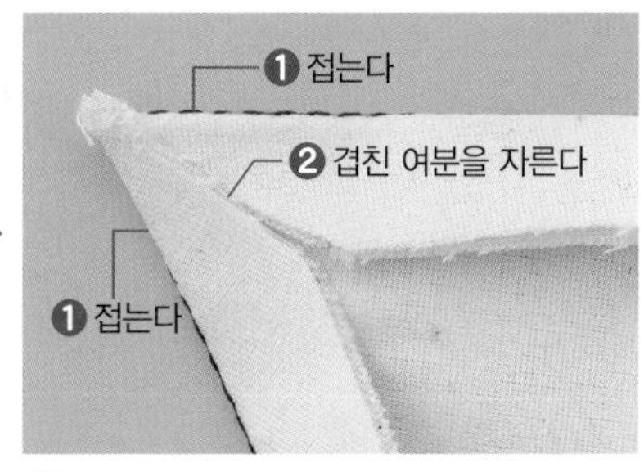

❹ 다시 한번 시접을 다리미로 접어 정돈하고 겹치는 경우 여분을 자른다

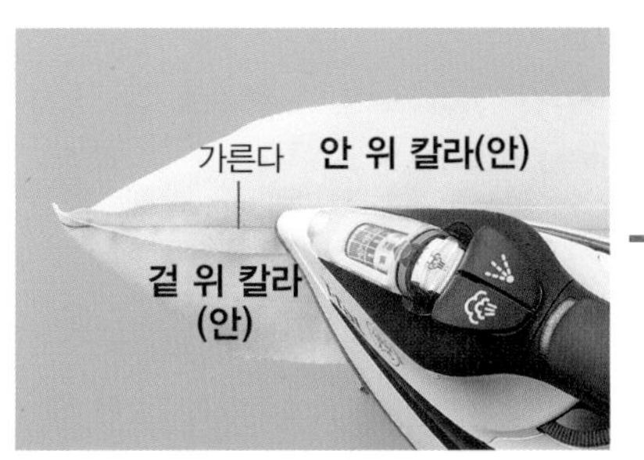

❺ 다림질할 수 있는 곳까지 최대한 칼라 외곽의 시접을 가른다

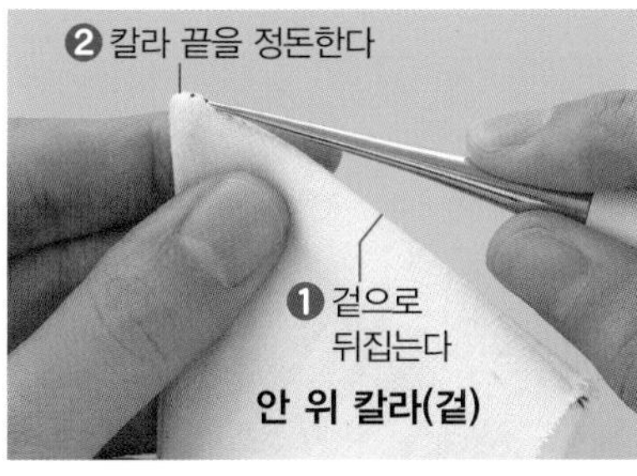

❻ 겉으로 뒤집고, 솔기로 송곳을 넣어 천을 꺼내서 칼라 끝을 정돈한다. 맨 끝은 시접이 적어서 너무 힘을 주면 시접이 튀어나오니 세심하게!

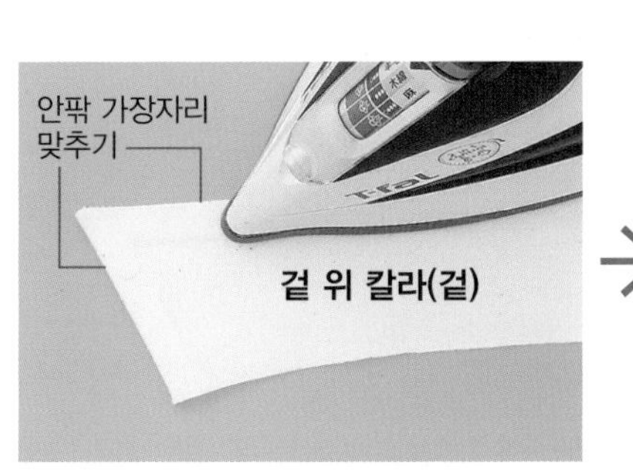

❼ 칼라 외곽의 안팎 가장자리를 맞추어 정돈한다

＊안팎 가장자리 맞추기란 접음선을 족집게의 날 끝을 맞춘 듯한 상태로 만드는 것을 말한다

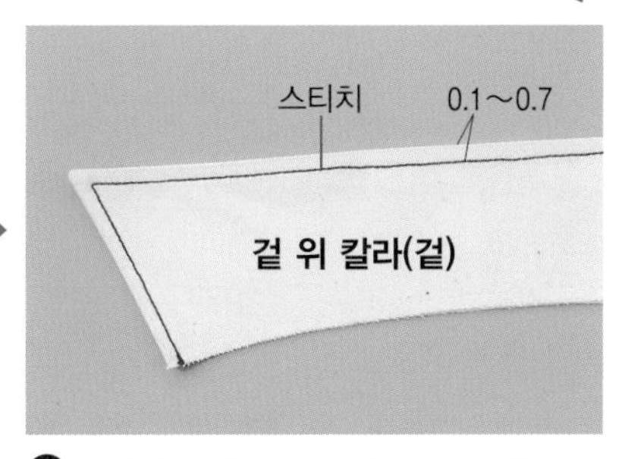

❽ 겉 위 칼라 쪽에서 스티치를 하면 완성!

Hint!

칼라를 깔끔하게 완성하는 뒤집는 법

칼라 끝은 완성도를 좌우하는 중요한 부분. 모서리 시접을 꽉 누르면서 겉으로 뒤집는 것이 요령.

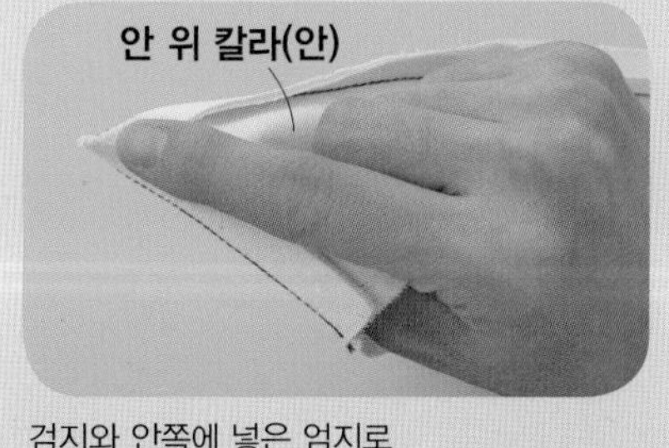

검지와 안쪽에 넣은 엄지로 시접을 집는다

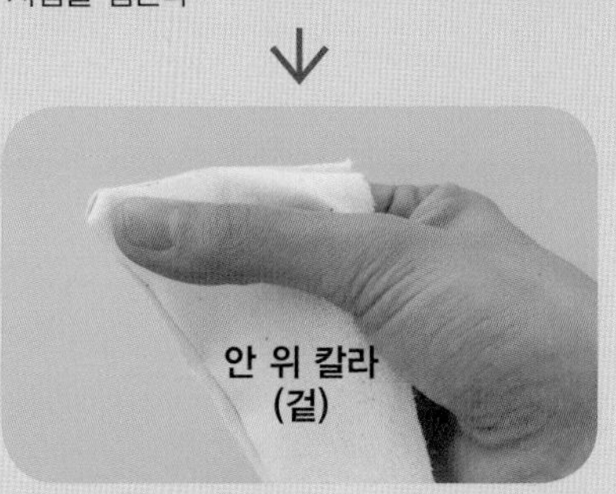

그대로 겉으로 뒤집는다

3 칼라 밴드를 만든다

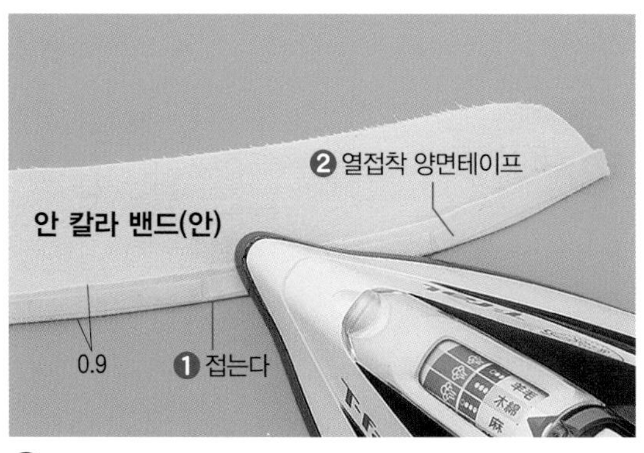

❶ 안 칼라 밴드의 몸판에 다는 쪽 시접을 0.9cm 접고, 그 위에 열접착 양면테이프를 붙인다

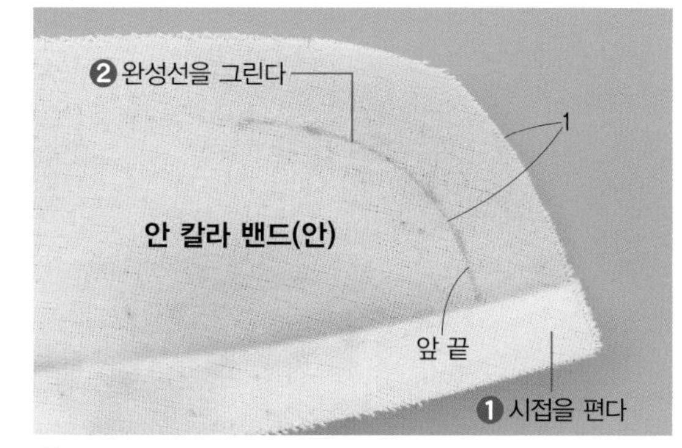

❷ ❶에서 접은 시접을 일단 펴고, 앞 끝에 초크펜 등으로 곡선 위치의 완성선을 그린다

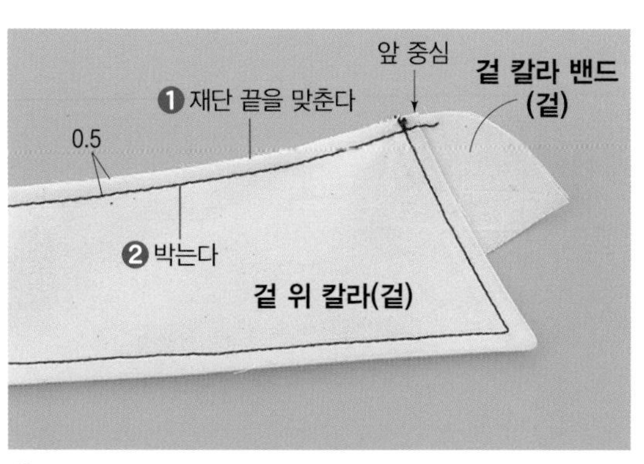

❸ 겉 칼라 밴드의 칼라 다는 끝(앞 중심)과 위 칼라의 끝을 딱 맞추고, 재단 끝을 맞추어 박아 임시 고정한다

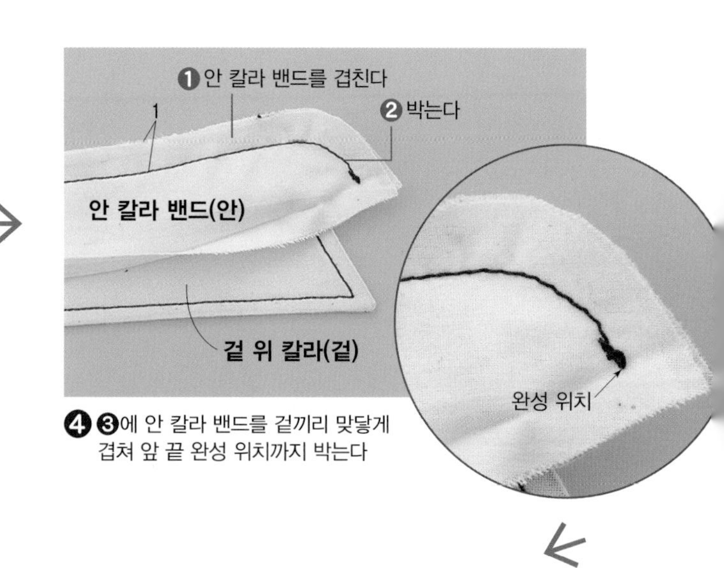

❹ ❸에 안 칼라 밴드를 겉끼리 맞닿게 겹쳐 앞 끝 완성 위치까지 박는다

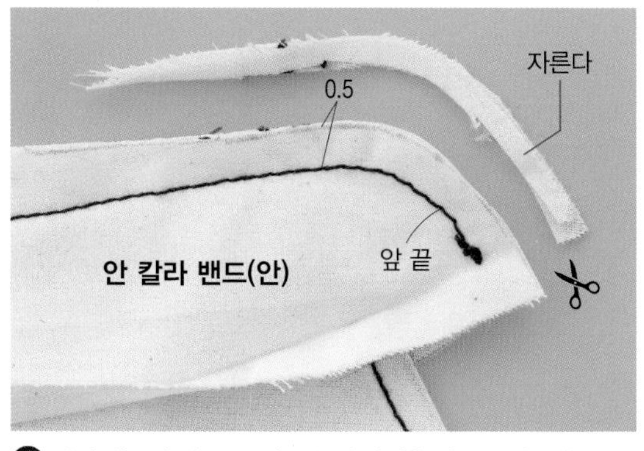

❺ 칼라 밴드의 앞 끝 곡선 부분의 시접을 반으로 자른다

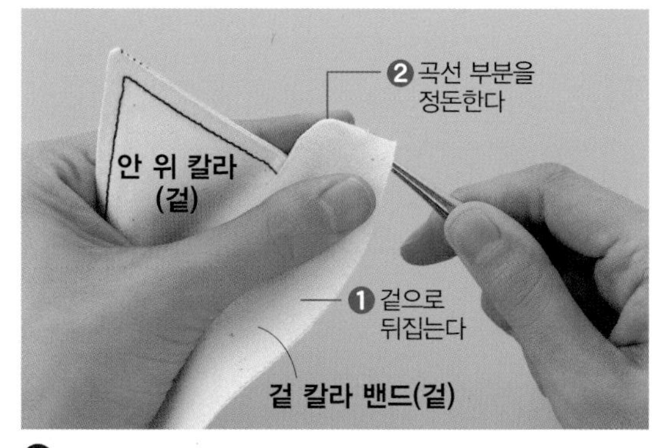

❻ 칼라 밴드를 겉으로 뒤집어 송곳으로 곡선 부분을 정돈한다

4 칼라를 단다

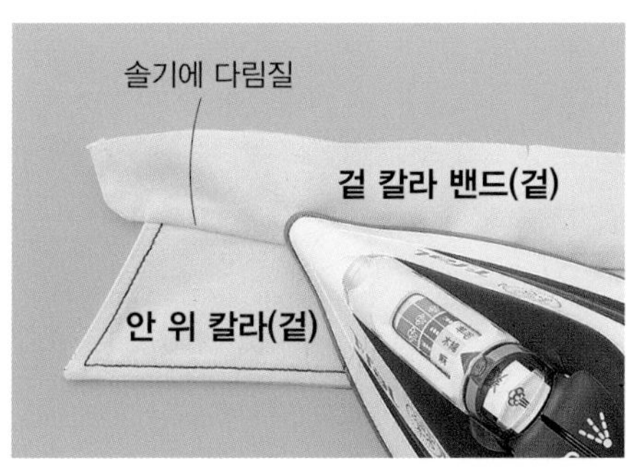

❶ 위 칼라와 칼라 밴드의 솔기를 천이 뜨지 않도록 다림질로 꾹 누른다

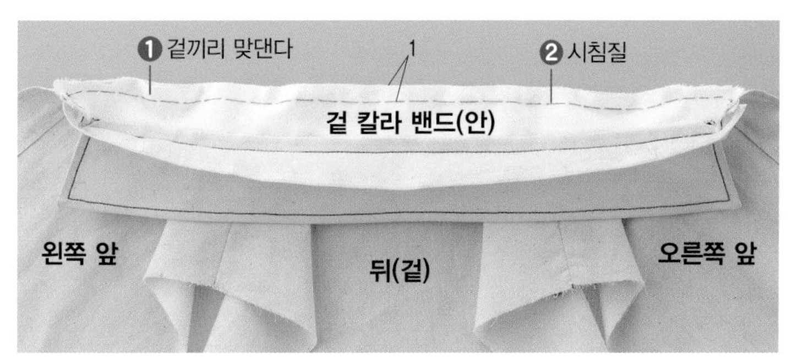

❷ 겉 칼라 밴드와 몸판을 겉끼리 맞대어, 앞 끝에서 반대쪽 앞 끝까지 시침질로 고정한다. 재단 끝부터 치수를 재면서 완성 위치를 박는다

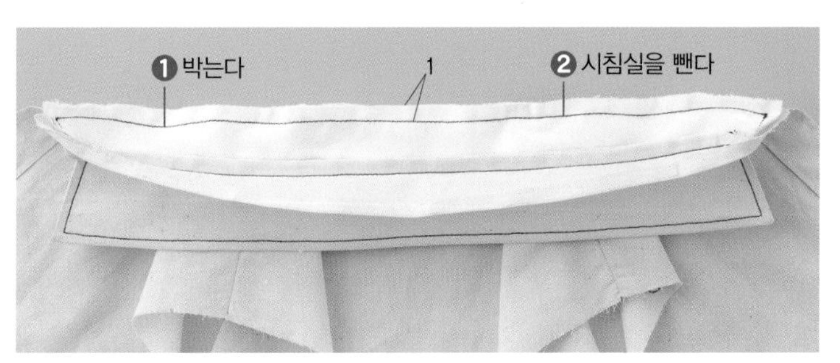

❸ 시침질과 같은 위치를 박고 시침실을 조심스럽게 뺀다

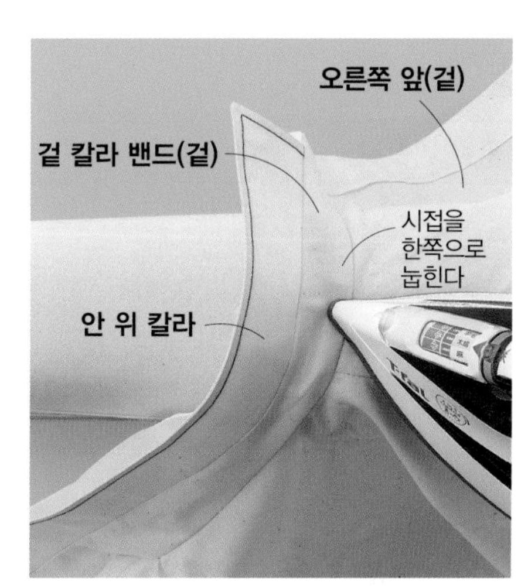

❹ 시접을 칼라 밴드 쪽으로 눕힌다

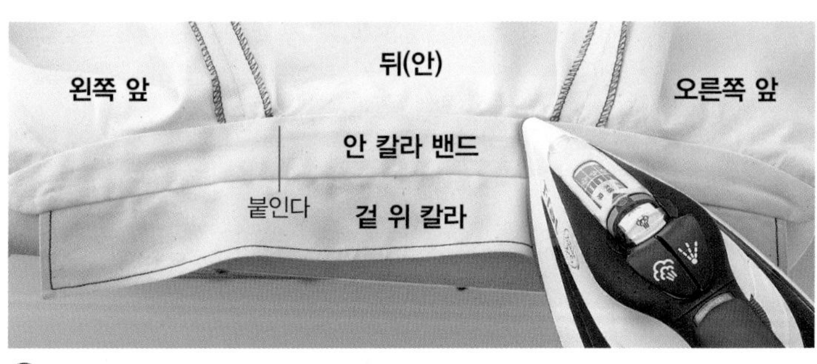

❺ 안 칼라 밴드에 붙인 열접착 양면테이프의 박리지를 벗겨 몸판의 칼라 다는 시접에 붙인다

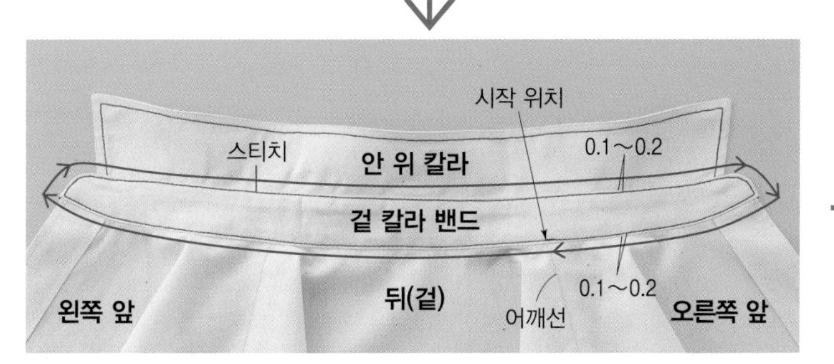

❻ 겉 칼라 밴드 쪽에서 주위에 스티치를 하고 안 칼라 밴드의 몸판 다는 쪽도 고정한다
*스티치는 눈에 띄지 않는 위치(위 칼라로 가려지는 어깨선 등)부터 하면 깔끔하게 완성된다

❼ 완성!

셔츠 칼라(안단 마무리의 경우)

칼라 허리가 있는, 목에 맞춘 칼라. 칼라 단 시접을 안단이나 바이어스테이프로 감추듯이 완성한다

칼라 끝이 둥근 조금 귀여운 셔츠 칼라. 이 경우는 칼라 외곽의 곡선이 가파르므로 시접을 좁게 잘라 겉으로 뒤집으면 깔끔하게 완성된다. 모양의 분위기를 살리기 위해 접착심지를 사용하지 않았지만, 스포티한 디자인으로 단단하게 완성하고 싶은 경우는 겉 칼라 또는 겉, 안 칼라 양쪽 전체에 접착심지를 붙인다.

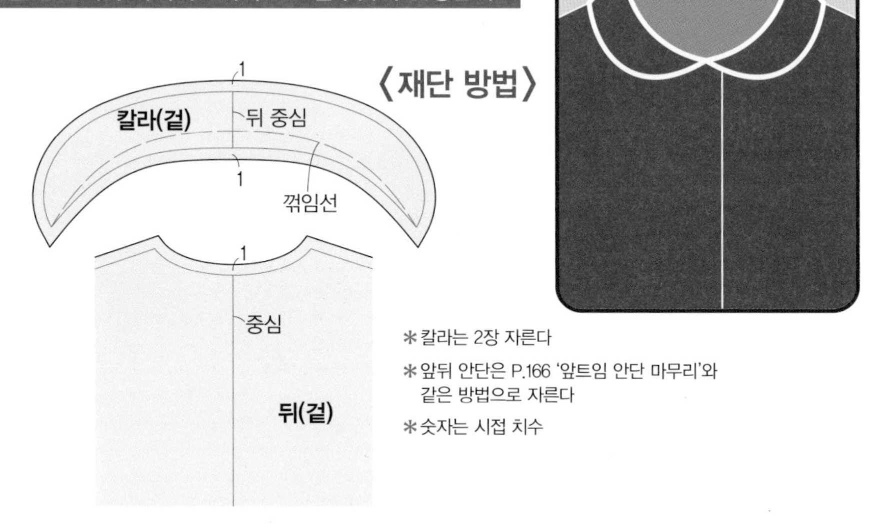

*칼라는 2장 자른다
*앞뒤 안단은 P.166 '앞트임 안단 마무리'와 같은 방법으로 자른다
*숫자는 시접 치수

1 칼라를 만든다

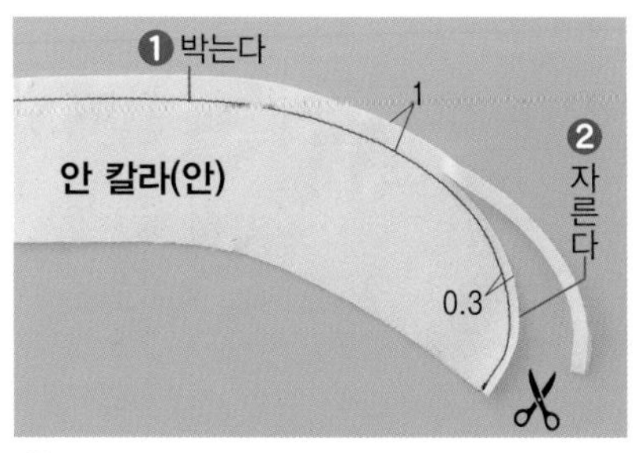

❶ 겉 칼라와 안 칼라를 겉끼리 맞대어 박아 시접을 좁게 자른다

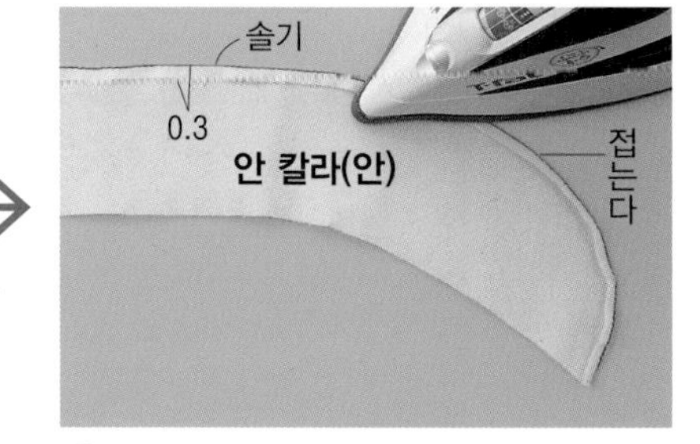

❷ 시접을 솔기 바로 옆에서 안 칼라 쪽으로 접는다

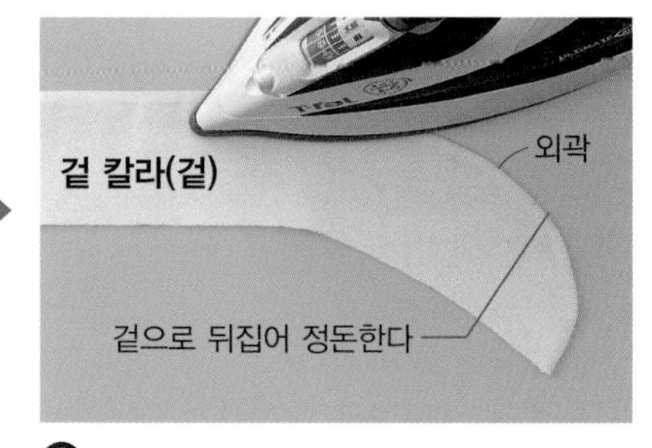

❸ 겉으로 뒤집어 칼라 외곽의 안팎 가장자리를 맞추어 정돈한다

*안팎 가장자리 맞추기란 접음선을 족집게의 날 끝을 맞춘 듯한 상태로 만드는 것을 말한다

2 칼라를 단다

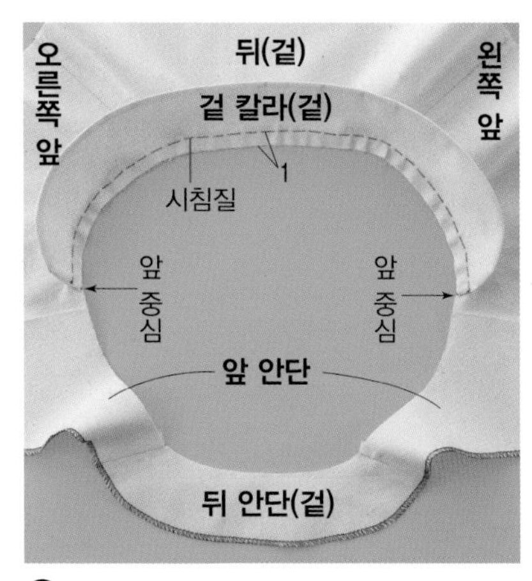

❶ P.166 '앞트임 안단 마무리'를 참조해 몸판을 박는다. 재단 끝에서 치수를 재어 몸판의 목둘레선에 칼라를 시침질로 고정한다

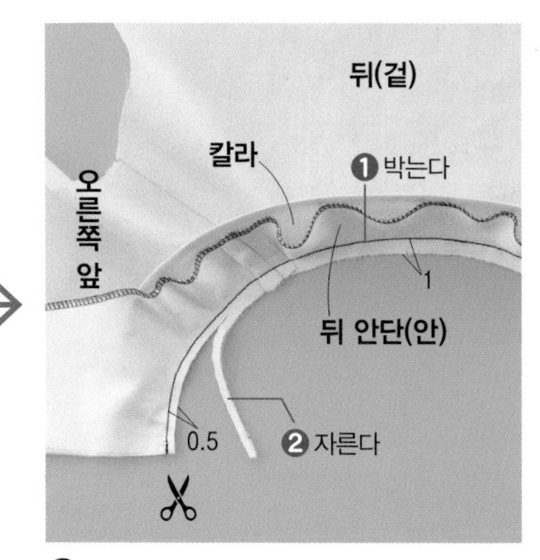

❷ 몸판과 안단을 겉끼리 맞대어 칼라를 끼운 상태로 박아, 시접을 반으로 자른다. 목둘레의 곡선이 가파른 경우는 다시 시접에 가위집을 넣는다. 이후 시침실을 조심스럽게 뺀다

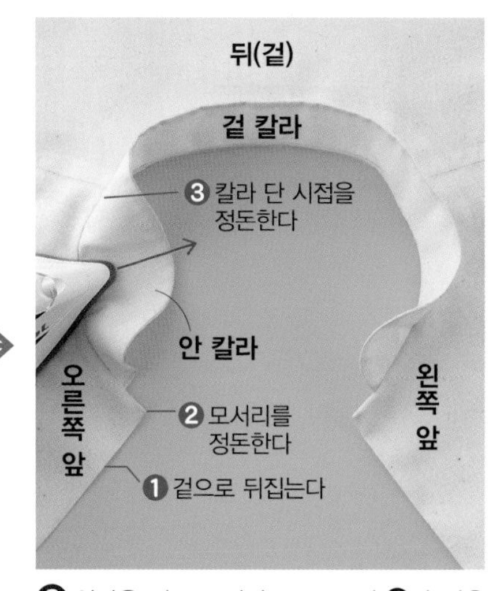

❸ 안단을 겉으로 뒤집고, P.165의 ❻과 같은 방법으로 솔기로 송곳을 넣어 천을 꺼내어 모서리를 정돈한다. 칼라를 바깥쪽으로 당기면서 칼라 단 시접을 다리미로 정돈하면 완성!

슬래시 트임

가위집을 넣어 만든 비교적 간단한 트임. 사용하는 곳은 앞뒤 중심, 소맷부리 등

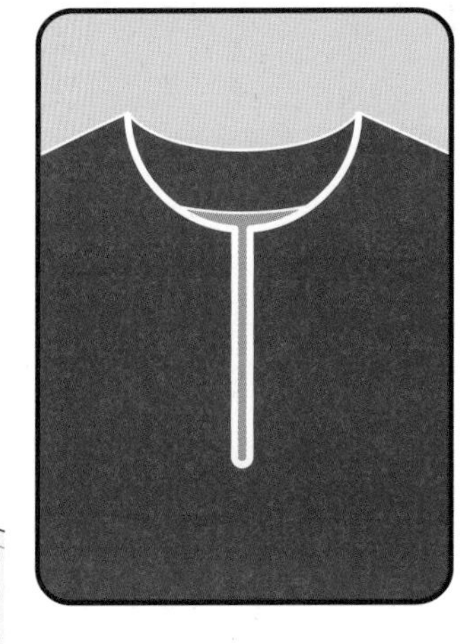

주의할 점은 가파른 곡선을 박아서 트임 끝 부근에 가위집을 넣는 법. 단단하게 완성하기 위해서는 안단 안쪽 전체와 트임 끝 위치에 접착심지를 붙인다.

〈재단 방법〉

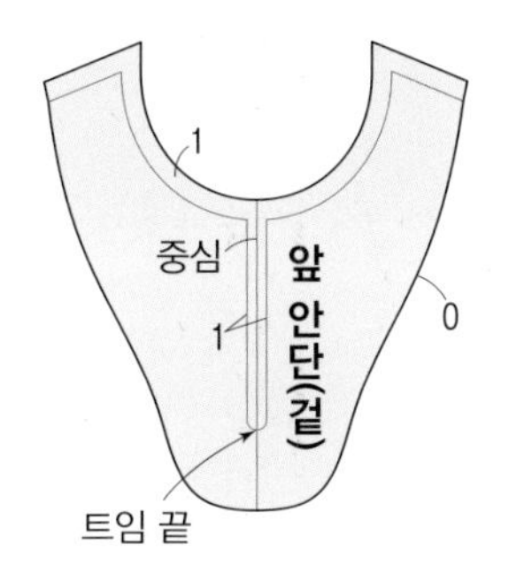

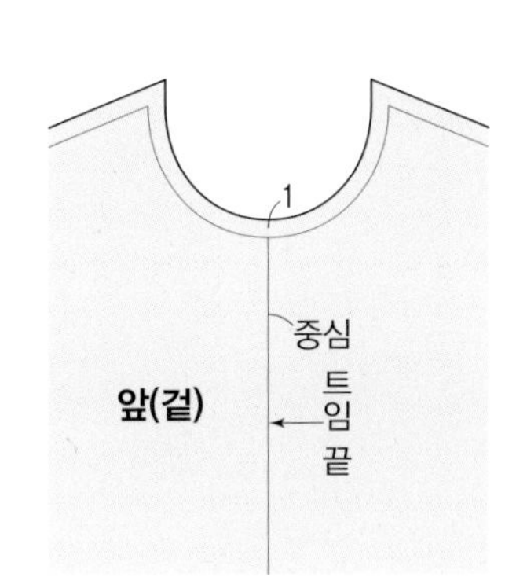

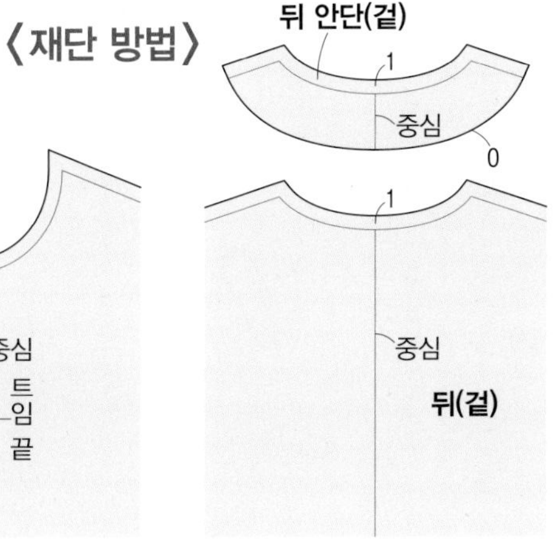

*숫자는 시접 치수

1 접착심지를 붙여 안단을 만든다

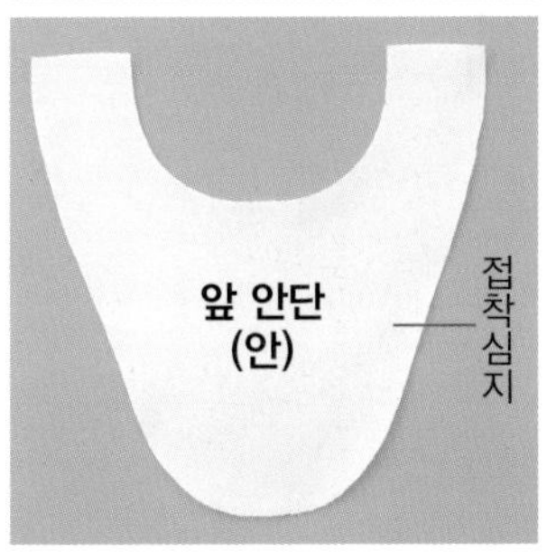

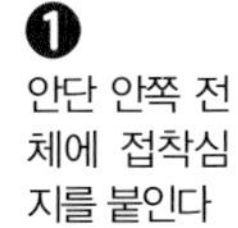

❶ 안단 안쪽 전체에 접착심지를 붙인다

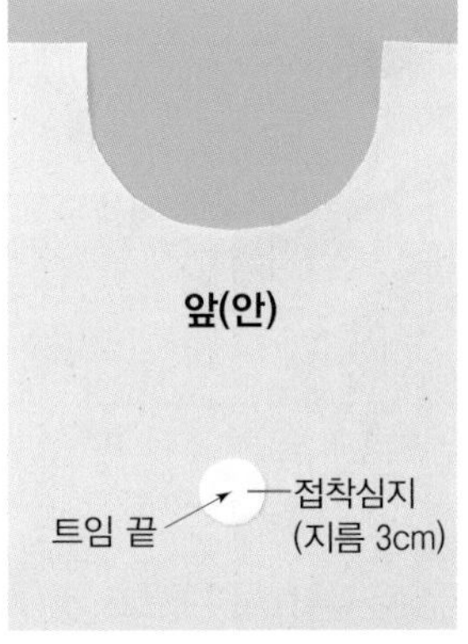

❷ 몸판의 트임 끝에 접착심지를 붙인다

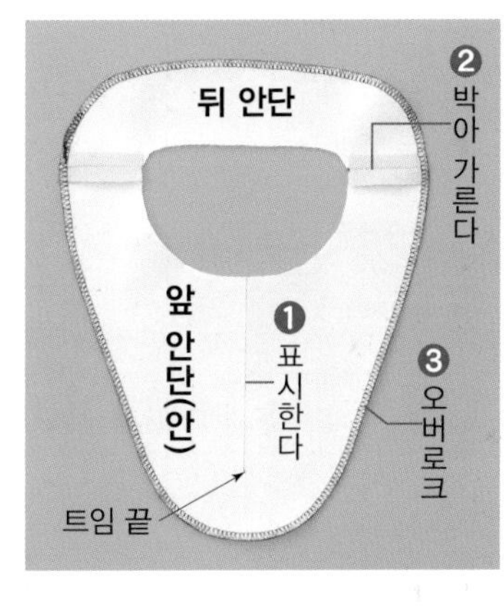

❸ 안단의 가위집 위치를 초크펜 등으로 표시한다. 어깨를 박아 시접을 가르고 재단 끝에 오버로크 한다

2 트임을 만든다

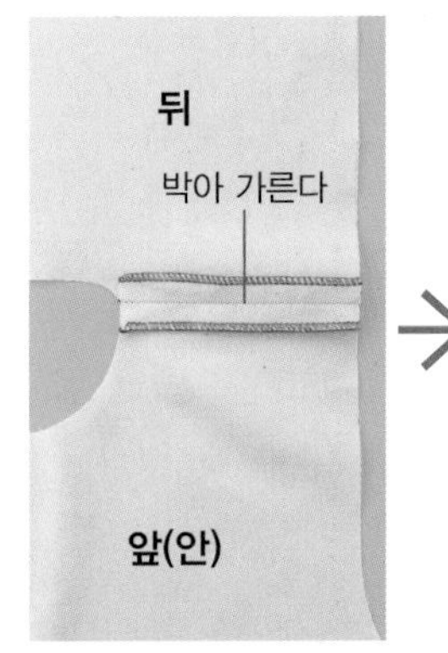

❶ 몸판의 어깨를 박아 시접을 가른다
*재단 끝 마무리는 적당히

❷ 안단을 겉끼리 맞대어 목둘레와 트임 부분을 박는다

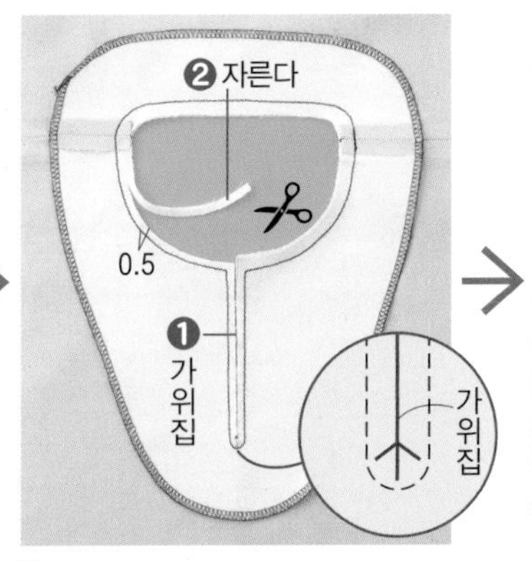

❸ 트임 부분에 가위집을 넣고 시접을 자른다. 목둘레의 곡선이 가파른 경우는 다시 시접에 가위집을 넣는다

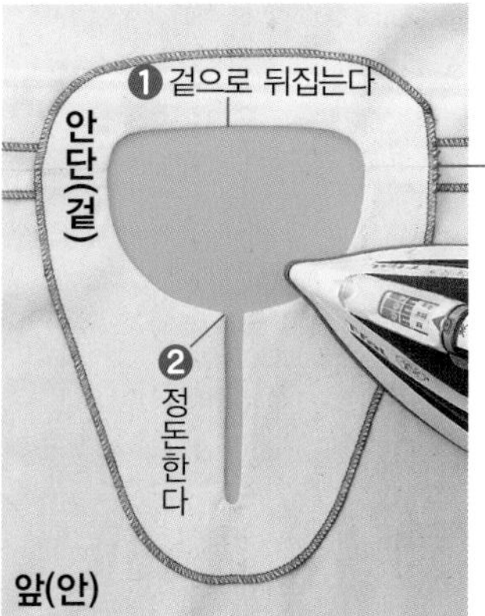

❹ P.167의 ❸과 같은 방법으로 목둘레의 시접을 갈라 겉으로 뒤집는다. P.165의 ❻과 같이 모서리를 송곳으로 정돈하고, P.151의 ❹와 같이 어깨 부분을 감침질하면 완성!

숨김 지퍼 트임

지퍼를 단 곳이 솔기처럼 보이는 트임

일반 지퍼 트임과는 달리 트임 위치가 좌우 맞닿는다. 뒤 중심으로 설명하지만 옆이나 앞의 경우도 박는 법은 같다. 지퍼를 깔끔하게 달려면 전용 노루발을 사용해 지퍼 이의 바로 옆을 박는 것이 중요하다. 숨김 지퍼는 트임 치수보다 3cm 이상 긴 것을 준비해 마지막에 여분을 자른다.

〈재단 방법〉

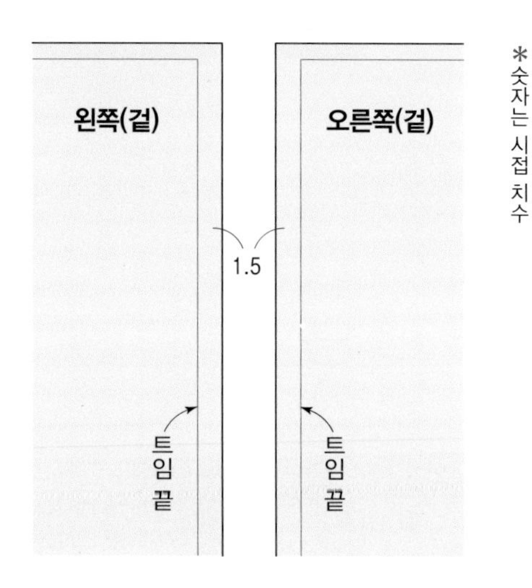

*숫자는 시접 치수

Hint!

지퍼 길이를 결정하는 법

숨김 지퍼는 슬라이더를 트임 끝보다 내려서 달기 때문에 트임 치수보다 3cm 이상 긴 것을 준비한다.
지퍼의 필요 치수는 완성선의 위쪽 끝에서 0.5~0.7cm 내린 위치부터 트임 끝의 0.5cm 위까지 길이. 너무 긴 여분은 마지막에 자르면 OK.

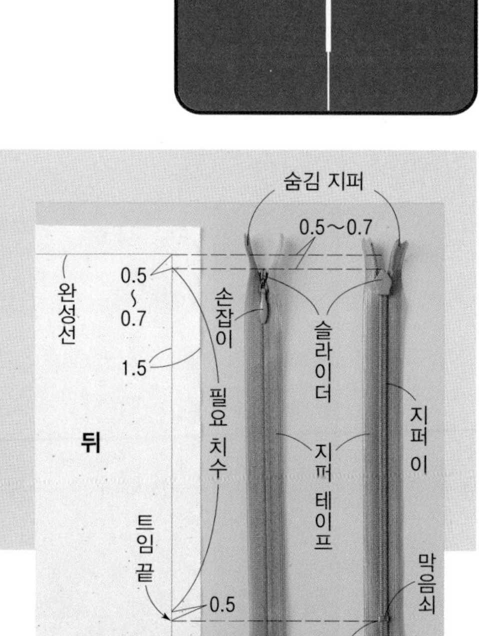

1 뒤 중심을 박고 지퍼를 시침질로 고정한다

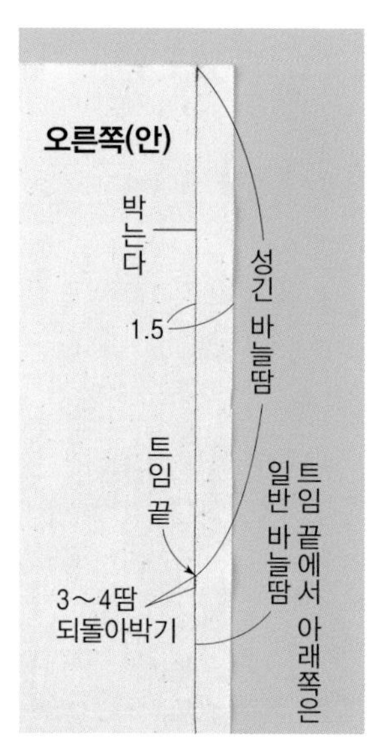

❶ 좌우 몸판을 겉끼리 맞대어 뒤 중심을 박는다

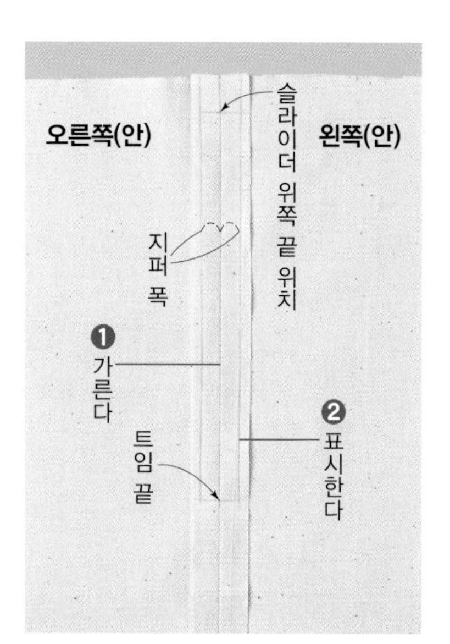

❷ 시접을 다리미로 가르고, 초크펜 등으로 지퍼 폭과 슬라이더의 위쪽 끝 위치, 트임 끝을 표시한다

지퍼를 다는 위치는 성긴 바늘땀으로

지퍼 위치가 어긋나거나 빈틈이 생기지 않도록 박은 뒤 지퍼를 단다. 나중에 풀기 쉽게 바늘땀은 0.4~0.5cm 정도로 설정.

지퍼 폭의 표시는 정확하게!

사용하는 지퍼의 테이프 폭을 재어 시접에 표시해두는 것이 중요. 이 표시를 정확하게 해두어야 지퍼 중심과 솔기를 딱 맞출 수가 있고, 지퍼를 똑바로 깔끔하게 달 수 있다.

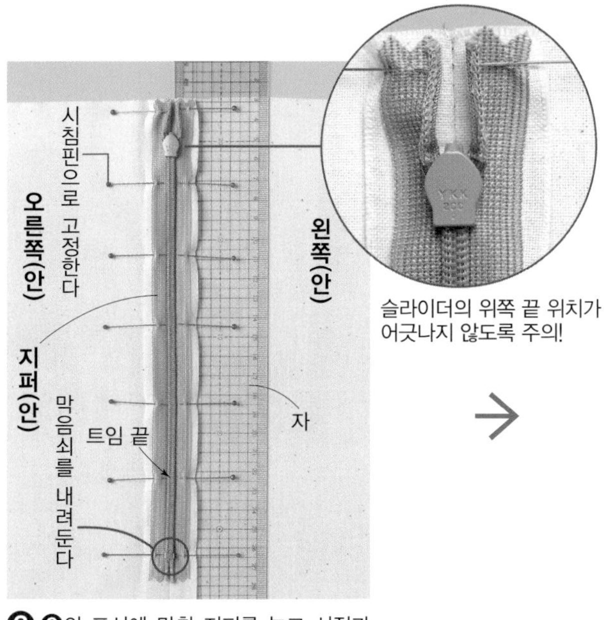

❸ ❷의 표시에 맞춰 지퍼를 놓고 시접과 지퍼 테이프를 시침핀으로 고정한다. 몸판까지 함께 고정하지 않도록 자를 끼우면 좋다

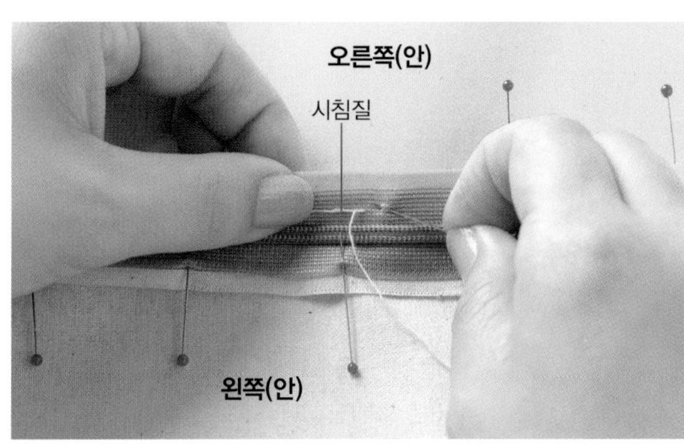

❹ 위쪽 끝에서 트임 끝까지 시접과 지퍼 테이프를 어긋나지 않게 확실히 시침질로 고정한다

Hint!

확실하게 고정하는 방법은?

반대 방향의 박음질을 추천. 고정력이 강하고 일반 박음질보다 빠르게 완성할 수 있는 편리한 방법.

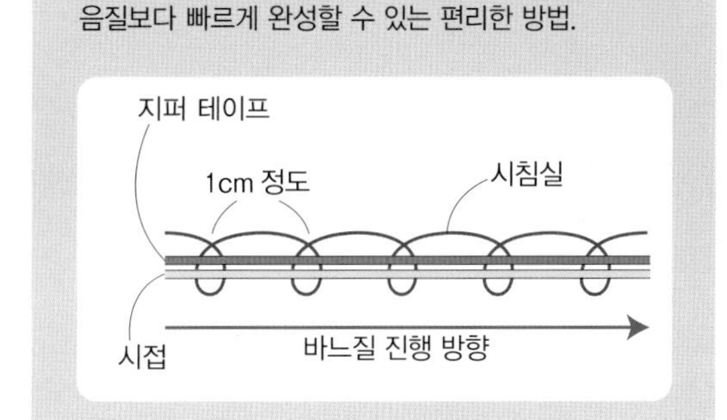

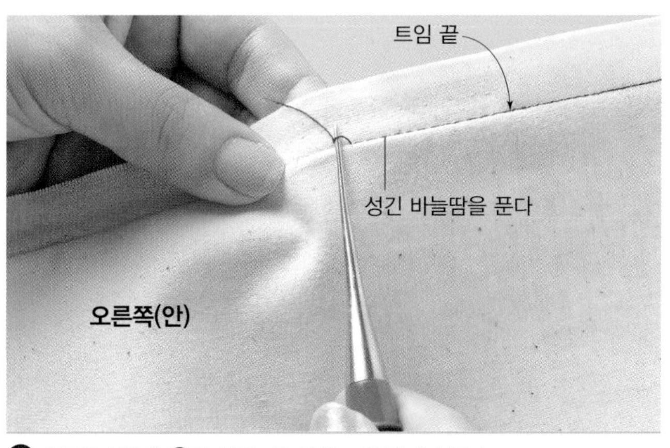

❺ 송곳을 사용해 ❶의 성긴 바늘땀을 트임 끝까지 푼다

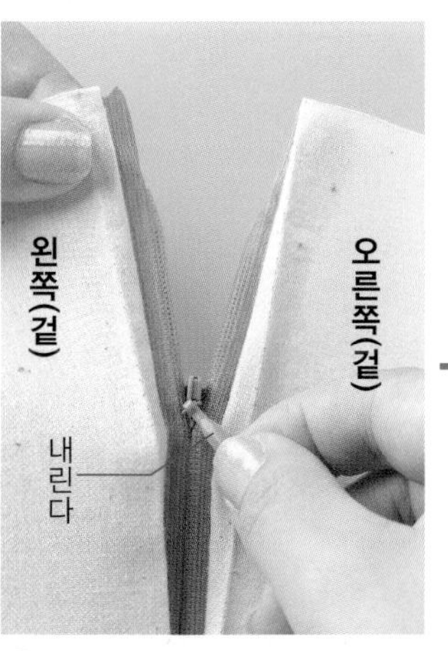

❻ 트임 끝까지 슬라이더를 내린다

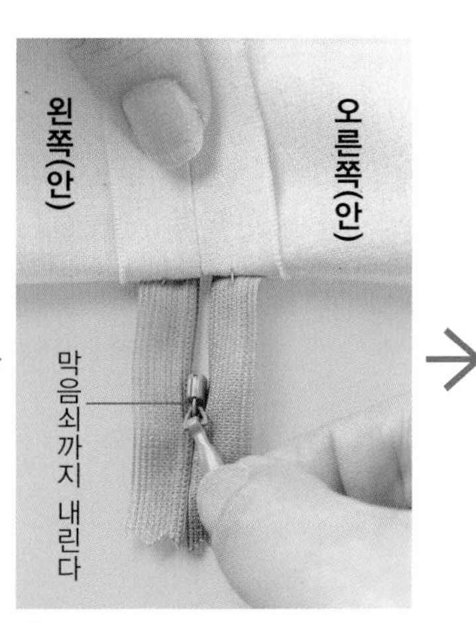

❼ 몸판을 젖혀 슬라이더를 막음쇠까지 내린다

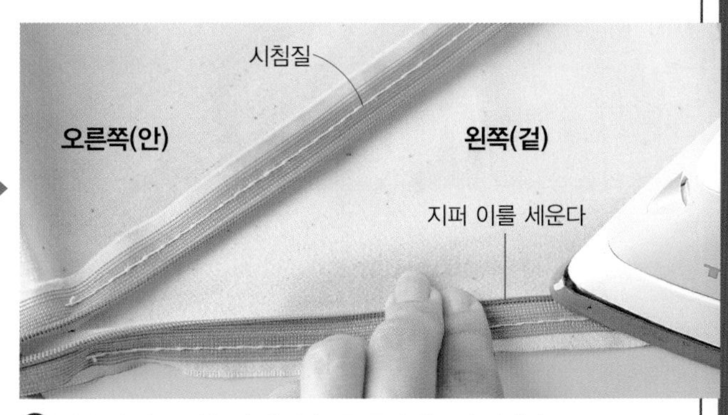

❽ 지퍼 이 바로 옆을 박기 편하도록 중간 온도의 다림질로 말린 모양의 지퍼 이를 펴듯이 세운다

2 지퍼를 단다

❶ 노루발을 숨김 지퍼 노루발로 바꾸고, 노루발 홈에 지퍼 이를 끼워 넣어 지퍼 이 바로 옆을 박는다. 박음질 시작은 되돌아박기 한다

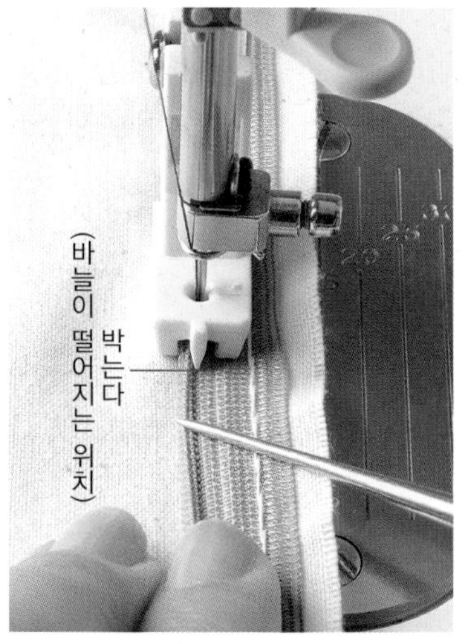

❷ 지퍼 이를 손가락으로 세워 송곳으로 펴듯이 누르면서 박아간다

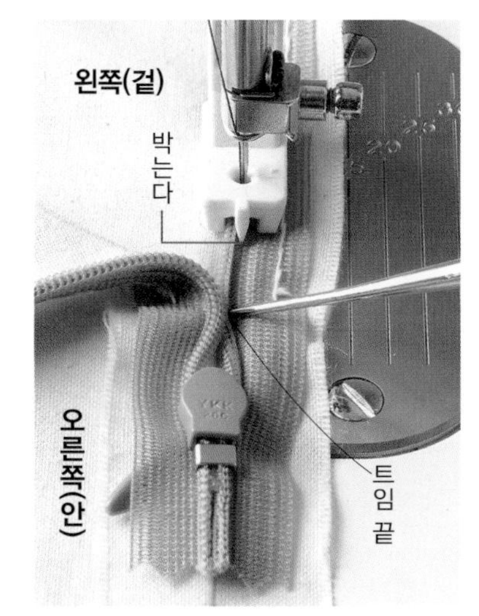

❸ 트임 끝 부근은 지퍼가 똑바로 되도록 송곳으로 누르며 조정해 트임 끝까지 박는다. 박음질 끝은 되돌아박기 한다

*다른 한쪽도 노루발의 홈 위치를 바꿔 같은 방법으로 박는다

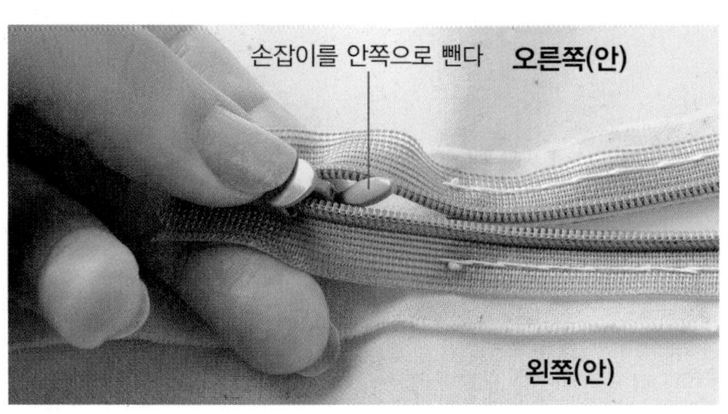

❹ 손잡이를 안쪽으로 뺀다

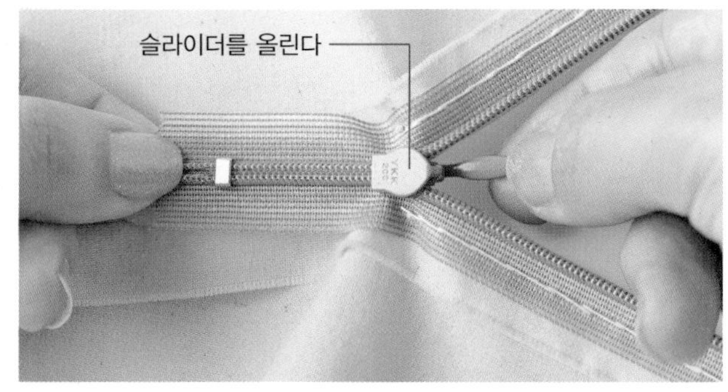

❺ 슬라이더를 올려 지퍼를 닫고 겉에서 완성 상태를 확인. 오른쪽 페이지의 실패 사례에 해당하는 경우는 이 페이지의 ❶에서 고친다

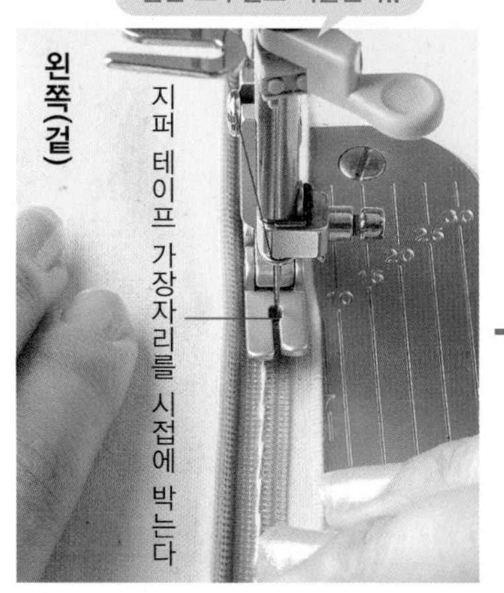

❻ 일반 노루발로 되돌리고 슬라이더를 중간까지 내려 지퍼 테이프 가장자리를 시접에 고정한다

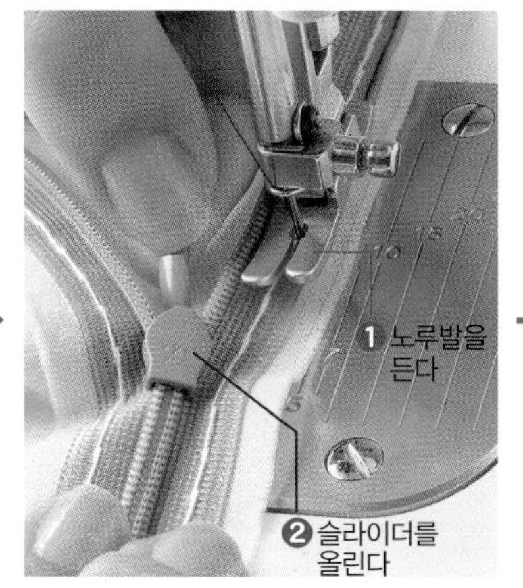

❼ 슬라이더의 3~4cm 앞까지 박은 다음 바늘을 내린 상태로 노루발을 들어 슬라이더를 올린다

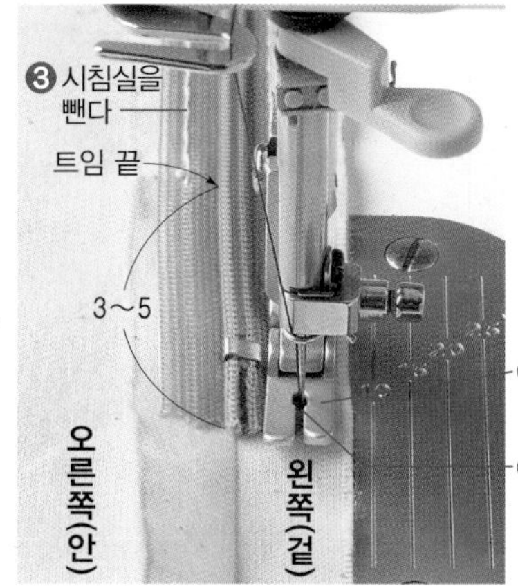

❽ 노루발을 내려 트임 끝에서 3~5cm 아래까지 박고 시침실을 뺀다

*다른 한쪽도 같은 방법으로 박는다

3 완성

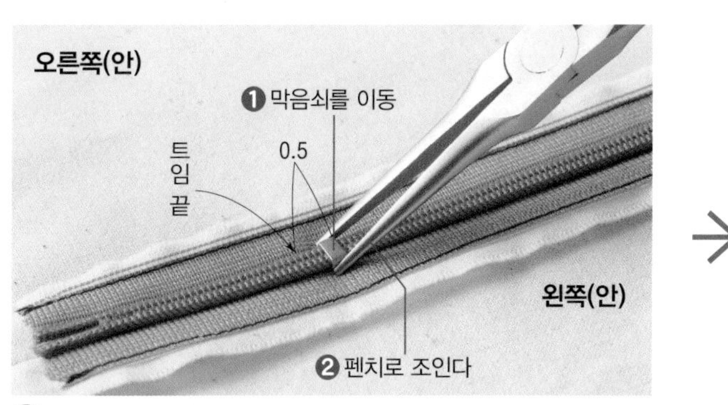

❶ 막음쇠를 트임 끝에서 0.5cm 위쪽 위치까지 이동해 움직이지 않도록 펜치로 조인다. 지퍼 테이프의 여분은 자른다

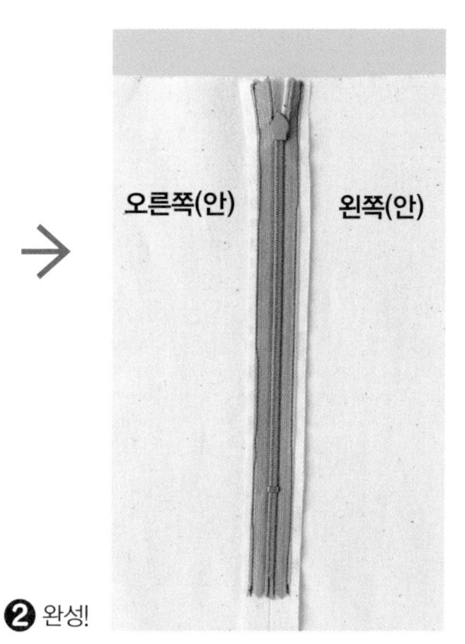

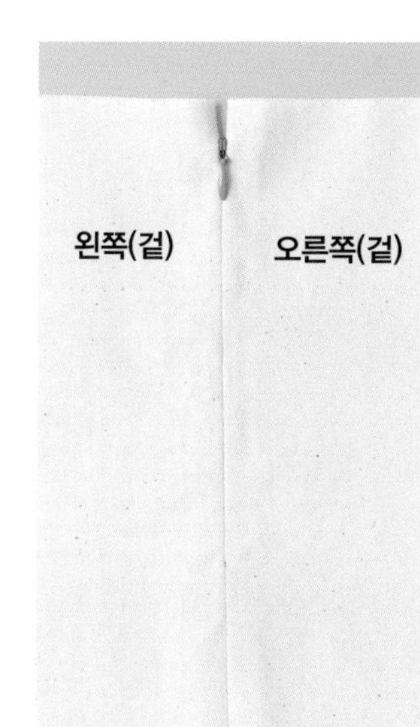

❷ 완성!

[자주 있는 실패]

지퍼 이가 보일 때는?

지퍼 이 바로 옆을 박지 않은 것이 원인

박기 전에 지퍼 이를 다리미로 확실하게 세우고(P.161 **1**의 ❽), 숨김 지퍼 전용 노루발을 사용하고(P.162 **2**의 ❶), 박을 때 송곳으로 펴듯이 한다(**2**의 ❷). 이런 세심함과 정성이 깔끔하게 완성하기 위한 중요 포인트.

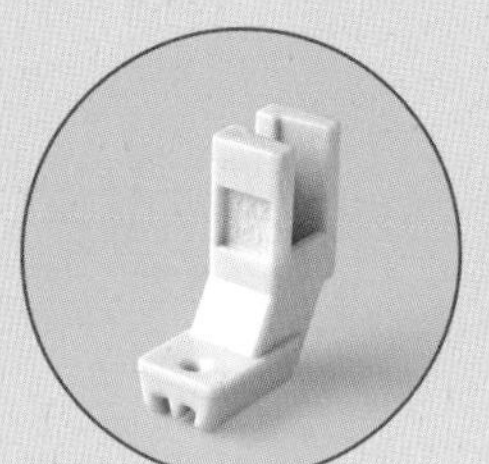

필수인
숨김 지퍼 노루발

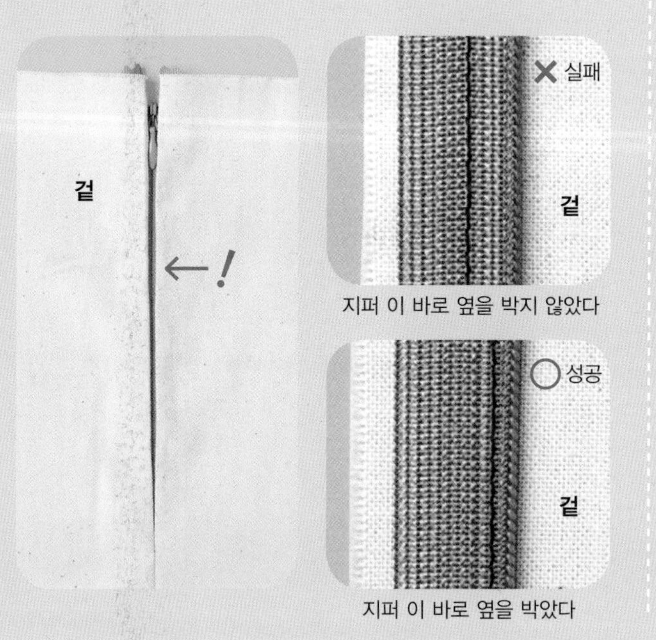

지퍼 이 바로 옆을 박지 않았다

지퍼 이 바로 옆을 박았다

[자주 있는 실패]

트임 끝이 올바르지 않을 때는?

박음질이 어긋난 것이 원인

트임 끝 부근에서 지퍼가 휜 상태로 박으면 박음질이 트임 끝에서 어긋나 이처럼 실패하게 된다. 지퍼가 똑바로 되도록 송곳으로 누르면서 박는(왼쪽 페이지 **2**의 ❸) 작은 수고가 매우 중요.

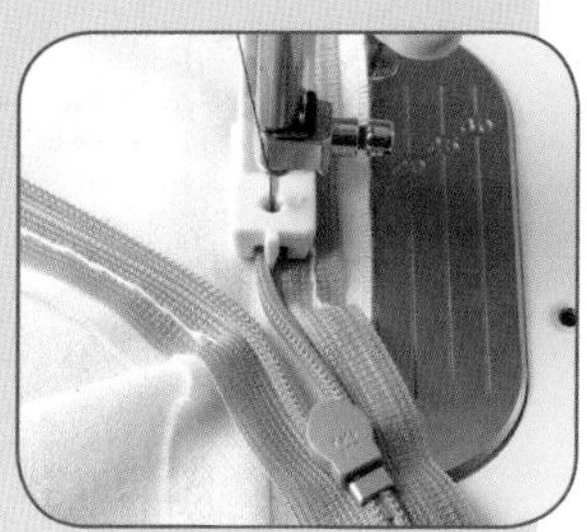

실패하기 쉬운 박는 법

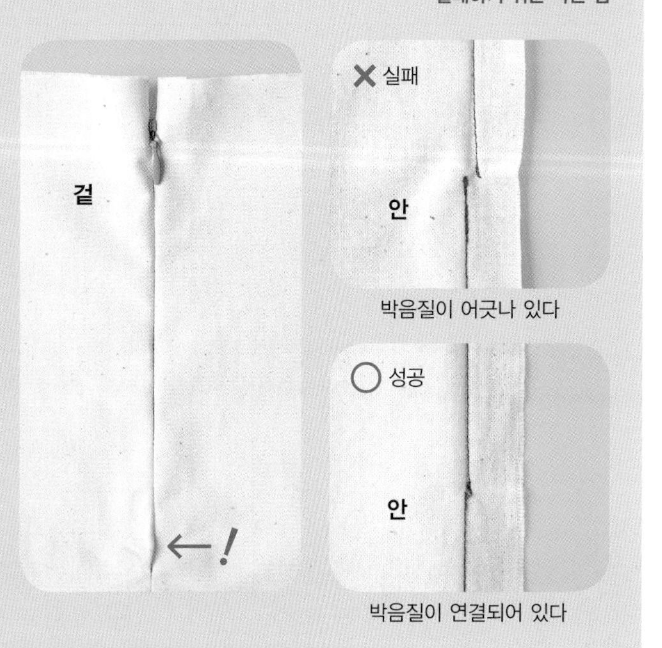

박음질이 어긋나 있다

박음질이 연결되어 있다

앞단 트임

앞 중심의 겹치는 부분에 가늘고 긴 다른 천을 단 트임

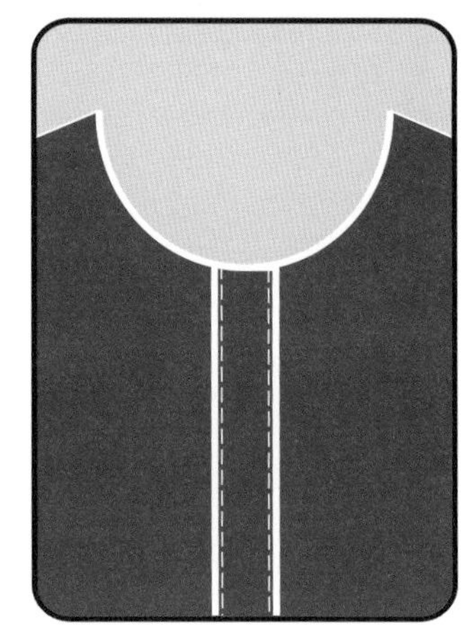

셔츠 타입 디자인에 주로 사용하는 스포티한 느낌의 트임. 앞단을 오른쪽 앞에만 달고 왼쪽 앞을 2번 접는 유형도 있지만, 양쪽 앞을 같게 해서 박는 기본적인 방법을 소개한다. 단단하게 완성하기 위해서는 앞단 안쪽 전체에 접착심지를 붙인다. 손쉽고 확실한 접착테이프를 사용해 박는 법을 오른쪽 앞에서 설명.

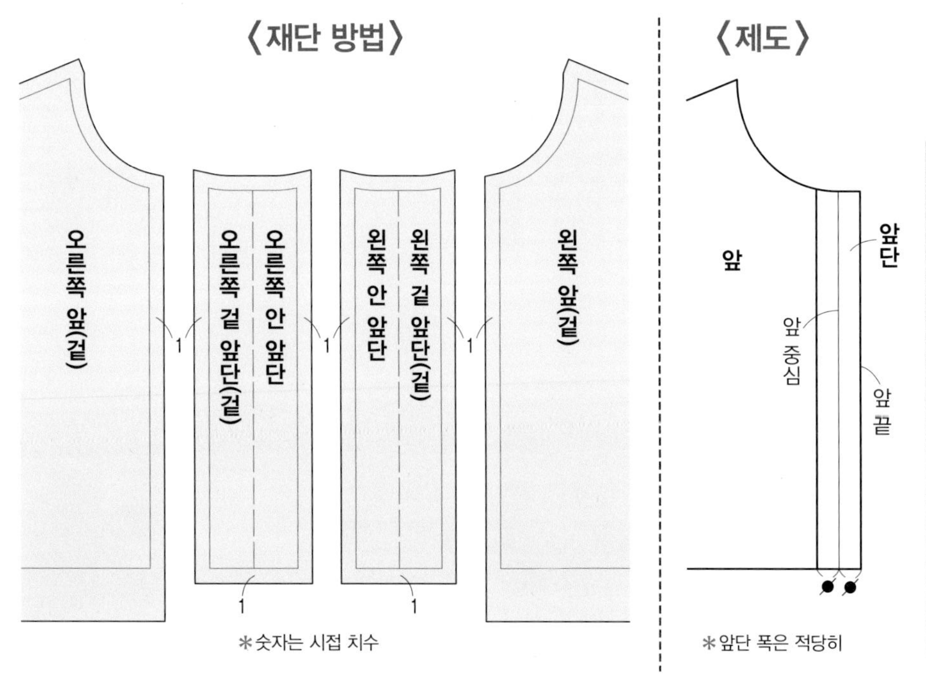

＊숫자는 시접 치수

＊앞단 폭은 적당히

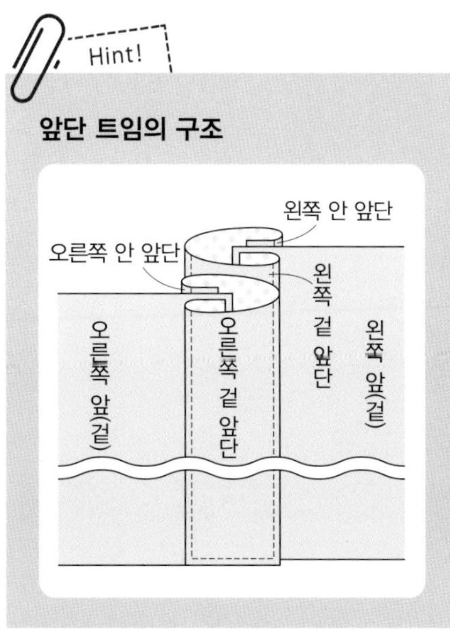

1 앞단을 만든다(오른쪽 앞에서 설명)

❶ 앞단 안쪽 전체에 접착심지를 붙인다

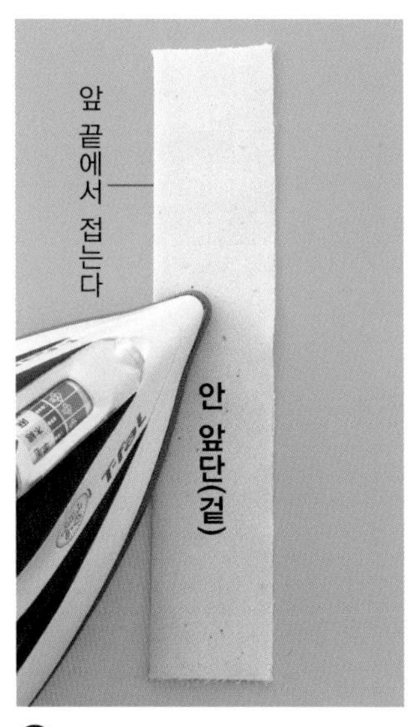

❷ 안끼리 맞닿게 반으로 접는다

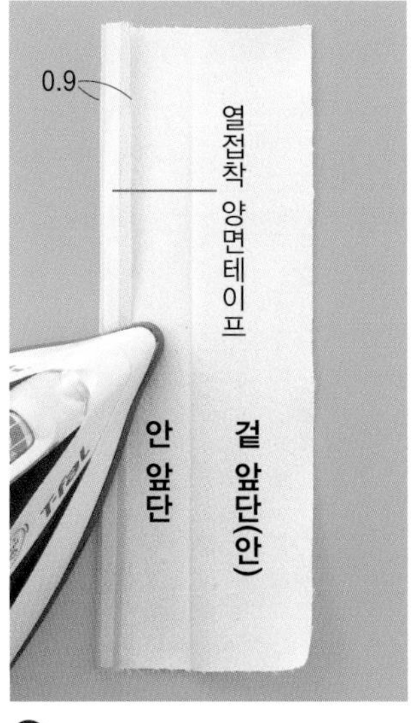

❸ 안 앞단 다는 선 시접을 0.9cm 접고 그 위에 열접착 양면테이프를 붙인다

2 앞단을 단다(오른쪽 앞에서 설명)

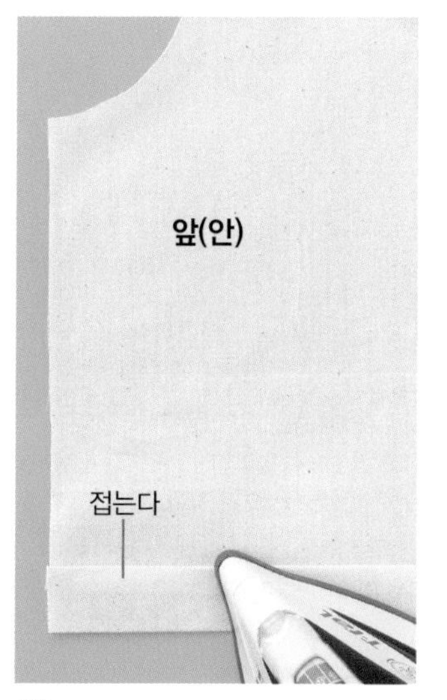

❶ 앞 몸판의 밑단을 완성선에서 접는다

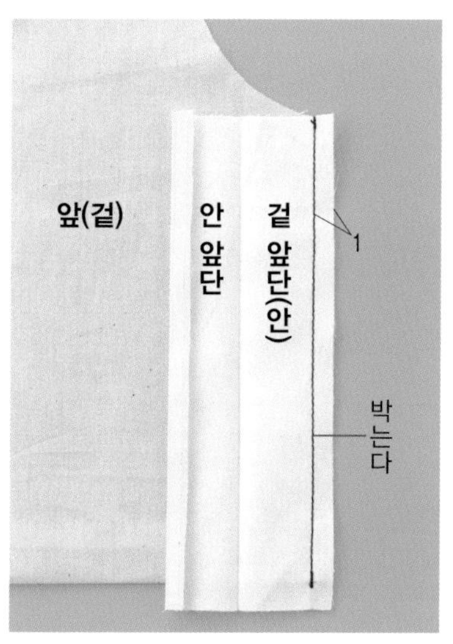

❷ 앞 몸판과 겉 앞단을 겉끼리 맞대어 박는다

❸ 시접을 앞단 쪽으로 눕혀 겉에서 다림질한다

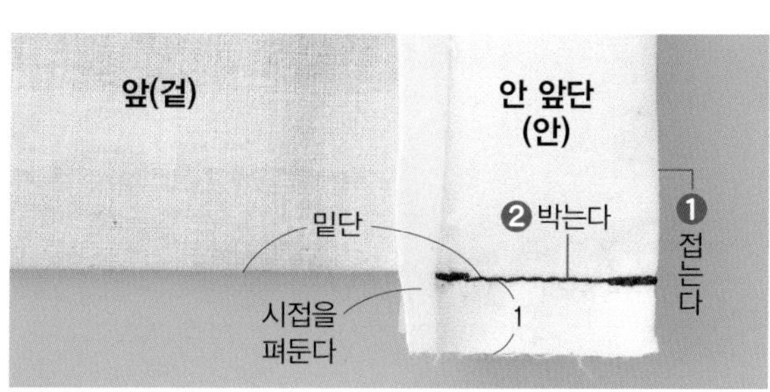

❹ 앞단을 앞 끝에서 겉끼리 맞닿게 접어 밑단을 다는 선까지 박는다

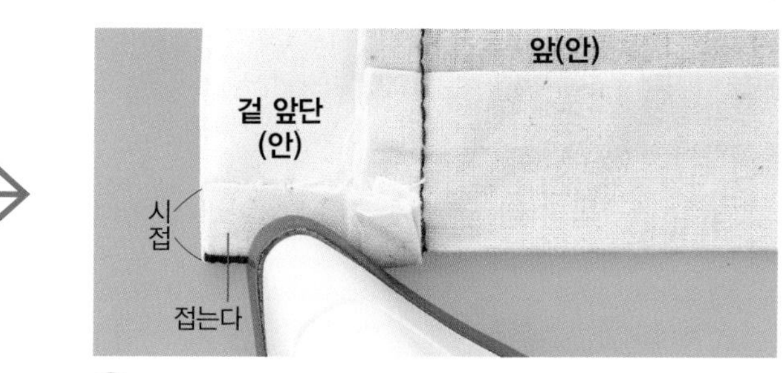

❺ 앞단의 밑단 시접을 솔기 바로 옆에서 겉 앞단 쪽으로 접는다

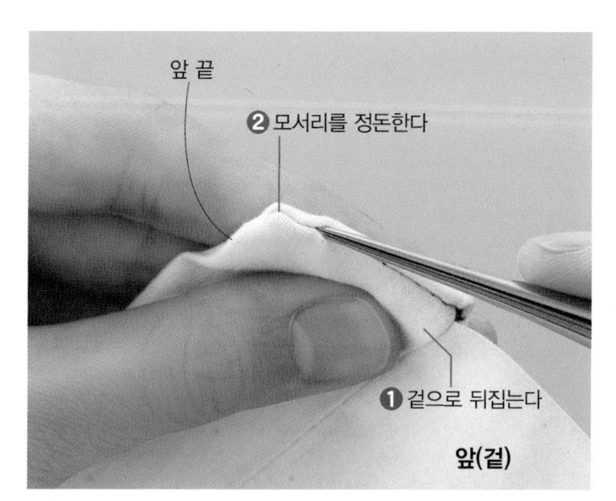

❻ 앞단을 겉으로 뒤집고 솔기로 송곳을 넣어 천을 꺼내어 모서리를 정돈한다

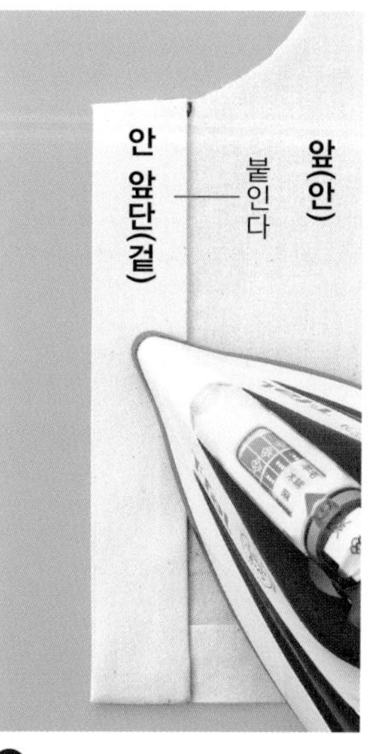

❼ 안 앞단의 박리지를 벗겨 앞 몸판 시접에 붙인다

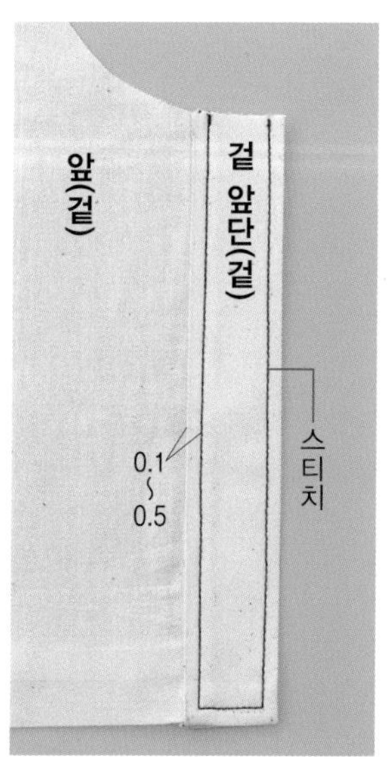

❽ 겉에서 스티치 하여 안 앞단을 고정하면 완성!

앞트임(안단 마무리)

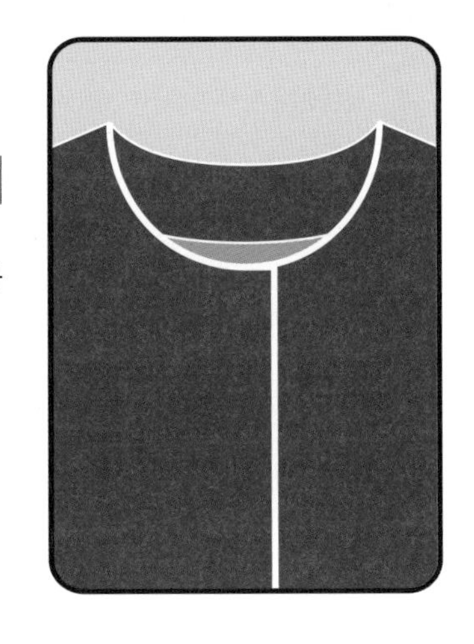

앞 끝과 목둘레를 안단으로 마무리하는 대표적인 트임

앞 끝을 이음매로 하는 방법도 있지만, 앞 안단을 몸판에서 이어서 재단하는 경우로 소개한다. 단단하게 완성하기 위해서는 안단 안쪽 전체에 접착심지를 붙인다.

〈재단 방법〉

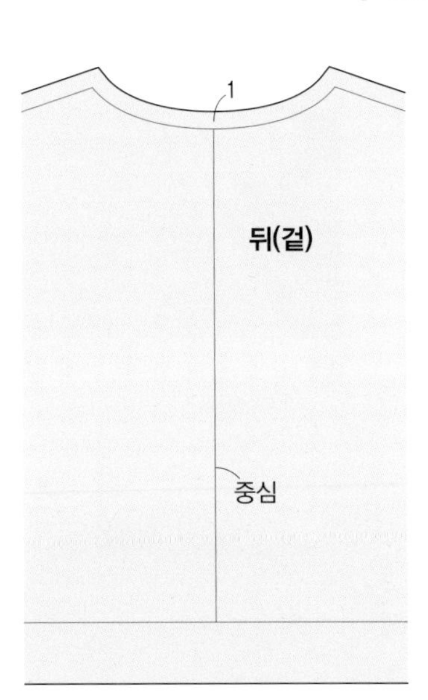

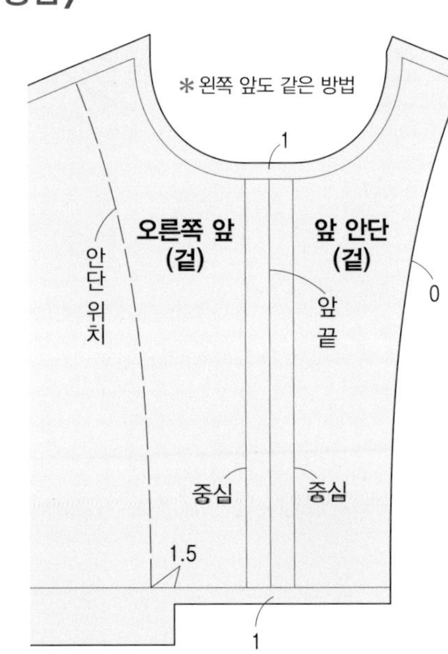

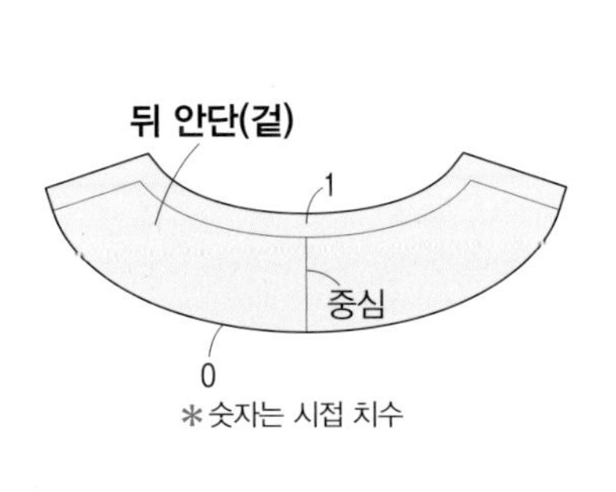

1 접착심지를 붙이고 어깨를 박아 시접을 가른다

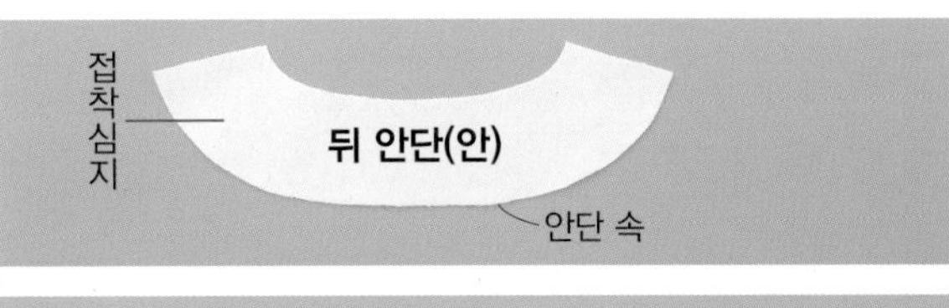

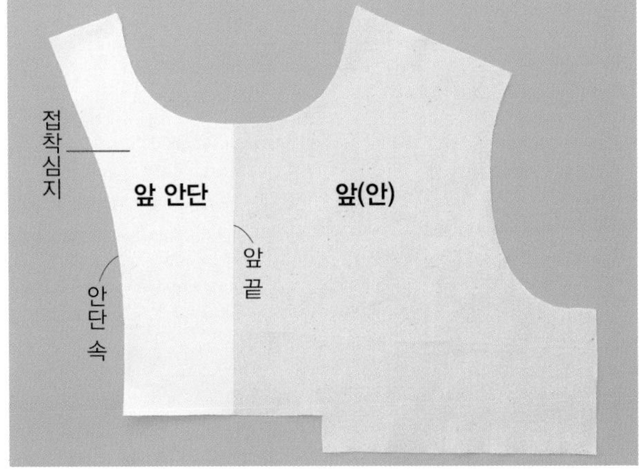

❶ 앞뒤 안단에 접착심지를 붙인다. 사진은 오른쪽 앞. 왼쪽 앞도 같은 방법으로

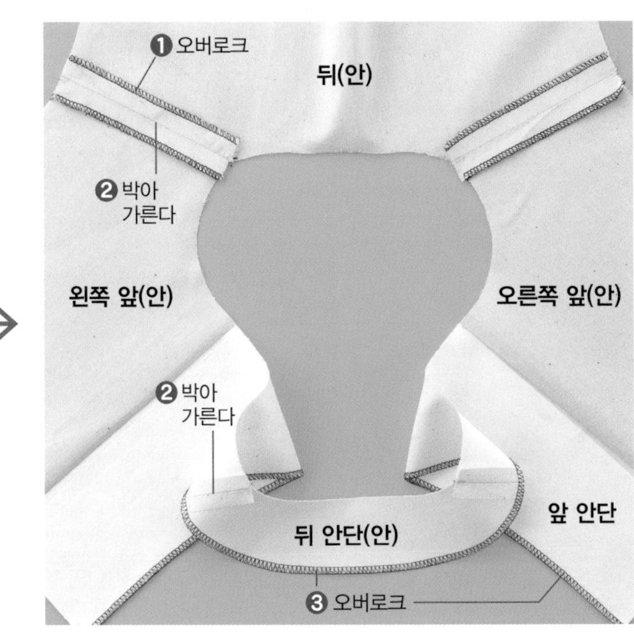

❷ 몸판의 어깨를 오버로크로 마무리. 몸판, 안단의 어깨를 각각 박아 시접을 가르고 안단 속의 재단 끝에 앞뒤 연결해 오버로크 한다

2 트임을 만든다

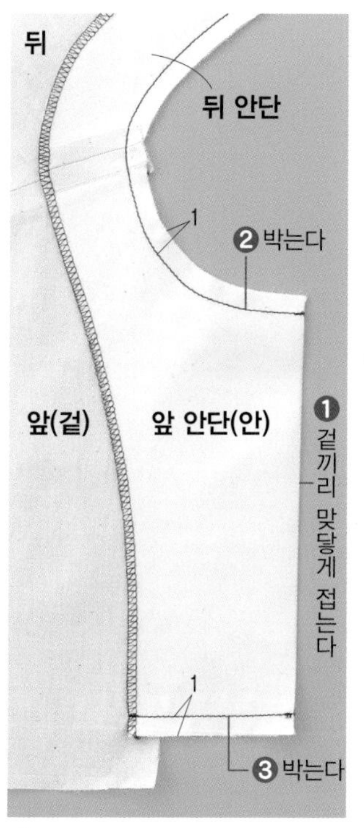

❶ 몸판과 안단을 겉끼리 맞대어 목둘레와 밑단을 박는다

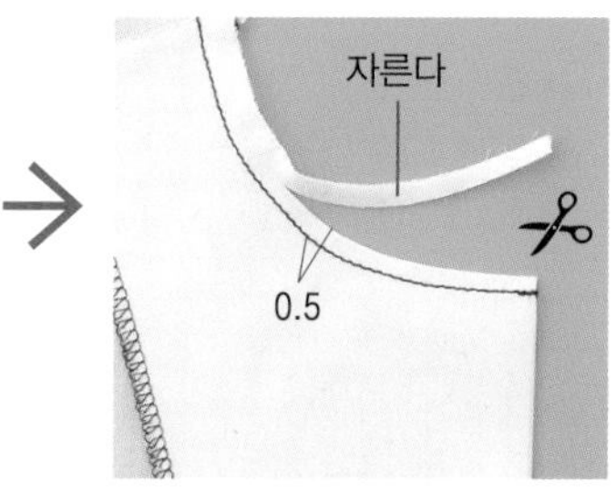

❷ 목둘레 시접을 반으로 자른다. 목둘레의 곡선이 가파른 경우는 다시 시접에 가위집을 넣는다

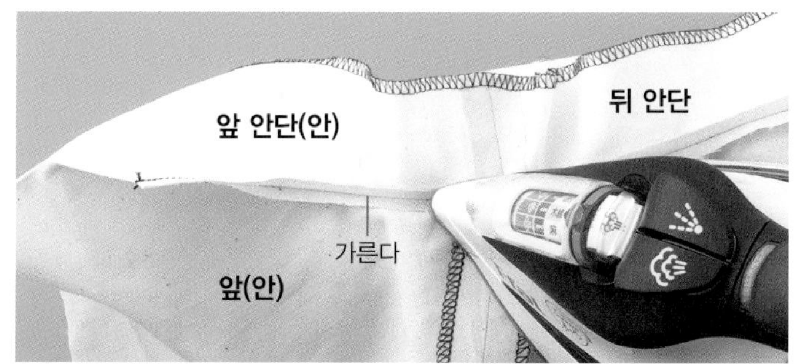

❸ 목둘레의 시접을 가른다

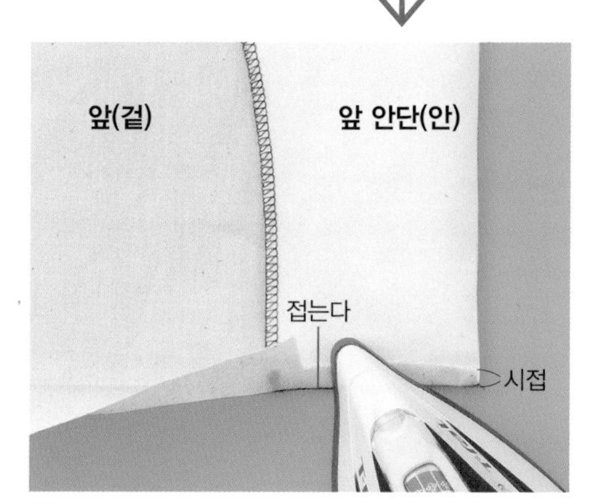

❹ 안단 부분의 밑단 시접을 솔기 바로 옆에서 안단 쪽으로 접는다

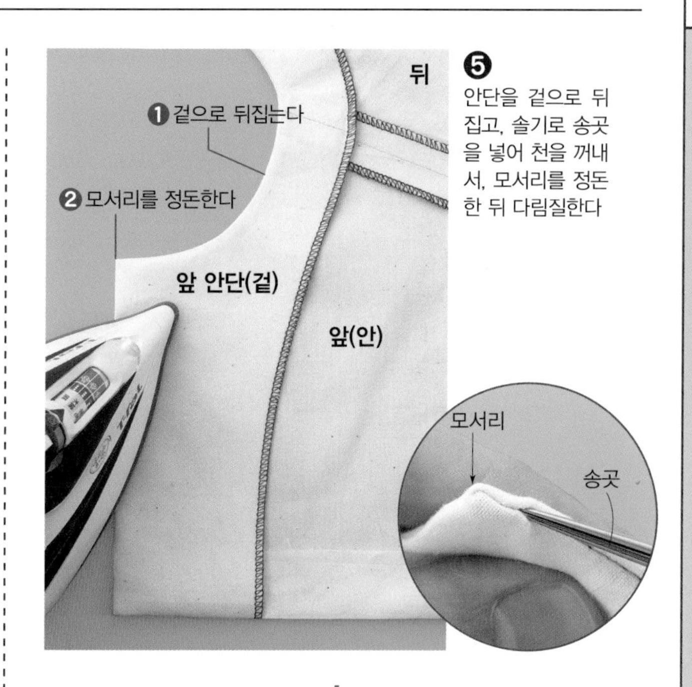

❺ 안단을 겉으로 뒤집고, 솔기로 송곳을 넣어 천을 꺼내서, 모서리를 정돈한 뒤 다림질한다

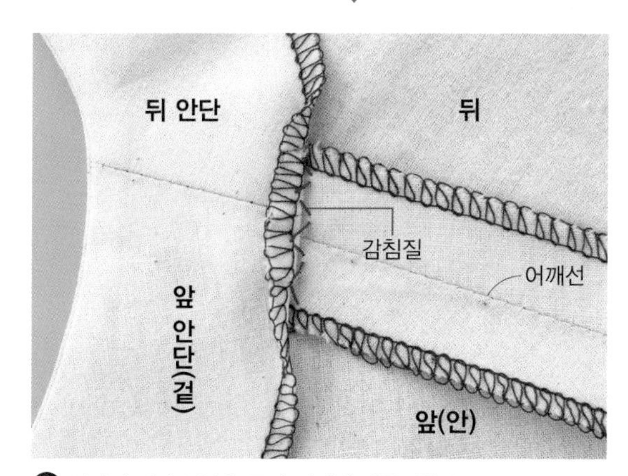

❻ 안단의 어깨 부분을 몸판 시접에 감침질한다

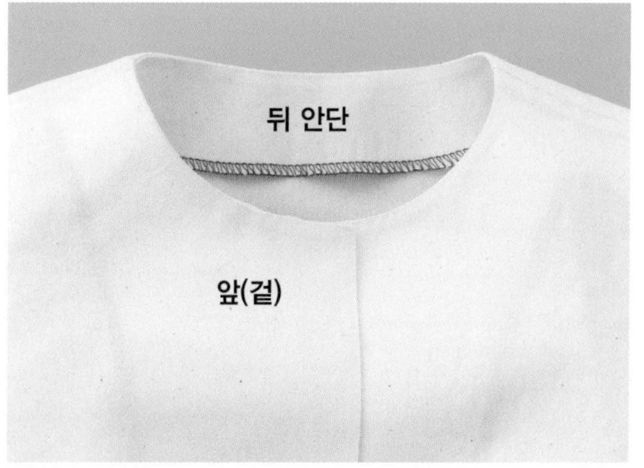

❼ 완성!

덧단 트임

직사각형의 천을 단 디자인적인 트임

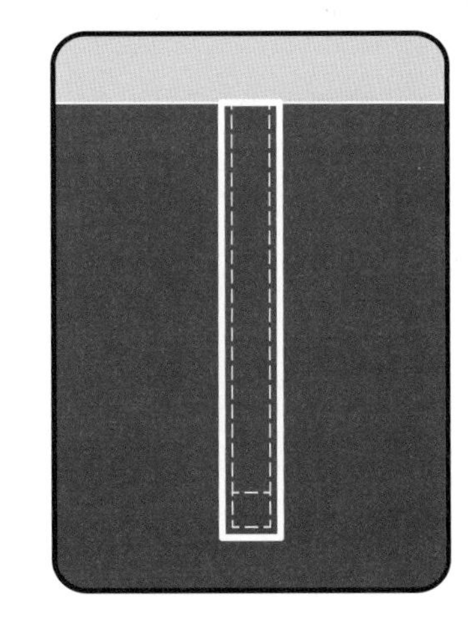

앞 중심이나 셔츠 소맷부리 등에서 주로 볼 수 있는 직사각형 같은 세로로 긴 파트를 단 중간까지의 트임. 검처럼 끝이 뾰족한 모양도 있다. 손쉽고 확실한 접착테이프를 사용해 박는 법을 소개. 가위집을 넣기 때문에 정확하게 표시하는 것이 중요하다. 단단하게 완성하기 위해서는 겉 덧단 부분에 접착심지를 붙인다. 안 덧단 시접 부분에 붙이지 않는 것은 겹치는 천이 많은 곳의 두께를 줄여 가볍게 완성하기 위하여.

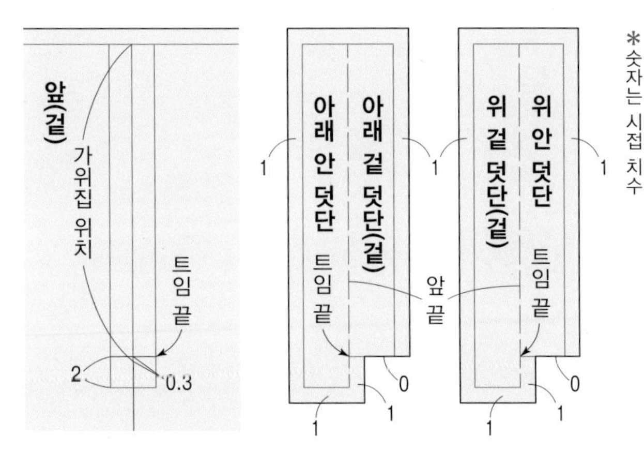

〈제도〉

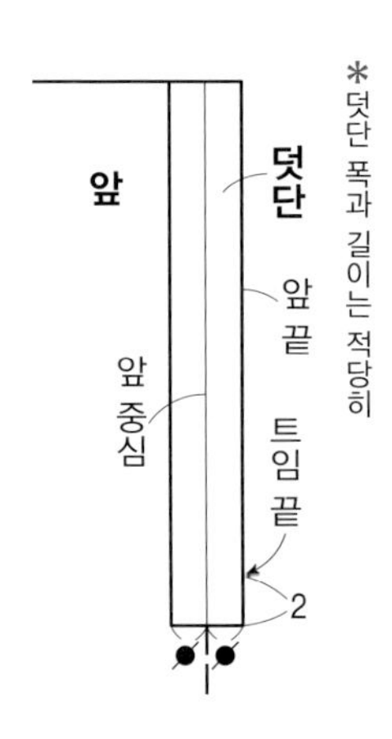

Hint!

덧단 트임의 구조

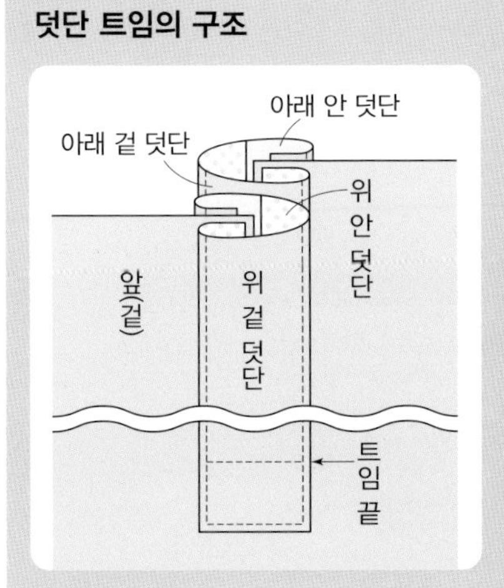

1 덧단을 만든다

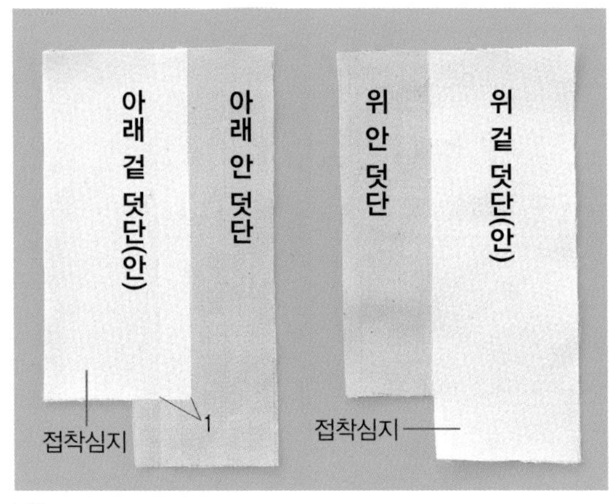

❶ 위 덧단, 아래 덧단에 접착심지를 붙인다

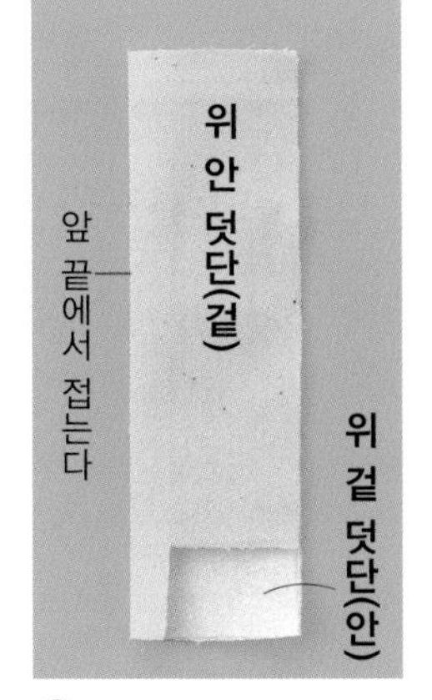

❷ 위 덧단을 안끼리 맞닿게 반으로 접는다

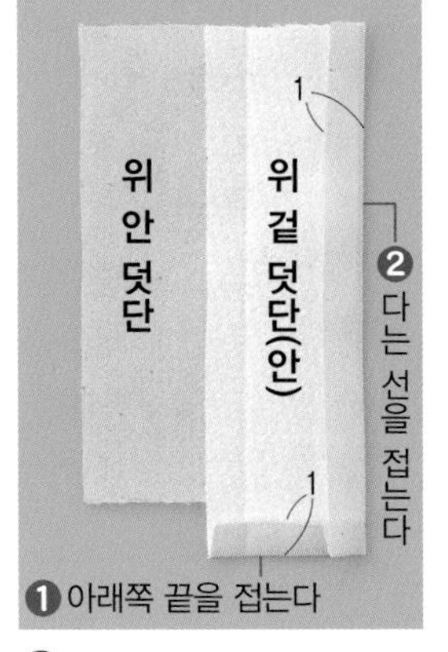

❸ 일단 펴서 겉 덧단의 아래쪽 끝과 다는 선의 시접을 접는다

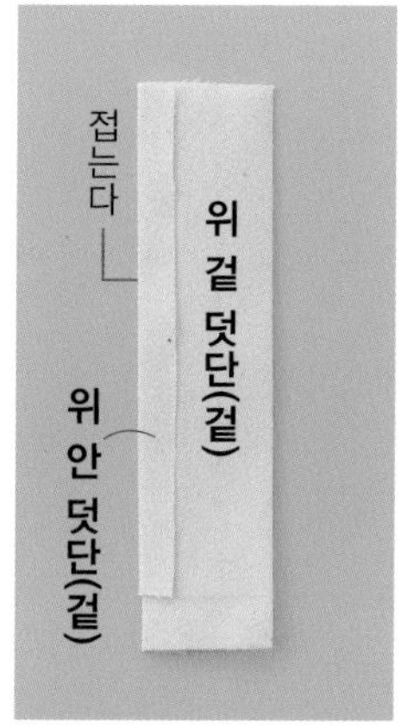

❹ 다시 ❷의 위치를 접고, 겉 덧단 다는 선을 감싸듯이 안 덧단 시접을 접는다

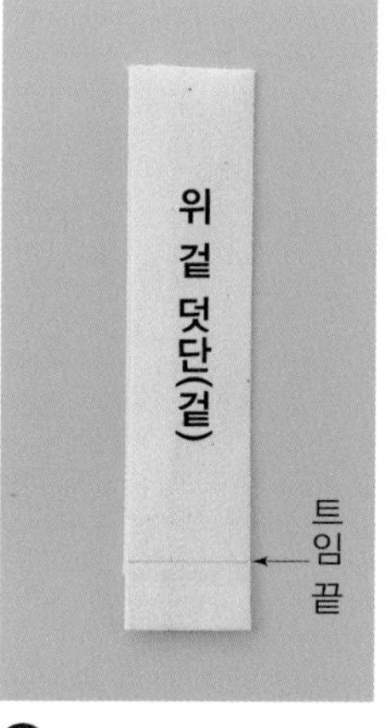

❺ 안 덧단의 시접을 완성 상태로 되돌려, 트임 끝 위치에 스티치 표시를 한다

❻ 아래 덧단의 아래쪽 끝에 오버로크 한다

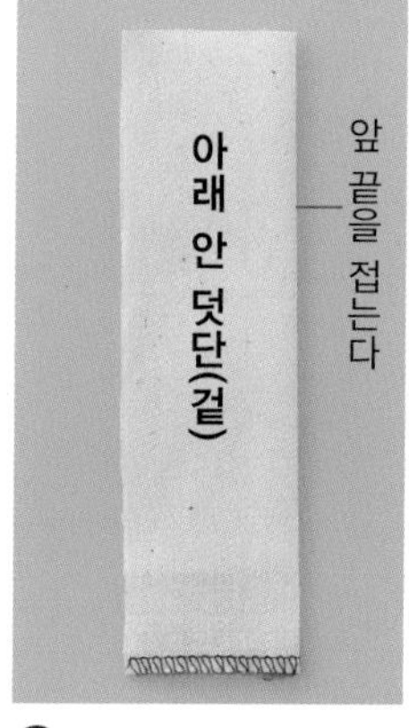

❼ 안끼리 맞닿게 반으로 접는다

Hint!

❹와 ❾에서 감싸듯이 접는 이유

이렇게 접어야 완성 상태로 접었을 때 안 덧단이 겉 덧단보다 약간 튀어나와서 스티치가 어긋나지 않기 때문에.

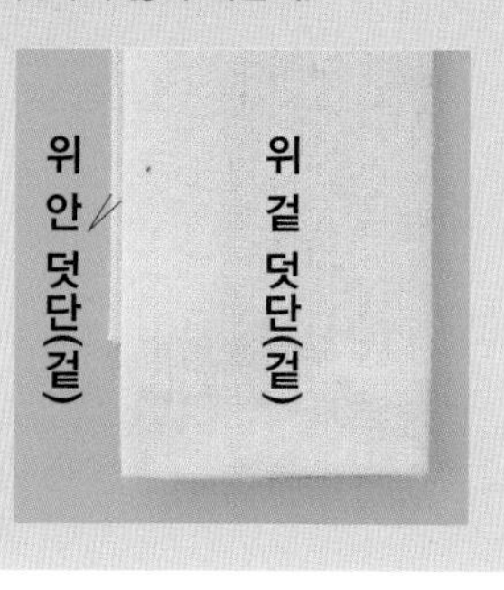

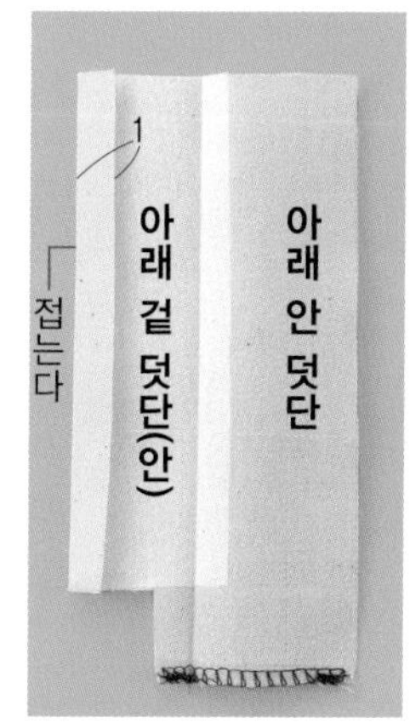

❽ 일단 펴서 겉 덧단 다는 선의 시접을 접는다

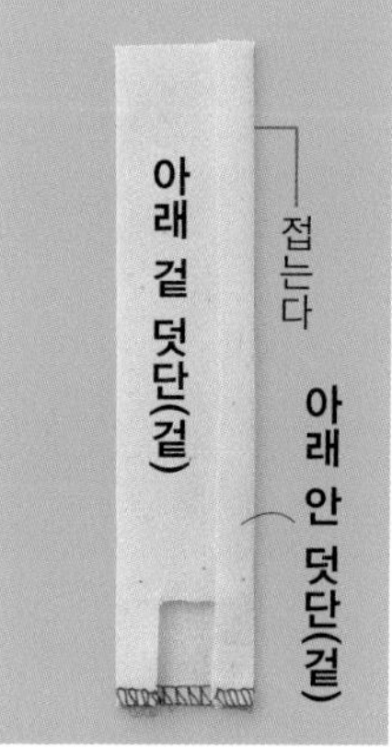

❾ 다시 ❼의 위치를 접고, 겉 덧단 다는 선을 감싸듯이 안 덧단의 시접을 접는다

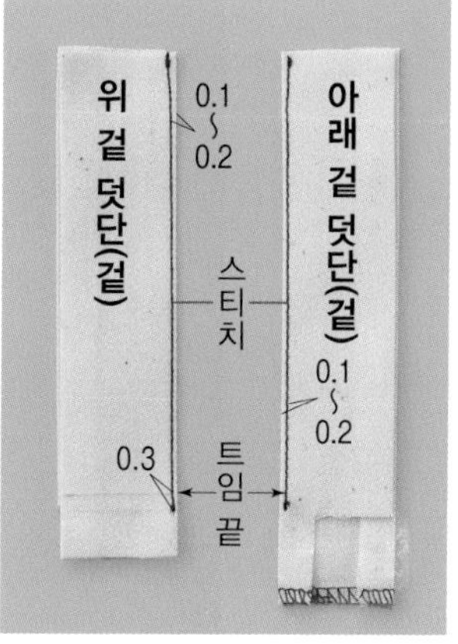

❿ 위아래 덧단의 골선 쪽에 겉에서 스티치를 한다(트임 끝에서 0.3cm 아래까지)

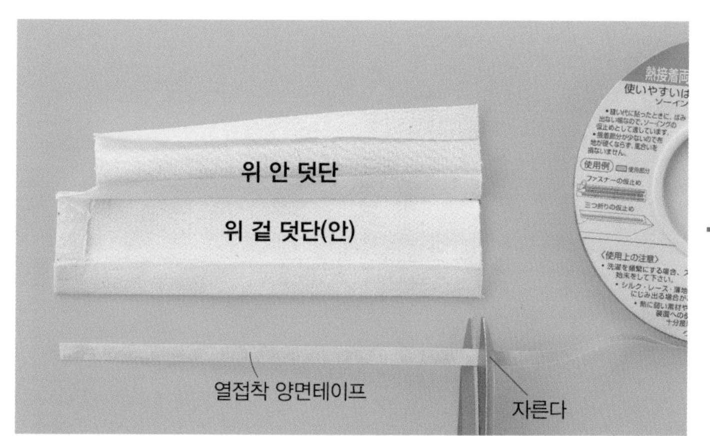

⓫ 덧단 길이에 맞추어 열접착 양면테이프를 박리지째 자른다

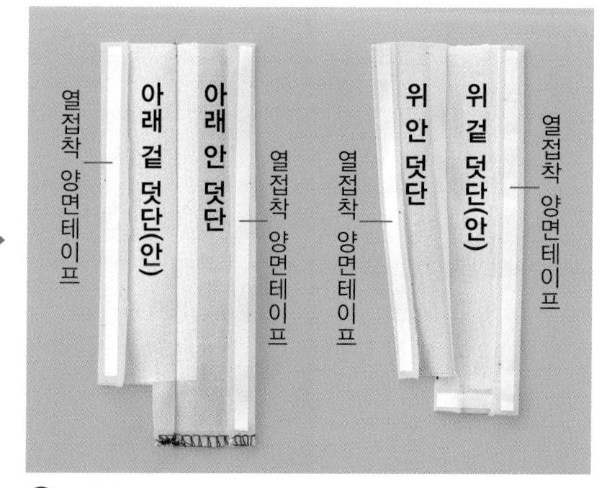

⓬ 위아래 덧단 다는 선의 시접 4곳에 다리미로 열접착 양면테이프를 붙인다

2 덧단을 단다

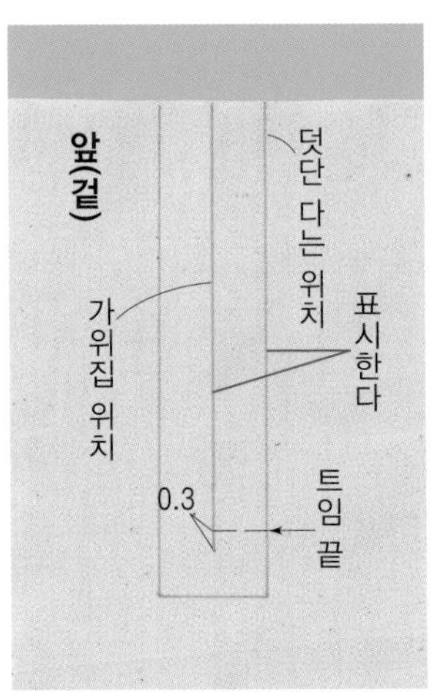

❶ 덧단 다는 위치와 가위집 위치를 표시한다

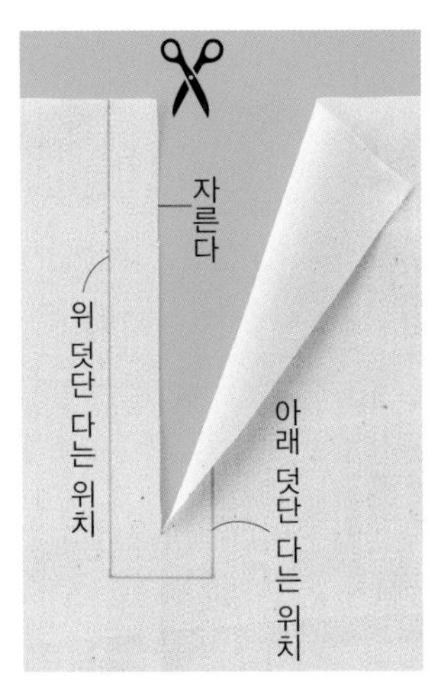

❷ 가위집 위치를 표시대로 자른다

❸ 아래 덧단의 박리지를 벗겨, 덧단 다는 위치의 시접을 끼워 붙인다

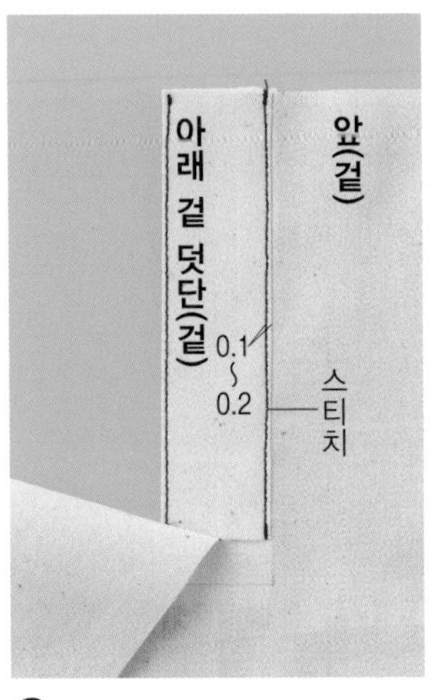

❹ 겉쪽에서 다는 선 쪽을 스티치로 고정한다

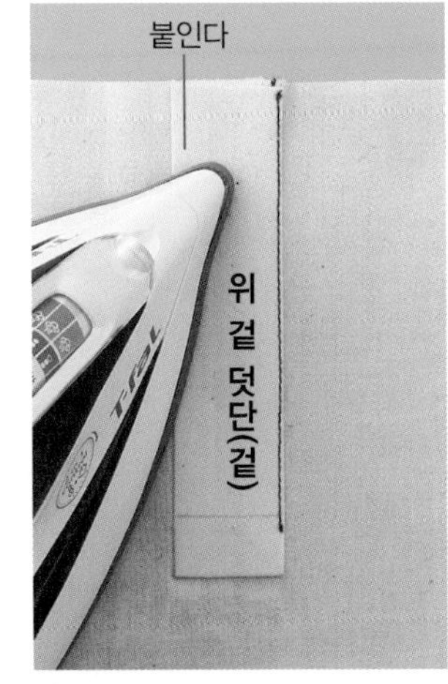

❺ 위 덧단도 같은 방법으로 박리지를 벗겨 덧단 다는 위치의 시접을 끼워 붙인다

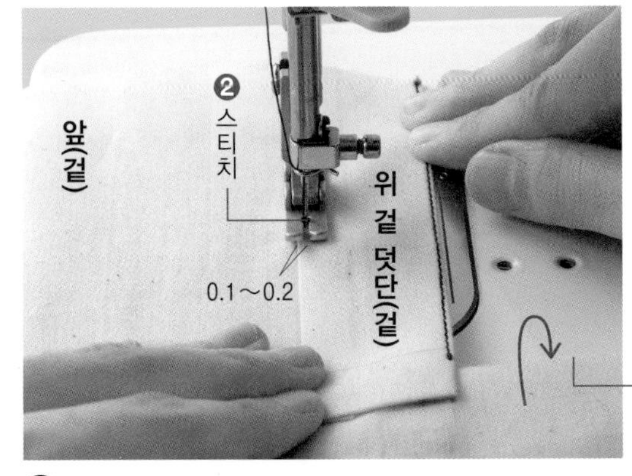

❻ 아래 덧단을 안쪽으로 접어 비켜두고 위 덧단의 다는 신 쪽을 스티치로 고정한다

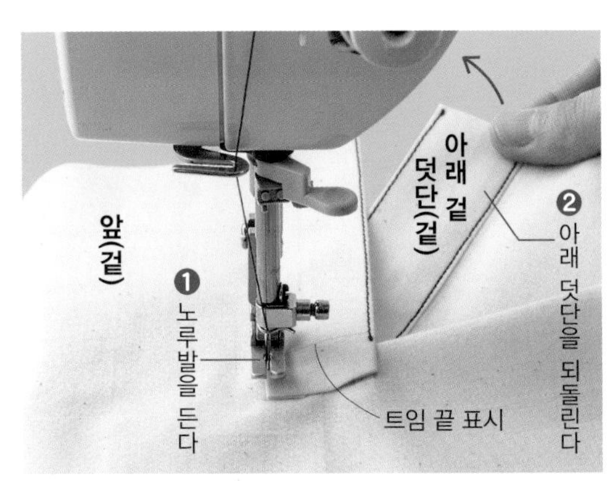

❼ 트임 끝 표시에서 0.3cm 앞까지 박은 다음 바늘을 꽂은 채로 노루발을 들어 아래 덧단을 되돌린다

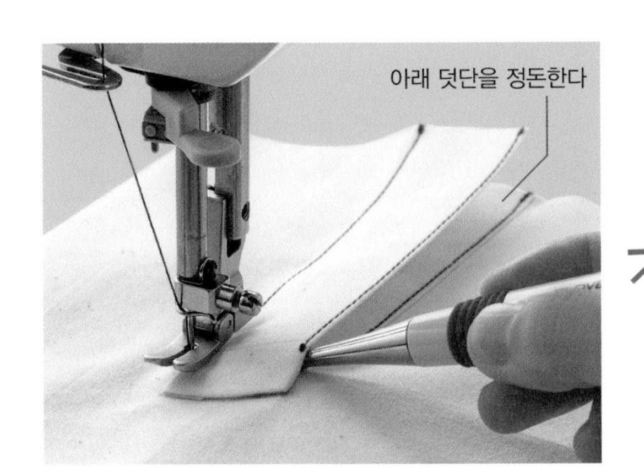

❽ 위아래 덧단 사이에 송곳을 넣어 아래 덧단을 정돈한다

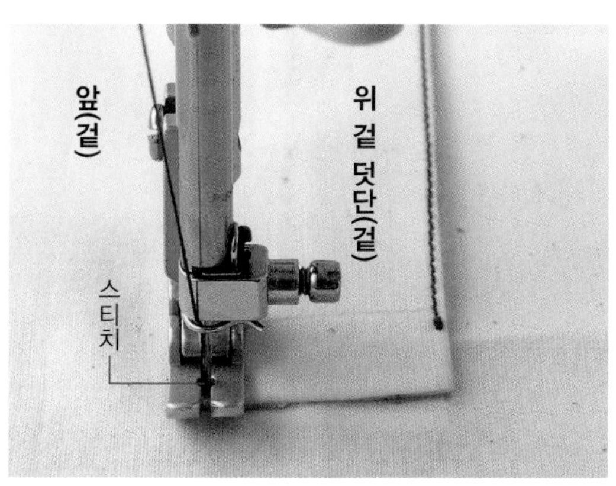

❾ 노루발을 내려 모서리까지 박는다

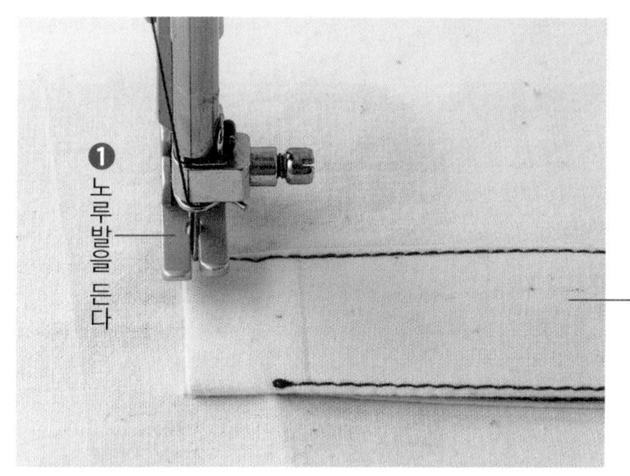

❿ 바늘을 꽂은 채로 노루발을 들어 다음 박는 방향으로 천을 돌린다

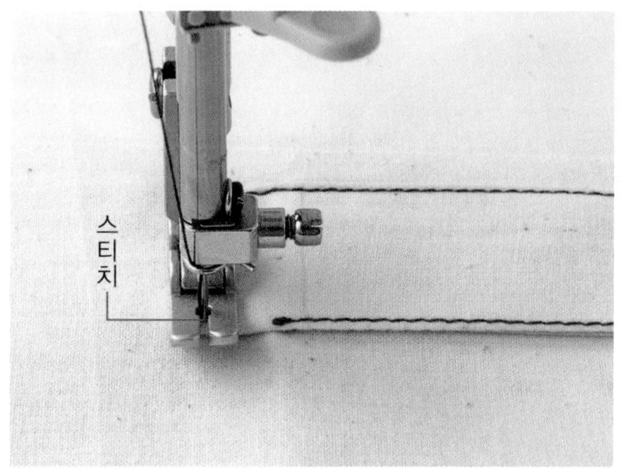

⓫ 노루발을 내려 다음 모서리까지 박는다

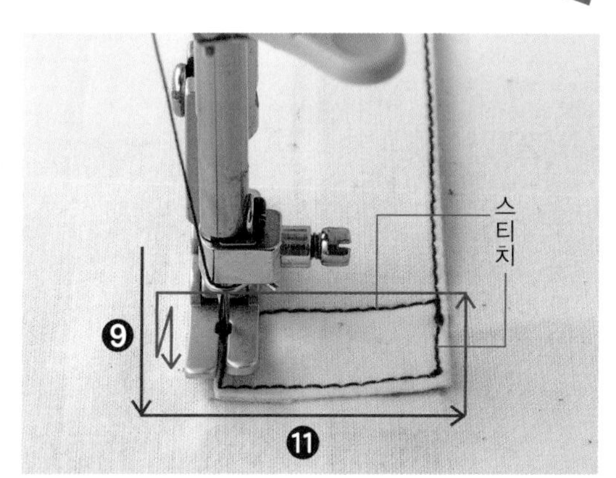

⓬ ❿, ⓫과 같은 방법으로 노루발을 오르내리고 천을 움직여 ❾, ⓫에 이어서 그림의 화살표(핑크)처럼 ❾의 위치로 돌아갈 때까지 스티치 한다. 마지막은 ❾에 겹쳐서 되돌아박기 한다

⓭ 완성!

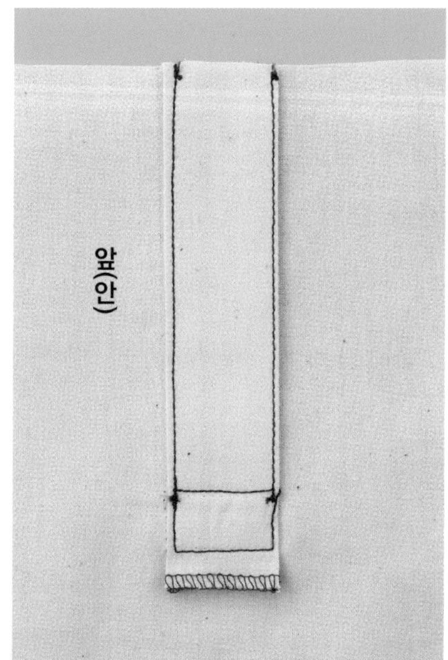

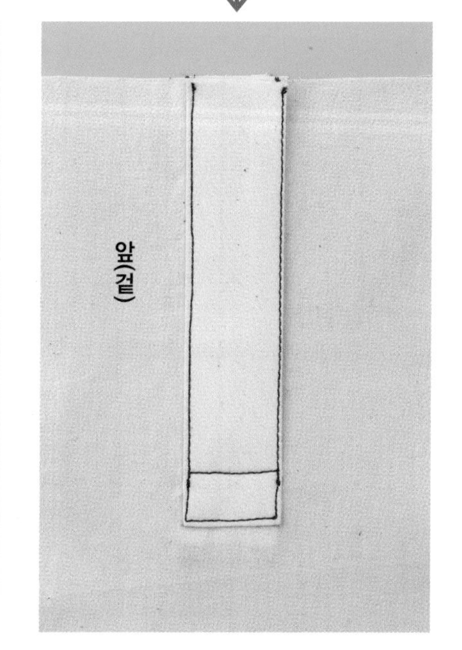

세트인 슬리브

소매산에 여유분 줄임을 하여 어깨 끝을 자연스럽게 부풀린 정통파 소매

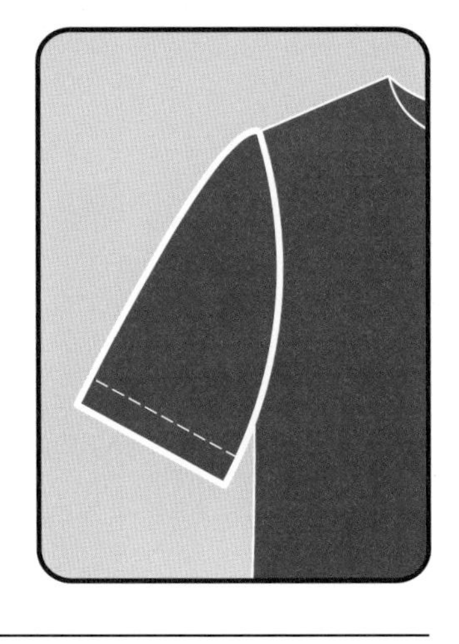

여유분 줄임이란 천을 줄여서 입체적으로 모양을 만드는 테크닉. 성긴 바늘땀으로 박거나 손으로 홈질해 소매산을 줄인다. 이 타입의 소매를 깔끔하게 달기 위해서는 여유분 줄임 분량 확인과 배분, 정확한 맞춤 표시 하기(P.190 참조)가 필수. 여기서는 소맷부리를 2번 접어 박아 마무리하는 반소매의 경우로 설명한다.

〈재단 방법〉

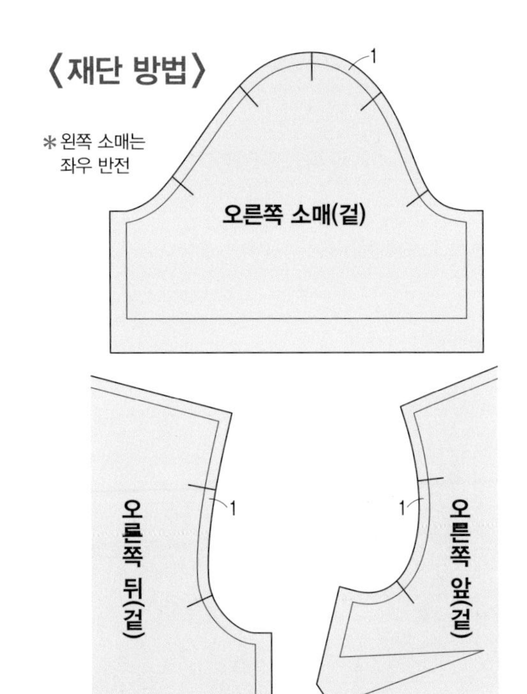

＊어깨, 옆의 시접 치수는 적당히

1 소매를 만든다

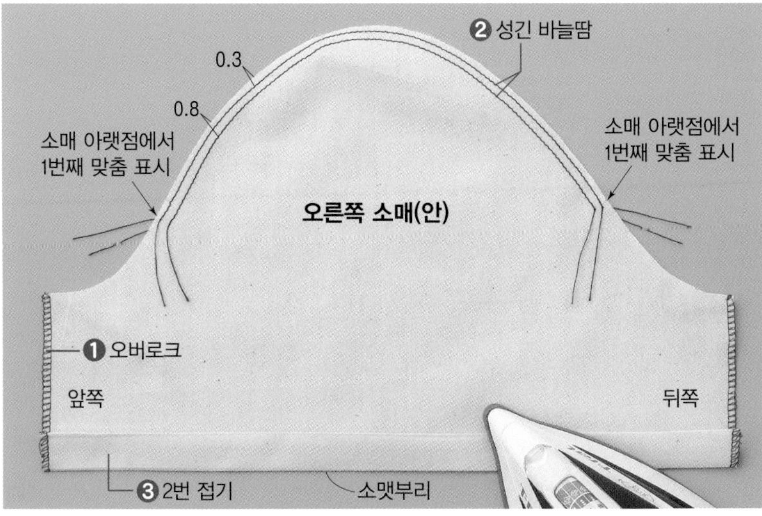

❶ 소매 밑 재단 끝에 오버로크 하고, 소매산의 맞춤 표시 사이를 성긴 바늘땀으로 박는다. 소맷부리를 2번 접는다

＊여유분 줄임이 적은 소매 아래쪽은 박지 않아도 된다

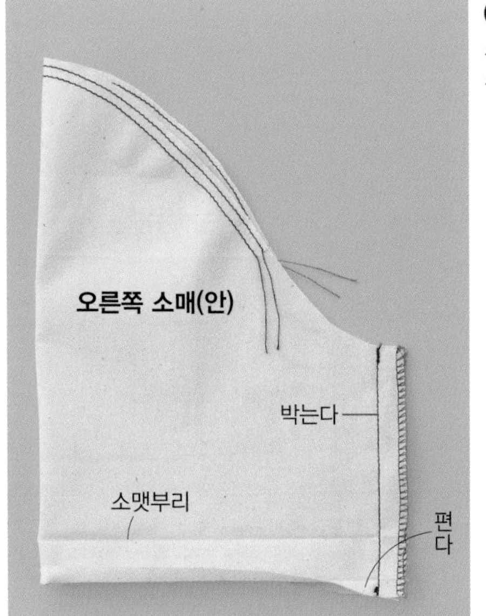

❷ 소맷부리를 일단 펴서 소매 밑을 박는다

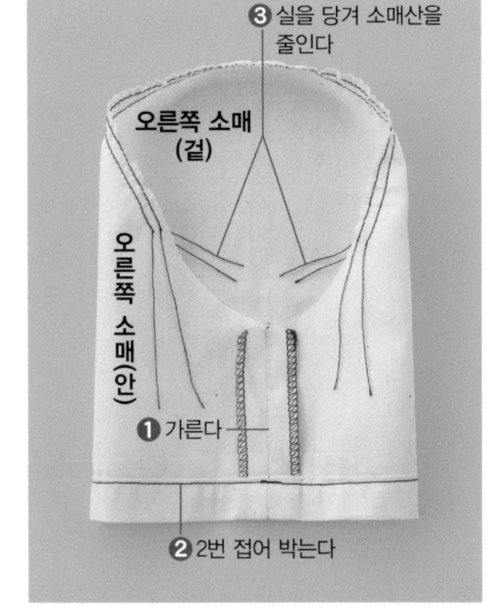

❸ 소매 밑의 시접을 가르고, 소맷부리를 2번 접어 박아 마무리한다. 성긴 바늘땀의 겉쪽 실 2줄을 동시에 잡아당겨 소매산을 조금 줄인다

2 소매를 단다

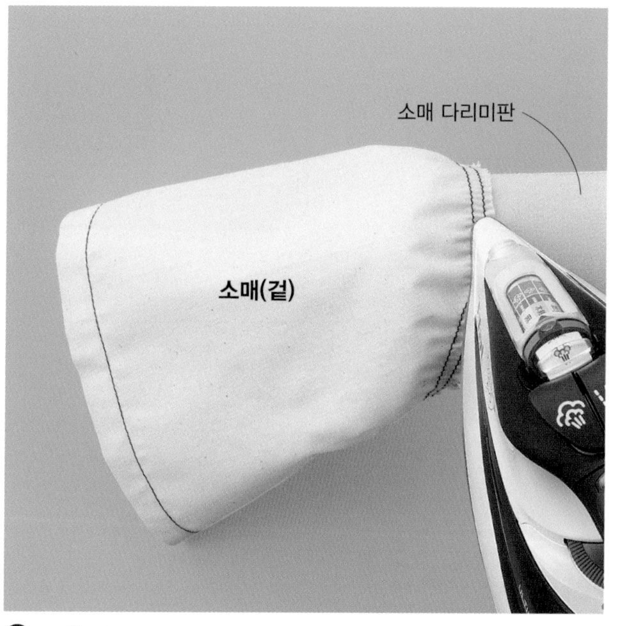

❶ 1-❸에서 줄인 시접을 다리미로 눌러 개더가 되지 않도록 평평히 한다

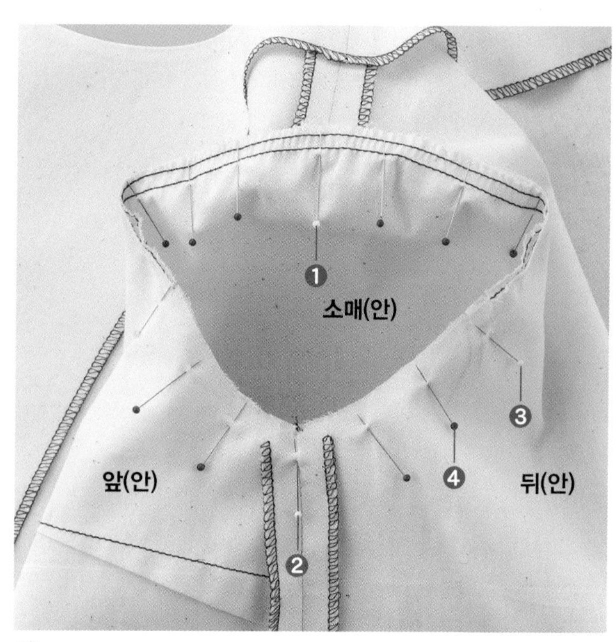

❷ 몸판과 소매를 겉끼리 맞대고 소매산 ❶, 소매 아래 ❷, 맞춤 표시 위치 ❸의 순서로 시침핀으로 고정한다(흰색). 다음에 그 사이를 2, 3곳씩 고정한다 ❹(빨간색)

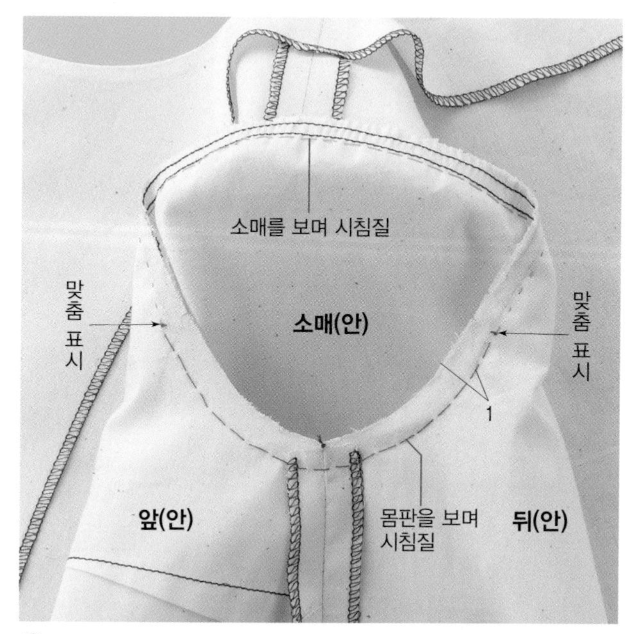

❸ 맞춤 표시를 경계로 소매 아래(빨간색 실) 쪽은 몸판을, 소매산(파란색 실) 쪽은 소매를 보면서 시침질한다. 1바퀴 시침질한 다음 입어보고 여유분 줄임이 고르게 들어갔는지 확인한다. 주름이 생기거나 여유분 줄임이 부족해 움푹 들어간 부분이 있으면 풀어서 조정한 뒤 다시 한 번 시침질한다

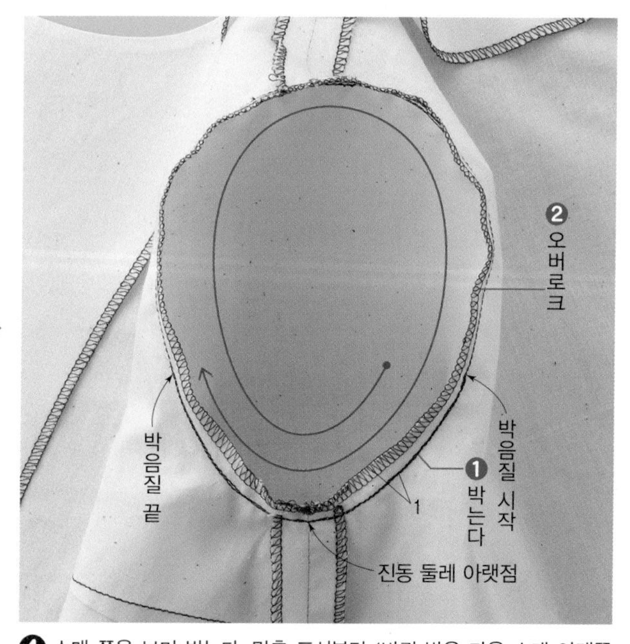

❹ 소매 쪽을 보며 박는다. 맞춤 표시부터 1바퀴 박은 다음 소매 아래쪽은 강도를 높이기 위해 2중으로 박는다. 시침질과 성긴 바늘땀을 빼고, 소매와 몸판 2장을 함께 시접에 오버로크 하면 완성! 소매산 시접은 소매 쪽으로 눕히고(디자인에 따라서 반대의 경우도), 진동 둘레 아랫점 부근은 자연스럽게 세워놓는다

소맷부리 바이어스 마무리

곡선으로 된 소맷부리를 가는 바이어스 천으로 마무리하는 방법

화사한 소매나 가볍게 완성하고 싶을 때 편리한 방법. 이 소매의 경우는 안쪽 곡선의 소맷부리를 가늘고 긴 바이어스 천으로 안단처럼 박아 뒤집는다. 간단히 시판하는 바이어스테이프를 사용해도 된다. 세트인 슬리브의 경우 소매 달기는 P.172와 같다.

〈재단 방법〉

＊왼쪽 소매는 좌우 반전

1
오른쪽 소매(겉)
0.5
1
1
바이어스 천(겉)
2
소맷부리 치수+2

1 바이어스 천을 단다

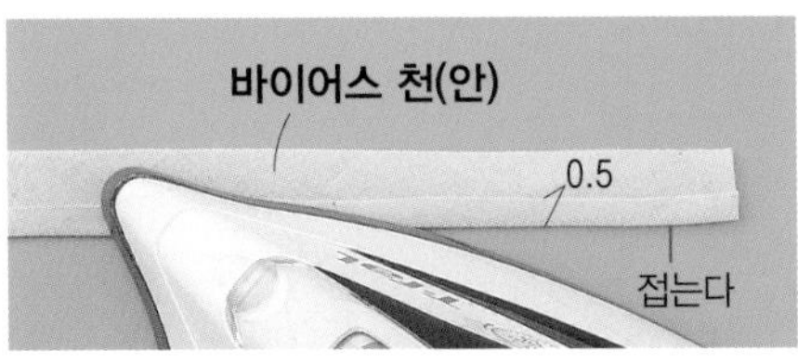

❶ 바이어스 천 한쪽을 평행으로 접는다

↓

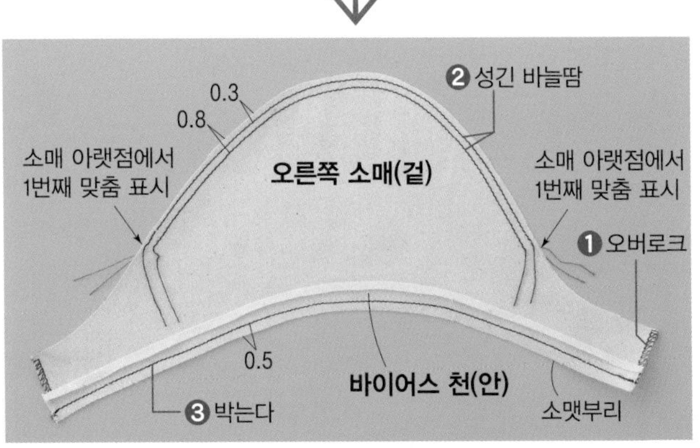

❷ 소매 밑 재단 끝에 오버로크 하고, 소매산의 맞춤 표시 사이를 성긴 바늘땀으로 2줄 박는다. 소맷부리와 바이어스 천의 ❶에서 접지 않은 쪽을 겉끼리 맞대어 박는다

↓

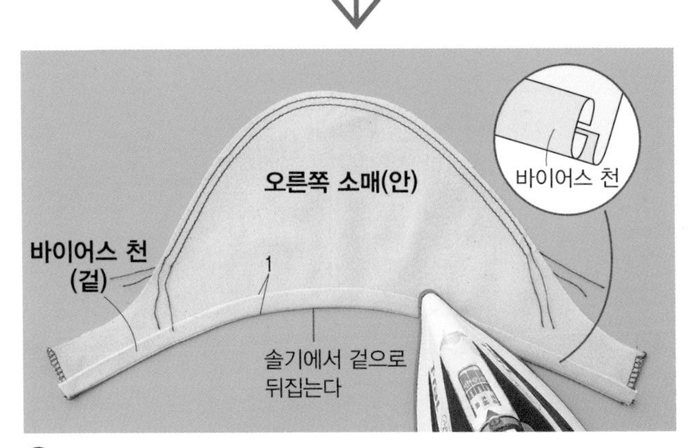

❸ 바이어스 천을 솔기에서 겉으로 뒤집어 소맷부리 곡선에 맞춰 정돈한다

2 소매 밑을 박아 소맷부리를 마무리한다

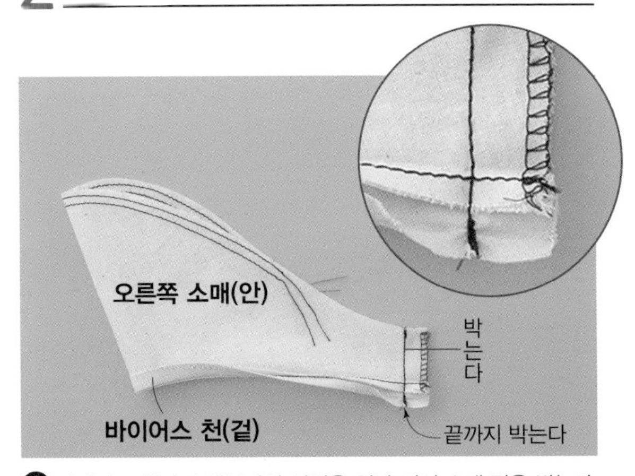

❶ 바이어스 천과 소맷부리의 시접을 일단 펴서 소매 밑을 박는다

↓

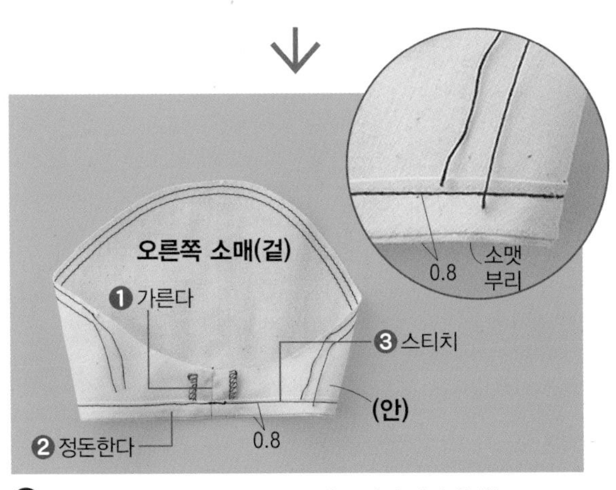

❷ 바이어스 천을 완성선에서 정돈해 스티치 하면 완성!

안감 넣는 법

넣는 부분에 따라 3가지 타입. 디자인, 소재, 투명감, 계절, 겹쳐 입는 옷 등 입는 방식을 고려해 선택한다

안감을 넣는 곳은 '몸판과 소매 전체', '몸판만', '스커트만'의 3종류. 칼라리스의 목둘레를 안단 마무리로 한 반소매 원피스를 예로 들어 기본적인 안감 넣는 법을 소개한다. 안단이 필요 없는 칼라를 달거나 목둘레를 파이핑 마무리로 하는 경우는 목둘레의 완성선까지 안감을 넣는다.

방법 1 전체 안감

겉감이 울 계열이나 비치는 천, 흰색 천인 경우에. 안단을 제외한 몸판, 소매의 각 파트 전체에 안감을 넣는다. 형태를 유지하고 보온성이 높다. 안 몸판은 어깨와 옆(옆은 늘림 시접을 넣는다)을 박고, 안단과 박아 목둘레에서 겉 몸판과 합체. 소매를 단 뒤 안 소매를 진동 둘레에 감침질한다.

방법 2 몸판만

겉감이 울 계열 이외에 비치는 천의 경우나 소매를 가볍게 완성하고 싶을 때에. 안단을 제외한 몸판만 안감을 넣는다. 퍼프 슬리브 같은 디자인의 소매에도 추천. 안 몸판 박는 법은 방법1과 같다. 겉 몸판과 안감의 진동 둘레를 시침질로 고정해 3장 함께 소매를 단다.

방법 3 스커트만

허리 이음선 디자인에 한정. 간단하고 빠르게 완성하고 싶을 때나 몸판과 소매를 가볍게 완성하고 싶을 때, 또 비치는 것이 다소 걱정되는 경우에. 늘림 시접을 넣어 옆을 박고, 밑단을 2번 접어 마무리한 뒤 허리를 박을 때 합체한다.

Hint!

늘림 시접이란…

솔기에 넣는 여유분. 신축성이 적은 안감은 이 '늘림 시접'을 넣어서 박아 필요한 여유분을 확보한다.

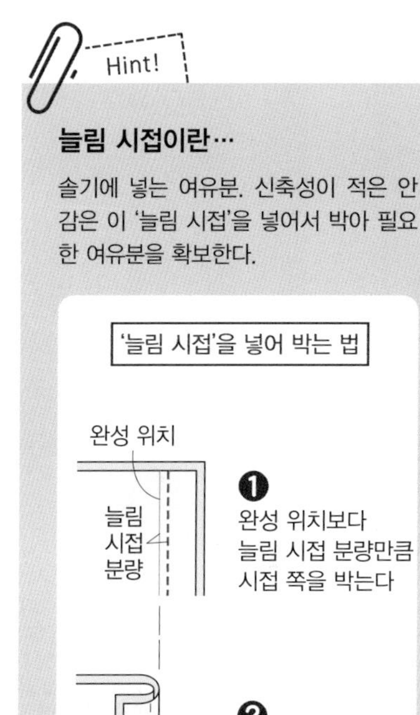

안감 패턴 만드는 법

몸판의 안감 패턴은 '겉감과 같은 모양'(왼쪽 표의 같음)과 '분량을 줄인다'(왼쪽 표의 줄임)의 2가지 타입. 밑단은 겉에서 보이지 않도록 겉감에서 3cm 자른다. 밑단 둘레 치수가 좁은 경우 옆 밑단에 슬릿을 만든다. 기본적으로 중심은 골선으로 재단하고 천 폭이 부족하거나 지퍼 트임의 경우는 이음선을 넣는다. 타입별로 선택 조건을 제시했으니 적합한 방법으로 만들자. 왼쪽의 추천 대응표도 참조한다. 소매의 안감 패턴은 '겉감과 같은 모양'이 기본이다.

추천 대응표

		안감
박시	A	같음
	B	같음
	C	같음
	D	같음
셰이프트 라인	E	같음
	F	같음
	G	같음
	H	같음
	I	같음
	J	같음
프린세스	K	같음
	L	같음
	M	같음
	N	같음
패널	O	같음
	P	같음
A라인	Q	같음
	R	줄임
	S	줄임
	T	줄임
목둘레	U	같음
	V	같음
	W	같음
	X	같음
랩	c	같음
	d	줄임*
커쿤	e	같음
	f	같음
	g	같음
	h	같음
드레이프	i	/
	j	/
	k	같음
	ℓ	같음
캐미솔	m	같음
	n	줄임*
	o	/
	p	/
요크	q	같음
	r	줄임
	s	같음
	t	줄임
	u	같음
	v	줄임
와이드	w	같음
	x	같음
	y	같음
	z	같음
이레귤러	1	/
	2	/
	3	줄임
	4	같음

		몸판 안감	스커트 안감
허리 이음선	Y-①	같음	줄임
	Y-②	같음	줄임
	Y-③	같음	같음
	Y-④	같음	줄임
	Z-①	같음	같음
	Z-②	같음	같음
	Z-③	같음	줄임
	Z-④	같음	줄임
	Z-⑤	같음	같음
	Z-⑥	같음	줄임
	a-①	같음	같음
	a-②	같음	같음
	a-③	같음	줄임
	a-④	같음	줄임
	a-⑤	같음	같음
	a-⑥	같음	줄임
	b-①	같음	줄임
	b-②	같음	줄임
	b-③	같음	같음
	b-④	같음	줄임

*는 스커트 안감

겉감과 같은 모양(안단은 제외한다)

겉감의 패턴을 그대로 사용

조 건	● 기본적으로 모든 원피스에 대응(안감을 넣을 수 없는 드레이프 디자인 i, j, 캐미솔 스타일 o, p, 이레귤러 스타일 1, 2는 제외) (예1). ● 허리에 고무줄을 사용하는 경우는 겉감과 마찬가지로 신축성이 있도록 같은 모양이 필수. ● 디자인적인 장식으로 개더나 턱 등이 있는 경우 잘라서 벌리기 전과 같은 모양.

예1 박시 라인 D (P.21), 세트인 슬리브 A (5부 소매, P.84)

몸판은 겉감의 시접 포함 패턴을 이용. 목둘레는 안단선을 안감의 완성선으로 하고(안단이 없는 디자인은 겉감의 목둘레를 사용), 그곳에서 시접을 넣는다. 어깨선도 시접을 변경. 밑단은 겉감의 완성선에서 길이를 평행으로 잘라 안감의 완성선으로 하고, 그곳에서 시접을 넣는다. 소매는 겉감의 완성선을 다른 종이에 베껴서 새롭게 만든다. 소맷부리는 길이를 평행으로 자른다. 소매 아래는 소매 달림선 시접을 감싸기 위해 필요한 여유분을 추가해 소매산선과 소매 밑선을 다시 그려 적당히 시접을 넣는다.

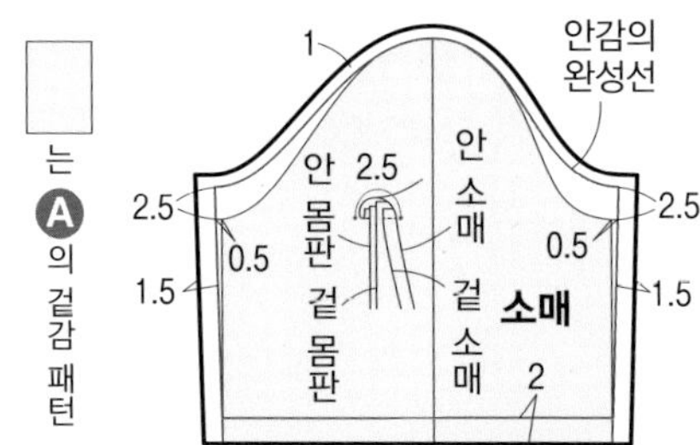

안감의 완성선(안단선)
*숫자는 시접 치수
는 D의 겉감 패턴(시접 포함)
1
1
1
안감의 완성선(안단선)
BL
BL
뒤
앞
WL
WL
HL
HL
20
박음질 끝
안감의 완성선
안감의 완성선
3
3
겉감의 완성선

목둘레에 개더나 턱이 있는 경우

안단이 있는 디자인

겉감의 잘라서 벌리기 전의 원래 패턴을 베끼고, 예1의 목둘레와 같은 방법으로 만든다.

안단이 없는 디자인

겉감의 잘라서 벌린 후의 패턴을 이용. 개더의 경우(— 선)는 턱으로 변경해 시접을 넣는다. 턱의 경우는 그대로 같은 모양을 사용(모두 — 선).

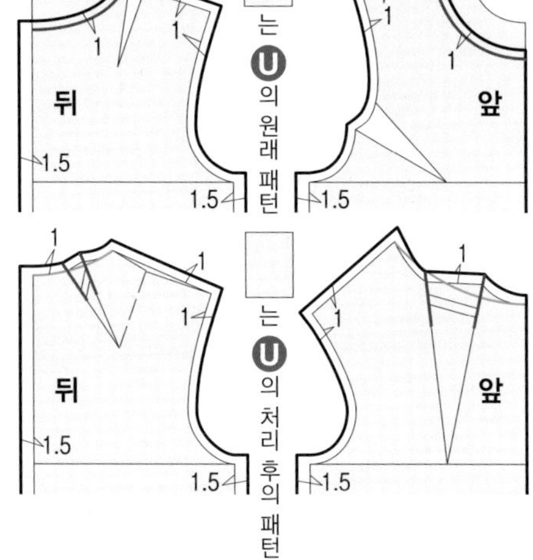

Hint!

안감에 슬릿을 만드는 조건

겉감과 안감의 밑단 둘레 치수를 비교해 같은 치수 또는 안감 쪽이 적은 경우는 엉덩이선보다 20cm 정도 아래에서 밑단까지 슬릿을 넣는다. 안감의 밑단 둘레가 1바퀴에 150cm 이상인 경우는 필요 없다. 겉감에 벤트나 슬릿 등의 밑단 트임이 있는 경우 그것을 기준으로 안감을 넣는다.

분량을 줄인다

개더 등의 볼륨이나 밑단 둘레 치수를 줄이기 위해 겉감 패턴을 접어서 사용

조 건
- 플레어, 개더, 턱, 플리트 분량을 줄여서 깔끔하게 만드는 경우(예2 ~ 예4).
- 밑단 너비를 안감 폭에 흡수시키는 경우(방법은 예2 ~ 예4 와 같다. 접는 분량은 천 폭에 맞춘다).

＊숫자는 시접 치수

예2 A라인 Ⓢ (칼라리스, 슬리브리스, P.36)

겉감 패턴을 이용. 목둘레와 진동 둘레에 안단이 있는 디자인은 안단선에서 자른다. 밑단을 잘라 벌린 위치에서 분량을 정해 밑단을 접고 AH 다트를 닫은 위치를 벌린다. 진동 둘레에서 벌린 분량은 다트로 한다. 목둘레와 진동 둘레에 시접을 넣고 밑단을 예1 과 같은 방법으로 자른다. 슬릿은 필요 없다. 안단이 없는 디자인은 목둘레와 진동 둘레를 그대로 사용해 안단이 있는 디자인과 같은 방법으로 안감 패턴을 만든다. 또 안감 패턴으로 A라인 Ⓠ를 그대로 사용하는 것도 가능.

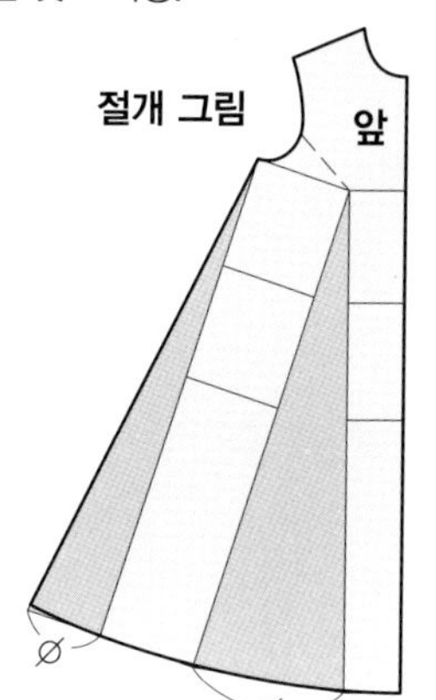

접는 분량(★)＝밑단의 추가 치수(●+∅)×0.3

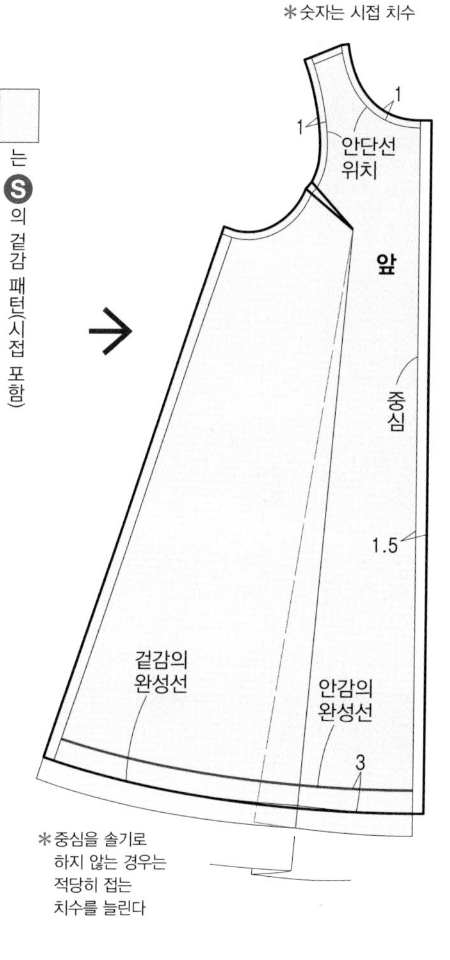

예3 허리 이음선 턱트 스커트 Ⓨ－④(P.43)

접는 분량을 정해 각 턱 분량의 중심에서 접는다. 밑단 자르기는 예1 과 같다. 슬릿은 필요 없다.

겉감 패턴에서 자르기와 추가

길이나 분량을 자를 때는 겉감 패턴을 접는다. 시접 등 부족한 부분을 추가할 때는 재단 시 안감에 직접 그린다. 안감 패턴을 만드는 수고를 덜어 빠르게 완성된다.

접는 분량의 표준

기본적으로 패턴을 만들 때 추가한 플레어 분량, 턱 분량 등의 30~50%. 접는 분량을 적게 잡아야 안감 폭에 맞게 효과적으로 재단되는 경우는 적당히 조정하자.

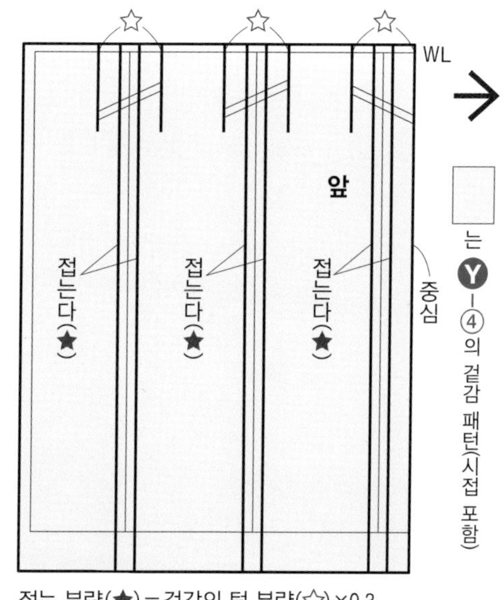

접는 분량(★)＝겉감의 턱 분량(☆)×0.3

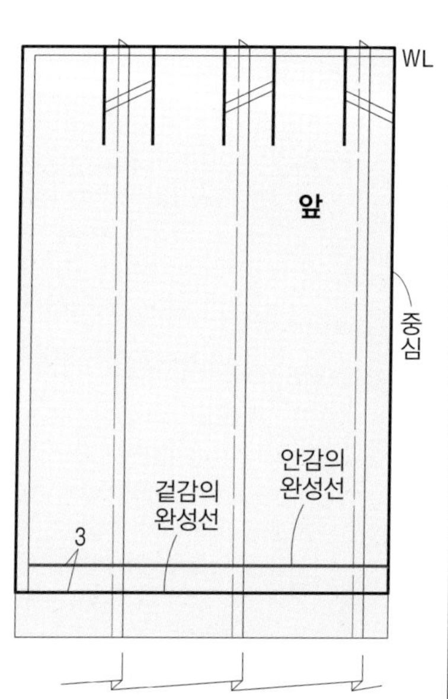

예 4 허리 이음선 개더 스커트 Ⓨ-①(P.42)

접는 분량을 정해 앞 중심에서 접는다. 밑단 자르기는 예 1과 같다. 슬릿은 필요 없다.
허리 부피감이 커지는 경우 개더 분량을 턱으로 변경한다.

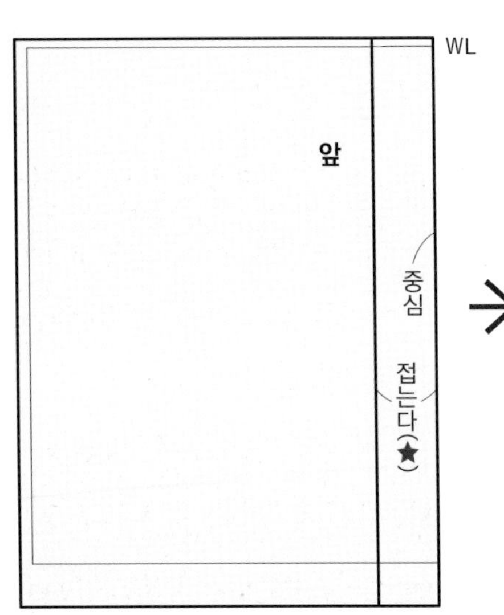

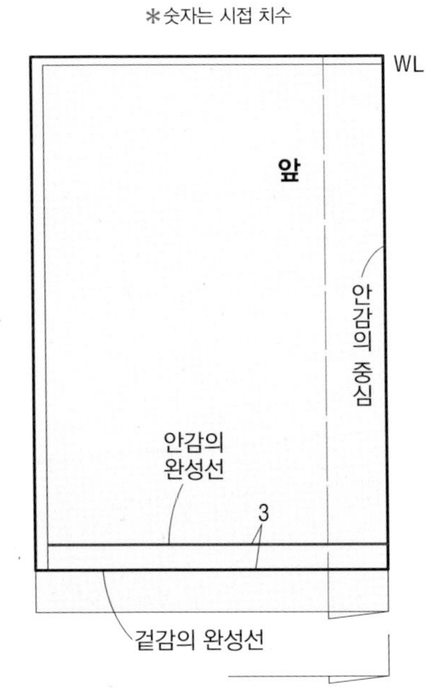

안감의 밑단 시접과 접는 법(2번 접기)

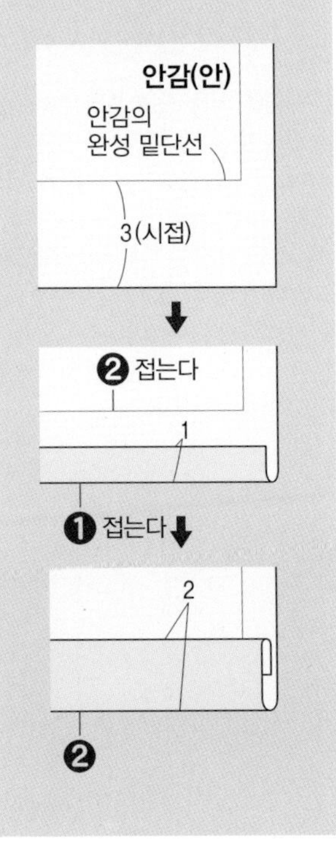

안감 대신 언더드레스를 만든다

언더드레스는 원피스 아래 입는 속옷의 일종.
별도로 만들어두면 다른 디자인의 원피스에도 두루두루 입을 수 있다.
기본 몸판을 자유롭게 응용해 취향대로 만들어보자. 대표적인 2가지 타입을 소개.

[탱크톱형]

몸판은 박시 라인 Ⓓ(P.21)를 사용. AH 다트를 옆으로 이동하고, 라운드넥 Ⓥ(P.106)와 슬리브리스 ⓑ(P.95)의 디자인을 응용해 목둘레와 진동 둘레를 그린다. 함께 입을 원피스의 목둘레를 고려해 목둘레의 트임 상태를 조정하자. 머리가 들어가는 치수를 확보하는 것도 잊지 말자. 밑단 둘레가 적은 경우는 옆 밑단에 슬릿을 만든다.

[캐미솔형]

몸판은 캐미솔 ⓜ(P.64)을 사용. 허리 줄임 없이 A라인으로 변경한다. 밑단 슬릿은 필요 없다. 어깨 부분이 가냘픈 스트랩이라서 겉으로 보여도 우아한 느낌이다.

Hint!

구멍 난 레이스 천은 안감을 덧대는 재봉으로

겉감에 다른 천을 겹쳐서 2장을 1장의 천처럼 재봉하는 방법. 대비되는 천을 덧대야 무늬가 돋보인다.

제도와 패턴 제작을 도와주는

집중 강의

다양한 디자인의 토대가 되는 몸판과 소매의 기본 패턴 만드는 법과
정확한 패턴 제작에 꼭 필요한
'맞춤 표시', '패턴 체크', '시접 넣기' 등을 자세히 설명한다.
패턴 제작의 기초를 다질 수 있다.

실물 대형 패턴 수록

기본 패턴 만드는 법 몸판

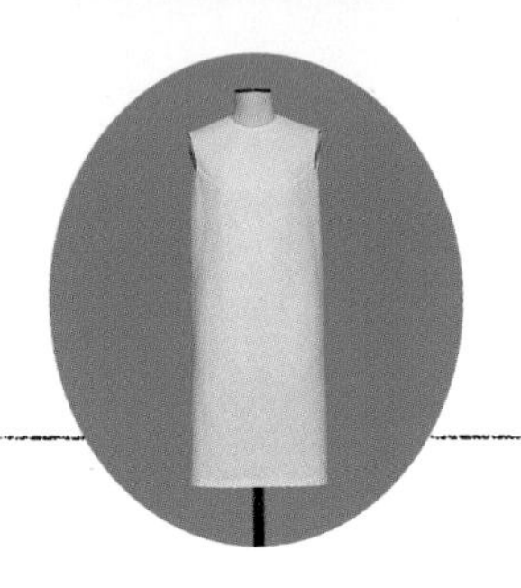

부록 실물 대형 패턴은 WL에서 윗부분으로, 허리와 등 길이의 적합 상태에 따라 만드는 법이 4가지 타입으로 나뉜다.
먼저 치수를 잰 뒤 사이즈 표를 보고 자신의 치수와 맞는지 확인해보자.
엉덩이 길이는 18cm, 스커트 길이는 60cm로 설명하지만 엉덩이 길이는 각자의 치수로 변경한다.
완성한 기본 패턴은 적당히 원하는 길이로 커스터마이징해 사용한다(P.132 참조).

기본 패턴

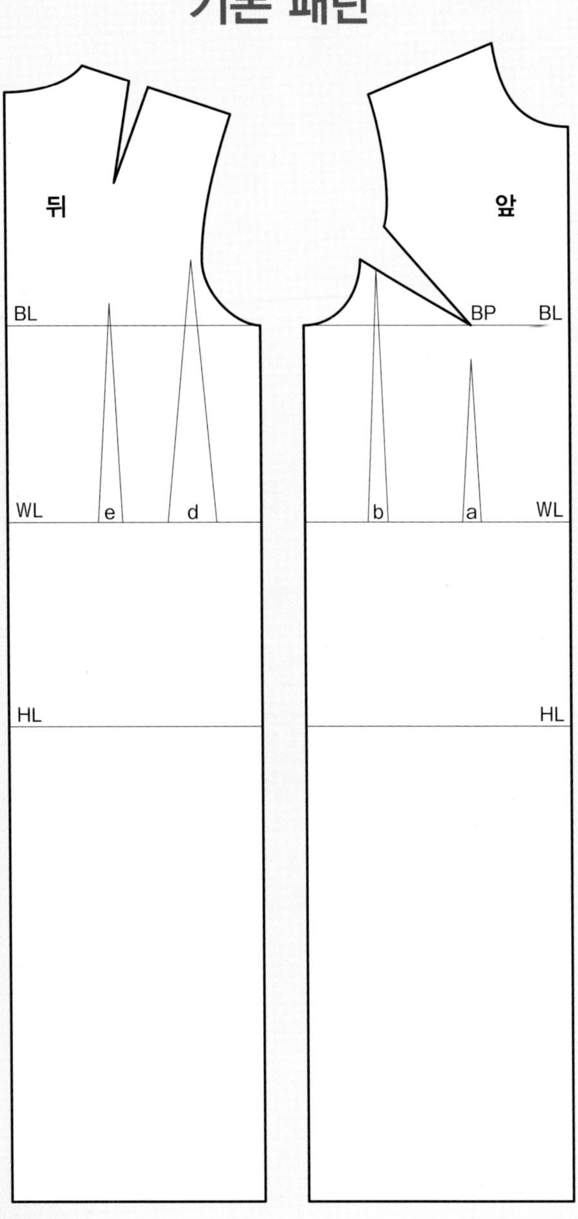

실물 대형 패턴의 사이즈 표

명칭 / (호) 사이즈	가슴둘레 (B)	등 길이
5	77	38
7	80	
9	83	
11	86	
13	89	
15	92	
17	96	
19	100	
21	104	

단위는 cm

가슴둘레, 허리둘레, 등 길이 **치수 재는 방법… P.12**

치수를 잰 결과	만드는 법
가슴둘레와 등 길이가 모두 맞는다	타입 1
가슴둘레는 맞는데 등 길이가 맞지 않는다	타입 2
가슴둘레가 맞지 않는다 또는 가슴둘레와 등 길이가 맞지 않는다	타입 3
자신의 치수가 표에 없다. 딱 맞게 제도하고 싶다	타입 4

타입 1 실물 대형 패턴을 사용. 맞는 사이즈를 베껴서 허리 다트를 그려 넣고 스커트 부분을 추가한다

부록 실물 대형 패턴은 5호(가슴둘레 77cm)부터 21호(가슴둘레 104cm)까지, WL에서 윗부분의 외형과 필요한 표시를 달았다. 패턴의 사이즈 표에서 맞는 사이즈를 선택해 다른 종이에 베낀다. 여기에 각자의 허리 치수에 대응하는 허리 다트를 그려 넣고 스커트 부분을 추가해 완성한다.

1 선택한 사이즈를 베낀다

실물 대형 패턴 위에 제도용지를 겹쳐 외형과 맞춤 표시, 가슴선(BL), 허리 다트의 다트 끝과 중심 위치를 베낀다

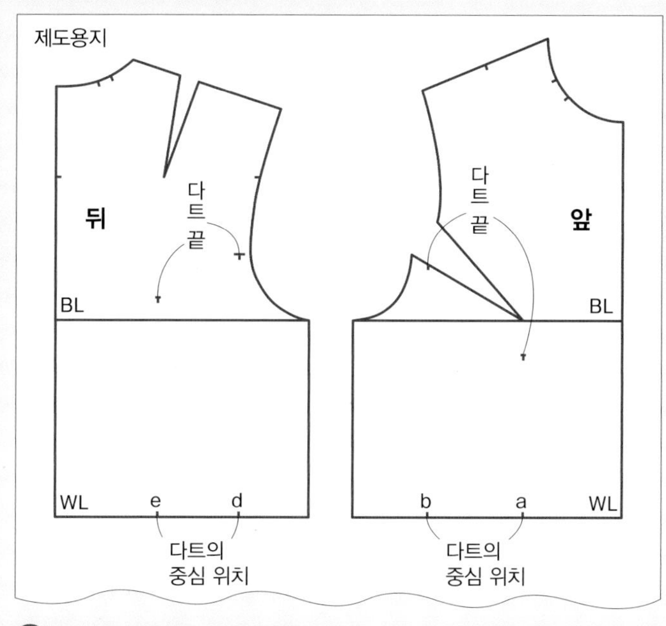

2 허리 다트를 그려 넣는다

허리의 총 다트 분량을 아래의 방법으로 계산해, 각 다트 분량(오른쪽 위 표를 참조)을 1에서 베낀 중심 위치에서 좌우로 배분해 잡고, 다트 끝과 잇는다

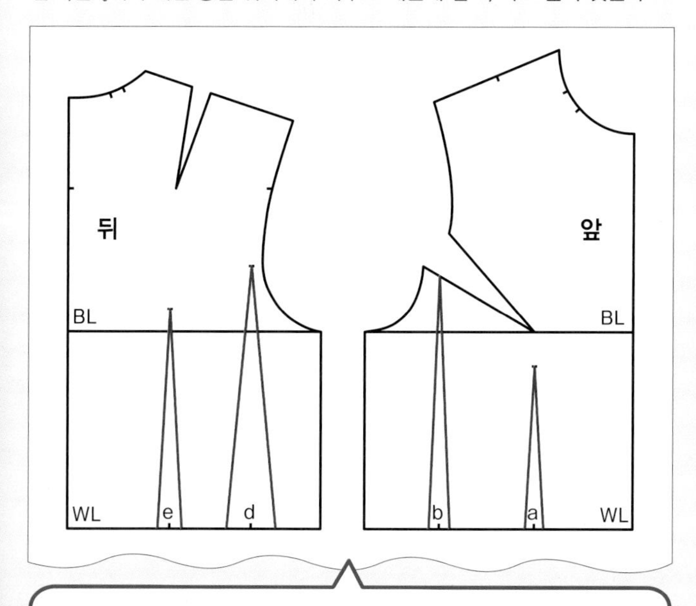

$$\text{허리의 총 다트 분량} = \left(\frac{B}{2}+6\right) - \left(\frac{W}{2}+3\right)$$

＊B는 사이즈 표에서 고른 치수. W는 자신의 치수

허리 다트 분량 일람표

총 다트 분량 (100%)	e (18%)	d (35%)	b (15%)	a (14%)
12.5	2.2	4.4	1.9	1.7
12	2.2	4.2	1.8	1.7
11.5	2.1	4	1.7	1.6
11	2	3.8	1.7	1.5
10.5	1.9	3.7	1.6	1.5
10	1.8	3.5	1.5	1.4
9.5	1.7	3.3	1.4	1.3
9	1.6	3.1	1.4	1.3
8.5	1.5	3	1.3	1.2
8	1.4	2.8	1.2	1.1

＊단위는 cm. e, d, b, a는 총 다트 분량의 82%를 사용. 총 다트 분량이 표에 없는 경우 총 다트 분량에 a~e의 비율(%)을 각각 반영해 계산한다

3 스커트 부분의 선을 긋는다

중심선과 옆선을 연장해 WL에서 엉덩이 길이와 스커트 길이를 잡고 HL과 밑단선을 긋는다

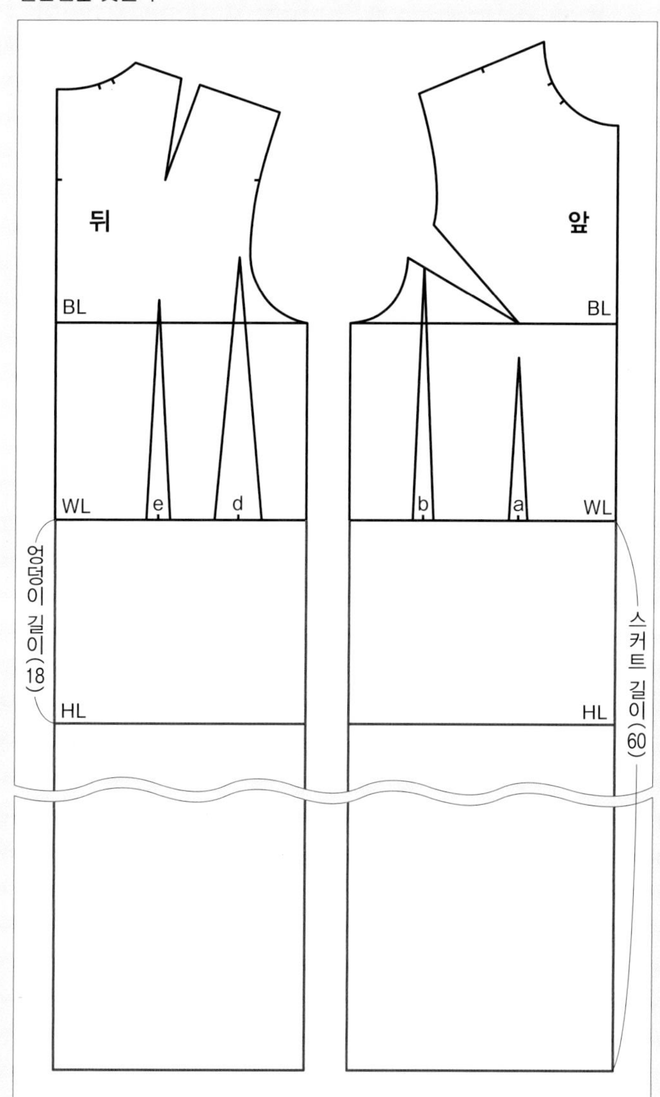

타입 2 가슴둘레 사이즈가 맞는 실물 대형 패턴을 베껴서 등 길이를 조정. 허리 다트를 그려 넣고 스커트 부분을 추가한다

부록 실물 대형 패턴은 어느 사이즈나 등 길이를 38cm로 설정했다. 가슴둘레 사이즈는 맞는데 등 길이가 맞지 않는 경우 WL에서 평행으로 증감한다. 허리 다트를 그려 넣고, 수정한 WL에서 스커트 길이 부분을 추가해 완성한다.

1 선택한 사이즈를 베낀다

실물 대형 패턴 위에 제도용지를 겹쳐 외형과 맞춤 표시, 가슴선(BL), 허리 다트의 다트 끝과 중심 위치를 베낀다

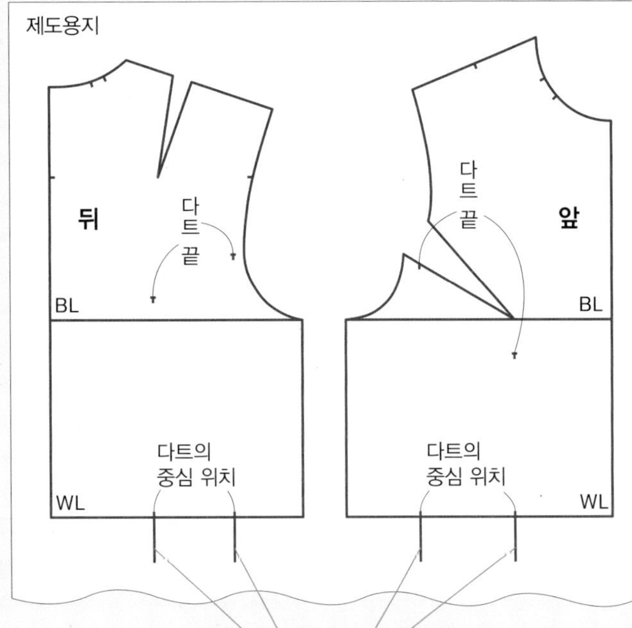

조정하는 방향으로 길게 연장해둔다
(등 길이를 짧게 할 때는 위쪽으로 연장)

2 WL을 이동해 등 길이를 조정한다

원래의 WL에서 평행으로 이동해 등 길이를 길게(또는 짧게) 한다

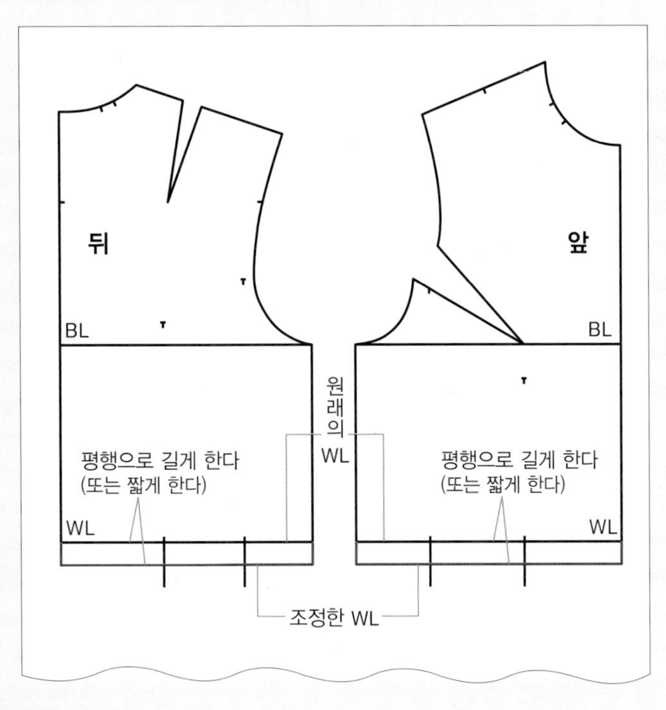

3 허리 다트를 그려 넣고 스커트 부분의 선을 긋는다

❶ P.181-**2**를 참조해 허리 다트를 그린다
❷ **2**에서 정한 새로운 WL에서 엉덩이 길이와 스커트 길이를 잡고 밑단까지 그려 넣어 스커트 부분을 완성한다

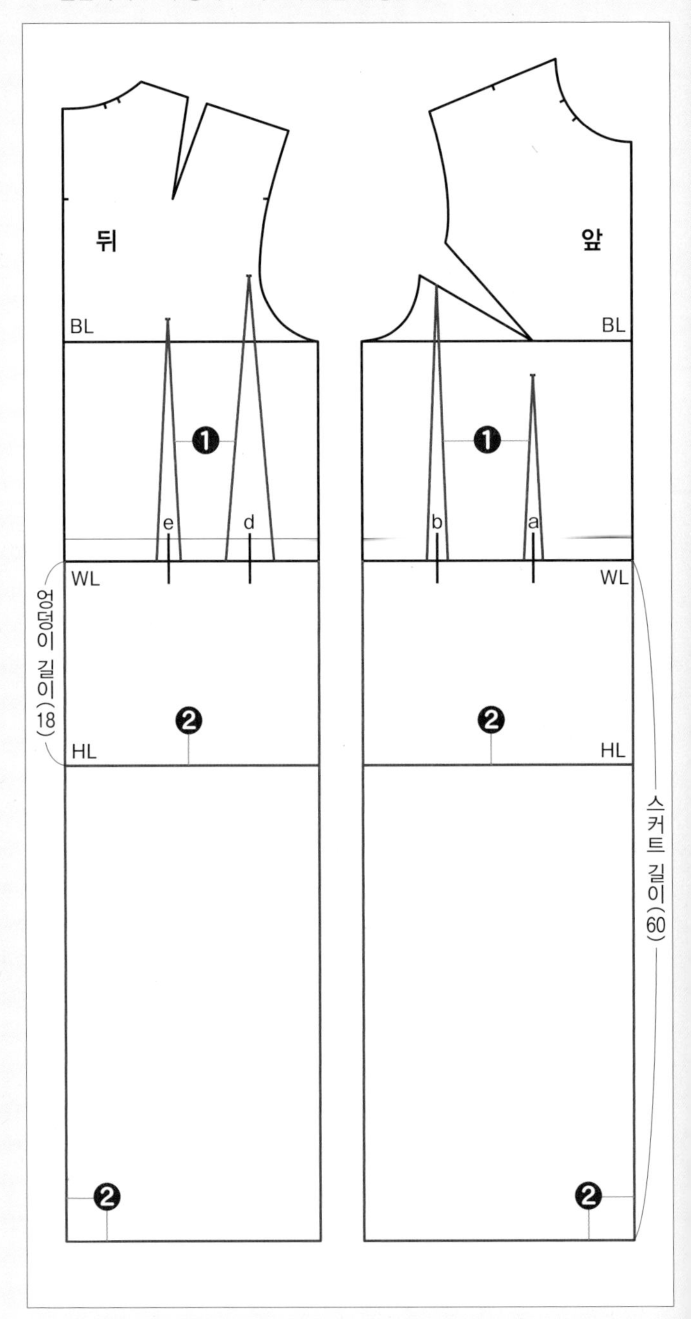

타입 3 위아래 사이즈를 베껴서 중간에 선을 긋는다. 허리 다트를 그려 넣고 스커트 부분을 추가한다

가슴둘레 치수가 사이즈 표의 중간인 경우 위아래 사이즈를 베껴서, 그 중간을 따라 선을 긋는다. 허리 다트를 그려 넣고 스커트 부분을 추가해 완성한다. 단, 차이가 근소한 경우 가장 가까운 사이즈를 선택해 **타입 1** 과 같이 만들어도 OK.

1 가슴둘레 치수의 위아래 사이즈를 베낀다

외형과 맞춤 표시, 가슴선(BL), 허리선(WL), 허리 다트의 다트 끝과 중심 위치를 베낀다

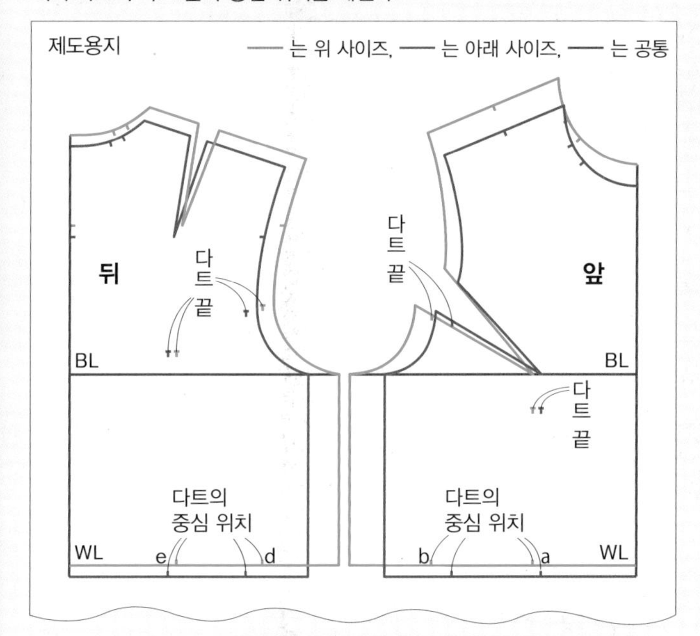

＊설명을 이해하기 쉽도록 사이즈 사이의 폭을 넓혔다

2 각 포인트의 중간점을 따라 선을 긋고 맞춤 표시를 그린다

❶ 위아래 사이즈의 같은 포인트를 직선으로 잇는다(맞춤 표시, 다트 끝 등 모두)
❷ 중간점을 구한다
❸ 중간점을 따라 외형을 긋는다
❹ 맞춤 표시, 허리 다트의 다트 끝과 중심 위치를 그려 넣는다

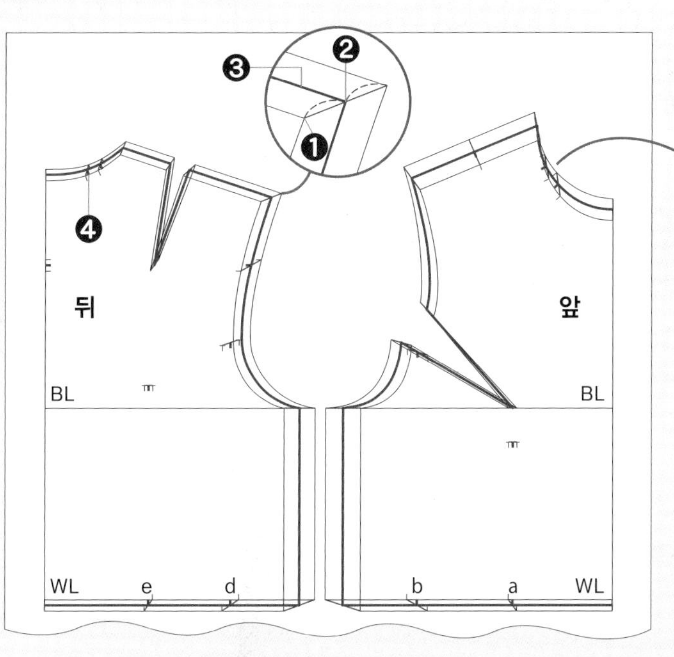

3 허리 다트를 그려 넣고, 스커트 부분의 선을 긋는다

❶ 1에서 선택한 가슴둘레 치수(위아래 사이즈의 중간)와 자신의 허리둘레 치수를 사용해 허리의 총 다트 분량을 계산하고, 각 다트 분량을 2에서 구한 중심 위치에서 좌우로 배분해 잡고 다트 끝과 잇는다
(총 다트 분량 계산 방법, 각 다트 분량 일람표는 P.181 참조)
❷ 중심선과 옆선을 연장해 WL에서 엉덩이 길이와 스커트 길이를 잡고 HL과 밑단선을 긋는다
＊등 길이도 맞지 않는 경우 ❶의 전에 P.182를 참조해 조정한다

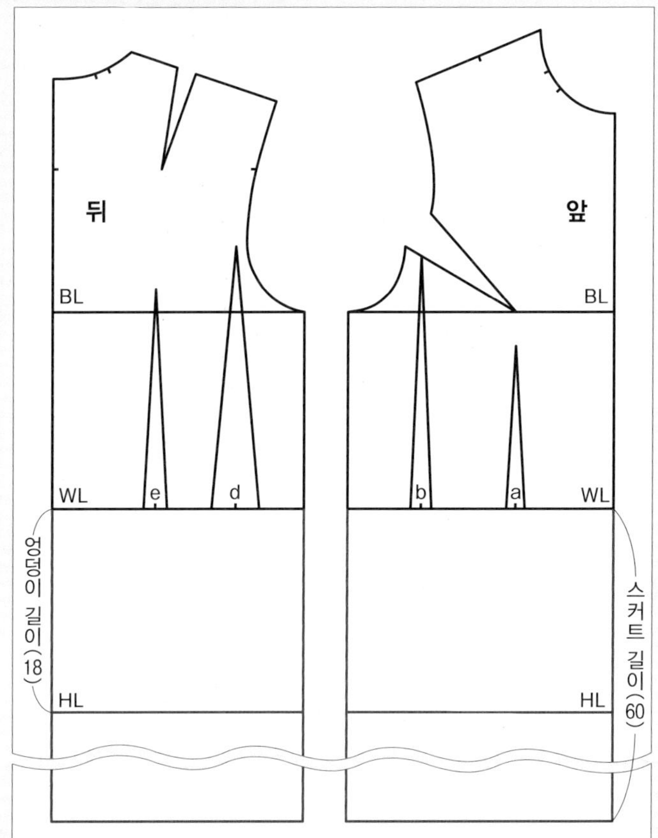

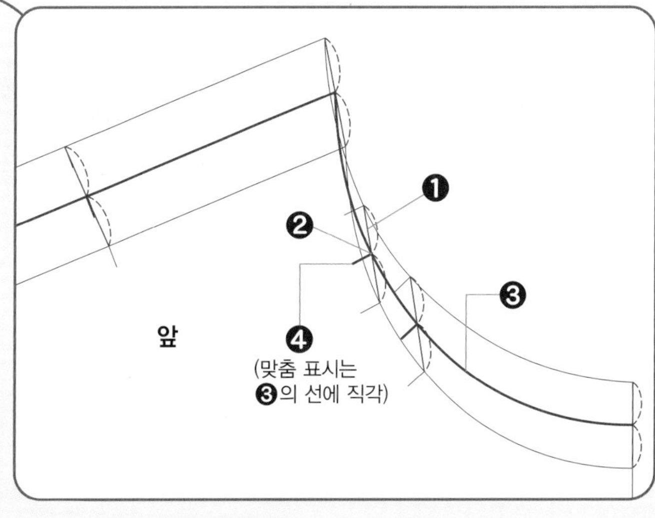

타입 4 가슴둘레, 허리둘레, 등 길이 치수를 사용해 상반신을 그리고 스커트 부분을 추가한다

부록 실물 대형 패턴에 맞는 사이즈가 없거나, P.183의 방법을 사용하지 않고 만들고 싶은 경우 자신의 치수를 사용해 처음부터 제도한다. 가슴둘레, 허리둘레, 등 길이 치수를 토대로 WL에서 윗부분을 완성하고 스커트 부분을 추가해 완성한다.

1 기초선을 긋는다

각 부분에서 산출한 치수와 정해진 치수를 사용해 번호순으로 긋는다.
수평, 수직이 삐뚤어지지 않게 주의한다
P.185에는 계산이 필요 없는 '각 부분 치수 일람표'를 게재

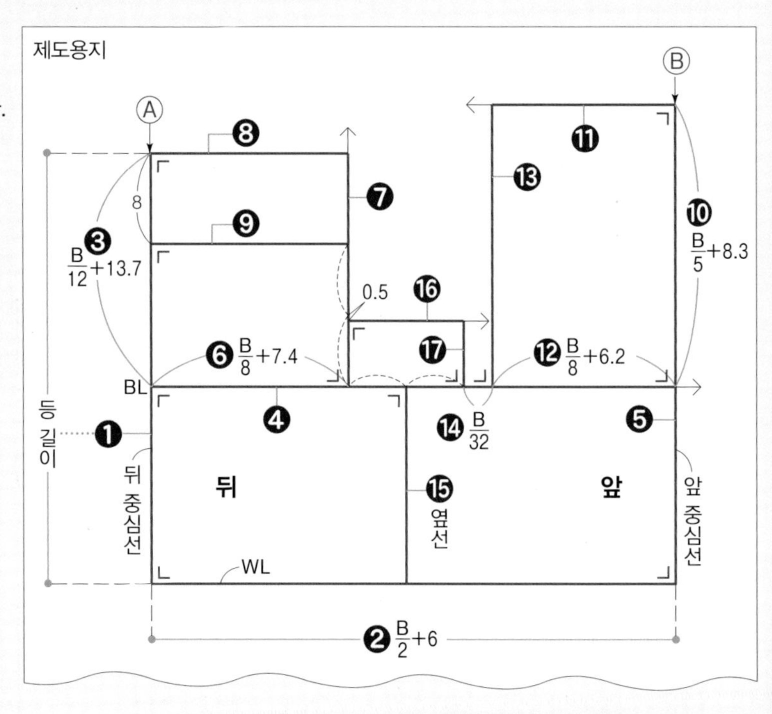

Point 수평·수직선을 그을 때는

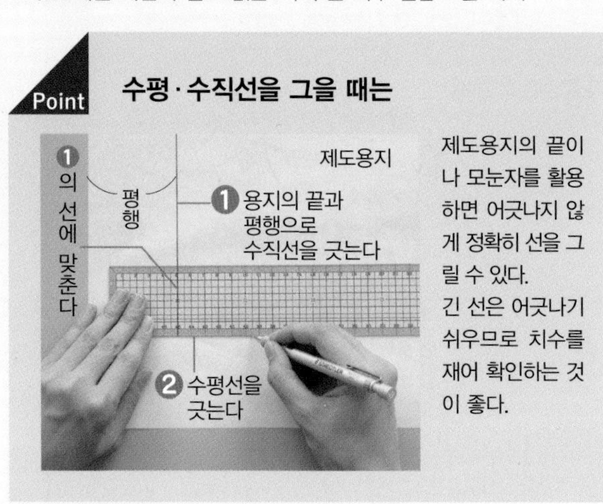

제도용지의 끝이나 모눈자를 활용하면 어긋나지 않게 정확히 선을 그릴 수 있다. 긴 선은 어긋나기 쉬우므로 치수를 재어 확인하는 것이 좋다.

2 윤곽선을 그린다

번호순으로 목둘레, 어깨선, 진동 둘레, 어깨 다트, AH 다트를 그린다.
목둘레, 진동 둘레는 커브자를 사용해, 기준이 되는 포인트를 지나는 완만한 곡선으로

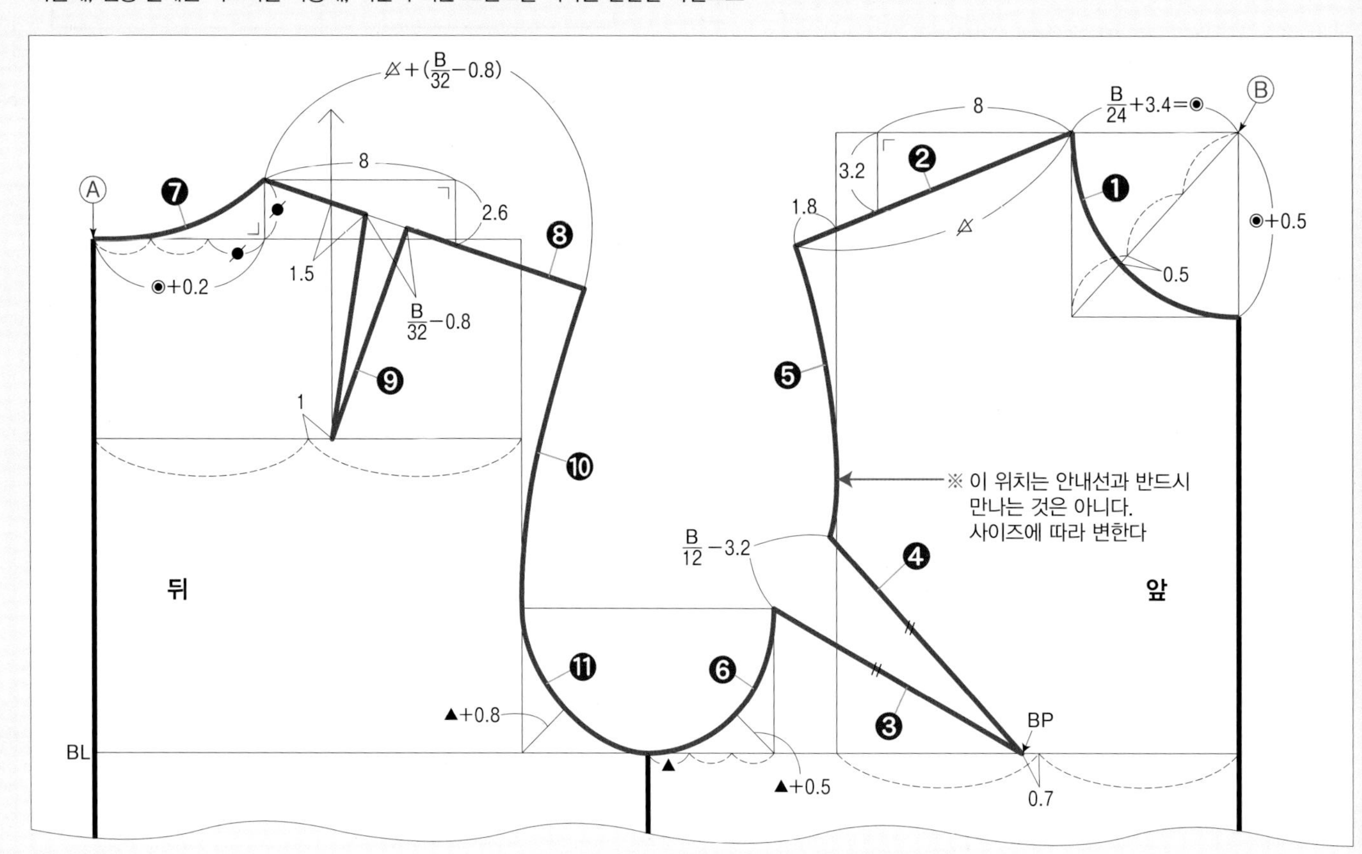

3 허리 다트의 안내선을 긋는다

허리 다트의 중심이 되는 선을 긋고 다트 끝을 표시한다

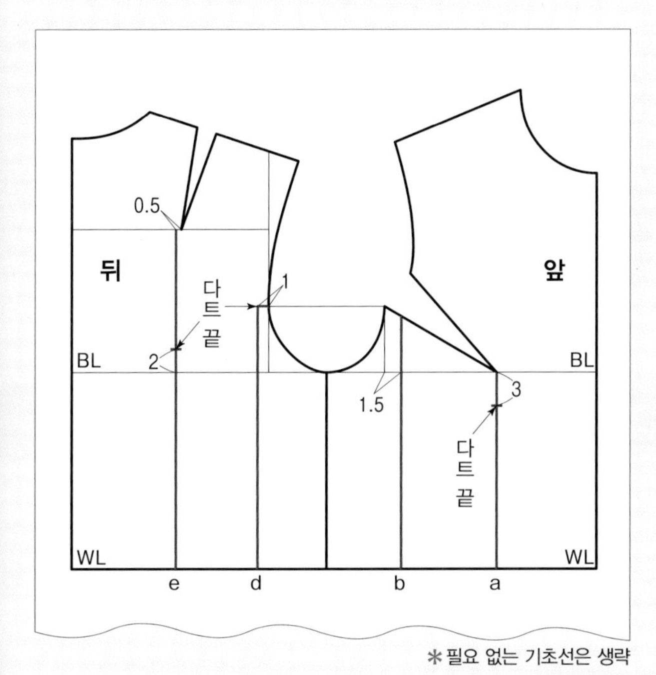

＊필요 없는 기초선은 생략

4 허리 다트와 이동 포인트를 그려 넣는다

자신의 가슴둘레와 허리둘레 치수를 사용해 허리의 총 다트 분량을 계산하고 e, d, b, a의 다트 분량을 확인. **3**에서 그린 중심 위치에서 좌우로 배분해 잡고 다트 끝과 잇는다(총 다트 분량 계산 방법, 각 다트 분량 일람표는 P.181 참조).

뒤 중심선, 목둘레, 진동 둘레, 앞 어깨선과 목둘레에 다트 이동이나 제도 시 사용하는 포인트를 그려 넣는다

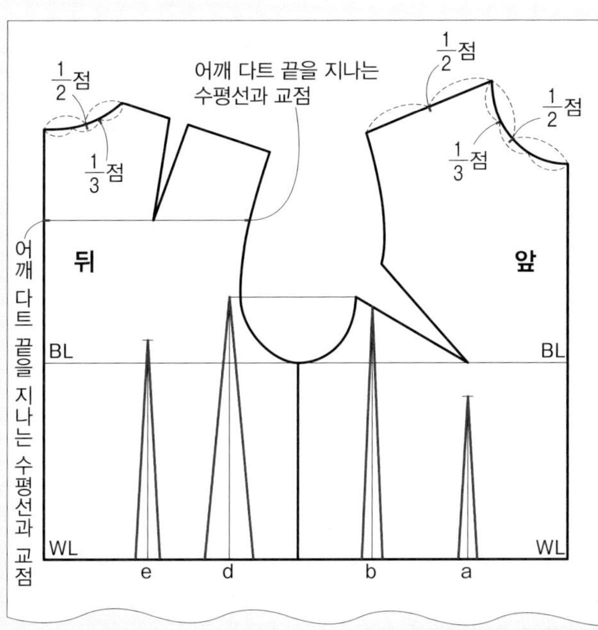

＊필요 없는 기초선은 생략

5 스커트 부분의 선을 긋는다

중심선과 옆선을 연장해 WL에서 엉덩이 길이와 스커트 길이를 잡고 HL과 밑단선을 긋는다

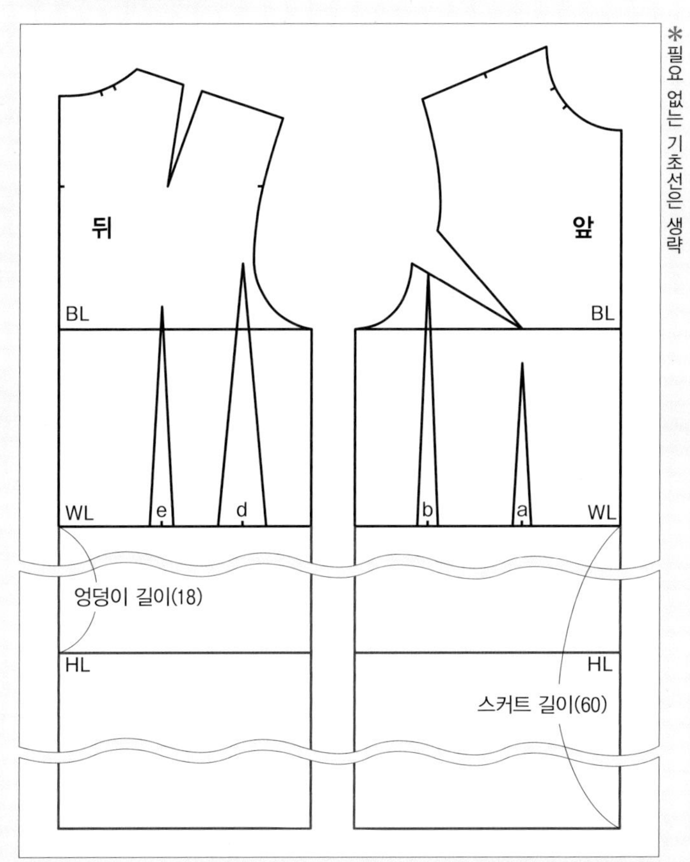

＊필요 없는 기초선은 생략

각 부분 치수 일람표

부록 실물 대형 패턴 이외의 가슴둘레 사이즈에 대응

단위는 cm

	B	$\frac{B}{2}+6$	$\frac{B}{12}+13.7$	$\frac{B}{8}+7.4$	$\frac{B}{5}+8.3$	$\frac{B}{8}+6.2$	$\frac{B}{32}$	$\frac{B}{24}+3.4=$◉	◉+0.5	$\frac{B}{12}-3.2$	◉+0.2	$\frac{B}{32}-0.8$
77 5호	78	45.0	20.2	17.2	23.9	16.0	2.4	6.7	7.2	3.3	6.9	1.6
80 7호	79	45.5	20.3	17.3	24.1	16.1	2.5	6.7	7.2	3.4	6.9	1.7
	81	46.5	20.5	17.5	24.5	16.3	2.5	6.8	7.3	3.6	7.0	1.7
83 9호	82	47.0	20.5	17.7	24.7	16.5	2.6	6.8	7.3	3.6	7.0	1.8
	84	48.0	20.7	17.9	25.1	16.7	2.6	6.9	7.4	3.8	7.1	1.8
86 11호	85	48.5	20.8	18.0	25.3	16.8	2.7	6.9	7.4	3.9	7.1	1.9
	87	49.5	21.0	18.3	25.7	17.1	2.7	7.0	7.5	4.1	7.2	1.9
89 13호	88	50.0	21.0	18.4	25.9	17.2	2.8	7.1	7.6	4.1	7.3	2.0
	90	51.0	21.2	18.7	26.3	17.5	2.8	7.2	7.7	4.3	7.4	2.0
92 15호	91	51.5	21.3	18.8	26.5	17.6	2.8	7.2	7.7	4.4	7.4	2.0
	93	52.5	21.5	19.0	26.9	17.8	2.9	7.3	7.8	4.6	7.5	2.1
	94	53.0	21.5	19.2	27.1	18.0	2.9	7.3	7.8	4.6	7.5	2.1
96 17호	95	53.5	21.6	19.3	27.3	18.1	3.0	7.4	7.9	4.7	7.6	2.2
	97	54.5	21.8	19.5	27.7	18.3	3.0	7.4	7.9	4.9	7.6	2.2
	98	55.0	21.9	19.7	27.9	18.5	3.1	7.5	8.0	5.0	7.7	2.3
100 19호	99	55.5	22.0	19.8	28.1	18.6	3.1	7.5	8.0	5.1	7.7	2.3
	101	56.5	22.1	20.0	28.5	18.8	3.2	7.6	8.1	5.2	7.8	2.4
	102	57.0	22.2	20.2	28.7	19.0	3.2	7.7	8.2	5.3	7.9	2.4
104 21호	103	57.5	22.3	20.3	28.9	19.1	3.2	7.7	8.2	5.4	7.9	2.4

실물 대형 패턴 수록

기본 패턴 만드는 법 소매

부록 실물 대형 패턴은 기본 패턴(몸판, 소매)으로, 몸판 진동 둘레와 소매가 관련이 있기 때문에 선택한 몸판 만드는 법에 연동한다. 단, 몸판 진동 둘레에 여유분을 증감한 경우(P.134 참조)는 타입 4 로 만든다.

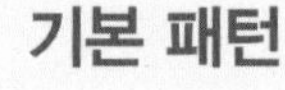

기본 패턴

소매길이 치수 재는 방법 … P.12

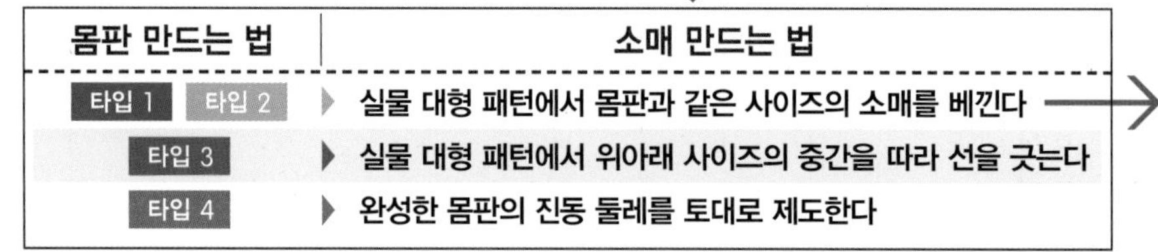

몸판 만드는 법	소매 만드는 법
타입 1 타입 2	실물 대형 패턴에서 몸판과 같은 사이즈의 소매를 베낀다
타입 3	실물 대형 패턴에서 위아래 사이즈의 중간을 따라 선을 긋는다
타입 4	완성한 몸판의 진동 둘레를 토대로 제도한다

→ 타입 1 타입 2
소매길이를 확인해 자신의 치수와 맞지 않는 경우 소맷부리를 평행으로 증감한다.

타입 3 실물 대형 패턴의 위아래 사이즈를 베껴서 중간을 따라 선을 긋는다

몸판과 같이, 위아래 사이즈의 패턴을 베껴서 그 사이를 따라 선을 그어 만든다.

1 위아래 사이즈를 모두 베낀다

외형과 소매 폭선, 중심선을 베낀다

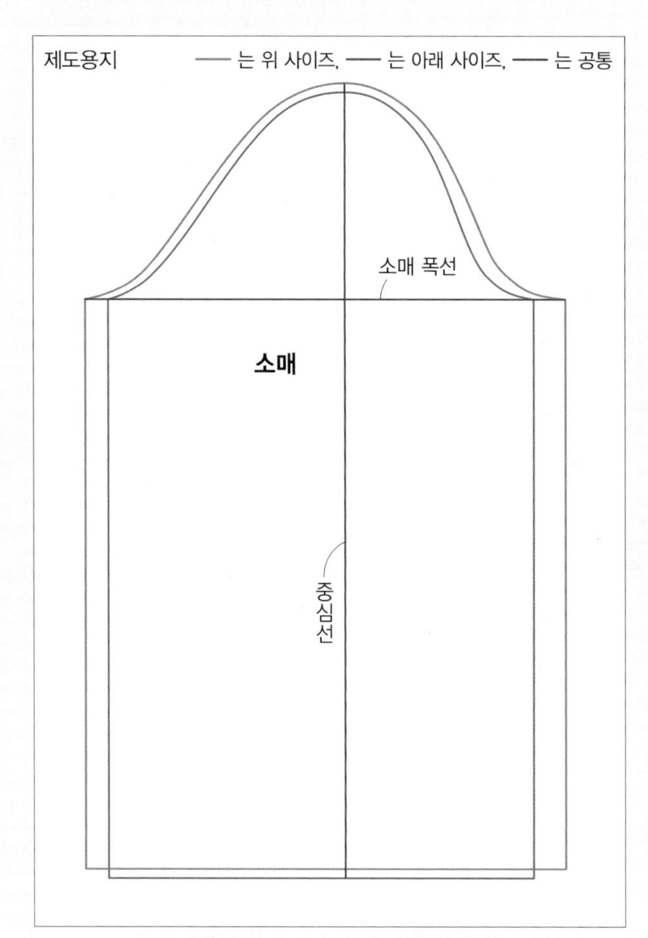

✽ 설명을 이해하기 쉽게 사이즈 사이의 폭을 넓혔다

2 각 포인트의 중간점을 따라 선을 긋는다

❶ 위아래 사이즈의 같은 포인트끼리 직선으로 잇는다
❷ 중간점을 구한다
❸ 중간점을 따라 외형선을 긋는다
❹ 타입 1 타입 2 와 같이 필요한 경우 소매길이를 조정한다

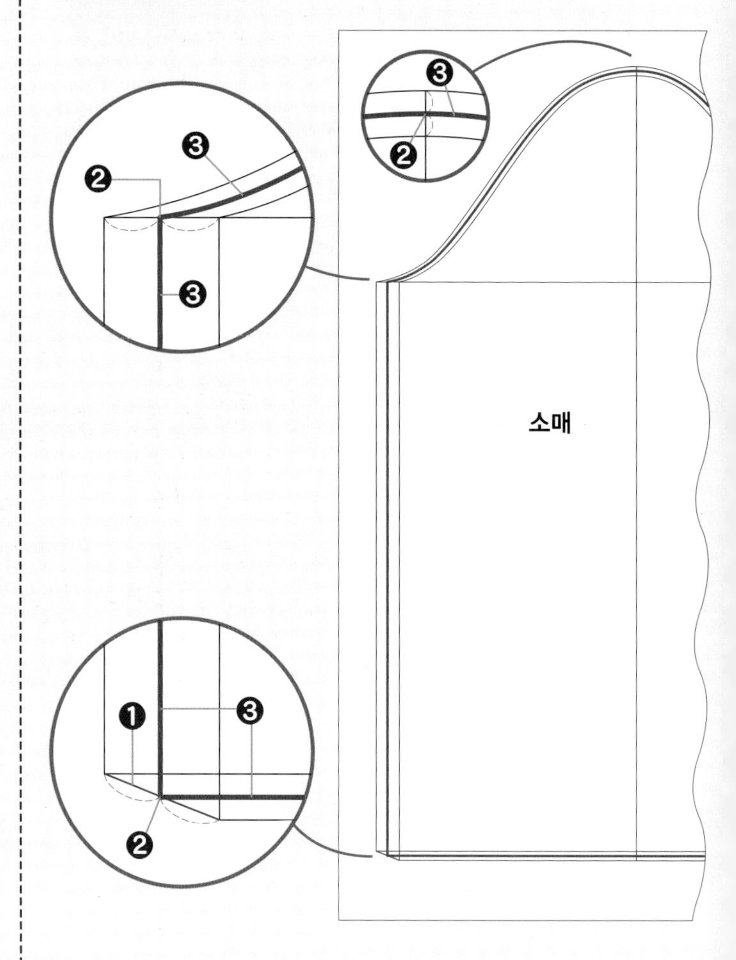

 → 여유분 증감 방법…P.134

타입 4 완성한 몸판의 진동 둘레를 토대로 제도한다

부록 실물 대형 패턴을 사용하지 않고 몸판을 처음부터 제도하는 경우나 몸판 진동 둘레에 여유분을 증감한 경우는 그 진동 둘레 치수와 모양을 이용해 소매산을 그리고 각자의 소매길이 치수로 소매 밑을 그린다.

1 몸판의 진동 둘레(AH)를 베낀다

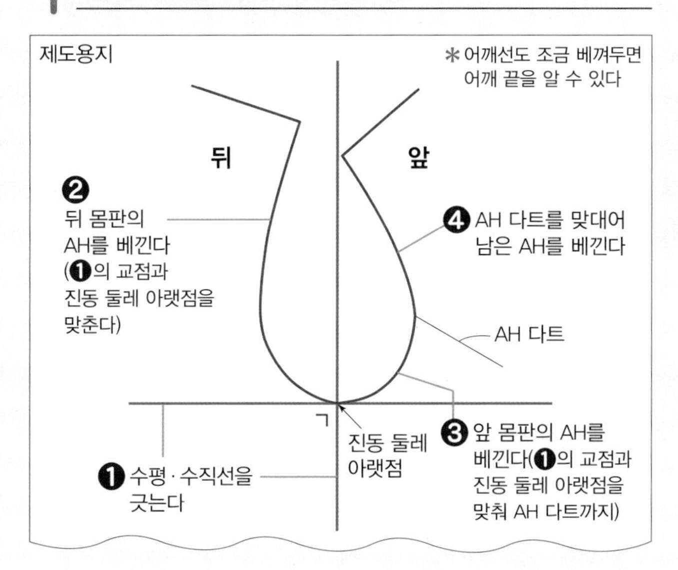

2 소매산 높이를 계산해 소매산점을 표시하고 AH를 잰다

계산식
① (뒤 어깨 길이+앞 어깨 길이)÷2=평균 어깨 길이
② 평균 어깨 길이×$\frac{4}{5}$=소매산 높이

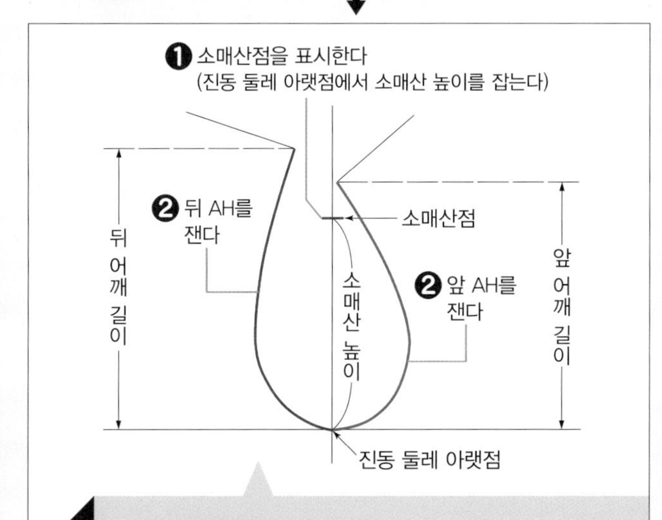

Point 곡선 재는 법

정확하게 곡선을 재는 것이 어려우므로 적당한 도구를 사용한다. 알맞게 휘어지는 30cm 모눈자(P.8)나 얇고 탄력 있는 재질의 곡선용 자(P.8)는 진동 둘레와 목둘레 같은 곡선을 재는 데 최적.

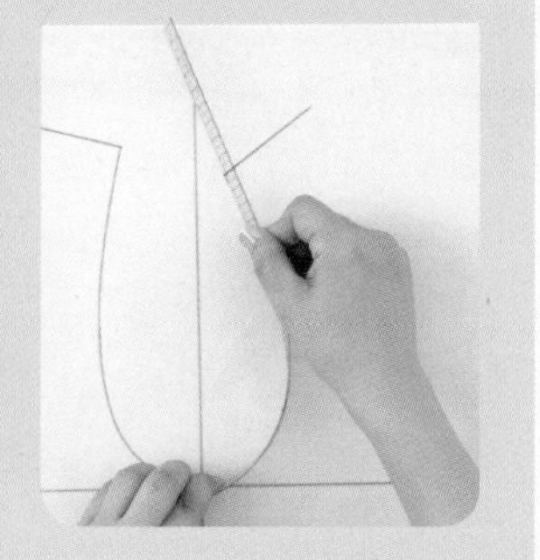

3 AH 치수를 잡고 소매 폭을 결정한다

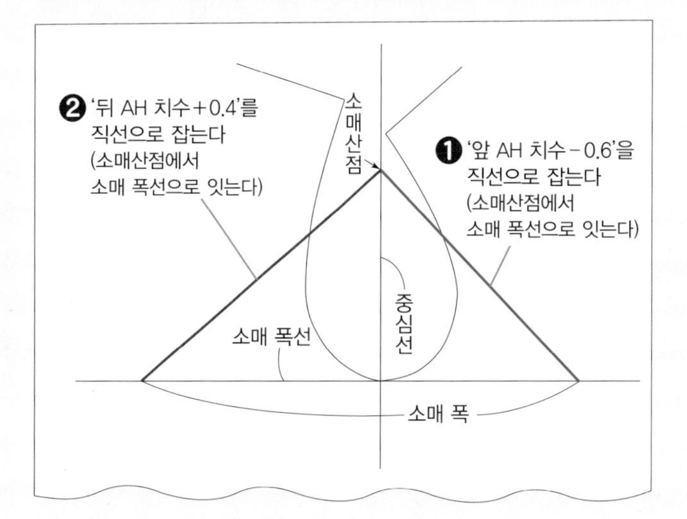

4 소매산 곡선을 그리기 위한 준비를 한다

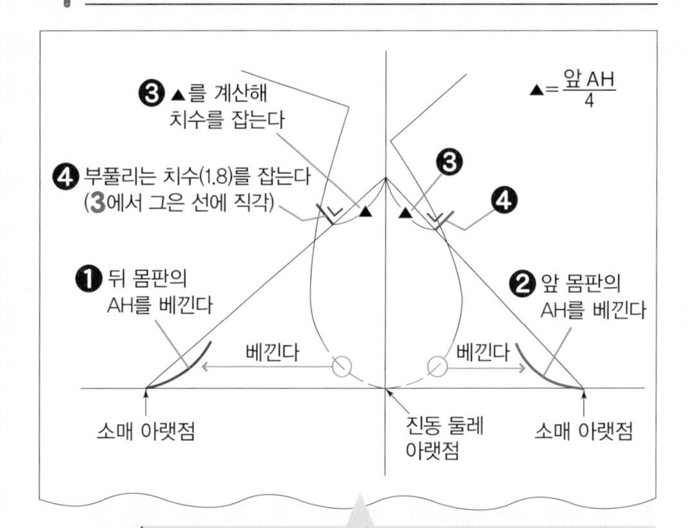

Point 몸판의 AH 베끼는 법

진동 둘레 아랫점과 소매 아랫점이 만나도록 접고, 아래에 비치는 AH를 룰렛(P.8)으로 덧그린다.

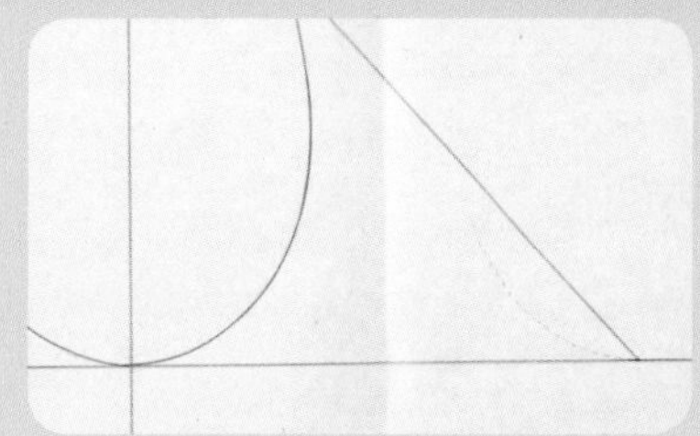

펼치면 룰렛 자국을 따라 몸판의 AH 곡선이 반대로 베껴지므로 이것을 샤프펜슬로 덧그린다.

타입 4 계속

5 소매산의 곡선을 그린다

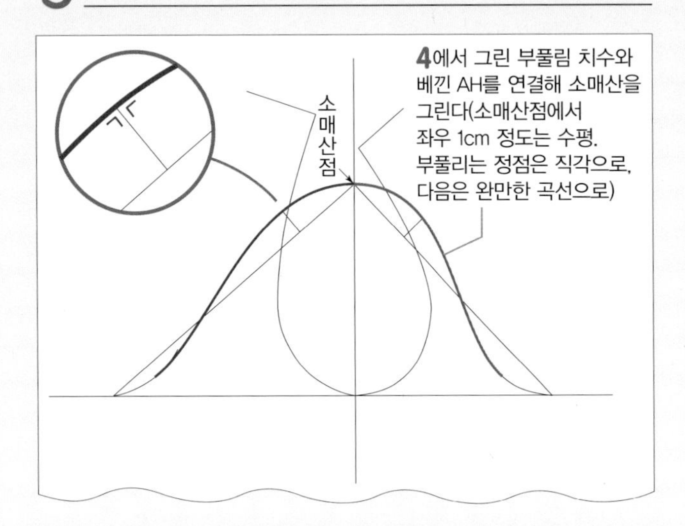

6 소매산의 여유분 줄임 분량을 확인한다

'여유분 줄임'을 넣는 소매의 경우 소매산선의 여유분 줄임 분량이 이상적인 수치로 배분되었는지 확인하는 중요한 공정. 부록 패턴을 사용하지 않고 제도하는 경우 이 단계에서 확인과 조정(**7**)을 해둔다

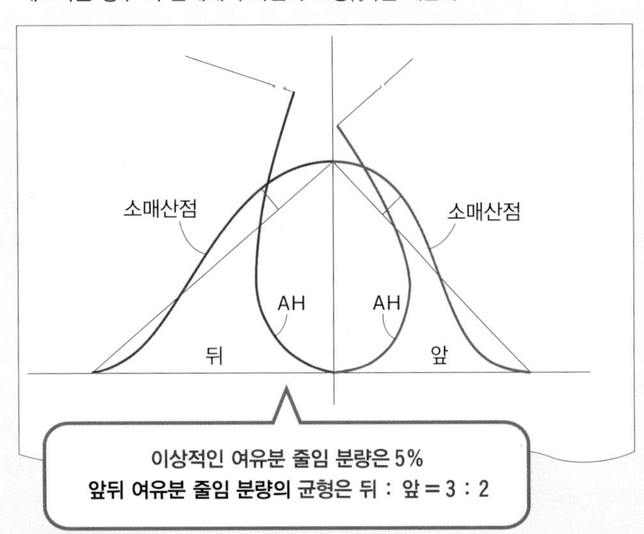

이상적인 여유분 줄임 분량은 5%
앞뒤 여유분 줄임 분량의 균형은 뒤 : 앞 = 3 : 2

❶ 표를 만들고 치수를 적는다

		뒤	앞	합계
A	소매산선의 길이	22.9	21.3	44.2
B	몸판의 AH 치수	21.6	20.5	42.1
A－B	여유분 줄임 분량	1.3	0.8	2.1

단위는 cm

＊이 참고 예는 부록 실물 대형 패턴 9호 사이즈의 경우. 부록 실물 대형 패턴은 모든 사이즈에서 이상적인 여유분 줄임 분량이 되도록 조정한 상태

❷ 이상적인 여유분 줄임 분량을 계산한다 ⟶ 몸판의 진동 둘레 치수 합계×5%

❸ ❷에서 나온 이상적인 여유분 줄임 분량을 3 : 2로 배분한다
⟶뒤 여유분 줄임 분량 = ❷÷5×3
⟶앞 여유분 줄임 분량 = ❷÷5×2

❹ ❸에서 나온 여유분 줄임 분량을 ❶의 표와 비교해 과부족이 있으면 소매산선의 길이를 조정한다 ⟶ **7**

＊과부족이 1cm 이상인 경우 치수를 잘못 쟀을 가능성이 있다. 정확하게 제도했는지 확인하자

이상적인 여유분 줄임 분량에 딱 맞는 경우는 **8**로

7 이상적인 여유분 줄임 분량이 되도록 소매산선을 조정한다

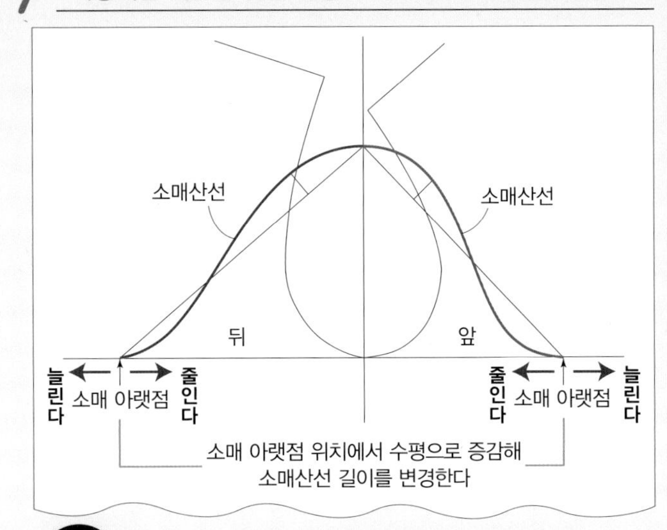

조정 예 ❶ 이상적인 여유분 줄임 분량을 위해 필요한 증감 치수를 산출한다

		뒤	앞	합계
A	소매산선의 길이	23.0	21.5	44.5
B	몸판의 AH 치수	21.5	20.5	42.0
A－B	여유분 줄임 분량	1.5	1.0	2.5

단위는 cm

❹ 이상적인 여유분 줄임 분량 — 1.3 / 0.8 / 2.1
↓ ↓
이상적인 여유분 줄임 분량을 위해 필요한 증감 치수 — −0.2 / −0.2

이상적인 여유분 줄임 분량을 위해 0.2cm 소매산선을 짧게 해야 한다.

＊계산식은 이상적인 여유분 줄임 분량(0.8)－현 상태의 여유분 줄임 분량(1.0)＝−0.2

❷ 앞뒤 소매산선을 자른다

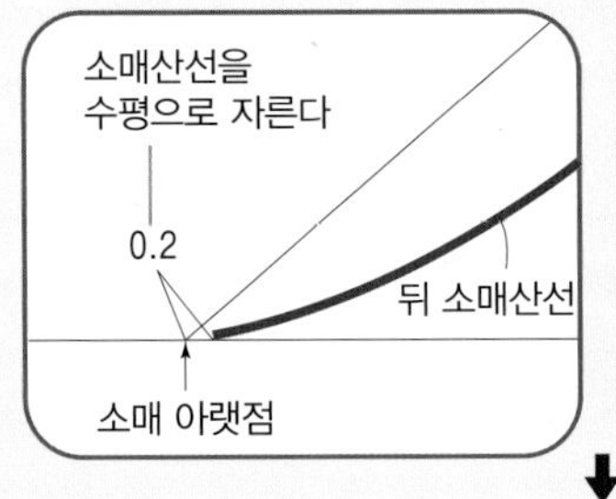

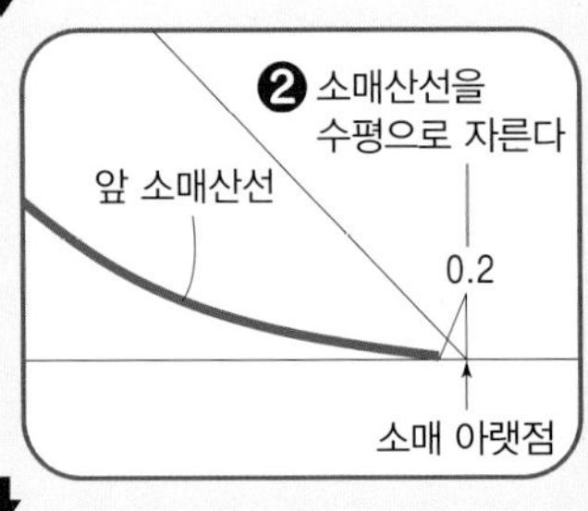

❸ ❷로 인해 소매 아랫점이 이동해 소매 폭이 조금 좁아진다

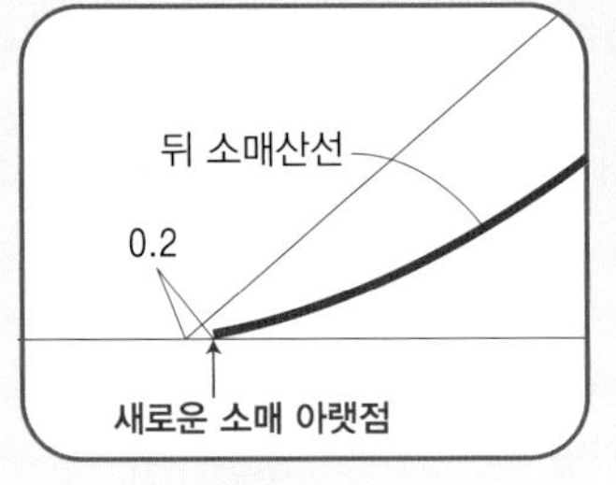

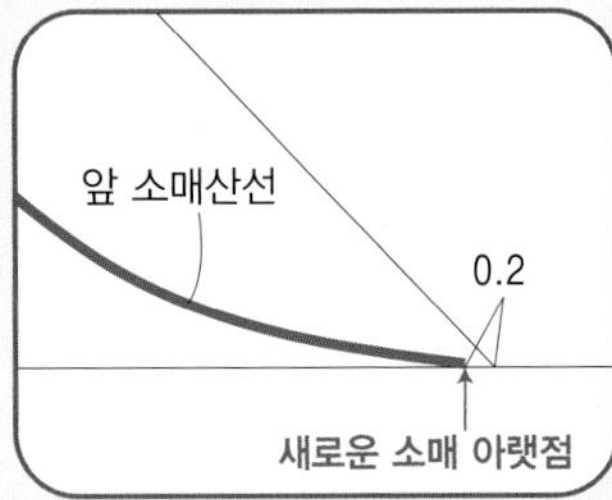

8 소매 밑을 그리면 완성!

소매산점에서 소매길이를 잡아 소맷부리선을 긋고, 새로운 소매 아랫점에서 수직으로 소매 밑선을 그린다

패턴 마무리 방법 엉덩이가 끼는 경우의 조정법

옷 폭이나 엉덩이둘레 치수를 디자인에 따라 적당히 추가한다

이 책에서 사용한 몸판의 기본 패턴은 가슴둘레 치수에 12cm의 여유분을 추가해 옷 폭을 설정. 9호 사이즈의 경우 표준적인 균형으로 엉덩이둘레(91cm) 여유분은 4cm가 된다. HL의 볼륨이 적은 디자인에서 체형에 따라 엉덩이둘레 치수가 부족할 경우 실루엣에 영향이 적은 아래의 방법으로 조정한다.

옆선이 수직인 디자인은…

특별 강의 '옷 폭 차이에 따른 비교' P.116과 같이 옷 폭을 추가한다.
가슴둘레 여유분도 많아지므로 전체적인 균형을 유지하기 위해
상한은 전체에서 12cm까지(이 예는 6cm)

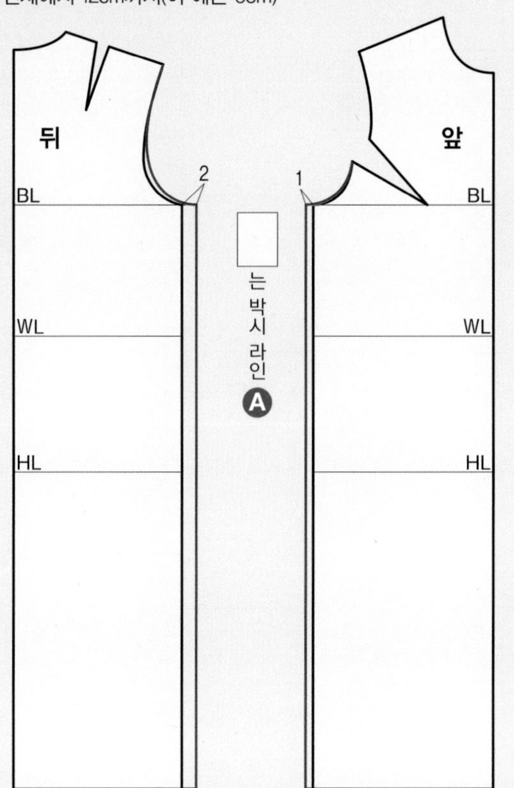

Point 엉덩이둘레 치수 확인 방법

만들고 싶은 패턴의 HL 치수가 자신의 엉덩이둘레+4cm 이상이면 OK. 부족한 경우 부족분을 4분의 1씩 앞뒤(좌우) 몸판에 배분해 추가한다. 여기에서 예로 든 상한 이상의 추가는 디자인이 바뀌기 때문에 불가. 그런 경우 HL을 볼륨이 있는 디자인으로 변경하자.

피트 & 플레어형은…

HL을 옆에서 추가한다. 엉덩이의 돌출이 신경 쓰이는 경우 HL에서 밑단까지 평행으로 추가한다. 상한은 전체에서 4cm까지

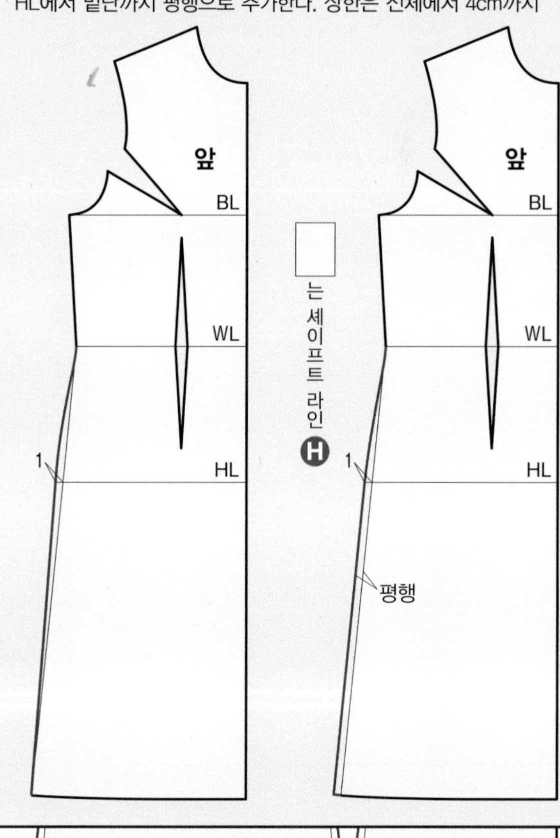

셰이프트 라인형은…

HL에서 밑단까지 평행으로 추가한다.
상한은 전체에서 4cm까지

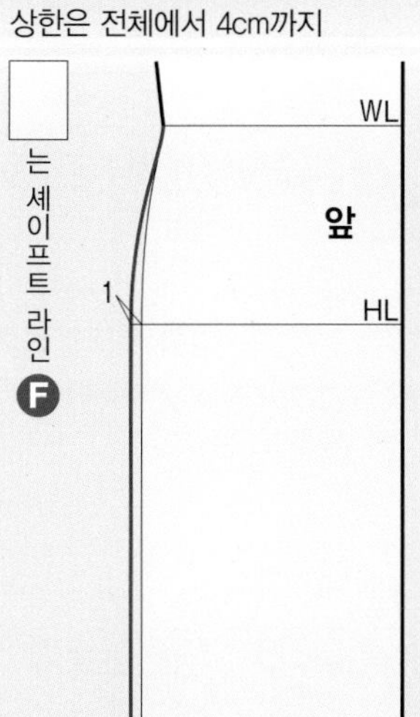

세로 이음선이 있는 경우는…

HL을 옆과 이음선에서 추가한다.
상한은 전체에서 6cm까지

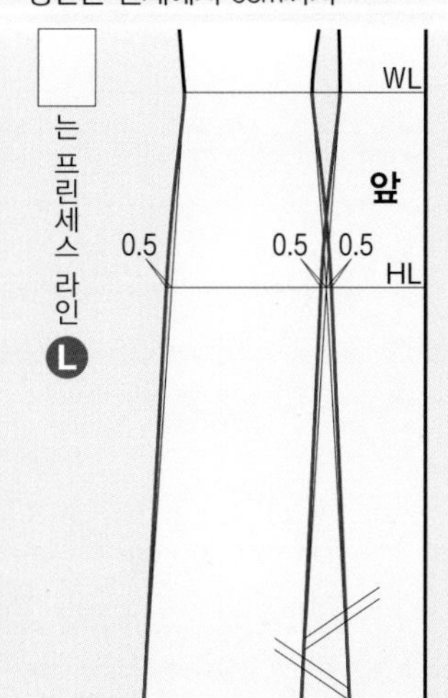

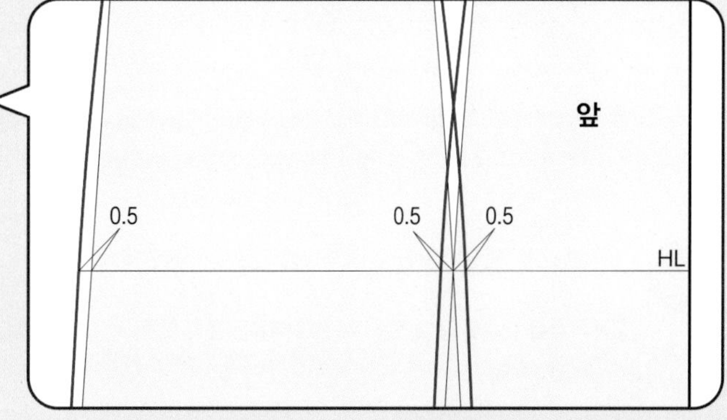

패턴 마무리 방법 맞춤 표시 하기

같이 박을 때 필요한 표시를 패턴에 그려 넣는다

맞춤 표시는 천을 같이 박을 때 박는 위치가 어긋나지 않도록 양쪽 패턴의 중요한 위치에 표시하는 것이다. 맞춤 표시는 위치에 따라 표시하는 타이밍이 다르기 때문에 아래 표를 참조해 잊지 말고 표시하자. 패턴에 있는 맞춤 표시는 재단 후 천에 표시한다.

맞춤 표시를 하는 타이밍과 위치

제도를 각 파트로 분리할 때	패턴 체크 시	패턴 체크 후
앞뒤 중심(솔기의 경우 제외), WL, 다트, 턱, 앞 끝(이어서 재단한 안단의 경우), 박음질 끝, 트임 끝, 개더 끝, 줄이는 위치, 포켓 입구	턱 위치, 다트 위치, 이음선 위치, 칼라의 SNP와 뒤 중심	긴 봉합의 중간점, 진동 둘레, 소매산

*이 페이지는 패턴 체크 후의 패턴 모양으로 설명한다

앞 중심, WL, 포켓 입구, 다트, 긴 봉합의 중간점

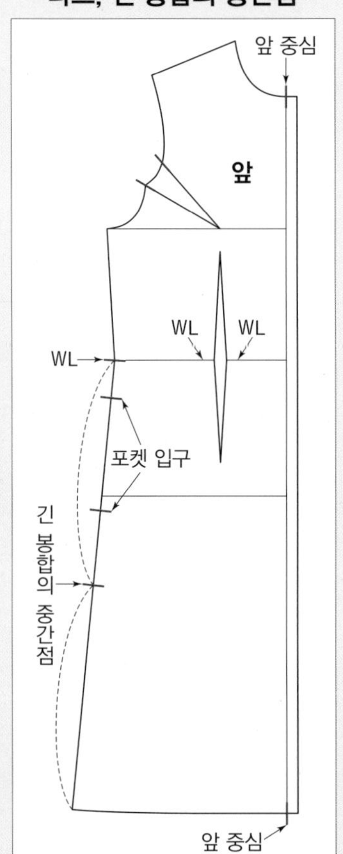

뒤 중심, SNP

칼라나 요크 같은 작고 좁은 파트는 올 방향을 정확하게 재단하기 위해 좌우로 펼친 패턴을 만든다. 용지가 부족한 경우 이어 붙이자.

뒤 중심
칼라
뒤 중심 SNP

뒤 중심, 턱, 턱 위치, SNP, SP

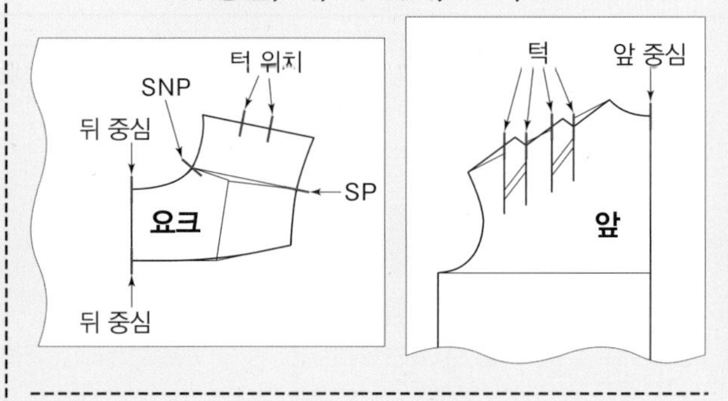

진동 둘레, 소매산

패턴 체크에 따라 치수가 변할 수 있으니 반드시 패턴 체크 뒤에 진행하자.

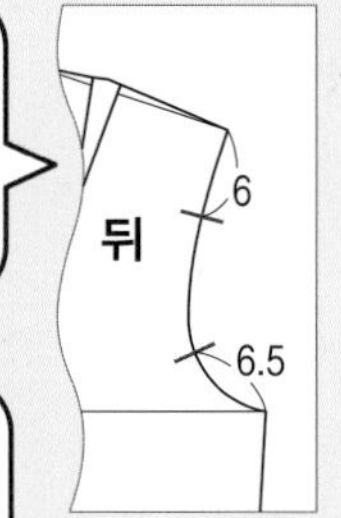

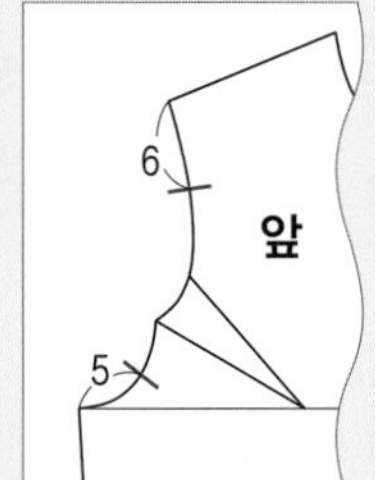

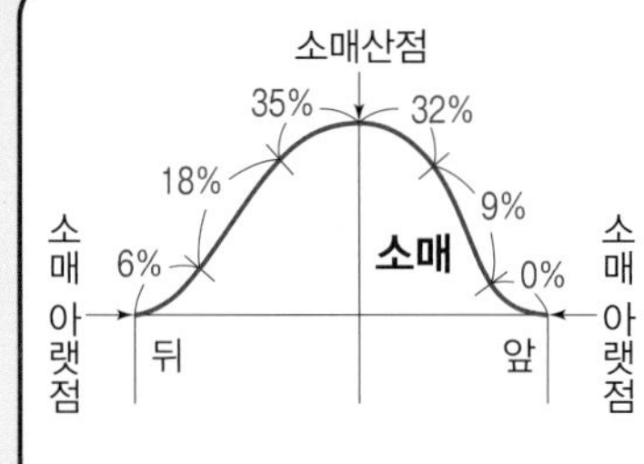

'여유분 줄임'의 배분 방법

전체 '여유분 줄임 분량'을 균등하게 하지 않고 소매산점 쪽은 많게, 소매 아랫점 쪽은 적게 배분하면 소매가 깔끔하게 완성된다. 그림의 비율을 기준으로 계산해 배분하자.

계산식

① [전체 여유분 줄임 분량]=[소매산선의 길이]−[몸판의 AH 치수]
(소매의 파란색 선을 잰다) (몸판의 진동 둘레선을 잰다)

② [각 부분 여유분 줄임 분량]=[전체 여유분 줄임 분량]÷100×○
(○에 위 그림의 %의 숫자를 넣는다)

*①②의 순서로 계산한다

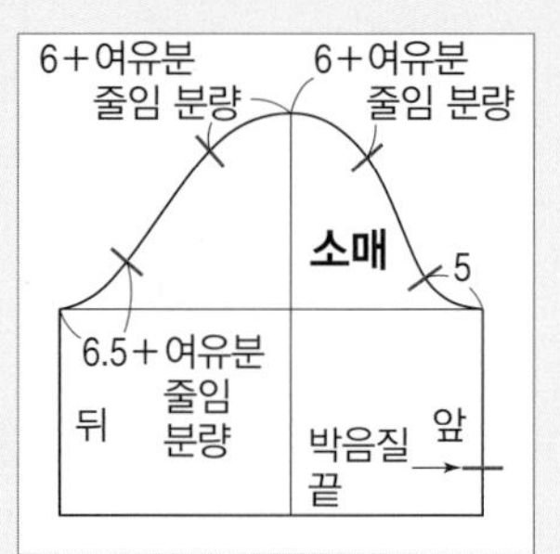

*소매산에 여유분 줄임을 하지 않는 소매는 몸판 진동 둘레와 같은 치수 위치에 그린다

Point 맞춤 표시 그리는 법

맞춤 표시는 완성선과 十자로 교차하도록 그린다. 직각으로 그려 넣는 것이 원칙이지만 WL 같은 잘록한 포인트는 경사가 같은 각이 되도록 그린다. V형 다트는 다트선을 연장. 완성선보다 바깥쪽으로 내는 치수는 시접보다 조금 길게.

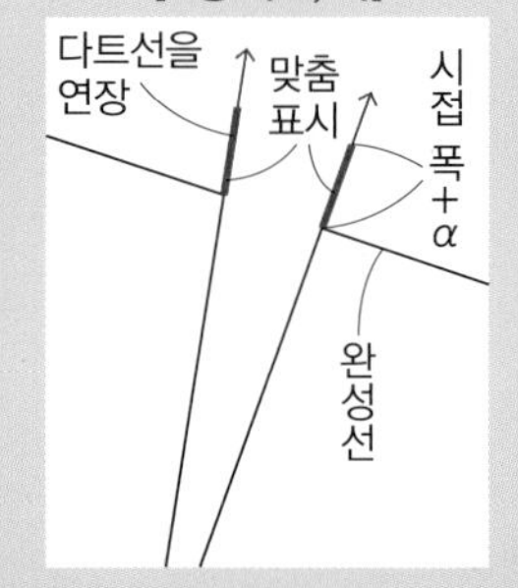

[V형 다트, 턱]

다트선을 연장
맞춤 표시
시접 폭+α
완성선

*맞춤 표시는 시접 끝까지 있는 것이 중요. 시접 폭보다 짧으면 패턴을 자른 후 시접 끝에서 떨어져 불확실하다

Point 소매산선이나 AH 등의 곡선 재는 법

잘 휘어지는 자나 줄자를 세워서 곡선에 맞춰 잰다. 사진은 곡선용 자(P.8).

패턴 마무리 방법 패턴 체크

같이 박을 부분을 모두 맞추고 선의 길이와 연결을 확인, 수정한다

정확하게 박아서 깔끔하게 완성하기 위해 꼭 필요한 것이 패턴 체크. 패턴은 파트별로 다른 종이에 베껴서 여분을 많이 두고 자른다. 같이 박는 선끼리 겹쳐 각 포인트를 확인한다. 길이가 다르거나 선이 매끄럽지 않은 경우만 완만한 곡선이나 직선으로 수정한다. 패턴이 정확해도 베끼거나 처리하는 과정에서 어긋날 수 있으므로 패턴 체크는 필수다. 동시에 이 단계에서 해야 하는 맞춤 표시도 그려 넣는다.

패턴 체크의 대략적인 순서

①목둘레 → ②어깨선, 진동 둘레 → ③옆선, 밑단선 → ④칼라 달림선, 소매산선, 소매 밑선, 소맷부리선

[기본]

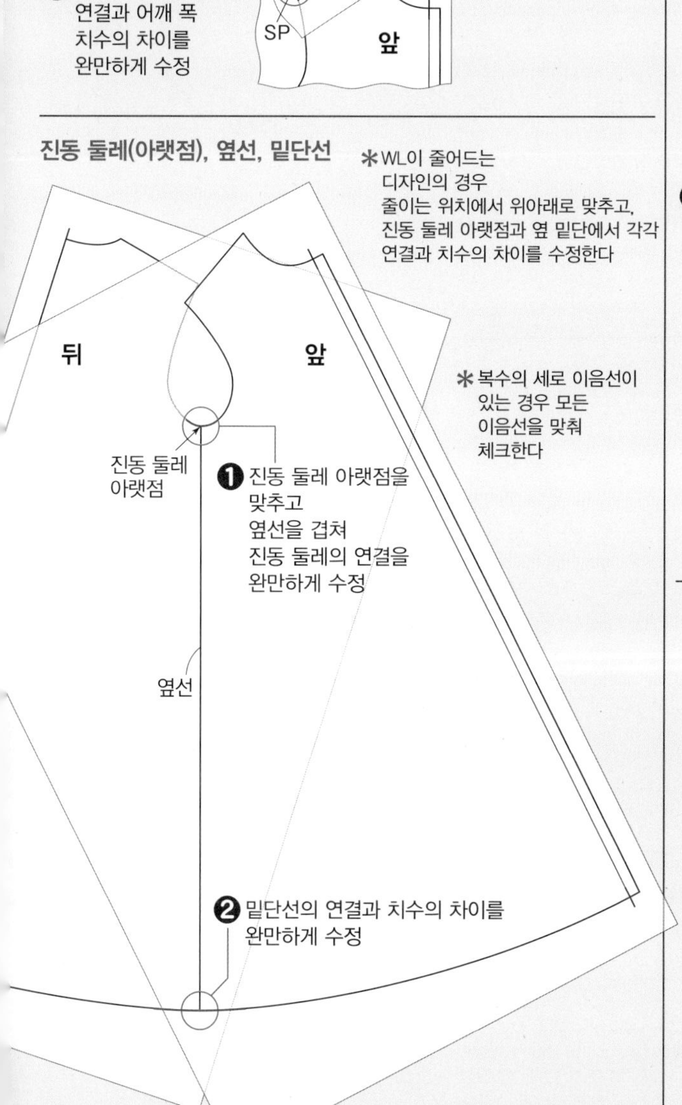

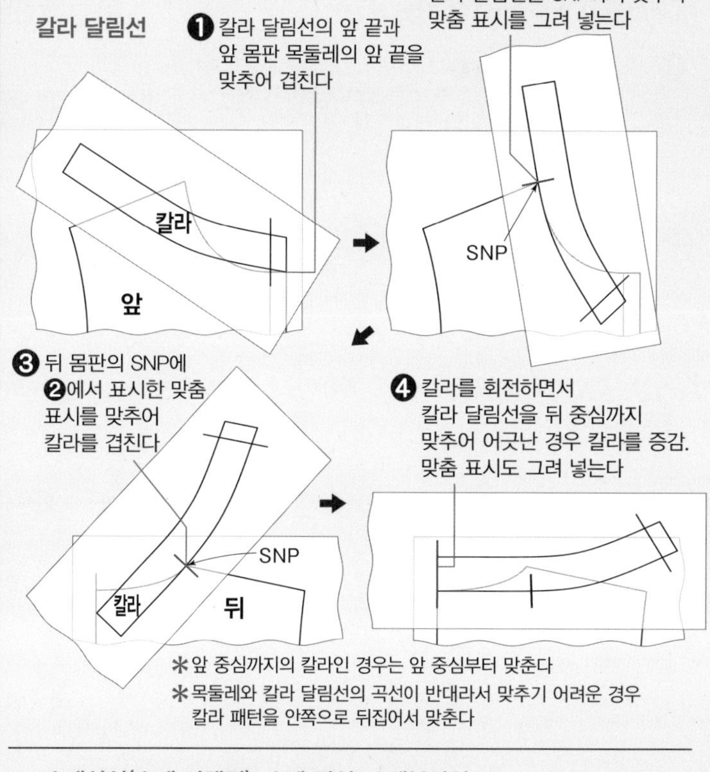

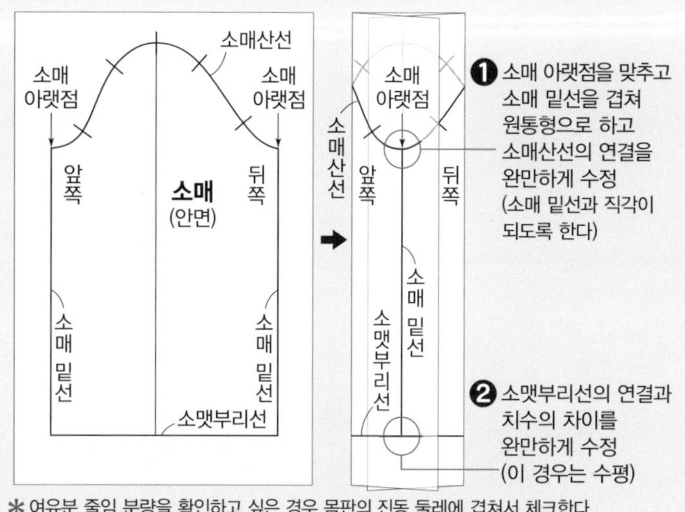

패턴 체크 계속

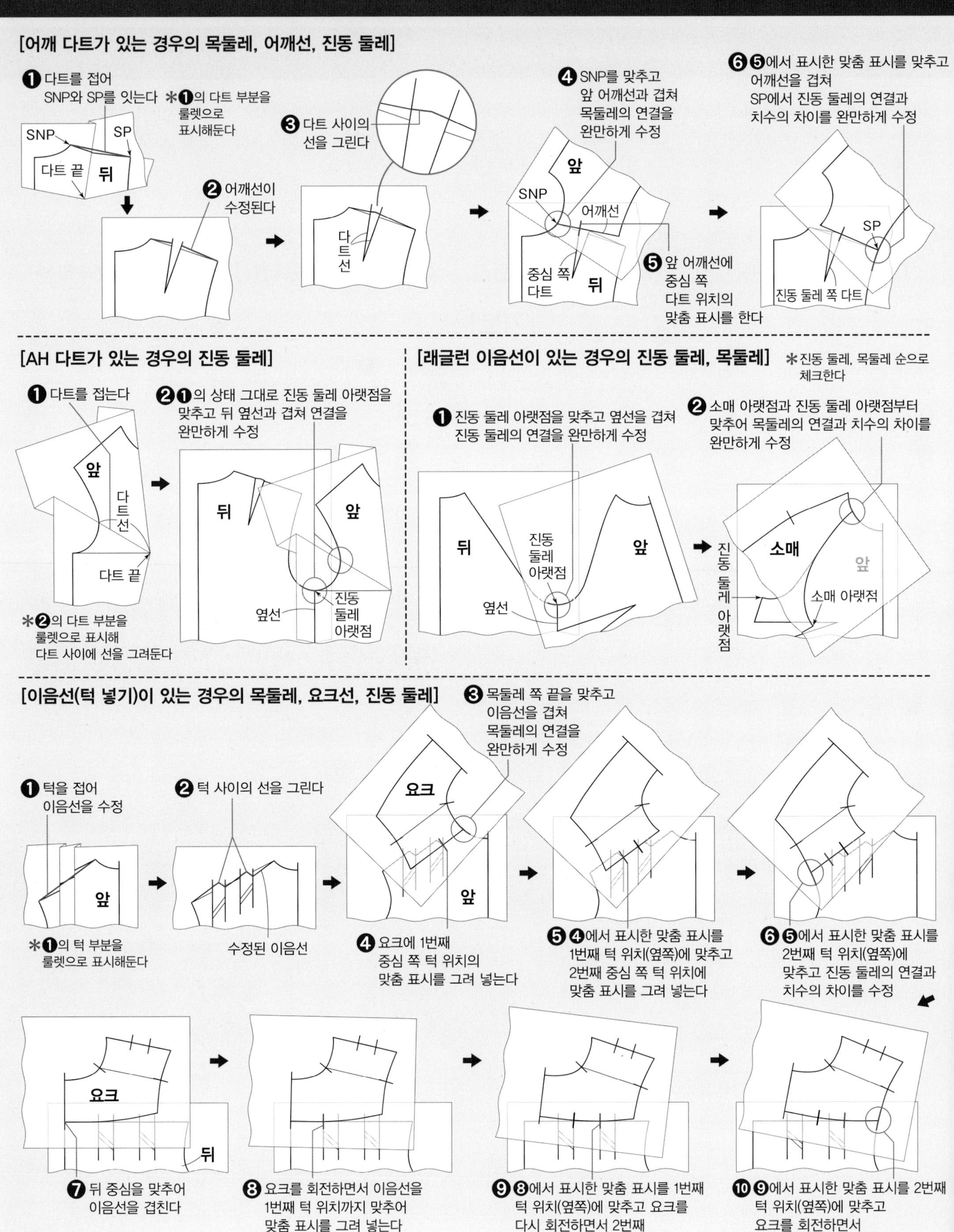
[어깨 다트가 있는 경우의 목둘레, 어깨선, 진동 둘레]
❶ 다트를 접어 SNP와 SP를 잇는다
*❶의 다트 부분을 룰렛으로 표시해둔다
SNP
SP
다트 끝
뒤
❷ 어깨선이 수정된다
❸ 다트 사이의 선을 그린다
다트선
❹ SNP를 맞추고 앞 어깨선과 겹쳐 목둘레의 연결을 완만하게 수정
앞
어깨선
중심 쪽 다트
❺ 앞 어깨선에 중심 쪽 다트 위치의 맞춤 표시를 한다
❻ ❺에서 표시한 맞춤 표시를 맞추고 어깨선을 겹쳐 SP에서 진동 둘레의 연결과 치수의 차이를 완만하게 수정
진동 둘레 쪽 다트
[AH 다트가 있는 경우의 진동 둘레]
❶ 다트를 접는다
다트선
*❷의 다트 부분을 룰렛으로 표시해 다트 사이에 선을 그려둔다
❷ ❶의 상태 그대로 진동 둘레 아랫점을 맞추고 뒤 옆선과 겹쳐 연결을 완만하게 수정
옆선
진동 둘레 아랫점
[래글런 이음선이 있는 경우의 진동 둘레, 목둘레]
*진동 둘레, 목둘레 순으로 체크한다
❶ 진동 둘레 아랫점을 맞추고 옆선을 겹쳐 진동 둘레의 연결을 완만하게 수정
❷ 소매 아랫점과 진동 둘레 아랫점부터 맞추어 목둘레의 연결과 치수의 차이를 완만하게 수정
소매
소매 아랫점
[이음선(턱 넣기)이 있는 경우의 목둘레, 요크선, 진동 둘레]
❶ 턱을 접어 이음선을 수정
*❶의 턱 부분을 룰렛으로 표시해둔다
❷ 턱 사이의 선을 그린다
수정된 이음선
❸ 목둘레 쪽 끝을 맞추고 이음선을 겹쳐 목둘레의 연결을 완만하게 수정
요크
❹ 요크에 1번째 중심 쪽 턱 위치의 맞춤 표시를 그려 넣는다
❺ ❹에서 표시한 맞춤 표시를 1번째 턱 위치(옆쪽)에 맞추고 2번째 중심 쪽 턱 위치에 맞춤 표시를 그려 넣는다
❻ ❺에서 표시한 맞춤 표시를 2번째 턱 위치(옆쪽)에 맞추고 진동 둘레의 연결과 치수의 차이를 수정
❼ 뒤 중심을 맞추어 이음선을 겹친다
❽ 요크를 회전하면서 이음선을 1번째 턱 위치까지 맞추어 맞춤 표시를 그려 넣는다
❾ ❽에서 표시한 맞춤 표시를 1번째 턱 위치(옆쪽)에 맞추고 요크를 다시 회전하면서 2번째 턱 위치까지 맞추어 맞춤 표시를 그려 넣는다
❿ ❾에서 표시한 맞춤 표시를 2번째 턱 위치(옆쪽)에 맞추고 요크를 회전하면서 진동 둘레까지 맞추어 연결과 치수의 차이를 수정

패턴 마무리 방법 시접 넣기

넣는 위치나 완성 방법 등의 조건에 따라 적절한 폭과 모양으로 넣는다

시접은 같이 박을 때 필요한 완성선의 바깥쪽 부분. 이 책에서는 손쉽게 재단할 수 있는 시접 포함 패턴을 게재했다.
시접은 완성선에 평행으로 넣는 것이 기본. 모서리는 아래 그림의 Ⓐ~Ⓒ를 참조해 적절한 모양으로 넣는다.

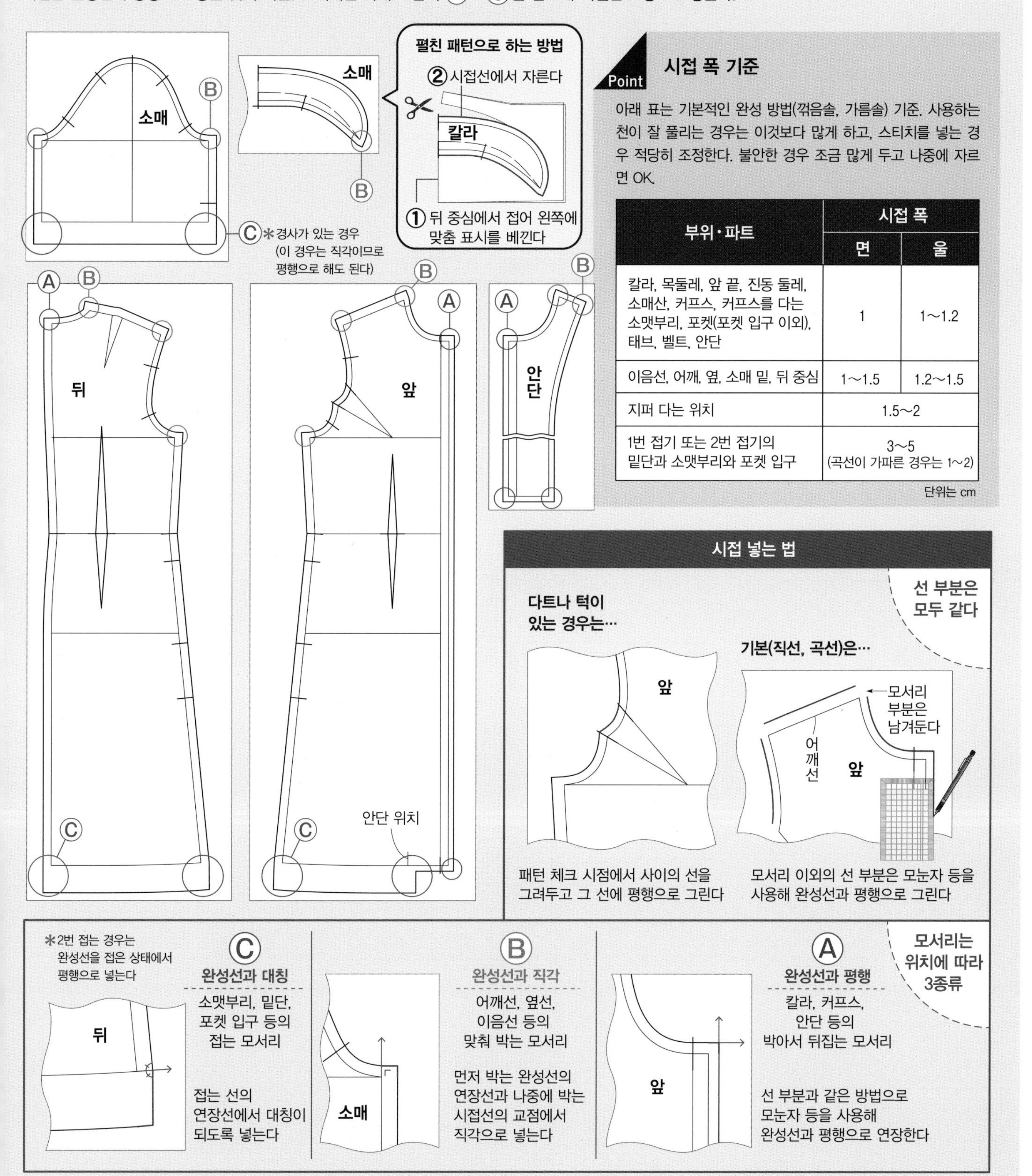

Point 시접 폭 기준

아래 표는 기본적인 완성 방법(꺾음솔, 가름솔) 기준. 사용하는 천이 잘 풀리는 경우는 이것보다 많게 하고, 스티치를 넣는 경우 적당히 조정한다. 불안한 경우 조금 많게 두고 나중에 자르면 OK.

부위·파트	시접 폭	
	면	울
칼라, 목둘레, 앞 끝, 진동 둘레, 소매산, 커프스, 커프스를 다는 소맷부리, 포켓(포켓 입구 이외), 태브, 벨트, 안단	1	1~1.2
이음선, 어깨, 옆, 소매 밑, 뒤 중심	1~1.5	1.2~1.5
지퍼 다는 위치	1.5~2	
1번 접기 또는 2번 접기의 밑단과 소맷부리와 포켓 입구	3~5 (곡선이 가파른 경우는 1~2)	

단위는 cm

시접 넣는 법

패턴 체크 시점에서 사이의 선을 그려두고 그 선에 평행으로 그린다

모서리 이외의 선 부분은 모눈자 등을 사용해 완성선과 평행으로 그린다

Ⓒ 완성선과 대칭

소맷부리, 밑단, 포켓 입구 등의 접는 모서리

＊2번 접는 경우는 완성선을 접은 상태에서 평행으로 넣는다

접는 선의 연장선에서 대칭이 되도록 넣는다

Ⓑ 완성선과 직각

어깨선, 옆선, 이음선 등의 맞춰 박는 모서리

먼저 박는 완성선의 연장선과 나중에 박는 시접선의 교점에서 직각으로 넣는다

Ⓐ 완성선과 평행

칼라, 커프스, 안단 등의 박아서 뒤집는 모서리

선 부분과 같은 방법으로 모눈자 등을 사용해 완성선과 평행으로 연장한다

SHIJÔ · PATTERN-JUKU Vol.4 One-piece-hen
Supervised by Harumi Maruyama
Edited by BUNKA PUBLISHING BUREAU

Original Japanese edtion published by EDUCATIONAL FOUNDATION BUNKA GAKUEN BUNKA PUBLISHING BUREAU

This Korean edition is published by arrangement with
EDUCATIONAL FOUNDATION BUNKA GAKUEN BUNKA PUBLISHING BUREAU, Tokyo
in care of Tuttle-Mori Agency, Inc., Tokyo through Shinwon Agency Co. Seoul.

감수 Harumi Maruyama(BUNKA FASHION COLLEGE)
일본어판 발행인 Sunao Onuma
편집인 Mikinori Kojima(BUNKA PUBLISHING BUREAU)
북 디자인 Kobitokaba Book
촬영 Norifumi Fukuda
Josui Yasuda(BUNKA PUBLISHING BUREAU/P.150~159, 164~174)
작품 제작 협력 Noriko Abe
DTP Bunka Photo Type
교열 Masako Mukai
정리 진행 Yasuko Obana, Nanaho Suezawa(BUNKA PUBLISHING BUREAU)
편집 Hiroko Tanaka, Megumi Matsuzaki(BUNKA PUBLISHING BUREAU)
Tomie Kobayashi, Rie Naito

패턴 학교 Vol.4 원피스 편

초판 5쇄 발행 2023년 12월 1일

감 수 마루야마 하루미
옮긴이 황선영
감 수 문수연
펴낸이 명혜정
펴낸곳 도서출판 이아소
디자인 황경성

등록번호 제311-2004-00014호
등록일자 2004년 4월 22일
주소 04002 서울시 마포구 월드컵북로5나길 18 1012호
전화 (02)337-0446 **팩스** (02)337-0402

책값은 뒤표지에 있습니다.
ISBN 979-11-87113-33-1 14590
ISBN 979-11-87113-01-0 (세트)

도서출판 이아소는 독자 여러분의 의견을 소중하게 생각합니다.
E-mail: iasobook@gmail.com

이 도서의 국립중앙도서관 출판예정도서목록(CIP)은 서지정보유통지원시스템 홈페이지
(http://seoji.nl.go.kr)와 국가자료공동목록시스템(http://www.nl.go.kr/kolisnet)에서
이용하실 수 있습니다. (CIP제어번호 : CIP2019013316)